神经元非线性活动的探索

胡三觉　徐健学　任　维　邢俊玲　谢　勇　主编

科学出版社

北京

内 容 简 介

本书主要介绍第四军医大学神经生物学教研室和西安交通大学非线性动力学研究所等单位近年在神经元非线性活动领域的创新研究进展。诸如，神经元活动的非线性特征，非周期敏感，噪声的随机共振，痛信号的调控机制，以及识别头痛的客观指标等。

本书可供神经生物学、神经动力学等神经科学相关领域的研究人员、教师、医师、研究生及对探索大脑活动奥秘感兴趣的读者参考。

图书在版编目 (CIP) 数据

神经元非线性活动的探索/胡三觉等主编. —北京：科学出版社，2017.8
ISBN 978-7-03-053056-1

Ⅰ. ①神…　Ⅱ. ①胡…　Ⅲ. ①神经元–研究　Ⅳ. ①Q421

中国版本图书馆 CIP 数据核字（2017）第 124732 号

责任编辑：刘 丹　马程迪/责任校对：王晓茜　王 瑞
责任印制：徐晓晨 / 封面设计：明轩堂

科学出版社 出版
北京东黄城根北街 16 号
邮政编码：100717
http://www.sciencep.com

北京中石油彩色印刷有限责任公司 印刷
科学出版社发行　各地新华书店经销
*
2017 年 8 月第 一 版　开本：720×1000　1/16
2019 年 4 月第二次印刷　印张：26 3/4　插页：6
字数：539 000

定价：138.00 元
（如有印装质量问题，我社负责调换）

《神经元非线性活动的探索》编写委员会

主　编　胡三觉（第四军医大学神经生物学教研室）
　　　　　徐健学（西安交通大学非线性动力学研究所）
　　　　　任　维（陕西师范大学）
　　　　　邢俊玲（第四军医大学神经生物学教研室）
　　　　　谢　勇（西安交通大学非线性动力学研究所）

参　编（按姓氏笔画排序）

万业宏（美国杜克大学医学院神经生物系）　　王文挺（第四军医大学神经生物学教研室）

王玉英（西安交通大学生理学教研室）　　　　王秀超（第四军医大学医学心理系）

王泽伟（中国科学院上海临床研究中心）　　　文治洪（第四军医大学航空医学系）

龙开平（西京学院）　　　　　　　　　　　　卢　娜（西安妇女儿童医院）

朱　军（成都军区总医院）　　　　　　　　　朱志茹（第三军医大学发育神经心理学教研室）

刘一辉（陕西师范大学）　　　　　　　　　　刘大路（第四军医大学预防医学系）

江　俊（西安交通大学非线性动力学研究所）　孙　薇（第四军医大学唐都医院）

李慧明（第四军医大学西京医院）　　　　　　杨　青（中国科学院上海临床研究中心）

杨　晶（解放军323医院心内科）　　　　　　杨红军（广州军区总医院）

杨瑞华（第四军医大学预防医学系）　　　　　吴　莹（西安交通大学非线性动力学研究所）

宋　英（徐州医科大学）　　　　　　　　　　张　明（成都军区总医院）

张广军（空军工程大学基础部）　　　　　　　陈丽敏（美国范德堡大学医学中心）

苗　蓓（徐州医科大学）　　　　　　　　　　罗　层（第四军医大学神经生物学教研室）

郑大伟（解放军白求恩医务士官学校）　　　　段玉斌（第四军医大学生理学教研室）

段建红（第四军医大学口腔医院）　　　　　　姜树军（海军总医院神经内科）

洪　灵（西安交通大学非线性动力学研究所）　顾建文（解放军306医院）

徐　晖（第四军医大学神经生物学教研室）　　菅　忠（美国加州大学戴维斯分校药理系）

龚云帆（美国Farmers Insurance）　　　　　　龚璞林（澳大利亚悉尼大学物理系）

康艳梅（西安交通大学数学与统计学院）　　　董　辉（第四军医大学西京医院）

韩　晟（第四军医大学口腔医院）　　　　　　韩文娟（第四军医大学神经生物学教研室）

靳伍银（兰州理工大学机电学院）　　　　　　解柔刚（第四军医大学神经生物学教研室）

谭　宁（西安交通大学非线性动力学研究所）　衡立君（第四军医大学唐都医院）

魏春玲（陕西师范大学）

前　　言

　　大脑是高度复杂的非线性动力学系统，具有多层次的复杂形态结构和多种信息的网络连接与加工方式，构成了宇宙最复杂系统之一。如何逐步认识与解开大脑功能活动的奥秘，不仅是当今多学科前沿领域最具挑战的难题，也将是人类科学发展长河中备受关注的艰巨使命。

　　现在已经清楚神经元是构成大脑功能与结构的基本单位。神经元内部及神经元之间活动的信息联系与加工，主要通过膜电位和动作电位序列的变化、传输和整合付诸实施。这种膜电位的瞬间或持续变化和电脉冲的活动节律可以通过生物学实验测量，为深入窥探神经元如何接受传入信息或发出电脉冲支配相关细胞与组织的功能活动开辟了独特的窗口。长期以来，在传统线性理念影响下，神经电生理领域的研究多局限于观察电脉冲频率与膜电位幅度的变化，对于细胞膜多种离子通道电流、放电模式变化、突触连接及噪声等复杂因素相互作用形成的非线性活动机制和变化规律未能给予足够的关注，限制了对神经元信息处理和传输本质过程的深刻认识。20世纪80年代，随着非线性理论的兴起，神经元活动的混沌、分形和分岔等新异现象的发现，噪声通过随机共振在神经系统发挥积极作用等重要概念的确立，引起了研究人员对探索神经系统非线性活动规律的关注。Hodgkin和Huxley在电脉冲和膜电位测量基础上建立的轴突兴奋定量非线性数学模型就是成功揭示神经元活动本质过程的一个范例。近期，通过生物学实验结合非线性理论分析，揭示与探索神经元活动的基本规律和内在机制，已经与脑神经元大规模集群、脑区活动规律并列，成为深入认识神经元基本活动，逐步揭示大脑神奇活动规律的新途径。在这一发展趋势影响下，第四军医大学神经生物学教研室和西安交通大学非线性动力学研究所通过生物实验与理论分析的结合，围绕神经元非线性活动特征及其相互作用规律展开了探索性研究，获得了下述主要新进展。

　　1. 在神经元节律活动起步点论证非线性特征　　20世纪80年代初，Hayashi等发现外加重复刺激可诱发神经轴突的放电序列历经分岔与混沌节律的非线性转化，这启动了人们对神经元非线性节律活动的关注。随后，80年代中期，我们研究团队任维和龚云帆等利用大鼠坐骨神经慢性结扎损伤模型，进一步在感觉神经元自发放电起步点的脉冲序列中，论证了加周期分岔与混沌等非线性特征，为研究神经元内在非线性节律活动的变化规律开辟了新途径。

　　2. 发现神经元活动的"非周期敏感"现象　　长期以来，对神经元兴奋性的判断是在静息背景条件下测定动作电位的阈值变化，然而对神经元处于活动状态时的反应性变化规律却了解很少。杨红军等（2002）通过实验研究发现，当神经元自发活动节律处于非周期活动状态时，其反应性较周期活动状态时敏感，称为"非周期敏感"现象。杨晶等（2006）进一步发现当刺激邻近分岔时，其反应显著增强，称为"临界敏感"现象。谢勇等（2004）通过理论模型进一步论证，多种分岔的存在是导致"非周期敏感"的内在机制。研究结果表明，神经元节律活动的非线性动力学状态是决定动态反应性的重要因素。

3. 提出神经元"极限环动态双稳态随机共振"理论假说　　近年，随机共振现象的发现推动了人们对噪声效应的重新认识，然而对机体内部噪声环境影响神经元活动的机制却不清楚。龚璞林等（2001）通过神经元模型分析，提出了"极限环动态双稳态随机共振"理论假说，对神经元随机共振效应的内在机制做出了新的解释，发现一些参数下存在吸引子的分形吸引域边界成为噪声引发更强放电失稳的条件。这项理论假说得到了国际非线性研究领域的认可，被誉为"打开了更好理解随机共振的大门"。2011 年，我们进一步在真实神经元证实噪声通过随机共振对膜电位振荡的形成发挥重要影响，提示噪声在神经元的随机共振效应中有其内在的生物学基础。

4. 确认感觉神经元通过阈下膜电位振荡调制脉冲序列　　神经元的多种放电模式如何形成是个未解之谜。邢俊玲等（2003）在自行创建的背根节慢性压迫模型中发现，A 类感觉神经元的阈下膜电位振荡是调制痛信号频率与模式的基础。谢勇等（2004）进一步通过理论分析证明，不变圆鞍结分岔是产生整数倍放电模式的一种动力学机制。相关生物学实验研究还分别证明局部应用 Gabapentin 或 Riluzole 等药物抑制持续性钠离子通道电流，减小阈下膜电位振荡，进而限制痛信号的产生与传导，为研制副作用小的选择性镇痛药物提供了新途径。

5. 发现引起触诱发痛的诱发簇放电模式　　在神经损伤或炎症状态下，触摸皮肤诱发疼痛是痛觉过敏的一种常见症候，然而人们对其发生机制却了解得很少。2012 年，我们实验发现，触诱发痛的发生与 A 类感觉神经元产生的诱发簇放电（evoking bursting）密切相关。也就是说，触摸皮肤的感觉脉冲，在损伤或炎症累及的感觉神经元诱发密集的高频簇放电，成为引起触诱发痛的一种异常痛信号模式。

6. 论证交感神经活动对痛信号的增敏作用　　早期临床观察提示情绪波动可加剧灼性神经痛的发作，但是作用机制不清楚。我们首次证实，交感神经的传出活动对炎症或损伤引发外周无髓（C 类）神经纤维的传入痛信号具有显著易化作用，促使灼性痛敏的加剧。该项发现被国际著名疼痛学教科书 *Textbook of Pain* 选用。

7. 揭示外周感觉神经元调控痛信号的新机制　　传统观念把外周感觉神经纤维看作传导电脉冲信号的"导线"，忠实传导动作电位序列。朱志茹等（2012）通过对外周无髓（C 类）神经纤维传导丢峰的系列研究，提出了传导编码概念。2016 年，我们在此基础上揭示了发生在初级感觉神经元的"自抑制"调控作用，进一步阐明了后超极化电位的活动依赖性重叠机制是招致痛信号传导丢峰的基本原因。该项发现不仅修正了神经纤维单纯传导信号经典概念，还可能为建立外周选择性镇痛治疗提供新的实验依据。

8. 混沌脉冲序列的跨突触传递　　突触是神经元之间传递与加工信息的关键环节。以往研究在观察简单电脉冲序列通过突触传递的电-化学转换过程获得较为清晰的认识。然而，面对不规则的复杂脉冲序列如何跨突触传递等难题，人们显得束手无策。2006 年，我们初步研究表明，混沌脉冲序列可以跨突触传递，但是会因脉冲序列模式的差异受到不同程度的影响。如何深入阐明非线性脉冲序列在突触传递过程的基本规律与调制机制，是有待深入探究的重要课题。

9. 探究诊断患者头痛的新指标　　近年，陈丽敏研究团队以慢性头痛患者为对象，采用多种量化分析方法，探讨了脑区之间功能磁共振静息态（rsfMRI）功能联结信号时域的动态特性，发现头痛患者的某些固定脑区之间功能联结强度的动态变化明显减弱，处于一种锁定（lock-in）状态。这种明显减弱的时域动态特征，有望成为鉴别头痛状态的无创生物影像标记物，进而揭示头痛发生的内在机制。

尽管当今对神经元活动规律的探索尚处于初始阶段，但已显示出神经元基本功能活动非线性特征的重要性。依据初步探索的启示，我们推测深入探究神经元活动的非线性特征及其变化规律，可能成为逐步揭示与洞察大脑复杂性活动奥秘的一条基本途径。例如，神经元活动的"非周期敏感"可能具有普遍性意义，涉及感觉中枢或情感、思维等高级神经活动的敏感性变化；神经系统的内部噪声及其随机共振效应，可能给感觉或运动中枢的功能活动带来重要影响；感觉神经元对脉冲系列的不同调控机制，如膜电位振荡和传导丢峰等，是否可能构成脑内神经元环路非线性活动的基本调控方式，对神经信息的传导与编码发挥重要影响，等等。当今，人们对不同类型神经元的非线性活动规律和相互作用，以及给大脑功能活动带来的影响还了解得很少。相信依靠新理念，利用新技术，对神经元及相关中枢领域展开多层次与多途径的深入探究，有望逐步揭示大脑复杂活动的真面目，进而给世人对大脑功能活动的基本规律一个较为清晰的认识。

20 多年来，我们本着探索神经元非线性活动基本规律的理念和国家科学发展规划的需要，发挥各自在科学实验与理论计算分析等方面的长处，互相协作，初步获得一些新的研究结果和启示，也遇到过难以逾越的认知障碍。此次编写《神经元非线性活动的探索》的内容，主要选自我们在国际期刊发表的相关研究报道，也提出了一些新的见解及问题。为了便于不同领域读者的交流，在编写过程中，依据研究结果，按照神经元基本功能活动的非线性特征和机制进行了初步整理，力求真实反映我们的原始研究思路及对研究结果的基本判断。此外，前三章对神经元活动和非线性理论相关的基础知识及有关研究方法进行了简要介绍。希望本书的出版有助于推进探索神经元基本活动规律的交流，为深入认识神经元非线性活动的本质过程，逐步揭示大脑复杂性活动的奥秘提供新的思路。

本项系列研究先后得到 13 项国家自然科学基金（包括两项重点基金）项目和

一个国家 973 子项目的资助,得到了第四军医大学和西安交通大学各级领导的关怀。第四军医大学王复周教授和生理学教研室的教师,鞠躬院士和神经生物学教研室的教师,西安交通大学非线性动力学研究所的教师给予了大力支持。所有参与项目研究的教师和同学付出了艰辛的努力、做出了重要贡献,谨此一并表示真挚的感谢!本书的出版若能引起读者对探索神经系统功能活动非线性领域的关注与兴趣,有助于促进神经学科与数理学科及有关新兴学科和新技术的交流,为探索大脑活动的奥秘增添微薄之力,我们将倍感欣慰。书中不足之处,敬请斧正。

胡三觉　徐健学

2017 年 5 月

目　　录

第1章 神经元基础知识

神经元也称为神经细胞，它们是在神经系统内以电化学信号的形式处理和传递信息的可兴奋细胞，也是大脑、脊椎动物的脊髓及无脊椎动物的腹神经索、外周神经的核心成分。机体存在着数以万计的不同类型的神经元，它们对刺激起反应，然后与中枢神经系统交流，信息在中枢神经系统中处理后传至机体的其他部位产生相应的行为。神经元由胞体和细胞突起构成。神经元的胞体（soma）在脑和脊髓的灰质及神经节内，其形状大小有很大差别，直径为 4～100μm。胞体是神经元的代谢和营养中心，其核大而圆，位于细胞中央，染色质少，核仁明显。细胞质内有斑块状的尼氏小体，还有许多神经原纤维。神经细胞的突起可延伸至全身各器官和组织中，在长的轴突上套有一层鞘，组成神经纤维，它末端的细小分支称为神经末梢。神经元膜表面的不同区域功能各异，有些区域要分泌递质，而有些区域则需要对递质发生反应。神经元膜所具有的主动、被动电学特性则影响着膜电容及膜阻抗。神经元膜上有着各类离子通道，包括电压门控通道、化学门控通道（或称配体门控通道）和机械门控通道。电压敏感的、用以传递快信号的快反应钠离子通道在动作电位的形成和传播中具有重要作用，钾离子通道能控制兴奋性和电信号的形式，钙离子通道能调节细胞内钙水平，从而触发递质释放并控制其释放量，还可调制其他的细胞功能。神经元间的交流以电或化学的突触传递进行，而触发该过程的是可兴奋细胞膜产生的动作电位。

1.1 神经元的结构与分类

1.1.1 神经元学说

西班牙解剖学家 Santiago Ramón y Cajal 在 20 世纪初提出了"神经元"的概念，并将其作为神经系统的初级功能单位。早期，Cajal 采用了其竞争对手 Golgi 的银染方法以观察单个神经元的结构。该方法对于神经解剖的研究工作极其有益，虽然至今仍不知是何种原因使得该方法仅使组织中的少量细胞着色，从而在复杂的大脑结构中能够分辨单个神经元的完整细微结构，而并不与其他细胞重叠。Cajal 认为神经元作为特定单元，与其他神经元通过特定的结构交流，此即神经元学说。该学说认为神经元是神经系统的功能和结构单位，也是独立的代谢单位。随着神经科学的发展，科学家对这一学说进行了一些修改。例如，胶质细胞虽然不是神经元，但在信息传递过程中也有着重要的作用；此外，电突触的大量存在也意味着神经元之间直接的胞质间接触。Cajal 在提出这一学说时也推测了动态极性法则的存在，认为神经元在树突接受信号，以动作电位的形式单一方向自胞体传向轴突，但现在已经很明确，这一法则并非完全正确。

1.1.2　大脑内的神经元

大脑内的神经元数量在不同物种之间变化很大。据推测，人脑约有 10^{11} 个神经元及 10^{14} 个突触。与之相比，一种线虫——秀丽隐杆线虫（*Caenorhabditis elegans*）仅有 302 个神经元。果蝇，作为一种生物学实验中常用的模式生物，有近 10 万个神经元，而这些神经元组成的网络已可以表现非常复杂的生物行为。神经元的许多特性，包括所使用的神经递质、离子通道的组成等，在物种之间具有相对保守性，这一特点使得科学家可以在相对简单的实验系统中对较复杂有机体的行为进行研究推论。

1.1.3　神经元的基本组成部分

在神经系统的不同部位，神经元的形态、大小及电学特性各不相同。单从直径来看，细胞大小即可涵括 4～100μm，但其主要的组成和功能部分都可分为胞体、细胞突起和轴突末梢（图 1-1）。细胞突起是神经元区别于机体其他细胞的重要结构，它是由细胞体延伸出来的细长部分，又可分为树突和轴突。每个神经元可以有一个或多个树突，可以接受刺激并将兴奋传入细胞体。而每个神经元只有一个轴突，可以把兴奋从胞体传送到另一个神经元或其他组织，如肌肉或腺体。

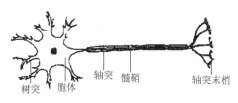

图 1-1　神经元结构模式图

1）胞体　　大部分神经元的胞体体积只占了整个神经元总体积的小部分，少于 1/10，但它们是神经元的中心所在，在胞体内含有合成 RNA 和蛋白质的细胞核和各类细胞器，细胞核的直径为 3～18μm。在许多神经元中，胞体是突触传入的一个重要位置，但一些神经元，如背根节的初级感觉神经元，通常被认为胞体不接受突触传入。近年来认为胞体也可以接受非突触传递的神经递（调）质，从而使其功能受到调控。

2）树突　　树突是神经元的延伸，与胞体相比其体积较小，并且在其延伸过程中多次分叉，其整体形状和结构与树的分叉结构类似，故而命名。在光学显微镜和电子显微镜下很难区分胞体的止点和树突的起点，胞体中所含有的细胞器大多可进入树突，因此在树突可以进行一些蛋白质的翻译。神经元接受传入的主要部位在树突。树突表面会生长出一些细小的突起，称为树突棘（dendritic spine）。树突棘与其他神经元的末梢形成突触连接，为突触后成分。树突棘分为简单和复杂两种，其形状、大小、数量与其离胞体的距离、神经的支配、机体的发育阶段直接相关，因此在学习、记忆和神经元可塑性方面都有重要作用。

　　3）轴突　　轴突是一电缆样突起，它的延伸范围可超过胞体自身长度的百倍，甚至万倍。轴突携带信息离开胞体（也可携带某些信息返回胞体）。大多神经元仅有一个轴突，但通常这一轴突到达要支配的神经元或其他效应细胞时，末端将会发出众多分支，与周围靶细胞进行交流。发出轴突的细胞体的锥形隆起称为轴丘，轴丘是一个很明显的轴突与胞体的边界，轴突内不存在蛋白质合成装置。大部分轴突外有胶质细胞形成的髓鞘，轴突起始段（initial segment）就是指轴丘的顶端到开始有髓鞘之间的节段，它是神经元电压依赖钠离子通道密度最高的地方，使得其成为神经元最易兴奋之处——动作电位的起始区域（该处具有最负的阈电位数值）。

　　4）轴突末梢　　包含突触，该结构是神经递质释放以便与靶细胞交流的部位（详见 1.4）。

　　以上是神经元学说对神经元每一解剖部位的基本功能定义。此外，神经细胞的突起可延伸至全身各器官组织中。在人类，最长的运动神经元轴突可达 1m，从脊柱一直到脚趾。神经元的轴突和包被它的结构总称为神经纤维。在周围神经系统，神经纤维构成外周神经。外周神经根据其包绕的髓鞘特性分为有髓和无髓两类，有髓神经纤维由于郎飞结的存在，其传导速度远快于无髓神经纤维。

1.1.4　神经元的分类

　　神经元之间差异很大，在神经元的发育分化过程中形成了从形态到功能上的差异，同时在分子水平也能体现出来，神经元的初步分类如下。

　　1. 结构分类　　根据神经元突起的数目分为单极、双极和多极神经元。单极或假单极神经元的树突和轴突由同一突起发出，该类神经元中最常见的是背根节神经元；双极神经元的轴突与单一树突自胞体的相对两端发出，如视网膜的双极神经元；多极神经元拥有两个以上的树突，如脊髓前角的运动神经元。解剖学家高尔基（Camillo Golgi）将神经元分为两大类：Ⅰ型有着长轴突，信号可沿其长距离传导；Ⅱ型则没有该长轴突。脊髓运动神经元为典型的Ⅰ型细胞，其结构包括细胞体、长而细并包绕着髓鞘的轴突及围绕着细胞体并从其他神经元接受信号的有众多分支的树突树等。一些特殊细胞可根据其所处部位及独特的形态而被识别出来。例如，锥体细胞（pyramidal cell）是大脑皮层中的三角形 Golgi Ⅰ型细胞，其主树突垂直伸向皮层表面；浦肯野细胞（Purkinje cell）属 Golgi Ⅰ型细胞，是小脑中排列整齐且胞体巨大的神经元；闰绍细胞（Renshaw cell）在脊髓前角，是两端都与 α 运动神经元连接的中间神经元等。

　　2. 功能分类　　根据信息传递的方向，可将神经元分为传入、传出及中间神经元。传入神经元将组织器官的信息向中枢神经系统传递，因此又称为感觉神经元；传出神经元则将信息从中枢神经系统发送至效应细胞，又称为运动神经元；中间神经元是在中枢系统特定区域起连接作用的神经元。

根据与其他神经元的相互作用可分为兴奋性及抑制性神经元。一个神经元通过释放神经递质结合相应受体影响另一神经元，其作用不仅取决于递质，还取决于被激活的受体类型。受体类型广义上分为兴奋性（使得放电频率增加）、抑制性（使得放电频率降低）及调节性（导致长时程的影响而并不直接与放电频率相关）三类。脑内最常见的两个神经递质是谷氨酸和 γ-氨基丁酸（γ-aminobutyrie acid，GABA），谷氨酸作用于几种不同类型受体均引起兴奋性效应。与之类似，γ-氨基丁酸的作用受体种类也很多，但均（至少在成年动物）引起抑制性作用。脑内约90%的神经元或者释放谷氨酸或者释放 γ-氨基丁酸，均很好地保持了这种一致性。此外，其他类型神经元作用于靶细胞时也遵循这一特性，如脊髓兴奋性运动神经元释放的乙酰胆碱，脊髓抑制性神经元释放的甘氨酸等。但仍需谨记，兴奋性或抑制性神经递质并非绝对的，其作用依赖于靶神经元的受体类型。

此外，可根据神经元的放电模式来分类，如紧张性或周期放电神经元；位相或阵发放电神经元；而快速放电神经元则以其高频的放电为显著特征。

3. 根据产生的神经递质分类　　神经元能够制造大量神经递质，据此可将神经元分为：胆碱能神经元，即神经递质含乙酰胆碱（acetylcholine，ACh）的神经元；γ 能神经元（神经递质含 γ-氨基丁酸）；谷氨酸能神经元，即神经递质含谷氨酸（glutamate，Glu）的神经元；多巴胺能神经元（神经递质含多巴胺），等等。

1.1.5　连接关系

神经元的特殊性在于利用膜电位的变动与其他神经元、肌肉或腺细胞进行快速交流。细胞膜从静息水平去极产生的动作电位，可沿轴突传导至突触。神经元通过突触与其他神经元交流，在突触部位，一个细胞的轴突末梢或终扣部位影响另一个神经元的树突、胞体、轴突（少数情况下）。小脑的 1 个浦肯野神经元可有多达上千的树突分支，与上万的其他神经元相联系；而有些神经元如视上核 Magnocellular 神经元仅有 1～2 个树突。人脑有总数达 1000 亿（10^{11}）的神经元，每一神经元都平均有 7000 个突触联系。据估算，一个 3 岁的孩子，其突触可达 10^{15} 个，但随年龄增长而逐渐消退，在成年时固定在 （1～5）×10^{14}。

化学性突触传递过程大致如下：动作电位到达轴突末梢，打开电压门控钙通道，钙离子内流，导致充满递质的突触小泡与细胞膜融合，释放其内容物至突触间隙，递质扩散作用于突触后神经元激活受体。递质释放导致靶神经元突触后膜离子通道开放及突触后膜的局部电位变化。值得一提的是，每一个突触动作电位的产生都是由突触前等级式出现的大量突触小泡引发的效应，即去极化的时间、空间总和所诱发。

除化学性突触传递之外，有些神经元还可以通过细胞间直接的电突触相联系。

有关突触的详细内容，我们将在 1.4 中加以介绍。

1.1.6　内在结构

神经元胞体在用嗜碱性染料着色后，显示大量尼氏小体的堆积。尼氏小体因德国精神病专家和神经病理学家弗朗兹·尼斯尔（Franz Nissl，1860～1919 年）而命名，这些尼氏小体含有大量的粗面内质网和相应的核糖体 RNA，说明神经细胞代谢旺盛，需要合成大量的蛋白质。神经元胞体被神经原纤维所支撑，这些神经原纤维是由称为神经丝的结构蛋白构成的一个复杂网络。一些神经元还包含色素颗粒，如神经黑色素（一种褐色或黑色的色素，是儿茶酚胺合成过程的副产品）、脂褐质（随年龄而堆积的黄褐色色素）。神经轴突与树突有不同的内在结构特性，典型的轴突几乎不含有核糖体（除某些起始段外），而树突则含有粗面内质网或核糖体，并在远离胞体时逐渐减少。

（邢俊玲）

1.2　神经元的膜电位与动作电位

在神经元内，迅速的长程信息传递是以电信号为主要载体的，电信号由膜电位的短暂变化产生，包括受体电位、突触电位和动作电位。膜电位是细胞膜内外之间的一个电位差，由于细胞内外液导电性极强，而细胞膜是由脂质双分子层构成的绝缘体，阻抗很大，因此由细胞外某一点向细胞内某一点移动时产生的电位变化主要发生在很薄的膜上，通常将膜电位称为"跨膜电位"。包绕细胞的细胞膜为其生物学过程提供了稳定的环境条件，膜电位的形成则源于镶嵌在膜上的离子通道、离子泵及离子转运体的活动。

1.2.1　膜的电学模型

细胞膜是由脂质双分子层构成的绝缘体，把细胞内外的导电介质分开，因此构成膜的电容成分（membrane capacitance，C_m）。直接驱动离子通过脂质双分子层耗能甚多，实验表明细胞膜对阴阳离子存在一定的通透性，一些特化的蛋白质可以作为带电离子通过的载体或通道，从而介导这一通透性，此即离子通道。离子通道提供了离子穿越细胞膜的途径，构成膜电导，其单位是西门子（S），膜电导的倒数即膜电阻（resistance，R_m）。由于化学梯度和电学梯度导致离子的重新分布及电荷分离，即使在没有刺激和外加电场的情况下也存在电势差。在静息条件下，该电压称为静息电位（resting potential，E_m）。E_m、R_m 及 C_m 是神经元膜等效电路的重要成分。图 1-2 中的回路，显示了静息膜电位的等效电路，它包含了膜电容、钾电导（G_K）和"漏"电导（G_L），以及这两类电导所决定的电池（E_K、E_L）。但这一表示仅适用于很小尺寸的膜，相关内容还将在第 3 章中有所涉及。

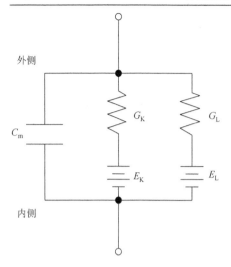

外侧

内侧

图 1-2　静息膜电位的等效电路
（章纪放，2009）

这里，我们介绍平衡电位、反转电位的概念，以及生理性膜电位的三个特有例子（即静息膜电位、动作电位与分级式膜电位）及其形成机制，这些也是电生理、细胞生物物理的主要内容。值得一提的是，静息膜电位数值、动作电位的最大幅值都可以运用"平衡电位"的概念而轻松理解。

1.2.2　平衡电位

某离子的平衡电位或反转电位即某个平衡状态时的跨膜电压，在该电压值时，离子沿其浓度梯度的驱动力和电驱动力达到平衡。这意味着，跨膜电压正好与离子扩散的驱动力相匹配（对抗），因此跨膜的净电流为零或不变。这一特定离子的平衡电位称为 E_{ion}。任何离子的平衡电位都可以使用 Nerst 方程来计算。例如，钾离子的平衡电位计算如下。

$$E_{eq,K^+} = \frac{RT}{zF} \ln \frac{[K^+]_o}{[K^+]_i} \qquad (1-1)$$

式中，E_{eq,K^+} 为钾离子的平衡电位；R 为普适气体常数；T 为绝对温度；z 为所通透离子的化合价；F 为法拉第常数，相当于 96 485C/mol；$[K^+]_o$ 为细胞外钾浓度；$[K^+]_i$ 为细胞内钾浓度。

如上所述，要建立细胞的平衡电位，必须满足如下两个条件：①存在跨膜的离子浓度梯度；②存在对某些离子选择性通透的膜。离子通道的存在使得膜可以选择性地通透不同的离子。很明显，即使对于两个带同样电荷数的离子，考虑到其膜内外的浓度差，它们所具有的平衡电位也差别很大。例如，钾在胞膜外的浓度为 5mmol/L，在胞膜内的浓度为 140mmol/L，故其平衡电位（E_K）是−84mV；而钠离子在胞膜内的浓度为 12mmol/L，在胞膜外的浓度为 140mmol/L，其平衡电位（E_{Na}）则为+40mV。

值得注意的是，"平衡电位等同于反转电位（或者两者在数值上相等）"仅仅在单离子系统中成立。在多离子系统中，如细胞膜处于平衡状态时，是多个离子的相加电流等于零（见后述静息膜电位）。而反转电位与平衡电位这两个概念的侧重点有所不同。平衡电位强调在某一电位数值时，内外离子流相加为 0，而反转电位强调在平衡电位两侧，向任一方向改变膜电位数值时，都将改变总的离子流方向。

1.2.3　静息膜电位

细胞在静息状态时，相对稳定的膜电位称为静息膜电位或静息电位，与之相对的是具有动态电化学过程的动作电位和分级式膜电位。然而从生物物理学角度看，这些电位现象都是由于膜对不同离子具有特异通透性，从而造成各种离子通道、离子泵、交换子、转运子等功能活动变化的综合表现。

在了解了上述平衡电位的概念后，我们可以对静息膜电位进行较为深入的分析。例如，当细胞仅对钾离子通透时，静息膜电位即其平衡电位。然而，真实的细胞往往更为复杂，它会对多种离子具有通透性，每一种都会影响静息膜电位。为了更好地理解，先考虑两种离子：如钾离子、钠离子存在的情况。如果细胞膜对两种离子的通透性相同，而两种离子分别在两侧有对等的离子浓度，K^+出细胞，膜电位将达到其 E_K，Na^+入胞则膜电位达到其 E_{Na}，因细胞膜对两种离子的通透性相同，膜电位最终将止于 E_{Na} 和 E_K 的中点，即 0mV。但是，即使在 0mV 的膜电位是稳定的，但造就它的离子并未达到平衡状态。离子沿电化学梯度通过离子通道持续扩散，而膜电位则需要通过离子泵持续的泵出 Na^+ 而泵入 K^+ 来维持。以动物细胞静息膜电位为例，钠钾的浓度梯度是靠 Na^+, K^+-ATP 酶（钠-钾泵）建立起来的，它在消耗 1 个 ATP 分子的情况下，转运 2 个钾离子入胞、3 个钠离子出胞。这种状态（具有相反作用和类似通透性）在细胞具有很大通透性的时候相当耗能，因为需要大量的 ATP 将离子泵回。

真正的细胞静息膜电位是由对钾离子的显著通透性决定的，而对钠离子及氯离子的通透性及离子梯度的调节对这一数值有所修订。在健康的动物细胞中，钠离子的通透性仅为钾离子的 5%或更少，而其反转电位钠离子为+60mV、钾离子为−80mV。这样膜电位将不会正好处于钾离子的平衡电位，而应该更去极化一些，该数值应该为 E_K 和 E_{Na} 的差值（140mV）的 5%，即 7mV，故静息膜电位将是−73mV。事实上，更为准确的解释应该是，膜电位是构成平衡电位的众多离子的权重平均，权重的大小即每一离子的相对通透性。在正常情况下，三种离子对静息膜电位有贡献，即

$$E_m = \frac{P_{K^+}}{P_{tot}} E_{K^+} + \frac{P_{Na^+}}{P_{tot}} E_{Na^+} + \frac{P_{Cl^-}}{P_{tot}} E_{Cl^-} \tag{1-2}$$

此即 Goldman-Hodgkin-Katz（GHK）方程，该方程式实际上就是基于所关注的离子的电荷及其膜内外浓度差的 Nerst 方程，并适当考虑细胞膜对每一离子的相对通透性。这里，E_m 是膜电位，单位是伏（V）；P（0~1）表示对某一离子的通透性，不同离子的浓度以其化学式表示；P_{tot} 是所有可通透离子的总通透性，本例中 $P_{tot} = P_{K^+} + P_{Na^+} + P_{Cl^-}$。依照 GHK 方程，跨膜电压由所有离子的通透性决定，受通透性最高离子的影响最大。

1.2.4　动作电位

神经元的一个独特性质是它们可以在长距离上迅速地传递信息，这是通过产生一种可再生的电信号——动作电位（action potential，AP）实现的。AP 的基本

性质可以用尖电极记录（sharp electrode recording）或电压钳记录（voltage clamp recording）进行研究。轴突和胞体的细胞膜包含电压门控离子通道，允许神经元借助于包含钠、钾、钙、氯等电荷运载离子产生和传导 AP。多种刺激，如压力、牵拉、化学递质等可激活神经元的电活动，这些刺激导致细胞膜特异性离子通道开放，离子流经细胞膜，改变膜电压。

　　神经元之间、神经元与肌肉或器官通过 AP 进行交流。典型动作电位的宽度约为 2ms，包括以下几个时相：通过打开电压依赖钠通道由静息电位快速去极；之后电压依赖钾通道打开导致较慢的复极；由 Na^+, K^+-ATP 酶活动（每一循环中 2 个钾离子入胞、3 个钠离子出胞，即胞内留 1 个负电荷）、钙或钠激活钾通道打开、延迟整流钾的失活等导致的后超极化电位（图 1-3）。钠通道的失活导致 AP "绝对不应期"的产生，在此几个 ms 的持续期，无论多大的去极化都不能诱发 AP 产生。而在相对不应期，足够数量的钠通道（并非全部）恢复，则 AP 可被诱发但需要较通常更强的刺激。不应期的存在保证了 AP 在轴突上仅沿一个方向传导。

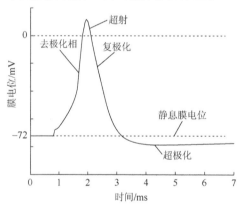

图 1-3　动作电位各时相

　　动作电位的起始自去极至其激活阈值时（大致在较静息膜电位+20mV）开始，神经元在体情况下处于神经网络中，此时动作电位的起始去极化的自然机制是空间-时间总合导致的分级式兴奋性突触后电位（excitatory postsynapic potential，EPSP）。由于典型 EPSP 的幅值是 0.1mV，而 EPSP 又很可能被其抑制性反向成分所抵消，因此一个动作电位的产生需要成百上千 EPSP 同时或几乎同时传递至同一神经元。在生理学实验中，动作电位可被外界注入的短的去极化电流诱发。在静息时关闭的电压依赖性钠离子通道对去极刺激反应并打开，起始时较慢，呈线性，达一定去极化值后以一种剧烈的雪崩式形式打开。在神经元的轴丘处，电压依赖性钠离子通道密度最大，使得激活电压阈值最低，因而神经元的 AP 通常起始于此处。但 AP 同样可起始于神经元的任何部位，包括树突、胞体，只要钠离子通道密度足够大。而起始于树突或胞体的 AP 形状是不一样的（树突上更宽一些），产生 AP 需要的去极化强度依次是：树突>胞体>轴丘。AP 通常由轴丘传向轴突突触处，但也可逆传至胞体和树突，其生物学意义及网络计算意义并不清楚。

　　AP 产生的基本机制由 Hodgkin 和 Huxley 发现，下面做一简要介绍（有关 HH 模型的详细内容见 3.1）。1937 年，John Zachary Young 建议乌贼的巨轴突可以用来研究神经元的电特性。该细胞较人类细胞大，但本质相似更易于研究。通过将电极插入乌贼巨轴突，可以精确测量膜电位数值。Hodgkin 和 Huxley（1949）发现，当胞外钠离子浓度降低时，动作电位幅值减小，提示钠离子内流对动作电位上升相的贡献。Hodgkin 和 Katz 进而揭示了钾电导的延迟增加造成了动作电位的下降相。因此动作电位的产生归结为被特异性早期钠电导和晚期钾电导变化所驱使的钠离子流和钾离子流引发的膜电位变化（图 1-4）。

1.2.5　动作电位的传导

神经冲动的传导是全或无的：或者没有 AP，或者完全传导。强的刺激不会产生一个更强的信号，但会产生更高的放电频率。感受器对刺激的反应形式多种多样，慢适应或紧张性感受器在刺激持续期间会产生稳定频率的放电，而快适应性感受器则在刺激持续期放电频率逐渐降低。神经冲动传导过程中，细的神经元轴突较粗轴突需要更少的代谢

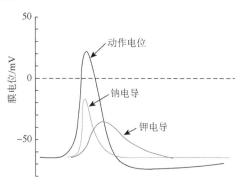

图 1-4　动作电位来自钠电导和钾电导的相继增加（章纪放，2009）

消耗，但粗轴突会传导更快。为了增加传导速度，许多神经元在其轴突外侧缠绕了髓鞘，这些髓鞘由胶质细胞形成，在中枢为少突胶质细胞，外周为施万细胞。外周神经的髓鞘通常以 1mm 为间隔，中间为无髓鞘的有着高密度电压门控钠离子通道的郎飞结。AP 在有髓鞘轴突的传导速度较同直径的无髓鞘轴突更快，且耗能更少。

1.2.6　分级式膜电位

分级式膜电位是沿一段细胞膜的跨膜电位差，它在缺乏动作电位的神经元（如某些类型视网膜神经元）中尤其重要。分级式膜电位可产生于细胞的任何部分，如具感受器功能的部分，也可在递质释放的突触部位。它与动作电位的区别是沿细胞膜传导时，不能产生幅度一致的不衰减传导，在起源处电位最大，远离时则逐渐衰减。使膜电位去极化的分级式膜电位，沿神经细胞体表面扩散至轴丘起始段，将触发动作电位产生；使膜电位超极化的分级式膜电位将使膜电位更负，从而抑制其产生动作电位。

（邢俊玲）

1.3　神经元的离子通道

离子通道是存在于所有生物细胞膜的一类孔道形成蛋白，这些蛋白质的存在使得离子在电化学梯度下，以超高的速率有选择地被转运，从而在所有活细胞的胞质两侧形成小的电压差。由于电压激活通道是神经冲动的基础，而递质激活的通道介导了突触的传递，因此通道是神经系统的重要组成部分。事实上，大多数

自然界的有机体中，无论是攻击者具有能够关闭神经系统的攻击性毒素，还是被攻击者具有的防御性毒素，均通过调节通道的电导或动力学而起作用。此外，离子通道也是机体非常广泛的生物学过程的一个重要组成，这些生物学过程包括：心肌、骨骼肌、平滑肌的收缩；营养物质及离子的上皮细胞转运；T-细胞激活；胰岛 β 细胞释放胰岛素等。同时，新兴药物的作用目标也常常以离子通道为靶点。

1.3.1　基本性质

离子通道是一种整合膜蛋白，即几种蛋白质的一个集合体。这些多个亚单位的集合体通常包括环状排列的单一或同源蛋白，这些蛋白质紧密地排列在穿越脂质双分子层的透水孔道周围。形成孔道的亚单位叫做 α 亚单位，而附属结构则由 β、γ 等亚单位组成。有些通道仅仅依据离子的带电荷情况决定是否允许其通过，这些通道孔径在其最窄处仅有 1~2 个原子宽，一般传输特定类型的离子，如钠离子和钾离子，通道传输离子的过程非常迅速。离子通过孔径的过程一般会接受"门"的调节，依据其不同的"门"控性质可以将离子通道大致分为三类。第一类是电压门控，又称为电压敏感离子通道。这类离子通道是一个成员众多的超大家族，控制这类通道开放与否的因素，是这些通道所在膜两侧的跨膜电位的改变。根据选择通过的离子，又可分为钾离子、钠离子、钙离子、氯离子 4 种主要通道类型。第二类为配体门控，又称化学门控离子通道。这类通道蛋白一般包括两个空间结构域，形成离子孔径的跨膜结构和与配体结合的细胞外结构。当化学配体与该类通道结合后，导致通道的开放，可同时允许钾离子、钠离子、钙离子、氯离子通过，因此该类通道多为非选择性阳离子通道。第三类为机械门控离子通道，是指一类感受细胞膜表面应力变化，实现胞外信号向胞内转导的通道。本章将主要介绍 4 种主要类型的通道：钾离子通道、钠离子通道、钙离子通道和氯离子通道。

1.3.2　钾离子通道

钾离子通道是分布最广的一类离子通道，它几乎存在于所有的真核细胞中并发挥着至关重要的生物学功能。细胞膜负电位是否存在是反应细胞生死存亡的一个客观指标，而钾离子通道即负责设定细胞的静息膜电位水平。钾离子通道在机体的许多细胞中参与调节动作电位的形成和时程，如在心肌细胞，钾离子通道的异常会导致致命性心律失常。而在神经细胞，钾离子通道的活动参与调节动作电位的发放频率、幅度和重复放电活动的模式等。

钾离子通道的分子生物学研究起始于果蝇 Shaker 钾离子通道基因的发现。该基因的缺陷在果蝇表现为自发、强烈地肢体抖动，同时在其神经纤维表现过宽的动作电位及多发的神经放电。1988 年，Jan 研究组根据对果蝇 Shaker 突变子表型的观察，首次从果蝇脑中克隆出了 Shaker 钾离子通道基因。其后数年内，人们在不同种属的动物中，克隆并发现了上百种钾离子通道基因。1998 年，R. MacKinnon

和同事利用 X 线晶体衍射成像技术，首次观察到取自青链霉菌的 KcsA 钾离子通道的分子结构，从原子层次揭示了离子通道的工作原理并引领了离子通道蛋白质结构与功能研究的新热点，钾离子通道门控学说也因此而揭示。对应外部信号的刺激，电压门控钾离子通道在细胞膜去极化时受到激活（activation）而突然开放，而开放后的钾离子通道在瞬间（数毫秒至数十毫秒）因自身失活（inactivation）而关闭。1990 年，Zagotta 等首次描述了 Shaker 钾离子通道快速失活分子机制的"球-链"（ball and chain）学说。这一学说的基本内容是：Shaker 钾离子通道的游离 N 端在细胞内为球-链状结构，在通道从关闭到迅速开放的同时，N 端的"球-链"也随即快速摆动，将通道内侧堵塞而导致正在开放的通道关闭。除了"球-链"学说所阐述的门控机制外，钾离子通道蛋白的跨膜螺旋还通过本身构象的改变参与门控过程。在离子通道中存在着可以感受膜电位的"感受器"，如 Shaker 电压门控钾离子通道的膜电位"感受器"位于通道的第四跨膜段（S_4）。当电压门控通道开放时，S_4 内带正电荷的氨基酸，也称为门控电荷在细胞膜电场中移动，移动的电荷除了产生门控电流外还导致通道构象的改变而引起通道的开放，即电荷的移动与通道开放之间存在偶联过程。

　　钾离子通道是目前发现最多的一类通道，至少有百种以上，其命名比较复杂。目前，文献上普遍公认的分类命名系统是基于通道的种系发生。根据跨膜（TM）和孔道区（P）的不同，钾离子通道可简单分为 6TM/1P、7TM/1P、2TM/1P 和 4TM/2P 4 种（表 1-1）。对许多细胞而言，人们可能知道电流是由钾离子介导的，但却不知道存在的是哪种类型的钾离子通道。通过通道的药理学特性、动力学差异及结合膜片钳对门控特征的综合分析，目前仅对极少数钾离子通道的功能有所阐明，简述见表 1-1。

　　（1）延迟整流钾离子通道：它在动作电位发生期间钠离子通道快速激活后被激活，相对于钠离子通道开放有一延迟，故得名，它的作用是使动作电位得以快速复极。

　　（2）K（A）钾流：这是一种在膜电位阈值下区域被短暂激活的钾离子通道。事实上，在一段膜电位超极化后，再给予去极化时 K（A）才可以被激活。其存在使得细胞以低频持续放电，即对放电模式起一定的控制作用。

　　（3）钙依赖性钾离子通道：其是可被胞质内游离钙升高而激活的一类钾离子通道，该类钾离子通道有 8 个成员，依据电压依赖性、对钙的敏感性及电导和药理学特性的不同，一般可以将其分为大电导（BK）和小电导（SK）两类。在动作电位的复极过程中，胞质内钙离子升高，激活钙依赖性钾离子通道，从而形成动作电位的后超极化相，这一时相时程的长短同样可以调节放电模式。

　　（4）内向整流钾离子通道：这一家族有 15 个正式、1 个非正式成员，基于其构型特点可分为 7 个亚家族。它们仅包含两个跨膜片段，相当于 K_V 和 K_{Ca} 的孔洞形成片段，其 α 亚单位形成四聚体。这类通道对钾离子流入细胞的效率远远比流向细胞外容易得多，这一点可以从以下三个方面来理解：①在超极化方向，钾离子的内流有极为迅速的电压依赖性；②电压依赖性的门控特点极大地受细胞外钾离子浓度的影响；③在平衡电位向去极化方向变化的几个 mV 范围内，钾离子表现为外向流，有利于膜电位维持在钾平衡电位附近。内向整流通道还可受到细胞内的 ATP、PIP2（磷脂酰肌醇-4,5-二磷酸）及 G 蛋白的 β、γ 亚单位的影响，参与细胞重要的生理过程，如心脏的起搏、胰岛素的释放、胶质细胞中钾离子的摄入等。

（5）双孔外向整流钾离子通道 TOK1（two P domains outwardly rectifying K$^+$ channel）是近年来研究发现的一类新的钾离子通道，该家族 15 个成员组成所谓的漏通道。与传统钾离子通道不同，TOK1 具有 4 个跨膜片段和 2 个孔道结构域，因此被称为双孔钾离子通道。双孔钾离子通道中的 TREK-1 亚型目前研究得最为深入，它广泛分布于神经系统中，可被多种调控因素包括一些神经保护剂所调节，与神经系统疾病（如脑缺血、脊髓缺血、癫痫及抑郁等）密切相关。

表 1-1　钾离子通道的分类系统（王克威和利民，2009）

跨膜结构	基因名称	蛋白质名称	样例
6TM/1P	*KCNA1～KCNA7*	Kv1	Kv1.1，Shaker
	KCNB1，KCNB2	Kv2	Kv2.1，Shab
	KCNC1～KCNC4	Kv3	Kv3.1，Shaw
	KCND1～KCND3	Kv4	Kv4.1，Shal
	KCNH1	Kv10.1	EAG-1
	KCNH5	Kv10.2	EAG-2
	KCNH2	Kv11.1	ERG-1
	KCNH3	Kv12.2	ELK-2
	KCNH14	Kv12.3	ELK-3
	KCNN1	KCa2.1	SKCa1
	KCNN2	KCa2.2	SKCa2
	KCNN3	KCa2.3	SKCa3
	KCNN4	KCa3.1	IKCa1
	KCNQ1～KCNQ5	Kv7	Kv7.1～Kv7.5
7TM/1P	*KCNMA1*	KCa1.1	Sl0（Maxi-KCa）
	KCNMB2	KCa4.1	Slack
	KCNMC1	KCa5.1	Slo-3
2TM/1P	*KCNJ1*	Kir1.1	Kir1.1
	KCNJ2，-4，-12，-14	Kir2.1，-2.3，-2.2，-2.4	Kir2.1
	KCNJ3，-5，-6，-9	Kir3.1，-3.4，-3.2，-3.3	Kir3.1
	KCNJ10，KCNJ15	Kir4.1，Kir4.2	Kir4.1
	KCNJ16	Kir5.1	Kir5.1
	KCNJ8，KCNJ11	Kir6.1，Kir6.2	Kir6.1
	KcsA	KcsA	KcsA
4TM/2P	*KCNK1～KCNK15*	K2P1～K2P15	TWIK

1.3.3　钠离子通道

钠离子通道是电压门控通道超大家族（包括钾离子和钙离子通道）的最早成员。钠离子通道至少包含 9 个成员，主要对动作电位的产生和传导有重要作用。其中形成孔道的 α 亚单位由 4000 个氨基酸组成，包含了 4 个同源重复区域（Ⅰ～Ⅳ），每一区域有 6 个跨膜片段，即整个 α 亚单位包含了 24 个跨膜片段。这一家族的成员同时也将附属 β 亚单位纳入组成，每一 β 亚单位跨膜一次。α 亚单位和 β 亚单位均有广泛的糖基化位点。目前对钠离子通道的命名已经标准化，即根据氨基酸序列的相似程度采用数字系统来定义亚家族及其亚型（图 1-5）。该命名系统采用通道透过的离子的化学元素符号（Na）名称和受生理因子电压（voltage）调节而标记为下角注字母 v 组成，即合并为 Na_v。下角注后的数字，如 Na_v1 中的"1"表示亚家族基因，而小数点后的数字，如 $Na_v1.1$ 中小数点后的"1"表明通道的同源体。每个家族基因的剪接易变体由数字后的小写字母表示，如 $Na_v1.1a$。

比较氨基酸序列的一致性，可以看出，9 种钠离子通道可以归类为同一个大家族。$Na_v1.1$、$Na_v1.2$、$Na_v1.3$ 和 $Na_v1.7$ 通道为关系紧密的一组，它们对河豚毒素（tetrodotoxin，TTX）非常敏感（TTX-S），并在神经元有广泛的分布和表达。$Na_v1.5$、$Na_v1.8$ 和 $Na_v1.9$ 3 个通道的关系紧密，进化起源相同，由于这 3 个钠离子通道的第一同源区氨基酸序列的改变，它们对河豚毒素不敏感（TTX-R）。$Na_v1.5$、$Na_v1.8$ 和 $Na_v1.9$ 在心脏和背根神经节（dorsal root ganglion，DRG）神经元有高表达。$Na_v1.4$（主要在骨骼肌）和 $Na_v1.6$（主要在中枢系统）在种系发生关系上与上面两组钠离子通道相比较远。

在机体组织中，通道的分布及密度可能是通道功能的重要决定因素。例如，成年动物中，$Na_v1.4$ 和 $Na_v1.5$ 局限表达于骨骼肌和心肌细胞，从而负责这些组织的兴奋性。类似的，$Na_v1.2$ 和 $Na_v1.3$ 主要存在于中枢神经系统的神经元胞体上，因此负责整合突触活动。而 $Na_v1.6$ 无论在中枢还是在外周都位于有髓鞘纤维的郎飞结处，因此对于动作电位的传输有着极其重要的意义。此外，α 亚基上有多个可供磷酸化调节的药物作用位点，神经毒素和药物可作用于这些位点，从而对钠通道的激活、失活特性和单通道电导等生物物理功能产生重要影响。

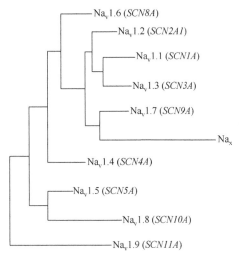

图 1-5　电压门控钠离子通道 α 亚基种系发生关系（王克威和利民，2009）

1.3.4　钙离子通道

电压门控钙离子通道（voltage-dependent calcium channel，VDCC）在细胞膜去极化时开放而引起钙离子内流。钙离子通道家族包含 10 个成员，可能的亚基组成包括 α_1、α_2、δ、γ 及 β，其中 α 亚基是主要的功能单位，它能单独发挥钙通道的功能。细胞内增高的钙离子引发一系列如收缩、分泌、神经递质传递和基因表达等细胞内的生理过程。电压门控钙离子通道的活动是偶联细胞表面电信号和胞内生理功能的重要基础。钙离子及钡离子均能通过钙离子通道进入细胞内，但其他离子的通透率很低。当膜电位接近–40mV 时，钙离子通道开放概率开始明显地增加。不同细胞类型记录到的钙离子通道电流有明显不同的生理学和药理学特征。按字母顺序命名，根据电导值、动力学特性的不同可将钙电流分成几种不同的亚型，现知有 L 型、N 型、T 型、P/Q 型、R 型。

L 型（Long）VDCC 的激活需要较强的细胞膜去极化刺激，激活电位–10mV，失活电位–60～–10mV，电导值约 25pS。在心脏早期的研究中，该通道由于其去极化诱发的较长的内向电流而被命名，并使其有别于下面将提到的 T 型钙通道。因此 L 型通道表现为持续长时钙内流，为 10～20ms。骨骼肌和内分泌细胞记录到的 Ca^{2+} 电流主要为 L 型钙电流，因此该电流可启动肌细胞收缩和内分泌细胞的分泌。L 型钙通道与其他钙通道的一个截然不同是对苯并噻氮草类（benzothiazepines）和二氢吡啶（dihydropyridines）等有机拮抗剂高度敏感。中枢神经系统 L 型电压门控钙通道主要位于突触后神经元的胞体和树突棘上，可分别与钙调素、钙调蛋白酶等相互作用，参与多种学习记忆活动，而其过度激活则可能导致脑缺血、脑肿瘤、癫痫和神经退行性疾病等多种病变。

N 型（neuronal）钙电流具有高电压激活、快速失活的特点，其电压依赖性介于 L 型和其他高电压激活的 VDCC（P/Q、R 型）之间：激活电位为–10mV，失活电位为–100～–40mV。N 型 VDCC 对 Ba^{2+} 的选择性高于 Ca^{2+}，其电导大小介于 L 型和 T 型 VDCC 之间，当 100mmol/L Ba^{2+} 为负载离子时，电导值为 15～20pS。N 型 VDCC 的主要作用是调控去极化诱导的 Ca^{2+} 内流，Ca^{2+} 内流可触发细胞内 Ca^{2+} 依赖的一系列生理反应，包括神经元兴奋性的调节、神经递质释放、激活第二信使和基因转录等。N 型 VDCC 在组织中主要分布于神经元特别是与疼痛传递及调控通路相关的神经元突触末梢。这些部位的 N 型 VDCC 通过诱导 Ca^{2+} 内流而触发神经递质释放，增强突触传递效能，从而在慢性痛发生过程中机体对伤害性刺激敏感性增强，表现为"痛觉过敏"和"触诱发痛"。因此，研发特异的 N 型阻断剂有可能减少疼痛介质的释放，而达到镇痛的效果。

T 型（transient）钙电流的激活阈值电位接近于–70mV，显著低于高电压激活钙通道的阈值电位（–10mV）。T 型 VDCC 电流为瞬间电流，通道激活与失活速度快，开放时间短暂，故称为 Transient 型 VDCC，其电导值约 9pS。T 型 VDCC

不能被 L 型 VDCC 的有机拮抗剂所阻断，也不受肽类毒素的抑制。T 型 VDCC 广泛表达于多种类型的神经元，其功能主要在于调整动作电位和控制重复放电的形式。

1.3.5　氯离子通道

生物有机体中最多的生理性阴离子是氯离子，迄今为止，阴离子选择性通道主要指各种不同类型的氯离子通道。氯离子通道是一类分布于有机体的细胞膜及细胞器膜的跨膜蛋白，广泛存在于神经细胞、骨骼肌细胞、血管平滑肌、呼吸道、消化道及内分泌腺体等组织器官中。氯离子通道不仅可以转运氯离子，还允许碘离子、溴离子、氟离子及硝酸根离子等通过。氯离子通道种类很多，此处主要介绍以下两大类：一是突触处化学门控氯离子通道；另外一类是电压门控氯离子通道。

在神经系统，通过化学突触传递的化学信号分为兴奋性和抑制性两类，抑制性神经递质如 γ-氨基丁酸和甘氨酸，开启以氯离子为主的阴离子内流，使得细胞处于超极化状态而达到抑制作用。GABA 受体主要分为 $GABA_A$ 和 $GABA_B$ 两种。$GABA_A$ 受体本身既可作为递质门控氯离子通道，又含有 GABA 和多种药物配基受点，是一个通道-受体复合体，它在神经生理及药理学研究中占有重要的地位。$GABA_A$ 受体组成种类繁多，采用分子克隆方法，目前发现存在 14 个不同的亚基，6 种 α、3 种 β、3 种 γ、1 种 δ 和 1 种 ρ，每种不同类型的亚基在脑内有明显的区域差异。由 α、β 和 γ 三种亚基组成的五聚体即 $2\alpha2\beta\gamma$ 是脑内 $GABA_A$ 受体类型的典型结构。

电压门控氯离子通道（voltage-gated chloride channel，CLC）是至今为止所发现的第一类受细胞膜电位调控的氯离子通道，它在神经系统的兴奋和抑制性电活动方面发挥着极其重要的生理调节功能。CLC 作为一个大家族，目前发现有 9 个成员基因。其中 CLC-0 具有"双筒式"结构，其功能形式的二聚体是由两个完全相同的亚基所组成。每个亚基本身能形成完整的氯离子孔作为功能单位。目前熟悉的电压门控、递质（或配基）门控离子通道都是由 4 个或 5 个亚基呈对称方式围成的中央孔结构；而 CLC-0 二聚体的每一个独立氯离子电导是由一条连续的多肽构成。研究表明，这条多肽的许多部分都参与氯离子孔的构成。CLC-0 二聚体双筒结构代表了 CLC 家族其他成员的功能结构基础。CLC 通道对氯离子具有高度的选择性（$Cl^->Br^->I^-$），碘化物则不同程度地阻断氯离子电导。CLC 的门控过程具有依赖时间和电压的特点。细胞膜超极化可缓慢增加通道开放的概率（慢门控过程），去极化则增加通道的开放时间（快速门控）。在细胞膜超极化和去极化时，CLC-0 的开启分别经慢、快两种门控过程。

CLC 广泛分布于机体的兴奋性细胞和非兴奋性细胞膜及溶酶体、线粒体、内质网等细胞器的质膜上。CLC 在神经元、骨骼肌等细胞的电兴奋性调节、跨上皮转运水和盐、细胞容积调节和细胞器酸化等方面发挥着重要的作用。目前已发现氯离子通道的功能与多种重要的遗传性疾病有关，如 CLC 的遗传缺陷可导致多种家族性的先天性肌强直、隐性遗传全身性肌强直、囊性纤维化病、遗传性肾结石等疾病。随着对 CLC 的结构和功能调节机制的深入研究，相信在未来研发和设计特定的药物用来治疗氯离子通道的功能异常引起的疾病方面会出现突破。

（邢俊玲）

1.4 突触的结构与功能

突触（synapse）是指互相连接的两个神经元之间或神经元与效应器之间接触的特化结构。这种接触结构在形态学上特殊分化，在机能上可以进行神经信息的传递和整合。

1897 年，英国生理学家 Sherrington 研究脊髓反射时，首先将突触（synapse）一词引入生理学。此词由希腊语衍生而来，原意为"互握"。突触处两个神经元的胞质并不相通，而是彼此都形成功能联系的界面。突触不仅用于两个神经元之间的功能性接触，也用于神经元和效应细胞如肌细胞和腺细胞之间的功能性接触。绝大多数突触信息的传递是通过神经递质介导的，即信息由电脉冲传导转化为化学传递，再由化学传递转换为电脉冲传导。突触囊泡是神经递质储存和释放的场所，此类突触称为化学突触（chemical synapse）（图 1-6A）。在哺乳动物还存在一种数量极少的突触，其突触前的电脉冲可直接传导到突触后神经元，称为电突触（electrical synapse）（图 1-6B）。

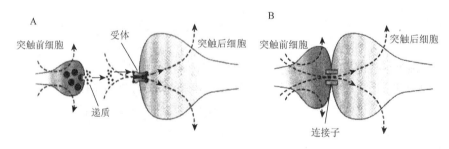

图 1-6 化学突触与电突触的传递（Nicholls et al.，2015）

A. 化学突触，突触前神经终末的去极化触发神经递质分子的释放，后者与突触后神经元上的受体相互作用，引起兴奋或抑制；B. 电突触，电流通过连接子由一个细胞直接流至另一个细胞，连接子是由胞内通道聚集起来形成的缝隙连接

1.4.1 化学突触

在光学显微镜下观察，可以看到一个神经元的轴突末梢经过多次分支，最后每一个小枝的末端膨大呈杯状或球状，叫做突触小体。这些突触小体可以与多个神经元的细胞体或树突相接触，形成突触。在电子显微镜下观察，可以看到突触是由突触前膜、突触间隙和突触后膜三部分构成的（图 1-7）。突触前膜是轴突末端突触小体的膜；突触后膜是与突触前膜相对应的胞体膜或树突膜；突触间隙是

突触前膜与突触后膜之间存在的间隙。突触小体内靠近前膜处含有大量的突触囊泡（synaptic vesicle），泡内含有化学物质——神经递质，当兴奋通过轴突传导到突触小体时，突触小体内的突触小泡就将递质释放到突触间隙里，使另一个神经元产生兴奋或抑制。这样，兴奋就从一个神经元通过突触而传递给了另一个神经元。

1. 突触前成分

1）突触前膜　　突触前膜（presynaptic membrane）厚 5～7nm，是突触前轴突膜的特化部分。其内面（胞质面）附有致密物质，由丝状或颗粒状物质形成，使突触前膜似有增厚之感。这些致密物质突向胞质，与膜上的网共同形成突触前囊泡网格（presynaptic vesicular grid），它可容纳突触

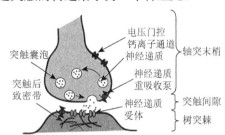

图 1-7　化学突触模式图

囊泡，并是突触囊泡与膜融合形成胞吐的部位。突触前膜的致密物质并未占据其全长，通常将突触前膜上的致密物质和囊泡集聚的部分称为突触活性带（synaptic active zone）。

2）突触囊泡　　其直径为 20～70nm，集聚在靠近突触前膜处，内含高浓度的神经活性物质。囊泡的形态及大小不同，有直径约 40nm 的圆形清亮囊泡，直径约 50nm 的扁平囊泡，直径为 40～60nm 的颗粒囊泡等。一般认为圆形囊泡内含兴奋性活性物质（ACh 等），扁平囊泡内含抑制性活性物质（γ-氨基丁酸和甘氨酸等），颗粒囊泡内则含去甲肾上腺素。囊泡贮存并释放神经活性物质。突触囊泡是如何生成的还不清楚，有人认为可能是在神经元胞体的高尔基体中生成，经轴浆流输送到轴突末梢中。也有证据提示，一些突触囊泡可能在神经末梢局部生成。

突触前成分中还有线粒体，其数目因末梢大小而异。此外还有少量滑面内质网的小囊和小管。有的突触前成分内还可见神经微管和神经丝，但不丰富，常位于轴突终末的中心区，伴随着线粒体及突触囊泡。

2. 突触后成分　　突触后成分包括突触后膜（postsynaptic membrane）、突触下网和突触后致密带（postsynaptic density）等结构。突触后膜的胞质面有一层均匀的电子密度很高的致密物质层，称为突触后致密带，厚 5～60nm。从整体来看，突触后致密带呈盘状，中央有孔。不同类型突触的突触后致密带厚度不同。一般突触后膜及突触后致密带较突触前膜厚，但也有与突触前膜的厚度几乎相等者。

利用微电极技术在突触后神经元上观察到两种电位，能够在突触后膜产生兴奋性效应，表现为突触后膜的膜电位减小，引起去极化，称为兴奋性的突触后电位（excitatory postsynaptic potential，EPSP）（图 1-8）。相应的，抑制性的突触后电位（inhibitory postsynaptic potential，IPSP）就是能够使突触后神经元产生抑制效应，表现为突触后膜膜电位的增加，引起超极化（图 1-9）。

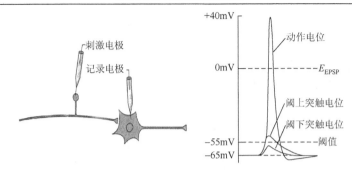

图 1-8　兴奋性突触后电位

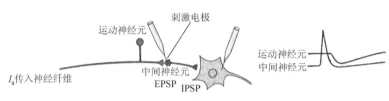

图 1-9　抑制性突触后电位

3. 突触间隙　　突触间隙（synaptic cleft）为突触前、后膜之间的间隙，宽 20～30nm。不同类型突触的突触间隙宽度不同，一般兴奋性突触较抑制性突触宽。突触间隙内含黏多糖、糖蛋白和唾液酸，唾液酸以唾液酸糖脂和唾液酸糖蛋白的形式存在。

1.4.2　电突触传递

直到 1957 年，E. Furshpan 和 D. Potter 终于在小龙虾的巨大神经元上发现了电突触的存在。紧接着在 1972 年，M. Bennett 及其他研究者的一些工作显示，电突触在非脊椎动物和脊椎动物中都是普遍存在的。用超薄切片术可显示相邻两细胞的连接处的细胞质膜明暗相间的 7 层结构，细胞间的缝隙约 2nm，其内有间隔的均匀排列的颗粒。用 X 线衍射技术证明，每个颗粒由 6 个蛋白质亚单位构成，它们呈环形排列，中间有直径 2nm 左右的小孔，称为连接子（connexon）。每两个连接子相对合组成缝隙连接（gap junction）（图 1-10），

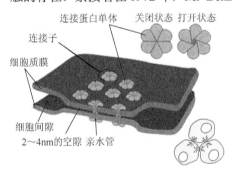

图 1-10　缝隙连接组成（见彩图 1）

并分别包埋在相邻细胞的质膜中，构成两个细胞之间的通道。通道只允许分子质量小于 1200Da 的物质自由通过，如无机离子、氨基酸、葡萄糖等。缝隙连接是一种动态结构，有多种因素参与调节通道的开放和关闭，如细胞内 pH、Ca^{2+} 浓度和细胞膜电位等。局部电流可以通过缝隙连接，当一侧膜去极化时，可由于电紧张性作用导

致另一侧膜也去极化。用冰冻断裂电镜技术显示，缝隙连接的颗粒区面积大小不等，且排列规则而密集。缝隙连接有多种功能，它与细胞的代谢和分化，物质的运输和电兴奋的传导等有密切关系，特别是与相邻接细胞的同步化活动有关。

1.4.3　突触信息的整合

大多数中枢神经系统的神经元接受成千的突触输入，这些输入信息同时激活不同的突触后膜上递质门控离子通道和 G 蛋白偶联受体。突触后神经元需要整合所有这些复杂的离子和化学信号，然后给出一种简单形式的输出——动作电位。将许多突触传入转换成一个简单的神经输出，包含了复杂的神经计算。一个活的有机体，其大脑每秒钟要进行数亿次的神经计算。

如果 EPSP 发生在不同的时间，这些不同时间的 EPSP 是可以总和的，这就是时间总和现象。第一个刺激诱发的 EPSP，在第一个 EPSP 尚未完全衰减到 0mV 时受到第二个刺激，那么第一个和第二个刺激产生的 EPSP 就会发生叠加，以此类推，不同时间上第一个、第二个、第三个刺激产生的 EPSP 都会总和叠加，叠加的电位一旦到达该神经元的阈电位就会爆发动作电位（图 1-11）。

图 1-12 所示为树突上记录到 EPSP（0 点上）。EPSP 是一种局部电位，在神经元的传播中是逐渐衰减的。如果把记录电极放置 1 点，记录到减小些的 EPSP。如果把记录电极放置 2 点，则记录到更小些的 EPSP。如果把记录电极放置 3 点，EPSP 更小了。如果把记录电极放置 4 点，记录到的 EPSP 几乎是 0mV。在神经元的不同部位同时发生的 EPSP，是可以总和的，此处的"总和"是发生在一定的空间范围内的。不同空间同时发生的 EPSP 在它们尚未衰减至 0mV 时才可能总和，这就是空间总和现象。

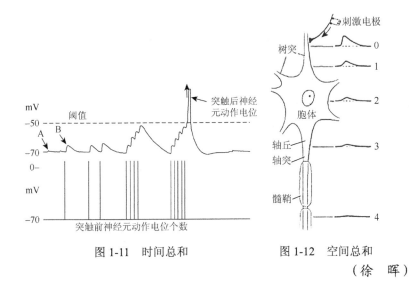

图 1-11　时间总和　　　　　　图 1-12　空间总和

（徐　晖）

1.5　神经递质及其受体

在化学突触传递中担当信使的特定化学物质，简称神经递质（neurotransmitter）。神经递质是指从神经末梢合成和释放的特殊化学物质，该物质能识别和结合于相应的受体，随后通过一系列信号转导途径，最终产生生物学效应。

神经递质必须符合以下标准：①在突触前神经元内具有合成递质的前体物质和合成酶系，能够合成这一递质；②递质贮存于突触囊泡以防止被胞质内其他酶系所破坏，当兴奋冲动抵达神经末梢时，囊泡内递质能释放入突触间隙；③递质通过突触间隙作用于突触后膜的特殊受体，发挥其生理作用，用电生理微电泳方法将递质离子施加到神经元或效应细胞旁，以模拟递质释放过程能引发相同的生理效应；④存在使这一递质失活的酶或其他环节（摄取回收）；⑤用递质拟似剂或受体阻断剂能加强或阻断这一递质的突触传递作用。在神经系统内存在许多化学物质，但不一定都是神经递质，只有符合或基本上符合以上条件的化学物质，才能认为是神经递质。

1.5.1　神经递质的分类

经典神经递质分为季铵盐（乙酰胆碱），胺类（肾上腺素、去甲肾上腺素、5-羟色胺、多巴胺、组胺），嘌呤（腺嘌呤、ATP），氨基酸类，包括γ-氨基丁酸、甘氨酸（Gly）、谷氨酸（Glu）等。另一类非经典神经递质称为神经调质，包括神经活性肽、类固醇、前列腺素、花生四烯酸、一氧化氮（nitric oxide，NO）等。

1.5.2　神经递质的合成、储存和释放

大脑中不同的神经元可释放不同的神经递质，多数中枢神经系统突触的快速传递由氨基酸——Glu、GABA 和 Gly 介导。氨基酸和单胺类神经递质都是包含有一个氮原子的有机分子，由突触囊泡储存和释放。肽类神经递质则都是由分泌颗粒储存和释放的大分子。突触囊泡和分泌颗粒经常存在于同一轴突末梢，与之相一致，多肽也经常存在于含有胺类或氨基酸神经递质的同一轴突末梢中。乙酰胆碱介导所有神经肌肉接头的快突触传递。三类神经递质均可介导中枢神经和外周神经慢突触传递。

化学突触传递需要神经递质首先被合成，以备释放。不同的神经递质有不同的合成途径。例如，Glu 和 Gly 属于蛋白质合成所需的氨基酸，富集于机体所有细胞（包括神经元）中。相反，GABA 和单胺只由释放它们的神经元合成，这些神经元含有特异性酶类，这些酶可以利用不代谢前体物合成相应的递质。合成氨基酸和胺类递质的酶被运输到突触末梢，进行局部且快速、直接的递质合成。

一旦氨基酸和胺类神经递质在轴突末梢的胞质中合成后，它们就被突触囊泡摄取。囊泡内神经递质的浓缩过程是由转运体（transportor，在囊泡膜中镶嵌的特殊蛋白质）来完成的。在分泌颗粒中合成和储存的机制是迥然不同的。

多肽是在胞体中，由核糖体将氨基酸连在一起而合成的。对于肽类神经递质而言，这些都发生在粗面内质网上。在粗面内质网上合成的多肽通常在高尔基体被酶解后形成有活性的神经递质。分泌颗粒包装这些有活性的神经递质，并将它们以轴浆运输的方式转运到轴突末梢。

化学性突触传递是通过突触前末梢的去极化，去极化使存在于该处的电压依赖性钙离子通道开放，使一定量的钙离子进入突触后膜，触发搭靠在活性带附近的致密结构的囊泡与质膜发生融合，以致最后发生胞裂外排等一系列过程，引起神经递质的释放，进而引起突触后神经元膜电位的去极化或超极化。

1.5.3　神经递质受体

神经递质从突触前膜释放后，只有与特异性受体结合，产生突触后效应，才能完成神经元进行细胞间信息传递的基本功能。神经递质受体都是一些跨越细胞膜的蛋白质复合体，根据结构和功能，分为离子通道型受体和代谢型受体两类。

1. 离子通道型受体　　递质门控离子通道型受体（transmitter-gated ion channel）是由 4 个或 5 个亚基形成的跨膜蛋白，这些亚基组合在一起形成了一个通道。在没有神经递质时，通道通常是关闭的。当神经递质结合到通道胞外区的特异性位点后，亚基的轻微扭曲便可导致通道构象的改变，使得通道在 ms 级时间内被打开。通道的功能效果则依赖于哪一种离子能通过通道。递质门控通道通常不会显示与电压门控通道相似的离子选择性。由突触前神经递质释放导致的突触后膜瞬时去极化，产生 EPSP。EPSP 是由于兴奋性突触释放兴奋性递质，如谷氨酸、乙酰胆碱等，谷氨酸是中枢神经系统中最主要的兴奋性神经递质。

如果递质门控通道通透氯离子，则净效应将使突触后细胞膜超极化（因为氯离子的平衡电位是负的），使膜电位远离产生动作电位的阈值，使突触后神经元产生抑制效应。突触前神经递质释放导致突触后膜的瞬时超极化，表现为突触后膜膜电位的增加，产生 IPSP。抑制性突触释放抑制性递质，如 γ-氨基丁酸、甘氨酸等，γ-氨基丁酸是中枢神经系统中最主要的抑制性神经递质。

2. 代谢型受体　　本身不是离子通道，但可以通过调节第二信使产生缓慢而持续的生理反应。这类受体包括膜中的 G 蛋白偶联受体或酶偶联受体。由这些酶催化合成的分子称为第二信使（second messenger），可在胞内扩散。第二信使可以激活胞质内其他酶类，从而调节离子通道功能和改变细胞代谢。值得注意的是，即使同一个神经递质，由于结合不同的受体可以产生不同的突触效应，如 ACh 对心脏和骨骼肌效应的差别。ACh 通过使心肌细胞缓慢超极化，降低心脏的节律性收缩。相反，ACh 通过快速去极化，使骨骼肌纤维产生收缩。这些效应可以用不同的受体机制加以解释：在心肌，ACh 受体经 G 蛋白偶联到钾通道，使钾离子通道开放，诱发心肌纤维的超极化。在骨骼肌，ACh 受体是经可通透钠离子的 ACh 门控通道，使该通道开放，诱发肌纤维的去极化。

1.5.4　神经递质的生化和生理作用

1. 乙酰胆碱　　乙酰胆碱广泛存在于自然界和各种属动物的神经系统中。ACh 在胆碱乙酰转移酶（ChAT）的催化下，由胆碱与乙酰辅酶 A 合成。乙酰胆碱酯酶（AChE）可破坏 ACh。ACh 的受体有两类：烟碱受体（N 受体）和 M 胆碱受体。因为一些激动剂和拮抗剂对骨骼肌和神经节的 N 受体的作用不同，可再分为 N_1 和 N_2 受体亚型。M 胆碱受体有 5 种亚型，M_1 受体分布于神经节及多种分泌腺，M_2 受体分布于心脏，M_3 和 M_4 受体分布于骨骼肌和分泌腺，中枢神经系统含有所有 5 种亚型。ACh 作用于 N 受体开放离子通道，M 受体的功能则由 G 蛋白家族成员介导引起膜结合的效应分子的改变而实现。在外周神经系统中，ACh 除发挥全部突触后副交感神经纤维和少数突触后交感神经纤维递质传递作用外，还支配交感和副交感节前纤维、骨骼肌的运动神经和中枢神经系统内某些神经元的传递作用。这一神经递质在运动、感觉、心血管活动、摄食、饮水、体温调节、睡眠与觉醒、学习记忆、神经可塑性、早期神经发育中都起重要作用。

2. 单胺类递质　　神经系统中含有胺类结构的化学物质称为单胺类递质，由于单胺的种类不同，又分为儿类酚胺（去甲肾上腺素、肾上腺素和多巴胺）和吲哚胺（5-羟色胺）。去甲肾上腺素是大部分交感神经节后纤维和中枢神经系统的神经递质。

儿类酚胺的生物合成是以酪氨酸为原料，在酪氨酸羟化酶作用下生成多巴，再在 L-芳香氨基酸脱羧酶的催化下形成多巴胺。多巴胺进入囊泡，经多巴胺β-羟化酶的催化，转变为去甲肾上腺素。在苯乙醇胺 N-甲基转移酶的催化下，去甲肾上腺素转变成肾上腺素。重摄取和酶解失活是消除递质的主要方式：重摄取量占释放量的 3/4；在酶解失活方面，单胺氧化酶（MAO）和儿茶酚胺氧位甲基转移酶（cOMT）起重要作用。去甲肾上腺素受体主要有α和β两大类。3 种β受体已被克隆，分别称为$β_1$、$β_2$和$β_3$受体亚型。在α受体中$α_2$分成$α_{2A}$、$α_{2B}$、$α_{2C}$三种亚型，$α_1$ 受体也已克隆出$α_{1B}$、$α_{1C}$、$α_{1D}$。去甲肾上腺素受体需要 G 蛋白介导，与第二信使偶联后产生一系列信号转导和生理效应，第二信使系统主要是腺苷酸环化酶系统和磷脂酰肌醇系统。去甲肾上腺素在心血管系统、睡眠、觉醒、注意、警觉、学习记忆中起重要作用。

3. 氨基酸类神经递质

1）Glu Glu 的生物合成有两条通路，即α-酮戊二酸和谷氨酰胺分别在甘氨酸α-酮戊二酸转移酶和谷氨酰胺酶作用下生成谷氨酸。它是中枢神经系统中的兴奋性递质，在脑皮层中的含量远超过代谢旺盛的肝脏中含量，各脑区的含量差别不大。谷氨酸受体分为离子型和代谢型。离子型谷氨酸受体包括 NMDA 受体、α-氨基羟甲基异恶唑丙酸（AMPA）受体和海人藻酸受体，代谢型谷氨酸受体通过与 G 蛋白偶联，调节细胞内第二信使导致代谢改变。NMDA 受体在许多复杂生理反应如调节神经系统发育、调节学习记忆过程、触发脊髓的节律性运动中起关键作用。

2）GABA GABA 是脑内的一种重要的抑制性基质，L-谷氨酸脱羧酶和辅酶硫酸吡哆醛将 L-谷氨酸转变成 GABA。GABA 主要分布于脑内，外周神经和其他组织中很少，在脑内的含量为单胺类递质的 1000 倍以上。GABA 能神经元多数属中间神经元，主要起突触后抑制性调控作用，如抗焦虑、抗惊厥、镇痛作用，对内分泌（下丘脑垂体）有调节作用，GABA 受体主要有 $GABA_A$、$GABA_B$ 两种类型。$GABA_A$、$GABA_B$ 被 GABA 激活产生生物学效应，前者可被荷包碱阻断，后者对荷包碱不敏感。$GABA_A$ 主要介导突触后抑制效应，$GABA_B$ 主要介导突触前抑制，$GABA_C$ 与 $GABA_A$ 受体功能相似，但药理反应特性不同。

3）Gly Gly 也是一种抑制性递质，广泛分布于中枢神经系统，在脊髓（尤其是前角）含量最高。其在线粒体内合成，由丝氨酸在丝氨酸羟甲基转移酶催化下脱去羟甲基而生成，或由乙醛酸在转氨酶作用下氨基化而生成。甘氨酸主要依靠重摄取机制终止突触传递。甘氨酸受体由 3 个亚单位组成，分子质量分别为 48kDa、58kDa 和 93kDa，前两种亚单位围绕氯离子通道组成受体复合体，后一种亚单位功能尚不清楚。另外，谷氨酸可与 NMDA 受体/通道复合体结合，加强活性。

4. 其他可能的神经递质

1）一氧化氮（NO） NO 作为信息传递物质不同于经典神经递质。前面介绍的几类经典神经递质都贮存于囊泡中，在神经冲动到达后，囊泡以胞吐的方式释放出递质与突触后膜受体结合，通过离子通道或信使系统产生生物效应，多余的神经递质通过重摄取或酶解而失活。NO 则不同，它是一种有高度反应性的活泼气体分子，由 L-精氨酸经一氧化氮合成酶催化生成，合成后并不贮存于突触囊泡，也不以胞吐方式释放，而是在合成部位向四周弥散，而且并不局限于突触结构。NO 不是通过与特异性受体结合而是通过与一些酶或蛋白质结合而产生不同的生物学效应。NO 作用终止也不通过转运体或酶解，而是通过弥散。NO 作为信使物质的发现及其作用方式，扩大了人们对化学传递物质的认识。一氧化氮合酶在神经系统有三种亚型同工酶，包括在正常状态下表达的神经元型一氧化氮合酶（nNOS）和内皮型一氧化氮合酶（eNOS），以及在损伤后诱导表达的诱导型一氧化氮合酶（iNOS）。nNOS 主要存在于大脑皮层、海马、纹状体、下丘脑、中脑和小脑等处，含有 nNOS 的神经元占该区神经细胞总数的 2%左右。

NO 的主要信号转导机制是激活可溶性鸟苷酸环化酶，升高脑内环鸟苷酸，进而调节磷酸二酯酶，水解环核苷酸；激活 cAMP 依赖性蛋白激酶使蛋白质磷酸化；调节 ADP 核糖环化酶，使钙库释放钙；还可操纵离子通道促使 Ca^{2+} 跨膜流动。生理作用表现在调节脑血管张力，参与痛觉调制，增加突触长时程增强（LTP），易化学习记忆。

2）嘌呤类物质　　　腺嘌呤是组成核酸的一种主要碱基，参与蛋白质的生物合成。腺嘌呤核苷酸包括 AMP、ADP 和 ATP，参与细胞能量代谢。腺苷和 ATP 还参与外周和中枢的神经传递过程，起着神经递质或调质的作用。腺苷是抑制性调质，有神经保护作用，ATP 是兴奋性递质，腺苷和 ATP 对神经系统都有营养作用，还参与痛觉调制。ATP 贮存于小囊泡，动作电位可引起钙依赖性释放，腺苷从神经肌肉细胞胞质贮池中释放。嘌呤受体属 G 蛋白偶联受体。

（徐　晖）

1.6　突触可塑性

中枢神经的基本机能是适应千变万化的客观世界和内在环境的影响而活动，与环境变化相适应的机能变化必须有结构的相应改变。近 20 年来，很多实验证明，在光学显微镜和电子显微镜下都可发现一些中枢神经结构的改变现象。突触的传递效率并不固定，伴随进行的活动模式而发生改变。在许多突触处，重复活动不仅能产生短期变化，还可以产生长达数小时，甚至数天的突触效能的变化，这类现象有两种：一种称为长时程增强（long-term potentiation，LTP），另一种称为长时程压抑（long-term depression，LTD）。LTP 是由突触后细胞的钙离子浓度升高所介导，这种升高引发一系列第二信使系统的活动，从而募集更多的受体进入突触后膜，并增加突触敏感性。LTD 是由突触后钙离子浓度的较少增加而引起，伴随有突触后受体数量减少和敏感性降低。

1.6.1　长时程增强

虽然 LTP 在其他脑区，包括若干新皮质区，甚至在鳌虾的神经肌肉接头上也发生，但主要的研究工作则是在离体海马脑片上进行的。1973 年，Bliss 和 Lomo 首次在海马结构的谷氨酸能突触处，描述了 LTP。记录的结构位于脑的颞叶，由在横切面上呈 C 形的皮层条片的两部分——海马与齿状回，再加上相邻的下托组成（图 1-13）。在这个有序的细胞结构和输入通路中，人们有可能把记录电极插入并放置在已知的细胞类型近旁，甚至插入细胞记录突触电位。同样，刺激电极也可置于特定的输入通路上。Bliss 和 Lomo 证明，高频刺激齿状回细胞的输入通路，引起长达数小时，甚至数天的 EPSP 幅度的增加（图 1-13），这种现象现称为同突触长时程增强（homosynaptic LTP）。

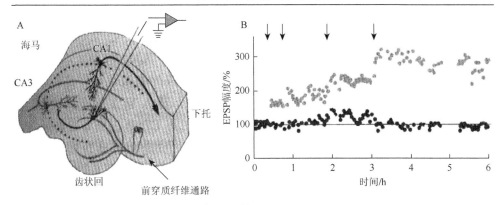

图 1-13　麻醉兔海马的长时程增强（LTP）（Nicholls et al.，2015）

A. 刺激前穿质纤维通路，引起齿状回颗粒细胞的突触反应。B. 在箭头指示处，给予短暂的强直刺激（15Hz，持续 10s）。每次强直刺激引起突触反应幅度的增加（灰点），最终持续数小时。同一细胞上，对未接受强直刺激（直线附近的黑点）的对照通路的刺激的反映未改变

　　1. LTP 诱导的机制　　目前认为突触后细胞内钙离子浓度的增加是一个重要因素。在 CA1 区的锥体细胞中，这种增加是通过 NMDA 型谷氨酸受体的钙离子内流所引起。NMDA 受体形成的阳离子通道的特点是，在正常静息电位时，它们被阻遏，这种阻遏是由细胞外液中镁离子占据了通道所引起的。当受体去极化时，镁离子被移走。大多数谷氨酸敏感的细胞，在突触后膜上均表达 NMDA 和非 NMDA（AMPA）受体。所以，兴奋性突触前终末释放的谷氨酸，将激活这两种受体。虽然 NMDA 受体有较高的钙电导，但 NMDA 受体是否能激活取决于膜的去极化是否足够解除镁离子对通道的阻塞。NMDA 受体拮抗剂阻遏 LTP 的诱导，而在成功诱导后则不能阻遏 LTP。这一事实表明，NMDA 受体参与了 LTP 的诱导。

　　胞内钙浓度的升高，可激活许多胞内的生化通路。钙-钙调蛋白依赖性蛋白激酶 II（CaMK II）和环腺苷酸依赖性蛋白激酶，是诱导 LTP 的两条重要通路。实验表明，CaMK II 在树突棘的突触后致密物中的浓度很高。而且，胞内注入 CaMK II 抑制剂，能阻遏 LTP 的诱导。LTP 在敲除 CaMK II 关键性亚基的转基因小鼠中也缺如。同样，抑制环腺苷酸依赖蛋白激酶，将使 LTP 降低。

　　2. LTP 表达的机制　　LTP 表达的两种不同机制：突触前（更多量子释放）和突触后（单量子引起更大的反应）。

　　1）寂静突触　　在哺乳动物中枢神经系统，绝大多数兴奋性突触传递是由 NMDA 和 AMPA 谷氨酸受体介导的。在正常的兴奋性突触传递过程中，突触前末梢释放的谷氨酸，作用于突触后膜的 AMPA 和 NMDA 受体。在静息电位水平 NMDA 受体被细胞外液中 Mg^{2+} 阻隔，谷氨酸只能与 AMPA 受体结合，产生去极化突触反应，但这个去极化不是以解除 Mg^{2+} 对 NMDA 受体的阻挡。这种只有 NMDA 受体，缺乏介导快速兴奋性突触传递 AMPA 受体的突触，称为寂静突触（silent synapse）。寂静突触转化为功能性突触可能是 LTP 维持的重要机制。

2）受体的上调　　许多兴奋性树突棘是寂静的，在重复刺激后，得到了 AMPA 受体的补足。大量证据表明，AMPA 受体在 LTP 表达期间是上调的。最直接的证据是，在伴有 NMDA 受体激活的重复刺激后，AMPA 受体亚基被装配到树突棘上。

在静息电位时，许多树突棘最初只包含对谷氨酸无反应的 NMDA 受体。当树突去极化足够大时，激活 NMDA 受体，引起钙离子内流。内流的钙离子与钙调蛋白结合，钙-钙调蛋白复合体（CaM）激活 CaMKⅡ，随后 CaMKⅡ自身磷酸化，转变成一种在钙浓度回到基础水平时仍有活性的物质。CaMKⅡ对突触传递有两方面的作用：①它能使膜上的 AMPA 受体磷酸化，增加通道电导，从而使量子释放的效应增加；②它能易化储备的 AMPA 受体从胞质动员上细胞膜，从而使神经终末释放的量子化谷氨酸有更多突触后反应位点（图 1-14）。

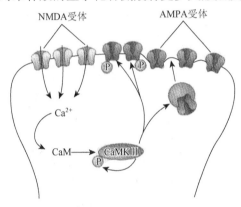

图 1-14　LTP 的可能机制（Nicholls et al.，2015）

NMDA 受体激活使钙离子内流入树突棘，激活 CaMKⅡ，后者发生磷酸化，从而在钙离子浓度回到正常水平后，仍保持其自身活性。CaMKⅡ磷酸化已存在于突触后膜的 AMPA 受体，并（或）促进储备池中新 AMPA 受体嵌入突触后膜

1.6.2　长时程压抑

长时程压抑（LTD）是在 Schaffer 侧支输入到 CA1 区锥体细胞的突触上首次报道的，而后在包括海马 CA3 区、齿状回、各种皮层区和小脑的若干区域都进行了研究。图 1-15 显示了依据刺激模式不同而表现的几种 LTD 类型。同突触 LTD（homosynaptic LTD），是同一通路上前一重复活动引起的突触传递的 LTD（图 1-15A）。多种刺激模式，如长串的低频刺激（1～5Hz，持续 5～15min）、低频成对刺激或短暂的高频刺激（50～100Hz，持续 1～5s），均可引起 LTD。在 Schaffer 侧支，同突触的 LTD，为 NMDA 拮抗剂、锥体细胞的超极化及突触后注入钙螯合剂所阻遏。然而，在其他脑区，mGluR 似参与了 LTD 的诱导，而 NMDA 拮抗剂则无作用。

异突触 LTD（heterosynaptic LTD）是由对同一细胞的不同传入通路中的前一活动所引起的突触传递的长时程压抑（图 1-15B）。某通路中 LTP 的诱导，导致了相邻突触的传递压抑。在急性标本上，前穿质纤维—齿状回突触上的异突触的 LTD 能维持数小时。这种现象需要胞外钙离子的存在，并伴有突触后钙离子浓度的升高。在海马，NMDA 受体的激活参与了 LTD，但无 NMDA 受体激活时，突触后去极化也能产生 LTD。在齿状回，LTD 能被 L 型钙通道阻断剂所阻遏。在两个输入处强、弱刺激相结合，引起弱刺激输入的反应被压抑，引起联合型 LTD（图 1-15C）。

小脑皮层浦肯野细胞接受两种兴奋性输入：从颗粒细胞来的平行纤维，广泛分支，在次级和第三级树突上形成大量的突触；下橄榄核来的攀缘纤维，与胞体和近端树突丛形成强的突触连接。平行纤维的递质为谷氨酸，该突触既包含mGluR，也含 AMPA 受体。采用攀缘纤维和平行纤维的协调低频刺激输入浦肯野细胞，在小脑产生 LTD（图 1-15D）。

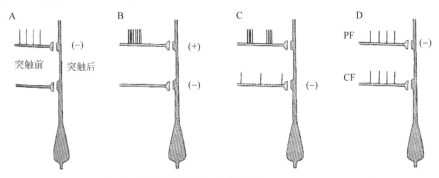

图 1-15　按刺激模式对长时程压抑分型（Nicholls et al.，2015）

（+）和（−）分别表示条件刺激后突触反应的增强或压抑。A. 对同一传入通路的长时间低频刺激，引起同突触的LTD。B. 强直刺激相邻通路产生异突触的 LTD。C. 低频刺激测试通路，与短暂的异相强直刺激条件通路相结合，引起联合型 LTD。D. 攀缘纤维（CF）和平行纤维（PF）的协调低频刺激输入浦肯野细胞，在小脑产生 LTD

　　1. LTD 诱导的机制　　　与 LTP 一样，一个不变的特征是 LTD 取决于突触后钙的积聚。在海马，虽然异突触 LTD 能被单独去极化所诱导，不需受体激活，且能被 L 型钙通道阻断剂所减小，但钙的进入似乎主要通过 NMDA 受体。这提示，局部去极化和通过 NMDA 受体的钙积累，引起激活的输入通路的 LTP，而去极化扩布到邻近突触区，通过经电压门控钙通道的钙内流，产生 LTD。在其他脑区，激活 mGluR 后，IP3 引起的胞内钙库的钙释放可使游离钙浓度升高。在无 NMDA 受体的小脑浦肯野细胞，钙是通过产生树突动作电位的电压敏感性钙通道而内流。

　　2. LTD 表达的机制　　　突触后敏感性的降低参与了 LTD 的表达。除了已描述的对施加的谷氨酸的敏感性降低以外，在 LTD 期间，微小 EPSP 的幅度也常减小。这些变化伴有 AMPA 受体的 GluR1 亚基的去磷酸化，提示单通道电导的减小。而且，在培养海马细胞的 LTD 期间，聚集于突触后膜上的 AMPA 受体数减少。LTD 表达的机制，似与 LTP 的刚好相反。

（徐　晖）

参 考 文 献

万选才，杨天祝，徐承寿. 1999. 现代神经生物学. 北京：北京医科大学中国协和医科大学联合出版社.

王克威，利民. 2009. 神经元的离子通道//韩济生. 神经科学. 3 版. 北京：北京大学医学出版社.

章纪放. 2009. 膜的电学特性//韩济生. 神经科学. 3 版. 北京：北京大学医学出版社.

Bear MF，Conners BW，Paradiso MA. 2004. 神经科学——探索脑. 2 版. 王建军译. 北京：高等教育出版社.

Bertil H. 1990. Ionic Channel of Excitable Membranes. 3rd ed. Sunderland：Sunderland Sinauer Associates.

Kandel ER，Schwartz JH，Jssell TM. 1996. Principles of Neural Science. Norwalk：Appleton & Lange Press.

Nicholls JG，et al. 2015. 神经生物学——从神经元到脑. 5 版. 杨雄里译. 北京：科学出版社.

第2章 神经生理实验方法

电变化是神经元作为可兴奋性细胞对外界刺激做出反应最主要的活动方式。电生理学方法就是为了记录和分析单个神经元、群体神经元、某个脑区乃至整个神经系统电变化，从中获得神经系统如何传导、加工与贮存信息，实现感觉、运动、学习记忆及认知思维等复杂活动的研究。电生理学方法具有以下特点：①准确反映神经系统生理或病理条件下功能活动特征；②可以从细胞膜上单个离子通道的细微水平到整个脑组织的宏观水平来探讨电变化是如何进行神经信息传导和加工的，研究尺度大；③能够体现神经系统电活动的时间和空间变化特征，蕴含信息丰富。因此，电生理学方法一直是神经科学研究中长盛不衰的"传家宝"。Hodgkin、Huxley、Eccles（1963年）和Neher、Sakmann（1991年）因利用与发展微电极和膜片钳技术对电生理学及神经科学研究做出的巨大贡献，分别获得了诺贝尔生理学或医学奖。近年来，随着电生理方法与形态学、神经化学、分子生物学、免疫技术及计算机技术等方法的有机结合，该技术发挥了越来越大的作用，为开拓神经科学的新前景提供了更为多样的途径。

2.1 电生理实验基本仪器设备

2.1.1 电信号拾取与存储系统

1. 生物电放大器　　生物电信号的特点是信号微弱，一般为mV级甚至μV级，同时混有大量的干扰信号，普通的放大器或者示波器无法直接拾取或显示，需要专门的能够将生物电信号放大几千到几十万倍的放大器，即生物电放大器。生物电放大器的主要特点：①高放大率。放大率是指放大器输入信号幅值和输出信号幅值的比值，通常为$10^4 \sim 10^5$倍。②低噪声。放大器输入端短路时，其内部元件自身因素使放大器仍有一定输出，即噪声。生物电放大器的噪声通常以小于10μV为宜。在记录生物电信号时，一般噪声是信号的1/10则好。③高差分比。差分比为异相信号放大倍数和同相信号放大倍数的比值。该参数反映了放大器抗干扰能力。对于放大器的正负输入端而言，拾取的生物电变化为异相信号，而常见的50Hz交流干扰多为同相信号。生物电放大器差分比可高达10 000以上。④一定的频率响应范围。放大器只能对一定频率范围内的信号进行均匀放大。高于或低于该范围的信号，放大倍数降低到最大值的0.707倍时的频率为放大器的上限频率和下限频率。这两个频率间所包括的频率为频带宽度，即频率响应或称通频带。

由于生物电信号的频率通常低于 100kHz，因此生物电放大器的频带一般为 0（DC，直流）～100kHz，可以通过调节放大器的时间常数和高频滤波来选择合适的通频带。⑤漂移小。漂移是指没有信号输入时，放大器输出的基线自行波动或位移的现象。良好的放大器，一般漂移小于 10μV/h 或 10μV/℃。

使用生物电放大器，要注意选择合适的参数。表 2-1 为常见生物电信号在记录时放大器参数的选择参考。其中时间常数（τ）是指放大器的低频滤波，对应的滤波频率（f）计算公式为 $f = 1/2\pi\tau$。

表 2-1　常见生物电信号在记录时放大器参数选择（周佳音等，1987）

生物电信号	幅值	放大器灵敏度	时间常数/s	高频滤波/kHz
神经干放电	50～500μV	50～500μV/cm	0.01～0.1	3～5
脑电图	30～200μV	20～100μV/cm	0.3～1.0	1
心电图	0.1～2mV	0.5～1mV/cm	0.1～1.0	1
肌电图	50～300μV	100μV/cm	0.01～0.1	5
视网膜电图	0.5～1mV	100～20μV/cm	0.3～0.1	1
肌梭放电	5～20mV	0.5～2mV/cm	0.01～0.1	3～5
肠平滑肌慢波	2～10mV	0.5～1mV/cm	DC（直流）～1.5	1
中枢单位放电	100～300μV	50～100μV/cm	0.01～0.1	5～10
单纤维放电	100～500μV	50～100μV/cm	0.01～0.1	5
细胞内记录	50～100mV	5～10mV/cm	DC	10～20

2. 微电极放大器　　在利用微电极进行细胞内记录时，为了保证电极能够扎进细胞，同时又尽可能减少对细胞的损伤，电极的尖端要非常细（可<1μm），电极的电阻因此也非常大（可高达 100MΩ）。生物电放大器的输入阻抗与之不相匹配，无法有效拾取信号。这时需要微电极放大器在微电极与生物电放大器之间连接，来拾取信号。微电极放大器，又称为电压跟随器，原理如图 2-1 所示。神经元简化成由一个电池和电阻组成的电路。为了测定神经元的膜电位变化，需要并联一个电压表。而为了精确测量直径在 μm 级细胞的膜电位变化，这个电压表的输入端（即电极）要很细，因此电阻很高，电压表的输入端和电压表之间是串联关系。根据串联电路的分压特性，为了保证电压表的读数 V 准确反映细胞的电压变化 E，电压表的内阻 R_{in} 要尽可能地大于电极电阻 R_e，这样才能保证从细胞上测量到的电压变化都落在 R_{in} 上。也即图 2-1 中公式所示，当 $R_{in} \gg R_e$ 时，$V = E \times R_{in}/(R_e + R_{in}) \approx E \times (R_{in}/R_{in}) = E$。

理想的微电极放大器输入阻抗无穷大，但现实中不可能做到那样，不过也可高达 $10^{11}\Omega$ 以上，而输出阻抗则小于 500Ω，因而可将微电极采集的细胞电信号大部分输入主放大器，进而显示与测量。此外，微电极放大器还具有电容补偿，测量微电极电阻，通过微电极向细胞输入去极化或超极化电流及滤波等功能。微电极放大器的另一个特点是其实际放大倍数（或称增益）较低，通常为 1～10 倍。因此在实验中通常是用微电极放大器拾取信号，输出到生物电放大器，由后者完成放大的任务，最终显示在示波器上。在使用微电极放大器时特别需注意的是保护其探头的信号输入端，因为该输入端的高输入阻抗特性，平时很弱小的电信号就可能击穿探头内的高阻抗场效应管，失去原有的功用。

3. **膜片钳放大器**　　其电流钳模式与微电极放大器类似，这里不再赘述。在电压钳模式下，膜片钳放大器又称为电流-电压（I-V）转换器（图 2-2）。其目的是将电极内部钳制在一个指令电位来测量流经电极的电流。该电路的核心是探头里的运算放大器（operational amplifier，OA）。该电路行为依赖于理想运算放大器的两个特性：①运算放大器输入阻抗无穷大，所以流出电极的电流（I_p）必须等于流经反馈电阻的电流（I_f），因为没有电流流入运算放大器的"–"输入端。②运算放大器能保持两个输入端电压相等。因为"+"输入端指令电压为 V_c，所以"–"输入端 $V_p=V_c$。实际上等于把细胞膜电位钳制在指令电压水平。此时，电极电流（I_p）通过反馈电阻，产生较大的电压降，完成了 I-V 转换，进而通过差分放大器（DA）测得电压降值（V_{out}）。根据欧姆定律，$V_{out}=I_fR_f$。根据以上信息，电极电流 $I_p=I_f=V_{out}/R_f$。实际上 R_f 阻值非常大（GΩ 级），因此该电路可以测量非常小的电流（pA 级）。该电极电流实际上反映细胞膜通道电流值。据此，可以分别记录到不同膜电位水平的通道电流值。由于细胞具有膜电容、串联电阻等特性，影响到电压钳制的准确性，因此在膜片钳放大器中还设有相应的电容与电阻补偿电路。

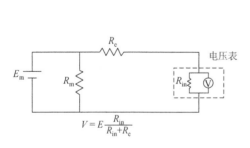

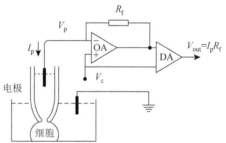

图 2-1　微电极放大器测量电压原理图
（Sherman-Gold，2007）

图 2-2　膜片钳放大器工作原理图
（Sherman-Gold，2007）

E_m. 静息膜电位；R_m. 膜电阻；R_e. 电极电阻；V. 电压表测得的电压值；R_{in}. 电压表内阻，也即微电极放大器的输入阻抗

OA. 运算放大器；DA. 差分放大器；R_f. 反馈电阻；V_p. 电极电位；V_c. 指令电压；I_p. 电极电流；V_{out}. 输出电压

4. **数-模转换卡**　　电生理学实验中一般为随时间连续变化的电压信号或

者电流信号。这些信号适合在示波器显示，但无法直接进入电脑存储（电脑中的数据格式均是不连续的数据）。这时，需要将实验中记录的连续模拟信号转换为电脑支持的数字信号，即模-数转换。例如，实验中通过示波器观察的动作电位，其曲线是由每一时刻对应的一个确定的电压数值组成的。但计算机不可能做到采集所有时刻的电压值，它只能每隔一个固定的时间间隔（如 $20\mu s$）采集一个电压值，当采集的时间间隔足够短时，这些点连成曲线将非常接近在示波器上看到的原始曲线。此外，有时需要计算机产生一些设定的模拟信号对动物的生物电活动进行干预，这时就需要数-模转换，其原理和模-数转换相同，不过执行过程相反。

在实际实验中经常遇到的一个问题是如何设置合适的模-数转换采样率，才能保证生物电信号尽可能地高保真。奈奎斯特定理（Nyquist theorem）是指导采样率设置的著名理论，其描述如下：为了减少数据中的噪声，并保证模拟信号准确地数字重建，模-数转换时采样率应等于或大于信号最大频率的两倍。这个信号频率两倍的频率为最小采样频率，或者为奈奎斯特频率。通常电生理学实验中的实际采样率要高于该值，称为过采样（oversampling）。电生理学实验中的信号多是随时间变化的数据，这种情况下一般设置的采样率是信号最大频率的 5~10 倍。需注意如何确定信号最大频率，以动作电位为例，这个最大频率不是指动作电位放电的频率，而是指动作电位波形中速度最快时的频率，如动作电位从起始到峰值需 0.5ms，其频率即（1/0.5）×1000=2000Hz，则设置采样率要为 10kHz 甚至 20kHz 才合适（Sherman-Gold，2007）。

2.1.2　光学观察系统

电生理学实验中常见光学观察系统由显微镜、摄像头、监视器组成，根据电生理学实验具体观察内容，可以灵活采用不同的显微镜。电生理学实验常用的显微镜有体视显微镜（stereo microscope）、正置 DIC 显微镜（upright DIC microscope）、倒置显微镜（inverted microscope）等。此外，现代光学技术发展促使了荧光显微镜、共聚焦显微镜等多种高端光学观察系统在电生理学实验中的应用，极大地扩展了电生理学实验观察的指标。

（1）体视显微镜。又可称为实体显微镜或立体显微镜和解剖显微镜。可将它看作两个单镜筒显微镜并列放置，由于两个镜筒的光轴构成模拟了人双眼观察物体时所形成的视角，因此形成立体视觉图像。其特点为：视场直径大、焦深大，这样便于观察被检测物体的全部层面；虽然放大率不如常规显微镜，但其工作距离很长，适用于对工作距离要求高，而对放大倍数要求不高的部分在体或离体记录，如单根神经纤维放电、离体脑片电活动等。

（2）正置 DIC 显微镜。DIC 的全称为微分干涉相差（differential interference contrast），又称 Nomarski 相差显微镜（Nomarski contrast microscope）。其原理

是利用特制的沃拉斯顿棱镜（Wollaston prism）来分解光束。分裂出来的光束的振动方向相互垂直且强度相等，光束分别在距离很近的两点上通过标本，在相位上略有差别。由于两光束的裂距极小，而不出现重影现象，使图像呈现出立体的三维感觉。它能观察活体组织而无需染色，适用于如脑片、脊髓片等活体组织薄片，培养的细胞，无色透明的简单生物（如线虫等）。其分辨率和清晰度远高于普通生物学显微镜，但对于太厚的组织片（>500μm）效果不佳。此外，正置显微镜具有另外一个缺点，即工作距离太小。目前常用的正置 DIC 显微镜配有红外照明系统，利用红外线波长长、穿透力强的特点，可以增大 DIC 观察标本的厚度，但最佳的观察厚度仍然为 300～500μm。

（3）倒置显微镜。倒置显微镜与普通正置显微镜结构基本相同，区别在于其光路与正置显微镜相反。正置显微镜物镜在标本的上方，照明系统在标本的下方；倒置显微镜则是物镜在标本的下方，照明系统在标本的上方。其适用于观察活的培养或者急性分离的细胞。由于标本上方只有照明系统，因此其工作距离很大，这是其在电生理学实验中最大的优点，但它只适用于细胞的观察，对于组织薄片则无能为力。

（4）数字摄像头及监视器。现代光学技术发展促使显微镜与数字成像系统完美结合，极大方便和简化了实验者在实验中对标本的观察、记录和分析。电生理学实验中常用的数字摄像头有红外摄像头和高速制冷摄像头等。红外摄像头与红外正置 DIC 显微镜配合是脑片电生理记录系统的标准配置。而高速制冷摄像头适用于记录标本中微弱荧光信号的变化，适用于电生理与静态或者动态荧光观察结合的实验。监视器接受摄像头输出的图像信号，便于实验者观察，根据个人喜好可选择模拟监视器，或者利用视频采集卡直接在电脑上显示和存储图像信号。

2.1.3　显微操作与机械稳定系统

为了保证记录信号的稳定和精确，电生理学实验中常用显微操纵器（俗称"微操"）来控制电极到达记录部位。显微操纵器有机械、液压、电动和压电陶瓷等类型。机械显微操纵器结构简单、使用方便，价格相对较低，缺点是响应慢、控制精度不高、无法远程控制（其他三种均可远程控制）、长时间稳定性差。因此，适用于精度不高的细胞外记录（如单纤维，场电位等）和刺激电极的控制。液压显微操纵器具有响应快、使用便利、一般无后冲现象（即在调节微操的瞬间微操有向调节相反方向运动的趋势）等优点。其缺点在于有漂移现象（随时间延长微操出现自发位移），精度一般。适用于较为精细的操作，如细胞内记录或者全细胞膜片钳记录。电动显微操纵器结构紧凑、稳固，精度高，长时间稳定性佳，性价比高。其缺点也很明显：后冲相对液压和压电比较明显，长时间使用时有缓慢的漂移。一般也用于精细操作，如细胞内记录或全细胞膜片钳记录。压电陶瓷显微操纵器是这几种微操中精度最高的，稳定性佳，无后冲，但价格最为昂贵。一般用于精密度要求高的实验，如单通道记录中。

除了显微操纵器，实验中有时还需要防震台的配合。防震台有商业化的气垫式，也有简易的沙盆式（普通实验桌的 4 个腿下垫上装满细沙的花盆）。事实上，选用稳定、精确的显微操纵器比购买复杂的商业化防震台更为重要。有时候，自制的结实、厚重的桌子和一套高质量的显微操纵器组合就足以达到很好的稳定效果。另外一个需要注意的问题是电生理记录系统摆放位置，电生理实验室要选在大楼中震动最小的楼层，如一楼甚至地下室，远离繁华的大街，实验台尽量摆放在房间中的角落，以减小外界的震动对记录的影响。

2.1.4　电磁屏蔽系统

生物电信号的记录通常伴有各种各样的干扰电信号，如动物体自身的不同生物电之间的干扰，这种干扰可以通过调整电极位置、设置放大器合适的参数等方式消除。但来自动物体外部的噪声最为常见，也最难去除。这时，通常有效的手段为"屏蔽和接地"。大多电生理学实验都需要良好的屏蔽笼（faraday cage）。其作用是去除外界空间辐射噪声（如 50Hz 的交流电、手机射频噪声、计算机高频噪声等）。屏蔽笼可以利用导电系数大、化学性能稳定的铜网自制。铜网的孔径越密，效果越好。双重铜网比单层效果更好。要保证铜网之间的连接处导电性，以使屏蔽笼整体电阻均一。

屏蔽笼虽然使外界噪声不进入放大器，但其代价为屏蔽笼本身接受了这些辐射噪声，这时需要通过"接地"来释放。其原理为电荷的流动方向是从电势高的地方流向电势低的地方，而大地为电势最低点。具体做法：将记录系统中各个设备的地线或者屏蔽层连接到一个共用点（常用一铜制接线柱），再从这个共用点接一根导线到墙上的电源地或者实验室自埋地线上（地线的要求是尽量降低接地电阻，而有时墙上的电源地无法达到要求，因此有时需要单独埋设专用地线）。在接地时要避免出现多点接地，多点接地会在不同的接地点出现细微的电位差，从而在屏蔽层中产生电流形成地环路噪声。一旦出现环路，磁场就可能进一步增强此环路的噪声。这个噪声就有可能通过放大器的地线进入记录系统，不但达不到屏蔽的作用，反而引入噪声。

虽然不同电生理学实验中所用的仪器有所不同，但其组成不外乎这几个部分：电信号拾取和存储系统、光学观察系统、显微操作和机械稳定系统、电磁屏蔽系统。图 2-3 为电生理实验系统组成的模式图，显示了这四大系统的主要仪器设备之间的连接关系。对于不同的实验目的，可以在相应的位置添加其他设备。例如，若需要进行刺激，可以在放大器后添加刺激器；若需要进行药理学研究，可以在标本的位置添加多导加药系统，等等。

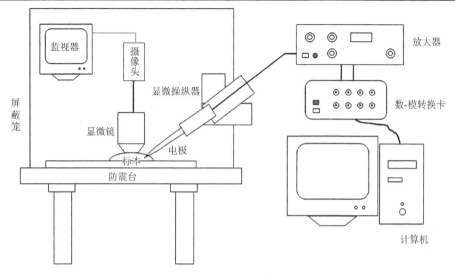

图 2-3　电生理实验系统组成

（王文挺）

2.2　神经纤维电活动和细胞外单位放电的记录

2.2.1　神经纤维电活动的记录

1. **定义**　　引导与记录外周单根神经纤维的放电脉冲，是用于分析神经纤维传导特征和感受器活动的一项经典技术。

2. **优缺点**　　优点为可保持长时间的稳定记录；缺点为记录的是细胞外电变化，不能提供细胞内活动的直接证据。

3. **用途**　　确定神经纤维类型；确定神经纤维放电与感受器的关系；进行神经放电非线性分析和传导编码研究。

4. **主要步骤**　　①体视显微镜（40×）下，手术暴露记录部位的神经干，制作皮槽，充灌 32℃液状石蜡保护神经干；②用游丝镊轻巧撕去严密包围神经干的外膜，打断记录位置相反方向的一端，如要记录感受器传入的放电，就打断神经纤维的中枢端；③从断端逐条分离神经细束，再将分离的神经细束悬挂在单根或双根铂金丝（直径约 30μm）引导电极上；④放大器引导放电，经模-数转换进行数据存储，施加刺激或药物因素，观察放电频率和模式的变化。

5. **技术要点**　　①首先要设法维持好实验动物的全身状态，如麻醉深度、体温与呼吸等，以便保证施加细束分离的神经干处于良好供血状态，如此分离成功率会显著提高。在离体神经干标本引导单纤维放电时，需及时维持充氧生理溶液的灌流，溶液温度以 32℃为宜。②选择与修磨两把适用的不锈钢游丝镊，其尖端既要细尖又要严密合缝，以便准确而灵巧地钳夹与分离神经细束。③分离细束过程中应尽量减少对神经干与神经细束的损伤，将细束悬挂到引导电极时避免过大牵张力。此时实验者在镜下操作的熟练程度与经验至关重要。通常，分离成功的神经细束可以连续稳定引导放电 3～5h。

分离细束的直径因检测纤维类型而异，检测 A 类神经纤维的细束直径为 20～50μm，检测 C 类神经纤维的细束小于 20μm，分离细束的长度约 500μm。一根细束中常含有多条神经纤维，引导时只需其中一条纤维具有放电活动，就可实现引导单纤维放电脉冲的要求。有时尽管几条纤维同时显示放电活动，只要其幅度不影响单纤维放电的引导即可。图 2-4 为我们实验室在单纤维记录中所观察到的多种放电模式。

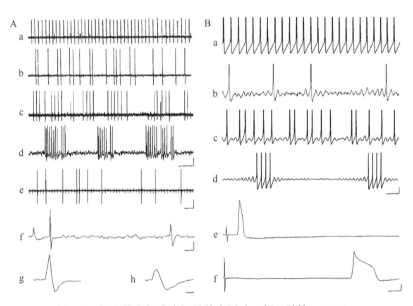

图 2-4　细胞外和细胞内记录的电活动（胡三觉等，2009）

A. 细胞外记录的神经单纤维的放电。a～d. A 类神经纤维放电的不同模式，标尺：幅度 0.1mV，时间 200ms。e. C 类神经纤维的放电，标尺：幅度 0.05mV，时间 200ms。f. A 类与 C 类神经纤维的诱发放电，传导速度分别为 12m/s 与 1.03m/s，标尺：幅度 0.1mV，时间 5ms。g, h. 上图（f）时间标尺扩大到 1ms。B. 细胞内记录的神经元胞体电活动。a～d. A 类细胞放电的不同模式，标尺：幅度 10mV，时间 30ms。e, f. A 类与 C 类背根节细胞的诱发放电，传导速度分别为 6.7m/s 与 0.6m/s，标尺：幅度 10mV，时间 3ms

2.2.2　细胞外单位放电的记录

1. 定义　　细胞外单位放电（single unit discharge）是记录中枢某些核团的单个细胞外电活动变化来反映该神经元放电活动特征的经典方法。

2. 优缺点　　优点为对所记录细胞无损伤，维持时间长，可记录脑内深部核团神经元的活动。缺点同单纤维记录。

3. 用途　　分析核团中神经元的电活动特征；在自由活动动物上记录，反应动物特定行为下神经元放电特征。

4. 主要步骤　①制备与选择适用的玻璃微电极或金属微电极,玻璃微电极的尖端直径,可为 0.5~2.0μm,电极电阻值 20~45MΩ。金属微电极尖端因裸露(无绝缘层)多少不恒定,其直径可为 10~20μm。②立体定向仪上确定待检测核团的三维坐标,然后在颅骨钻孔,撕开硬脑膜。③在微推进器的操纵下将电极尖端送到该核团部位,通过反复进退电极寻找活动细胞的放电。④放大器引导,数据采集和存储。

5. 技术要点　①维持动物处于良好的全身状态永远是首要保证。②由于多数情况下细胞外单位放电需在体盲插的条件下进行,而且电极经过时神经元是否活动存在一定的偶然性,实验者需要保持足够的耐心和持久的注意力。③电极尖端定位准确是实验结果正确分析的关键,往往需要通过反复尖端标记与切片检查核对才能确定。

(王文挺)

2.3　细胞内微电极引导

1. 定义　将微电极尖端插入细胞内,测量膜两侧的电位差值,称为细胞内记录法(intracellular recording)。由于可以准确测量细胞的膜电位,细胞内记录已成为研究与检测神经元电生理性质与膜电位变化的一项经典的基本技术(Ogden, 1994)。

2. 用途及优点　运用这一技术可以真实地引导与显示动作电位的波形(幅度、波宽与斜率)、局部反应(如突触后电位、感受器电位)及阈下膜电位波动的微小变化(图 2-4B)。通过微电极输入不同方向与强度电流,还可以测量膜电阻,以及进行单个神经元的胞内刺激或标记。传统采用的玻璃微电极尖端很细,插入细胞对膜的损伤及细胞内容物的扰动较小,还可在整体条件或离体组织标本检测不同深度与位置的细胞膜电位,较真实地反映细胞的电生理性质变化,这也是近年发展起来的膜片钳技术不能完全取代之处。

3. 缺点　维持时间短,记录难度较大。

4. 主要步骤　①在制备好细胞标本(在体或离体)之后,将已充灌导电液的微电极安装在微操上,在显微镜下将微电极尖端调整到准备检测的部位。②将微电极尖端插入组织表面的生理溶液中,此时需测量微电极阻抗,一般为 30~100MΩ。通过电极给予方波脉冲(由刺激器输出),调整微电极放大器的桥式平衡电路使方波幅度与基线持平。另外,还需将放大器输出调至零电位。③将微电极尖端推进到与标本接触,此时由于尖端电阻增大,原先已调至消失的方波脉冲显现出来,可以此作为判定微电极刺入标本深度的起始指标。④微操控制电极以 3~5μm 的步长向标本内推进,直至刺入欲检测的细胞。微电极刺入细胞的主要标志是测量的直流电位由零值突然变为–70～–40mV，并维持相对平稳的水平。由于施加的方波脉冲或者稍微增大该方波的幅度对神经细胞产生的刺激作用，往往可引发高达 50～70mV 的动作电位。

5. 操作难点　　细胞内记录的主要困难是获得稳定记录的成功率较低。影响成功记录的主要因素有：①细胞状态。特别在离体标本有相当多的神经元处于"非正常"状态。②机械移动。这种情况在体记录经常遇到，通过悬吊动物、打开小脑延髓池、给予肌肉松弛剂等措施，尽可能减少呼吸运动、脑脊液或血流波动及肌肉抽动的影响。③微电极尖端的阻塞，造成阻抗过大不能真实反映膜电位的数值。近年来配合红外线显微镜，在高倍放大直视神经元条件下，通过选择状态良好的细胞，将微电极尖端刺入细胞中央部，显著提高了胞内记录的成功率。

6. 制备玻璃微电极技术要点　　选择制备微电极的微管，除了质地、型号适合外，还要挑选口径一致的微管，以减少制备尖端口径的差异。微管内放置有毛细管，有助于促进尖端的快速充液。在微电极拉制仪上选择适宜的拉制参数，以保证尖端的口径与肩部的斜率达到标准值。除了特殊要求，一般进行胞内引导的微电极尖端口径小于 0.5μm，相当于电极电阻 30～100MΩ。管内充灌 3mol/L KCl 溶液或 2mol/L 乙酸钾溶液。管内连接导线的金属丝可用铂金丝或镀氯化银的银丝，此时作为参考电极地线的材料应与微电极金属丝相同，可减小其间的金属溶解电势差。

（王文挺）

2.4　膜片钳技术

膜片钳技术是为了研究细胞膜上单个离子通道，在双电极电压钳上发展起来的一种特殊电压钳技术。与双电极电压钳不同之处在于：一是它用一个电极既做记录又做刺激，简化了操作；二是它改刺破细胞膜为吸住细胞膜，这项改进极大地提高了记录信号的信噪比（可记录到 pA 级电流），使得这项技术得以迅速推广应用（Sakmann and Neher，1955）。其核心部件为专用的膜片钳放大器，其原理在 2.1.1 已经介绍。以下主要介绍膜片钳实验的系统组成、实验操作等其他内容。

2.4.1　膜片钳实验的系统组成

（1）电信号拾取与存储系统：膜片钳放大器目前多采用 AXON 和 HEKA 系列产品。相应的产品均有配套的数-模转换卡和软件。两家公司的最新产品均采用软面板控制，仪器面板无旋钮，所有操作均可通过鼠标完成，大大提高效率。

（2）光学观察系统：在离散细胞膜片钳实验室，显微镜为倒置显微镜以观察贴壁细胞；而在脑片膜片钳实验中，过去在体视镜下采用盲插的方式，目前多利用红外正置 DIC 显微镜观察细胞，进行检测。

（3）显微操作与机械稳定系统：多使用可远程控制的微操，压电驱动、电机驱动、液压/气压驱动均可，根据各自喜好和实验预算选用。显微操纵器尽量直接安装在显微镜平台上，其移动部分包括从夹持器（holder）、电极尖端到被检测标本的长度应尽可能短，并通过使用远距离控制微操纵器，以减小或消除微小震动。实验台宜采用一个抗震性能良好的防震台，将实验标本、显微镜、微操纵器及膜片钳放大器的探头等放置在台上。

（4）电磁屏蔽系统：屏蔽笼和相应的接地必不可少。

图 2-5 为我室的两套不同的膜片钳系统。图 2-5A 为脑片膜片钳系统，使用的显微镜为正置红外 DIC 显微镜。图 2-5B 为离散细胞膜片钳系统，使用的显微镜为倒置显微镜。

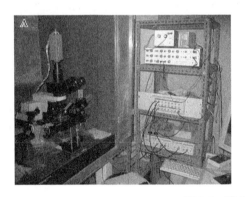

图 2-5　膜片钳系统组成

A. 脑片膜片钳系统。屏蔽笼内为正置显微镜、摄像头、微操、防震台，仪器架从上到下依次为刺激器、数-模转换卡，膜片钳放大器和电脑。B. 离散细胞膜片钳系统。屏蔽笼内为倒置显微镜、摄像头、微操和防震台。仪器架从上到下依次为监视器、电脑、膜片钳放大器、数-模转换卡

2.4.2　膜片钳的基本记录模式

膜片钳有 4 种基本记录模式（图 2-6）：①玻璃微电极尖端与细胞膜接触后，通过负压吸引使电极与细胞膜形成紧密封接，此为细胞贴附式（cell-attached）。②紧密封接形成后，若给电极施加短促的负压吸引，使其吸入电极内的细胞膜破开，而电极与胞膜封接边缘仍维持密闭，此为全细胞记录式（whole-cell recording）。③全细胞形成后，轻提电极，将一小片膜从细胞上分离出来，并在电极尖端形成闭合的囊泡，此时囊泡外侧面实为细胞膜的外表面，与浴液接触；囊泡内侧面实为细胞膜内表面，与电极内液接触，此为膜外面向外式（outside-out）。④细胞贴附式形成后，轻拉电极，将紧密封接的小片膜拉下细胞，此时小片膜的外侧面实为细胞膜内表面，与浴液接触；而小片膜的内侧面实为细胞膜的外表面，与电极内液接触，此为膜内面向外式（inside-out）。细胞贴附式、膜外面向外式及膜内面向外式用于研究细胞膜上单通道的功能；全细胞记录式则用于记录细胞膜上所有

通道的电流（Sakmann and Neher，1955）。

1）全细胞记录式　　是目前常用的一种膜片钳记录方式，有记录通道电流的电压钳模式和记录膜电位的电流钳模式。电压钳模式下，通过调整电极内液（细胞内液）和浴液的成分，可以分离出不同类型的通道电流；在电流钳下，可记录细胞膜电位在外加刺激下的变化，包括动作电位、突触电位等。其缺点是在破膜后，由于电极内液与细胞内液的置换，可导致记录到的电流出现缓慢的衰减（run down）。为弥补这个缺点可以在电极内液中加入 cAMP、ATP 等。另外，还可采用穿孔膜片钳方法（perforated

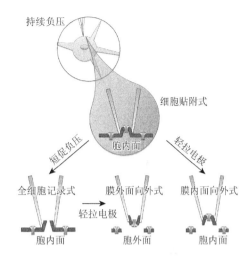

图 2-6　膜片钳记录模式示意图

patch clamp）记录，即在电极内液中加入穿孔药——制霉菌素（nystatin）或两性霉素 B（amphotericin B）等，在细胞膜上形成微小孔道，只通过单价小分子质量的离子，如 K^+、Na^+、Cl^-，而较大颗粒成分不能通过，维持了细胞的相对完整性。不过穿孔药容易造成紧密封接形成困难，可用两步法充灌电极内液，即电极尖端浸入的液体内不含穿孔药，尾灌用含穿孔药的液体，有助于封接过程的迅速完成。此外，在进行全细胞记录式时应考虑空间钳的问题，即细胞直径越大，或者突起很多的时候，电压或者电流钳制的效果越差，会影响到记录的准确性。

2）细胞贴附式　　适合单通道记录，即记录到的是电极内的膜片上单个或数个通道的电流变化。通常钳制电位设为 0mV，即与浴液等电位。由于不破膜，膜片两侧的电位差即膜片内的电位与电极电位（0mV）的差值就是膜电位。细胞贴附式膜片钳记录由于未破膜，不会流失胞内的活性物质，细胞状态完好，可以研究第二信使对通道的调控。与其他单通道记录的标本相比，由于膜片小，记录到的通道数目最少，适合单通道研究。通过单个离子通道电流的记录，证明了细胞膜上电压依赖性离子通道有开放和关闭两种电导状态，这类通道称为门控型通道。通过单通道的电流是全或无的形式，通道开放时，电流形式是一系列等幅的矩形脉冲，脉冲时间不等。该膜片钳模式的缺点是无法直接记录到静息膜电位 V_m，但可以在实验结束后破膜补充记录。

3）膜外面向外式　　由于形成的囊泡内相当于细胞内（电极内液），囊泡外相当于细胞外（浴液），电流记录的过程同全细胞式。由于该方式吸附的膜片比较大，常分布多个通道，不适合单通道研究，但可用于研究不同细胞外液下，通道电流的改变及通道的特性。

4）膜内面向外式　　形成封接的小片膜外（即细胞内）对应的是浴液，电位与浴液电位相等，即 0 电位，这时浴液为细胞内液。小片膜内（即细胞外）对应的是电极内液（实为细胞外液）。在该膜片钳模式中，由于细胞膜内侧面向外，可以轻易改变浴液（即细胞内液）成分，可进行通道与细胞内信使途径关系的研究。

2.4.3　膜片钳实验的准备工作

1. **内液及外液的配制**　　根据实验目的，选择相应的电极内液及细胞浴液的配方，同时需注意以下几点：①调节内外液的渗透压，防止损伤细胞。建议内液渗透压（一般在 290mOsm/L 左右）比外液渗透压低 10mOsm/L，有助于钳制的维持。②为维持液体 pH 的恒定（7.2～7.4），外液中要加入相应的缓冲对。单细胞标本的浴液中 pH 缓冲对宜用 HEPES-NaOH，组织片标本的液体中为缓冲 pH 宜用 HCO_3^-，并充以 5% CO_2、95% O_2。③电极内液中 Ca^{2+} 浓度要低，所以应加入一定浓度的 Ca^{2+} 螯合剂（EGTA）。④电极内液一定要过滤，0.2μm 或 0.45μm 的滤膜均可。

2. **玻璃微电极的制备**　　玻璃微电极是用玻璃毛细管通过电极拉制仪两步拉制法制成。玻璃毛细管有厚壁、薄壁；软质、硬质；有芯、无芯之分。有芯和无芯玻璃毛细管均可用，但充灌电极内液的方法有所不同。薄壁、软质玻璃毛细管易拉制成低电阻的电极，但其噪声和介电弛豫效应较大，厚壁、硬质玻璃毛细管与之相反。在全细胞记录中，降低串联电阻比降低噪声更重要，因此可选用薄壁、软质玻璃。而单通道记录中，则降低噪声更重要，可选用厚壁、硬质玻璃。记录单通道电流时，微电极尖端表面应涂敷疏水性树脂以降低电极与细胞外液之间的分布电容及背景噪声，拉制后和涂敷的电极尖端一般需要加热抛光以保持微电极尖端的光滑和干净，有助于顺利稳定地封接及减轻对细胞膜的损伤。玻璃微电极要防尘，通常在使用当天拉制，放置在有盖的容器中。

可将去针头的注射器或微量移液器头前端通过热加工，拉成细管作为充灌电极的微管。有芯玻璃电极由于有玻璃管中细芯的毛细作用，直接从电极尾端灌入即可。无芯玻璃电极充灌内液则相对复杂，为了防止充灌时产生气泡，一般采用两步法：第一步，电极尖端浸入液体中，靠虹吸作用将电极尖端充满液体；第二步，从电极尾端灌入。电极充灌的液体不宜多，浸没银丝即可，电极内如有气泡，用手指轻弹电极可去除。全细胞记录中，玻璃微电极的电阻宜在 2～5MΩ，单通道记录中，玻璃微电极的电阻宜在 5～30MΩ。

3. **银/氯化银电极的制备**　　银丝氯化方法有多种，如将待氯化的银丝和另一根银丝或铂丝插入含氯的溶液中（如 100mmol/L KCl 溶液或生理盐水），通以直流电流（如 1mA），正极连接待氯化的银丝，负极连接另一银丝，通电一段时间后改变直流电的正负极性，一次可镀两根银丝。另一简便方法是将待氯化的银丝浸入次氯酸钠溶液中，数小时后完成氯化。通常浸入电极内液的银丝及浸入浴液的地线均应采用氯化银电极，以减小金属极化电流的影响（注意：仅在内外液中含有 Cl⁻时有效）。由于更换玻璃微电极时可能刮掉银丝外的氯化层，在实验中应经常注意观察银丝的色泽及时对电极进行重新氯化。

2.4.4　离散细胞膜片钳技术

急性离散细胞的过程与细胞原代培养过程基本一致，但前者不必在无菌条件下操作，两者基本步骤如下。

1. 动物的选择　　动物的年龄、性别、体重根据实验要求而定。仅从细胞活性角度看，动物的年龄越小，细胞耐受力越强，越适于神经元成活及膜片钳记录。由此排序为胚胎神经元最佳，幼年鼠其次，成年鼠相对困难。

2. 取材　　动物麻醉后迅速处死，在冰台上迅速剥离所需组织，剥离后迅速置于氧饱和人工脑脊液（artificial cerebrospinal fluid，ACSF）中。去除不需要的部分，冲洗干净，尽量消除血迹以减少红细胞的污染。为保证神经元的活性，取材时间应尽可能短。

3. 离散细胞　　用精细剪刀剪碎组织块，转移至预热好、含有消化酶的容器中。消化酶的选择是其中的关键，可借鉴的经验如下：胎鼠的神经组织中，纤维很少，仅用胰蛋白酶消化即可。幼鼠的神经组织中神经纤维逐渐增多，需要辅以胶原酶消化。另外还有 DNA 酶、木瓜蛋白酶等也可帮助消化。胶原酶、DNA 酶及木瓜蛋白酶等消化能力弱，而胰蛋白酶消化能力强，所以要注意调整消化酶的比例，胰蛋白酶的量可以少些。消化酶的分型很多，具体实验中应查阅相关文献，根据神经组织的不同，调整消化酶的类型和量。通常消化酶溶解在培养液中，消化的适宜温度在 32～37℃，消化时间在 25～40min。消化过程中，每 5～10min 轻轻吹打几下，使酶的作用均匀。消化过程结束时，用胰酶抑制剂或血清终止消化酶的作用，通过离心、去上清、吹打，将分离的细胞转移至 35mm 培养皿中，以备膜片钳记录。急性分离细胞 30min～2h 贴壁，即可进行记录。

4. 细胞状态与选择　　细胞标本状态对实验非常重要。单细胞实验中消化与状态的关系如下：如消化不够，则细胞表面粗糙，被附着物覆盖，巨阻封接困难；消化过度则细胞表面光滑，胞体色泽发暗，封接容易，但细胞膜的弹性差，破膜及记录过程中细胞容易和电极分离，细胞存活时间也短；若吹打过度，细胞表面不光滑，不均匀，有颗粒感，贴壁困难，存活概率低，时间短，不易封接及记录。

即使消化适当，每个皿中也不是所有的细胞都状态良好。选择细胞的标准如下：形状规则，表面均匀，细胞膜光滑，色泽发亮与透明，可见细胞核；无空泡和颗粒，无毛刺感，周围有光晕，有立体感；急性离散细胞中，细胞一侧有纤维（残余的轴突或树突）连接者，状态更好。

5. 膜片钳的封接　　选择好细胞后，将玻璃电极逐渐靠近细胞表面。当观察到电极尖端在细胞表面压出浅凹陷，而且电极电阻有轻度的增长时，迅速给予负压吸引，同时将电位钳制在–70mV附近，当电阻迅速增长至数百兆欧，停止负压吸引后，电阻值仍继续增长并达到千兆欧以上，即巨阻封接完成，然后再施加较大负压进行破膜。

　　6. 膜片钳中的补偿和其他注意事项

　　1）补偿液接电位　　液接电位（junction potential）指两种溶液界面的电位差。在电极入水后完成封接前，由于电极内液与浴液的离子成分有别，电极内相对浴池的电位并非 0mV，通常显示为负值，可通过补偿调节（offset），输入相反的电压以调节电极电位为 0mV。但在全细胞模式形成后，细胞内和电极内液体达到扩散平衡，液接电位便不再存在，此时放大器显示的膜电位却是补偿后的电位，所以应加上液接电位后才是细胞的实际膜电位。

　　2）电容补偿　　当电压钳模式通过电极给细胞施加方波，会观察到记录曲线的起始和结束产生脉冲，这是由于电极电容（pipette capacitance，C_p）充放电的结果。这些脉冲带来的主要问题是它们会饱和放大器，导致我们感兴趣的信号畸变。因此，在电极与细胞形成巨阻封接后，需要对电极电容进行补偿。当补偿设置正确，使用者就看不见电极电容的充放电。一般膜片钳放大器提供两种电极电容补偿——快电极电容（C_p Fast）和慢电极电容（C_p Slow）。C_p Fast 补偿电极电容中代表放大器输入端集中的电容，这是 C_p 的主要部分。C_p 还有一小部分是串联电阻带来的电容。这需要更长的时间才能到达充电的最终值，由 C_p Slow 来补偿。此外，电压钳模式下，电压方波刺激不仅对电极电容充电，还对细胞电容（membrane capacitance，C_m）充电。全细胞电容瞬变的衰减时间常数由 C_m 和串联电阻（series resistence，R_s）的乘积所决定。如果 R_s 和 C_m 都很大，电容瞬变可以持续数百毫秒，可能对我们感兴趣的生物电流上升沿造成畸变。此外，像电极电容一样，如果不补偿的话，全细胞电容瞬变也可能引起放大器的电路或者下游设备饱和。最后，全细胞电容补偿对于串联电阻补偿也是必需的。综上所述，对细胞电容补偿是值得的（图 2-7）。

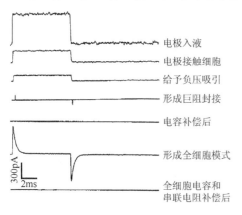

电极入液

电极接触细胞

给予负压吸引

形成巨阻封接

电容补偿后

形成全细胞模式

300pA
2ms

全细胞电容和
串联电阻补偿后

图 2-7　全细胞模式电容补偿和串联电阻
补偿效果图

经过电容补偿，记录曲线起始和终止处电极电容
充放电形成的小尖消失；经过全细胞电容补偿
和串联电阻补偿，记录曲线呈水平线

　　3）串联电阻补偿　　R_s 是指流过电极尖端的电流所遇到的任何电阻。当将电极放入浴液中或在形成高阻封接时，R_s 主要是电极电阻；全细胞记录模式形成后，R_s 包括电极电阻 R_p、破裂膜的残余膜片电阻、细胞内部电阻。由于这些电阻在电学上是串联在一起的，因此称为串联电阻（康华光，2003；刘振伟，2006）。R_s 引起的误差有如下三个方面。

　　（1）串联电阻产生电压降，严重影

响膜钳制电位的数值。

R_s 电压降 $V_s=R_sI_m$，I_m 为膜离子通道电流。如果 $I_m=2nA$，$R_s=10M\Omega$，则 $V_s=20mV$，表明膜电位将偏离钳位电压 20mV；如果 $I_m=100pA$，$R_s=10M\Omega$，则 $V_s=1mV$。

可见 R_s 产生的电压降与所记录电流大小有关。电流越大，串联电阻造成的钳制误差越大。

（2）串联电阻与膜电容形成了一个单极 RC 滤波器，限制了摄取电流信号的带宽。

单极 RC 滤波器对电流幅度无影响，但滤波器的角频率 $f_{-3dB}=1/2\pi R_sC_m$。当 $R_s=10M\Omega$，$C_m=33pF$ 时，$f_{-3dB}=483Hz$，即此滤波器将信号的带宽限制为 483Hz。串联电阻补偿达 90% 时，信号带宽由原来的 $f_{-3dB}=1/2\pi R_sC_m$ 增加为 $f_{-3dB}=1/2\pi（R_s/10）C_m=4.83kHz$。

由以上可知，R_sC_m 滤波器对信号带宽的影响和信号电流大小无关，而与其活动速率有关。

（3）膜电位对步阶命令电压的反应时间延迟。

膜反应时间常数 $\tau=R_sC_m$。

$t_{10-90}\approx0.35/f_{-3dB}=0.35/（1/2\pi R_sC_m）=0.7\pi\tau$。

补偿后，$\tau=R_sC_m（1-\% \text{ PREDICTION}/100）$。

若 $R_s=10M\Omega$，$C_m=5pF$，% PREDICTION 分别为 0、50、90 时，则 τ 分别为 50μs、25μs、5μs，R_sC_m 滤波器的上升时间 t_{10-90} 为 100μs、50μs、10μs。可见补偿后，明显加快了膜电位对命令电压的反应时间。

4）封接电流的大小　　巨阻封接形成后，因为膜片与周围浴池有良好的绝缘性，所以基本没有该电流。但破膜后，细胞膜与玻璃电极之间的封口有所松动，则管内与周围浴池有封接电流形成。放大器可测出并显示该电流，其大小与封口松开的程度有关，会影响电压钳位下对细胞实际电流的测量，导致数据不准确。一般选择漏电流小于 100pA 的细胞作为进一步实验的标本。

5）注意事项　　在膜片钳实验过程，特别对于初学者，常遇到微电极封接过程中的问题，可结合具体情况参考下述处理措施予以解决。首先易遇到的问题是封接困难，即不能形成巨阻封接，可检查浴液的清洁程度，如有混浊、灰尘、杂质等，更换液体；或保持浴液的流动。玻璃微电极应在拉制后的 2～3h 内使用，并防尘，电极内液必须经过滤后充灌。检查电极夹持器、电极、负压吸引管组成的系统的密闭性，如果负压吸引管无漏气，说明密闭性良好，很可能是电极夹持器中的橡皮垫不完整，应更换，注意橡皮垫的孔径与电极外径要匹配。如细胞表面不光滑，也可造成封接困难，需提高单细胞标本制备中酶消化的程度。其次遇到的问题是破膜时，细胞容易与电极分开，这表明细胞膜的韧性和弹性差，细胞状态可能不好，需改进标本制备方法，保证细胞的活性。也可将电极抛光后使用或者采用穿孔膜片钳记录。再一个问题是电极入液后，封接测试的电流基线不稳定，抖动剧烈，此时应检查并调节浴液的灌流系统，排除液面的震动。检查夹持器的稳定性，保证电极夹住后不活动。检查浴池地线的银丝部分及夹持器中的银丝色泽是否发白，及时氯化，保证浴液地线导电良好。

2.4.5　脑片膜片钳技术

1. **系统组建**　　脑片膜片钳系统主要构成和离散细胞膜片钳系统类似，有所差异的是营养灌流和光学成像部分。营养灌流中用于维持标本活性的主要部件是记录槽。脑片用记录槽主要分成两大类：界面式（interface）和浸没式（submerge）。界面式记录槽中的脑片位于灌流液和一层温暖湿润的95% O_2 与 5% CO_2 的混合气形成的云雾层之间。其优点是能较好地观察神经结构，记录到的场电位（field potential）幅值较大；缺点是灌流药物时起效和洗脱较慢，通常用于"盲插钳制法"中；而在浸没式记录槽的脑片则完全浸没在灌流液中，优点是在药理实验中能提供较好和更快灌流，常用于"红外可视钳制法"中（图2-8A）。

细胞光学成像部分中主要由显微镜-摄像头-监视器组成。"红外可视钳制法"需要配备红外 DIC 正置显微镜。注意，为了保证 DIC 的成像效果，脑片的最佳厚度应在 300μm 左右。脑片太厚，通过脑片散射的光线越多，成像的解析度越低。另外，太薄的脑片很难保证细胞的正常状态。因此，200~300μm 的厚度是使用该种显微镜观察脑片较好的折中方案。高倍物镜建议选择高数值孔径（>0.7，物镜成像效果好）、工作距离至少 1.5mm（以保证电极有足够的角度进入脑片）的镜头。此外，由于聚光镜（condenser lens）的工作距离很小。因此，为保证光线能很好地集中在脑片表面，记录槽底部建议使用盖玻片，太厚则聚光效果不佳。塑料或有机玻璃的材质尽管有很好的透光率，但会破坏 DIC 照明的效果，也不建议作为记录槽底部件。摄像头可采用对红外线敏感的 CCD 摄像头或者普通的 CCD。图 2-8B 是通过 CCD 摄像头显示膜片钳电极压在海马脑片中锥体神经元的红外 DIC 效果。"盲插钳制法"所用的显微镜为体视显微镜，不需要配备摄像头和监视器。此外，脑片膜片钳需要配备振动切片机，用于制备脑片。如果实验要进行突触传递功能的研究，还要配备刺激器和刺激隔离器。

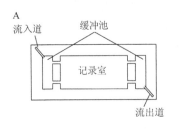

图 2-8　脑片用浸没式记录槽和脑片 DIC 效果图

A. 我们实验室采用的脑片用浸没式记录槽，特点为结构简单，方便实用；B.经 CCD 采样获得的海马脑片上对一锥体神经元进行膜片钳记录的红外 DIC 图

2. 脑片制作过程　　由于涉及的脑区不同，脑片的制作过程在各个实验室可能不太一样，但大致的步骤是一致的。

（1）动物麻醉后快速断头并取出脑组织放入冰冻的人工脑脊液（ACSF）中。这一步的关键是断头取脑的时间尽量短，小于 1min 为宜。如果所取的部位很难在 1min 以内取出，应降低局部环境温度，可在冰块上进行取材，取材过程中及时用冰冻的 ACSF 湿润所取部位。ACSF 预先用 95% O_2 和 5% CO_2 进行饱和，冰冻的程度以冰水混合液为好。

（2）取出的脑组织在冰冻的 ACSF 中放置 5～8min，使组织整体温度降到 4℃左右。如果组织块较大，可在保留所用部位的基础上进行修块，以使组织内部温度迅速降下来。

（3）将组织块修整，使之便于粘接在切片台。如果组织块面积很小，可以考虑用琼脂块（2%～4%，用 ACSF 或生理盐水溶解）包埋组织，再把琼脂块粘在切片台上。有的实验室为了尽量多地保留所做组织中神经元的突触联系，在修块的时候带有一定的角度，以保证切片时刀片行进的方向和突触走行方向一致。另外，这样做可以尽可能多地保留神经元的树突，提高神经元的存活时间（如海马的横切片可以保留尽可能多的锥体神经元顶树突）。修块时注意不要使组织块受到挤压和扭曲，时间尽量短。

（4）用氰基丙烯酸盐黏合剂（cyanoacrylate glue，俗称 502 胶）将组织块沿着正确的方向粘在切片台上。通常是将感兴趣的区域靠近刀片一侧，或者尽量避免首先切到白质。然后迅速将冰冻的 ACSF 倒入切片槽内直至淹没组织，向液体内持续通 95% O_2 和 5% CO_2 混合气。

（5）用振动切片机将组织切成 200～300μm 厚的组织片。需根据组织质地和所切厚度综合考虑进刀的频率和速度。振动幅度/进刀速度比（amplitude-to-advance speed ratio，A/AS）是其中一个关键指标。一般来说，对于质地致密的标本，用低 A/AS 比较好（即进刀速度要快）；对于质地较软的组织，则用高 A/AS 较好。刀片越锋利越好，高碳钢刀片优于不锈钢刀片。但对于质地柔软的组织，市售普通双面不锈钢刀片就可以满足需要。刀片使用前需要清洁，通常用二甲苯浸泡 10min，再用丙酮冲洗后晾干。

（6）将切下来的脑片移至孵育槽进行孵育，孵育温度为 24℃，持续给混合气，至少孵育 30min。一个好的孵育槽可以给脑片提供充分的氧饱和液体环境，能使脑片保持较好的状态达 10～12h 之久。同时，要保证脑片在槽中不受扰动，取脑片时其他脑片不受影响。常用的孵育槽是用一柱状塑料管制成，底部内径略小，用一个和塑料管内径相同的塑料环将一张纱布卡在塑料管的底部。再将孵育槽放在烧杯中部，混合气管放置在烧杯底部从底部升起再从顶部循环到底部，使 ACSF 充分饱和，脑片放在纱布上。孵育中注意用于放置脑片的棉纱底部不要有气泡，每次实验最好随用随换。

3. 脑片的观察

(1) 脑片的固定：灌流液通过孵育槽可能引起脑片的飘动。为了保证记录的稳定，这时需要将脑片制动。通常用一个铂金丝（直径 0.8mm 左右）做成一个开口的矩形框，间隔一定距离用 502 胶将单股尼龙丝绷在框上粘牢。矩形框的大小略大于所要记录组织片的大小即可。做成的铂金框能有效地将脑片固定在记录槽底部。同时，为了减小灌流引起的液面波动，灌流的速度应控制在每分钟 1～3mL。

(2) 脑片的状态：对于"盲插钳制法"来说，判断脑片是否健康，只能对照所记录的神经元的生理参数（如静息膜电位、动作电位时程、群峰电位等）与在体记录到的结果是否相近。这样花费时间较多，而且不能在实验前了解脑片健康状况。"红外可视钳制法"由于有 IR-DIC 系统，因此解决了这个问题。以海马脑片为例，健康的海马脑片上可以看到很多形态不同，带有突起的发亮的细胞。如果发现脑片在镜下发暗，细胞肿胀，胞核清楚，这样的脑片应放弃。

4. 脑片中的膜片钳记录

(1) 电极的选择：根据所要记录的电信号的特点选择合适材质的电极，拉制电极的方法遵循标准过程。这些要求与单细胞膜片钳相同。对于胞体（直径 10～20μm），电阻 2～4MΩ 的电极就可以使用；对于小的神经元突起（直径 1～2μm），则需要电极尖端口径较小，电阻 8～10MΩ 为宜。

(2) 细胞的选择：选择健康的细胞进行钳制是保证实验高效、结果准确的一个关键因素。不同的脑区健康细胞具有特定的选择标准，这需要实验者在实践中摸索。一个可以借鉴的标准是：健康的细胞在显微镜下表面光滑，有清晰的轮廓与柔和的外观，电极尖端压在表面很容易出现凹陷（图 2-8B）。而受损伤的细胞可以表现为轮廓粗糙，表面皱缩或者肿胀，对比度透亮，有时胞核清晰可见，电极尖端压在表面不易出现凹陷。这样的细胞即使形成了紧密封接和全细胞模式，细胞的基本生理特性也很差，应果断弃之。

5. 记录方法　　　目前，脑片膜片钳记录的两种方法为许多实验室广为采用。这两种方法有各自的优缺点，实验者可根据实验的实际情况选择合适自己的实验方法。

(1) 红外可视钳制法：红外可视钳制法最大的一个优点是可以根据细胞位置、形状、胞体大小和树突分布等预先判定细胞类型，再进行钳制。该方法使钳制细胞突起（直径 1μm，如树突）成为可能，而且可以钳制同一细胞的不同部位。钳制成功率高，不依赖记录区域的细胞密度。它的缺点就是由于受照明方法的限制，只有靠近脑片表面的细胞（约 50μm 以内）观察最清楚，适于可视钳制记录。这要求在制作脑片的过程中尽量减小近脑片表面的细胞损伤。其操作流程与单细胞膜片钳大致相同。主要的区别在于由于脑片内不仅有神经元，还存在大量神经纤维、胶质细胞、细胞尸体和碎片，为了保证电极在接触到神经元前保持通畅，一般在电极入液之前给予少量正压，并维持之。当接触到细胞后，迅速撤除正压，转为负压。

（2）盲插钳制法：盲插钳制法仅仅需要简单的光学设备（体视显微镜）和相对简便的微操作器，就可以记录到脑片深层的细胞，因此所用的脑片可以切到500μm 厚，使保留的突触环路更完整。显微操作器的工作空间较大，但是这种方法不能在记录细胞之前选择细胞类型，可靠性低于红外可视钳制法，其钳制成功率与欲研究部位的细胞密度相关。除了无法直接观察电极压在细胞表面的凹陷外，其操作流程与可视钳制法类似。

形成钳制后需要注意的问题与离散细胞膜片钳中相同。

影响脑片膜片钳成功率的因素：充灌微电极和将电极固定在夹持器的时间要小于 1min。在红外可视钳制法中，应事先选择好细胞，再进行电极充灌等步骤。从电极入水到移到细胞膜上方的时间应小于 1min。撤除正压和负压吸引形成封接的时间应控制在 10～20s，最大不能超过 1min。在盲插钳制法中，电极进入脑片后测试方波的突然变小预示电极接近细胞。如果没有出现这种现象的话，应更换电极、重新钳制。保证钳制顺利进行的另一个重要因素是从夹持器到与夹持器侧孔相连的（用于给出正压和负压）整个管道系统的密闭性应该完好（Crawley，1997）。

6. 脑片膜片钳的应用　　脑片膜片钳的主要优点是信噪比高，没有酶消化对细胞的损伤，细胞内液便于置换（研究胞内信号通路），所记录到的细胞的反应与在体情况下接近（Edwards et al.，1989；Blanton et al.，1989）。由于脑片中神经元保持了完整的结构和形态，在进行膜片钳记录的同时，神经元可以用荧光染料充灌，因此在活体组织进行结构研究成为可能，同时也为研究所记录细胞形态特征和电生理特性之间的关系提供证据。调控细胞内液可以对突触传递引起的神经元第二信使转导通路进行研究。细胞也可以用 Ca^{2+} 敏感染料充灌，测量细胞内局部 Ca^{2+} 浓度的变化。此外，脑片膜片钳可用于神经系统发育过程中细胞的离子通道和受体的特性研究，如 NMDA 受体。图 2-9 是在脑片上进行膜片钳记录的同时进行细胞染色的一个例子。实验在海马脑片上记录锥体神经元的电生理特性，同时在电极内液里充灌了荧光黄（lucifer yellow）对所钳制的细胞进行标记。实验完毕后进行组织学处理后在共聚焦显微镜下观察所记录的神经元的形态结果，显示该神经元为锥体神经元。

脑片膜片钳的另一个重要用途是进行突触传递的研究，为了解在体情况下突触的可能功能提供线索。可以通过突触前刺激，记录引起的突触后神经元的反应，结合药理学方法，调控所记录的细胞的内外液成分，准确而有效地进行突触传递功能的分析。此外，脑片上使用膜片钳的全细胞模式，记录到的突触电流的幅度比传统的细胞内记录要大 1～2 倍，因此有更好的信噪比。在脑片膜片钳实验中，进行突触传递研究是通过刺激突触前神经元，记录和分析突触后电位或电流。为了刺激单个突触前神经元或轴突，通常将刺激电极（多用玻璃微电极制成）放在所记录细胞附近，给予短的方波电压刺激（如 5～50V，50～500μs，20Hz），观察在刺激伪迹后是否很快出现突触电流，缓慢调整刺激电极的位置直到发现一个突触连接（随刺

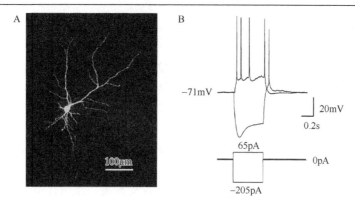

图 2-9　应用膜片钳电极进行细胞内标记和电生理记录（Wang et al.，2006）

A. 共聚焦显微镜下观察到细胞用荧光黄（lucifer yellow）染色后的形态；B. 电流钳记录到该神经元对超极化和去极化刺激的反应

激电极移动产生的突触电流潜伏期不变，直至能产生该电流的最远距离）。这个过程比同时钳制单个突触前、后神经元更简单和有效，但后者可能是唯一确保所记录的突触后反应是由单个突触前神经元引起的方法。此外，目前应用较广泛的一个刺激方法是使用双极铂金电极同时激活脑片整个区域或整束纤维，这种方法在某些情况下（如刺激海马脑片中的 Schaffer 侧枝）较为方便、有效。其优点是不需要移动刺激电极，产生的刺激伪迹也很小。缺点是激活的范围广，即使将刺激的电压调整到能够引起反应的最小强度，所引起的突触反应仍然可能涉及多个轴突的作用。

　　图 2-10 显示的是在脊髓薄片上进行突触传递的研究结果。刺激保留的脊神经背根，可记录到刺激引起的 EPSC（evoked EPSC）。根据纤维传导速度与引起 PSC 的刺激阈值两个指标，可将刺激背根引起的 EPSC 分为 Aβ、Aδ、C 类纤维介导引起的 EPSC。而在一些神经元上，还可以同时记录到两种纤维成分介导引起的 EPSC。

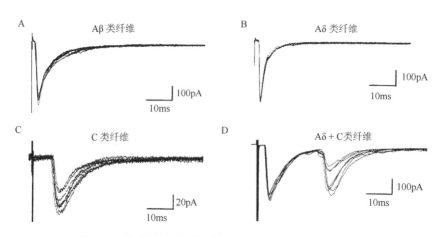

图 2-10　脊髓薄片上记录到的 EPSC（Wan et al.，2004）

近年有许多实验室用脑片膜片钳进行单通道记录，其优点是受体和通道的分布可能和在体情况下一致。由于了解受体和离子通道数目、分布和功能特性对深入认识神经元水平信息处理的过程具有重要意义，因此在脑片上进行单通道记录可能成为阐明受体和离子通道在中枢神经元（包括细胞突起）功能的重要方法。另外，在脑片上进行单通道记录还可以通过提取神经元原位 mRNA 或进行抗体标记来获得细胞表达特异性受体或通道蛋白的相关信息，有助于对不同受体结构和功能之间的关系进行研究。

（王文挺）

2.5　脑电图记录与诱发电位

脑电图（electroencephalogram，EEG）是指在人或其他动物颅骨表面安置电极，记录大脑整体电活动的电生理记录方法。H. Berger 在 1924 年首先记录到人的脑电图。此后，脑电图在临床诊断和神经科学基础研究中得到广泛的应用。严格来讲，人们通常所说的 EEG 特指记录到大脑皮质的综合电位。EEG 产生的原理是脑内大量神经元（如皮质Ⅲ和Ⅴ锥体神经元）树突排列方向一致，这些神经元兴奋产生的突触后电流在细胞外总和形成 EEG。因此，EEG 的幅度、频率等特征与脑内群体神经元的细胞结构和环路特征及细胞外电场密切相关，这也是 EEG 用于诊断和研究的基础（胡三觉等，2009）。

EEG 主要有五种节律：δ，2～4Hz；θ，4～8Hz；α，8～13Hz；β，13～30Hz；γ，大于 30Hz。五种节律产生部位、动力学状态和当时的行为都有所不同。例如，在安静松弛闭眼状态下，正常 EEG 以 α 节律为主，在顶-枕叶最明显；而觉醒时则以 β 节律为主。根据参考电极（reference electrode）的位置，EEG 记录方法有三种：第一种是单极记录法，即将记录电极放在皮质等活动区域，而将参考电极放在所谓的非活动区（inactive zone），如耳垂。这种方法记录的电位是相对于非活动区的值，可近似看作脑电的绝对值，较为真实地反映脑电地形图（topography EEG）的情况。第二种是双极记录法，即将记录电极放在皮质等活动区域，记录到的电位是两个电极的电位差，是相对值，这种方法临床常用于需要精确定位局部的电位变化时。第三种方法就是通过计算将所有记录电极的电位进行平均，得到的值作为参考电位。这种方法避免了单极记录的 EEG 的非对称问题，而且使得不同实验室的结果具有了进行比较的可能，但该方法不适合用来定位。EEG 的优点是对大脑电活动的直接测量，而且是无创的，有较好的时间分辨率，可以应用于多种不同环境。而其缺点也显而易见，由于电信号很弱（μV 级），信噪比较低，易被头部运动、身体肌肉运动等造成的伪迹所淹没。得到的结果在受试者之间、实验内部及不同实验间的变异很大。但这种情况，在工程信号处理方法和非线性理论运用于 EEG 的分析后得到较大的改善。此外，目前出现了将 EEG 和脑成像方法结合的技术。这种整合后的技术取长补短，综合了 EEG 时间分辨率高、反应灵敏的优点和脑成像（如 MRI）空间分辨率高、无创性定位脑代谢性变化的特点。而 EEG 的无创、便于测量的特点在近年来出现的人机接口（brain-machine interface）技术得到很好的利用。EEG 和新技术的融合、交叉，使其在现代医学及心理学研究中发挥了越来越大的作用。

诱发电位（evoke potential，EP）又称为事件相关电位（event related potential，ERP），它是指中枢神经系统对感觉刺激直接的电反应。与 EEG 相比，其产生的基础是一样的，都是突触后电位总和的结果。所不同的是，EEG 是外界环境安静情况下记录的大脑自发电活动，而 ERP 则是保持某种外界刺激记录到的脑电诱发活动。ERP 的特点就是具有一定的潜伏期，即在实验条件不变时，同一系统中，潜伏期应该是恒定的，而自发的 EEG 则不具有这个特点。与 EEG 相比，ERP 的幅值更小（$0.1\sim20\mu V$），因此常常被自发的 EEG 和其他生物电信号所掩盖。但由于 ERP 存在固定的刺激因素，理论上在同一实验条件、同一系统中，记录的反应是相同的。根据这个原理，人们利用平均叠加技术，将 ERP 从背景噪声中提取出来。此外，当刺激因素固定时，中枢系统中的 ERP 并不是在所有部位都可以记录到，而只是局限在与刺激的感觉系统相关的部位存在。临床上应用听觉诱发电位（BAEP）、视觉诱发电位（VEP）及躯体感觉诱发电位（SEP），从其中相关波形（包括幅度与时程等）的变化判定该感觉传导途径中特定部位的功能改变。例如，用于感觉系统传导疾病的诊断；脱髓鞘病变在中枢其他部位出现时检查感觉系统亚临床状况；某些疾病解剖分布和病理生理的辅助诊断；监测患者的神经功能状态变化等。与普通的神经科检查相比，ERP 具有更客观、更敏感的优点，而且可以在患者麻醉或者昏迷时进行。其缺点是特异性不够高，这需要结合其他检查方法及患者体征进行判断。

（王文挺）

2.6　细胞内钙离子成像和钙离子测定

钙离子是一种重要的细胞内第二信使，参与许多重要的细胞生理活动，如肌细胞收缩、腺细胞分泌、神经递质释放、受精、细胞分化等，同时也在许多病理过程中扮演重要角色，如细胞死亡等。细胞内钙离子的内稳态平衡是由通过胞膜上电压和受体门控离子通道的钙内流、胞内钙库的钙释放及钙泵等过程来完成的。近年来，随着各项技术的发展，细胞内钙离子浓度的测定取得了很大的研究进展。

2.6.1　钙离子指示剂

进行钙离子测定必须借助某种可视化物质作为它的标识物，这就是钙离子指示剂。钙离子指示剂都是荧光物质，与钙离子结合后发生荧光强度或波谱性质的改变，以此来监测胞内钙离子浓度的变化。钙指示剂主要分为化学荧光指示剂、生物发光蛋白和荧光蛋白指示剂。

1. 化学荧光指示剂 绝大多数化学荧光指示剂是由 Tsien 和他的同事在 20 世纪 80 年代研发出来的一系列化合物，是目前应用最为广泛的钙指示剂。表 2-2 列举了常用的化学荧光指示剂，它们大都是钙螯合剂 EGTA 或 BAPTA 的类似物，是在其分子结构的基础上加上了一些苯环结构而制成的，如 Quin 2、Indo 1 和 Fura 2 等。这类指示剂种类繁多，依据不同的分类标准可分为：①比值型和非比值型（根据测光原理和所得数据的性质）。除 Indo 1、Fura 2、Benzothiaza 和 BTC 等为比值型钙指示剂外，其余大多为非比值型钙指示剂，如 Fluo 3、Calcium green、Rhod 2 等。②紫外光型和可见光型（根据激发光波长来分）。前者包括 Quin 2、Indo 1 和 Fura 2 等，后者包括 Fluo 3、Calcium green、Rhod 2 等。③根据发射波长可以分为蓝光型，如 Indo 1；绿光型，如 Fura 2、Fluo 3、Calcium green；黄/橙光型，如 calcium orange、Rhod 2；红光型，如 Calcium crimson、Fura red 等。

表 2-2 常见化学荧光钙指示剂的各项参数

钙指示剂	激发波长/nm		发射波长/nm		K_d	F_{max}/F_{min} R_{max}/R_{min}	备注
	Ca^{2+}游离状态	Ca^{2+}结合状态	Ca^{2+}游离状态	Ca^{2+}结合状态			
Quin 2	353	333	495	495	60nmol/L	5～8	强螯合效应
Indo 1	346	330	475	401	230nmol/L	20～80	双波长发射（405/485nm）
Fura 2	363	335	512	505	224nmol/L	13～25	双波长激发（340/380nm）
Indo PE3	346	330	475	408	260nmol/L		抗渗漏
Fura PE3	364	335	508	500	250nmol/L	18	抗渗漏
Bis-Fura 2	366	338	511	504	370nmol/L		信号强，双波长激发（340/380nm）
Benzothiaza-1	368	325	470	470	660nmol/L		双波长激发（340/380nm），中等亲和力
Benzothiaza-2	368	325	470	470	1.4μmol/L		双波长激发（340/380nm），中等亲和力
BTC	464	401	533	529	7μmol/L	4～10	双波长激发（400/480nm）
Fluo 3	503	506	526	526	400nmol/L	40～100	最常用的可见光波长指示剂
Fluo 4	491	494	none	516	345nmol/L	>100	较 Fluo 3 吸收强，负载快
Calcium green-1	506	506	531	531	190nmol/L	14	高量子场

续表

钙指示剂	激发波长/nm		发射波长/nm		K_d	F_{max}/F_{min} R_{max}/R_{min}	备注
	Ca²⁺游离状态	Ca²⁺结合状态	Ca²⁺游离状态	Ca²⁺结合状态			
Calcium orange	549	549	575	576	185nmol/L	3	适合于实时 Ca²⁺ 成像
Calcium crimson	590	589	615	615	185nmol/L	2.5	适合于实时 Ca²⁺ 成像
Oregon green BAPTA 488-1	494	494	523	523	170nmol/L	14	pH 不敏感
Fura red	472	436	657	637	140nmol/L	5～12	双波长激发（420/480nm），与 Fluo 3 或 calcium green 可进行双发射波长比值测定
Rhod 2	556	553	576	576	1μmol/L	14～100	易于聚集于线粒体中

1）化学荧光指示剂的存在形式　　商品化的化学荧光指示剂主要有三种存在形式：酸化、葡聚糖化和酯化。酸化和葡聚糖化指示剂不能自由通透细胞膜，酯化指示剂可以自由通透细胞膜，因此购买指示剂时应根据实验目的、条件及染料的负载方式，选择合适的商品化形式。例如，需要对培养细胞或急性脑薄片上的大批量细胞进行钙离子测定时，可以考虑酯化指示剂；而如果和膜片钳记录相结合对单个细胞进行钙离子测定时，则可以考虑指示剂的酸性形式。酸化指示剂分子质量小，易于通过膜片电极尖端扩散至细胞内，且不容易发生指示剂的渗漏和区室化现象。对一些较大的细胞如卵母细胞进行钙离子测定时，可以考虑采用微注射技术注入葡聚糖偶联的指示剂。

2）化学荧光指示剂的光谱特性　　每一种指示剂都有各自在自由态和钙结合态的激发波长和发射波长。非比值型指示剂如 Fluo 3，在钙游离和钙结合态下发生发射光强度的变化，这也就是非比值型指示剂测钙离子的原理。据报道，Fluo 3 在结合钙离子后荧光强度可增强 40～200 倍。而比值型指示剂则会在钙游离和钙结合状态下发生光谱性质的改变，如 Fura 2，它的激发波峰在钙结合后由 363nm 变为 335nm，而发射波峰无明显变化，因此采用双波长两次相继激发，两次捕光的方式获得两次激发时所得到的发射光强，两者之比即为钙信号的相对值（图 2-11）；Indo 1 则在钙结合后发生发射波

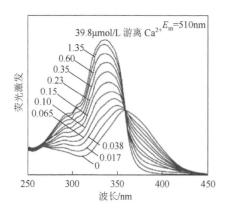

图 2-11　钙指示剂 Fura 2 在不同钙浓度下的发射光谱曲线

峰从 475nm 变为 401nm 的现象，因此计算 401nm 与 475nm 的发射光强之比即为钙信号的相对值。图 2-11 为常用的比值型指示剂 Fura 2 在不同钙浓度下的发射光谱曲线。随着胞内钙浓度的升高，钙结合态的 Fura 2 浓度上升，其在 340nm 激发波长下的发射光（510nm）强度增加，而在 380nm 激发波长下的发射光（510nm）强度减弱，因此常用 F_{340}/F_{380} 代表钙浓度的相对值。

在众多的化学荧光指示剂中，比值型指示剂数目较少，但应用极为广泛。它的数据结果采取比值的方式，因此不受实验设备、指示剂的负载浓度、细胞类型和实验者个体操作等的限制。另外，比值测量也可以消除细胞的厚薄变化、指示剂在胞内的重新分布变化等因素的影响，忠实地反映细胞内钙信号的变化。正是由于这些无可比拟的优点，比值型指示剂尤其是 Fura 2 成为目前应用最为广泛的化学荧光指示剂。但它也有缺点，如需要紫外激发、会导致组织产生一定的自发荧光等。非比值型指示剂多为可见光激发，自发荧光小，但其数据结果直接为荧光强度值，易受指示剂浓度、细胞动态变化等因素的影响。

3）化学荧光指示剂的解离常数和动力域　　解离常数（K_d）是钙指示剂的一个重要参数，计算公式为：K_d=[dye]×[Ca^{2+}]/[dye·Ca^{2+}]。K_d 越大，指示剂对钙的亲和力越低；K_d 越小，对钙的亲和力越大。指示剂的动力域为最大荧光强度与最小荧光强度（非比值型指示剂）或最大比值与最小比值（比值型）之比，也即指示剂在钙饱和与无钙状态下的强度比或比值比。该值越大，指示剂的信号可变度就越大，有利于数据的检出。常用的 Indo 1、Fura 2 和 Fluo 3 的动力域较大，这也是它们广为应用的原因之一。

2. 生物发光蛋白　　生物发光蛋白是 20 世纪 60 年代从水母体内陆续发现的钙结合型发光蛋白，包括 aequorin、obelin、mitrocomin、clytin 等。aequorin 即水母素，是应用最为广泛的生物发光蛋白，与钙离子结合后可以发出波长为 465nm 的蓝色荧光。aequorin 作为钙指示剂的优点在于不需要荧光激发系统，对设备要求低，也不会因光照而产生细胞毒等副作用。但是它不能透过细胞膜，需要用微注射或转化表达的方式来负载细胞，对实验者的技术要求高，而且量子效率低，要求的指示剂浓度高，也需要灵敏的光检测系统。因此基于此限制，生物发光蛋白已不是钙测定方法的主流。

3. 荧光蛋白指示剂　　荧光蛋白指示剂是基于 GFP 基础上的钙指示剂。之后，BFP、CFP、YFP、DsRed 相继出现。荧光蛋白的一个直接应用就是研究生物大分子之间相互作用或大分子本身构象变化的荧光共振能量转移（fluorescence resonace energy transfer，FRET）。它的基本原理是：在一个大分子上偶联上荧光供体基团如 BFP，在与其作用的另一个大分子上偶联上受体荧光蛋白如 GFP。当两个分子没有相互作用时，在用 BFP 的激发光去激发时，只有 BFP 可以发出蓝色荧光而 GFP 不发光或只发出很微弱的荧光。但当两个相互作用发生构象变化时，由于两个荧光基团间的空间距离缩小，供体发射的能量可以转移到受体，而使受体被激发出自己的荧光。因此，供体的荧光减弱而受体的荧光增强。这样，$F_{acceptor}/F_{donor}$ 就可以用来检测两个分子间是否发生了相互作用。基于 FRET 的工作原理，Miyawaki 于 1997 年研制了利用 FRET 测钙的分子系统，命名为 cameleon。

荧光蛋白指示剂可以用微注射或异源表达测定钙离子，靶向定位好，可以对特定的细胞器内的钙离子进行测量，无渗漏现象，但又有信号动力域窄、对 pH 变化敏感等不足。

2.6.2　钙指示剂的负载

指示剂只有进入细胞内才能对胞内的钙离子信号进行监控，下面介绍几种常用的负载指示剂方法。

1. 酯质载入　　商品化的酯质指示剂带有乙酰甲酯（AM）尾，具有疏水性，可以被动地扩散至细胞膜内。AM 指示剂对钙离子没有亲和性，只有经细胞内的酯酶水解脱掉 AM 尾后才可以发挥指示剂的作用。水解后的酸式指示剂为亲水性，不能扩散至细胞膜外，因此可以在胞膜内达到很高的水平。以 Fura 2 为例，对于培养细胞或组织薄片，一般 1～10μmol/L 室温孵育 30min 可以达到较好的负载效果。在孵育的过程中，可以加入 pluronic acid F-127 或 cremophor EL 等助扩散剂提高负载效果。酯质载入最大的优点就是操作简单易行，而且能在很短的时间内获得很高的指示剂浓度。缺点是受胞内酯酶的影响较大，如果酯酶的活性低，则水解率低，指示剂的终浓度就不会太高。而其未能及时水解的指示剂会在测量的过程中扩散，造成渗漏和区室化。

2. 微注射法　　微注射法针对不可通透的指示剂，如酸式指示剂、葡聚糖偶联的指示剂及荧光蛋白指示剂。将指示剂溶解在配制的细胞内液中，灌注至玻璃微管中，慢慢注入细胞内。这种方法可以将指示剂直接注射至细胞中，精确性高，但对实验者的技术要求高，对细胞的损伤大，而且仅对大细胞适用，不适合于成批细胞的钙离子测定。

3. 电极尖端扩散法　　该方法是将电生理膜片钳技术与钙离子测定相结合所采用的负载方法。将指示剂溶解在电极内液中，在对细胞形成全细胞记录后，指示剂通过低阻抗电极尖端被动地扩散至细胞内。利用这种方法负载指示剂，可以针对任何一种指示剂形式，但酸式指示剂因分子质量小，扩散快，负载的效果最好。

除了上述三种常用的负载方法之外，指示剂的负载法还有低钙法、ATP 法、低渗透休克法、重力法和脂转运法等。

2.6.3　钙离子浓度的校正方法

无论是比值型还是非比值型指示剂，钙离子测定所得的结果都不是实际的钙离子浓度，而是荧光强度之比代表的相对钙水平。这就需要对测定值进行钙离子浓度的换算，换算公式为

$$[Ca^{2+}]_i = K_d \times (F-F_{min})/(F_{max}-F)\ （非比值型指示剂）$$
$$[Ca^{2+}]_i = \beta \times K_d \times (R-R_{min})/(R_{max}-R)\ （比值型指示剂）$$

式中，F 和 R 分别为测得的荧光强度比或比值，F_{min} 和 R_{min}、F_{max} 和 R_{max} 分别是无钙和钙饱和时的强度值和比值。K_d 是解离常数，β 为比值中分母波长在无钙和钙饱和时的荧光强度之比，如对 Fura 2 来说，$\beta=F_{380min}/F_{380max}$。

不过，目前很多学者在用比值型指示剂测钙时已倾向于不进行换算绝对的钙离子浓度而直接使用相对的测量值来进行结果的描述，这也已为大家所接受。

2.6.4　钙离子测定光学系统

钙离子测定的发展除了伴随指示剂的发展以外，还伴随着光学系统的发展。最初进行钙离子测定时使用的是传统的广视野倒置显微镜。它的好处为工作距离长，能够在载物台上加载多种辅助设备，并且可以和电生理记录相结合。缺点为使用场光源，荧光漂白明显，图像清晰度和分辨率低。后来，激光共聚焦显微镜的出现给钙离子测定领域带来了新的契机。它采用激光束作为光源，而且层层扫描使图像具有很强的空间分辨率，荧光漂白减弱，并且使局域性的钙离子信号测量成为可能。近年来，双光子激发激光扫描镜术也被应用于钙离子测定系统中，使钙离子测定又迈上了一个新的台阶。

2.6.5　钙离子测定的实验举例

下面以培养 DRG 细胞和急性脊髓薄片上的钙成像实验为例，简单介绍钙成像实验的基本实验步骤。

1. 培养 DRG 细胞钙成像

1）标本制备　　大鼠或小鼠颈椎脱臼致死或缺氧致死，切开背部皮肤和肌肉切取脊柱放入 PBS 溶液中，打开椎板取出 DRG，分离打散 DRG 细胞然后对其进行培养。

2）钙指示剂溶液制备　　将 Fura 2 首先溶解在 DMSO 中制备成 10mmol/L 的储备液，然后分装置于−20℃。在当日实验时将 10mmol/L 的 Fura 2 与助扩散剂 pluronic acid F-127（20%）溶解在 Ringer 液中，具体配方如下：10mmol/L Fura 2，1.5μL；pluronic acid F-127，3μL；1mol/L HEPES，30μL；Ringer 液，1465.5μL。

3）钙指示剂负载　　将上述配置好的 Fura 2 溶液加入培养的 DRG 细胞中室温孵育 30min，之后吸出 Fura 2 溶液加入 Ringer 液洗脱 30min。

4）钙成像　　将 Fura 2 负载后的 DRG 细胞置于显微镜载物台上，分别应用 340nm 和 380nm 的激发波长激发，便可得到胞内的钙成像图像，求得 F_{340}/F_{380} 代表基线水平的相对钙水平。灌流给予某种可以诱发钙反应的激动剂时，便可以观察到荧光强度的改变及 F_{340}/F_{380} 的改变。图 2-12A 显示的是 Fura 2 负载的 DRG 细胞在 340nm 波长激发状态下的图像（Luo et al., 2012），图 2-12B 为灌流给予

25mmol/L KCl 后诱发的钙反应。

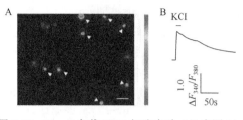

图 2-12　Fura 2 负载 DRG 细胞实验（见彩图 2）

2. 急性脊髓薄片的钙成像

1）标本制备　　大鼠或小鼠腹腔注射乌拉坦麻醉后，沿中线切开背部皮肤和肌肉，行椎板切除术，暴露脊髓。取出脊髓腰膨大脊髓，除了保留一侧脊神经 L4 或 L5 后根外撕去所有前后根，在振动切片机上切取带有 L4 或 L5 的脊髓薄片，片厚 350～450μm，置于通有 95% O₂ 和 5% CO₂ 的混合气的人工脑脊液中孵育。

2）钙指示剂溶液制备　　将 Fura 2 首先溶解在 DMSO 中制备成 10mmol/L 的储备液，然后分装置于–20℃。在当日实验时将 10mmol/L 的 Fura 2 与助扩散剂 pluronic acid F-127（20%）溶解在人工脑脊液中，配制成终浓度为 10μmol/L 的 Fura 2 溶液。

3）钙指示剂负载　　将脊髓薄片放置在上述配制好的 Fura 2 溶液中孵育 30min，负载完成后将脊髓薄片放置在无 Fura 2 的正常人工脑脊液中洗脱 30min，然后开始进行钙测定。

4）钙成像　　将 Fura 2 负载后的脊髓薄片置入显微镜载物台上，分别应用 340nm 和 380nm 的激发波长激发便可得到胞内的钙成像图像，求得 F_{340}/F_{380} 代表基线水平的相对钙水平。电刺激后根便可以观察到突触后脊髓背角神经元胞内钙的变化，表现为 F_{340}/F_{380} 的改变。图 2-13 显示的是 Fura 2 负载的带后根的脊髓薄片及刺激后根诱发的钙反应（Luo et al.，2008）。

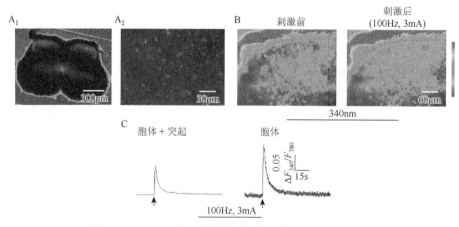

图 2-13　Fura 2 负载脊髓背角神经元实验（见彩图 3）

A₁. Fura 2 负载的带后根的脊髓薄片；A₂. Fura 2 标记的脊髓背角神经元；B. 电刺激脊神经后根（100Hz，3mA）诱发的脊髓背角神经元的钙反应；C. 分别对整个脊髓背角浅层（包括背角神经元胞体和神经突起）或者背角神经元胞体分析所得到的钙反应曲线

在过去的二三十年间，钙离子测定无论从指示剂方面还是从光学监测系统方面都得到了长足的发展。现在，细胞内钙离子测定已经成为一项研究细胞分子功能的常规技术，随着光学监测系统的不断发展，钙离子测定正在朝着局域化、高时空分辨率的方向发展。这些将有利于人们揭示钙离子在细胞生理和病理过程中的作用机制，为人类认识自身和战胜疾病提供技术支持。

（罗　层）

2.7　实验动物模型制备

本书中涉及多名编者多年的研究工作，相关感觉信号——痛信号的记录多在两种常见的神经病理痛模型上进行：慢性压迫损伤模型（chronic constriction injury, CCI）及背根节慢性压迫模型（CCD）。这里对相关解剖结构及两个模型做一简介。

1. 初级感觉信号传入简介　　躯体感觉系统包括各种与感知相关的传入神经及能够产生如触觉、温觉、本体感觉及伤害性信息等各种感觉模式的处理中心。这一系统中介导伤害性感受的痛觉感受器，可以对多种形式的刺激产生反应，并通过感觉神经向中枢传入，通过脊髓传导束上传经丘脑至脑，最终在大脑皮质顶叶的初级躯体感觉区加工处理。躯体的初级感觉神经元集中在背根神经节（DRG），这些神经节位于脊柱两侧的椎间孔内，在人与动物均包含了若干节段，分别传导来自上肢和下肢的躯体感觉。DRG 的神经元是典型的假单极神经元，即胞体有单一轴突，之后分为两个分支，一个为外周突，延伸至感受器；另一个为中枢突，延伸至脊髓背角。与在中枢神经系统中发现的大多数神经元不同，DRG 神经元的动作电位可能产生在其外周突，经过胞体，再沿其中枢突传递至其在脊髓背角的突触末端，即正常情况下，DRG 神经元对外周信息只是进行忠实的传导。然而，DRG 神经元及其突起在各种病理条件下会受到损伤，从而成为异位动作电位的起源部位（Xing et al., 2001）。一方面，由于这些异位动作电位与异常疼痛的出现相伴而生，故也常将其称为"痛信号"。另一方面，这些异位放电的模式非常多，在非线性研究领域有广泛的应用。

2. 慢性压迫损伤模型（CCI）　　1988 年，Bennet 和 Xie（谢益宽）创建 CCI 模型。具体制备方法如下：大鼠麻醉后，于大腿中部钝性分离股二头肌，暴露坐骨神经干（约 7mm 长），用 4-0 铬肠线环绕坐骨神经四点环扎（每相邻两点相距 1mm），结扎程度在 40 倍手术显微镜下可见坐骨神经干直径缩窄但不中断神经外膜表面血流，或切口周围肌肉产生一个小的短暂性抽搐为度。该方法造成坐骨神经慢性缩窄性损伤，使部分神经传导功能保留，并不造成神经全切的效果。该模型术后，动物自发痛、机械敏感、触诱发痛等表现可长达 2～3 个月。CCI 模型操作简便，但最大的缺点是结扎线的松紧程度由操作者掌握，松紧改变将引起纤维丧失不一，同时也会发生相关的内膜水肿程度上及动物行为表现的差异，但并不妨碍其成为研究外周神经病理性疼痛机制的常用对象。外周神经损伤后，损伤神经形成的起步点的自发放电节律丰富，而采用在体灌流方法可以方便地研究起步点放电节律形成与节律转化的机制。

　　3. 背根节慢性压迫模型（CCD）　　　该模型于 1998 年发表于 *Pain* 杂志，由胡三觉与邢俊玲共同创建（Hu and Xing，1998）。模型的实施较为简便：动物麻醉后，沿中线分离皮肤、肌肉层，暴露 L5/L4 椎间孔，之后以 L 形小钢柱与中线成 30°角，上抬 15°角的方向沿椎间孔插入，对 DRG 及其周围神经根形成持续的压迫（图 2-14）。与其他的外周神经损伤模型相比，该模型使得大多数轴突的感觉通路保持完整，但在行为学上则同样有感觉异常的表现。该模型成功地模拟了临床椎间盘脱出、骨质增生等压迫神经根造成的病变。DRG 慢性压迫损伤后，损伤 DRG 神经元成为异位放电的起步点，其自发放电节律非常丰富。与轴突损伤的起步点有所不同的是，在 DRG 可以直接对相关神经元胞体进行细胞内记录或膜片钳记录，进而对起步点放电节律形成与模式转化的细胞机制进行研究。

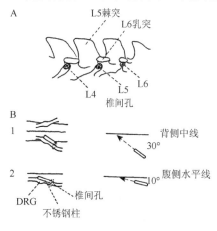

图 2-14　背根节慢性压迫模型制备示意图

　　CCI 和 CCD 等被认为是较为适用的外周病理痛模型，在国际疼痛研究领域得到认可与广泛应用，并被著名疼痛学专著 *Science of Pain* 选用（Basbaum et al.，2009）。而 CCD 模型在实际应用过程中不断得到改进（Song et al.，1999；Gu et al.，2008），并作为主要研究成果之一获得了 2009 年度国家科学技术进步一等奖。

（邢俊玲）

参 考 文 献

胡三觉，罗非，王文挺. 2009. 电生理方法//韩济生. 神经科学. 3 版. 北京：北京大学医学出版社.

康华光. 2003. 膜片钳技术及其应用. 北京：科学出版社.

刘振伟. 2006. 实用膜片钳技术. 北京：军事医学科学出版社.

周佳音，胡三觉，黄仲荪，等. 1987. 电生理学实验. 北京：人民卫生出版社.

Basbaum AI，Bushnell MC. 2009. Science of Pain，Animal Models and Neuropathic Pain. London：Elsevier Inc.

Bennett GJ，Xie YK. 1988. A peripheral mononeuropathy in rat that produces disorders of pain sensation like those seen in man. Pain，33：87-107.

Blanton MG，Lo Turco JJ，Kriegstein AR. 1989. Whole-cell recording from neurones in slices of reptilian and mammalian cerebral cortex. J Neurosci Meth，30：203-210.

Crawley JN. 1997. Current Protocols on Neuroscience. New Jersey：John Wiley & Sons Inc.

Edwards FA，Konnerth A，Sakmann B，et al. 1989. A thin slice preparation for patch clamp recordings from synaptically connected neurones of the mammalian central nervous system. Pflug Arch Eur J Physiol，414：600-612.

Gu XP，Yang LL，Wang SX，et al. 2008. A rat model of radicular pain induced by chronic compression of lumbar dorsal root ganglion with surgifilo. Anesthesiology，108：113-121.

Hu SJ，Xing JL. 1998. An experimental model for chronic compression of dorsal root ganglion produced by intervertebral foramen stenosis in the rat. Pain，17：15-23.

Luo C，Gangadharan V，Bali KK，et al. 2012. Presynaptically localized cyclic GMP-dependent protein kinase 1 is a key determinant of spinal synaptic potentiation and pain hypersensitivity. PLoS Biol，10（3）：e1001283.

Luo C，Seeburg PH，Sprengel R，et al. 2008. Activity-dependent potentiation of calcium signals in spinal sensory networks in inflammatory pain states. Pain，140：358-367.

Ogden D. 1994. Microelectrode Techniques：the Plymouth Workshop Handbook. Cambridge：The Company of Biologists.

Sakmann B，Neher E. 1955. Single-Channel Recording. 2nd ed. New York：Plenum Press.

Sherman-Gold R. 2007. The Axon Guide. 3rd ed. Sunnyvale：MDS Analytical Technologies.

Song XJ，Hu SJ，Qreenquist KW，et al. 1999. Mechanical and thermal hyper algesia and ectopic neuronal discharge after chronic compression of dorsal root ganglion. J Neurophysiol，82：3347-3358.

Wan YH，Jian Z，Wen ZH，et al. 2004. Synaptic transmission of chaotic spike trains between primary afferent fiber and spinal dorsal horm neuron in the rat. Neuroscience，125：1051-1060.

Wang WT，Wan YH，Zhu JL，et al. 2006. Theta-frequency membrane resonance and its ionic mechanisms in rat subicular pyramidal neurons. Neuroscience，140：45-55.

Xing JL，Hu SJ，Long KP. 2001. Subthreshold membrane potential oscilation of type A neurons in injured DRG. Brain Res，901：128-136.

第 3 章　神经动力学基础知识

3.1　神经元数学模型

根据神经生理实验数据，建立描述神经元放电活动的数学模型，有利于从理论上探讨神经元兴奋等放电活动的根本机制；同时由理论结果可以更好地指导和设计神经生理实验方案。兴奋性神经元的数学模型有基于生物物理机制的生物模型，同时也有基于神经元放电模式描述的唯象模型。这两者不是完全分离的，其实生物模型往往更能够从离子通道活动的角度来描述神经元放电行为；而唯象模型通常采用形式非常简单的多项式，更有利于从动力学角度探讨神经元放电行为出现和变化的根本动力学机制。从数学表现形式上，兴奋性神经元的数学模型有用常微分方程描述的连续时间动力系统和映射迭代系统描述的离散时间动力系统两大类。下面对计算神经科学中常见的神经元模型进行简单介绍，本节介绍常微分方程和映射方程描述的神经元模型。

3.1.1　Hodgkin-Huxley 模型

英国生理学家 Hodgkin 和 Huxley 在 20 世纪 50 年代利用电压钳技术对枪乌贼巨轴突的电生理活动进行了深入的研究，获得了大量的实验数据，在此基础上提出了著名的动作电位 Hodgkin-Huxley（HH）理论，并建立了 HH 模型。HH 理论是生物学中最伟大的理论之一，是实验和理论的完美结合，可位于神经科学中最有意义的概念性突破之列，为现代计算神经科学奠定了坚实基础。Hodgkin 和 Huxley 的开创性工作成为可兴奋生物细胞电生理特性定量研究的里程碑。

HH 模型是一个四维非线性微分方程组描述的数学模型，它描述了膜电位变化、通道电导和跨膜电流密度之间的关系，成功地解释了可兴奋性细胞如神经元和心肌细胞等关于动作电位产生等的电生理特性和机制。原始的 HH 模型是描述枪乌贼巨轴突的神经膜的电位变化规律而建立的，现在已广泛地当作神经元模型。神经膜上有三种离子通道，它们分别是漏（Leakage）通道、钠通道和钾通道。漏通道有相对低的电导，基本上不变化，静息膜电位主要由漏通道控制。而钠通道和钾通道主要负责产生动作电位，它们的电导是跨膜电压依赖的。神经膜的等效电路如图 3-1 所示，神经膜脂质双分子层可视为一个电容，各通道的等效电源是驱动相应离子流动的电化学梯度。

HH 模型为四维常微分方程组：

$$\frac{\mathrm{d}V}{\mathrm{d}t} = \frac{1}{C_\mathrm{m}}(I_\mathrm{ext} - g_\mathrm{Na}m^3h(V-V_\mathrm{Na}) - g_\mathrm{K}n^4(V-V_\mathrm{K}) - g_\mathrm{L}(V-V_\mathrm{L})) \tag{3-1}$$

$$\frac{\mathrm{d}m}{\mathrm{d}t} = \alpha_m(V)(1-m) - \beta_m(V)m \quad （3-2）$$

$$\frac{\mathrm{d}h}{\mathrm{d}t} = \alpha_h(V)(1-h) - \beta_h(V)h \quad （3-3）$$

$$\frac{\mathrm{d}n}{\mathrm{d}t} = \alpha_n(V)(1-n) - \beta_n(V)n \quad （3-4）$$

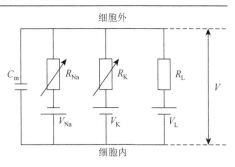

图 3-1　神经膜的等效电路图

式中，V 表示膜电位，即跨膜电压；m 和 h 分别为钠通道的激活和失活变量，当 m 变大时 h 减小；n 为钾通道的激活变量。

显然，m、h 和 n 遵守相同形式的方程，而它们对各自的稳态值和时间常数有不同的电压依赖关系。其中 α_m、β_m，α_h，β_h，α_n 和 β_n 是膜电位 V 的函数，定义如下：$\alpha_m(V) = 0.1(25.0 - V)/(\exp((25.0 - V)/10.0 - 1.0)$、$\beta_m(V) = 4.0\exp(-V/18.0)$，$\alpha_h(V) = 0.07\exp(-V/20.0)$、$\beta_h(V) = 1.0/(\exp((-V + 30.0)/10.0) + 1.0)$，$\alpha_n(V) = 0.01(10.0 - V)/(\exp((10.0 - V)/10.0) - 1.0)$、$\beta_n(n) = 0.125\exp(-V/80.0)$。

HH 模型中包括多个参数。$V_{Na} = 115.0\mathrm{mV}$、$V_K = -12.0\mathrm{mV}$ 和 $V_L = 10.599\mathrm{mV}$ 分别表示钠通道、钾通道和露通道的反转电位（reversal potential），也叫做 Nernst 电位。$g_{Na} = 120.0\mathrm{mS/cm}^2$、$g_K = 36.0\mathrm{mS/cm}^2$ 和 $g_L = 0.3\mathrm{mS/cm}^2$ 分别表示相应离子电流的最大电导，它们反映了在膜上相应的离子通道的密度；$C_m = 1.0\mu\mathrm{F/cm}^2$ 是膜电容；I_{ext} 表示外加电流强度。

在其他参数固定的情况下，HH 模型神经元在外加电流强度 $I_{ext} = 9.87\mu\mathrm{A/cm}^2$ 时，从静息态转为周期峰放电（spiking）。图 3-2 是 $I_{ext} = 10.0\mu\mathrm{A/cm}^2$ 时的膜电位时间历程。

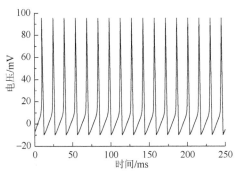

图 3-2　膜电位时间历程

基于 HH 理论和模型而得到的其他不同类型的可兴奋细胞或神经元的电生理模型，它们通常具有和 HH 模型相似的形式，故被称为 HH 型模型。

3.1.2　FitzHugh-Nagumo 模型

由于 HH 模型包含大量的参数，表达式含有指数函数，形式较为复杂；而且维数也比较高，不利于理论分析。因此，1961 年和 1962 年 FitzHugh 和 Nagumo 分别独立地导出了一个由多项式表达的二维 FitzHugh-Nagumo（FHN）模型。该模型尽管形式非常简洁，但抓住了神经元兴奋的本质特征，通过一个非线性正反馈膜电位来描述"再生自激"（regenerative self-excitation）现象，通过一个线性负反馈门电压来刻画恢复过程（recovery）。因此可以说 FHN 模型是 HH 模型关于动作电位产生的简化版，其具体形式通常如下：

$$\begin{cases} \varepsilon \dfrac{dV}{dt} = V(V-a)(1-V) - W, \\ \dfrac{dW}{dt} = V - dW + b. \end{cases} \tag{3-5}$$

式中，V 表示膜电位，W 表示恢复变量。参数 a、b、d 和 ε 是无量纲的正数。ε 的幅值是一个关于时间的常数，它确定着 W 相对于 V 如何快速变化。

FHN 神经元模型常常被用于解释感官神经元系统的神经电生理活动。

3.1.3　Morris-Lecar 模型

1981 年，Morris 和 Lecar 结合 HH 模型和 FHN 模型各自的优点提出了一个基于电导的二维 Morris-Lecar（ML）模型。该模型是为了描述藤壶（一种甲壳纲的小动物）肌肉纤维电生理特征。ML 模型适合于系统有两个非失活电压敏感的电导情形，现在也被作为神经元模型而引用，其方程为

$$\begin{cases} \dfrac{dV}{dt} = \dfrac{1}{C_m}(I_{ext} - g_{Ca} m_{\infty}(V)(V - V_{Ca}) - g_K w(V - V_K) - g_L(V - V_L)), \\ \dfrac{dw}{dt} = \phi \dfrac{w_{\infty}(V) - w}{\tau_w(V)}. \end{cases} \tag{3-6}$$

式中，$m_{\infty}(V) = 0.5 \times \{1 + \tanh[(V - V_1)/V_2]\}$，$w_{\infty}(V) = 0.5 \times \{\tanh[(V - V_3)/V_4]\}$，转移速率为 $\tau_w(V) = 1/\cosh[(V - V_3)/(2 \times V_4)]$。$C_m$ 是膜电容（μF/cm²），g_{Ca}、g_K 和 g_L 分别是钙、钾和漏电流的最大电导（mS/cm²），V_{Ca}、V_K 和 V_L 是对应的反转电压（mV）；ϕ 表示神经元快、慢区域之间的变化。此处 I_{ext} 同样是外加电流强度，通常被视为控制参数。

由此可见，ML 模型是一个二维常微分方程，V 表示膜电位，w 表示恢复变量，代表钾通道开放的概率。由于 ML 模型是一个二维模型，非常适合利用相平面方法分析该模型的动力学行为。在 ML 模型中，钙电导是瞬间响应电压敏感的；而钾电导是时滞电压依赖的。

有趣的是，ML 模型在两组不同参数集下，神经元从静息状态变为周期峰放电状态有不同的兴奋性动力学机制，它们分别对应着神经元不同的兴奋性类型。在这两组参数集中，除 V_3、V_4、g_{Ca} 和 ϕ 外，其余的参数都一样，即取 $V_1 = -1.2\text{mV}$，$V_2 = 18\text{mV}$，$g_K = 8\text{mS/cm}^2$，$g_L = 2\text{mS/cm}^2$，$V_K = -84\text{mV}$，$V_L = -60\text{mV}$，$V_{Ca} = 120\text{mV}$ 和 $C_m = 20\mu\text{F/cm}^2$。当 $V_3 = 12\text{mV}$、$V_4 = 17.4\text{mV}$、$g_{Ca} = 4\text{mS/cm}^2$、$\phi = 1/15$ 时，ML 模型神经元呈现第一类兴奋性；而当 $V_3 = 2\text{mV}$、$V_4 = 30\text{mV}$、$g_{Ca} = 4.4\text{mS/cm}^2$、$\phi = 0.04$ 时，ML 模型神经元呈现第二类兴奋性。

3.1.4　Hindmarsh-Rose 模型

为了不用 HH 方程而以相对简单的方式对两个蜗牛（snail）神经元的同步发放

进行建模，一个自然的选择就是利用 FHN 类方程。1982 年和 1984 年，Hindmarsh 和 Rose 合作，对 FHN 模型进行了修改，来解释"尾电流反转"（tail current reversal）现象，提出并发展了 Hindmarsh-Rose（HR）模型。

$$\begin{cases} \dfrac{\mathrm{d}x}{\mathrm{d}t} = y - ax^3 + bx^2 - z + I, \\[2mm] \dfrac{\mathrm{d}y}{\mathrm{d}t} = c - dx^2 - y, \\[2mm] \dfrac{\mathrm{d}z}{\mathrm{d}t} = r[s(x - x_0) - z]. \end{cases} \tag{3-7}$$

HR 模型中有 8 个参数：a、b、c、d、r、s、x_0 和 I。通常固定它们其中一些，让其他参数作为控制参数。外加电流强度 I，即进入神经元的电流往往被当作一个控制参数。在一些文献中，b、d 和 r 有时也被视为控制参数。取 $a = 1.0$、$b = 3.0$、$c = 1.0$、$d = 5.0$、$s = 4$ 和 $x_0 = -1.6$；r 通常在 10^{-3} 量级取值；I 一般在 $[-10, 10]$ 取值。

HR 模型旨在研究生理实验中在单个神经元上观察到的峰放电和簇放电行为。显然在 HR 模型中前两个变量组成快子系统表示快离子通道的活动，最后一个变量组成慢子系统反映慢离子通道的活动。HR 模型也是一个无量纲的模型。x 代表膜电位；y 度量钠离子和钾离子通过快速离子通道的速率，被称为 spiking 变量；z 是一个慢变电流，表示其他离子通过慢速离子通道的速率，被称为簇（bursting）变量。实际上变量 z 将外加电流强度 I 改变为一个有效外加电流强度 $I-z$。通过选择适当的控制参数，HR 模型能产生多种复杂的放电模式。

3.1.5　Chay 模型

Chay 模型严格来说不是神经元模型，而是描述胰腺 β 细胞放电活动的模型（Chay，1985）。然而该模型基于钙激活钾通道假设能够模拟和解释许多不同类型的兴奋性细胞的电生理特征，如神经元、心肌细胞、分泌腺的可兴奋细胞、神经起搏点及冷觉感受器等，现在许多文献都把它当作一种神经元模型进行研究。Chay 模型仅包含 3 个动力学变量，方程为

$$\begin{cases} \dfrac{\mathrm{d}V}{\mathrm{d}t} = I_{\mathrm{ext}} - g_1 m_\infty^3 h_\infty (V - V_{\mathrm{I}}) - g_{K,v} n^4 (V - V_{\mathrm{K}}) - g_{K,C} \dfrac{C}{1+C}(V - V_{\mathrm{K}}) - g_{\mathrm{L}}(V - V_{\mathrm{L}}), \\[2mm] \dfrac{\mathrm{d}n}{\mathrm{d}t} = \dfrac{n_\infty - n}{\tau_n}, \\[2mm] \dfrac{\mathrm{d}C}{\mathrm{d}t} = \rho[m_\infty^3 h_\infty (V_C - V) - k_C C]. \end{cases} \tag{3-8}$$

V 代表膜电位，n 为电压依赖钾通道开放概率，C 为细胞内钙离子浓度，I_{ext} 为

外加电流强度。g_I、$g_{K,V}$、$g_{K,C}$ 和 g_L 分别为混合 $Na^+ - Ca^{2+}$ 通道、电压依赖 K^+ 通道、电压不依赖而细胞内 Ca^{2+} 依赖 K^+ 通道和漏通道的最大电导；而 V_I、V_K 和 V_L 分别为混合 $Na^+ - Ca^{2+}$ 通道、K^+ 通道和漏通道的反转电位。m_∞ 和 h_∞ 分别为混合 $Na^+ - Ca^{2+}$ 通道的激活和失活概率，在 HH 模型中与时间有关的 m 和 h 均由各自的稳态值代替。n_∞ 为 n 的稳态值，τ_n 为 n 的弛豫时间。V_C 为 Ca^{2+} 的反转电位，k_C 为细胞内 Ca^{2+} 离子流出的比率常数，ρ 为比例性常数。

方程中 m_∞、h_∞ 和 n_∞ 的表达式分别为：$m_\infty = \alpha_m/(\alpha_m + \beta_m)$，$h_\infty = \alpha_h/(\alpha_h + \beta_h)$，$n_\infty = \alpha_n/(\alpha_n + \beta_n)$。

其中，$\alpha_m = 0.1(25+V)/(1-e^{-0.1V-2.5})$，$\beta_m = 4e^{[-(V+50)/18]}$，$\alpha_h = 0.07e^{(-0.05V-2.5)}$，$\beta_h = 1/(1+e^{-0.1V-2})$，$\alpha_n = 0.01(20+V)/(1-e^{-0.1V-2})$，$\beta_n = 0.125e^{[-(V+30)/80]}$，$\tau_n = 1/[\lambda_n(\alpha_n + \beta_n)]$。

在 Chay 模型中，$g_I = 1800$，$g_{K,V} = 1700$，$g_{K,C} = 11.5$，$g_L = 7$，$V_I = 100$，$V_K = -75$，$V_L = -40$，$V_C = 100$，$k_C = 3.3/18$，$\rho = 0.27$，$\lambda_n = 230$ 常被采用。其中，所有电导的单位是 mS/cm^2，电压的单位为 mV，其余的为无量纲化常数，I_{ext} 的单位是 $\mu A/cm^2$。

3.1.6　Rulkov 模型

接下来介绍关于映射描述的离散时间动力系统的神经元模型。这类神经元模型在考察大规模神经元网络放电活动时具有非常重要的意义，特别是簇放电神经元网络。常微分方程描述的簇放电神经元模型通常是三维或三维以上、具有两个或两个以上时间尺度的动力系统。这就为研究簇放电神经元网络提出了具有挑战性的数学问题，甚至数值模拟这些网络也是一个计算挑战，因为它涉及数以千计的刚性非线性常微分方程的计算。所以，使用映射形式的神经元模型，无论在理论上还是计算上都将具有许多优点，可能仅需要很少的计算就可以考察数以百万相互偶合的簇放电神经元网络的集体行为。事实上，已有多个映射形式的神经元模型，本书仅介绍 Rulkov 模型和 Izhikevich 模型。

2001 年，Rulkov 提出了一个二维的映射神经元模型，该模型能产生复杂的簇放电行为，具体形式如下：

$$\begin{cases} x_{n+1} = \dfrac{\alpha}{1+x_n^2} + y_n, \\ y_{n+1} = y_n - \eta(x_n - \sigma). \end{cases} \tag{3-9}$$

式（3-10）中，x_n 是快变量，相对于膜电位，y_n 是慢变量，相当于恢复变量。α、σ 和 η 是参数且 $\alpha > 0$，$0 < \eta \ll 1$。

3.1.7　Izhikevich 模型

其实 Izhikevich 模型是一个带峰放电（spike）后重置附加条件的二维常微分

方程形式的模型（Izhikevich，2006），之所以把它归入映射形式的神经元模型，是因为该模型可以采用以 1ms 为步长的 Euler 法离散为映射形式。Izhikevich 模型的微分方程形式为

$$\begin{cases} \dfrac{dV}{dt} = 0.04V^2 + 5V + 140 - u + I, \\ \dfrac{du}{dt} = a(bV - u). \end{cases} \qquad (3\text{-}10)$$

峰放电后重置，即如果 $V \geqslant 30\text{mV}$，则 $V \leftarrow c$，$u \leftarrow u + d$。

式（3-10）中，V 代表神经元膜电位，而 u 表示膜恢复变量，它可以解释为钾离子通道激活而钠离子通道失活，从而为 V 提供负反馈；a、b、c 和 d 是无量纲的参数。I 仍然为外加电流或突触电流强度。

方程中 $0.04V^2 + 5V + 140$ 项是拟合皮层神经元 spike 出现动力学而得到的，这样 V 有 mV 尺度，而时间 t 有 ms 尺度。在模型中静息电位取决于 b 的值在 $-70\sim-60\text{mV}$ 的变化。参数 a 描述恢复变量 u 的时间尺度，值越小，恢复过程就越慢；典型取值为 $a = 0.02$。参数 b 刻画恢复变量 u 对膜电位 V 阈下波动的敏感性，通常取 $b = 0.2$。参数 c 描述一个峰放电后由于快速高阈值钾电导引起的膜电位 V 重置取值，一般取 $c = -65\text{mV}$。参数 d 表示 spike 后由于慢速高阈值钠和钾电导引起的恢复变量 u 重置，一般取 $d = 2$。

采用离散步长 1ms 的 Euler 法后，上述模型可以改写为

$$\begin{cases} V_{n+1} = 0.04V_n^2 + 6V_n + 140 - u_n + I, \\ u_{n+1} = 0.004V_n + 0.98u_n. \end{cases} \qquad (3\text{-}11)$$

如果 $V_n \geqslant 30$，则 $V_{n+1} = c$，$u_{n+1} = u_n + d$。

映射形式的 Izhikevich 模型根据不同的参数值能够产生多种簇放电模式。

（谢　勇）

3.2　神经元非线性动力学的基础概念

目前对神经电活动复杂现象发生机制的认识还是初步的，需要多学科、多层次地深入综合研究，这是神经科学发展的重要趋势。神经元是神经系统中基本的功能单元，具有感受刺激和传导兴奋与指令的作用。神经元能出现非常丰富的放电模式，如周期的峰放电和簇放电、不规则的峰放电和簇放电，这些表明神经元是高度非线性的。在神经系统中相互偶合神经元系统就更是一个非常复杂的高维非线性动力系统，因此非线性动力学的概念、理论和方法对深入揭示神经活动的本质机制发挥着重要作用。近年来，在国内外出现了神经生理学和非线性动力学相结合的神经动力学（Neurodynamics）学科。实际上，神经动力学属于包括非线性动力学、复杂性理论和统计物理在内的新近发展的当代理论神经生物学领域。

目前神经动力学正应用混沌动力学、协同学、相变理论、复杂性理论和随机共振等理论在神经系统的物理、化学和生物学各种机制，在微观、介观和宏观各个层次展开研究。因此，神经动力学是典型的跨学科的交叉领域。

在非线性动力学（Guckenheimer and Holmes，1983；Thompson and Steward，1986；Wiggins，1990；Nayfeh and Mook，1995；陈予恕等，2000；Hao，1984；Ott，1993）中，一个动力系统是在给定的空间中，对系统的所有点随时间变化所经过的路径的描述，表征了它们随时间的演化，即系统的运动。例如，该空间可以看作物理、化学和生物学系统的状态空间。空间中的点即构成状态空间的状态变量，即表示物理、化学和生物学性质的量。对于神经元电活动情形，膜电位、离子电流激活变量和抑制变量等可取为状态变量，它们随时间演化，表现了神经元活动的一个重要方面。因此从这种意义上来说，神经元就是一种动力系统。

本节就神经元常微分方程系统和映射系统，阐述神经元电活动系统的状态变量、相空间、流、轨道；自发和可兴奋神经元系统的运动，不动点与周期运动，局部分岔，全局分岔，分形和混沌；神经元电活动的阈值和动作电位，阈下振荡和脉冲放电，脉冲放电时间间隔序列系统，峰型放电时间间隔序列和簇放电时间间隔序列。

3.2.1　神经元动力系统、相空间、流和轨道

神经元活动由神经细胞的膜电位等随时间变化表征，可用膜电位等的时间历程图（运动图）直观显示（Ren et al.，1997；Gong et al.，1998；Xu et al.，1997），如图 3-3A 所示。体现神经元放电活动特征的时间历程图，具有膜电位脉冲时间序列的特点，如图 3-3B 所示。

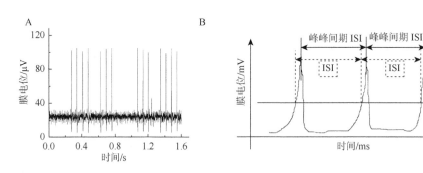

图 3-3　膜电位时间历程（实验结果）（A）、膜电位脉冲时间间隔（峰峰间期）及其与 Poincaré 截面之间的相应关系示意图（B）

依据生物物理和生物化学机制，神经元膜电位等物理量随时间变化规律，可由数学方程表示，即抽象为数学模型，3.1 列出了常见的神经元模型实例。数学方程通常为常微分方程系统和映射方程系统，它们都是动力系统。数学方程可以分

为线性的和非线性的两大类，3.1 列出的神经元模型都是非线性方程。线性方程可以用解析方法求出解析解，得到方程所表示的系统的运动规律。非线性方程一般得不到解析解，通常用数值方法或实验模拟方法求出方程的解，来表示系统的运动过程；同时用数学理论分析系统运动的定性性质，探寻系统的运动规律。非线性方程所表示的系统具有线性系统所没有的动力学复杂运动性态、现象和机制，如混沌运动等。

按照模型的确定，描述神经元活动的状态变量（膜电位等），构成以它们作为一个点的分量的 n 维实数点空间，此空间称为相空间。状态变量（膜电位等）随时间变化规律则服从常微分方程或映射方程。

1. 常微分方程系统　　表示为

$$\frac{\mathrm{d}x}{\mathrm{d}t} = f(x) \tag{3-12}$$

$$\frac{\mathrm{d}x}{\mathrm{d}t} = f(x,t) \tag{3-13}$$

式中，$x \in R^n, t \in R, f(x): R^n \to R^n, f(x,t): R^n \times R \to R^n$。式（3-12）和式（3-13）的右端项分别包含时间和不包含时间，分别称为自治的和非自治的常微分方程。

非自治的常微分方程右端项显含时间变量，表现了系统状态受到激励（刺激）。它有两种简单情形：仅含于参数和仅以独立时间函数项出现，分别称为参数激励和外激励。

神经系统中这两种方程都是常见的，自治的常微分方程情形称为自发的，非自治的常微分方程情形称为受刺激的。

常微分方程初始值问题可以表示为：给定式（3-12）或式（3-13）和初始条件 $x(t_0) = x_0$；求满足常微分方程的可微函数 φ，即常微分方程的解。

$$x = \varphi(x_0, t), \quad x \in R^n \tag{3-14}$$

$x = \varphi(x_0, t)$ 由方程和初始条件 x_0 确定。对于给定的 x_0，就在相空间中形成一条轨道。以图形表示，就得到常微分方程系统相图，如图 3-4 所示。在相空间维数大于 3 时，可以用低维数多个投影来表示。该相空间所有点 x 为初值的 $\varphi(x,t)$，形成轨道的流。由于流 $\varphi(x,t)$ 由常微分方程系统式（3-12）和式（3-13）生成，其轨道的切线向量即式（3-12）、式（3-13）的右端，可以说流由常微分方程的向量场 $f(x)$、$f(x,t)$ 生成。

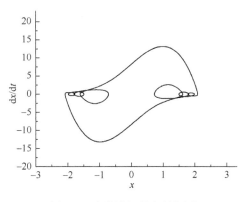

图 3-4　次谐波解共存的相图

相空间中以连续时间 t 为参数的流：$\varphi(x,t)$，$t\in R, x\in R^n$，称为连续动力系统。

神经元的电活动过程由常微分方程表示，因而其电活动的定性性质，可以在几何上，以 n 维空间中的曲线（相空间中轨道，流）表示。可以看到，神经元系统的轨道就是神经元方程的解或积分曲线。

对自治常微分方程（3-12），其轨道具有如下性质：①对应于同一条轨道，系统（3-12）有无穷多解，它们之间只存在经过某一点的时刻上的差异。②系统（3-12）的任何两个解对应的两条轨道或者永不相交，或者完全重合。③系统（3-12）的解规定了一个以 t 为参数的单参数变换群，具备了动力系统变换群条件，因此是动力系统。

对于非自治方程（3-13），这第 3 个性质不一定成立。然而，只要将定义空间维数增加 1 维，时间 t 也作为状态变量，就可以将非自治常微分方程化为自治的常微分方程，而成为动力系统。

2. 映射系统　　表示为

$$x_{j+1} = G(x_j) \tag{3-15}$$

式中，$j\in Z, x_j\in R^n, G:R^n\to R^n$。

映射是离散的动力系统：$G(x_j), x_j\in R^n$。其相空间中的点离散取值，随自然数 j 的增加形成顺序点构成的轨道。映射系统可以分为可逆映射系统和不可逆映射系统。作为 x_j 的函数 $G(x_j)$ 是可逆的，则系统是可逆映射；函数 $G(x_j)$ 是不可逆的，则系统是不可逆映射。

以 Hénon 映射为例。

$$\begin{cases} x_{j+1} = 1 + y_j - ax_j^2, \\ y_{j+1} = bx_j. \end{cases} \tag{3-16}$$

其相轨道如图 3-5 所示。

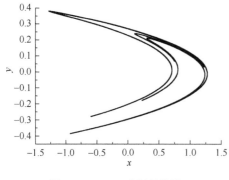

图 3-5　Hénon 映射的轨道
$a = 1.4, b = 0.3$

3.2.2　神经元活动的暂态运动和稳态运动，稳态运动的稳定性

神经元自发的或受刺激放电活动是一个非线性系统的复杂动力学过程。作为神经元主要功能的信息传递、处理和编码，其机制和动力学行为可以通过神经元放电活动的数学模型的非线性动力学分析来揭示。

生物神经元具有活体性质，在初始条件和环境药物的物理化学生物刺激（激励）下，神经元活动通过各种方式表现，这种表现称为反应。前面给出神经元电活动的数学模型是其中的一种。在数学模型中，刺激包含于方程右端，反应则在方程求解后，由状态变量时间演化所表示，表现为状态变量演化过程，即神经元状态变量（系统）的运动。

当状态变量包含膜电位时，神经元活动的反应是电位随时间的变化过程和着眼于放电（电脉冲）与静息现象的过程，两者都表现了神经元活动的生理机制，具有明确的生物学意义，是学科主要理论和实验的出发点和依据。

膜电位的静息和放电过程，还可以由脉冲时间间隔即峰峰间期（interspike interval）序列准确表示，记为 ISI，见图 3-3B。构成序列的量是时间间隔，量纲是时间，但是序列却更好地表现了神经活动生物学特征。同时，此脉冲时间间隔的时间序列本身也是一种离散动力系统，可以直接进行非线性动力学分析，来表现和揭示神经元生理复杂行为和机制，这就是放电脉冲时间间隔的时间过程。

本节阐述状态变量演化过程，放电脉冲时间间隔过程于 3.2.6 讨论。

如前述，神经元状态变量演化过程的规律由数学模型（方程）确定，神经元状态变量全体，张成维数等于状态变量数的实数空间（相空间），神经元状态由相空间的一个点表示。

神经元自发的活动或在刺激下的反应，是一个时间过程，由给定初值下状态变量的解（3-14）表示，亦即相空间中点随时间运动表示，点的几何轨道定性地表示运动性质，运动性质由它们的特征来区分和刻画。

1. **暂态运动和稳态运动**　　在一给定任意初值下，确定性神经元系统刺激或自发放电下的时间演化过程，称为运动或反应。长时间后，一般达到单一类型动力学特性的时间过程，这时的运动称为稳态运动，到达稳态运动前的运动称为暂态运动。

稳态运动是长时间动力学行为，表现了特定条件下，神经元系统放电活动的类型和规律，包含多样、复杂动力学行为。

由于感知外界信息和传递指令是迅速的、几乎实时的。系统的暂态过程反应，相对于稳态过程反应，其所包含的信息更丰富、更重要。暂态过程是非线性、非平稳过程。稳态运动有不动点、周期解、准周期解和混沌解等 4 种类型。

1）**不动点（平衡点）**　　设动力系统，$\varphi(x,t)$，$x \in R^n$ [或 $G(x_j), x_j \in R^n$]。如对于点 $\bar{x} \in R^n$，有 $\bar{x} = \varphi(\bar{x}, t), [\bar{x} = G(\bar{x})]$，则点 $\bar{x}$ 称为不动点（平衡点）。对于连续动力系统 [如常微分方程（3-12）]，不动点等价于 $f(\bar{x}) = 0$ 时的点 $\bar{x}$，也称为奇点或临界点。

以 Duffing 方程为例。

$$\frac{d^2 x}{dt^2} + \delta \frac{dx}{dt} - x + x^3 = 0, \quad \delta \geqslant 0 \qquad (3\text{-}17)$$

有三个不动点：$\left(\bar{x}, \overline{\frac{dx}{dt}} \right) = (0,0), (-1,0), (1,0)$。

2）周期解　　　设动力系统，$\varphi(x,t)$，$t \in R, x \in R^n$ ［或 $G(x_j), x_j \in R^n$］。如对于一轨道，有 $\varphi(x,t) = \varphi(x,t+T)$，$T>0$，或 $x_0 = G^k(x_0)$，$k>0$，则此轨道称为周期轨道，映射情形为轨道由点 $x_1, x_2 \cdots x_k, x_j = G^j(x_0)$，$j = 1, 2 \cdots k$ 构成。该轨道作为常微分方程（3-12），或映射（3-15）的解，称为周期为 T（或 k）的周期解。易于看到，如果方程（3-12）的一个解是周期为 T 的周期解，它也一定是周期为 mT 的周期解。为了确定，周期解的周期是指最小的一个 $T>0$，使定义条件成立，映射情况也相似。

以后可以看到，当考虑 Poincaré 映射时，周期解问题就化为平衡点或映射的周期轨道的问题。

以 van der Pol 振荡为例，其具有周期轨道，以极限环形式出现，如图 3-6 所示。

$$\frac{\mathrm{d}^2 x}{\mathrm{d}t^2} + \mu(-1 + x^2)\frac{\mathrm{d}x}{\mathrm{d}t} + x = 0 \tag{3-18}$$

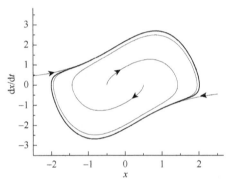

图 3-6　van der Pol 振荡的极限环
$\mu = 1$

3）准周期解　　　常微分方程（3-12）［映射（3-15）］的准周期解是由周期不可通约的多个周期分量组成的解。

为定义混沌解，先引入不变集和拓扑传递概念。

不变集：设动力系统，$\varphi(x,t)$，$t \in R, x \in R^n$，或 $G(x_j), x_j \in R^n$。则动力系统的不变集是点集 $S \subset R^n, p \subset S$，如果 $t \in R, \varphi(p,t) \in S$。

拓扑传递：如果点集 $U, V \subset S$ 是开集，有 $t \in R$，$U \bigcap \varphi(V,t) \neq \varnothing$，则不变集 S 是拓扑传递的。

4）混沌解（Wiggins 表述）　　　设动力系统 $\varphi(x,t)$，$t \in R, x \in R^n$，或 $G(x_j)$，$x_j \in R^n$，则动力系统的混沌解是对于初值极端敏感、拓扑传递、包含稠密的周期轨道的不变集。

混沌的特征可以通过以下途径表现：直观的图形（无规则的、紊乱的运动图和相图）；特征物理量（正值 Lyaponov 指数、分数维数）。

动力系统稳态运动有上述 4 种不同运动类型，在运动的稳定性上，则表现出都具有共性的稳定和不稳定两种类型。下面，阐述相应的概念。

2. Lyapunov 稳定性、吸引子和吸引域

1）Lyapunov 稳定性　　　设动力系统，$\varphi(x,t)$，$t \in R, x \in R^n$，或 $G(x_j), x_j \in R^n$。称动力系统的不变集 S 是稳定的，如果任何 S 的邻域 U 内，可以有 S 的邻域 U_1，使 $x \in U_1, t > 0$ 时，$\varphi(x,t) \in U$。

设动力系统，$\varphi(x,t)$，$t \in R, x \in R^n$，或 $G(x_j), x_j \in R^n$。称动力系统的闭不变集 S 是渐近稳定的，如果有 S 的邻域 U，使 $x \in U$ 和 $t \to \infty$ 时，$\varphi(x,t) \in S$；并且，如果 $\tilde{x} \in S$，则有 $\varphi(\tilde{x},t) \in S$。这种不变集称为吸引集。设 U 是吸引集 S 的邻域，则吸引集 S 的吸引域是和集 $\bigcup_{t \leqslant 0} \varphi(U,t)$。

引入拓扑传递概念，则有拓扑传递的吸引集称为吸引子；做混沌运动的吸引集称为混沌吸引子。

就全部相空间而言，动力系统的吸引集占据很小的区域，而且吸引集的维数小于动力系统相空间的维数。例如，平面系统 van der Pol 方程的极限环是 1 维，稳定的不动点的维数是 0 维。由于是"吸引"，吸引集邻域的相空间容积沿轨道运动是收缩的，因此吸引集和吸引子只出现在能量耗散的系统，而不会出现于能量保持的保守系统，即 Hamilton 系统。

以 Lorenz 混沌吸引子为例。

$$\begin{cases} \dfrac{\mathrm{d}x}{\mathrm{d}t} = \sigma(y - x), \\ \dfrac{\mathrm{d}y}{\mathrm{d}t} = \rho x - y - xz, \\ \dfrac{\mathrm{d}z}{\mathrm{d}t} = -\beta z + xy. \end{cases} \tag{3-19}$$

其具有双叶吸引子，是最早发现的混沌吸引子，如图 3-7 所示。

HR 模型在相空间中的混沌吸引子，如图 3-8 所示。

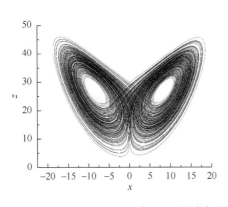
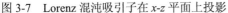
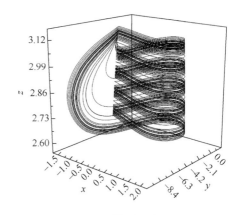

图 3-7　Lorenz 混沌吸引子在 x-z 平面上投影　　　图 3-8　HR 模型混沌吸引子

2）极限集　　设动力系统 $\varphi(x,t)$，$t \in R, x \in R^n$，或 $G(x_j), x_j \in R^n$，则稳定极限集是时间趋近于无穷大时，系统所趋近的点 p[当 $t \to \infty$ 时 $\varphi(x,t) \to p$]的集合；

不稳定极限集是时间趋近于负无穷大时，系统所趋近的点 q [当 $t \to -\infty$ 时 $\varphi(x,t) \to q$] 的集合。

以逻辑方程 $\dot{x} = x(1-x)$ 为例，不动点是 $x_1 = 0$ ，$x_2 = 1$ ；相图和运动图如图 3-9 所示。得出稳定极限集是不动点 $x_2 = 1$ ，不稳定极限集是不动点 $x_1 = 0$ 。

以二维系统为例。

$$\begin{cases} \dfrac{\mathrm{d}x}{\mathrm{d}t} = -y + x(1-(x^2 + y^2)), \\ \dfrac{\mathrm{d}y}{\mathrm{d}t} = x + y(1-(x^2 + y^2)). \end{cases} \tag{3-20}$$

化成极坐标 $x = r\cos\theta, y = r\sin\theta$ 形式，得 $\dfrac{\mathrm{d}r}{\mathrm{d}t} = r(1-r^2)$ ，$\dfrac{\mathrm{d}\theta}{\mathrm{d}t} = 1$ 。令 $r^2 = R$ ，将 r 方程化为 R 的方程：$\dfrac{\mathrm{d}R}{\mathrm{d}t} = 2R(1-R)$ 。

此即逻辑方程，有两个不动点 $R = 0, R = 1$ 。θ 的方程独立，且单调等速增大。$R = 0$ 对应 $r = 0$ ，是方程（3-20）的不动点。$R = 1$ 对应 $r = 1$ ，是方程（3-20）相平面的单位圆，由前例知，是稳定极限集，称为极限环，如图 3-10 所示。

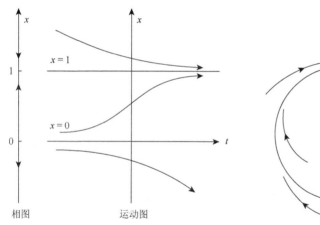

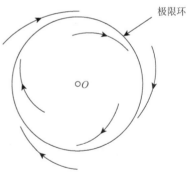

图 3-9　逻辑方程的相图和运动图　　　　图 3-10　二维系统（3-20）的极限环
图中不动点 x_1 ，x_2 的位置为 0, 1

3.2.3　动力系统稳态运动稳定性的分析方法

在常微分方程情形，为得到连续动力系统暂态运动和稳态运动需要积分常微分方程、求解。对于非线性情形，通常得不到解析解，而采用数值解。同时，定性的数学分析起着重大作用，建立了非线性动力学理论体系，具有重要理论意义。数值解可以用状态变量的运动图和相图直观表示。运动图给出状态变量的时间历程。相图可以得到以轨道表示的运动定性性质，包括稳定性，非常重要。

映射情形，方程直接给出离散动力系统暂态运动和稳态运动，更便于进行定性的数学分析，揭示非线性动力学现象、机制。

二维动力系统即平面系统，由于便于给出运动的定性理论分析、解析分析和数值分析，可以给出轨道的完全的几何表示，以及运动的定性性质及机制。其分析成为研究高维系统的基础。

高维非线性动力系统运动的性质、现象和机制一般用定性理论和数值方法分析。

下面阐述平面系统不动点的类型和稳定性与 Poincaré 映射。

1. 平面系统不动点的类型和稳定性

1）平面非线性常微分方程系统　　表示为

$$\frac{\mathrm{d}x}{\mathrm{d}t} = X(x,y), \quad \frac{\mathrm{d}y}{\mathrm{d}t} = Y(x,y) \tag{3-21}$$

设坐标原点 $(0,0)$ 是不动点（奇点），在 $(0,0)$ 点，Jacobi 矩阵是

$$J = \begin{vmatrix} \dfrac{\partial X}{\partial x} & \dfrac{\partial X}{\partial y} \\ \dfrac{\partial Y}{\partial x} & \dfrac{\partial Y}{\partial y} \end{vmatrix}_{\substack{x=0 \\ y=0}} = \begin{vmatrix} a & b \\ c & d \end{vmatrix} \tag{3-22}$$

则方程在 $(0,0)$ 处的线性化系统是

$$\frac{\mathrm{d}x}{\mathrm{d}t} = ax + by, \quad \frac{\mathrm{d}y}{\mathrm{d}t} = cx + dy \tag{3-23}$$

其 Jacobi 矩阵与 J 相同，则特征方程是

$$\lambda^2 - (a+d)\lambda + ad - bc = 0 \tag{3-24}$$

令 $p = -(a+d)$，　$q = ad - bc$，　$\Delta = p^2 - 4q$，则方程的根称为线性化系统的特征值，可以表示为

$$\lambda = \frac{-p \pm \sqrt{p^2 - 4q}}{2} \tag{3-25}$$

以 p、q 为坐标轴，做出判别式等于 0，$\Delta = p^2 - 4q = 0$ 的抛物线（图 3-11），则该抛物线和 p、q 坐标轴划分平面成 5 个区，各区对应的特征方程的根（特征值）有不同的性质。特征值的性质决定了线性化系统不动点邻域内轨道特征和性质。

按图中分区有：①1 区，λ 为两个负实根，不动点是稳定结点；②2 区，λ 为两个正实根，不动点是不稳定结点；③3 区，λ 为负实部共轭复根，

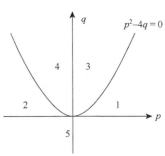

图 3-11　特征方程根的分区图

不动点是稳定焦点；④4 区，λ 为正实部共轭复根，不动点是不稳定焦点；⑤5 区，λ 为异号实根，不动点是鞍点。

半轴线 $p=0$，$q>0$，λ 为一对纯虚根，不动点是中心；右半抛物线 $p^2-4q=0$，$p>0$，λ 负重实根，不动点是稳定的临界或退化结点；左半抛物线 $p^2-4q=0$，$p<0$，λ 正重实根，不动点是不稳定的临界或退化结点。

可以看到，不动点处线性化系统两个特征值 λ 的性质决定了由不动点邻域内轨道特征和性质表征的不动点的性质。特别是其中特征值的实部的符号决定了在时间增长时，系统沿邻域内轨道运动的方向。特征值的实部是负号时，沿轨道运动是趋近于不动点，称为稳定的方向。特征值的实部是正号时，沿轨道运动是背离于不动点，称为不稳定的方向。具有这些特征值不同性质的不动点的邻域内轨道特征，可以用轨道的图表示，其中代表性的几种情形如图 3-12 所示。

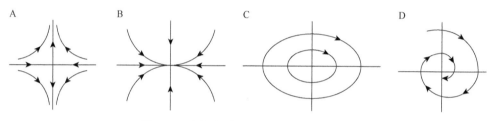

图 3-12　线性化系统不动点邻域内的轨道
A. 鞍点；B. 结点；C. 中心；D. 焦点

非线性系统不动点邻域内轨道的性质，在特征值实部不等于零，即不动点是双曲的时候，与线性化系统的相同。非双曲不动点情形则不一定相同。

关于鞍点，可以看到，与其他不动点两个实数特征值或两个特征值的实部具有相同符号情形不同，鞍点情形的两个实数特征值是异号的，这使得鞍点邻域内轨道及其趋向变得复杂，特别是线性化系统有通过鞍点对应于正负两个特征值的两个方位四条相互间隔的半直线。沿着它们，系统两两分别趋近于鞍点和背离于鞍点，如图 3-12 所示。生成线性化系统的原非线性系统有相同的鞍点和对应于正负两个特征值的两个方位，在鞍点邻域内，有过鞍点相切于半直线的曲线（轨道）。非线性系统沿着它们，也是两两分别趋近于鞍点和背离于鞍点，如图 3-13 所示。运动的定性性质在鞍点邻近局部区域相同于线性化系统，这 4 段曲线，按照系统趋近于鞍点和背离于鞍点，分别称为鞍点的稳定流形和不稳定流形，如图 3-13 所示。按照不变集定义，它们也是不变的流形。

同一个鞍点的稳定流形和不稳定流形连接成的闭曲线称为同宿轨道。不同鞍点的稳定流形和不稳定流形连接成的曲线称为异宿轨道。它们在大范围动力学、全局分岔和混沌研究中起着重要作用。

2）平面映射系统　　表示为

$$x_{j+1} = X(x_j, y_j), \quad y_{j+1} = Y(x_j, y_j) \quad （3-26）$$

设不动点是 $(\bar{x}, \bar{y})$，在 $(\bar{x}, \bar{y})$ 点，Jacobi 矩阵是

$$J = \begin{vmatrix} \dfrac{\partial X}{\partial x} & \dfrac{\partial X}{\partial y} \\ \dfrac{\partial Y}{\partial x} & \dfrac{\partial Y}{\partial y} \end{vmatrix}_{\substack{x=\bar{x} \\ y=\bar{y}}} = \begin{vmatrix} a & b \\ c & d \end{vmatrix} \quad （3-27）$$

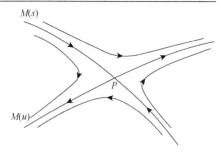

图 3-13　鞍点 P 的稳定流形 $M(s)$
和不稳定流形 $M(u)$

则方程的线性化系统是

$$x_{j+1} = ax_j + by_j, \quad y_{j+1} = cx_j + dy_j \quad （3-28）$$

非线性系统的不动点 $(\bar{x}, \bar{y})$ 也是线性化系统的不动点，不动点 $(\bar{x}, \bar{y})$ 处的 J 也是线性化系统的 Jacobi 矩阵。这时，其 Jacobi 矩阵 J 的特征值种类和不动点邻域内轨道特征和性质，与常微分方程情形不同，因而不动点的类型的关系等更为复杂。值得注意的是，常微分方程情形，不动点稳定和不稳定分界是特征值等于零，而映射情形则是特征值的绝对值等于 1。

2. Poincaré 映射　　Poincaré 映射是非线性动力学一个重要概念，有效地用于理论分析和几何表示。

设 L 是常微分方程表示的 R^n 相空间的流 $\varphi(x, t)$（连续动力系统）的一个周期轨道，$\sum$ 是 R^n 中一个 $n-1$ 维的局部横截曲面，使流处处横穿 $\sum$。即对于 $x \in \sum$，有 $f(x) \cdot n(x) \neq 0$，其中 $n(x)$ 是 $\sum$ 在 x 处的法线。

以 p 表示 L 与 $\sum$ 的交点，$U \subset \sum$ 是 p 的邻域。

定义：对于 $q \in U$，Poincaré 映射或第一次返回映射 $P: U \to \sum$ 是

$$P(q) = \varphi(q, \tau) \quad （3-29）$$

其中 $\tau = \tau(q)$，是由 q 点出发沿轨道 $\varphi(q, t)$ 第一次返回 $\sum$ 上 q_1 点所经历的时间。q 是 p 邻域的点，因而 τ 不等于 L 的周期 T。当 $q \to p$ 时，$\tau \to T$，如图 3-14 所示。进一步可以考虑 q_1 的 Poincaré 映射 $q_2 = P(q_1)$，乃至 $q_3, q_4 \cdots$ 这个点集轨道代表了周期轨道 L 上 p 点邻域内系统在 $\sum$ 上的轨道。Poincaré 映射使系统维数降低一维，并可以保持系统主要动力学定性性质，被广泛使用，如系统周期轨道的稳定性可以由它与超曲面 $\sum$ 交点在 $\sum$ 上的稳定性确定。三维系统周期轨道的稳定性和邻域内邻近轨道的性质由二维超曲面 $\sum$ 交点的性质，按照前述平衡点类型确定。

周期激励的 FHN 神经元活动动力学分析（Gong and Xu，2001）如下。

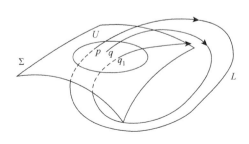

图 3-14　Poincaré 映射

$$\begin{cases} \varepsilon \dfrac{\mathrm{d}V}{\mathrm{d}t} = V(V-a)(1-V) - W, \\ \dfrac{\mathrm{d}W}{\mathrm{d}t} = V - dW - b + r\sin(\beta t). \end{cases} \tag{3-30}$$

式中，V 是似电位变量，W 是慢恢复量。取参数 $\varepsilon = 0.005, d = 1.0, \beta = 7.5$。

考虑无激励的 FHN 方程，即式（3-30）中，$r = 0$ 情形。$d = 1$ 时，系统有不动点（平衡点）(V_0, W_0)，V_0 是方程 $V_0(V_0 - a)(1 - V_0) = V_0 - b$ 的根，$W_0 = V_0 - b$。此不动点的稳定性由 Jacobi 矩阵决定。

$$J = \begin{pmatrix} (-3v_0^2 + 2(1+a)v_0 - a)/\varepsilon & -1/\varepsilon \\ 1 & -1 \end{pmatrix} \tag{3-31}$$

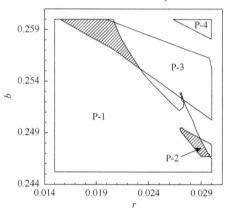

固定 $a = 0.5$，在 $b < 0.2623$ 时，系统只有一个稳定的不动点，它是可激励的，并且与生理神经相联系。

进一步考虑周期激励情形，即方程（3-30）。考察参数 b 和 r 的二维空间的一个区域，系统具有多种周期运动，周期为 $T_k = kT_0, T_0 = 2\pi/\beta$，如图 3-15 所示。同时，它们是周期吸引子。需要注意的是，图 3-15 中以斜实线阴影区域中，两个周期吸引子共存。做出具有参数 $b = 0.2466$，$r = 0.0292$ 系统的两个周期吸引子的相图和膜电位时间历程图（图 3-16），相图中，虚线示出的大周期吸引子具有周期

图 3-15　在参数空间 (b, r) 中受周期激励的

FHN 可兴奋性神经元解的特征

阴影部分表示有共存的解

$T_2 = 2T_0$，是阈上的振荡。而实线示出的小周期吸引子具有周期 $T_1 = T_0$，是阈下的振荡。

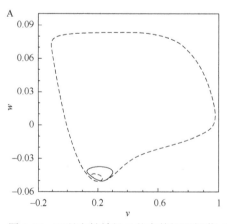
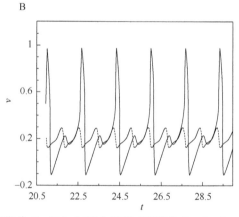

图 3-16　可兴奋性神经元共存的阈下振荡（周期为 $T_1 = T_0$）与阈上振荡（周期为 $T_2 = 2T_0$）

A. 在相平面上表示的共存吸引子；B. 共存周期振荡的时间历程

3.2.4　神经元活动稳态的分岔、局部分岔、鞍点、同宿轨道和异宿轨道

如前述，神经元活动稳态有定性性质不同的类型。参数变化时，神经元活动又会在不同类型的稳态运动之间转换，从而引入分岔概念。

分岔是当非线性系统的参数，在某临界值附近发生微小变化时，系统动力学的定性性质发生"质变"的一种现象，该临界参数值称为系统的分岔点。分岔是神经系统重要动力学现象，关联着神经活动和神经活动变化的机制。分岔问题也存在于广泛科学和工程领域。分岔理论及对分岔现象的研究，有着重要意义。首先，在实际问题中，系统的参数往往会受到一些微小扰动，系统在临界参数值附近运行时，这种扰动就引起系统运动定性性质的变化，而打乱系统正常运行。其次，实际问题的建模过程，一般要进行简化处理，略去次要因素的变量或高阶小量；运用分岔理论可以将这些被忽略的量作为对简化模型的扰动，考虑其对系统动态行为会不会有大的影响，而经典的理论分析，则无法做到。分岔不仅揭示了系统的不同运动状态之间的联系和转化，还与失稳和混沌密切相关。

分岔问题分为局部分岔和全局分岔。局部分岔研究分岔时不动点或闭轨道（周期运动）邻域系统解的定性的变化；非局部分岔即全局分岔，考虑的动力学性质不能归结为不动点或闭轨道邻域内的局部信息，而是大范围区域中系统轨道性质的变化。

本节先阐述局部分岔的概念和理论，给出基本和典型的分岔。

1. 结构稳定性和分岔

考察系统中一个参数变化下，系统运动定性性质的保持和变化。

给定该参数一个值，当该参数值受到小扰动后，如动力系统（流或映射）运动定性性质保持，即系统相空间中，轨道的拓扑结构不改变，则称对应于该参数值的系统是结构稳定的。以全部这样的参数值作为一个点集，点集的点对应系统的全体，构成结构稳定系统集合。

对于该参数全部点的点集对应的系统，除去所有结构稳定系统的参数点集合后的余集称为分岔集，分岔集中每一点称为分岔点。

当结构稳定性只考虑系统一个稳态运动及其小邻域内轨道的定性性质保持时，所确定的（定义的）分岔，称为局部分岔。而涉及系统稳态运动大范围轨道的定性性质保持时，所确定的（定义的）分岔，称为全局分岔。

不动点（奇点，平衡点）和周期轨道的双曲性概念在系统结构稳定性讨论中起着重要作用。

不动点（奇点，平衡点）情形下，对于常微分方程系统（流），奇点处线性化系统所有特征值具有非零实部，对于映射系统，不动点处的一切特征值具有不等于 1 的模时，称该不动点（奇点，平衡点）是双曲的。

由此周期轨道的双曲性，对于流的情况，可以通过 Poincaré 映射，由超曲面

上奇点处线性化系统所有特征值具有不等于 1 的模确定。而对于映射情况，周期 k 次映射不动点代表的周期轨道 k 个周期点，则周期 k 次映射的不动点处的一切特征值具有不等于 1 的模来确定。

奇元素［不动点（奇点，平衡点）、周期轨道等］双曲性是十分重要的概念，而动力系统的复杂行为的一个方面则源于奇元素的非双曲性和发生分岔。

2. 连续动力系统平衡点局部分岔的基本情形

一些低维分岔的基本情形的分析有着一般意义，可以揭示典型分岔的简单和本质性质，这些性质并且普适地表现于高维系统的分岔分析，同时应用中心流形方法，一些高维情形常可归结为维数低的系统的分岔问题。

考虑含参数常微分方程向量场表示的连续动力系统为

$$\frac{\mathrm{d}x}{\mathrm{d}t} = f(x, \mu), \quad x \in R^n, \quad \mu \in R \tag{3-32}$$

系统在一不动点 (x_0, μ_0) 处的线性化系统为

$$\frac{\mathrm{d}x}{\mathrm{d}t} = D_x f(x_0, \mu_0) x \tag{3-33}$$

当 Jacobi 矩阵 $D_x f(x_0, \mu_0)$ 含有零实部的特征值时，该不动点就成为非双曲奇点，系统在该平衡点邻近将发生分岔，下面讨论几种基本情形。

1）一个零特征值　　Jacobi 矩阵特征值中一个为零外，均具有非零实部时，非线性系统可约化为一维系统：

$$\frac{\mathrm{d}x}{\mathrm{d}t} = f(x, \mu), \quad x \in R, \quad \mu \in R \tag{3-34}$$

设经过变量变换，使对应于原系统不动点 (x_0, μ_0)，一维系统（3-34）的不动点为 $(0,0)$，这时式（3-34）应满足：

$$f(0,0) = 0, \quad \frac{\partial f}{\partial x}(0,0) = 0 \tag{3-35}$$

分别表示 $(0,0)$ 点是不动点和有零特征值的条件。

（1）鞍结分岔。考虑系统：

$$\frac{\mathrm{d}x}{\mathrm{d}t} = f(x, \mu) = \mu - x^2, \quad x \in R, \quad \mu \in R \tag{3-36}$$

容易证实，系统的 $(0,0)$ 点满足前述零特征值非双曲不动点的条件［式（3-35）］，随参数 μ 变化不动点发生改变，由式 $\mu - x^2 = 0$ 给出，可用图 3-17 表示。可见，当 $\mu < 0$ 时，系统无不动点；$\mu = 0$ 时，有一个不动点 $x_0 = 0$；而 $\mu > 0$ 时，有两个不动点，即 $x = \pm\sqrt{\mu}$，并容易判断 $x_1 = \sqrt{\mu}$ 是稳定的，而 $x_2 = -\sqrt{\mu}$ 是不稳定的。图 3-17 中分别由

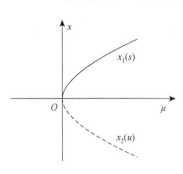

图 3-17　鞍结分岔

实线和虚线示出。这表示参数 μ 在 $\mu=0$ 的附近变化时，系统不动点的个数和轨道都发生了定性变化，即发生了分岔，分岔点是 $(x,\mu)=(0,0)$ 。这种分岔称为鞍结分岔。

（2）过临界分岔。考虑系统：

$$\frac{\mathrm{d}x}{\mathrm{d}t}=f(x,\mu)=\mu x-x^2,\quad x\in R,\quad \mu\in R \tag{3-37}$$

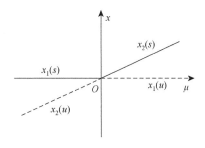

容易证实，系统的 $(0,0)$ 点满足前述零特征值非双曲不动点的条件［式（3-35）］，随参数 μ 变化不动点发生改变，由式 $\mu x-x^2=0$ 给出，可用图 3-18 表示。 $\mu=0$ 时，有一个不动点 $x_0=0$ ；其他值时，有两个不动点， $\mu>0$ 时，即 $x_1=0$ ， $x_2=\mu$ ，一个是不稳定的，另一个是稳定的，并且稳定性在 0 点交换。

图 3-18　过临界分岔

（3）叉形分岔。考虑系统：

$$\frac{\mathrm{d}x}{\mathrm{d}t}=f(x,\mu)=\mu x-x^3,\quad x\in R,\quad \mu\in R \tag{3-38}$$

容易证实，系统的 $(0,0)$ 点满足前述零特征值非双曲不动点的条件［式（3-35）］，随参数 μ 变化不动点发生改变，由式 $\mu x-x^3=0$ 给出，可用图 3-19 表示。当 $\mu<0$ 和 $\mu=0$ 时，都是只有一个稳定的不动点 $x_0=0$ ；而 $\mu>0$ 时，有 3 个不动点， $x_0=0$ 变为不稳定的，新产生的两个不动点 $x_{1,2}=\pm\sqrt{\mu}$ ，都是稳定的。

（4）不分岔情形。系统（3-34）的 $(0,0)$ 点满足前述零特征值非双曲不动点的条件（3-35）时，有不分岔的特例，这说明了非线性动力学的复杂。该系统是

$$\frac{\mathrm{d}x}{\mathrm{d}t}=f(x,\mu)=\mu-x^3,\quad x\in R,\quad \mu\in R \tag{3-39}$$

系统不动点随 μ 变化，由式 $\mu-x^3=0$ 给出，如图 3-20 所示。可以看到对 μ 的

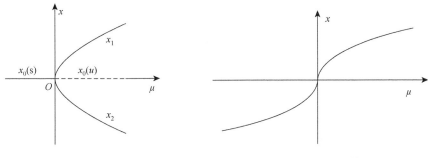

图 3-19　叉形分岔　　　　　　　　　　　图 3-20　不分岔情形

任何值，不动点只有唯一的解 $x = \sqrt[3]{\mu}$，且都是稳定的。不动点曲线在 $(x, \mu) = (0, 0)$ 点处，也是光滑的。定性性质没有变化，没有分岔发生。

2）一对纯虚特征值 Hopf 分岔　　　系统（3-33）的矩阵 $D_x f(x_0, \mu_0)$ 特征值中有一对纯虚特征值外，均具有非零实部，原系统（3-32）可约化为二维系统：

$$\begin{cases} \dfrac{dx}{dt} = \alpha(\mu)x - \varpi(\mu)y + (b(\mu)x - c(\mu)y)(x^2 + y^2) + O(|x|^5, |y|^5), \\ \dfrac{dx}{dt} = \varpi(\mu)x + \alpha(\mu)y + (c(\mu)x + b(\mu)y)(x^2 + y^2) + O(|x|^5, |y|^5). \end{cases} \quad (3\text{-}40)$$

讨论它的分岔问题。对应于原 n 维系统（3-32）的不动点 (x_0, μ_0)，此二维系统的不动点为 $(\bar{x} = 0, \bar{y} = 0)$，且 $\bar{\mu} = 0$ 时有：

$$\alpha(0) = 0, \quad \varpi(0) \neq 0 \quad (3\text{-}41)$$

容易看到系统（3-40）的线性化系统在不动点 $(\bar{x} = 0, \bar{y} = 0)$ 的特征值为

$$\lambda(\mu) = \alpha(\mu) \pm i\varpi(\mu) \quad (3\text{-}42)$$

当 $\alpha(0) = 0$，即纯虚特征值情形。

采取极坐标形式，系统（3-40）化为

$$\begin{cases} \dfrac{dr}{dt} = \alpha(\mu)r + b(\mu)r^3 + O(r^5), \\ \dfrac{d\theta}{dt} = \varpi(\mu) + c(\mu)r^2 + O(r^4). \end{cases} \quad (3\text{-}43)$$

将各系数在 $\mu = 0$ 附近做 Taylor 级数展开，由上式可得：

$$\begin{cases} \dfrac{dr}{dt} = \alpha'(0)\mu r + b(0)r^3 + O(\mu^2 r, \mu r^3, r^5), \\ \dfrac{d\theta}{dt} = \varpi(0) + \varpi'(0)\mu + c(0)r^2 + O(\mu^2, \mu r^2, r^4). \end{cases} \quad (3\text{-}44)$$

略去相应高阶项，令 $\alpha'(0) = a, \varpi(0) = \varpi, \varpi'(0) = d, b(0) = b, c(0) = c$，可得：

$$\begin{cases} \dfrac{dr}{dt} = a\mu r + br^3, \\ \dfrac{d\theta}{dt} = \varpi + d\mu + cr^2. \end{cases} \quad (3\text{-}45)$$

由此式可以详细讨论该系统在不动点 $(\bar{x} = 0, \bar{y} = 0)$，且 $\bar{\mu} = 0$（$\bar{x}, \bar{y}, \bar{\mu}$）附近的分岔。

关于周期运动，分析得出如下结果。

（1）当 $-\infty < a\mu/b < 0$ 和 μ 充分小时，系统（3-43）存在一个周期运动（周期轨道）。

$$(r(t), \theta(t)) = \left(\sqrt{\frac{-a\mu}{b}}, \left(\varpi + \left(d - \frac{ac}{b} \right) \mu \right) t + \theta_0 \right) \qquad (3\text{-}46)$$

（2）当 $b < 0$ 时，周期轨道是渐近稳定的，当 $b > 0$ 是不稳定的。

同时考虑系统（3-40）有不动点（$\bar{x} = 0, \bar{y} = 0$），即极坐标系统（3-43）有不动点 $r = 0$，并按照（3-42）分析不动点的稳定性。

由此，可以证明系统（3-40）发生 Hopf 分岔：当 $\mu > 0$ 充分小，二维系统（3-40）的线性化系统一对特征值 $\lambda(\mu) = \alpha(\mu) \pm i\varpi(\mu)$ 中，$\alpha(0) = 0, \varpi(0) = \varpi \geqslant 0, \alpha'(0) \neq 0$；则系统在不动点（$\bar{x} = 0, \bar{y} = 0$），且 $\bar{\mu} = 0$ 处发生一个不动点到一个不动点和一个周期轨道的分岔。

这种分岔称为 Hopf 分岔，一些著作中称为 Poincare-Andronov-Hopf 分岔。$a > 0, b < 0$ 情形，分岔点附近不动点和周期轨道如图 3-21 所示。由稳定不动点分岔到不稳定不动点和稳定周期轨道，称为超临界 Hopf 分岔。而 $a < 0, b > 0$ 情形，则由不稳定不动点分岔到稳定不动点和不稳定周期轨道，称为亚临界 Hopf 分岔。

以 FHN 方程［式（3-30）］的无激励情形为例，在参数 a、b 的一些值，有 Hopf 分岔发生。根据 Hopf 分岔发生的条件，可以导出参数 a、b 满足式（3-47）时，系统发生 Hopf 分岔。

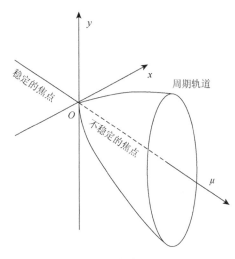

图 3-21　Hopf 分岔，$a > 0, b < 0$

$$b = \frac{1+a}{3} - \frac{c}{60} - \left(\frac{1+a}{3} - \frac{c}{60} \right) \left(\frac{1-2a}{3} - \frac{c}{60} \right) \left(\frac{2-a}{3} + \frac{c}{60} \right) \qquad (3\text{-}47)$$

式中，$c = \sqrt{394 - 400a + 400a^2}$。

满足这个条件的一个数值的例子是 $a = 0.5$，$b = 0.2623$ 的系统。

3. 离散动力系统不动点局部分岔的基本情形

离散动力系统不动点分岔与连续动力系统发生在不动点非双曲情形的机制相同，不同在于，映射非双曲不动点的特征值具有等于 1 的模。对于几种基本的、简单的分岔简述如下。

1）一维映射　　考虑含参数一维映射：

$$x_{j+1} = G(x_j, \mu) \quad x_j \in R, \quad \mu \in R \qquad (3\text{-}48)$$

（1）折叠分岔（fold bifurcation）。

映射（3-48）的线性化系统在不动点 $x = \bar{x}$ 和参数 $\mu = \bar{\mu}$ 的 Jacobi 矩阵特征值等于 1 时，映射发生折叠分岔（fold bifurcation）。

$$\left(\frac{\mathrm{d}G(x,\mu)}{\mathrm{d}x}\right)\bigg|_{\substack{x=\bar{x}\\ \mu=\bar{\mu}}}=1 \tag{3-49}$$

映射 $G(x,\mu)$ 的曲线如图 3-22 所示。由于式（3-49）给出 G 的导数（特征值）等于 1，参数 $\mu=\bar{\mu}$ 时，曲线 $G(x,\mu)$ 在不动点 $x=\bar{x}$ 处，应有与 x_j 坐标轴成45°的切线，切点即不动点。一般情形下，曲线 $G(x,\bar{\mu})$ 与45°直线相交的交点也是不动点，因为这时 $x_i=G(x_i,\mu)$。图 3-22 所示情形，折叠分岔发生在 $\mu=\bar{\mu}=0,x=\bar{x}$，

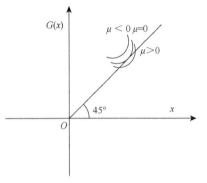

图 3-22　折叠分岔

$G(x,\mu)$ 与45°线相切。$\mu<0$ 时，曲线 $G(x,\mu)$ 与45°线不相交，就没有不动点。$\mu>0$ 时，曲线 $G(x,\mu)$ 与45°线有两个交点，即有两个不动点，靠近原点的是稳定的，另一个是不稳定的。映射的折叠分岔与常微分方程的鞍结分岔相似，通过分岔点，由没有不动点，变为有一个稳定不动点和一个不稳定不动点，有时也称为映射的鞍结分岔。

（2）倍周期分岔（flip bifurcation）。

映射［式（3-48）］的线性化系统在不动点 $x=\bar{x}$ 和参数 $\mu=\bar{\mu}$ 的 Jacobi 矩阵特征值等于–1 时，映射发生倍周期分岔（flip bifurcation）。

$$\left(\frac{\mathrm{d}G(x,\mu)}{\mathrm{d}x}\right)_{\substack{x=\bar{x}\\ \mu=\bar{\mu}}}=-1 \tag{3-50}$$

考虑典型系统：

$$x_{j+1}=G(x_j,\mu)=-(1+\mu)x_j+x_j^3 \tag{3-51}$$

当 $\bar{x}=0,\bar{\mu}=0$ 时，不动点是稳定的，条件（3-50）被满足，发生倍周期分岔。求解不动点，分析其稳定性，做出 $\mu=0$ 附近映射的 $G(x,\mu)$ 曲线和–45°线图，即倍周期分岔返回映射图（图 3-23）和倍周期分岔图（图 3-24）。由两图可见，$\mu<0$ 时，映射只有一个稳定的不动点，$x=0$；$\mu=0$ 时，在不动点 $x=0$ 处 $G(x,\mu)$ 曲线

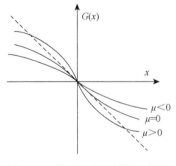

图 3-23　倍周期分岔返回映射图

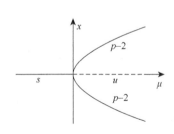

图 3-24　倍周期分岔图

与 –45°线相切；$\mu > 0$ 时，映射仍有 $x = 0$ 不动点，但是变为不稳定不动点；同时，有了一个周期二的稳定的周期轨道，由 2 个周期点表示。G 的周期二的周期轨道可以方便地由 G 的 2 次映射 $G^2(x, \mu)$ 的不动点确定。需要指出，映射倍周期分岔的分岔图与常微分方程叉形分岔图形式一样，但是含义不同：分岔点以后，前者新发生的是一个由 2 个周期点形成的稳定周期轨道，而后者则是 2 个独立的稳定不动点。

2）二维映射　　考虑含参数二维映射

$$x_{j+1} = G(x_j, \mu) \quad x_j \in R^2, \quad \mu \in R \tag{3-52}$$

映射 Saker-Neimark 分岔对应于常微分方程的 Hopf 分岔，通过分岔，映射由具有一个稳定的不动点变为一个不稳定的不动点和一个稳定的周期轨道。其条件是在不动点处，两个 Jacobi 矩阵特征值的模都等于 1 和特征值的模的导数不等于 0：

$$\begin{cases} |\lambda(\overline{\mu})| = 1, \\ \dfrac{\mathrm{d}(|\lambda(\overline{\mu})|)}{\mathrm{d}\mu} = d \neq 0. \end{cases} \tag{3-53}$$

3.2.5　分形、混沌和全局分岔

1. 分形和分数维数　　1982 年，Mandelbrot 提出分形，意指"破碎"，用来描述一种非常不规则地装在传统几何框架上的对象（集合、函数），表现物理非线性系统不光滑和不可微的性质。分形理论和应用遍及自然科学和工程大量学科领域。海岸线、地形地貌、材料断裂面、星团、湍流、信号噪声、医学图像、电磁波散射等，都是分形应用的例子。分形研究不规则几何形状在动力学演化过程中，具有不随测量尺度改变而变化的度量和性质。同时，分形还具有局部整体间的自相似的性质。

分数维数是定量刻画分形特征的参数。数学中的 Cantor 集，奇怪吸引子都具有分数维数，可以用 Hausdorff、容积（盒子）、信息、关联维等分数维数进行度量。其中，最简单的是容积（盒子）维数。

一个 n 维空间的集合 S 的容积（盒子）维数 d_0 为

$$d_0 = \lim_{\varepsilon \to 0} \frac{\ln M(\varepsilon)}{\ln \dfrac{1}{\varepsilon}} \tag{3-54}$$

式中，S 是 n 维空间的子集，$M(\varepsilon)$ 是覆盖子集 S 所需边长为 ε 的 n 维立方体的最小数目。

2. 混沌和混沌的特征　　混沌现象只出现在非线性动力系统中，它的定常状态（稳态）不是通常概念下确定性运动的三种定常运动，即静止（平衡）、周期运动、准周期运动，而是一种始终限于有限区域且轨道永不重复的、性态复杂的确定性运动。

与随机运动相比较，混沌运动虽然可以在各态历经的假设下，应用统计的数字特征来描述，然而此假定尚未证明。混沌具有确定性运动的特性：无周期而有序、有3条通向混沌的道路、Feigenbaun普适常数、有界性和对初值具有强的敏感性，这些都是随机运动所没有的。

混沌运动最重要（直观）的特征可以表述为对于初始值的极端敏感，含有无穷多的不稳定周期轨道和运动的传递的普遍。

近年来，学术界倾向于采用 Wiggins（1990）表述的混沌定义：动力系统 $dx/dt = f(x,t)$，$x \in R^n$，生成的流为 $\varphi(x,t)$；设 $S \subset R^n$ 是流 $\varphi(x,t)$ 作用下的一个不变集合，则 $\varphi(x,t)$ 作用下不变集合 S 是混沌的，如果 $\varphi(x,t)$ 是在 S 上对初值敏感的，$\varphi(x,t)$ 是拓扑传递的，和 $\varphi(x,t)$ 的周期轨道在 S 中是稠密的。

我们有效地应用此定义中混沌的特征，分析神经生理实验数据和理论计算，揭示了新的现象和机制。例如，揭示混沌轨道短时间可预测，长时间的不可预测；大鼠实验数据中得到周期二、三、四的运动，而肯定神经活动处于混沌状态，实验的单峰回归映射显示为混沌运动。

混沌运动在 Hamilton 系统和耗散系统中表现形式不同。混沌运动在 Hamilton 系统中表现为不可积，和扰动下共振情况的双曲不动点稳定流形和不稳定流形附近混沌层内的运动，而耗散系统中则表现为混沌吸引子（Lichtenberg and Liberman，1982）。

混沌运动具有通常确定性运动所没有的几何和统计特征，如局部不稳定而整体稳定、无限自相似、连续功率谱、分维数、正的 Lyapunov 特性指数、正测度熵等，下面给出可以有效判定混沌的 Lyapunov 特性指数概念。

先考虑相邻轨道平均指数发散（分离）率：动力系统 $dx/dt = f(x,t)$，$x \in R^n$（3-13）的流为 $x = \varphi(x_0,t)$，若 n 维相空间中，初始时刻系统一轨道和一与它邻近的轨道上的点分别是 x_0 和 $x_0 + \Delta x_0$，任意时刻为 x 和 $x + \Delta x(x_0,t)$。增量向量 $\Delta x = \Delta x(x_0,t)$，由式（3-13）的线性化系统决定。

$$\frac{d\Delta x}{dt} = D_{x_0}(f(x(t),t))\Delta x \qquad (3\text{-}55)$$

其中，$D_{x_0}(f(x(t),t))$ 是 f 的 Jacobi 矩阵。由此可得两个原来很接近的轨道的平均指数发散率：

$$\sigma(x_0,\Delta x) = \lim_{t \to \infty, |\Delta x_0(x_0,0)| \to 0} \frac{1}{t} \ln\left(\frac{\Delta x(x_0,t)}{\Delta x_0(x_0,0)}\right) \qquad (3\text{-}56)$$

进而，定义 Lyapunov 特性指数，设 e_i，$i = 1,2\cdots n$ 是 Δx 的 n 维基向量，则对于任意 Δx 的 n 个值：

$$\sigma_i(x_0) = \sigma(x_0,e_i) \qquad (3\text{-}57)$$

这 n 个值称为 Lyapunov 特性指数，简称 Lyapunov 指数。它们分别表示了轨道沿各基向量的平均指数发散率。通常 Lyapunov 指数按下列顺序排列：$\sigma_1 \geqslant \sigma_2 \geqslant \cdots \geqslant \sigma_n$。

Lyapunov 指数与系统运动的性质有确定的关系。例如，对于 3 维自治常微分方程系统（或 2 维非自治系统），有 $(\sigma_1, \sigma_2, \sigma_3) = (-,-,-)$ 对应平衡点；$(0,-,-)$ 对应极限环（不变曲线，周期运动）；$(0,0,-)$ 对应二维环面（不变环面，准周期运动）；$(+,0,-)$ 对应混沌运动。正值的 Lyapunov 指数定量表现了对初值敏感的混沌运动的根本性质，是重要的判别量。

系统出现混沌运动最低的维数，自治和非自治常微分方程系统是三维和二维；可逆和不可逆映射系统是二维和一维。

Lyapunov 指数与分维数、测度熵等统计量存在定量关系。

3. 混沌的定性理论　　Li-York 的混沌定义表述如下。

一维映射：

$$x_{j+1} = F(x_j, \lambda), \quad x_j \in [a,b], \quad \lambda \in R \tag{3-58}$$

其是混沌的，如果：①存在一切周期的周期点；②存在不可数子集 S 不含周期点，使得子集的点 $x \in S$ 相当集中而又相当分散，并且子集不会趋近于任意周期点。

与此同时，Li-Yorke 据此给出了 Logistic 映射在 $r = 3.57$ 时出现混沌的例子。

$$x_{j+1} = G(x_j, r) = rx_j(1 - x_j), \quad x_j \in R, \quad r \in R \tag{3-59}$$

Li-Yorke 在论文（Li and York，1975）中还提出"周期三意味着混沌"的著名论断，后来发现这是苏联学者 Sarkovskii（1964）关于连续函数"周期点"出现顺序定理的一个特例，这个论断也常被用于神经生理实验数据分析。

4. 混沌运动的一种定性理论机制　　符号动力系统、Smale 马蹄映射和 Melnikov 方法三方面理论结果，可以揭示混沌运动的一种定性理论机制。

1）符号动力系统　　带参考点（原点）双向无穷二元符号序列 a 的集合构成抽象空间，称为符号序列空间 $\sum$。参考点的一次移位，称为移位映射 σ。$\sigma : a \to \sigma(a), \sum \to \sum$。空间 $\sum$ 上的移位映射 σ，$(\sum, \sigma)$ 称为符号动力系统。严格的理论证明：符号动力系统具有对于初值极端敏感、拓扑传递、包含稠密的周期轨道的动力学性质，因而是混沌的。

2）Smale 马蹄映射　　混沌吸引子具有伸展和折叠共有的性质，Smale 从这一角度研究了 van der Pol 振子，提出马蹄映射，单位正方形垂直和水平伸展并折叠后与自身的交集形成马蹄映射 f，垂直和水平方向重复作用无限次的和集是马蹄映射 f 的马蹄映射不变集，形成空间 Λ。空间 Λ 上的马蹄映射 f，(Λ, f) 构成马蹄映射动力系统。严格的理论证明：马蹄映射动力系统与符号动力系统具有等价的动力学性质，因而是混沌的，并且具有这种性质的混沌称为马蹄映射意义下的混沌。

3）Melnikov 方法　　Melnikov 在 1963 年提出了著名的 Melnikov 方法，该方

法给出判别可积 Hamilton 系统受周期微扰动时,出现混沌的准则;在不可积 Hamilton 系统微扰动情形则给出混沌层的解释,从而为一类动力系统双曲不动点的稳定流形、不稳定流形、横截同宿点异宿点等核心问题提出了一个重要解析判据,此方法目前仍在发展中。

设常微分方程系统:

$$\frac{\mathrm{d}x}{\mathrm{d}t} = f(x) + \varepsilon g(x,t), \quad x \in R^2 \tag{3-60}$$

式中,g 是 t 周期函数,周期为 T;ε 为小量;未扰系统 $\dot{x} = f(x)$,是可积 Hamilton 系统;有双曲不动点,鞍点 p,其稳定流形和不稳定流形形成的分界线轨道 $\lim\limits_{t \to \pm\infty} x^0 = p$ 形成闭曲线。

Melnikov 理论通过计算受扰系统稳定流形和不稳定流形上的点距离,严格导出证明受扰系统稳定流形和不稳定流形横截相交的条件是,Melnikov 函数具有简单零点。Melnikov 函数为

$$M(t_0) = \int_{-\infty}^{\infty} f(x^0(t-t_0)) \wedge g(x^0(t-t_0),t)dt \tag{3-61}$$

稳定流形和不稳定流形横截相交如图 3-25 所示。稳定流形和不稳定流形横截相交的点,称为同宿点,有无限多个。可以看到,流形邻域内的四边形,随着系统的演化,将形成 Smale 马蹄映射。从而出现 Smale 马蹄映射型混沌,即当动力系统存在横截同宿点时,该动力系统的动力学行为就是混沌的。

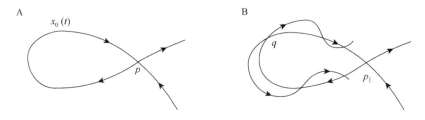

图 3-25　同宿轨道和同宿点

A. 鞍点的稳定流形和不稳定流形形成的闭曲线;B. 横截相交

在常微分方程系统的未扰系统具有不同双曲不动点(鞍点)的稳定流形和不稳定流形形成的闭曲线情形下,也有相似结论。此时,稳定流形和不稳定流形横截相交的点,称为异宿点。

5. 通向混沌的道路

常微分方程和映射两种(连续和离散)动力系统都会发生混沌运动。一维不可逆映射是能够发生混沌的最简单的系统;而常微分方程系统发生混沌运动

的最低维数是三维。同时又可以比较方便地进行准确的分析。后面可以看到高维系统可以发生具有低维系统混沌的许多现象。本节从分析 Logistic 一维映射的动力学性质和行为来阐述通向混沌的倍周期分岔道路及其 Feigenbaum 普适常数。

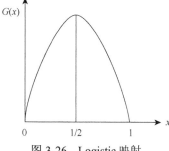

图 3-26　Logistic 映射

通向混沌的道路还有阵发性道路和准周期运动分岔道路。通向混沌的道路表现出的规律性、确定性、普适性，进一步证实混沌运动是客观世界真实的运动。

Logistic 映射［式（3-62）］是一维映射，如图 3-26 所示。映射起初被考虑为昆虫繁殖年变更的生态模型，具有混沌典型特征。参数 r 变化时，映射发生倍周期分岔序列（图 3-27），直至出现混沌。同时基于该序列的性质，存在两个普适常数。

$$x_{j+1} = G(x_j, r) = r x_j (1 - x_j), \quad x_j \in R, \quad r \in R \tag{3-62}$$

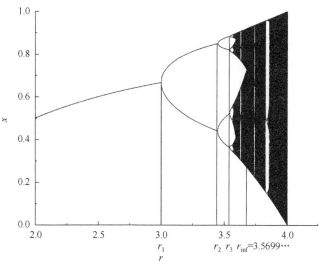

图 3-27　倍周期分岔

考虑参数 r 变化时，区间 $0 < x < 1$ 内，映射的解集。$0 \leqslant r < 1$ 时，映射有 1 个不动点，$x_1 = 0$ 是稳定的。$1 \leqslant r < 3 = r_1$，映射有两个不动点，$x_1 = 0, x_2 = 1 - \dfrac{1}{r}$，前者变为不稳定的，后者是稳定的。$3 \leqslant r < 1 + \sqrt{6} = r_2$，映射仍有 x_1、x_2 的两个不动点，同时，在 $r = 3$ 时，x_2 处的映射特征值 $\partial x_{j+1} / \partial x_j = -1$，发生了倍周期分岔。$r > 3$ 时，x_2 变为不稳定，并且新出现两个周期点 x_3、x_4 的稳定周期解。由两次映射

$x_{j+2} = G^2(x_j, r)$ 可以求得两个周期点的坐标。进一步考虑，$r_i \leqslant r < r_{i+1}, i = 2,3\cdots$
$r_i \leqslant r < r_{i+1}, i = 2,3\cdots$ 处都发生倍周期分岔，前一个周期解变为不稳定，新出现一个
稳定的倍周期周期解。如 r_2 处，x_3, x_4 点的周期解变为不稳定，新出现一个稳定的
x_5, x_6, x_7, x_8 点的周期解。Feigenbaum 里程碑式的工作表明，此分岔序列是周期点
数趋向无穷大的倍周期分岔序列。伴随出现的数列 $r_i, i = 1,2,3\cdots$ 是无穷数列，它有
一个极限值，对于 Logistic 映射极限值是：$r_\infty = 3.569\,945\,672\cdots$ 同时，它具有重要
的普适特性，即存在普适常数：

$$\delta = \lim_{m \to \infty} \frac{r_m - r_{m-1}}{r_{m+1} - r_m} = 4.669\,201\,660\,910\,299\,097\cdots \tag{3-63}$$

这个常数是一切周期倍化现象所普遍具有的，称为 Feigenbaum 常数（Feigenbaum，1978）。

当 $r = r_\infty$ 时，Logistic 映射的稳定周期解的周期无穷大，映射进入混沌，其解总体上是稳定的。同时，它又是奇怪吸引子。与前述稳态周期解比较可知，对于此极限情况，从任意初值 x_0 开始的迭代（映射）就将趋向于这个奇怪吸引子。除了倍周期分岔进入混沌外，还有其他通向混沌的道路，如通过准周期运动的分岔和阵发性（intermittency）现象的出现，而进入混沌（Ruelle and Takens，1971；Pomeau and Mannevill，1980）。

逻辑映射混沌的区域不只是 $r = r_\infty$ 这一点，在 r 区间 $(r_\infty, 4]$ 中的许多地方都出现了混沌，而且与周期解相间隔，现象十分复杂。

6. 全局分岔　　如前述，全局分岔是大范围内，系统稳态运动和系统轨道的定性性质改变时，所确定的（定义的）分岔。既涉及系统稳态运动性质的保持和改变，又涉及大范围内系统轨道性质的保持和改变，连同混沌运动，由于理论结果的艰难和欠缺，是非线性动力学理论发展的核心。其中，双曲不动点鞍点及其稳定流形和不稳定流形、同宿轨道和异宿轨道，扮演重要角色。当前，全局分岔理论成果较少，严格的理论围绕同宿轨道和异宿轨道问题，以 Melnikov 理论和 Silnikov 理论为代表。图 3-28、图 3-29 分别是一种类型的同

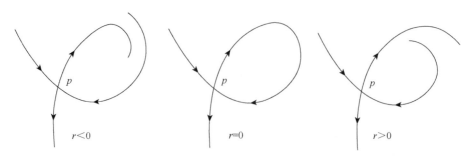

图 3-28　同宿分岔

宿分岔和异宿分岔。

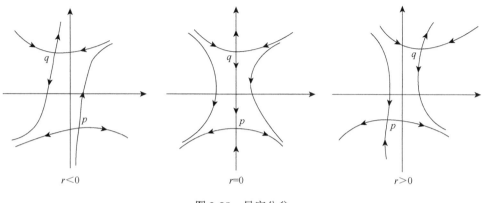

图 3-29　异宿分岔

3.2.6　神经元活动的刺激与反应的静息与放电过程、阈值和动作电位、峰放电、峰峰间期序列、神经元峰放电序列与簇放电序列

体现神经元放电活动特征的膜电位时间历程图具有脉冲时间序列的特点，如图 3-3B 所示。膜电位的脉冲表现了神经元放电，这时的电位称为动作电位（action potential）。可以选择一个参考电位，使全部膜电位脉冲的电位都高于它，称为阈值电位。这样放电活动可以明显表现为两种类型：阈上动作电位和阈下振荡（subthreshold oscillation）。动作电位的特征可以由相邻放电脉冲之间时间间隔（interspike interval）的时间序列表示；阈下振荡则表现为小幅值的波动，如图 3-30 所示。

神经放电脉冲间时间间隔的序列自身构成一个时间序列动力系统（通过相空间重构研究），与前面神经放电状态变量演化的数学方程的动力系统相比较，更突出表现了神经放电的本质性质，而为神经学科一贯沿用。两者有不同，前者只表现神经活动由放电脉冲反映的本质性质、用了时间量纲的变量。后者则全面综合表现神经放电活动的动力学、各变量用各自物理量量纲。

神经放电脉冲间时间间隔的序列，分为峰放电序列与簇放电序列。峰放电序列的放电脉冲间的时间间隔相差不太多，而簇放电序列的放电脉冲则呈现短间隔多个脉冲后，有一个较长的静息时间间隔，如图 3-30B 所示。

神经放电脉冲间时间间隔的序列动力学，与对应的状态变量数学方程的动力学表现同一神经元放电活动，分析和结果是协调的、互补的，如周期放电、混沌放电，两者都表现出复杂和紊乱，前者是脉冲时间间隔大小变化无规则，后者则是呈现紊乱的相图和特征量的显示。

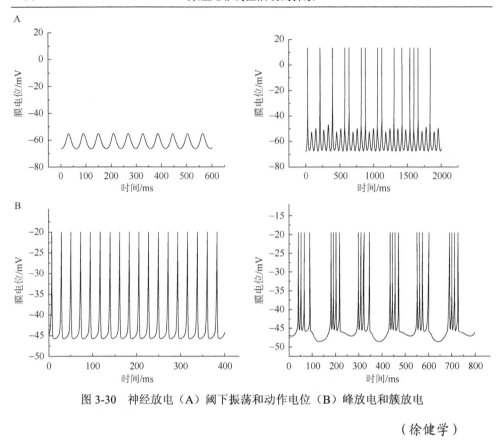

图 3-30　神经放电（A）阈下振荡和动作电位（B）峰放电和簇放电

（徐健学）

3.3　神经元活动信号的非线性时间序列分析方法

3.3.1　回归映射

　　回归映射（return map）有时也称为庞加莱（Poincaré）回归映射或首次（first）回归映射。这种方法的特点是使用起来非常简单，特别适合于分析事件到事件所经历的时间间隔的数据序列，如峰峰间期（interspike interval）序列（实际上为庞加莱映射所产生的序列）；能够比较好地识别数据序列中所隐藏的确定性的细致结构，从而可以粗略地判断序列是随机性的还是确定性的。以著名的 Hénon 映射系统所产生的序列为例进行说明，Hénon 映射是一个离散的动力系统，具体形式如下。

$$\begin{cases} x_{n+1} = y_n + 1 - ax_n, \\ y_{n+1} = bx_n. \end{cases} \tag{3-64}$$

　　这个系统的动力学行为依赖于参数 a,b，当 $a=1.4,b=0.3$ 时，系统呈现确定性的混沌行为。图 3-31 为 x 的时间序列，看起来似乎为随机序列；如果观察 x 序列的回归映射，如图 3-32 所示，则可以看到明显的细致结构，可以得知绝非随机行为所为。

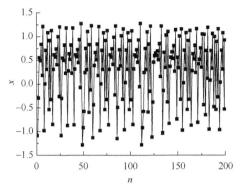

图 3-31　Henon 映射 x 时间序列

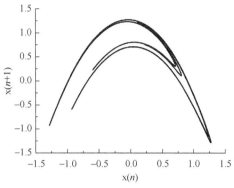

图 3-32　关于 x 的回归映射

美籍华人数学家李天岩研究了一类单峰映射呈现混沌行为，这意味着神经生理实验中所测量的峰峰间期序列如果看似随机，而回归映射却呈现出单峰等细致结构时，峰峰间期序列就不是随机的序列，而是确定性的混沌序列。图 3-33 是在麻醉的大鼠坐骨神经单纤维上所测量到的峰峰间期序列所构成的回归映射，图中呈现一个明显的单峰结构，这是确定性混沌存在的令人信服的证据。

再以混沌放电神经元模型所产生的峰峰间期序列为例，说明回归映射的直观性和简单性。在修正 Chay 模型中，若以 g_p 为分岔控制参数，在其混沌区间上取 $g_p = 11.945$，则细胞表现为混沌簇放电状态，即在一个簇内放电次数不再相同，ISI 似乎不再有规律。然而峰峰间期序列的回归映射却呈现一个漂亮的光滑的单峰曲线，这说明貌似无规律的峰峰间期序列是混沌的，存在着确定性的函数关系，如图 3-34 所示。

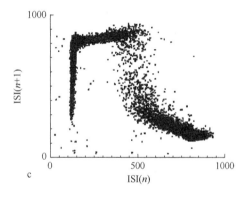

图 3-33　实验数据 ISI 回归映射

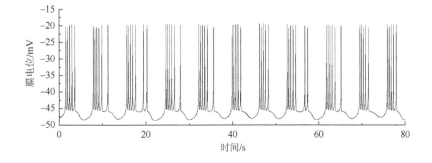

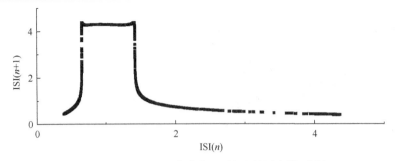

图 3-34　　$g_p = 11.945$ 的膜电压时间历程和回归映射

3.3.2　复杂度

Kolmogorov（1963）提出了序列复杂度的概念，他认为一个序列的复杂度是产生这个序列最少所需的计算机程序的比特数。Lempel 和 Ziv（1976）首次给出了一种复杂度的算法，用于度量随着时间序列增加，新模式增加的速度。这种复杂度被广泛称为 Lempel-Ziv 复杂度。随后又有不同复杂度的定义和算法被提出，如我国学者顾凡及等提出的 C0 复杂度的概念（Shen et al.，2005）。这一复杂度的主要思想是把信号分解成规则成分和非规则成分两部分。C0 复杂度表征了非规则成分在原始信号中所占的比例。下面仍以 Lempel-Ziv 复杂度为对象进行介绍。

对一给定的时间序列 $(x_1, x_2 \cdots x_n)$，Lempel-Ziv 复杂度计算的方法如下。

将时间序列转化为一个由 "0" 和 "1" 组成的符号序列 $(s_1 s_2 \cdots s_n)$。转化规则很简单：求出时间序列的平均值，令时间序列中大于平均值的元素为 "1"，而小于平均值的元素为 "0"。令 $c(n)$ 为符号序列复杂度的计算器，令 S、Q 分别表示两个字符串。SQ 表示把 S、Q 两个字符串拼接在一起的总字符串，$SQ\pi$ 表示把字符串 SQ 中最后一个字符删除所得到的字符串，姑且认为 $SQ\pi$ 中的 π 表示删除最后一个字符的操作。令 $V(SQ\pi)$ 表示 $SQ\pi$ 中所有不同子串的集合。计算开始时，$c(n)$、S、Q 初始化为 $c(n)=1$、$S=s_1$、$Q=s_2$，此时 $SQ\pi=s_1$。现假定 $S=(s_1 s_2 \cdots s_r)$，$Q=(s_{r+1})$。若 $Q \in V(SQ\pi)$，则表示 Q 是 S 的一个字串，那么 S 不变，只是将 Q 更新为 $Q=s_{r+1}s_{r+2}$，再判断 Q 是否属于 $V(SQ\pi)$。尽管此时 S 不变，但 Q 更新了，所以 $SQ\pi$ 也需要更新。如此反复进行直到发现 $Q \notin V(SQ\pi)$ 为止。设此时 $Q=(s_{r+1}s_{r+2} \cdots s_{r+i})$，即表示 Q 不是 $(s_1 s_2 \cdots s_r s_{r+1} \cdots s_{r+i-1})$ 的字串。因此将 $c(n)$ 加 1，然后将上述 Q 组合到 S 中，使得 S 更新为 $S=(s_1 s_2 \cdots s_r s_{r+1} \cdots s_{r+i})$，而取 $Q=(s_{r+i+1})$。重复以上步骤，直到 Q 取到最后一位为止，这样就把 $(s_1 s_2 \cdots s_n)$ 分成了 $c(n)$ 个不同字串。

根据 Lempel 和 Ziv 的研究，对于几乎所有属于[0,1]区间的 x 所对应的二进制形式的数来说，$c(n)$ 都会趋向一个定值：

$$\lim_{n \to \infty} c(n) = b(n) = n/\log n \tag{3-65}$$

可见 $b(n)$ 是随机序列的渐进行为，可以用它来归一化 $c(n)$，得到相对复杂度

（即 Lempel-Ziv 复杂度）$C = c(n)/b(n)$。

Lempel 和 Ziv 证明当序列完全随机，且每个元素出现的概率均等，此时 C 按概率收敛于 1。当序列不完全随机时，C 小于 1；而当序列周期时，C 等于 0。

Lempel-Ziv 复杂度是一个很重要的非线性指标，已经被用于定量刻画脑电信号的复杂度变化，因此它提供了一种研究大脑高级认知活动的新思路。计算 Lempel-Ziv 复杂度所需要的数据较短，计算量小。但是在原始时间序列粗粒化过程中面临着丢失信息的危险，甚至改变原始信号动力学特征。

3.3.3　近似熵

近似熵（approximate entropy，ApEn）是 Pincus 于 1991 年提出的对动力系统复杂度的度量参数。近似熵是用一个非负数来表示一个时间序列的复杂度，越复杂的时间序列对应的近似熵越大。它反映了时间序列在模式上的自相似程度的大小，衡量了当维数变化时序列中产生新模式概率的大小。具体地讲，近似熵是当序列相邻的 m 个点所连成的折线段模式相互近似的概率与 $(m+1)$ 个点所连成的折线段模式相互近似的概率之差，因此它反映了当维数由 m 增加到 $m+1$ 时产生新模式的可能性的大小。近似熵相对其他非线性动力学参数的主要特点是：计算所需数据短（100～5000）；抗噪和抗野点能力强；能实现在线计算；对确定性和随机性信号都使用。近似熵的计算步骤如下。

对 N 个标量时间序列 $x(i), i = 1 \cdots N$，首先确定窗口长度参数 m 和相似容限参数 r，一般取 $m = 2, r = 0.1\sigma \sim 0.25\sigma$，$\sigma$ 是序列的标准方差。接着构造矢量序列 $X_i^m = [x(i) \cdots x(i+m-1)]$，$i \leqslant N - m + 1$。用 $d(X_i, X_j)$ 表示矢量 X_i 和 X_j 之间的距离。令：

$$C_i^m(r) = \sum_{j=1}^{N-m+1} \Theta(r - d(X_i, X_j)) \tag{3-66}$$

其中 $\Theta(\cdot)$ 是 Heaviside 函数。接着确定：

$$\Phi^m(r) = (N - m + 1)^{-1} \sum_{i=1}^{N-m+1} \ln C_i^m(r) \tag{3-67}$$

于是近似熵为

$$ApEn(m, r, N) = \Phi^m(r) - \Phi^{m+1}(r) \tag{3-68}$$

下面再结合近似熵的计算表达式和过程，说明近似熵的物理含义。

从 $C_i^m(r)$ 计算表达式可以看出，它表示在时间序列中每相邻 m 个数据组成一矢量与 X_i^m 矢量在相似容限 r 意义下相近似的事件出现的频繁程度。当 N 很大时，$C_i^m(r)$ 就是相近似的事件出现概率的近似值。同理，$C_i^{m+1}(r)$ 反映了时间序列中每相邻 $(m+1)$ 个数据组成一矢量与 X_i^{m+1} 在相似容限 r 意义下相近似的事件出现的近似概率。因此 $\Phi^m(r)$ 表示整个时间序列中每相邻 m 个数据组成一矢量在相似容限

r 意义下其模式相互近似的频繁程度。$\Phi^{m+1}(r)$ 的含义同理可得。从而，近似熵表示时间序列中每相邻 m 个数据组成一矢量其模式相互近似的概率与每相邻 $(m+1)$ 个数据组成一矢量其模式相互近似的概率之差；它体现了窗口长度由 m 增至 $m+1$ 时产生新模式的可能性的大小。近似熵越大，说明产生新模式的机会越大，因此该曲线就越复杂。近似熵的分析效果比简单的统计参数好，如均值、方差和标准差等，其主要原因是后者在计算时没有考虑时间序列数据蕴含在时间顺序中的信息，而近似熵包含时间模式的信息，反映时间新模式发生率随窗口长度而增加的情况，因而体现时间序列数据在结构上的复杂性。

在近似熵应用于脑电 EEG 数据的过去几年里，取得了充满希望和有趣的发现。下面计算两只大鼠癫痫发作前后脑皮层电图（ECoG）的近似熵（谢勇等，2002），计算结果如图 3-35 所示。

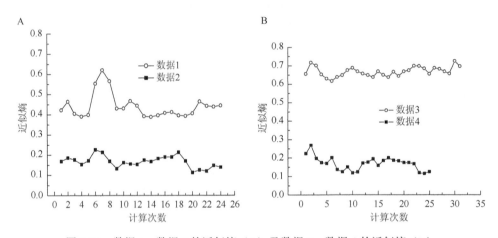

图 3-35　数据 1、数据 2 的近似熵（A）及数据 3、数据 4 的近似熵（B）

数据 1 和数据 2 来自一只大鼠癫痫发作前后的 EcoG 时间序列，而数据 3 和数据 4 来自另一只大鼠癫痫发作前后的 EcoG 时间序列

计算结果表明，癫痫发作前的近似熵明显高于癫痫发作后的近似熵。这说明癫痫发作前的 ECoG 比癫痫发作后的 ECoG 复杂，因此癫痫发作前的 ECoG 含有更多的信息。这和许多在生物动力系统中的疾病通过失去其复杂性来表现自己是一致的。图 3-35 中每一个数据点是连续 5000 个 ECoG 数据计算所得结果，计算一次，向前跨越 2000 个数据，再计算连续 5000 个数据，横坐标表示计算次数。

图 3-36 是用无钙溶液灌流大鼠损伤神经纤维所记录的峰峰间期分岔过程和其对应的近似熵计算结果（韩晟等，2002）。可以清楚地看到峰峰间期序列从周期二簇放电过渡到周期三簇放电，而在过渡期间，近似熵的变化是相当明显的。

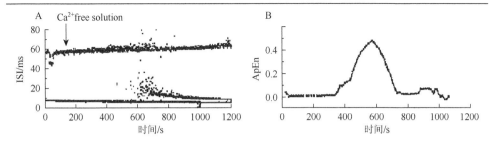

图 3-36　从大鼠损伤神经记录的 ISI 序列（A）及其近似熵（B）

3.3.4　相空间重构

相空间重构（phase space reconstruction）是混沌时间序列分析的前提条件和基本任务。非线性预报方法和一些非线性特征量如 Lyapunov 指数的计算，都是以相空间重构为前提的。Packard 等（1980）首次提出由混沌时间序列来重构奇怪吸引子并研究其性质的思想方法，揭开了通过标量时间序列来研究混沌运动的序幕。几乎同时，Takens（1981）提出延时坐标方法来研究标量时间序列重构奇怪吸引子，而且证明原系统和重构系统一一对应的著名的嵌入定理。然而，嵌入定理并没有直接回答在重构时如何选取嵌入维数和延时这两个参数。与吸引子重构（或相空间重构）相关的嵌入有两种类型：一种是拓扑嵌入（topological embedding），另一种是可微嵌入（differentiable embedding）。在欧氏空间中可微嵌入的一般性存在定理由 Whitney 给出。1991 年，Sauer 对嵌入定理做了重要的补充，使其更加完善。实际上，延时坐标方法重构相空间的关键是确定最佳嵌入维数和延时。根据 Takens 定理，嵌入维数 m 应满足：$m \geqslant 2d+1$，其中 d 是动力系统的相空间维数。Sauer 提出 $m > 2d_f$ 即可，其中 d_f 是吸引子的盒子维数。在目前确定嵌入维数的方法中，伪邻点法（false nearest neighbors）和 Cao 法是比较好的方法。对于延时，许多研究者取自相关函数首次过零点，或者到达 0.1、$1/e$ 或 0.5 的时间为延时。Fraser 等提出用互信息函数第一个局部最小值所对应的时间为延时。由于互信息函数是两个随机变量间的一般性随机关联的度量，因此利用互信息函数来确定延时时间是一种合理的方法。到目前为止，这两个参数的选取还是混沌时间序列分析的基本问题。嵌入定理对低维确定性并且受噪声影响相对较弱的系统是十分有用的，能获得原来的动力系统的可靠信息。

在重构相空间中，重构矢量值序列可以解释为动力系统在该空间中的一个轨道的采样。如果测量函数是光滑的，那么重构相空间与原来的动力系统的未知空间之间可以通过一个光滑坐标变换相联系。因此，动力学不变量如 Lyapunov 指数、吸引子维数及熵等都是相同的。设已有标量时间序列 $x(i), i = 1 \cdots N$，利用延时坐标法构造状态矢量：

$$X_n = (x(n), x(n+\tau), x(n+2\tau) \cdots x(n+(m-1)\tau)) \qquad (3\text{-}69)$$

式中，$n=1,2\cdots N-(m-1)\tau$，τ 称为延时时间（delay time），m 称为嵌入维数（embedding dimension）。

相空间重构的关键就是确定 τ、m 这两个参数，事实上，重构所选择的延时 τ 在逻辑上是与所选择的嵌入维数独立的。因此，可以独立地确定这两个参数。

首先确定延时 τ。这里 τ 是正整数，实际延时时间是采样时间间隔 Δt 与 τ 的乘积。从理论上讲，当数据点是无限多时，嵌入效果与延时 τ 无关；然而实际重构时，延时 τ 影响很大。如果延时时间 τ 太小，将导致状态矢量非常接近，每个状态矢量携带大量的冗余信息。当 $\tau\to 0$ 时，在噪声条件下所有状态矢量都将不可分辨，导致重构吸引子挤压在相空间的主对角线附近。相反，如果延时时间 τ 太大，将导致 m 维坐标基本上没有关系，使得即使简单的图形看起来也极为复杂。

选择延时时间的主要任务就是要避免上面这两种极端情况，使得延时坐标最大限度地独立，同时动力学性质得到保持。目前应用较多的方法是取自相关函数首次过零点，或者到达 0.1、$1/e$ 或 0.5 的时间为延时时间。事实证明这种方法是不适合非线性系统，因为自相关函数本身是信号自身的线性关联的度量，对于非线性系统，应该采用能反映一般性关联（包括线性和非线性）的量来确定延时时间。Fraser 等利用平均互信息函数第一个局部最小值所对应的时间确定为延时时间 τ。由于平均互信息函数是两个随机变量间的一般性随机关联的度量，而且对有噪声序列比其他方法更具有鲁棒性（不变性），因此利用平均互信息函数来确定延时时间是一种合理的方法。其基本的思想是确定在某一时刻的度量可以从另外一时刻的度量了解或获取多少信息。Fraser 等使用等概率划分空间格子的方法计算平均互信息函数，该方法原理比较复杂。Eric Weeks、杨志安等提出等间距划分格子的方法，这种划分方法简便，而且计算结果与 Fraser 计算结果基本一致，具体计算如下。

$$I(\tau)=\sum_{x(n),x(n+\tau)}P(x(n),x(n+\tau))\log_2\frac{P(x(n),x(n+\tau))}{P(x(n))P(x(n+\tau))} \tag{3-70}$$

式中，$P(x(n))$、$P(x(n+\tau))$ 和 $P(x(n),x(n+\tau))$ 分别是测量值 $x(n)$ 与 $x(n+\tau)$ 的边缘概率密度和联合概率密度。和式表示对所有非零概率进行求和。平均互信息函数 $I(\tau)$ 表示在时刻 n 时间序列在延时 τ 后传递多少关于自己的信息。

接下来确定嵌入维数。根据 Takens 定理，嵌入维数 m 应满足：$m\geqslant 2d+1$，其中 d 是动力系统的相空间维数。Sauer 提出 $m>2d_f$ 即可，其中 d_f 是吸引子的盒子维数。嵌入维数 m 太小，重构吸引子不能完全展开，可能折叠以致在某些地方自相交，这样在相交区域的一个小邻域内可能会包含来自吸引子不同部分的点。如果 m 太大，理论上是可以的，但在实际应用中，随着 m 的增加，会大大增加吸引子的动力学不变量（如关联维数、Lyapunov 指数等）的计算工作量，且噪声和舍入误差的影响也会大大增加对实际计算这些量带来的大量不必要的计算时间，即增大了舍入误差和仪器测量误差等噪声的污染的作用。因为在 $m-m_E$ 空间中，动力系统不再起作用，噪声起着支配地位，m_E 是最佳嵌入维数。Hao 指出：对于计算吸引子维数、测度熵和 Lypunov 指数等统计性的非线性特征量，只需要 $d_f < m < 2d_f$ 即可。

目前确定嵌入维数的方法有动力学不变量饱和法、奇异值分解法、伪邻点法、真实矢量场法（true vector fields）和 Cao 法等，其中伪邻点法和 Cao 法是比较好的方法（Kennel，1992；Cao，1997）。

伪邻点法是一种从几何观点出发较容易实现的方法。该方法的基本思想是当维数从 m 变成 $m+1$ 时，考察轨线 X_n 的邻点中哪些是真实的邻点，哪些是虚假的邻点；当没有虚假的邻点时，则认为几何结构被完全展开。在 m 维嵌入空间中，设 $X_{\eta(n)}^m$ 为 X_n^m 的最近邻点（X_n^m 是在 m 维嵌入空间中的第 n 个重构矢量），它们之间的距离记为 $\left\| X_{\eta(n)}^m - X_n^m \right\|$（$\|\cdot\|$ 可以取最大范数）。当嵌入空间维数增加到 $m+1$ 时，它们之间的距离变为 $\left\| X_{\eta(n)}^{m+1} - X_n^{m+1} \right\|$，这里 $\eta(n)$ 是与 m 维嵌入空间中 X_n^m 的最近邻点 $X_{\eta(n)}^m$ 的指标是相同的。若 $\left\| X_{\eta(n)}^{m+1} - X_n^{m+1} \right\|$ 比 $\left\| X_{\eta(n)}^m - X_n^m \right\|$ 大很多，可以认为是由于在高一维的吸引子中两个不相邻的点在投影到低维轨线上时变成相邻的两点所造成的，因此这样的邻点是虚假的。如果：

$$\frac{\left\| X_{\eta(n)}^{m+1} - X_n^{m+1} \right\| - \left\| X_{\eta(n)}^m - X_n^m \right\|}{\left\| X_{\eta(n)}^m - X_n^m \right\|} > R_{tol} \tag{3-71}$$

则 $X_{\eta(n)}^m$ 为 X_n^m 的伪邻点，其中 R_{tol} 为某一个阈值，当 $R_{tol} \geqslant 10$ 时可以将伪邻点清楚地区分开来，经考察它可在[10,50]选取。需要指出的是，如果 $X_{\eta(n)}^m = X_n^m$，则取第二个最近邻点。对无限长精确的数据，用上述标准可获得较好的结果，然而对有限长具噪声的数据，还要补充以下标准：

$$\frac{\left\| X_{\eta(n)}^{m+1} - X_n^{m+1} \right\|}{\sqrt{\dfrac{1}{N} \displaystyle\sum_{n=1}^{N} (x_n - \bar{x})^2}} > A_{tol} \tag{3-72}$$

式中，$\bar{x} = \dfrac{1}{N} \displaystyle\sum_{n=1}^{N} x_n$，$A_{tol}$ 为某一阈值，此时 $X_{\eta(n)}$ 也是 X_n 的伪邻点。

根据上面的判据，全部的嵌入矢量数 N，计算嵌入维数从 $m \sim (m+1)$ 时 N 个矢量中伪邻点数为 ΔN，伪邻点比例（the percentage false nearest neighbors，简写为 FNNP）即 $\Delta N / N$。对实测时间序列，m 从 2 开始，计算伪邻点比例，然后增加 m，直到伪邻点比例刚好为零或非常小，或者伪邻点比例不再随着 m 增加而减少时，则可认为吸引子完全展开了，此时的 m 为最佳嵌入维数 m_E。

下面对 Cao 法进行简单的介绍。

首先定义：

$$a_n^m = \frac{\left\| X_n^{m+1} - X_{\eta(n)}^{m+1} \right\|}{\left\| X_n^m - X_{\eta(n)}^m \right\|} \tag{3-73}$$

这里 $\eta(n)$ 仍然是在 m 维嵌入空间中 X_n^m 的最近邻点；$\|\cdot\|$ 取最大范数，即

$$\left\| X_k^m - X_l^m \right\| = \max_{0 \leqslant i \leqslant m-1} \left| x_{k+j\tau} - x_{l+j\tau} \right| \tag{3-74}$$

与式（3-74）一样，如果 $X_{\eta(n)}^m = X_n^m$，则取第二个最近邻点。取所有 a_n^m 的平均值：

$$E^m = \frac{1}{N - m\tau} \sum_{n=1}^{N-m\tau} a_n^m \tag{3-75}$$

为了考察 E^m 从 m 到 $m+1$ 的变化，定义：

$$E1^m = \frac{E^{m+1}}{E^m} \tag{3-76}$$

当 m 大于某个 m_0 时，$E1^m$ 将停止变化，取 $m_E = m_0 + 1$ 作为最小的嵌入维数。为了将确定性信号与随机信号区别开来，还需要定义一个量 $E2^m$ 如下。

$$(E^m)^* = \frac{1}{N - m\tau} \sum_{n=1}^{N-m\tau} \left| x_{n+m\tau} - x_{\eta(n)+m\tau} \right| \tag{3-77}$$

$$E2^m = \frac{(E^{m+1})^*}{(E^m)^*} \tag{3-78}$$

对于来自随机数集的时间序列，随着嵌入维数 m 的增加，$E1^m$ 理论上不会到达一个饱和值。但在实际计算中，当 m 足够大时，很难判断 $E1^m$ 是否缓慢增加或者停止变化。事实上，可供利用的测量数据是有限的，尽管时间序列是随机的，有可能 $E1^m$ 在某一个 m 后停止变化。为了解决这个问题，需要考察量 $E2^m$。对于随机数据，由于将来值独立于过去值，在这种情形下，$E2^m$ 对于任何 m 都等于 1。然而，对于确定性的数据，$E2^m$ 显然与 m 有关。因此，对于所有的 m，它不可能是一个常数，换句话说，一定存在一个 m 使得 $E2^m \neq 1$。

对于伪邻点法和 Cao 法，在实际计算中，可以发现：伪邻点法的计算结果依赖于阈值参数 R_{tol} 和 A_{tol}，因为根据伪邻点法的准则判断一个点是真实的邻点还是伪邻点关键在于这两个参数的选择，所以有一定的主观性；而且伪邻点法不能区分随机时间序列，对随机数据可能确定出一个较低的嵌入维数。例如，来自 $x_{n+1} = 0.95x_n + y_n$ 的 10 000 个色噪声数据，其中 y_n 是一高斯白噪声序列，对于这样一个随机序列，利用伪邻点法进行计算，结果如图 3-37 所示。一般地，伪邻点法所需的数据量比 Cao 法多。由于 Cao 法引入了 $E2^m$，可以区分随机序列。然而 Cao 法是靠观测 $E1^m$ 和 $E2^m$ 的变化趋势来估计嵌入维数的，因此仍然带有一定的主观性。而伪邻点法可以定量地给出伪邻点比例，从而可以根据此值的大小来确定嵌入维数。为了同时体现这两种方法各自的优点，产生了将这两种方法相结合来确定嵌入维数的思想。由于伪邻点比例是在 0%～100%，即 [0,1] 变化的，而 $E1^m$ 和 $E2^m$ 的变化也在大致相同的尺度内变化，因此可以将它们结合在一起，同时在一张图上展示。将这两种方法结合后，可以很容易判断一个时间序列是否是确定性的序列，避免了将噪声序列嵌入在一个比较小的空间中。同时，在确定嵌入维数时，可以将标量 $E1^m$ 和伪邻点比例两个量结合起来确定最佳嵌入维数。当 $E1^m$ 有波动不容易确定时，可以从伪邻点比例值来判断与确定最佳嵌入维数。在后面的计算中，取 $R_{tol}=15$，$A_{tol}=2$。

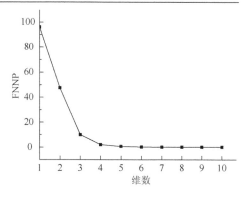

举一个相空间重构算例。以重构 Lorenz 吸引子为例，采用前面的方法来确定延时 τ 和嵌入维数 m，并着重说明将伪邻点法和 Cao 法相结合来确定嵌入维数的好处。对 Lorenz 方程采用定步长

图 3-37　色噪声数据的伪邻点法计算结果

0.01 数值积分，抛掉瞬态过程，取落在吸引子上 10 000 个点，吸引子在 xy 平面投影如图 3-38A 所示。

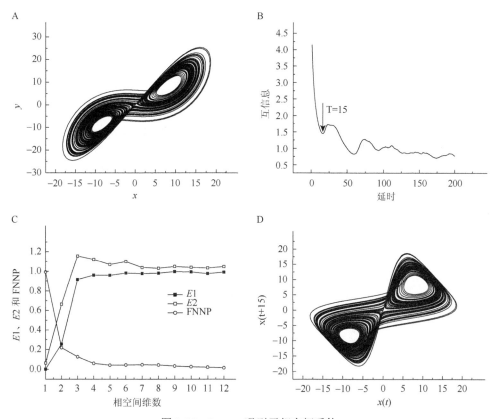

图 3-38　Lorenz 吸引子相空间重构

A. Lorenz 吸引子在 xy 平面投影；B. 互信息对延时；C. $E1$、$E2$ 和 FNNP 对嵌入维数；D. 重构吸引子

取落在吸引子上 x 分量的 10 000 点，用等间距格子互信息方法确定重构延时

$\tau = 15$，这与用 Fraser 等概率格子方法所确定的延时完全相同。互信息量随延时 τ 的变化关系如图 3-38B 所示。

用伪邻点法与 Cao 法相结合的方法确定最佳嵌入维数。如图 3-38C 所示，由于 $E2$ 并不是对所有的维数都在 1 附近，因此判断不是随机序列。从 $E1$ 变化曲线看，$m = 3$ 以后，其变化趋于平稳，但仍有一些小的波动。但此时伪邻点百分比 FNNP 为 12.5%，所以以取 $m = 4$ 作为最佳嵌入维数。重构吸引子如图 3-38D 所示，与原始吸引子在 xy 平面投影几乎拓扑等价。从此算例可以看出，将伪邻点法和 Cao 法相结合确定嵌入维数时，两种方法相得益彰、优势互补、准确度更高。

3.3.5　关联维数 D_2

混沌吸引子往往是奇怪吸引子，它是动力系统的轨迹在相空间中经过无数次靠拢和分离、来回拉伸与折叠而形成的复杂几何图形，具有无穷层次的自相似结构。这一结构特征称为分形，而分形的特点可通过分形维数来描述。分形维数可以定量地刻画系统的复杂程度。关联维数 D_2（correlation dimension）就是混沌系统测度为 2 时的分形维数。1983 年，Grassberger 和 Procaccia 基于混沌吸引子具有分形的几何结构特征提出了计算关联维数的著名的 GP 算法，实现了对奇怪吸引子奇怪性的定量度量。Pesin 给出了严格的数学分析。关联维数不仅能够量化奇怪吸引子的分维数，还可以用来比较降噪的效果。在相空间重构中，随着嵌入维数的增加，由时间序列重构出的吸引子在根据关联积分曲线计算关联维数时，曲线斜率将在等于关联维数后保持稳定，曲线出现一段平台区域，即所谓的尺度区间（scaling region）。当时间序列中包含噪声时，关联积分曲线的斜率将不断升高。其原因是噪声充满相空间的各个方向，平台区域将缩小甚至消失。

根据 GP 算法，首先计算关联积分（correlation integral）：

$$C(l) = \lim_{N \to \infty} \frac{1}{N^2} \sum_{i=1}^{N} \sum_{j=1}^{N} \Theta\left(l - \left\| X_i - X_j \right\|\right) \qquad (3-79)$$

这里，X_i 和 X_j 是根据延时坐标方法所重构的矢量（重构相空间中的相点）。例如，时间序列为 $(x_1, x_2 \cdots x_n)$，嵌入维数为 m、延时为 τ 的重构矢量为 $X_i = (x_i, x_{i+\tau} \cdots x_{i+(m-1)\tau})$。$N$ 是重构矢量个数；l 为阈值距离，也称为关联长度；$\|\cdot\|$ 是范数（如 Euclidean 范数）；$\Theta(\cdot)$ 是 Heaviside 阶梯函数。关联积分反映了在两个不同时间的重构矢量彼此靠近的平均概率。

在一个 l 的有限区间内，$C(l)$ 正比于 l 某次方幂 D_2，这个 D_2 称为关联维数。关联维数是一种区分随机信号和看似随机的混沌信号的简单方法。通常平台区域的出现就意味着时间序列是确定性混沌的。在理论上，一个随机过程有一个无限的关联维数。直观地讲，这是因为随机过程的轨道没有任何空间结构。相反的，周期运动所对应的封闭轨道的关联维数是 1，在环面（torus）的准周期（quasiperiodic）

运动的关联维数是 2，而分形奇怪吸引子的关联维数通常是非整数的。

　　尽管 GP 算法非常简单，但它的局限性也是相当明显的。例如，在计算关联维数时，要求数据量要足够大，而且是静态的数据，这在一些生理实验中很难满足。其中 l 取值不能过大，也不能过小。对于实际的数据序列，若 l 取得过大，所有相点之间的距离均不会超过 l，任何一对重构矢量都会产生关联，则 C(l)=1，取对数后为 0；如果取得过小，低于环境噪声和测量误差引起的重构矢量的差别，噪声就会表现出来。

　　从 β 细胞模型中产生 4000 个峰峰间期数据用来计算关联维数（Gong et al.，1998），图 3-39 给出局部斜率曲线，可以清楚地看到一个长而明显的平台区间。

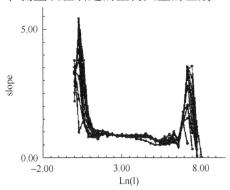

图 3-39　局部斜率对关联长度曲线

嵌入维数 d 从下到上依次是 2, 3, 4…9, 10, 11

3.3.6　Lyapunov 指数

　　Lyapunov 指数是衡量系统动力学特性的一个重要定量指标。3.2.5 给出了定义和连续动力系统情形的定义公式，此处进一步阐述研究方法。Lyapunov 指数是沿轨道长期平均的结果，体现一种整体特征。其值是可正、可负，也可为零的实数。它表征了动力系统在相空间中相邻轨道间收敛或发散的平均指数率。对于系统是否存在动力学混沌，可以从最大 Lyapunov 指数是否大于零非常直观地判断出来：一个正的 Lyapunov 指数，意味着在系统相空间中，无论初始两条轨线的间距多么小，其差别都会随着时间的演化而成指数率的增加以致达到无法预测，这就是混沌现象。混沌的一个显著特征就是对初始值极为敏感，即所谓的"蝴蝶效应"。两个很靠近的初始值所产生的轨道，随时间推移按指数方式分离，Lyapunov 指数能定量刻画混沌的程度。通常只要计算出最大的 Lyapunov 指数就可以判断动力系统是否混沌（被噪声污染的动力系统除外）；如果它大于零，就认为动力系统是混沌的。已经提出了许多计算混沌动力系统和混沌时间序列的 Lyapunov 指数的方法：Wolf 方法（Wolf，1985）、p 范数方法、Jacobian 方法和小数据量方法。其中，Wolf 方法适合于无噪声或弱噪声的时间序列；而 Jacobian 方法和小数据量方法具有一定抗噪性。

　　下面就以小数据量方法进行简单介绍（Rosenstein，1993；Kantz，1994）。

　　设混沌时间序列为 $(x_1, x_2, \cdots, x_n)$。首先对时间序列进行相空间重构，设根据前面介绍的方法确定嵌入维数为 m 延时为 τ。则在重构相空间中的相点为：$X_i = (x_i, x_{i+\tau} \cdots x_{i+(m-1)\tau})$，$i = 1, 2 \cdots M$。相轨道为 $X = [X_1, X_2 \cdots X_M]$，其中，$n = M + (m-1)\tau$。搜索相轨道上每一个点 X_j 的最近邻点 $X_{\hat{j}}$，它们之间的初始距离如下：

$$d_j(0) = \min_{X_j} \left\| X_j - X_{\hat{j}} \right\|, \quad \left| j - \hat{j} \right| > p \tag{3-80}$$

式中，$\|\cdot\|$ 表示 Euclidean 范数，p 为时间序列的平均周期。

Sato 等估计最大 Lyapunov 指数为

$$\lambda_1(i) = \frac{1}{i \times \Delta t} \times \frac{1}{M-i} \sum_{j=1}^{M-i} \ln \frac{d_j(i)}{d_j(0)} \tag{3-81}$$

其中 Δt 为采样时间，$d_j(i)$ 是轨道上第 j 对最近邻点对经过 i 个离散时间步长后的距离。Sato 等给出了上式的改进形式：

$$\lambda_1(i,k) = \frac{1}{k \times \Delta t} \times \frac{1}{M-k} \sum_{j=1}^{M-k} \ln \frac{d_j(i+k)}{d_j(i)} \tag{3-82}$$

k 是常数，可以从 $\lambda_1(i,k)$ 平台提取 λ_1，不过这种方法有时是有问题的、不可靠的。根据 λ_1 的定义有：

$$d_j(i) \approx C_j e^{\lambda_1(i \cdot \Delta t)} \tag{3-83}$$

式中，C_j 是初始距离。

两边取对数，得：

$$\ln d_j(i) \approx \ln C_j + \lambda_1(i \times \Delta t), \quad j = 1, 2 \cdots M \tag{3-84}$$

上式表示一组近似平行的直线，每一条直线的斜率都粗略正比于 λ_1。最大 Lyapunov 指数很容易用最小二乘法作回归直线，即

$$y(i) = \frac{1}{\Delta t} \left\langle \ln d_j(i) \right\rangle \tag{3-85}$$

式中，$\langle \cdot \rangle$ 表示关于 j 的平均值。直线的斜率就是最大 Lyapunov 指数 λ_1。由此可见，小数据量方法是一种计算混沌时间序列的最大 Lyapunov 指数的方法。

3.3.7　不稳定周期轨道（unstable periodic orbits）

在理解动力系统所蕴含的丰富的结构时，周期轨道扮演了非常重要的作用。在混沌动力系统中，无穷多个不稳定周期轨道充满整个吸引子，也就是说不稳定周期轨道在吸引子上是稠密的，从而构成混沌吸引子的骨架。在理论上，混沌吸引子各态历经特征保证了所有不稳定周期轨道都是可以到达的。

计算混沌动力系统的不稳定周期轨道和检测实验中记录的时间序列的不稳定周期轨道已经成为研究的热门领域。从根本上说，嵌入在混沌吸引子上的不稳定周

期轨道与混沌吸引子的自然测度有关。由不稳定周期轨道可以计算重要的动力学不变量，如 Lyapunov 指数、分形维数等，甚至系统的非平稳性也可以通过不稳定周期轨道的时间演化检测到。如果能从实验数据中检测出不稳定周期轨道，这就表明实验数据受确定性的动力系统支配。现在已经有许多计算已知数学模型的混沌动力系统的不稳定周期轨道的算法，然而针对混沌时间序列的方法还比较少，其中常用 LK 算法，它是基于在重构相空间中识别再现点集（recurrent points）的思想。Pierson 和 Moss 在 1995 年给出了不稳定周期轨道识别的更一般的方法，他们的方法仍然利用 LK 算法的思想。这种利用再现点集的方法具有明显的缺陷，它要求一个系统的状态在轨道附近重复出现，这对有限的数据集是非常过分的要求，特别是对短的、非平稳的生物数据。因此，从短的、含有噪声的实验数据中精确识别不稳定周期轨道的方法还是不够充分。So 等（1997）对实验数据进行不稳定周期轨道的识别方面取得了实质性的进展，他们提出一种利用系统局部动力学特性的变换算法，通过变换使得变换后的数据集中在个别的不稳定周期轨道上。这种变换起着一种动力学特性透镜的作用，提高了状态空间中不稳定周期轨道的概率测度，补偿了在其附近很少出现的问题。这样，通过识别变换后空间的概率密度的峰值就可以得到不稳定周期的信息。利用此算法已经在人脑皮层的癫痫活动中检测出周期一轨道。

3.3.8　非线性预报和替代数据方法（nonlinear prediction and surrogate data method）

　　判断生理实验中记录的貌似随机的时间序列究竟是确定性的混沌还是随机的噪声信号，是一个非常有意思的问题。前面介绍的回归映射可以识别一类混沌信号；同时，检测时间序列中周期轨道的存在性也能判断实验数据是否具有确定性的结构。此外，利用非线性预报方法配合替代数据方法也能区分混沌信号和噪声，并且可以估计混沌的程度。实际上在检测不稳定周期轨道信息时，也要用到替代数据方法。通常替代数据与原始数据具有相同均值、方差和自相关函数。

　　由于混沌运动具有对初值敏感性，任何微小的扰动在系统经历长时间的演化以后其最终结果将不可预知，这正是混沌运动区别于其他规则运动的显著特征。然而混沌在短期内又是可以预报的，利用这一特点可以将确定性混沌和随机噪声区分开来。基于此，Suglihara 和 May 在 20 世纪 90 年代初提出了著名的非线性预报方法。非线性预报的含义就是根据已有的混沌时间序列来预测系统的将来状态。事实上，已有不少的算法对混沌时间序列进行预报，它们的思想大都是根据观测数据来拟合混沌吸引子在相空间中的运动轨道各点处的局部线性动力学关系。在国内，Gong 等（1998）提出非线性预报和替代数据相结合，揭示了大鼠损伤神经元放电的峰峰间期（interspike interval）序列中存在确定性混沌现象。对时间序列和其替代数据同时使用非线性预报方法，如果系统可以预报，说明时间序列是确定性的，因为随机的时间序列是不可预报的。

　　这里介绍标准化预报误差（normalized prediction error，NPE）的非线性预报方法。以分析峰峰间期序列为例进行说明，假设已有 n 个 ISI 序列 $(I_1, I_2 \cdots I_n)$，根据相空间重构技术选择适当的嵌入维数 m；至于延时 τ，由于 ISI 数据可以认为是横截 Poincaré 截面所构成的映射产生的，因此选择 $\tau = 1$。这样便可得到重构相空间中的相点 $y_i = (I_i, I_{i+1} \cdots I_{i+(m-1)})$，$i = 1, 2 \cdots N$，其中 $N = n - (m-1)$。对每一个点 y_i，寻找最靠近它的 βN 个点 $y_i^j = (I_i^j, I_{i+1}^j \cdots I_{i+(m-1)}^j)$，$j = 1, 2 \cdots \beta N$。其中，$\beta = 1$。在搜索邻点集时，为了避免预报出现偏差，抛弃在时间上最靠近的点。则有 I_i 的 h 步预报值为

$$f_{i+h} = \frac{1}{\beta N} \sum_{j=1}^{\beta N} I_{i+h}^j \tag{3-86}$$

I_i 的 h 步后真实演化值为 I_{i+h}。标准化预报误差为

$$NPE = \left[\frac{(f_{i+h} - I_{n+h})^2}{(\overline{I} - I_{n+h})^2} \right]^{1/2} \tag{3-87}$$

　　其中，$\overline{I}$ 为所有峰峰间期值的平均值。标准预报误差 NPE 对数据中的动力学特性很敏感，当 NPE 小于 1 时，意味着这个序列是可以线性或非线性预报的，否则为不可预报的，是随机的。当对原始数据通过非线性预报分析为可预报的后，为了排除数据中由于线性相关造成的可线性预报性，采用原数据的替代数据进行分析。替代数据与原始数据在线性统计特性上是一致的，但替代数据是随机的。在这里用原始数据的两种替代数据进行分析。第一种是高斯尺度重排替代数据，这个替代数据的零假设是：原数据是由线性相关的高斯噪声经过静态非线性变换所产生的。产生这种替代数据的具体的方法为：第一步用伪随机数发生器形成高斯噪声序列，接着以观测到的数据的秩来重新排列噪声序列，得到的重排噪声序列遵循观测数据的排列顺序又具有高斯型幅值分布形式，然后对重排噪声序列进行 Fourier 变化和相位随机化处理得到新的序列，然后再按照此序列的秩来排列原始观测数据，从而产生原始数据的高斯尺度重排替代数据。第二种替代数据是对原数据的时间关联进行破坏，可首先由伪随机数发生器形成高斯白噪声，然后以噪声的秩或次序来重排实验数据来获得。这个替代数据的零假设是由观测数据相互独立而又分布相同的随机变量所产生。

　　以采用确定性的 Wang 模型产生的整数倍放电的峰峰间期序列为例，说明非线性预报方法和替代数据方法相结合识别由确定性混沌支配的峰峰间期序列。实际上，Wang 模型用来描述丘脑中间神经元中簇放电的神经元模型，它具有由确定性混沌所生成的具有整数倍特点的峰峰间期序列的动力学特性。首先用非线性预报的方法来分析这个峰峰间期序列，这个峰峰间期序列由 4000 个数据点组成。选择嵌入维数 $m = 4$，这个维数就等于系统状态变量的个数。非线性预报的误差随着

预报步长的变化，分别为原始数据的预报误差和原始数据的如前所述的两种替代数据进行非线性预报的误差的演化，如图 3-40 所示。通过比较图 3-40 中所示的原始数据和替代数据的情形，可以看到原始数据与替代数据的非线性预报误差开始短期内差别较大，前者 NPE 小于 1，而后者在 1 附近；随预报步数增加演化曲线趋于相都在 1 附近，说明原始数据短期可以预报，因而这种整数倍的峰峰间期序列具有混沌的特点。

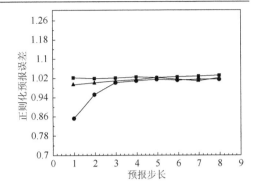

图 3-40　非线性预报误差随着预报步长的变化

原始数据由圆点表示，三角形是原始数据的高斯尺度重排替代数据的预报误差，原始数据的时间打乱的替代数据的预报误差用正方形来表示

（谢　勇）

参 考 文 献

陈予恕，唐云，陆启韶，等. 2000. 非线性动力学中的现代分析方法. 北京：科学出版社.

韩晟，段玉斌，菅忠，等. 2002. 用近似熵测量神经放电峰峰间期的复杂性. 生物物理学报，18：448-451.

吕金虎，陆君安，陈士华. 2001. 混沌时间序列分析及其应用. 武汉：武汉大学出版社.

谢勇，徐健学，杨红军，等. 2002. 皮层脑电时间序列的相空间重构及非线性特征量的提取. 物理学报，51：205-214.

Cao LY. 1997. Practical method for determining the minimum embedding dimension of a scalar time series. Physica D，110：43-50.

Chay TR. 1985. Chaos in a three-variable model of an excitable cell. Physica D，16：233-242.

Feigenbaum MJ. 1978. Quantitative universality for a class of nonlinear transformations. J Stat Phys，19：25-52.

FitzHugh R. 1961. Impulses and physiological states in theoretical models of nerve membrane. Biophysical J，1：445-466.

Gong PL，Xu JX. 2001. Global dynamics and stochastic resonance of the forced FitzHugh-Nagumo neuron model. Physical Review E，63：031906.

Gong YF，Xu JX，Ren W，et al. 1998. Determining the degree of chaos from analysis of ISI time series in the nervous system: a comparison between correlation dimension and nonlinear forecasting mechods. Biol Cybern，78（2）：159-165.

Guckenheimer J，Holmes P. 1983. Nonlinear Oscillations，Dynamical Systems and Bifurcations of Vector Fields. New York：Springer-Verlag.

Hao BL. 1984. Chaos. Singapore.：World scientific.

Hindmarsh JL，Rose RM. 1984. A model of neuronal bursting using three coupled first order differential equations. Proc R Soc London，221（1222）：87-102.

Hodgkin AL，Huxley AF. 1952. A quantitative description of membrane current and its application to conduction and excitation in nerve. J Physiol，177：500-544.

Izhikevich EM. 2006. Dynamical Systems in Neuroscience：The Geometry of Excitability and Bursting. Cambridge：MIT Press.

Kantz H. 1994. A robust method to estimate the maximal Lyapunov exponent of a time series. Physics Letters A，185：

77-87.

Kennel MB，Brown R，Abarbanel HD. 1992. Determining embedding dimension for phase-space reconstruction usting a geometrical construction. Physical Review A，45：3403-3411.

Lempel A，Ziv J. 1976. On the complexity of finite sequences. IEEE Transactions on Information Theory，22：75-81.

Li TY，Yorke JA. 1975. Period three implies chaos. The American Mathematical Monthly，82（10）：985-992.

Lichtenberg AJ，Liberman MA. 1982. Regular and Stochastic Motion：Applied Mathematical Sciences. New York：Springer-Verlag.

Mandelbrot BB. 1982. The Fractal Geometry of Nature. London：W. H. Freeman & Co Ltd.

Melnikov VK. 1963. On the stability of the center for time periodic perturbations. Trans Moscow Math Soc，12：1-57.

Morris C，Lecar H. 1981. Voltage oscillations in the barnacle giant muscle fiber. Biophysical J，35：193-213.

Nayfeh AH，Mook DT. 1995. Nonlinear Oscillations. New York：John Wiley & Sons.

Ott E. 1993. Chaos in Dynamical Systems. Cambridge：Cambridge University Press.

Packard NH，Crutchfield JP，Farmer JD，et al. 1980. Geometry from a time series. Physical Review Letters，45：712-716.

Pomeau Y，Manneville P. 1980. Intermittent transition to turbulence in disspative dynamical systems. Comm Math Phys，74：189-197.

Ren W，Hu SJ，Zhang BJ，et al. 1997. Period-adding bifurcation with chaos in the interspike intervals generated by an experimental neural pacemaker. International Journal of Bifurcation and Chaos，7（8）：1867-1872.

Rosenstein MT，Collins JJ，De Luca CJ. 1993. A practical method for calculating largest Lyapunov exponents from small data sets. Physica D，65：117-134.

Ruelle D，Takens F. 1971. On the nature of turbulence. Commun Math Phys，20：167-192.

Rulkov NF. 2002. Modelling of spiking-bursting neural behavior using two-dimensional map. Phys Rev E，65：041922.

Sarkovskii AN. 1964. Coexistence of cycles of a continuous map of a line into itself. Ukr Matm Z，16：61-71.

Shen E，Cai Z，Gu F. 2005. Mathematical foundation of a new complexity measure. Applied Mathematics and Mechanics，26：1188-1196.

So P，Ott E，Sauer T，et al. 1997. Extracting unstable periodic orbits from chaotic time series data. Physical Review E，55：5398-5417.

Sugihara G，May RM. 1990. Nonlinear forecasting as a way of distinguishing chaos from measurement error in time-series. Nature，344（6268）：734-741.

Takens F. 1981. Detecting strange attractors in turbulence. In：Rand DA，Young LS. Dynamical Systems and Turbulence（Lecture Notes in Mathemtics）. Berlin：Springer-Verlag.

Thompson JM，Stewart HB. 1986. Nonlinear Dynamics and Chaos. New York：John Wiley & Sons.

Wiggins S. 1990. Introduction to Applied Nonlinear Dynamical Systems and Chaos. Berlin：Springer-Verlag.

Wolf A，Swift JB，Swinney HL，et al. 1985. Determing Lyapunov exponents from a time series. Physica D，16（3）：285-317.

Xu JX，Gong YF，Ren W，et al. 1997. Propagation of periodic and chaotic action potential trains along nerve fibers. Physica D，100（1-2）：212-224.

第4章 神经元节律活动起步点的加周期分岔与混沌现象

20 世纪后期，非线性动力学迎来了一次举世瞩目的发展。庞加莱关于三体问题的研究在 20 世纪初就埋下了这一发展的种子，普利高津等对非平衡热力学的研究成果开阔了人们看待非线性行为的视野，洛伦兹发现确定性的天气系统的长期行为不可预测，起到了点燃这一爆炸性发展的引信作用。非线性动力学这一发展的规模和影响都是巨大的，这既受到力学研究的内生动力的驱动，也得益于人们对自然和社会几乎所有领域中都普遍存在的非线性现象的新发现。

人和高等动物神经系统的结构和功能极为复杂。神经系统的正常活动使人类产生思维和意识，其异常则使受累的人群蒙受巨大的身心痛苦，对神经系统的研究一直受到人们特别的关注。因此，在非线性动力学这一发展过程中，人们很快就规范地观察和刻画了神经系统呈现的各种典型的非线性行为，利用数学模型对其产生机制进行了深入研究，并逐渐形成了神经动力学这样一个学科交叉的研究领域，其研究对象也从最初的神经元动力系统扩展到了当前的复杂动力学神经元网络。可以说，人们对神经系统非线性动力学行为和机制的研究，对非线性科学几十年来的蓬勃发展起到了推波助澜的作用。从 20 世纪 80 年代开始，国内外一系列工作研究了神经元的分岔和混沌行为，这是神经动力学当时发展的一个重要阶段。本章简要回顾其中关于神经起步点加周期分岔和混沌的部分研究内容，有限地反映这一阶段工作的一些研究内容和发展历程。

4.1 神经轴突混沌放电的早期实验和神经元模型中分岔与混沌的研究

在神经放电分岔和混沌的发现过程中，前人提出的神经元动力系统的数学模型是后来所有发现的基础。两个早期的代表性模型，分别是 HH 模型（1952）和 RH 模型（1982）。HH 模型是详尽描写离子通道和离子电流的离子型模型，基于枪乌贼巨轴突的实验数据得出，仅包含钠电流和钾电流两个主动的电流成分，能够贴切仿真神经轴突动作电位发生过程中的膜电流、膜电压的动态变化历程。RH 模型不仅实现了钠、钾两个快速的离子流的唯象描述，而且引入了一个唯象的慢变量，与两个快变量的变化相偶合，使模型能够更好地反映除钠通道和钾通道以外的其他离子通道或者受体介导的慢电流参与动作电位连续发生的情形，这就使 RH 模型的适用范围扩大到了神经元的胞体。

最早在神经组织中发现混沌现象的初步实验结果，来自对软体动物石鳖的巨轴突的研究。Hayashi 等（1982，1983）发现利用正弦电流激励石鳖的巨轴突，可以使巨轴突从静息转迁到非周期的放电活动，利用频闪采样法获得的膜电位振荡的吸引子，可以从一个不动点转迁到非周期振荡的状态。他们识别出转迁过程中存在周期三行为，于是认为周期激励诱发的巨轴突的非周期放电可能是混沌的。在石鳖的起步点神经元，他们还观察到谐振响应和经过阵发到混沌的现象。针对这一工作，人们首先提出了神经轴突可以在外激励下产生混沌行为的观点。当时，人们正在各个领域的研究中识别验证混沌现象存在，这一研究结果吸引了人们对神经系统的注意。正是受到这一初步观察的激励，Aihara 等（1984）随后将实验观察和数值仿真结合起来，给出了巨轴突在外激励下可以历经分岔，产生混沌放电的更为确切的证据。Aihara 等使用正弦电流激励 HH 模型和浸浴于无钙的海水中的巨轴突，分别观察模型和轴突的膜电位振荡响应。将激励的振幅和频率作为分岔参数加以调节，用频闪采样法或者洛伦兹作图法呈现 HH 方程和巨轴突标本的动作电位振荡。结果表明，不同参数周期激励下方程和巨轴突一致地既可以产生谐波振荡也可以产生非周期振荡，其中非周期振荡包括准周期振荡和混沌振荡；通过研究进一步发现了两种通向混沌的道路，其一为历经级联的倍周期分岔到混沌，其二为历经间歇从次谐同步响应到混沌。这一关于膜电位振荡的混沌行为的发现虽然也是应用外激励作用于巨轴突获得的，但从理论仿真和实验现象两方面给出了混沌振荡产生的分岔途径，看到了所谓通向混沌的道路，因而使人们确信神经组织可以经级联分岔呈现混沌运动。

同时期出现的一些建模和仿真工作，也取得了重要的进展，为实验研究提供了启示。Chay（1985）根据胰岛可兴奋细胞的实验数据，提出了由三个一阶非线性常微分方程组成的离子型的可兴奋细胞数学模型，即 Chay 模型。仿真发现，在特定的参数范围，该模型产生混沌的动作电位序列，同时细胞内钙离子浓度的变化也是混沌的。对膜电位变量和内钙离子浓度变量绘制相图，或者对这两个变量分别进行延迟映射作图，都可以识别出振荡的混沌特征。这是首次从理论模型仿真中发现的一个简单的、生物物理现实的可兴奋细胞模型，可以自发地产生混沌振荡行为。随后，Chay 等（1990）陆续仿真了产生混沌簇放电的分岔历程，研究了细胞内钙离子浓度作为慢变量调节簇放电产生的机制。将 Chay 模型的慢电流电导、钙依赖钾离子流电导作为分岔参数，可以仿真再现系统从周期性的重复放电转迁到混沌簇放电的分岔过程。并且，设置快变量的激活常数为不同值时，还可以仿真不带有混沌的加周期分岔。同时期，利用 RH 模型的仿真研究，也取得了类似的结果（Fan and Chay，1994；Holden and Fan，1992a；Holden and Fan，1992b）。这些利用 RH 模型完成的仿真工作，发现了调节慢变量参数，可以驱动系统在周期放电、混沌放电之间系列地转迁。

（任　维）

4.2　在实验性神经节律活动起步点发现带有混沌的分岔序列结构

为研究神经病理性疼痛的产生机制，Bennett 和 Xie（1988）建立了一个慢性结扎损伤大鼠坐骨神经的动物模型。手术中用以羊肠线轻度结扎（3～4 个结），慢性压迫大鼠坐骨神经，可以造成受压区域的神经损伤，发生脱髓鞘、轴突溃变等病理变化，这称为慢性压迫损伤模型（chronic constriction injury，CCI）。与此前人们经常使用的切断神经束形成神经瘤的动物模型相比，CCI 模型在部分地保留了外周传入及其对损伤区的影响的同时，也产生源于损伤区的自发异位放电，因此能够更好地模拟人类神经病理性疼痛的自发痛、痛过敏等症状，被广泛接受。在 CCI 模型的损伤区中，溃变以后神经再生形成的终球部位和脱髓鞘而裸露的轴突都可能产生自发放电，表现出神经起步点的性质，这也为人们研究神经起步点自发电活动的性质和机制提供了便利。灌浴神经起步点所在的损伤区，改变灌流液的离子浓度或者施加离子通道阻断剂，可以调节神经起步点的自发放电活动；在损伤区近中枢侧分离单纤维长时程记录，可以获得单个起步点放电节律变化的信息；利用非线性时间序列分析方法，对放电序列的峰峰间期进行分析，可以了解放电节律动力学性质的改变。

缓慢连续改变 CCI 模型损伤区灌流液中的离子浓度或者阻断剂的浓度，可以驱使起步点自发放电呈现节律变化；在损伤区中枢侧记录单纤维放电，可以获得单个起步点产生的放电序列逐渐变化的历程，识别出起步点活动状态如何呈现级联的分岔，在不同的周期态、混沌态之间依序地转迁（Ren et al.，1997）。细胞外钙离子浓度逐步降低，或者钙依赖钾离子通道阻断剂四乙基胺的有效作用逐步增大的过程中，可见神经起步点的放电节律从周期一经倍周期分岔进入混沌，再进入周期三，再到混沌，然后进入周期四的分岔历程。总体上，这是一个加周期分岔序列，其中周期二和周期三之间，以及周期三与周期四之间，均具有显著的混沌带。利用离子型的 Chay 模型，改变模型中相同的参数，可以获得与实验数据极为相似的分岔图。对实验和仿真获得的混沌数据进行非线性预报分析，可以确认两者的相似性和它们的混沌特性。在不同的神经起步点，改变相同的参数，可见加周期分岔的不同片段，如图 4-1、图 4-2 所示。

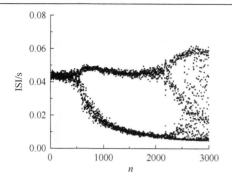

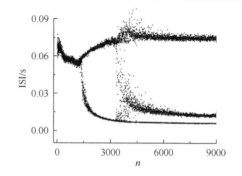

图 4-1　降低细胞外钙离子浓度的过程中，一例神经起步点呈现从周期一历经倍周期分岔进入混沌的过程

纵轴表示放电的峰峰间期（ISI），横轴为放电序列的 ISI 的顺序号，直接绘制自实验原始记录。图中清晰可见从周期一到周期二，到周期四，再进入混沌态的倍周期级联

图 4-2　降低细胞外钙离子浓度的过程中，一例神经起步点呈现从周期一历经倍周期分岔进入混沌，再进入周期三的过程

纵轴表示放电的峰峰间期（ISI），横轴为放电序列的 ISI 的顺序号，直接绘制自实验原始记录。图中清晰可见从混沌带过渡产生的稳定的周期三区间

　　为了细致分析上述分岔背景中混沌放电模式的性质，在灌流液中加入不同浓度的钾离子通道阻断剂四乙基胺，仔细控制四乙基胺的浓度，可以使神经起步点稳定处于混沌状态。长时程记录包含数千个 ISI 的混沌序列，可以应用多种非线性时间序列方法，确定自发的混沌节律的存在（Xu et al.，1997）。确认产生于起步点并沿轴突传播的动作电位序列，不但有周期态的，而且有混沌态的。起步点峰峰间期序列的一阶延迟映像具有 n 形结构，提示放电序列的非周期特征；利用非线性预报结合替代数据的方法，可以识别出放电序列的混沌性态；计算出放电序列的最大李亚普诺夫指数为正，不仅支持放电序列是混沌的这一结论，还可以定量刻画该序列混沌的程度。利用 Chay 模型进行仿真，可以获得实验所观察到的结果；对仿真获得的混沌放电序列的统计分析，可以获得与实验高度一致的结果。

　　这些结果首次在一个明确的分岔背景中观察到了自发的神经放电的混沌节律，实验展示了含有混沌带的分岔序列结构，并以理论仿真予以支持，因此具有很强的说服力。此前利用低等生物的轴突观察到的混沌放电节律，需要外加周期的电流激励才能保持，仿真实验结果时也要对描写轴突膜电位变化的 HH 方程施加周期激励。而上述神经起步点的分岔和混沌不需要施加外激励，调节实验参数就可以实现，利用含有快、慢两个子系统的 Chay 模型或者 RH 模型，可以提供逼真的结果。这些不同，突出了神经元模型动力学结构的重要意义，提示了快、慢两个子系统的协同是各种周期簇放电、混沌簇放电产生的动力学机制。人们随后利用神经起步点实验模型和 Chay 模型等数学模型，更加深入地研究了不同的分岔序列结构和其中的混沌节律（Zheng

et al.，2009；Li et al.，2004）。例如，
后来的实验观察到多种类型的、完整的
从极化的静息到去极化的静息的分岔历
程，并通过双参数调节发现了不同分岔序
列的关系，认识了双参数空间中分岔序列
的整体结构。图 4-3 展示了一例完整的、
变化丰富的放电节律分岔序列。

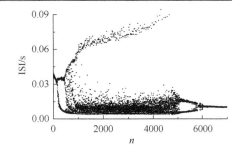

图 4-3　一类完整的放电节律分岔序列

包含倍周期到混沌、激变、逆倍周期等非常丰富的
转迁历程，完整呈现了这个神经起步点从极化的静
息进入放电，在不同性质的放电状态间依序转迁，
最后进入去极化静息的全貌

　　受有关随机非线性动力学研究进展
的启发，人们还考虑随机因素的作用，研
究了相干共振等机制形成的阵发周期节
律和整数倍节律，全面了解了神经起步点
自发放电节律的动力学机制。中枢神经元的动力学结构更加复杂，可能包含更多
时间尺度不同的子系统，其兴奋节律的形成和转迁的规律不能直接套用神经起步
点的结果。尽管如此，利用神经起步点和相应的数学模型进行的一系列研究，还
是深化了人们对单个振子神经放电动力学机制的认识，促进了神经动力学的研究
进展。

（任　维　胡三觉　龚云帆　徐健学）

参 考 文 献

Aihara K，Matsumoto G，Ikegaya Y. 1984. Periodic and non-periodic response of a periodically forced Hodgkin-Huxley oscillator. Journal of Theoretical Biology，109：249-269.

Bennett GJ，Xie YK. 1988. A peripheral mononeuroppathy in rat that produces disorders of pain sensation like those seen in man. Pain，33：87-107.

Chay TR. 1985. Chaos in a three-variable model of an excitable cell. Phys D，16：233-242.

Chay TR. 1990. Electrical bursting and intracellular Ca^{2+} oscillations in excitable cell models. Biol Cybern，63：15-23.

Fan YS，Chay TR. 1994. Generation of periodic and chaotic bursting in an excitable cell model. Biol Cybern，71：417-431.

Hayashi H，Ishzuka S，Hirakawa K. 1983. Transition to chaos via intermittency in the onchidium pacemaker neuron. Physics Letters A，98：474-476.

Hayashi H，Ishzuka S，Ohta M，et al. 1982. Chaotic behavior in the onchidium giant neuron. Physics Letters A，88：435-438.

Holden AV，Fan YS. 1992a. From simple to simple bursting oscillatory behaviour via chaos in the Rose-Hindmarsh model for neuronal activity. Chaos Solitons Fractals，2：221-236.

Holden AV，Fan YS. 1992b. From simple to complex oscillatory behaviour via intermittent chaos in the Rose-Hindmarsh model for neuronal activity. Chaos Solitons Fractals，2：349-369.

Holden AV，Fan YS. 1992c. Crisis-induced chaos in the Rose-Hindmarsh model for neuronal activity. Chaos Solitons Fractals，2：583-595.

Li L，Gu HG，Yang MH，et al. 2004. A series of bifurcation scenarios in the firing pattern transitions in an experimental neural pacemaker. Int J Bifurcation Chaos，14（5）：1813-1817.

Ren W，Hu SJ，Zhang BJ，et al. 1997. Period-adding bifurcation with chaos in the interspike intervals generated by an experimental neural pacemaker. Int J Bifurcation Chaos，7（8）：1867-1872.

Xu JX，Gong YF，Ren W，et al. 1997. Propagation of periodic and chaotic action potential trains along nerve fibers. Physica D，100：212-224.

Zheng QH，Liu ZQ，Yang MH，et al. 2009. Qualitatively different bifurcation scenarios observed in the firing of identical nerve fibers. Phys Lett A，37（5）：540-545.

第5章 神经元节律活动的敏感现象

5.1 神经元节律的"非周期敏感"现象

神经元对外界刺激产生反应是神经元的基本特性,但不同的神经元或同一神经元在不同的动力学状态下对刺激的反应可能不同。神经元反应的多样性对神经元的功能非常重要,已证明神经元对刺激的反应性受到神经元电生理特征和结构特征的影响。但神经元的反应性与神经元在放电模式上的动力学特征是否有关尚不清楚。我们设想神经元的反应性与神经元放电的非线性动力学特征有密切的关系,依据如下。

(1)由于神经元的反应性与神经元的膜电位、阈值、膜离子通道的电导等电生理特征有密切的关系(韩济生,1993),而且神经元的电生理特征与神经元放电模式或放电的动力学特征也密切相关(Szcs et al.,2001;Gamkrelidze et al.,2000)。因此推想,神经元的反应性与神经元放电模式或放电动力学特征可能相关。

(2)大量实验证明神经系统的电活动往往具有确定性混沌特性。混沌在神经系统中扮演着重要角色。神经在不同的功能状态(包括正常状态与病理状态)下的动力学特征是不同的,神经电活动的动力学状态可能与神经的功能状态(或神经元的反应性)有关。

(3)既然大多神经元的非周期放电具有确定性混沌特性,那么神经元的混沌活动也必然服从混沌运动一般规律。混沌运动对系统参数的变化非常敏感,混沌系统的某一参数的微小变化可以引起混沌运动的显著变化。此外,混沌具有对初始条件的敏感性。因此,敏感性是混沌活动的基本特性之一。我们推想混沌基本动力学特性可能赋予非周期放电神经元以敏感性。

(4)根据神经元放电的峰峰间期(ISI)的相互关系将神经元分为周期放电神经元(ISI 基本相等)和非周期放电神经元(ISI 不规则)两类。已经有实验证明,不同放电模式(周期放电和非周期放电)的神经元对神经递质反应的敏感性是不同的(Shepard et al.,1988)。我们认为这两种放电模式的神经元属不同的细胞亚群,所具有的细胞结构特征不同,但两个互不相干的实验都发现不规则(相当于非周期)放电的神经元比规则(相当于周期)放电者敏感。在多个文献的图例中,对刺激反应明显的神经元也大多是非周期放电神经元(Xie et al.,1995;Devor et al.,1994;Amir et al.,1997)。

　　为了研究神经元对刺激反应敏感性与神经元放电的非线性动力学的关系，我们在大鼠背根节（DRG）慢性压迫模型、海马脑片和 RH 神经元数学模型上，利用在体单纤维记录和脑片细胞外记录等方法，对神经元电活动的动力学特征与其对刺激反应敏感性的关系进行了系统观察，比较了周期放电神经元（PFN）和非周期放电神经元（NPFN）对刺激反应的敏感性。

　　在 CCD 模型可记录起源于 DRG 胞体并经背根上传的单纤维自发放电，放电类型中 PFN 和 NPFN 均可见。实验表明，PFN 和 NPFN 对 NE 的反应存在显著差异（Hu et al.，2000）：在 22 只 DRG 慢性压迫大鼠上记录 106 个有自发放电的神经元，其中 PFN 和 NPFN 分别为 48 个和 58 个。施加含有 100μmol/L NE 的人工脑脊液 3min 后，PFN 中仅 10.4%（5/48）对 NE 有反应，其中 2 个神经元为单纯兴奋反应，1 个为单纯抑制反应，2 个为先兴奋后抑制反应。而 NPFN 中则有 84.5%（49/58）对 NE 有反应（图 5-1），其中 26 个神经元为单纯兴奋反应，10 个为单纯抑制反应，13 个为先兴奋后抑制反应。而且，进一步研究了 PFN 和 NPFN 对不同浓度 NE 反应的量效关系：在 8 个 NPFN 上分别加 1μmol/L、10μmol/L、100μmol/L 和 500μmol/L 的 NE，在 8 个 PFN 上分别加 10μmol/L、100μmol/L、500μmol/L 和 1000μmol/L 的 NE，在两种神经元均可看到其反应随 NE 浓度的增加而逐渐增大。但是，同浓度 NE 作用下，NPFN 的反应均大于 PFN，从而 NPFN 的浓度-反应曲线相对于 PFN 显著左移（$P<0.01$）（图 5-2）。NPFN 反应的阈浓度（开始引起明显反应的浓度）为 10μmol/L，而 PFN 的阈浓度为 500μmol/L，NPFN 的反应的阈浓度明显低于 PFN。

　　进而，我们观察了同一受损 DRG 神经元在周期和非周期放电状态下对同一浓度 NE 的反应。选择 8 个对 NE（100μmol/L）无反应的周期放电神经元，用含有高钙（5～10mmol/L）的 ACSF 将其转化为非周期放电后，该 8 个神经元对同一浓度的 NE 出现明显的兴奋和/或抑制反应，用正常 ACSF 洗去高钙后，该神经元又恢复到原来周期放电，此时对同一浓度 NE 的反应性随之减弱或消失。图 5-3A_1 显示 PFN 对 NE（100μmol/L）无反应；A_2 显示当该神经元用含有高钙（10mmol/L）的人工脑脊液使其放电模式变为 NPFN，该神经元对同一浓度的 NE 出现明显的先兴奋和后抑制反应；A_3 显示用正常 ACSF 洗去高钙后，该神经元又恢复到原来周期放电，对同一浓度 NE 的反应性随之消失。图 5-3A_4～A_6 曲线显示同一神经元脉冲间期（ISI）的相应变化。图 5-3B_1 为另一 PFN 神经元对 NE（100μmol/L）无明显反应，B_2 为当用高钙的人工脑脊液使其放电模式变为 NPFN 后，NE 则引起放电频率的抑制效应，B_3 为当用正常 ACSF 洗去高钙后，该神经元又恢复到原来周期放电，对同一浓度 NE 的反应性随之消失。

　　进一步通过在体交感神经刺激（sympathetic stimulation，SS）的情况下验证了以上 PFN 和 NPFN 反应的特点。动物由腹侧暴露交感神经干 L2-L3 水平，并置电极给予刺激。在 25 例 DRG 慢性压迫模型上记录了 159 个有自发放电的神经元，其中有 84 个神经元对 SS 有反应。与 PFN 相比，NPFN（包括阵发性放电、整数倍放电和不规则放电模式）对交感神经刺激的反应出现率较高（图 5-4）。

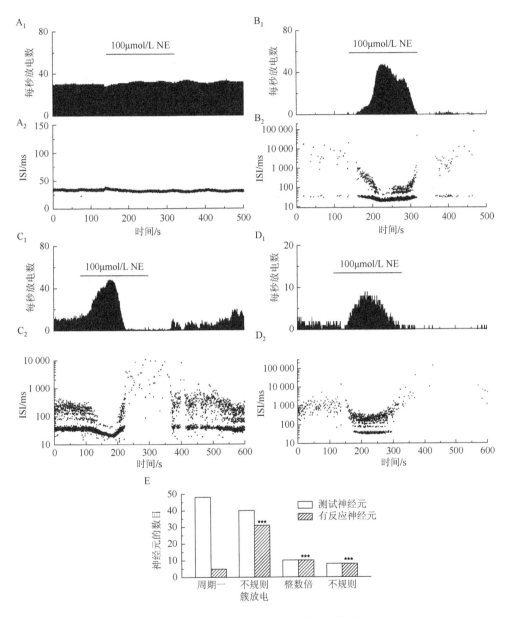

图 5-1 PFN 和 NPFN 对 NE 的反应比较

$A_1 \sim D_1$ 为放电频率直方图（每秒的放电次数），$A_2 \sim D_2$ 为 ISI 散点图（每一个点表示一次放电 ISI），本章下图同；A. PFN 对 NE 无反应；B~D. NPFN 对 NE 有明显的反应，E. NPFN 对 NE（100μmol/L）的反应发生率显著高于 PFN（***$P<0.001$，χ^2 test），图内横线表示局部施加 NE 的时间（3min）

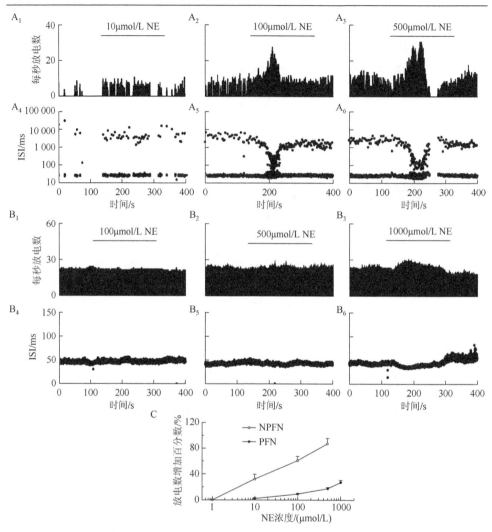

图 5-2　PFN 和 NPFN 对不同浓度 NE 反应的比较

A. NPFN 对 NE 有明显的反应，而且反应随着 NE 浓度的增高明显增大；B. PFN 只对 1000μmol/L 的高浓度 NE 有
反应；C. NPFN 反应的量效曲线相对于 PFN 明显左移（$n=8$，$P<0.001$，ANOVA test）

　　进一步比较了两种放电模式神经元对 SS 刺激的时间-反应关系，刺激参数为
20Hz，时间为 0.5～40s。在选定的 16 个 NPFN 和 12 个 PFN 中，神经元的反应均
随刺激时间的延长而逐渐增大，但是 NPFN 刺激时间-反应曲线相对于 PFN 显著
左移（$P<0.01$）（图 5-5）。

　　从研究结果可以看出，非周期放电受损 DRG 神经元对 NE 和交感神经刺激
（SS）等因素的反应出现率均比周期放电神经元高，而且反应程度也较大。非周
期放电受损 DRG 神经元对不同浓度 NE 和不同刺激时间 SS 的反应均比周期放电

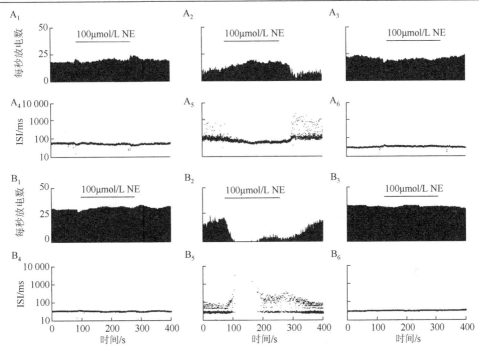

图 5-3　神经元在不同放电模式下对 NE 的反应

者大，而且引起非周期放电神经元反应的阈值比周期放电神经元的阈值低。可见，非周期放电神经元对刺激的反应比周期放电神经元敏感，这种现象称为"非周期敏感"现象（Hu et al.，2000；Yang et al.，2006a）。如何看待神经元活动的周期与非周期状态，是涉及能否深刻认识"非周期敏感"现象本质过程的关键问题。周期节律活动遵循的基本上是线性活动的规律，而非周期节律活动遵循的是非线性活动的规律，显示"非周期敏感"现象。

　　我们在同一神经元上比较了神经元在周期和非周期放电状态下对刺激的反应。神经元在周期放电状态下对 Ca^{2+}、TEA 和 NE 几乎无反应，当这些神经元的放电模式通过用高浓度 Ca^{2+} 或利多卡因等转变为非周期放电时，这些神经元对同样刺激均出现明显的反应。可见，神经元对刺激的反应性随着其放电模式或放电的动力学状态变化而改变，在非周期放电状态下比在周期状态下反应敏感。此外，我们还比较了不规则阵发放电的不同动力学成分对 TEA 的兴奋性反应，两串放电间期（IEI）很不规则，属于非周期成分，IEI 加药后明显减小；串放电内的峰峰间期（BISI）基本相等，属于周期成分，BISI 在加药前后基本保持不变。因此，同一反应过程的不同动力学成分对刺激反应的敏感性是不同的，非周期成分比周期成分反应敏感。上述在同一神经元上和同一反应过程中表现出的"非周期敏感"现象可以排除神经元之间的个体差异。

　　我们选择通过不同机制作用于 DRG 神经元的刺激因素进行研究，包括 TEA、

NE 等外源性药物、通过突触作用的交感神经刺激，神经元放电对不同刺激都表现出"非周期敏感"现象。另外，在中枢和外周不同神经元及神经元模型对不同刺激的反应中也观察到"非周期敏感"现象，提示"非周期敏感"可能是神经元活动的一个普遍特征。

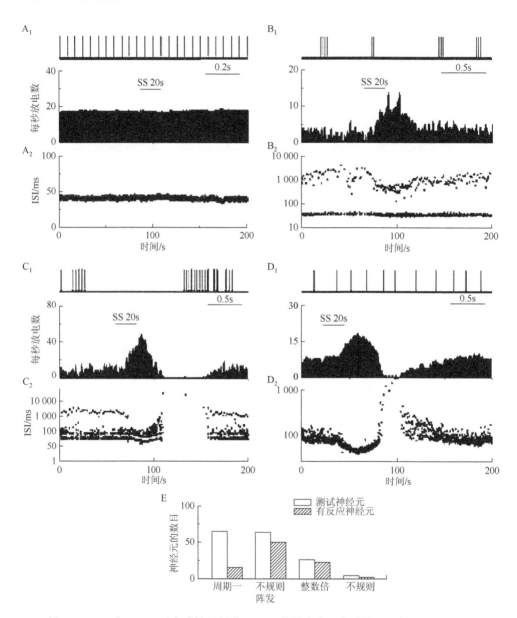

图 5-4　PFN 和 NPFN 对交感神经刺激（SS 下的横线表示交感神经刺激 20s）的反应

A. PFN 对交感神经刺激无明显反应；B～D. NPFN 对交感神经刺激有明显的反应；E. NPFN 对交感神经刺激的反应发生率显著高于 PFN（*$P<0.01$，χ^2 test）

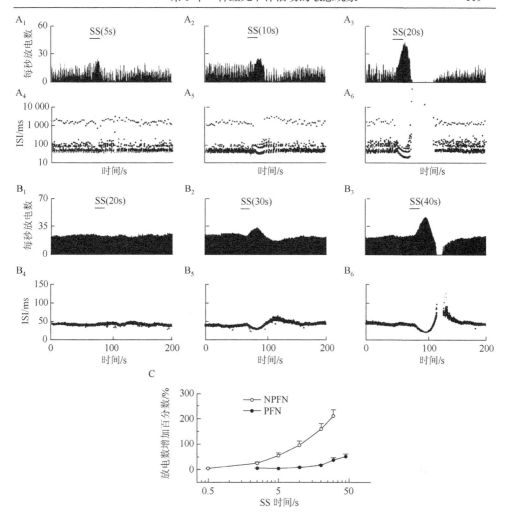

图 5-5　PFN 和 NPFN 对不同时间交感神经刺激反应的比较

A. NPFN 对交感神经刺激有明显的反应，而且反应随着交感神经刺激的时间的延长（5～40s）明显增大；B. PFN 只对较长时间交感神经刺激（30～40s）有反应；C. NPFN 刺激时间-反应曲线相对于 PFN 显著左移（$P<0.01$）

　　有关实验资料支持我们上述推想，早在 1984 年有人观察到视交叉上核的不规则放电神经元对 5-羟色胺和乙酰胆碱的反应比规则放电神经元更为敏感，在中脑黑质多巴胺能神经元中不规则放电神经元比规则放电神经元对多巴胺反应敏感，而且证明神经元反应敏感性与神经元放电频率无关（Shepard et al.，1988）。上述实验虽然未把神经元放电的动力学特征与神经元反应性联系起来，结果却显示出"非周期敏感"现象。

　　感受器细胞的混沌活动可提高感受器对刺激的敏感性（Kashimori et al.，1998）。内耳毛细胞的混沌活动可提高毛细胞对震动的敏感性（Fritze et al.，1999）。

Faure 等（1997）发现在硬骨鱼类中枢神经的 Mauthner 细胞上突触的"噪声"样抑制性突触后电位具有混沌特性，而且这种混沌行为可调节该神经元对外界刺激反应的敏感性。神经网络中的混沌活动在与学习、记忆和适应等功能相关的神经可塑性中扮演重要角色，混沌有利于神经网络对信息的接受和处理（Freeman，1994）。Braun 等（1997）认为鲶鱼电感受器上的混沌电活动可以提高感受器对微弱电场的敏感性，对信息具有放大作用。因此，混沌活动状态可提高神经元对外界信息的敏感性。具有混沌特性放电的神经元处于一种"等待"状态（waiting state），对外界信息高度敏感（Faure and Korn，1997）。神经元的混沌放电具有复杂的相空间结构，当外界信息作用于神经元时，混沌的相空间结构容易改变，很快对外界信息做出反应，神经元复杂的混沌活动提高神经元对信息的反应性（Freeman et al.，1994；Rabinovich et al.，1998）。神经系统可以通过改变其动力学状态来调节其对外界信息的反应性。例如，在某些情况下，神经系统需要降低其敏感性，从而减小对外界刺激的反应，这时神经系统的运动状态以稳定的周期运动为主。神经元敏感性的这种调节作用可能对神经系统功能具有重要意义。

由于混沌运动的敏感性，微小的扰动可以使具有混沌特性的心脏跳动或神经元放电向预定的方向转化（Garfinkel et al.，1992；Segundo et al.，1998；Schiff et al.，1994），从而在大脑和心脏的活动过程通过控制混沌来减少或防止癫痫和心律失常的发作（Garfinkel et al.，1992；Glanz，1994，1997）。从上可见，"非周期敏感"现象可能是神经元活动的一个普遍特征。

前面讨论提到，具有混沌特性的非周期放电神经元对刺激反应的敏感性可能是由混沌吸引子结构不稳定性和混沌运动对初始条件的敏感性所致。现已证明混沌广泛地存在于神经系统中（Ishizuka et al.，1996；Mascio et al.，1999；Clay et al.，1999；Rapp et al.，1989）。据此，我们推测神经元的"非周期敏感"现象可能是混沌动力学特性的反映。混沌现象还广泛地存在于循环、呼吸等各个系统中（Ary et al.，1990；Wagner et al.，1998）。生物的混沌活动必然服从混沌动力学的基本规律，因此"非周期敏感"现象可能反映了生物界反应活动的一种普遍性规律。这一规律将有助于人们加深了解神经元反应性的本质，揭示神经系统活动的动力学规律，还可能对于某些疾病的认识、诊断与治疗具有重要的潜在意义。

（杨红军　胡三觉）

5.2　神经元节律的"临界敏感"现象

对刺激产生反应，爆发动作电位（即兴奋性）是神经元的基本性质之一，所以有时兴奋性也称为反应性。长期以来，人们对处于静息背景状态下的神经元的刺激反应规律有了相当充分的了解。然而，对处于活动（放电）状态下的神经元的刺激反应规律却了解得很少。我们实验室前期的工作发现，神经元的放电节律处于非周期活动状态时，对刺激的反应较周期状态敏感，称为"非周期敏感"现象，提示神经元的反应依赖于放电节律的动力学状态（Hu et al.，2000）。随后还发现，这种"非周期敏感"现象的机制可能是分岔、激变及对调控参数混沌运动的敏感依赖性（Tan et al.，2003；Xie et al.，2004）。因此，在神经元的反应中动力学状态的不同可能起到了重要的作用。

神经元的动力学状态可表现为一定的放电节律模式（Chay，1985，1990；Fan and Chay，1994）。在神经放电起步点模型（坐骨神经慢性压迫模型）上观察到放电峰峰间期（ISI）的加周期分岔过程（Fan and Chay，1994；Ren et al.，2001），实际上反映了该起步点动力学状态发展与转化的过程，为在实际神经元活动过程中区分不同动力学状态提供了客观的指标。特别值得指出的是，其中明确显示的多种分岔过程，有可能成为观察与研究分岔点及其邻近阶段动力学特征的有利工具。

分岔是非线性运动的一种普遍现象（Kass-Peterson，1987），其基本特征是系统结构的不稳定性，即在分岔点附近，参数的微小扰动足以引起解的本质变化，表现为运动轨线或运动形式的定性改变。现有的理论研究表明，加周期分岔过程是可兴奋细胞中的一个非线性现象（Chay，1985；Fan and Chay，1994）。分岔点则是指某一特殊的值，在该点上通过调节膜电流能够引起系统参数的改变，从而产生分岔现象。当神经元的放电模式在分岔点附近时，刺激可以引起定性的或质变的反应。先前的有关实际和理论神经起步点的报道显示在分岔和慢钙电流的变化之间存在十分密切的关系（Chay，1990；Schafer et al.，1991；Rinzel et al.，1992；Fan and Chay，1994，1997）。理论模型还显示，当分岔点附近某一参数扰动时（该参数的扰动会通过降低 Ca^{2+} 依赖性 K^+ 电流引起一定程度的去极化），系统就有可能越过分岔点，引起包括放电频率和模式在内的定性变化。然而，当相同的参数扰动发生在远离分岔点区域时，系统就不会显示出这样的变化。这些结果提示由一定程度去极化引起的跨越分岔点可能是放电模式发生质变的动力学机制。虽然在理论上有可能出现在临近分岔点区域时相的反应较远离分岔点区域时相的反应明显不同，但是在实际神经元上至今还没有直接的证据。

为了取得直接的证据，我们在成年大鼠身上，采用单纤维记录研究方法，首先利用能够产生加周期分岔的神经放电起步点为实验对象，这就使得来自起步点的不同动力学状态能够被清楚地观察到（Ren et al.，1997，2001）。然后，进一步建立了两个重要的实验条件：第一是通过灌流含有不同 EGTA（一种钙离子螯合剂）浓度的无钙液，人工调定加周期分岔过程中不同的动力学状态，从而使得在不同单位的加周期分岔过程中不同的动力学状态可以对应不同浓度的 EGTA。由于在体标本细胞外钙离子浓度除了与外加溶液的钙离子浓度和钙离子螯合剂 EGTA 浓度有关外，还受到体内组织液中钙离子浓度的影响，因此表现为一定放电模式的动力学状态处于变动的过程。而当用含恒定浓度 EGTA 的无钙液持续灌流时，局部胞外钙离子浓度就可能保持相对稳定，减小了自身动力学状态变动对实验结果带来的影响。第二，对起步点采用电场刺激。当电流通过神经组织时，可使通过细胞膜的电流发生相应的改变，形成去极化或超级化刺激（Ren et al.，1997）。加之电场刺激的强度、时程与方向便于调控与重复测试，故不失为一种较为适用的刺激方式。这就为人们对比不同动力学状态下神经元对兴奋性和抑制性电场刺激的反应性打下了良好的基础。

　　实验结果显示，当用含有 EGTA（<20mmol/L）的无钙液替换正常克氏液浸浴放电起步点时，ISI 序列从周期一转化成周期二，经过混沌（Ren et al.，1997，2001；Xu et al.，1997），转化至周期三，再经过混沌最终转化周期四（图 5-6）。该过程与以往实验结果报道一致（Ren et al.，1997）。

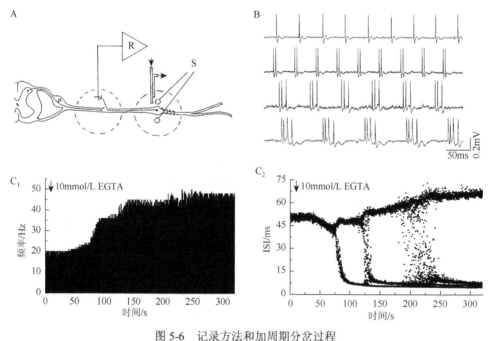

图 5-6　记录方法和加周期分岔过程

A. 刺激方法和电生理记录示意图。R. 记录坐骨神经放电起步点的放电；S. 神经放电起步点周围电场刺激的电极；箭头标示为灌注输液管液体流动方向；左侧虚线圆圈代表油浴槽，右侧虚线圆圈代表灌流槽。B. 同一放电起步点无钙液灌流条件下加周期分岔过程的不同周期放电串原始波形。C. 在由无钙液（箭头所指）诱导出的加周期分岔过程中的放电频率（C_1）和 ISI 序列（C_2：放电散布图，每点代表一个放电）

　　接着，测试不同阶段与 EGTA 浓度的关系。通过调变灌流液中 EGTA 的浓度，将分岔过程分别稳定于不同的动力学阶段。如图 5-7 所示，我们用 2.5mmol/L EGTA

将其稳定于"a"，用 3.0mmol/L EGTA 将其稳定于"b"，用 3.4mmol/L EGTA 将其稳定于"c"，以及用 3.5mmol/L EGTA 将其稳定于"d"。这种通过灌流含有不同 EGTA 浓度的无钙液调控其动力学状态的方法类似于"浓度钳"。然后，将其动力学状态稳定于远离分岔点时相处（如图 5-7 中的"a"；稳定时程约 500s），依次给予不同强度（1mA，2mA，3mA，4mA，5mA）的兴奋性电场刺激，结果显示放电频率随刺激强度的增大而线性增加，放电模式无改变。

　　调变灌流液中 EGTA 的浓度，使同一单位稳定在临近分岔点时相处（如图 5-7 中的"b"），依次给予上述不同强度的兴奋性电场刺激，结果显示放电频率随刺激强度的增大而增加，当刺激达到一定强度时，放电频率明显增加，放电模式发生转化（如图 5-8B 中由周期一完全转变为周期二）。

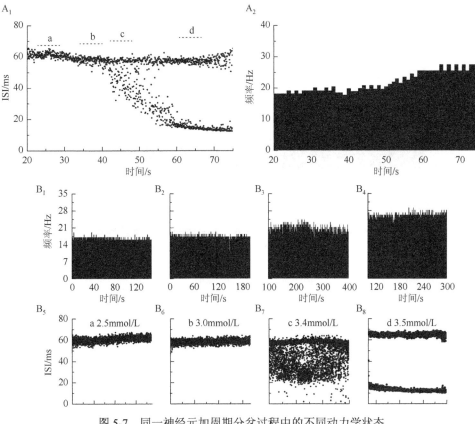

图 5-7　同一神经元加周期分岔过程中的不同动力学状态

A. 不同动力学状态的 ISI 序列（A_1）和放电频率（A_2），分别以 a、b、c、d 表示。"a"表示周期一中远离分岔点的时相；"b"表示周期一中邻近分岔点的时相；"c"表示周期一和周期二之间的混沌区；"d"表示周期二中远离分岔点的时相。B. 不同浓度 EGTA 灌流下的各个稳定动力学状态。$B_5 \sim B_8$ 为 ISI 序列，$B_1 \sim B_4$ 为所对应的频率直方图

　　值得指出的是，临近分岔点时相的刺激-反应曲线较远离分岔点时相的显

著上移（图 5-8C）。这种临近分岔点时相对兴奋性电场刺激（产生去极化）的反应较远离分岔点时相的反应明显的现象称为"临界敏感"。很明显，"临界敏感"是由兴奋性刺激造成除极化后引起了分岔所造成的。

相反，在图 5-9B 中虽然动力学状态也稳定于临近分岔点时相，但是抑制性刺激则仅引起一个弱的、线性的抑制性反应，并无放电模式的改变。这是因为当电场刺激电流通过神经组织时，可使细胞膜电位发生相应改变，形成去极化或超极化刺激（Schafer et al.，1982）。去极化刺激通过慢电流降低膜电位，引起兴奋性反应，促使动力学状态沿分岔方向进行；超极化刺激通过慢电流提高膜电位，引起抑制性反应，促使动力学状态沿分岔的反方向进行（Yang et al.，2006b）。据此，"临界敏感"还具有方向性特征。不难理解，"临界敏感"的这种方向性特征，关键在于分岔的形成与发生依赖于膜电位变化的方向，当刺激电流引起的膜电位变化与分岔形成的膜电位变化方向一致时，就可能分别促使分岔发生，从而显示反

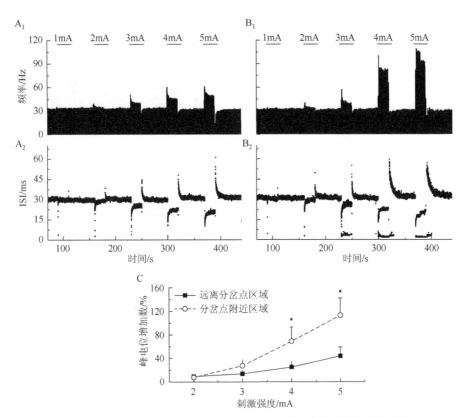

图 5-8　同一神经元不同动力学状态对不同强度兴奋性电场刺激的反应

A. 远离分岔点时相处的反应显示放电频率随刺激强度的增大而增加（A_1），以 ISI 序列表示的放电模式无改变（A_2）。B. 临近分岔点时相处的反应。当刺激强度超过 4mA 时，放电频率增加（B_1），放电模式由周期一完全转变为周期二（B_2）。C. 不同动力学状态下兴奋性电场刺激的刺激-反应曲线，需注意临近分岔点时相的刺激-反应曲线较远离分岔点时相的显著上移（*$P<0.05$，$n=6$，paired t-test）

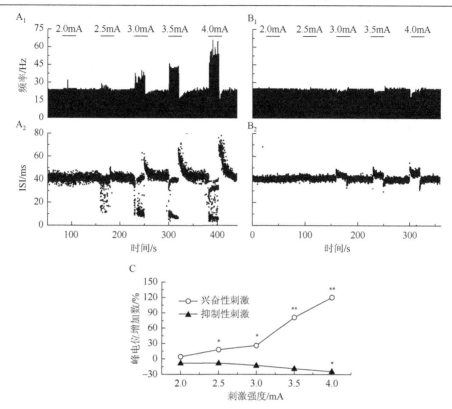

图 5-9　同一神经元临近分岔点时相处对兴奋性及抑制性电场刺激的反应

A. 兴奋性刺激时放电频率（A_1）和 ISI 序列（A_2）表现出明显反应。当刺激强度超过 3.5mA 时放电频率明显增加（A_1），放电模式由周期一完全转变为周期二（A_2）。B. 抑制性刺激时放电频率（B_1）和 ISI 序列（B_2）没有明显反应。C. 在临近分岔点时相处兴奋性及抑制性电场刺激的刺激-反应曲线，刺激强度超过 2.5mA 时，兴奋性刺激引起的反应较刺激强度为 2.0mA 时明显增大（$*P<0.05$ 或 $**P<0.01$，paired t-test，$n=4$）；然而在给予抑制性刺激时，强度只有超过 4.0mA 时抑制作用才较 2.0mA 明显（$*P<0.05$，paired t-test，$n=4$）

应的敏感性。因此，"临界敏感"从本质上反映了分岔的动力学特性。最近，有人发现在分岔点附近出现的阈下膜电位振荡（SMPO）对弱的刺激和扰动有很强的敏感性（Xing et al.，2003；Wang et al.，2010），并且分岔可能是神经元对外界刺激敏感性反应的多种动力学机制之一（Xie et al.，2004；Lu et al.，2008）。这些发现支持了"神经元的反应性（或兴奋性）不仅依赖于它的电生理特性，还依赖于它不同的动力学状态"的说法。在实际应用中，神经系统的分岔点可以作为对刺激反应敏感性的预报器。

（杨　晶　胡三觉）

5.3　"非周期敏感"与分岔机制

从神经生理实验结果可知：非周期放电的神经元对外界刺激反应较为敏感，

而周期放电的神经元相对不敏感。"非周期敏感"现象的发现具有非常重要的临床治疗意义，然而该现象自发现以来，一直没有从理论上解释其发生的原因。这里将利用非线性动力学理论，对"非周期敏感"现象进行分析，阐述该现象发生的动力学机制（Xie et al.，2004；谭宁等，2003）。

5.3.1　对混沌放电的刻划

长期以来，对可兴奋性细胞的放电活动一直使用平均发放率（mean firing rate，MFR）进行刻划，即统计一段时间内细胞放电次数，它被认为是细胞活动的重要指标。如果平均发放率增加，就认为细胞处于兴奋状态，反之，则认为处于抑制状态，这就是所谓的平均频率编码（陈力超，1999）。这种编码假设目前遇到了许多无法解释的现象，如神经信息传输效率很低和难以迅速解码等问题。事实上，平均发放率仅仅为可兴奋性细胞放电活动的一阶统计量，没有考虑丰富的放电形式的变化，必然会丢失许多包含在放电串中的信息。正如前面提到的不规则或者非周期放电行为许多是混沌的，对于混沌运动，简单的统计量并不能刻划它丰富复杂的动力学行为和特性。因此，有必要提出新的刻划细胞放电活动的方法。

可兴奋性细胞的周期放电串对应着周期的 ISI 序列。然而，对混沌放电的细胞来说，混沌的放电串对应着混沌的 ISI 序列，必须应用混沌动力学理论进行认识。一般来说，神经元和神经元集群都是高度非线性的，其放电活动通常表现为混沌放电。实际上，在混沌系统的混沌吸引子上嵌入了无穷多的不稳定周期轨道（unstable period orbits，UPOs），这些不稳定周期轨道在混沌吸引子上稠密，因此它们构成了混沌吸引子的基本骨架。利用这些不稳定周期轨道，可以计算许多动力学不变量，如拓扑熵、Lyapunov 指数等。由此可见，不稳定周期轨道能够对混沌系统进行本质的刻划。因此，So 等（1996，1997，1998）提出了周期轨道是研究神经动力学特性的一种新语言的重要观点，并给出了一种从混沌的实验数据中识别不稳定周期轨道的方法。他们一般跟踪周期一的不稳定周期轨道的空间位置的演化来动态地判断神经元放电混沌的变化情况（周期一的不稳定周期轨道计算量最小）。但他们忽略了另一种情况，即存在不稳定周期轨道的空间位置没有明显变化，而混沌轨道访问各个周期轨道的概率却发生很大变化的情况。因此，对混沌放电的可兴奋性细胞，不仅利用不稳定周期轨道的空间位置，还利用一个足够的确定长度的混沌轨道访问各个周期的不稳定周期轨道的次数来对细胞的混沌放电行为进行更为准确的刻划（它反映了混沌轨道访问各个不稳定周期轨道的频度），称为 UPOs 分布。周期轨道的周期和空间位置及 UPOs 分布通称为周期轨道的信息。

下面通过对修正的胰腺 β 细胞 Chay 模型进行分岔分析，揭示混沌放电的细胞对外界刺激的反应敏感程度比周期放电的细胞高的这一生理现象的动力学机制，同时说明平均发放率刻划可兴奋性细胞放电活动的缺陷，并提出利用周期轨道的信息对细胞的混沌放电活动进行刻划的观点。

5.3.2　Chay 模型的分岔结构

采用修正过的 Chay 模型（Chay et al.，1995），它是基于钙离子激活钾离子通道的假设。其具体的方程形式如下：

$$\begin{cases} -C_m \dfrac{\mathrm{d}V}{\mathrm{d}t} = g_I m_\infty^3 h_\infty (V - V_I) + g_K n^4 (V - V_K) + g_p p(V - V_K) + g_L (V - V_L), \\[2mm] \dfrac{\mathrm{d}n}{\mathrm{d}t} = \dfrac{n_\infty - n}{\tau_n}, \\[2mm] \dfrac{\mathrm{d}p}{\mathrm{d}t} = \dfrac{m_\infty^3 h_\infty (V_I - V) - k_C p/(1 - p)}{\tau_p}(1 - p)^2. \end{cases} \tag{5-1}$$

式中，V 是膜电位，g_I、g_K、g_p 和 g_L 分别是快的内向电流、快的外向电流、慢的外向电流和漏电流的最大电导，V_I、V_K 和 V_L 是相应的反转电压；n 是门变量，n_∞ 和 τ_n 分别是 n 的稳态值和松弛时间；p 是慢变量，表示在 t 时刻钙离子敏感钾离子通道可利用的部分，τ_p 是松弛时间常数。

其中，m_∞、h_∞、n_∞ 和 τ_n 的表达式和基本参数值如下：$m_\infty(V) = \alpha_m(V)/[\alpha_m(V) + \beta_m(V)]$；$h_\infty(V) = \alpha_h(V)/[\alpha_h(V) + \beta_h(V)]$；$n_\infty(V) = \alpha_n(V)/[\alpha_n(V) + \beta_n(V)]$；$\tau_n(V) = \tau_n^*/[\alpha_n(V) + \beta_n(V)]$；$\alpha_m(V) = 0.1(25 + V)/[1 - \exp(-0.1V - 2.5)]$；$\beta_m(V) = 4\exp[-(V + 50)/18]$；$\alpha_h = 0.07\exp(-0.05V - 2.5)$；$\beta_h = 1/[1 + \exp(-0.1V - 2)]$；$\alpha_n = 0.01(20 - V)/[1 - \exp(-0.1V - 2)]$；$\beta_n = 0.125\exp[-(V + 30)/80]$。参数 $C_m = 1$，$g_I = 1800S$，$g_K = 1700S$，$g_L = 7S$，$V_I = 100\mathrm{mV}$，$V_K = -75\mathrm{mV}$，$V_L = -40\mathrm{mV}$，$\tau_n^* = 0.00435$，$\tau_p = 5.0$，$k_C = 0.18$，g_p 是被选作此模型的控制参数。

一般认为，大多数药物对神经细胞的作用基本上是通过改变神经细胞膜上大量的离子通道的功效（Chay，1984）。许多事实表明，可兴奋性细胞的放电形式主要由离子通道活动决定，因此可以通过改变药物的浓度来控制细胞膜上离子通道的活动，从而影响细胞放电形式。为了在可兴奋性细胞模型中反映药物作用，可以通过改变细胞膜上某一离子通道的电导等参数来模拟药物的作用。我们改变慢的外向电流的电导 g_p，即以慢的外向 K^+ 电流的最大电导 g_p 作为控制参数。

利用双精度 Gear 方法数值积分上述方程组，放电阈值设为 $V_{th} = -42\mathrm{mV}$，即当膜电压达到此值就可以认为产生了一次放电活动。其峰峰间期随 g_p 变化的分岔图如图 5-10 所示。

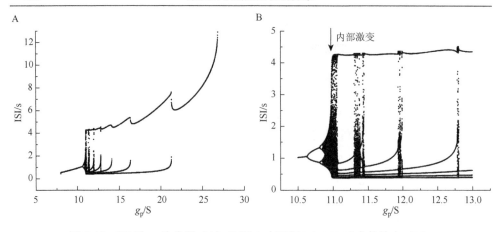

图 5-10　ISI 对 g_p 分岔图（A）及图 A 在区间[10.5,13.0] 内的放大（B）

从图 5-10 中可以看到，在 g_p 较小时，系统呈现周期峰（period spiking）放电；随着 g_p 变化到 10.64S 时，发生倍周期分岔，并由此道路通向混沌峰放电。随着 g_p 继续增加，系统经历一个内部激变，此时 g_p 只增加一个很小的量，ISI 混沌吸引子的尺寸就会突然地变大，如图 5-10B 中箭头标识处。此后系统呈现混沌簇放电。在 g_p 为 11.065S 左右时，出现一个逆向的倍周期分岔过程。越过这逆向倍周期分岔后，在 g_p 为 11.4S 左右时，开始了周期七簇放电，即在一个基础慢波上有 7 次放电。在此以后，可以看到一个大尺度的逆向周期加分岔过程，它将使周期簇放电的周期数逐步减少 1，直到神经元呈现周期一簇放电为止。与前面周期峰放电不同的是，这里周期一簇放电有明显的基础慢波。当 $g_p = 26.853S$ 时发生次临界 Hopf 分岔，最后神经元停止放电。

在图 5-10B 中，如果按 g_p 从大到小的变化进行考察，细胞的放电形式转移过程为：周期簇放电通过倍周期分岔过程通向混沌放电区间，然后以鞍结分岔迅速结束混沌放电区间，重新组织一个新的周期簇放电。这种以倍周期分岔过程通向混沌，鞍结分岔结束混沌重新组织一个新的周期簇放电的转移方式，重复出现，从而形成整个加周期分岔过程。因此有理由说，倍周期分岔过程与鞍结分岔支配着这个加周期分岔过程，而鞍结分岔反映了系统自组织机制。从图 5-10B 中还可以清楚地发现，在周期较高的相邻两个周期簇放电之间，存在一个宽度较大的混沌放电区间，并嵌入了周期窗口。随着周期簇放电的周期不断地降低，相邻的混沌放电区间的宽度越来越小，在周期四与周期三簇放电之间，这个混沌区间已经不能再从图形上看到。

5.3.3　混沌放电的细胞对刺激反应敏感的动力学机制

1. 分岔机制　　从图 5-10B 上可以看到在相邻两个周期簇放电之间的混沌放

电区间，随着周期数逐步减 1，混沌区间的宽度越来越窄，最后便消失了。而且，混沌区间的宽度与相邻的周期区间的宽度相比，混沌区间要窄得多。同时，还能观察到周期区间的动力学结构变化比较平缓，即周期轨道的空间位置变化缓慢。因此，如果细胞处于周期放电（包括周期簇放电）状态，即 g_p 在周期放电区间取值，以一个参数扰动来反映外界刺激对细胞的作用，只要这个参数扰动不超过周期区间两端的分岔点，细胞的放电状态就不会有明显变化。当然，如果细胞在靠近周期区间端点处呈现周期放电，在一个小的参数扰动下，其可能不再位于同一个周期放电区间内，这样，细胞的放电形式就会发生定性的变化，即出现周期放电细胞对弱刺激反应敏感的现象，这和实验观察到的周期放电的神经元偶尔也会对弱刺激反应敏感的现象是一致的，但这是一个小概率事件。然而，与混沌放电的细胞相比，由于混沌放电区间很狭窄，对 g_p 进行一个与周期放电的细胞相同的小扰动，混沌放电的细胞就很容易跨越混沌区间两端的分岔点，引起放电活动发生定性的变化。

而且，对于一个混沌的放电区间，在其内部有着相当复杂的动力学行为。以周期四与周期五簇放电之间的混沌区间为例，将其放大，结果如图 5-11 所示。可以看到，在混沌区间内嵌入了许多周期窗口，而在周期窗口两端引入了分岔现象，因此在混沌区间上密布着分岔点。一个微小的参数扰动就会使得细胞跨越分岔点表现出定性性质不同的放电状态。

因此，从细胞放电状态跨越分岔点难易程度上说，在相同的刺激作用下，混沌放电的细胞比周期放电的细胞更容易跨越分岔点，呈现出定性性质不同的放电行为，从而可能导致混沌放电的细胞对刺激更加敏感的现象。

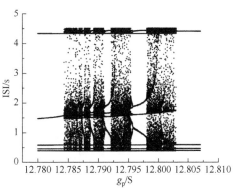

图 5-11　在周期四与周期五簇放电之间的混沌放电区间

此时，平均发放率不能有效地刻划分岔现象。根据分岔图 5-10B，在周期六簇放电区间取 $g_p =11.881S$，此时的膜电压时间历程呈现周期六簇放电，而且在一个簇内，ISI 逐渐变大，即相邻两个放电事件之间的时间间隔越来越大，这就是方波簇放电。ISI 回归映射（return mapping）在 6 个离散的点上周期地跳动，如图 5-12 所示。然而，在跨越周期六簇放电的端点处的鞍结分岔点，在相邻的混沌区间上取 $g_p =11.945S$，细胞表现为混沌簇放电状态，即在一个簇内放电次数不再相同，ISI 似乎不再有规律。然而 ISI 回归映射呈现一个漂亮的光滑的单峰曲线，这说明貌似无规律的 ISI 序列是混沌的，存在着确定性的函数关系，如图 5-13 所示。

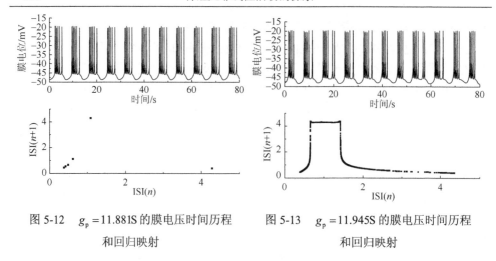

图 5-12　$g_p = 11.881\text{S}$ 的膜电压时间历程　　图 5-13　$g_p = 11.945\text{S}$ 的膜电压时间历程
　　　　和回归映射　　　　　　　　　　　　　　和回归映射

　　因此，对于 $g_p = 11.881\text{S}$ 和 $g_p = 11.945\text{S}$ 两种情形，细胞的放电活动存在显著性差异，这是由分岔前后的动力学性质完全不同造成的。统计分岔前后的平均发放率（MFR）的结果，如图 5-14 所示。从图 5-14 中可以看到，平均发放率分岔前后没有明显差异，从而说明了平均发放率不能反映细胞放电活动中出现的分岔现象。因此，平均发放率在刻划细胞放电活动时，存在一些问题。在下面，将要提出利用周期轨道的信息来刻划细胞的放电活动。

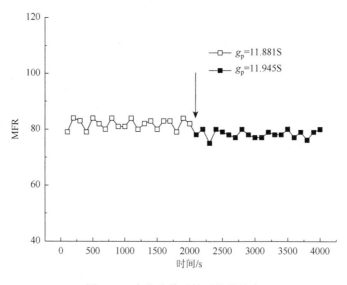

图 5-14　在分岔前后的平均发放率

　　2. 激变机制　　已经发现三种不同类型的激变，即吸引子合并激变（attractor merging crisis）、内部激变（interior crisis）和边界激变（boundary crisis），其中边界激变也叫做外部激变（Grebogi et al.，1986，1987；Ananthkrishnan and Sahai，2001）。它们都与混沌吸引子有关，而且随着系统控制参数的变化，混沌吸引子经历一个突然变化，其定性动力学行为在激变前后明显不同。合并激变就是一个多片混沌吸引子逐渐合并在一起形成一个片数减半的混沌吸引子；内部激变就是混沌吸引子的尺度突然增大；混沌吸引子突然消失称为边界激变。实际上，在几乎所有的混沌系统中激变现象都有发生。

　　1）合并激变　　放大 g_p 在区间 [10.8, 10.9]内系统的分岔结构，如图 5-15 所示。可以清楚地看到系统通过一个倍周期分岔过程通向混沌。新形成的混沌吸引子是不相连通的多片组成。随着 g_p 逐渐增加，混沌吸引子通过一系列的合并激变，尺度逐渐变大。在每一次合并激变发生后，吸引子的片数就会减半，最后形成一个只有一片的混沌吸引子。在图 5-15 中，左边两个箭头标识了一个 4 片的混沌吸引子合并为一个两片的混沌吸引子，而右

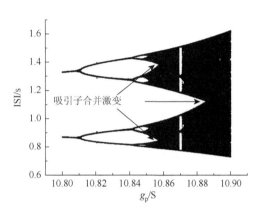

图 5-15　吸引子合并激变

边一个箭头标识了一个两片的混沌吸引子合并为一个单片的混沌吸引子。

　　图 5-15 中最右边的合并激变是一个两片的混沌吸引子形成一个单连通的吸引子。如果取 g_p=10.88S 来揭示这个两片的混沌吸引子的动力学行为，可以发现混沌吸引子的轨道交替地访问吸引子的两片。也就是说，如果一个 ISI 属于这个吸引子的上片，那么下一次迭代将会落在吸引子的下片，再下一次迭代又将落在吸引子的上片。因此，从整体上看，在混沌吸引子的两片之间有一个周期性。这正是这个两片的混沌吸引子有时候称为周期二混沌的原因。对于一个多片的混沌吸引子，类似的周期性现象也会发生。然而，在最右边的合并激变后，两片合并成一个单片的吸引子，以前的周期性现象就不再存在。因此，在该合并激变前后混沌吸引子的动力学行为有着本质的变化，即系统的混沌放电行为发生了显著变化。如果细胞的状态位于这合并激变附近，那么它会对外界刺激很敏感。

　　由此看来，合并激变应该是混沌放电的细胞对外界刺激反应敏感的动力学机制之一。

　　2）内部激变　　在图 5-10B 中，混沌吸引子随着 g_p 跨越箭头所标识的内部激变，其尺度突然变大。该吸引子增大的部分来自于在激变前已经存在的混沌鞍。这个混沌鞍是一个不变且非吸引集，有着马蹄结构的动力学，并且在相空间中类似于混沌吸引子在激变后增大的部分。当激变发生时，混沌鞍与混沌吸引子相碰撞并变成混沌吸引子的一部分，这正是激变后混沌吸引子变大的原因。在该内部激变

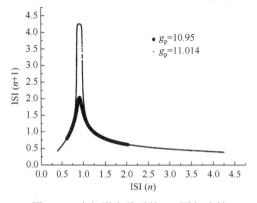

图 5-16　内部激变前后的 ISI 回归映射

前后分别取 $g_p=10.95S$ 和 $g_p=11.014S$，它们非常靠近但又分别相应于细胞混沌峰放电和混沌簇放电。这两种混沌放电形式的区别在于：前者没有明显的基础慢波，而后者有。图 5-16 是这两种放电形式的 ISI 回归映射，可以看出两者的尺度和结构完全不同。其中大黑点表示激变前的 ISI 的回归映射，小黑点表示激变后的 ISI 的回归映射。由此可见，在激变前后，虽然 g_p 只有很小的变化，但是混沌吸引子发生了定性的变化，从而说明内部激变也应该是混沌放电的细胞对外界刺激反应敏感的动力学机制之一。

此时，如果简单地计算激变前后的平均发放率，它们没有明显变化，除了激变后的波动较大外，如图 5-17 所示。这种大的波动是 ISI 混沌吸引子尺度在激变后突然变大的必然结果。很容易理解，大尺度的 ISI 混沌吸引子必然会引起细胞的某些静息期变长，从而导致波动性变大。事实上，激变前后细胞的混沌放电状态发生了定性的变化，然而从平均发放率却看不到这种变化，这说明平均发放率不能刻划激变现象。

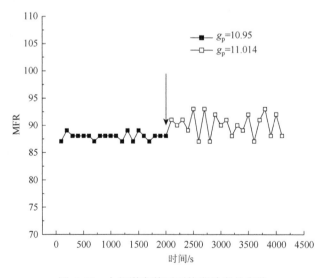

图 5-17　内部激变前后平均发放率的变化

现在计算周期轨道的信息：首先计算激变前后 ISI 的不稳定周期轨道的空间位置（仅计算前 4 阶周期轨道）。采取延时重构技术进行相空间重构，由于 ISI 序列是离散的，时间延时取 $\tau=1$，相空间嵌入维数可以按第三章提出的方法进行确定，此处取嵌入维数 $m=3$ 就足够了，计算结果见表 5-1。在 $g_p=10.95S$ 激变前和 $g_p=11.014S$ 激变后两种情况下，周期一至周期三的不稳定周期轨道的各自的个数完全相同，空间位置基本上一致；然而对周期四不稳定周期轨道，不稳定周期轨道的个数就不相同，激变前只有 1 个，而激变后有 3 个；增加的不稳定周期轨道的空间位置与激变前的不稳定周期轨道的位置完全不同。

表 5-1　内部激变前后前 4 阶 UPOs 的空间位置

周期数	$g_p=10.95$			$g_p=11.014$		
1	1.14			1.16		
2	0.82			0.80		
	1.46			1.52		
3	1.88	0.97		1.99		1.03
	0.66	1.75		0.64		1.74
	0.87	0.69		0.83		0.70
4	1.55	0.53	0.56	1.61		
	0.77	0.64	0.69	0.75		
	1.24	0.84	0.99	1.23		
	1.00	2.55	2.35	1.04		

然后分别考察激变前后一个长度为 2000 的混沌的 ISI 序列，利用再现方法（Lathrop et al., 1989）统计不稳定周期轨道在各周期的分布，结果如图 5-18 所示。很明显，两者差别很大，尤其是激变后的 ISI 混沌轨道在周期七处呈现最高峰，这是由于细胞此时表现为混沌簇放电行为，而 ISI 混沌轨道在 7 条线上频繁出现的缘故。

至此，通过计算平均发放率和计算周期轨道信息的比较，说明了周期轨道信息更能准确地刻画细胞放电活动的变化。

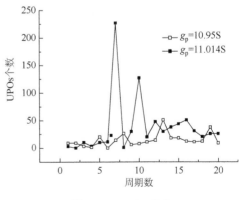

图 5-18　UPOs 分布

3）边界激变　　由于它与混沌吸引子的突然消失相关，因此随着控制参数的变化系统的动力学行为将有定性的变化。如果边界激变在可兴奋细胞中发生，它必然导致混沌放电的细胞对外界刺激反应敏感。

综上所述，关于混沌放电的细胞对外界刺激比周期放电的细胞更加敏感的现象，三种类型的激变应该是可能的动力学机制。

3. 混沌运动对参数敏感依赖性　　事实上，混沌运动对参数变化极端敏感。在混沌区间内，一个非常小的参数间隔对应着无穷多个混沌运动状态。因此，一个小的参数扰动就使得混沌系统经历无穷多的混沌状态，从而导致扰动前后混沌状态差别很大。用不稳定周期轨道的信息就能清楚地展现出这种差异。在周期四和周期五簇放电之间的混沌区间内选取两个非常靠近的状态，g_p =12.7923S 和 g_p =12.7946S，计算不稳定周期轨道的分布，如图 5-19 所示。

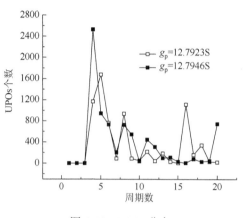

图 5-19　UPOs 分布

从图 5-19 中可以看到，两者差别非常明显，尤其是周期四和周期五处的分布差异。因此，混沌运动对参数的敏感依赖性也会导致混沌放电的细胞对外界刺激的反应比周期放电的细胞更加敏感。

因此可以得出结论，周期放电与混沌放电之间的分岔、混沌放电区间内的分岔（周期窗口）、激变及混沌运动对参数的敏感依赖性等都是导致混沌放电的细胞对外界刺激的反应比周期的细胞更加敏感和频繁的动力学机制。

5.3.4　对其他模型的研究结果

对许多其他可兴奋性细胞模型进行同样的研究，得出混沌放电的细胞对外界刺激敏感的动力学机制与前面一节有相同的结果。这里仅以 HR 模型为例，简要地给出计算结果。HR 模型采用如下形式：

$$\begin{cases} \dfrac{dx}{dt} = y - ax^3 + bx^2 - z + I, \\[2mm] \dfrac{dy}{dt} = c - dx^2 - y, \\[2mm] \dfrac{dz}{dt} = r[s(x - x_0) - z]. \end{cases} \tag{5-2}$$

参数取值为 $a=1.0$，$b=3.0$，$c=1.0$，$d=5.0$，$s=4$，$x_0=-1.6$。施加电流 I 和快慢子系统之间的时间尺度因子 r 一般取为控制变量。I 在神经生理学上有

意义的范围是 $[0.0,\ 5.0]$，此处取 $I = 3.0$，考察 HR 模型随 r 变化的分岔过程。

从图 5-20 可以看到与前一节 Chay 模型几乎一样的分岔图：混沌区间比相邻的周期区间小，以及倍周期分岔与鞍结分岔相互交替出现。在图 5-21 中，一些系列吸引子合并激变明显出现。在周期五与周期六簇放电之间的混沌放电区间内，选取非常靠近的两个混沌放电状态，即 $r = 0.0046$ 和 $r = 0.0047$，计算它们 UPOs 的分布，如图 5-22 所示，两者有明显的差异。这些说明分岔、激变、混沌运动参数敏感依赖性都可能导致混沌放电的细胞对外界刺激比周期放电的细胞更为敏感。

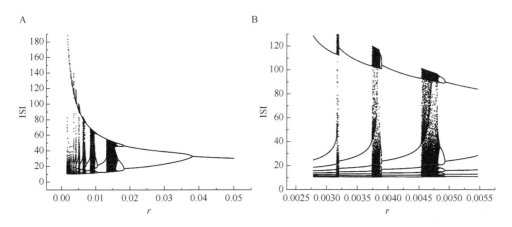

图 5-20　HR 模型分岔图（A）及图 A 在区间 $[0.0027,\ 0.0055]$ 内的放大（B）

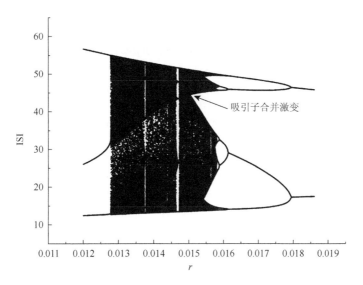

图 5-21　HR 模型的混沌吸引子合并激变

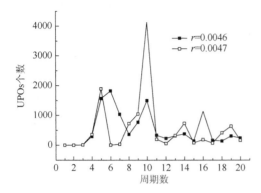

图 5-22　HR 模型的两个非常靠近的
混沌的 ISI 轨道的 UPOs 分布

在本章中，从非线性动力学角度进行了理论和数值分析，揭示了"非周期敏感"现象产生的动力学机制，即分岔、混沌吸引子的三种激变和混沌运动对参数敏感依赖性都会导致混沌放电的可兴奋性细胞对外界刺激敏感。同时，指出了平均发放率刻划细胞混沌放电活动的缺陷，提出了利用周期轨道的相空间位置、UPOs 分布等信息进行刻划。

（谢　勇　谭　宁　徐健学）

参 考 文 献

陈力超，顾蕴辉. 1999. 神经元放电串所含信息的编码理论和分析方法. 生理科学进展，30（2）：101-106.

韩济生. 1993. 神经科学纲要. 北京：北京医科大学中国协和医科大学联合出版社.

谭宁，徐健学，杨红军，等. 2003. 引起神经元"非周期敏感现象"的分岔机制. 生物物理学报，19（4）：395-400.

Amir R，Devor M. 1997. Spike-evoked suppression and burst patterning in dorsal root ganglion neurons of the rat. J Physiol，501（Pt 1）：183-196.

Ananthkrishnan N，Sahai T. 2001. Crises-Critical junctures in the life of a chaotic attractor. Resonance，6：19-33.

Ary LG，David RR，Bruce JW. 1990. Chaos and fractals in human physiology. Sci Am，2：43-49.

Braun HA，Schafer K，Peters R，et al. 1997. Low-dimensional dynamics in sensory biology. 1：Thermally sensitivity electroreceptors of the catfish. J Comput. Neurosci，4：335-347.

Braun HA，Wissing H，Schafer K，et al. 1994. Oscillation and noise determine signal transduction in shark multimodal sensory cells. Nature，367：270-273.

Chay TR. 1984. Abnormal discharges and chaos in a neuronal model system. Biol Cybern，50：301-311.

Chay TR. 1985. Chaos in a three-variable model of an excitable cell. Physica D，16：233-242.

Chay TR. 1990. Electrical bursting and intracellular Ca^{2+} oscillations in excitable cell models. Biol Cybern，63：15-23.

Chay TR，Fan YS，Lee YS. 1995. Bursting, spiking, chaos, fractals, and universality in biological rhythms. Int J Bifurcat Chaos，5（3）：595-635.

Clay JR，Shrier A. 1999. On the role of subthreshold dynamics in neuronal signaling. J Theor Biol，197（2）：207-216 .

Devor M，Janig W，Michaelis M. 1994. Modulation of activity in dorsal root ganglion neurons by sympathetic activation in nerve-injured rats. J Neurophsiol，71：38-47.

Fan YS，Chay TR. 1994. Generation of periodic and chaotic bursting in an excitable cell model. Biol Cybern，71：417-431.

Faure P，Korn H. 1997. A nonrandom dynamic component in the synaptic noise of a central neuron. Proc Natl Acad Sci USA，94：6506-6511.

Freeman WJ. 1994. Role of chaotic dynamics in neural plasticity. Prog Brain Res，102：319-333.

Freeman WJ，Barrie JM，Buzsaki G. 1994. Temporal Coding in the Brain. Berlin：Springer.

Fritze W，Steurer M，Fritze P. 1999. On inner ear function and the origin of oto-acoustic emissions. Acta Otolaryngol，119（3）：333-335.

Gamkrelidze G，Giaume C，Peusner KD. 2000. Firing properties and dendrotoxin-sensitive sustained potassium current in vestibular nuclei neurons of the hatchling chick. Exp Brain Res, 134 (3): 398-401.

Garfinkel A, Spano LS, Ditto WL, et al. 1992. Controlling cardiac chaos. Science, 257: 1230-1235.

Glanz J. 1994. Do chaos-control techniques offer hope for epilepsy? Science, 265 (5176): 1174.

Glanz J. 1997. Mastering the nonlinear brain. Science, 277: 1758-1760.

Grebogi C, Ott E, Romeiras F, et al. 1987. Critical exponents for crisis-induced intermittency. Phys Rev A, 36 (11): 5365-5380.

Grebogi C, Ott E, Yorke JA. 1986. Critical exponent of chaotic transients in nonlinear dynamical systems. Phys Rev Lett, 57 (11): 1284-1887.

Hu SJ, Yang HJ, Jian Z, et al. 2000. Adrenergic sensitivity of neurons with non-periodic firing activity in rat injured dorsal root ganglion. Neuroscience, 101: 689-698.

Ishizuka SI, Hayashi H. 1996. Chaotic and phase-locked responses of the somatosensory cortex to a periodic medial lemniscus stimulation in the anesthetized rat. Brain Res, 723 (1-2): 46-60.

Kashimori Y, Funakubo H, Kambara T. 1998. Effect of syncytium structure of receptor systems on stochastic resonance induced by chaotic potential fluctuation. Biophys J, 75 (4): 1700-1711 .

Kass-Peterson C. 1987. Bifurcation in the Rose-Hindmarsh Model and the Chay Model. New York: Plenum Press.

Kow LM, Pfaff DW. 1984. Suprachiasmatic neurons in tissue slices from ovariectomized rats: electrophysiological and neuropharmacological characterization and the effects of estrogen treatment. Brain Res, 297 (2): 275-286.

Lathrop DP, Kostelich EJ. 1989. Characterization of an experimental strange attractor by periodic orbits. Phys Rev A, 40 (7): 4028-4031.

Lu QS, Gu HG, Yang ZQ. 2008. Dynamics of firing patterns, synchronization and resonances in neuronal electrical activities: experiments and analysis. Acta Mechanica Sinica, 24: 593-628.

Mascio MD, Giovanni GD, Matteo VD, et al. 1999. Reduced chaos of interspike interval of midbrain dopaminergic neurons in rats. Neuroscience, 89: 1003-1008.

Rabinovich MI, Abarbanel DI. 1998. The role of chaos in neural systems. Neurosci, 87: 5-14.

Rapp PE, Bashore TR, Martinerie JM, et al. 1989. Dynamics of brain electrical activity. Brain Topogr. Fall-Winter, 2 (1-2): 99-118.

Ren W, Gu HG, Jian Z, et al. 2001. Different classificatios of UPOs in the parametrically different chaotic ISI series of a neural pacemaker. Neuroreport, 12: 2121-2124.

Ren W, Hu SJ, Zhang BJ, et al. 1997. Period-adding bifurcation with chaos in the interspike intervals generated by an experimental neural pacemaker. Int J Bifurca Chaos, 7: 1867-1872.

Rinzel J, Sherman A, Stokes CL. 1992. Channels, Coupling, and Synchronized Rhythmic Bursting Activity. Boston: Kluwer Academic Publishers.

Schafer K, Braun HA, Hensel H. 1982. Static and dynamic activity of cold receptors at various calcium levels. J Neurophysiol, 47: 1017-1028.

Schafer K, Braun HA, Rempe L. 1991. Discharge pattern analysis suggests existence of a low-threshold calcium channel in cold receptors. Experientia, 47: 47-50.

Schiff SJ, Jerger K, Duong DH, et al. 1994. Controlling chaos in the brain. Nature, 370 (6491): 615-620.

Segundo JP, Sugihara G, Dixon P, et al. 1998. The spike trains of inhibited pacemaker neurons seen through the magnifying glass of nonlinear analyses. Neurosci, 87: 741-766.

Shepard PD, German DC. 1988. Electrophysiological and pharmacological evidence for the existence of distinct subpopulations of nigrostriatal dopaminergic neuron in the rat. Neuroscience, 27 (2): 537-546.

So P, Francis LT, Netoff TI, et al. 1998. Periodic orbits: A new language for neuronal dynamics. Biophys J, 74 (6):

2776-2785.

So P，Ott E，Sauer T，et al. 1997. Extracting unstable periodic orbits from chaotic time series data. Phys Rev E，55（5）：5398-5417.

So P，Ott E，Schiff SJ，et al. 1996. Detecting unstable periodic orbits in chaotic experimental data. Phys Rev Lett，76（25）：4705-2708.

Szcs A，Elson RC，Rabinovich MI，et al. 2001. Nonlinear behavior of sinusoidally forced pyloric pacemaker neurons. J Neurophysiol，85（4）：1623-1638.

Tan N，Xu JX，Yang HJ，et al. 2003. The bifurcation mechanism arousing the phenomenon of "sensitivity of non-periodic activity" in neurons. Acta Biophys Sina，19：395-400.

Wagner CD，Persson PB. 1998. Chaos in the cardiovascular system：an update. Cardiovas Res，40：257-264.

Xie Y，Xu JX，Hu SJ，et al. 2004. Dynamical mechanisms for sensitive response of aperiodic firing cells to external stimulation. Chaos，Solitons & Fractals，22：151-160.

Xie YK，Zhang JM，Marlen P，et al. 1995. Functional changes in dorsal root ganglion cell after chronic nerve constriction in the rat. J Neurophsiol，73（5）：1811-1820.

Xing JL，Hu SJ，Jian Z，et al. 2003. Subthreshold membrane potential oscillation mediates the excitatory effect of norepinephrine in chronically compressed dorsal root ganglion neurons in the rat. Pain，105：177-183.

Xing JL，Hu SJ，Long KP. 2001. Subthreshold membrane potential oscillations of type A neurons in injured DRG. Brain Res，901：128-136.

Xu JX，Gong YF，Ren W，et al. 1997. Propagation of periodic and chaotic action potential trains along nerve fibers. Physica D，100：212-224.

Yang HJ，Hu SJ，Gong PL，et al. 2006. The sensitivity of neurons with non-periodic activity to sympathetic stimulation in rat injured dorsal root ganglion. Neuroscience Bulletin，22（1）：14-20.

Yang J，Duan YB，Xing JL，et al. 2006. Responsiveness of a neural pacemaker near the bifurcation point. Neurosci Lett，392：105-109.

第 6 章　神经元节律活动的随机共振机制

6.1　神经元活动的随机共振

神经元通常在一定的噪声环境下工作，而噪声的来源是多方面的，如临近细胞活动而引起的电磁影响和输入信号的波动等外在干扰；神经细胞自身产生的热噪声、神经递质分子数目的变化、离子通道的随机开和关、后突触摄动效率的波动及胞体膜参数、放电阈值的随机起伏变化等因素。噪声的存在是否一定会妨碍感觉神经元对外界信号的检测和大脑对信息的处理，这一问题直到随机共振现象发现以后，才得到了进一步的认识。

1981 年,意大利物理学家 Benzi 等在解释每大约 10 万年一次的冰河期致使北半球大部被冰川覆盖的一种可能机制时，最早阐述了随机共振现象。研究者发现，日地距离大略按相同的时间跨度变化着，部分是由于地球轨道偏心率自然摆动的缘故。显然，不同时期到达地球的太阳辐射量的不同使地球周期性地进入冰河期并重新回暖。然而，在椭圆轨道两端到达地球的太阳辐射差异太小，难以造成气候的变化。因此，Benzi 等考虑是否自然界的噪声能够协助信号通过。于是他们大胆地设想地球的微小摆动被其他更短期的变化加强了，如每年地球余热的涨落或者气候的总变化。他们声称，这些外部的噪声足以使轨道摆动所产生的微弱信号加强，引发冰河期，并称之为"随机共振"（stochastic resonance，SR）。这里的随机是指噪声基本上是随机性的，共振是指噪声与信号共鸣或共同作用使其放大，导致地球进入冰冻状态。这个想法看起来简洁，但从未被证实过，随机共振的概念也或多或少地被人们淡忘了。直到 1988 年，佐治亚理工学院的物理学家 McNamara、Wiesenfeld 和 Roy 用环路激光实验证实了噪声的确可以加强原本微弱信号的效果。受到该实验所验证现象的鼓舞，从此，研究者纷纷在各种各样的系统中搜寻随机共振现象，就像混沌一样，在自然科学各个领域几乎都有随机共振现象存在的报道，这使得人们对噪声的认识发生了根本性的转变。过去一直以为噪声将会破坏系统的有序行为，降低系统的性能，这种源于线性系统的观点对非线性系统则不再成立。随机噪声可能会帮助系统来建立有序性，提高系统输出的信噪比，因此以前应当尽可能避免和消除的噪声却可以被利用来达到改善系统性能的目的。

既然噪声在实际神经元中广泛存在着，它对神经元的信息编码和传输具有什么作用，是妨碍还是有更深层次的、正面的、积极的作用，神经元如何利用和处理来自周围环境及自身产生的随机噪声以进行可靠有效的编码和传输神经信息？Siegel（1990）在猫的大脑皮层初级视觉神经元实验中发现，在外界周期刺激下，不规则的峰峰间期序列的统计直方图表现为有趣的多峰分布，而且这些峰正好位于刺激周期的整数倍处，峰的高度随倍数增加呈现指数递减的形式。事实上，这种放电形式在别的神经元上也有报道，如在猴子的听觉神经纤维中。Longtin 等（1991）在这些实验现象的启发下，发现神经元的这种放电形式与双稳系统在弱的周期信号和噪声的作用下所诱发的随机跃迁的滞留时间分布具有相似的结构，从而创造性地提出噪声可以诱发信息的传递，神经元有关信息的活动与随机共振有关。此后，有关神经系统中随机共振的实验开始出现。

1993 年，密苏里大学的物理学家 Moss 和生物学家 Wilkins 发现龙虾有随机共振现象存在，尽管他们的实验结果表明了噪声怎样有利于很有规律的信号，但现实世界中的生存斗争却远非这么简单。大部分感觉刺激是断续而稀少的，并非单频蜂音。认识到这一点，研究者转向对无规则信号的实验。在密苏里州圣路易斯举办的美国物理学会春季会议上，加利福尼亚大学伯克利分校的 Levin（1996）讲述了一个蟋蟀实验。和龙虾一样，噪声加强了蟋蟀采集微弱信号的能力。蟋蟀得益于随机共振现象，利用它无法避免的宽带背景噪声将微弱的重要信号捎带进去。但是这仅在某个噪声级别内有效，如果背景噪声过高，它将会淹没信号。这就产生一个问题：随机共振能否有助于加强一定度量范围的信号，不仅是那些刚刚低于感觉触发点的峰值，还包括需要更多噪声协助其超越阈值的许多更弱的信号。为此，背景噪声的级值不得不为适应信号的级值而变化，然而这在现实世界中不太可能。但波士顿大学的 Collins（1996）认为，神经元仍可以最大限度地利用背景噪声。他认为，生物体中的神经元并非各自独立工作，而是像网络单元一样运转，并向如神经中枢这样的神经交汇点发送信息。神经元个体有其固有的噪声级别，取决于细胞内部结构和与其他神经元的连接。Collins 利用网络计算机模型对此进行了模拟，证实了只需要最低噪声级而不是变化的最佳噪声域便可加强系统对一定范围信号的探测能力。对于任何给定级别的噪声，在网络中至少总有一些神经元能达到其最佳噪声级别，可以加强信号使其超越临界值又不致盖过它。因此，系统能够处理一定度量范围的信号。

在神经元模型中也有关于随机共振理论研究的报道，如 HR 模型、FHN 模型和 HH 模型等。Gong 等（1998 年）讨论了随机共振在什么情况下不发生；Gong 和 Xu（2001 年）首次报道了动态双稳情形下的随机共振现象。在神经元集群模型中也观察到随机共振现象。Liljenström（1995）利用计算机模拟了海马神经网络模型，发现在联想记忆任务中信息处理速率在一个最佳噪声水平下达到最大值，出现类似随机共振的现象。噪声还能诱导不同动力学状态转移，这对学习和记忆有着重要意义。Mori 和 Kai（2003）首次在人脑视觉处理区域观察到了随机共振现象。他们设计一个新颖的实验方案，如图 6-1 所示。首先将左右眼用不透光的挡板隔开，然后右眼用阈下周期的光信号而左眼用噪声的光信号进行刺激，这两个光刺激通过感觉器官在视觉皮层混合，随着噪声强度的变化，脑的高级功能如感知（perception）和认识（cognition）可能出现随机共振。随机共振在神经系统已取得的和潜在的应用说明随机共振可能是神经信息感知、传递和处理过程的普遍现象和重要机制。

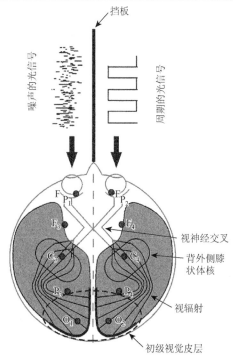

图 6-1　视觉处理过程中揭示随机共振现象实验示意图

随机共振现象对因运动失调而引起的机体感觉丧失的患者来说可能是一个令人鼓舞的发现。正常人具有即使自己看不见也明白自己的手臂正在做什么的"感觉"，但对运动失调的患者来说，处理这类活动的神经元不像普通人那样敏锐：它们的触发阈值太高了。比方说，假如一个患有这种疾患的人想要转身，他可能直到脚踝扭断才发现他把脚拧得太过头。一个解决办法也许就是对探测神经元施加噪声，使其带动信号超越神经元的触发阈值。然而，困难在于怎样找到一个方便的方法使噪声传入人体系统。

除了随机共振机制之外，噪声在神经系统的其他一些方面也体现出积极的、正面的作用，如 Mainen 等（1995）在 *Science* 杂志上报道了噪声可促进神经元脉冲的精确定时，Freeman 等在 KIII模型中利用非线性随机动力学方法讨论了噪声的影响，提出噪声在模式识别等生物智能中的重要作用（彭建华等，2003）。噪声能解决所谓的混沌吸引子拥挤问题。研究表明，即使为数不多的几个神经元模型偶合起来便构成了高维的非线性动力学系统，存在吸引子过分拥挤和多余吸引子的现象，众多模型参数和变量的微小变化都可能改变系统的状态，使其从一个吸引子跳到另一个吸引子，这种不稳定的跳动将会产生感知等生理过程的混乱。噪声的存在模糊了过分拥挤的吸引子的界限，或使得一群吸引子结合成较大的吸引子，扩大它的吸引域，从而变得更加稳健。

所有自然过程都伴随着噪声或混沌的涨落，生物系统通过长期的演化，可能不仅已经适应对付这些涨落，而且还能利用它们。由此可见，在神经系统中，发现有背景噪声未必是一种妨碍，它可能扮演积极的角色，增强神经元采集微弱信号的能力，对联想记忆、神经信息处理等都有重要的作用。这对现在的信号工程师还在力争滤掉足够的杂音以采集他们所寻找的微弱信号的做法提出了质疑，也许他们应当留下一些噪声。

（龚璞林　龚云帆　谢　勇　康艳梅　徐健学）

6.2　阈下振荡可能阻止通过随机共振机制检测微弱信号

通常许多神经元系统在出现动作电位之前呈现阈下振荡，Gong 等（1998）发现它们的存在可能会阻止神经元系统通过随机共振机制检测微弱信号。

6.2.1　可兴奋细胞的阈下振荡

一个典型的有阈下振荡的可兴奋细胞模型：

$$\begin{cases} C_m \dfrac{dV}{dt} = -I_{Ca}(V) - I_K(V,n) - I_{K-Ca}(V,Ca), \\[2mm] \dfrac{dn}{dt} = \lambda \dfrac{n_\infty(V) - n}{\tau_n(V)}, \\[2mm] \dfrac{dCa}{dt} = f[-\alpha I_{Ca}(V) - k_{Ca}Ca]. \end{cases} \tag{6-1}$$

式中，V 是膜电位；Ca 是细胞内钙离子浓度，是一个慢变量；n 是一个快变量，它代表延迟整流离子通道的激活概率。

此处描述胰岛 β 细胞簇放电的一般模型，取钙激活钾通道的最大电导 $\bar{g}_{K-Ca}$ 为控制参数。系统动力学行为通过 Hopf 分岔从不动点变为一个小极限环，这个小极限环对应着阈下振荡，当 $\bar{g}_{K-Ca} = 34\,290$ 时，为如图 6-2A 所示的内部环。当参数 $\bar{g}_{K-Ca}$ 进一步减少，一个放电对应的大振荡突然出现，当 $\bar{g}_{K-Ca} = 34\,286$ 时，为如图 6-2A 所示的外部环。在参数状态 $Ca - \bar{g}_{K-Ca}$ 平面内，如图 6-2B 所示，一个"激变"发生在 $\bar{g}_{K-Ca} = 34\,288.95$ 处。对一个更简单和一般的可兴奋性细胞 FHN 模型，它也有低幅值的振荡。由于该模型表达式简单而又能定性地产生 HH 模型的动力学行为的基本特征，因此在研究随机共振时受到理论和实验上的极大关注。感兴趣的参数范围 $b \in [0.2636,\ 0.265]$，其他参数 $a = 0.5, d = 1.0, \varepsilon = 0.005$。当 $b = 0.2636$ 时，系统发生 Hopf 分岔在一个小极限环上运动，继续增加 b，从小极限环突然变成大极限环，如图 6-2C 和 6-2D 所示。

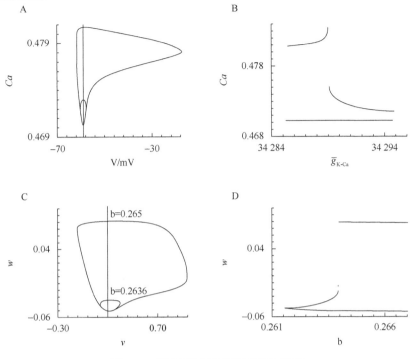

图 6-2　可兴奋性细胞模型的阈下振荡

A. 在 Ca 和 V 相平面中投影；B. Ca 对 $\overline{g}_{\text{K-Ca}}$ 状态参数平面；C. w 对 v 相平面；D. w 对 b 状态参数平面

除了这两个可兴奋细胞模型外，阈下振荡还经常出现在其他模型中，如 Chay 模型、Plant 模型等。在 Plant 模型和 HR 模型中发生的相关共振，可以认为阈下振荡充当周期激励，在许多实验中也观察到阈下振荡现象。

6.2.2　分析方法及其结果

在膜电位方程的右边加上周期激励和白噪声：$A\sin\omega t + g_w(t)$。$g_w(t)$ 是高斯白噪声，$\langle g_w(t) \rangle = 0$，$\langle g_w(t)g_w(s) \rangle = 2D\delta(t-s)$，其中 D 是白噪声的噪声强度，$\langle \cdot \rangle$ 表示取时间平均。在数值模拟时采用步长 $\Delta t = 1/500\text{s}$。

当参数 $\overline{g}_{\text{K-Ca}} = 34\,290$ 时，原始系统的膜电位（$A = 0, D = 0$）以固有频率 $f_n = 0.119\,\text{Hz}$ 在 $-60.5 \sim -58$ 波动。当 $A = 0, D = 1000$ 时，自发放电的一次实现的时间历程如图 6-3A 所示。噪声有时驱动系统放电，有时返回阈下振荡。在 12 000s 内，峰峰间期直方图如图 6-3B 所示，横坐标是数值积分步数。它不是多峰结构，而是近似服从 Gamma 分布，这点和在神经生理实验的结果类似。主峰大约出现在 $4000\Delta t$，即随机放电频率趋向 0.125Hz。由于在相关共振时发生频率转移，因此这个频率略大于固有频率 f_n。随着噪声强度增加，系统和阈下振荡逐步失去相关性，最后噪声起绝对性作用呈现随机放电。

在讨论随机共振之前，先澄清几个概念。弱信号是指不能引发放电的阈下刺激。不过可能会看到尽管系统在阈下活动，然而阈下刺激可能很大。因为它可以直接测量，通过随机共振放大这样大的信号是没有意义的。那么，信号怎样才能认为是弱的。在实验中一旦阈下振荡能被仪器设备所记录，一个大幅值的周期刺激当然是可以检测到的，因此如果阈下刺激的幅值比阈下振荡的幅值还小，就可以直观地认为阈下刺激是弱的信号。弱信号在阈下振荡存在时能被放大，那么随机共振就发生了，否则就没有发生。

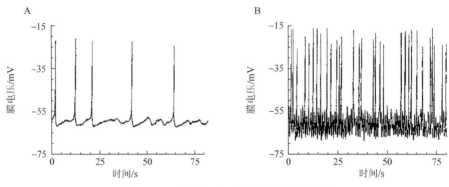

图 6-3　可兴奋细胞一次实现的时间历程

A. $A=0, D=1000$；B. $A=200, D=10000$

让刺激频率 $f_s=1\mathrm{Hz}$，抛弃暂态过程，再数值计算 1 500 000 步。为了分别评估噪声、刺激和低幅值振荡对放电的影响，把 ISIH 分成三部分：第一部分为 $0\sim500\Delta t$，称为噪声区域，噪声起决定性的作用；第二部分为 $500\sim2500\Delta t$，称为刺激区域，放电与正弦刺激呈现相关性；第三部分为 $2500\sim5000\Delta t$，称为阈下区域，阈下振荡调节放电。

下面用统计学上的直方图（histogram）来观察具有对应放电峰峰间期的个数与 ISI 的关系图，以及在刺激振幅 A 和噪声强度 D 改变时的变化。

没有刺激 $A=0$ 和噪声强度 $D=1000$ 时，直方图如图 6-4A 所示。当弱刺激幅值 $A=0.2$ 时，被周期驱动的系统（$D=0$）仍然在 $-60.5\sim-58$ 波动，频率为 f_n。如果噪声强度 $D=1000$，有一明显的主峰在阈下区域 $4000\Delta t$ 左右，如图 6-4B 所示。系统放电与阈下振荡呈现相关性。增加噪声强度，相关性逐渐减弱。如果噪声强度达到 5000，放电主要集中在两部分：一个峰位于噪声区域内；而另一个峰分布在 $3000\sim4000\Delta t$ 的阈下区域，如图 6-4C 所示。如果噪声强度高达 10 000，放电主要由噪声支配，唯一的主峰位于噪声区域内，如图 6-4D 所示。在改变噪声强度的过程中，外界刺激的作用是看不到的。因此，如果信号太弱，它将被阈下振荡所覆盖，不能通过随机共振放大。

当幅值 A 在 20～40 变化时，根据前面的定义，外界刺激不再是弱信号。在

没有噪声的情况下，系统响应谱分析表明，在频率域内 f_n 和 f_s 处有近似相同尺寸

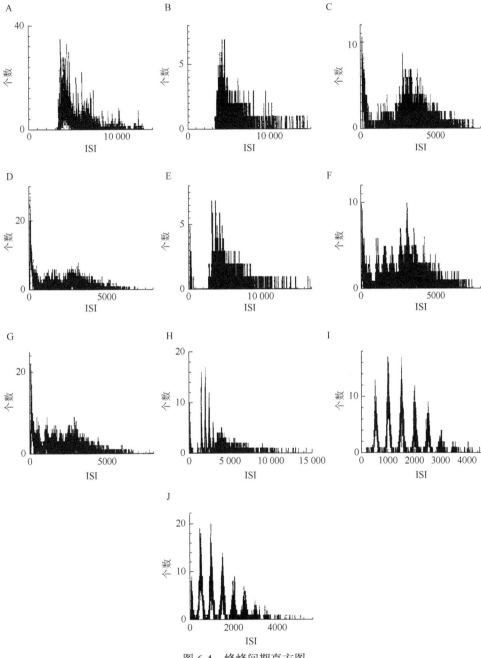

图 6-4　峰峰间期直方图

没有周期激励 $A=0$：A. $D=1000$。小的周期激励 $A=0.2$（弱刺激）：B. $D=1000$；C. $D=5000$；D. $D=10\,000$。大的周期激励 $A=80$：E. $D=1000$；F. $D=5000$；G. $D=10\,000$。很大的周期激励 $A=200$：H. $D=1000$；I. $D=5000$；J. $D=10\,000$

的两个振荡成分。如果加上噪声，开始时随机放电仍然和阈下振荡锁相，逐渐变成了噪声起支配作用。似乎系统对外界刺激比较鲁棒，在刺激范围内其作用通过改变噪声强度无法检测的。

当刺激幅值 $A=80$ 时，系统继续在–61.5～–57 波动，而频率是刺激频率 f_s 而不是固有频率 f_n。如果噪声强度较小，如 $D=1000$，放电输出与在 f_n 处的振荡的相关性下降。其原因是在阈下区域 $4000\Delta t$ 集中的原始主峰分成几个尖峰，如图 6-4E 所示。如果噪声强度 D 增大到 5000，将有几个低峰出现在刺激区域内的刺激周期的整数倍处：$1000\Delta t$、$1500\Delta t$ 和 $2000\Delta t$，如图 6-4F 所示。熟悉的多峰结构表明放电输出与正弦刺激之间开始有一定程度的相关性。同位于噪声区域内和阈下区域内大约 $3000\Delta t$ 处的两个高峰相比，这些低峰意味着刺激对放电输出的影响是有限的。如果噪声强度 D 增大到 10 000，放电输出又变成了噪声起主导作用，如图 6-4G 所示。因此即使外界刺激有大的幅值，其作用还是有限的。为了克服阈下振荡的障碍，需要更大的刺激。

当正弦刺激增加到非常大时，如 $A=200$，无噪声的周期强迫系统以刺激频率 f_s 在–64.5～–53.5 波动。尽管这个波动比较大，它仍然无法诱发放电，因此是一个大的阈下刺激。如果加上 $D=1000$ 的噪声，放电输出开始与外界刺激呈现出相关性，而不是与阈下振荡呈现相关性。在图 6-4H 中，和在阈下区域的 $4000\Delta t$ 集中的低峰相比，在刺激区域内有明显的多峰结构的特征。如果噪声强度增大到 5000，多峰结构在峰峰间期直方图中占据优势，并且出现在刺激区域内刺激周期的整数倍处：$500\Delta t$、$1000\Delta t$、$1500\Delta t$、$2000\Delta t$ 和 $2500\Delta t$，如图 6-4I 所示。同时回归映射呈现点阵结构，如图 6-5A 所示。在直方图和回归映射图中的有趣结构在初级视觉皮层的试验中观察到过，但它们不是随机共振的本质特征。随着噪声强度达到 10 000，多峰分布集中在刺激区域内前两个峰值处：$500\Delta t$ 和 $1000\Delta t$，如图 6-4J 所示，这说明刺激继续增强放电输出。膜电位时间历程如图 6-3B 所示。此时，系统有时放电，有时返回到刺激频率的振荡，而不是阈下振荡，输入的周期刺激调制着放电输出，前一次与后一次放电之间的时间间隔是刺激周期的随机倍数。进一步增加噪声强度，放电活动与周期刺激的相关性逐步减弱，最后变成噪声起决定性作用。

在增加噪声强度的过程中，图 6-5B 中第二个、第三个和第四个峰值分别达到最大值，这是随机共振现象发生的特征。然而，根据定义，阈下刺激不再是弱的，它甚至使得系统大幅值波动，因此随机共振没有发生。通过计算信噪比（SNR），如图 6-5C 所示，在非常低的噪声水平时，除了刺激频率的振荡没有放电输出，信噪比下降得很快。在 500～10 000 噪声强度下，刺激调制着放电输出，信噪比是波动的。对于更大的噪声强度，放电与刺激失去了相关性，噪声成为支配者，信噪比逐渐下降。没有出现一个最佳的噪声强度使得信噪比达到最大值，这进一步证实随机共振没有发生。

从前面的计算可以看出，放电输出是与阈下振荡相关还是与刺激输入相关这取决于它们在频域内的相对大小。把正弦刺激频率 f_s 扩展到一个大的范围内，这个结果是益的。一方面，如果 f_s 大于 1Hz，跟 1Hz 情形相比，要压制 f_n 的阈下振荡，所需要的刺激幅值也就越大。因此，弱刺激的频率越大，它越难以通过随机共振放大。另一方面，如果 f_s 小于 1Hz，跟 1Hz 情形相比，越小的刺激就可以诱发重复放电，如 $f_s = 0.5\,\text{Hz}$，小幅值 $A = 20$ 正弦刺激就可以使系统放电。如果刺激是阈下刺激，在没有噪声的条件下，系统在 $-60.5 \sim -58$ 以固有频率 f_n 波动。因此，存在阈下振荡时，弱刺激的频率越低，信号越发变得无法检测。

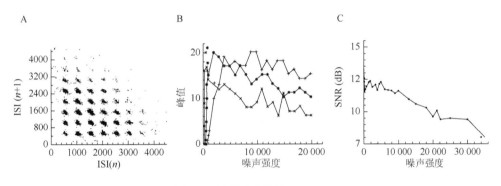

图 6-5　周期激励幅值 $A = 200$

A. ISI 回归映射，$D = 5000$；B. 峰值关于 D 的变化曲线，短划线代表第二个峰，长划线代表第三个峰，实线代表第四个峰；C. 信噪比关于 D 的变化曲线

总结起来，可以发现对神经元来说，阈下振荡的存在可能会阻碍其对弱信号的检测。当阈下振荡的影响比周期刺激的影响大时，随机共振就不会发生。因此，弱刺激无论是周期的还是非周期（有限带宽），如果它被阈下振荡压制住，就可能不能被放大。阈下振荡充当周期激励，通过相关共振编码某一刺激的积极作用被多次报道，这里指出阈下振荡的负面作用。

（龚云帆　徐健学　谢　勇）

6.3　可兴奋性神经元动态双稳态随机共振和分形吸引域边界

在以前对于可兴奋性神经元模型的随机共振的研究中发现，峰峰间期统计直方图具有多峰的结构，并且这些峰都位于外界弱周期激励的周期的整数倍处，随机共振可以在可兴奋神经系统中发生，需要指出的是在他们的研究中可兴奋系统只有一个全局稳定的吸引子，当膜电压由静息期到放电阈值的平均时间与激励信号的周期相匹配时，则可发生随机共振。但是在实际可兴奋神经元的实验中发现了共存的稳定状态,如在丘脑皮层的神经元中发现了双稳态;在 Aplysia 的 R15 神经元的实验中,Lechner 等(1996)用短(1.5s)的电流刺激 R15 神经元而后胞内记录神经元的膜电压,发现在 Aplysia 的 R15 神经元的实验中有共存的稳定状态;在麻醉大鼠的体觉皮层神经元中,Kopecz 等(1993)在双稳态之间的随机跃迁也发现了共存的稳定状态。因此,非常有必要研究噪声所诱发的在这两个稳态之间的跃迁是否与可兴奋系统中的随机共振有关,以研究可兴奋系统中随机共振的可能作用机制,同时揭示这种共存的稳定状态在神经元信息处理与感知中所起的作用。

本节采用 FHN 神经元模型来阐述神经元噪声下非线性动力学行为。首次揭示在可兴奋性神经元动态双稳态之间噪声下的随机跃迁与随机共振的发生密切相关,提出一种新的随机共振机制:动态双稳态间随机跃迁与振荡特性的协同机制;同时揭示 FHN 神经元在一些参数下存在吸引子的分形吸引域边界,并且成为噪声引发更强的放电失稳的条件(Gong and Xu,2001)。这项工作被西班牙学者 Sanjuan 等的两篇脑动力学综述论文引用(Aguirre et.al.,2009;Seoane et.al.,2013),并受到应用数学学科学者 Guckenheimer 等(2002)的关注。

6.3.1 可兴奋性神经元参数空间的动力学行为

作为一个非常具有代表性的可兴奋性系统,FHN 神经元模型最初是用来描述感官神经元的动力学行为,它也被广泛地用于描述二维可兴奋性介质中的螺旋波。它能够很好地刻画可兴奋性神经元的动力学特性,因此,FHN 神经元模型被广泛地用于解释神经元实验中所得到的一些非线性动力学现象,如锁相、分岔、混沌等。最近,为了研究噪声在神经元信息编码中的作用,这个可兴奋性神经元在噪声和外界周期或非周期信号的作用下的动力学特性受到了广泛的关注,随机共振、相关共振、非周期的随机共振都首先在 FHN 神经元模型中得到研究,而后又在别的神经元模型和实验中得到发现和探讨。我们同样用 FHN 模型来讨论可兴奋系统中随机共振方面的问题,揭示在可兴奋性系统中随机共振的发生与双稳态之间的随机跃迁密切相关,提出一种新的随机共振机制,以下所得到的结论同样适合于其他的可兴奋性系统。我们研究周期激励的 FHN 可兴奋性神经元模型如下:

$$
\begin{cases}
\varepsilon \dfrac{\mathrm{d}v}{\mathrm{d}t} = v(v-a)(1-v) - w, \\
\dfrac{\mathrm{d}w}{\mathrm{d}t} = v - dw - b + r\sin(\beta t).
\end{cases}
\tag{6-2}
$$

式中,变量 v 是快的膜电压,w 是慢的恢复性变量。

此处取参数 $\varepsilon = 0.005$,$d = 1.0$,$\beta = 7.5$。在以下的研究中,取放电的阈值为 $v_{th} = 0.5$,如果电压变量 v 正向通过放电的阈值 $v_{th} = 0.5$,则认为在电压变量 v 与

放电阈值相交的时刻产生了一脉冲放电。在这里，系统的慢变量被激励，这样做是为了与以往关于这个可兴奋性系统研究结果进行比较。

对于无激励的 FHN 方程，也就是在式（6-2）中 $r = 0$，这个系统有不动点 (v_0, w_0)，其中 v_0 是 $v_0(v_0 - a)(1 - v_0) = v_0 - b$ 的解，$w_0 = v_0 - b$。这个不动点的稳定性由 Jacobian 矩阵决定，Jacobian 矩阵为

$$D = \begin{bmatrix} [-3v_0^2 + 2(1+a)v_0 - a]/\varepsilon & -1/\varepsilon \\ 1 & -1 \end{bmatrix} \tag{6-3}$$

在参数空间 $a-b$ 中，从存在 Hopf 分岔的条件出发，可得到当参数 a 和 b 满足以下的代数方程时，没有周期激励的 FHN 模型有 Hopf 分岔：

$$b = \frac{1+a}{3} - \frac{c}{60} - \left(\frac{1+a}{3} - \frac{c}{60}\right)\left(\frac{1-2a}{3} - \frac{c}{60}\right)\left(\frac{2-a}{3} + \frac{c}{60}\right) \tag{6-4}$$

式中，$c = \sqrt{394 - 400a + 400a^2}$。满足式（6-4）的 Hopf 分岔点如图 6-6 所示。

在以下的研究中，参数 a 的值被固定为 $a = 0.5$。对于这个参数值，通过对不动点稳定性的分析，也就是研究 Jacobian 矩阵的特征值随着参数 b 的变化，可得到当 $b < 0.2623$ 时，这个未加周期激励的 FHN 神经元模型只有一个稳定的不动点，在 $b = 0.2623$ 时，发生一超临界的 Hopf 分岔，因此当 $b > 0.2623$ 时，这个不加周期激励的神经元模型只具有一个稳定的极限环。

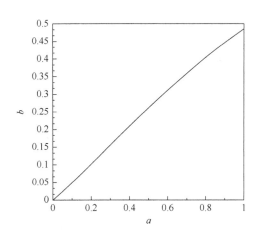

图 6-6　在参数空间 (a, b) 中可兴奋神经元 FHN 模型的 Hopf 分岔点的曲线

取 $b < 0.2623$，在这个参数条件下，没有加周期激励的神经元模型只有一个全局稳定的不动点，是可兴奋的，这种情况符合实际可兴奋性神经元的动力学特性。当给这个可兴奋性神经元加上一周期激励［式（6-2）中 $r > 0$］，首先考虑这个系统在参数区域 $b1 < b < b2$，$r1 < r < r2$ 中的全局动力学行为。为了这个目的，首先参数 b 的值被固定，让 r 从 $r1$ 到 $r2$ 以 0.0002 的步长增加，在这个变化过程中，数值积分（6-2），对于每个 r 值，系统的稳定解可以被得到；然后再让 r 从 $r2$ 到 $r1$ 以 0.0002 的步长减小，同样记录系统的稳态解。在整个过程中，每一次计算所得到的最后的点被当作新一次计算的初始点。在完成上述过程后，可得到在参数空间内 (b, r) 的一铅垂线 $b = \mathrm{constant}$ 的稳态解的特性。随后，

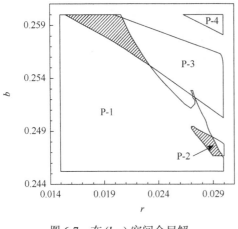

图 6-7　在 (b,r) 空间全局解

让 b 以 0.0002 的步长增加，重复上述计算步骤，以得到在另一个铅垂线 $b=$constant 的稳态解的特性。以这种方法，可得到系统的全局解的特性，如图 6-7 所示。在图 6-7 中，标以 $P\text{-}k$ 的区域是指当参数 b 和 r 落入这个区域时，系统具有一稳定的周期解，其周期为 $T=kT_0$，$T_0=2\pi/\beta=0.837$。在此，我们只对系统的低阶解感兴趣。从图 6-7 可见，在图中存在阴影区域，在这些阴影区域里所对应的参数条件下这个系统有共存的周期解。同时，选择不同的初始点来验证周期解的共存性。以往在对具有周期激励的 FHN 型方程的研究中，只研究了某些给定的参数值，在这里对 FHN 方程的解的特性在参数空间内系统地进行了讨论，并且可得到这种周期解共存的现象在一些参数范围内非常普遍。目前在神经元的实际实验中已有关于这种形式的共存稳定振荡状态的报道。

　　在图 6-7 的阴影区域中，选择参数 $b=0.2466$，$r=0.0292$，此时这个具有周期激励的 FHN 神经元模型有两个共存的吸引子，一个是阈下的小振幅的振荡，其周期为 $T_1=T_0$，另一个是阈上的大振幅振荡，其周期是 $T_2=2T_0$，这两个共存的阈下和阈上振荡如图 6-8 所示。随后给出这两个共存吸引子的吸引域。如前述，一吸引子的吸引域是使神经元系统最终可以到达该吸引子的初始点的集合。在相平面 $-0.1<v<0.7$，$-1<w<0.1$ 中取 400×200 个均匀分布的初始点，对于每个初始点，数值积分式（6-2）来判断它的最终状态是阈下的振荡还是阈上的振荡。通过以上的计算，可得到系统的吸引域如图 6-9 所示。如果神经元从阈下振荡的吸引域内出发，则这个可兴奋神经元最终的稳定运动状态是阈下振荡，神经元没有放电。但是，当神经元是从阈上振荡的吸引域出发，则这个可兴奋性神经元的稳定的运动状态是阈上振荡，阈上振荡具有一大的幅值，可产生放电，可见神经元的初始状态也在神经元的放电活动中扮演了一个重要的角色。从神经元放电活动的角度来讲，一个外界的周期激励如果能够引起阈上的放电，则称为阈上激励，反之则称为阈下激励。在以前关于神经元中随机共振的研究，所加的外界周期激励都是阈下激励，这意味着所加的周期激励不能引起神经元来产生放电。然而，在此处所研究的情形下，可以看到，一弱的外界周期激励可同时产生阈下的与阈上的振荡，所以这个弱的周期激励既可看作阈上激励又可看作阈下激励，这点对于理解神经元中的随机共振有重要的意义。

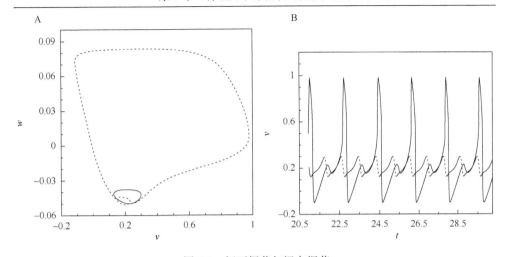

图 6-8　阈下振荡与阈上振荡

图 A 中小环是阈下振荡，大环是阈上振荡；图 B 中小幅值是阈下振荡，大幅值是阈上振荡

6.3.2 可兴奋神经元中的随机共振与动态的双稳态

　　在经典的随机共振理论中，随机共振发生于具有两个稳定不动点的双势井系统中，这里要特别指出的是，这种共存的不动点称为静态的双稳态，也就是指当系统处于这个不动点时，系统的状态是静止的。另外，在以前可兴奋性 FHN 神经元模型随机共振的研究中，具有弱的外周期激励的 FHN 模型只有一个稳定的吸引子。但是，就像在上节研究中所指出的，动态的双稳：一个是阈下的周期振荡，另一个是阈上的大振幅的周期振荡，

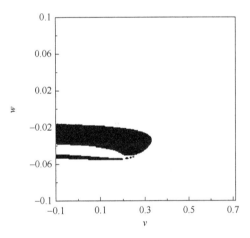

图 6-9　在参数 b=0.2466，r=0.0292 时，共存的阈下周期振荡和阈上周期振荡的吸引域

黑色阴影部分为阈下振荡的吸引域；空白部分为阈上振荡的吸引域

在一些参数范围内非常普遍。相对于共存吸引子为不动点的情形，这里动态的吸引子是指当系统处于某个吸引子时则会沿着这个吸引子做一定幅度的周期振荡，而非静止不动。因此，我们会自然地问以下的问题：是否随机共振会在这些区域内发生？如果发生了随机共振，这种随机共振与双稳态有什么关系？在本节我们提出一种新类型的随机共振，它发生在具有动态双稳态的可兴奋系统中，从而将随机共振的研究由单纯的研究双势井系统和可兴奋系统推广到一更复杂的情形。

　　在对于一些典型神经元模型的随机共振的理论研究中，一般所加的噪声被取为高斯白噪声，从而高斯分布的白噪声成为研究可兴奋神经元模型中随机共振理论的最主要的随机力形式。

　　为了回答前面所提出的问题，采用 Box-Mueller 算法产生高斯分布的白噪声，把它加在式（6-2）中，即

$$\begin{cases} \varepsilon \dfrac{dv}{dt} = v(v-0.5)(1-v) - w, \\ \dfrac{dw}{dt} = v - dw - b + r\sin(\beta t) + D\xi(t). \end{cases} \qquad (6\text{-}5)$$

式中，高斯白噪声 $\xi(t)$ 有 $\langle \xi(t)\rangle = 0$，$\langle \xi(t)\xi(s)\rangle = \delta(t-s)$，其中 D 是白噪声的噪声强度。参数 $\varepsilon = 0.005, d = 1.0, \beta = 7.5, b = 0.2466, r = 0.0292$。

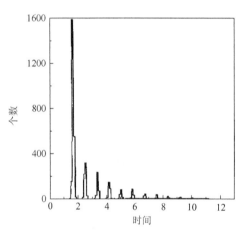

图 6-10　噪声强度为 $D = 4\times10^{-7}$ 时峰峰间期序列的统计分布图

　　对于一给定的噪声强度，如 $D = 4\times10^{-7}$，首先选择从阈下振荡吸引域出发的初始点，在抛掉大量的瞬态以后，按下列的方法来计算峰峰间期序列。如果在时刻 t_i 时，变量 v 正方向地与放电的阈值 $v_{th} = 0.5$ 相交，则将该时刻点记录下来，如此不断地积分即可获得放电的时间串 $t_1, t_2 \cdots t_i \cdots$。在此基础上可得到峰峰间期 $T_i = t_{i+1} - t_i$，以及峰峰间期序列 $T_1, T_2 \cdots T_i \cdots$。峰峰间期序列的统计图可求得，结果如图 6-10 所示。该峰峰间期序列有多峰状结构，并且这些峰都位于弱激励的周期的整数倍处。另外，可求得这些峰的峰值按一指数函数的形式衰减，$A_{max} \propto \exp(-\lambda_1 T)$，其中 $\lambda_1 = 0.255$。当初始点从阈上振荡的吸引域出发，可得到同样的峰峰间期序列的统计图，这意味着峰峰间期序列的统计特性与初始点无关。

　　在这里可看到峰峰间期序列有多峰状结构，并且这些峰都位于弱周期激励的周期的整数倍处，这种放电形式在一些神经元的实验中及以往关于随机共振的研究中均得到了体现，并且这种放电形式一度被看作随机共振的一种典型的表现形式，因为在发生随机共振时，峰峰间期序列的统计图会表现出以上的多峰状结构。

　　计算峰峰间期序列的功率谱密度。信噪比随着噪声强度的变化如图 6-11 所示，随着噪声强度 D 的增加，信噪比先增加至一最优值，而后减小，有一单峰状的曲

线，这也体现了随机共振的典型特点。

　　以下讨论这里所研究随机共振的基本机制，另外，为了说明这种随机共振的特点，需要分析在这两个共存动态吸引子(阈下的周期振荡和阈上的周期振荡)之间由噪声所诱发的随机跃迁的统计特性。即使在没有噪声的情况下，这两个共存的吸引子在相平面上十分靠近。因此，当具有噪声时，在相平面中分辨在这两个吸引子之间的具体的跃迁行为将是十分困难。为了克服这一问题，考虑在 Poincaré 截面上噪声所诱

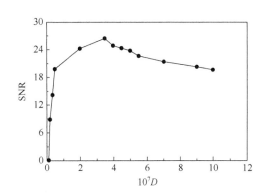

图 6-11　信噪比（SNR）随着噪声强度的
变化的曲线

发的跃迁行为。这样原系统两个周期解对应于 Poincaré 映射的两个周期轨道。一个是周期一轨道，在图 6-12 中用点 A 来代表，另一个是周期二的轨道，在图 6-12 中用两个点 B_1 和 B_2 表示。其中 Poincaré 映射的周期一轨道和周期二的轨道分别对应于原连续系统的阈下和阈上振荡。为考察噪声所诱发的在这两个吸引子之间的随机跃迁，要注意到 Poincaré 截面上，这两个周期轨道在其附近被涂抹和拓宽。正是由于这个原因，为了在 Poincaré 截面上讨论两个周期轨道之间的随机跃迁的

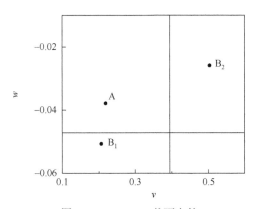

图 6-12　Poincaré 截面上的
周期点及所选取的子区域

统计特性，我们将这两个周期轨道周围的区域分为如图 6-12 所示的三个子区域，分别用 I、II、III 来表示。对于周期一轨道 A，它被噪声在其附近涂抹和扩张，但是这种扩张仅限于 A 附近的子区域 I 中。因此，当噪声轨道被映射至这个子区域，则可认为噪声轨道跃迁到了周期一轨道处。同样，对位于子区域 II 的 B_1 和位于子区域 III 中的点 B_2，有类似于 A 点的情形，这是进一步研究随机跃迁通机特性的出发点。

　　通过跟踪具有以上划分的在 Poincaré 截面上的长时间运动轨道的行为，可发现这种随机跃迁具有以下两个显著的特点：第一，如果一个从 B_2 附近的子区域 III 出发，它必定会被映射到 B_1 附近的子区域 II 中；第二，在这两个共存的吸引子之间有而且仅有两个跃迁途径，一是由 B_1 附近的子区域 II 跳到 A 附近的子区域 I，另一个是由 A 附近的子区域 I 跳到 B_2 附近的子区域 III。在整个过程中可看到每个噪声轨道总是在没有噪声时的吸引子附近停留，因此可见在这个系统中噪声没有诱发新的吸引子，噪声只诱发在这两

个吸引子之间的随机跃迁。以上的研究表明在我们所讨论的情形中可发生随机共振，通过研究噪声所诱发的随机跃迁行为的特点，可得到噪声没有诱发新的吸引子，噪声只诱发在这两个吸引子之间来回地随机跃迁，从而可见这种随机共振与这两个吸引子之间的随机跃迁密切相关。由于噪声所诱发的在这两个吸引子随机跃迁的平均返回时间与外界激励的周期的匹配，造成了这种随机共振的发生。

6.3.3　可兴奋性系统中由动态双稳所引起的随机共振的特点

通过研究 Poincaré 截面上两个周期轨道之间的长时间的随机跃迁行为，可以求得周期轨道 A 的随机跃迁的平均返回时间的一些统计特性。可求得这个吸引子在不同噪声强度下的平均返回时间，结果如图 6-13 所示。可见，随着噪声强度的增加返回时间的均值先是单调地减小，至一最小的值，而后再增加。在一噪声强度下平均返回时间的均值具有一最小值。并且这个噪声强度值与峰峰间期序列所量化下的发生随机共振的最优噪声强度值近似相等。可见这里所研究的随机共振是由平均返回时间与弱激励的周期的时间尺度的匹配而造成的。

为了与典型的双势井系统中的随机共振进行比较，考虑一简单的双势井系统在弱周期信号和噪声的激励下的情形，$\dot{x} = x - x^3 + a\sin(\omega t) + D\xi(t)$，其中 $\xi(t)$ 是均值为 0 的白噪声。这个模型曾被广泛地用来解释随机共振的基本理论机制。计算两个不动点的其中之一的返回时间的均值，结果如图 6-14 所示。对于这个典型的具有两个稳定不动点的系统，可以得到，随着噪声强度的增加返回时间的均值单调地减小。这与我们所研究的情形不一样，所以返回时间的均值可以用来区别我们所研究的随机共振与典型的双势井系统中的随机共振。这里，要特别指出造成这种区别的根本原因。对于我们所研究的情形，从这个模型的连续动力学特性来看，这个双稳是动态的：一个是阈下的周期振荡，另一个是阈上的周期振荡。如果一噪声轨道被转到某个吸引子上，它将沿着这个吸引子运动至少一个周期。

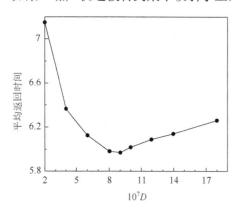

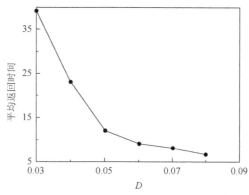

图 6-13　周期轨道 A 的平均返回时间随着噪声强度的变化关系曲线

图 6-14　一经典双势井系统中静态吸引子的平均返回时间随着噪声强度 D 的变化函数曲线图

沿着这个吸引子运动的时间尺度与噪声所诱发的随机跃迁的平均返回时间尺度较为接近，因此，沿着吸引子的运动不能被忽略。并且这两个共存的、动态的吸引子具有不同的周期，这里存在着由噪声所诱发的两个动态吸引子之间的协作。然而对于典型的双势井系统，双稳是两个静态的不动点。在两个势井之间的随机跳跃的时间尺度远远大于在势井内运动的时间尺度。在一些随机共振的近似理论分析中，这种在势井内运动的时间常常被忽略，返回时间的均值随着噪声强度的增加而减小。

通过以上分析可得到在本章所研究的随机共振的显著特点之一是沿着动态吸引子运动的时间尺度与噪声所诱发的随机跃迁的时间尺度较为接近，不能被忽略。并且其返回时间的均值随着噪声强度的增加具有以下特点：返回时间的均值先是单调地减小至一最小值，而后再增加，在一定的噪声强度下该均值有一最小值。

为了与以前在可兴奋系统中随机共振的研究进行比较，在这里引入脉冲放电个数的分布来对我们所提出的这种随机共振与以前的研究进行比较，同时说明我们所提出的新类型随机共振机制的特点。

脉冲放电个数的分布 $p(n,T)$ 是指在固定的时间间隔 T 内发生 n 个脉冲放电的概率。脉冲放电个数分布的均值与方差可由下列的一些标准公式来计算：

$$\bar{n}(T) = \sum_{n=0}^{n_{max}} n p(n,T) \tag{6-6}$$

$$\sigma^2(T) = \sum_{n=0}^{n_{max}} n^2 p(n,T) - (\bar{n}(T))^2 \tag{6-7}$$

均值方差比 $R(T)$ 可定义为

$$R(T) = \frac{\bar{n}(T)}{\sigma^2(T)} \tag{6-8}$$

对于我们的情形，如图 6-15 所示，脉冲放电个数的分布具有钟型分布，这里计数的区间被取为 $T=12$。由于所研究的模型在参数空间内有单稳态和双稳态区域，此处计算在单稳态与双稳态区域中均值方差比 $R(T)$ 随着噪声强度的变化情况，以表明当前所研究的随机共振与以前在这个典型的可兴奋性神经元模型中所研究的随机共振的区别。首先，计算式（6-5）在

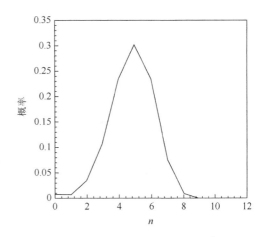

图 6-15　在噪声强度为 $D=4\times10^{-7}$ 时
脉冲放电个数的分布图

b=0.23，r=0.0292 时的均值方差比 $R(T)$ 随着噪声的变化。在这个参数条件下，受弱的周期激励的 FHN 神经元模型只有一个稳定的阈下振荡。均值方差比 $R(T)$ 随着噪声的变化如图 6-16A 所示，可见随着噪声强度的增加，$R(T)$ 单调地减小。接着计算单稳态与双稳态区域分界区域均值方差比 $R(T)$ 随着噪声的变化情况，在这个区域选择参数 b=0.245，r=0.0292，可得到均值方差比 $R(T)$ 随着噪声的变化，结果如图 6-16B 所示，可见均值方差比 $R(T)$ 随着噪声的增加先减小到一最小的值，而后再增加。最后计算在双稳态区域内参数 b=0.2466，r=0.0292 时均值方差比 $R(T)$ 随着噪声的变化的情况，结果如图 6-16C 所示，可见随着噪声强度的增加，$R(T)$ 值单调地增加。对于这个参数条件下，如上所述受弱的周期激励的 FHN 神经元有两个共存的吸引子，一个是阈下振荡，另一个是阈上振荡。通过对以上在不同的区域计算均值方差比 $R(T)$ 随着噪声的变化，可得到所引进的这个量能够用于区分系统处于不同状态时的噪声所诱发的放电的峰峰间期序列的统计特性。可以验证对于 b=0.23，r=0.0292 的情形也可发生随机共振，并且这种情况与以往关于可兴奋性神经元 FHN 模型中随机共振研究的情况是一样的，也就是说受弱周期激励的 FHN 神经元模型只有一个稳定的阈下振荡。从以上的计算与分析中可以得到，我们所引入的量均值方差比 $R(T)$ 随着噪声的变化情况可用来有效地对在单稳区域及双稳区域所发生的随机共振加以区分。均值方差比 $R(T)$ 随着噪声的变化在不同的区域具有不同的变化趋势，并且在由单稳态区域向双稳态区域变化的过程中，均值方差比 $R(T)$ 随着噪声的变化经历了一个如图 6-16B 所示的中间过程。可见均值方差比 $R(T)$ 随着噪声的变化可以用来对本章所研究的随机共振与以前在这个可兴奋性神经元模型中只有一个吸引子时的随机共振加以区分。同时，通过比较在不同的区域内 $R(T)$ 随着噪声的变化，可以清楚地得到这里所提出的新类型的随机共振的特点是随着噪声强度的变化均值方差比 $R(T)$ 随着噪声的增加而单调地增加。

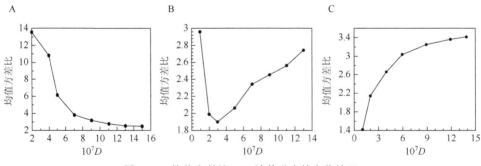

图 6-16　均值方差比 $R(T)$ 随着噪声的变化情况

A. 对于单稳态的情形，在式(6-5)中 b=0.23，r=0.0292；B. 对于界于单稳态与双稳态之间的情形，b=0.245，r=0.0292；
C. 对于阈下振荡与阈上振荡双稳态共存的情形，b=0.2466，r=0.0292

至此我们通过与以前研究进行比较揭示了在本章所提出的新类型的随机共振的特点。除了以上分析中所指出的我们研究工作与以前研究的不同点及此处所提出的随机共振的特点，对于我们所研究的情形，所加的周期激励要比以前研究中的周期激励要小一些。从神经系统检测弱的周期信号的角度出发，这些情形会对理解实际神经元中的随机共振有一定的启发作用。在这里，必须强调的是，在我们的研究中由于在弱的周期激励下阈上和阈下振荡能够同时产生，就将神经元单纯地用以检测阈下的信号推广到一新的范围，就是神经元也可以利用随机共振的机制来检测弱的阈上的信号。同时我们所研究的随机共振可以解释在实际神经元试验中随机共振的一些现象，但是这些现象无法用以前的理论进行解释。Wisenfeld 等在 *Nature* 上报道，在没有外噪声或者外噪声强度很小的情况下，神经元的信噪比大于 0，在我们所研究的这种类型的情形下，在没有噪声或者噪声强度很小的情况下，如果系统的初始状态在阈上振荡的吸引域内，则可得到系统响应的信噪比是大于 0 的，这与 Wisenfeld 等在 *Nature* 上所报道的结果相一致。另外，在发生随机共振的试验报道中经常可以看到，峰峰间期序列统计分布图的第一个峰所在的时间间隔通常与后面各个峰之间的时间间隔是不一致的，这可用我们所研究随机共振的理论进行解释，这是因为共存的动态吸引子具有不同的周期，而当轨道跃迁到某一动态的吸引子时它将沿着这个吸引子运行至少一个周期。但是这些现象却无法用以前所提出的关于可兴奋性神经元中的随机共振的理论进行解释，可见实际神经元也许正是利用在本章所提出的随机共振的机制对外界信号进行编码。我们用平均返回时间和脉冲放电个数分布的均值与方差比来区分此处所提出的随机共振和一些典型的随机共振。在实际的神经元生理实验中，可通过应用这两个量来判定神经元到底是利用何种随机共振的机制进行信息处理，以准确地对神经元中的随机共振进行认识。

6.3.4　强迫 FHN 神经元分形吸引域边界和神经放电的稳定性

1. 分形吸引域边界　　强迫 FHN 神经元的共存两吸引子的吸引域边界具有分形特征，如图 6-17 所示。图 6-7 参数平面 *b-r* 中阴影区域是吸引子共存的区域。其中 $b=0.25992$，$r=0.0163$ 情形，应用胞映射方法（Hsu，1992）得出：共存两个吸引子是阈下小振幅周期为 T_0 的稳定周期振荡和阈上周期为 $3T_0$ 的稳定周期振荡；两个吸引子的吸引域如图 6-17 所示；它们之间的边界具有分数结构，即分形边界。应用初值小邻域 ε 摄动方法（McDonald et al.，1985），经过计算得到研究区域 $-0.1<v<0.7$，$-0.1<w<0.1$ 内，不确定初值对于全部初值的分数 $f(\varepsilon)$。不确定初值是未摄动的初值的两个小摄动初值位于不同的吸引域的初值。按照指数律 $f(\varepsilon)\sim\varepsilon^{\alpha}$，即可得到边界的容积维数 $d_0=D-\alpha$，其中 D 是相空间维数，此强迫 FHN 神经神经元，$D=2$。经计算得分维数 $d_0=1.32$，该参数情形的分形边界得到严格证实。

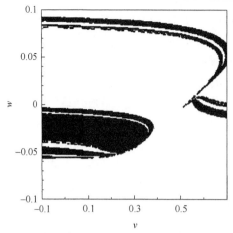

图 6-17　在参数 $b=0.25992$，$r=0.0163$ 共存的阈上
周期振荡（$3T_0$）和阈下的周期振荡（T_0）吸引域
黑色区域为阈下振荡的吸引域，其余部分为
阈上振荡的吸引域

分形边界由鞍性轨道的稳定流形和不稳定流形同宿横截相交产生（McDonald et al.，1985；Moon et al.，1985；Soliman et al.，1992）。考察强迫 FHN 神经元模型在 $b=0.259\,96$，$r=0163$ 附近 b 改变时的分岔。在 $b=0.2596$ 处，阈下小振幅周期为 T_0 的稳定周期振荡保持外，处于放电的临界态，b 值微小的增加都有阈上周期为 $3T_0$ 的稳定周期振荡发生。就阈上放电而言，该处发生了鞍结分岔。分岔后，伴随稳定周期振荡还有鞍性不稳定周期振荡出现。鞍性不稳定周期振荡由 Newton-Raphson 方法得到，这种分岔称为超临界鞍结分岔（Hale，1991）。用文献（Parker and Chua，1989）方法计算鞍性轨道的稳定流形和不稳定流形，在 $b=0.259\,96$ 处，得出鞍性轨道的稳定流形和不稳定流形发生同宿相切，导致吸引域边界成为分数结构，即分形。

2. 神经放电的稳定性　　神经系统中，信息由神经放电脉冲间隔序列编码和传递给下一个神经。脉冲间隔编码的前提条件是输入信号的响应在有噪声下是稳定的，稳定是指此放电不转变为阈下振荡或别的放电。

考虑噪声对于放电（阈上振荡）的影响时，研究全局动力学的光滑吸引域边界（图 6-9）和分形吸引域边界（图 6-17）两种情形，各自在有噪声时，噪声对于神经放电稳定的效应。在时间 $t=100\,000$，区域 $-0.1<v<0.7$，$-0.1<w<0.1$ 内均匀取 400×200 个初值。从神经元放电（阈上振荡）吸引子的吸引域中的初值开始，在噪声扰动下，采用随机微分方程计算方法，如果代表神经元的点不转到阈下振荡就称为放电稳定，反之称为不稳定。用 $r_0=N_\mu/N_0$ 表示放电对于噪声的敏感度，其中 N_0 是放电（阈上振荡）吸引子的吸引域中的初值点数，N_μ 是噪声扰动下放电不稳定点数。对于以上两种情形，计算相对量 r_0 随着噪声强度的变化，结果如图 6-18 所示。通过比较图 6-18 所示的两种情形，可得到

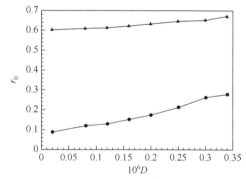

图 6-18　相对量 r_0 随着噪声强度
变化情况
以三角形表示的为参数 $b=0.259\,92$，$r=0.0163$ 时的情形，
用黑点表示的为 $b=0.2466$，$r=0.0292$ 的情形

对于具有分形的吸引域边界的情形，噪声能够诱发更多的初始点从放电状态转移到不放电的状态，而对于具有光滑的吸引域的边界则相对来讲要少一些。可见，分形边界放电敏感度远大于光滑边界放电敏感度，即噪声容易改变放电的稳定性。

同时，还探测到分形边界情形一轨道由噪声扰动到吸引域的边界，在转移到另一个稳定的吸引子之前经历了瞬态混沌。这些神经元模型动力学的复杂性也可以用来解释神经复杂行为和机制。

（龚璞林　徐健学　谢　勇）

6.4　可兴奋性神经元中相关共振的调控

当仅有外噪声而没有外界所加的其他弱的周期或非周期信号时，可兴奋系统可产生自治的随机共振或相关共振。噪声激发可兴奋性系统生成放电的序列串，并且这种噪声诱发的放电序列串的相关性随着噪声强度的增加，先增加而后再减小，在一定的噪声强度下最大。也就是说，在一定的噪声强度下噪声所诱发的行为更加有序、规则。因为在实际的生物神经元中总是存在着一定的噪声，而这些噪声会使得神经元变得有序，所以相关共振在神经元的信息编码中具有重要的意义。

Han 等（1999）在他们的研究中指出对于两个相互偶合的噪声激励的可兴奋性神经元，当发生相关共振时，这两个偶合的神经元之间产生了相位同步。可见，神经元中一定噪声强度下的相关共振对于人们理解和解释神经元网络中的有序的、规则的及同步的动力学行为有重要的作用。

研究随机共振的一个非常重要且有趣的方向是如何来促使随机共振的效用，也就是说如何在较小的噪声强度下来获得随机共振。一些学者提出用共振扰动的方法来诱发随机共振的发生。另一个促使随机共振发生的方法是改变激励噪声的性质，据日本东京大学学者 Nozaki（1998）与波士顿大学神经动力学研究组（Collins，1995a）的研究表明，对于 $1/f^{\beta}$ 噪声，$\beta=1$ 的情形对于促进 FHN 神经元模型中的随机共振的作用是最大的。Gammatoni 等（1999）提出用正弦波调制势垒高度的方法来促进或抑制随机共振的发生，他们所提出的方法对于阈值系统或者双势井系统中的随机共振都适用。

但是，对于可兴奋性神经元，它是如何来进行自我调节以得到相关共振的效果？哪些因素会对相关共振产生影响？另外，对于实际的神经元，当可利用的内噪声或外界可利用的噪声强度有限时，神经元如何来获得相关共振？同时，外界的激励信号对相关共振是否有影响？如何对非线性可兴奋系统的相关共振进行调控？这些问题的研究都会促使人们理解神经元是如何进行信息处理及揭示相关共振的基本特性和理论机制。下面阐述我们在这方面的工作（Gong et al.，2002）。

6.4.1　可兴奋性神经元中相关共振的参数依赖性

仍以可兴奋性 FHN 模型为例，研究相关共振的一些基本特性，但是所得结论同样适用于其他可兴奋性系统。作为一个典型的可兴奋系统，在以往对 FHN 模型的研究中，周期激励的 FHN 模型的锁相结构得到了很大的重视。为了揭示神经元信息编码的基本规律，最近 FHN 神经元模型在具有外噪声与外激励的联合作用下的动力学行为也得到了广泛的关注（Longtin，1993，2000；Collins et al.，1995b；Pei et al.，1995；Alexander，1990）。在无噪声和外界激励情况下，常数 $\varepsilon = 0.005, a = 0.5, d = 1.0$ 时，如果变量 v 与放电的阈值 $v_{th} = 0.5$ 有一正向的相交，则认为这个神经元产生了一个脉冲放电。变量 v 的最大幅值和最小幅值分别用 v_{max} 和 v_{min} 来表示。为了得到这个可兴奋性神经元模型的膜电压幅度大小的变化，我们计算 $v_{max} - v_{min}$ 随着分岔参数的变化情形，结果如图 6-19 所示。可以得到，当参数 $b = b_c = 0.262\,38$ 时，系统开始有一个小振幅的极限环。当参数 b 接近临界点 $b = b_c = 0.263\,95$ 时，极限环

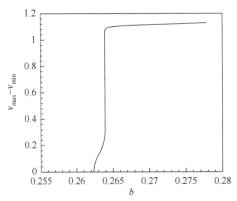

图 6-19　$v_{max} - v_{min}$ 随着分岔参数 b 的变化

的振幅突然跳到了一个大的幅值。在 $b \geqslant b_c$ 时，极限环的振幅大于放电的阈值 $v_{th} = 0.5$，从而这个大振幅的振荡能够产生放电，所以 b_c 是 FHN 神经元模型的临界放电值。具有大振幅的与小振幅的极限环分别如图 6-20A 和 6-20B 所示。可见，此处使用的量 $(v_{max} - v_{min})$ 能够具体地对这个可兴奋系统中幅值变化的情况给予描述。

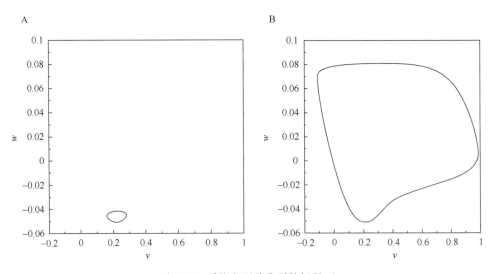

图 6-20　系统中两种典型的极限环

A. $b=0.263$ 时的阈下小振幅周期振荡；B. $b=0.2643$ 时阈上大振幅的周期振荡

以下研究可兴奋系统中这种临界放电值对可兴奋系统中相关共振的作用。当白噪声被加到恢复性变量 w 方程的右端后，噪声激励的 FHN 神经元模型为

$$\begin{cases} \varepsilon \dfrac{\mathrm{d}v}{\mathrm{d}t} = v(v-a)(1-v) - w, \\ \dfrac{\mathrm{d}w}{\mathrm{d}t} = v - w - b + D\xi(t). \end{cases} \tag{6-9}$$

式中，$\xi(t)$ 是具有零均值的高斯白噪声，即 $\langle \xi(t) \rangle = 0$，$\langle \xi(t)\xi(s) \rangle = \delta(t-s)$；$D$ 是白噪声的噪声强度。

此处用峰峰间期序列的标准偏差来量化相关共振：

$$R_p = \frac{\sqrt{Var(t_p)}}{\langle t_p \rangle} \tag{6-10}$$

t_p 是峰峰间期，峰峰间期序列的标准偏差 R_p 从神经生理的角度来看具有重要意义，因为这个量与神经元的信息处理中的定时精确性有着联系，标准偏差越小则精确性越高，而神经元信息处理中的定时精确性被认为是神经元进行信息编码的重要方式。在标准偏差这个相关共振的量化指标下，随着噪声强度的增加，如果标准偏差先减小，而后再增加，在一定的噪声强度下标准偏差有一最小值，则认为发生了相关共振。

对于这个可兴奋性神经元，噪声能够引起自发放电。此处研究分岔参数 b 对相关共振的作用，以确定可兴奋性系统中相关共振与非线性可兴奋系统一些特性的关系。我们计算 R_p 随着噪声的变化在几个不同参数值 b 时所表现出的具体的形式。对于每个噪声强度，积分随机微分方程 50 次用于计算 R_p，结果如图 6-21 所示。由图 6-21 可见，当分岔参数 b 靠近临界放电的阈值 b_c，也就是当 b 与 b_c 的距离减小时，用于得到相关共振的最优噪声值 D_{opt} 在减小。最优的噪声值是指在该噪声强度下峰峰间期序列标准偏差 R_p 的值最小，在这个噪声强度下发生了相关共振。如图 6-21 所示，在最优噪声强度

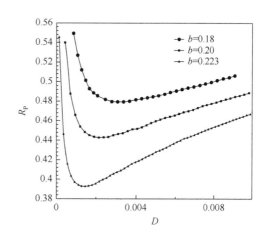

图 6-21　不同的参数值下 R_p 随着噪声的变化情况

减小的同时，R_p 的值整个地在减小。为了进一步对这个问题进行研究，需要求解最优噪声强度 D_{opt} 作为分岔参数 b 的函数变化情况，结果如图 6-22 所示。由图 6-22

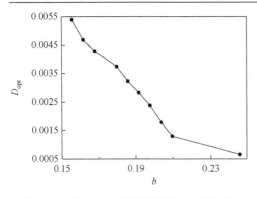

图 6-22　发生相关共振的最优噪声值随着
分岔参数的变化情况

可见，随着分岔参数 b 向临界的放电值 b_c 的靠近，最优噪声强度的值在单调地减小，这意味着可用一较小的噪声强度来获得相关共振的效用。反之，当分岔参数 b 与临界的放电值 b_c 的距离增加，则可以得到相反的结论。总之，用于得到相关共振的最优噪声强度值单调地依赖于分岔参数 b 与临界放电值 b_c 之间的距离，它会对相关共振的效用产生显著的影响。

另外，从神经生理的角度来看，参数 b 常常被认为是来自于另一个神经元的突触输入，从而这个结果可用来解释在实际的神经元中，神经元是如何来改变相应的参数以获得相关共振的作用。神经元可能是根据自身信息编码的需要自适应对其相应的参数进行调节从而来获得相关共振的效用。同时，这个结果启发我们通过改变临界放电值来调控相关共振，此处调控相关共振是指促使或抑制相关共振的作用。

6.4.2　弱的外界周期信号对可兴奋系统临界放电值的影响

在实际神经元的生理系统中，神经元固有的内参数通常不能被改变。在这里我们提出一种对可兴奋性系统中相关共振进行调控的外控制方法，这个方法通过改变临界放电值进而对相关共振进行调控。首先需要研究弱周期扰动对可兴奋性系统临界放电值的影响：

$$\begin{cases} \varepsilon \dfrac{\mathrm{d}v}{\mathrm{d}t} = v(v-a)(1-v) - w + r\sin(2\pi ft), \\ \dfrac{\mathrm{d}w}{\mathrm{d}t} = v - w - b. \end{cases} \tag{6-11}$$

式中，参数 $\varepsilon = 0.005$，$a=0.5$。

对于具有周期激励的 FHN 神经元模型，一些研究已表明在外周期激励的幅频平面中系统有一 V 形的调节曲线。在当前的研究中，外周期激励的幅值被固定在一小的值上，这里取 $r=0.008$。当 r 取为别的小的值时，以下所得到的结果不会定性地改变。外界扰动的幅值很小，对可兴奋系统的一些特性不会产生影响，这点将在本节随后的研究中指出。现在讨论具有不同激励频率的弱周期扰动对 FHN 神经元模型的临界放电值的影响。对于具有弱的周期扰动的 FHN 神经元模型，可求得临界放电值 b_c' 作为外扰动频率的函数，结果如图 6-23 所示。图中的曲线是临界放电值的分岔曲线，如果参数 b 和 f 落到这个曲线的上方，则能够产生放电，否则，神经元处于不放电区域，神经元没有放电。对于没有外扰动的 FHN 神经元模型，临界放电值为 b_c=0.263 95。通过比较具有弱周期扰动的可兴奋性系统 FHN 模型的临界放电值与未加扰动 FHN 神经元的临界放电值，得到外周期的扰动，改变频率可用来减低 FHN 神经元放电的临界值，并且也可用来增加临界的放电值。具有周期扰动的可兴奋性神经元的临界放电曲线也是一个 V 形的曲线。并且在频率 f=1.8 时临界放电值变为最小的，这个频率值靠近 FHN 神经元模型的主频率。

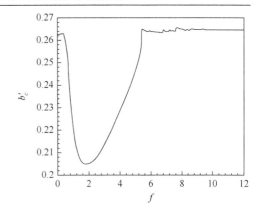

图 6-23　有弱的周期扰动的 FHN 可兴奋性神经元的临界的放电值

扰动的幅值为 r=0.008

　　对于由式（6-11）所描述的系统，在临界放电值分岔曲线（图 6-23）的下方，也就是在这个系统的不放电区域内，一个足够大的脉冲激励能够引起在相平面上一大振幅的振荡，而后又很快返回到系统的阈下稳定的不放电状态。进一步对具有外界弱的周期扰动 FHN 神经元模型中由脉冲激励所产生的大振幅振荡的主频率和没有加弱激励的原可兴奋性神经元的由脉冲激励所产生的大振幅的振荡的主频率进行比较，可得到这两个值近似相等。这表明具有弱的周期扰动的可兴奋性神经元在不放电区域和原系统有许多相类似的可兴奋动力学特性，这是选取外界弱的周期扰动对可兴奋性神经元相关共振进行调控的主要原因。

6.4.3　可兴奋性神经元中相关共振的调控

　　外界弱周期扰动具有诱发和抑制 FHN 神经元模型中临界放电值的作用。从而弱的周期扰动能够用于调节系统的分岔参数 b 和临界放电值之间的距离，这个距离对可兴奋性神经元的相关共振有显著的影响。在这些结果的启发下，我们将用弱的外周期扰动对相关共振的效用进行调节。白噪声 $\xi(t)$ 被加到式（6-11）的右端：

$$\begin{cases} \varepsilon \dfrac{dv}{dt} = v(v-a)(1-v) - w + r\sin(2\pi f t), \\ \dfrac{dw}{dt} = v - w - b + D\xi(t). \end{cases} \qquad (6\text{-}12)$$

式中，参数 ε=0.005，a=0.5，r=0.008，$\langle \xi(t) \rangle = 0$，$\langle \xi(t)\xi(s) \rangle = \delta(t-s)$，$D$ 为噪声强度，参数 b=0.19。

　　首先外界弱的周期扰动的频率取为 f = 2.0 来增强相关共振的效果。此处所选择的参数 b 和 f 的值在图 6-23 所示放电临界值的下方，从而具有外界弱的周期扰动的可兴奋性 FHN 神经元处在不放电的可兴奋区域内。

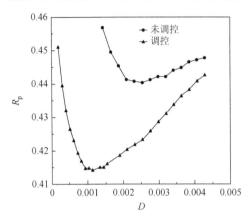

图 6-24 可兴奋性神经元中加调控和未加
调控的标准偏差 R_p 随着噪声强度的变化情况
未加调控的情形为 $b=0.19$，加调控情形为 $b=0.19$，$f=2.0$

分别计算加调控和未加调控的情形下在不同噪声强度下峰峰间期序列的标准偏差 R_p，结果如图 6-24 所示。在每个噪声强度下，对随机微分方程 50 次的实现以用来计算加调控和未加调控情形下峰峰间期序列标准差 R_p 的值，结果如图 6-24 所示。通过比较这两个情形，可以得到，对于控制的情形，R_p 随着噪声强度变化曲线的最小值移到一个更小的值处，并且最优噪声强度值也在减小，这种变化是相当显著的。因此，弱的周期扰动可用来诱发相关共振，促使相关共振的效果。而产生这种作用的原因是外界弱的周期扰动能够将临界放电值改变到一较小的值处，这导致分岔参数 b 给定的值与临界的放电值之间的距离减小。设想可兴奋性系统可利用的外界或内噪声强度的大小是有限的，此处提出的外控制相关共振的方法能够用来在较小的噪声强度下，在可兴奋系统中获得相关共振的作用。

另外，在一些环境下，神经元要用不规则的或者混沌的放电来传输信息，这种弱的周期扰动能否用来对相关共振的发生进行抑制呢？在上节的研究中指出弱的周期扰动可以延迟临界放电值，从而可用这种方法对相关共振进行一些调节。为了这个目的，在式（6-11）中，取参数 $b=0.19$，而扰动的频率取为 $f=7.8$，如图 6-23 所示，在这个扰动频率下可兴奋系统的临界放电值被抑制。同时，在这些参数条件下，受弱的周期扰动的 FHN 神经元也处于不放电的可兴奋区域。分别计算加调控和未加调控情形下 R_p 的值随着噪声强度变化的情形，结果如图 6-25 所示。通过比较图 6-25 所示的两种情形，可得到最优噪声强度得到了一定程度的减小，相关共振的发生得到了抑制，造成这种效果是由于这个频率下弱周期扰动对临界放电值的抑制作用。

总之，在本节所提出的外控制的方法可用来对相关共振进行调控，也就是促使或抑制相关共振的发生。可

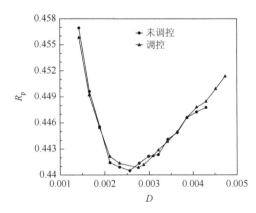

图 6-25 可兴奋性神经元中加调控和未加调控的标准偏差 R_p 随着噪声强度的变化情况

以看到,用这种弱周期的扰动的方法对相关共振进行调控的方法对增进相关共振的效用具有很大的作用,并且这种方法也可用来对可兴奋性神经元中的相关共振进行一定程度的抑制。如果对于一可兴奋性系统可利用的外界噪声强度是有限的,可通过对可兴奋性系统施加这种外控制方法来在较小的噪声强度下得到相关共振的效果。当神经元在实际的生理背景中运行,它总是会接受到各种各样的外界的信号,外界的这种周期信号会对神经元的信息处理产生一定影响。

这些结果表明,对可兴奋性系统相关共振进行调控的方法同样可用来对于更复杂的考虑各种离子通道活动的神经元中相关共振进行调控。

(龚璞林　徐健学　谢　勇　康艳梅)

6.5　HR 神经元模型在激变点邻域内的相关共振

关于神经元模型在分岔参数改变后,混沌、激变的产生也有大量的报道。在这些文献中提到的分岔点、激变点的邻域内或者混沌区域内,系统的动力学特性发生了质的变化。当神经元模型的分岔参数位于激变点的邻域内或者位于混沌区域内时,相关共振能否发生? 此节阐述相应的新进展。

6.5.1　HR 神经元模型中的激变现象

当外加电流强度 I 作为分岔参数时,HR 模型可以出现激变现象,如图 6-26 所示。图 6-26 中 x_m 表示膜电位 x 在某个参数值下所达到的最大值。图 6-26 中的小窗口表示系统分岔图在[3.30, 3.34]区间内的局部放大,可以看到系统经历一个倍周期分岔过程通向混沌。当 $I \approx 3.2958$ 时,混沌吸引子的尺度突然变化,发生了内部激变。

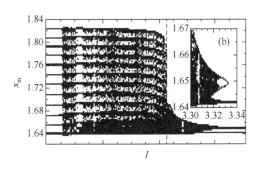

图 6-26　HR 神经元模型的分岔图

6.5.2　HR 神经元模型在内部激变点邻域内出现相关共振

当 HR 神经元模型发生内部激变后,在激变点的两侧存在大小不同的混沌吸引子,这时如果系统的分岔参数受到内噪声的摄动,会在激变点的两侧随机变化,进而使得系统的运动轨道在激变点两侧大小不同的混沌吸引子之间随机跃迁,考察这种随机跃迁是否可以诱发相关共振现象,这里取参数 $r=0.0021$。在膜电位方程的右边加上噪声,即如下的随机微分方程:

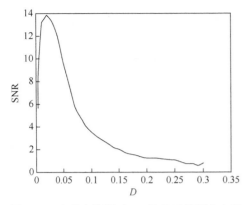

$$\begin{cases} \dot{x} = y - ax^3 + bx^2 - z + I + \sqrt{2D}\xi(t), \\ \dot{y} = c - dx^2 - y, \\ \dot{z} = r[s(x - x^*) - z]. \end{cases}$$

$$(6\text{-}13)$$

数值模拟随机微分方程（6-13），积分步长取 $\Delta t = 0.001$，在得到系统响应后，计算响应的信噪比。在内部激变点的邻域内时，计算系统响应的信噪比 SNR 随噪声强度变化的情况，计算结果如图 6-27 所示。由图 6-27 可以看出，随着噪声强度的增加，SNR

图 6-27　在噪声作用下 HR 神经元模型在内部激变点邻域内响应的信噪比随噪声强度的变化关系

逐渐增加达到峰值后又减小，呈现出了典型的共振特性。这表明 HR 神经元模型当其控制参数在内部激变点的邻域内时，在内噪声的作用下，可以发生相关共振。

6.5.3　HR 神经元模型在内部激变点邻域内相关共振的机制分析

　　由于在激变点的两侧存在不同的吸引子，系统受到噪声的作用后，由方程（6-13）可以看出，噪声对控制参数 I 产生扰动，使得 I 发生随机变化。在噪声的扰动下，控制参数的改变使得系统的运动在激变点两侧的不同吸引子进行随机跃迁。

　　为了研究 HR 神经元模型在激变点邻域内由噪声诱导的在激变点两侧的不同混沌吸引子之间的随机跃迁的频率，计算了在 3 种不同强度的噪声作用下 HR 神经元系统响应的功率谱，结果如图 6-28 所示。可以看出，在这 3 种噪声摄动下，HR 神经元系统响应的功率谱都在某一个特定的频率（计算结果表明该频率只与系统本身有关，而与噪声的大小无关）处出现了峰值。也就是说，随机跃迁的频率自发地与这一特定的频率相一致，发生了相关共振。

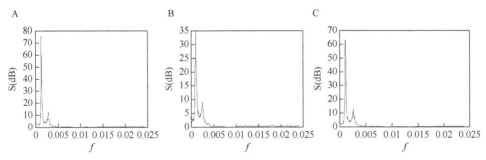

图 6-28　HR 神经元模型内部激变点邻域内在内噪声作用下的响应的功率谱

$r = 0.0021, I = 3.29, a = 1.0, b = 3.0, c = 1.0, d = 5.0, x^* = -1.6, s = 4$，图 A 中 $D=0.06$，图 B 中 $D=0.02$，图 C 中 $D=0.09$

（靳伍银　张广军　徐健学　谢　勇　康艳梅　吴　莹　洪　灵）

6.6　噪声对感觉神经元活动的影响

随机共振中有三个要素：非线性系统（双稳态或多稳态）、输入信号和噪声。根据噪声的来源，SR 分为内 SR 与外 SR；根据信号的特点，SR 分为周期 SR、非周期 SR 和自 SR（无外加信号）。传统意义的 SR 是指在外噪声条件下，周期性信号时发生的 SR。无外加周期信号时，仅有噪声，具有阈下振荡能力的系统可发生自随机共振（ASR），输出信号与振荡的相关性和 SR 中信噪比的变化相似。

近几十年的研究表明，自然界许多系统，包括生物系统中从感觉神经系统、神经通路到生理心理学，都可能存在 SR。在整个神经系统，尤其感觉神经系统，在对信号的检测、传递、加工及反馈的过程中背景噪声广泛存在，这种噪声的存在并不仅仅是干扰作用。从数学模型上，对离子通道、单个和多个神经元及神经元胞体和突起的系统进行了研究，确实存在各种情形的 SR。在实验中也发现了包括触压觉、听觉、视觉的感觉神经系统、生理心理、大脑及神经通路都存在 SR 现象，这说明神经系统能利用噪声提高对信号的检测。这在探索神经信息编码机制中，为揭示神经系统功能活动的奥秘引入了重要的线索，提供了新思路。近年来，生物学实验室已从分子水平到细胞水平，整体水平各层次证明神经系统存在 SR，下面将从各研究水平展开阐述。

感觉系统包括眼、耳、口、鼻等特殊感觉器官，躯体一般感觉感受器、相关的感觉传入通路及感觉中枢。其中感觉器官与感受器处于充满噪声的环境，但却能提取弱信号并具有从干扰中分辨重要信息的能力，这个过程中可能有 SR 的参与。那么，SR 在感觉障碍等疾病的治疗学中极可能有指导意义。现有研究表明，眼球的震颤如同噪声可以提高枕叶视皮层视觉响应的精确性（Henning et al.，2002）。而听神经的自发活动可看作内噪声，听力丧失时，内噪声也降低。在全聋者耳蜗移植后外加噪声刺激，可提高对声波信号的频率分辨。但对听力正常者，这种促进作用很微弱（Chatterjee et al.，2002）。龙虾在充满噪声的海洋环境中辨别到捕食动物的游动可能也与噪声的积极作用有关（Levin et al.，1996）。Collins 等（1996）结合心理学及生理学检测健康人手指部位的触觉，在未看到的情况下受试对象对感觉的具体部位做出判断，以正确率为实验指标，同时给予其他无关刺激信号即输入噪声，结果随着噪声强度增加，研究对象的感觉准确率显著增加，达到最高值以后又开始下降，由此巧妙地证明噪声可促进人体对触觉敏锐精确的感知。

考虑到离子通道的特点，在通道水平极有可能发生 SR。电压门控离子通道具有两个状态：开放与关闭。通道始终在两者之间转变，而这种转变必然受通道自发开闭形成的背景噪声或内噪声的影响。在离子通道水平，噪声的作用难以通过生物试验直接观察。Bezrukov 等（1995，1997）用 L-αdiphytanoyl 卵磷脂制成双分子膜，以 peptide alamethicin 制成人工电压门控离子通道，以此模型进行了一系列的研究，证实通道水平存在 SR 现象。向模型输入正弦信号后，在无噪声的情况下，根据通道形成的比例和跨膜电位的改变，Bezrukov 可以准确预测到系统的响应。但一旦给予外加噪声，输出信号强度显著增强。外噪声的增加既增加了输出信号的强度也增加了噪声的强度，但信号增加得更多。在神经元的数学模型上给予并增强噪声，也能观察到通道受噪声的作用增加了开放的概率。

已知在数学模型神经元中，一定水平的噪声可优化系统的信息传递。其实噪声输入对模型神经元还有另外一个作用，即促进阈下膜电位振荡（subthreshold membrane potential oscillation，SMPO）的出现。近年来在神经科学的研究中逐渐发现，部分神经元本身就具有内在的、规律的 SMPO，而且其放电为高度有序的规律模式。

在中脑内嗅皮层，丘脑神经元都具有 SMPO。以此类神经元建立的模型已证实了随机变化的电流噪声有助于放电的规律性并促进高度有序的放电间期序列的形成。这表明通道随机变化而产生的电流噪声对细胞及神经元网络水平的活动有重要影响。Stacy 等以海马为研究对象进行了一系列研究。在海马 CA1 区，神经元接受数以万计的突触输入，可看作生理环境下神经元的内噪声。对于处于网络中的神经元，大量协同的兴奋性突触联系使细胞去极化，此为阈下信号源。但对于树突远端的信号，由于树突距离胞体较远，因此树突远端的突触后电位在传导中逐渐衰减以至小到对胞体的突触整合无作用。但是因为大量无序微弱的内噪声存在，可能极大地增加了胞体对树突远端突触后信号的整合效率，提高了细胞对阈下信号的响应（Stacy and Durand，2000，2001）。实验中，噪声从与 CA1 神经元有联系的纤维远端输入，Stacey 等观察到噪声增加了海马对弱的周期性输入信号的响应，但一旦切断此联系，则此作用消失，提示噪声的效应促使海马神经元对弱信号的提取。同时他们用数学模型模拟一组 CA1 细胞，在噪声下出现放电同步化，这与真实的海马行为惊人地相似。众所周知，海马神经元参与记忆的形成提取，并且与癫痫的发生关系密切，SR 的存在对进一步了解神经系统功能活动的生理及病理机制有着重要的意义，而且对治疗神经系统疾病提供了新的思路。综上所述，在神经系统，SR 普遍存在。各个研究水平均证实生物体具有利用噪声的能力，能够在噪声中分辨提取弱信号。

虽然在不同的单细胞神经元数学模型上发现了模式丰富的 SR 现象，但由于实验技术的局限性，一直没有得到生物实验的直接验证。对应于非线性双稳态系统，神经元恰好也具有静息和放电两种状态。事实上，在阈下水平部分神经元并非完全静息，而是表现为阈下膜电位振荡，而动作电位也是在振荡的基础上发生的，因此放电间期与振荡间期相呼应。对这类模型神经元，即使无外在周期性信号输入时，增加适当强度的噪声也可促进高度有序的放电产生，即发生了自随机共振（ASR）。Xing 和 Hu 在对背根节（DRG）感觉神经元放电模式的研究中发现部分中小体积的 DRG 神经元具有阈下膜电位振荡（SMPO），而且在慢性压迫痛模型中具有 SMPO 的感觉神经元比例显著增加。此类神经元呈现超兴奋状态，自发放电率明显增高。受损后 DRG 神经元的阈下电活动受到来自周围环境的各种刺激包括炎性因子等的作用，形成了丰富的内噪声。这表明受损神经元有可能在内噪声的协助下自发放电，进而达到超兴奋的状态。我们实验室以新鲜离散的受损 DRG 神经元为标本，单细胞膜片钳记录膜电位值，输入高斯白噪声，以研究噪声对 DRG 神经元的放电阈值及放电模式的影响（Wang et al.，2011）。在 DRG 神经元中，中等细胞（细胞直径在 30～50μm）及小细胞（<25μm）与痛觉相关，因此本实验室以中小细胞为研究对象，在给予较小强度的刺激后，约有 40%的中小细胞在去极化后出现 SMPO。在更强刺激下，会发生与振荡节律一致的放电（图 6-29）。

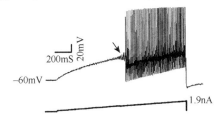

图 6-29 DRG 神经元在去极化后出现 SMPO 和与 SMPO 节律一致的放电

为了观察细胞在连续去极化刺激下，在不同的膜电位水平所具有的阈下及阈上反应，我们实验室采用斜波刺激。伴随斜波刺激，辅以外加随机噪声。噪声的强度为 4 个级别，分别是 30 pA r.m.s、60 pA r.m.s、90 pA r.m.s 和 120 pA r.m.s（r.m.s 即 root-mean-square，均方根）。由于细胞之间的输入电阻不同，噪声引起的电压变化幅度也有差异，一般以细胞的电压变化不超过 5mV 为宜。观察指标包括动作电位数目、阈电位和 SMPO 的变化。当噪声伴随斜波刺激共同输入细胞，可发现具有 SMPO 和无 SMPO 的细胞对叠加了噪声的信号反应完全不同。无 SMPO 的细胞中，部分大中细胞放电数极少，给予很大的较长时间的电流刺激也只引起 1～2 个动作电位。这类细胞即使在增加了噪声刺激后，放电数目及阈电位水平也无改变。反观具有 SMPO 的神经元，则在噪声作用下发生比较明显的电活动改变。DRG 神经元的 SMPO 一般为簇状或规律，因此放电模式也为簇状或规律。在给以我们实验室软件编制的随机噪声前，斜波刺激下细胞表现为在去极化程度较低的膜电位水平出现 SMPO，随着膜电位水平去极化程度增加，动作电位有可能随即爆发（图 6-30，图 6-31）。

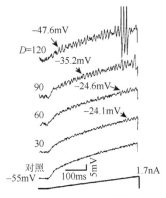

图 6-30 噪声强度对阈下膜电位振荡的典型结果

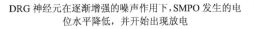

DRG 神经元在逐渐增强的噪声作用下，SMPO 发生的电位水平降低，并开始出现放电

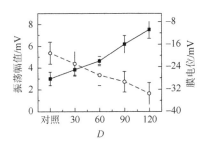

图 6-31 噪声强度对阈下膜电位振荡影响的统计分析

在噪声的作用下，振荡产生的膜电位水平逐渐降低，振荡幅值逐渐增大

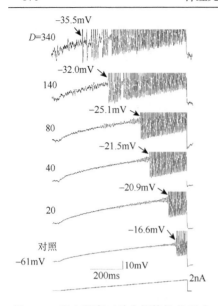

图 6-32　噪声强度对放电规律性的影响

在噪声的作用下，规律放电产生的膜电位水平
逐渐降低，但噪声强度过大时，放电的
规律性被破坏

给予噪声后，SMPO 出现的膜电位去极化程度显著降低，动作电位爆发的电位水平随之发生变化。而且放电模式与振荡模式基本一致，为规律或簇状。噪声强度逐渐增大后，SMPO 和动作电位爆发的电位水平进一步降低。但噪声强度一旦过强，SMPO 和动作电位就失去了原有的规律性，意味着噪声逐渐掩盖了神经元欲传递的信号，信噪比开始降低。虽然在单个细胞上无法获得大量数据以计算信噪比的变化进而证实该现象为 SR，但实验现象提示在单个神经元，信噪比的变化趋势确实符合 SR，详见图 6-32。

通过进一步实验论证，持续性钠电流（I_{NaP}）参与介导神经元阈下膜电位振荡的 SR 过程（图 6-33）。当用 TTX 阻断 I_{NaP} 后，在一定强度范围内，增强噪声不再引起阈下膜电位振荡，也不能引起放电序列的 SR现象。这一实验结果说明噪声通过激活与增强神经元的 I_{NaP}，促使阈下膜电位振荡的形成，进而导致 SR 现象，提示相关离子通道电流的活动变化可能成为神经元随机共振的生物学基础。

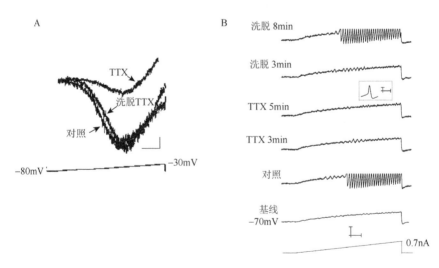

图 6-33　I_{NaP} 介导噪声引起的阈下膜电位振荡

图 6-33A 为应用斜波去极化（–80～–30mV）引起的 I_{NaP} 曲线，分别显示对照、局部应用 TTX 和洗脱 TTX，其坐标 X 为 200ms，Y 为 40pA。图 6-33B 为 TTX 对噪声引起阈下膜电位振荡和放电的作用。依次从底部向上，基线（Base）表示注入斜波电流（从零增大到 0.7nA）时的膜电位；对照（control）表示加入固定强度（60 pA r.m.s.）噪声对同样斜波电流（与基线相同）的作用，引起明显的膜电位振荡和重复放电（峰电位被削平，坐标 X 为 20mV，Y 为 50ms）；向上第 3 条和第 4 条曲线分别显示局部施加 TTX（100nmol/L）3min 与 5min 时的记录，大部分膜电位振荡与放电消失，然而胞内施加较强单个电脉冲刺激仍可引发放电（见插入方框图例，其时标为 5ms，膜电位为 20mV）；向上第 5 条和第 6 条曲线分别为洗脱 TTX 后第 3min 和第 8min 的记录曲线，斜波去极化又可引起阈下膜电位振荡和重复放电。

（王玉英　文治洪　邢俊玲　胡三觉）

参 考 文 献

彭建华，刘延柱. 2003. 脑科学中若干非线性动力学问题. 力学进展，33（3）：325-332.

Aguirre J，Viana RL，Sanjuan MA. 2009. Fractal structures in nonlinear dynamics. Reviews of Modern Physics，81（1）：333-386.

Alexander JC. 1990. On the resonance structure in a forced excitable system. SIAM J Appl Math，50：1373-1391.

Benzi R，Sutera A，Vulpiani A. 1981. The mechanism of stochastic resonance. J Phys A，14：L453-L457.

Bezrukov SM，Vodyanoy I. 1995. Noise-induced enhancement of signal transduction across voltage-dependent ion channels. Nature，378：362-364.

Bezrukov SM，Vodyanoy I. 1997. Signal transduction across alamethicin ion channels in the presence of noise. Biophysical Journal，73：2456-2464.

Chatterjee M，Robert ME. 2001. Noise enhances modulation sensitivity in cochlear implant listeners：stochastic resonance in a prosthetic sensory system？ J Assoc Res Otolaryngol，2（2）：159-171.

Collins JJ，Chow CC，Imhoff TT. 1995a. Aperiodic stochastic resonance in excitable systems. Phys Rev E，52：3321-3324.

Collins JJ，Chow CC，Imhoff TT. 1995b. Stochastic resonance without tuning. Nature，376：236-238.

Collins JJ，Imhoff TT，Grigg P. 1996. Noise-enhanced tactile sensation. Nature，383：770.

Gammaitoni L，Löcher M，Bulsara A，et al. 1999. Controlling Stochastic Resonance. Phys Rev Lett，82：4574-4577.

Gong PL，Xu JX. 2001. Global dynamics and stochastic resonance of the forced FitzHugh-Nagumo neuron model. Phys Rev E，63：031906.

Gong PL，Xu JX，Hu SJ. 2002. Resonance in a noise-driven excitable neuron model. Chaos Solitons and Fractals，13（4）：885-895.

Gong YF，Xu JX，Hu SJ. 1998. Stochastic resonance：When does it not occur in neuronal models？ Phys Lett A，243（5-6）：351-359.

Hale JK. 1991. Dynamics and Bifurcations. New York：Springer-Verlag.

Han SK，Yim TG，Postnov DE，et al. 1999. Interacting coherence resonance oscillators. Phys Rev Lett，83：1771-1774.

Henning MH. Kerscher NG，Funker K，et al. 2002. Stochastic resonance in Visual cortical neurons：does the eye-tremor actually improve visal acuity？ Neurocomping，（44-46）：115-120.

Hsu CS. 1992. Global analysis by cell mapping. International Journal of Bifurcation and chaos，2：727-771.

Kopecz K，Schöner G，Spengler F，et al. 1993. Dynamic properties of cortical evoked（10Hz）oscillations：theory and experiment. Biological Cybernetics，69（5-6）：463-473.

Lechner HA，Baxter DA，Clark JW，et al. 1996. Bistability and its regulation by serotonin in the endogenously bursting neuron R15 in Aplysia. J Neurophysiol，75（2）：957-962.

Levin JE，Miller JP. 1996. Broadband neural encoding in the cricket cercal sensory system enhanced by stochastic resonance. Nature，380：165-168.

Liljenstrom H，WU XB. 1995. Noise-enhanced performance in a cotical associative memory model. International Journal of Neural Systems，6（1）：19-29.

Longtin A. 1993. Stochastic resonance in neuron models. J Stat Phys，70：309-327.

Longtin A. 2000. Effect of noise on the tuning properties of excitable systems. Chaos，Solitons and Fractals，11：1835-1848.

Longtin A，Bulsara A，Moss F. 1991. Time-Interval sequences in bistable systems and the noise-induced transmission of information by sensory neurons. Phys Rev Lett，67（5）：656-659.

Mainen ZF，Sejnowski TJ. 1995. Reliability of spike timing in neocortical neurons. Science，268：1503-1506.

McDonald SW，Grebogi C，Ott E，et. al. 1985. Fractal basin boundaries. Physica D，17（2）：125-153.

McNamara B，Wiesenfeld K，Roy R. 1988. Observation of stochastic resonance in a ring laser. Physical Review Letters，60：2626-2629.

Moon FC，Li GX. 1985. Fractal basin boundaries and Homoclinic orbits for periodic motion in a 2-well potential. Physical Review Letters，55（14）：1439-1442.

Mori T，Kai S. 2003. The human brain uses noise. In：Bezrukov SM. Unsolved problems of noise and fluctuations：UpoN 2002：Third International Conference.

Nozaki K，Yamamoto Y. 1998. Enhancement of stochastic resonance in a Fitzhugh-Nagumo neuronal model driven by colored noise. Phys Lett A，243：281-285.

Parker TS，Chua LO. 1989. Practical Numerical Algorithms for Chaotic Systems. Berlin：Springer-Verlag.

Pei X，Bachmann K，Moss F. 1995. The detection threshold，noise and stochastic resonance in the FitzHugh-Nagumo neuron model. Phys Lett A，206：61-65.

Seoane JM，Sanjuan MAF. 2013. New developments in classical chaotic scattering. Reports on Progress in Physics，76（1）：016001.

Siegel R. 1990. Nonlinear dynamical system theory and primary visual cortical processing. Physica D，42：385-395.

Soliman MS，Thompson JM. 1992. Global dynamics underlying sharp basin erosion in nonlinear driven oscillators. Phys Rev A，45（6）：3425-3431.

Stacy WC，Durand DM. 2000. Stochastic resonance improves signal detection in hippocampal CA1 neurons. J Neurophysiol，83（3）：1394-1402.

Stacy WC，Durand DM. 2001. Synaptic noise improves detection of subthreshold signals in hippocampal CA1 neurons. J Neurophysiol，86：1104-1112.

Wang YY，Wen ZH，Duan JH，et al. 2011. Noise enhances subthreshold oscillations in injured primary sensory neurons. Neurosignals，19（1）：54-62.

第7章 神经元活动的阈下膜电位振荡

7.1 背根节神经元阈下膜电位振荡引发重复放电

神经元的重复放电是传递神经信息的基本方式，近年围绕其发生机制有了较为深入的研究，发现不同方式的刺激分别通过去极化直接引发重复放电，或者经后去极化电位及反跳电位等过程引起重复放电（Wilcox et al.，1988；White et al.，1989；Viana et al.，1993），这说明快速去极化是产生重复放电的基本条件。然而在缓慢去极化过程或者相对平稳的去极化水平上，重复放电如何产生仍不清楚。我们早期在大鼠背根节 A 类神经细胞应用全细胞膜片钳记录研究发现，在缓慢或相对平稳的去极化过程产生的膜电位振荡可以引发重复放电，证明阈下膜电位振荡构成重复放电产生的基础（胡三觉等，1997）。

实验选用正常大鼠的离体背根节 A 类神经元，通过微电极进行胞内记录，显示膜电位变化。之后分别输入不同幅度去极化方波或不同上升斜率的去极化方波作为刺激电流，观察与分析膜电位振荡的出现及其与重复放电的关系。对 64 个直径为 30～35μm 的背根节细胞进行检测发现，其膜电位在−70～−40mV 变动。经胞内注入较小的去极化电流，当膜电位减小到−37.1(−51～−27)mV 时，多数细胞的膜电位出现不规则的微小振荡。该膜电位振荡的幅度不等，多数为 7.85(5.02～14.60)mV；波宽差异较大，为 25.70(17.85～42.00)ms，相当于 38.9(23.8～56.0)Hz。进一步增大去极化电流强度，便可以引发重复放电（图 7-1A，图 7-1B），这表明产生膜电位振荡的阈值水平低于重复放电。用 N 型钙通道阻断剂 ω-conotoxin 抑制重复放电的产生，可见在相当大的去极化范围内出现膜电位振荡，其幅度与频率随去极化的程度而增加，时而有阵发起伏的变化（图 7-1C）。

在去极化诱发重复放电的过程中，可见到 4 种放电类型（图 7-2）：①即刻规则型，去极化即刻引起规则重复放电；②不规则型，重复放电以不规则的间隔出现；③延迟渐增型，去极化延迟一段时间后，膜电位振荡逐渐增幅形成由低到高的重复放电；④延迟突变型，去极化延迟一段时间后突然产生重复放电。除了即刻规则型外，在后三种类型的重复放电之前显示了膜电位振荡现象。根据 894 次实验记录曲线（其中延迟渐增型 488 次，延迟突变型 406 次）的统计，有 740 次（占 82.8%）可见到重复放电前的膜电位振荡（图 7-2C 和 D）。

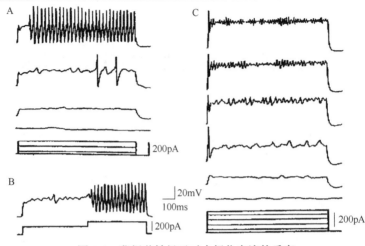

图 7-1　背根节神经元对去极化电流的反应

A，B. 随着注入去极化电流的增强，膜电位振荡首先出现，进而招致重复放电的发生；C. 应用 ω-conotoxin
（1μmol/L）可显示膜电位振荡频率和幅度与去极化电流强度的关系，其中膜电位振荡频率增加较明显。神经元的
基础膜电位固定在−60mV

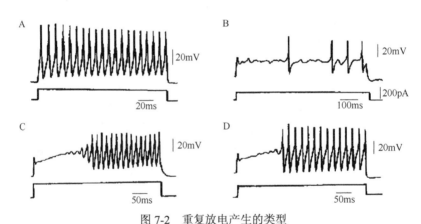

图 7-2　重复放电产生的类型

A. 即刻规则型；B. 不规则型；C. 延迟渐增型；D. 延迟突变型

选定适当的胞内去极化电流强度，采用逐步减小去极化强度上升斜率，相应延长去极化上升时程的方式，可以观察到膜电位振荡出现，增幅与引发重复放电的动态过程。当去极化强度上升斜率较大时，在重复放电前面出现数个幅度渐增的振荡波（图 7-3A 从上至下，第 5 条曲线）。随着去极化强度上升斜率稍减小，去极化强度上升时程延长，原幅度较高的振荡波已转变成为低幅峰电位，紧随的振荡波又明显增大（第 4 条曲线）。接着继续上述步骤可见到振荡波相继增幅，形成新的低幅峰电位，再发展成等幅峰电位，重复放电的数目相应增加（第 1～3 条曲线）。图 7-3B 显示的是膜电位振荡引发延迟突变型重复放电的过程，除了见到上述类似的振荡波出现与增幅过程外，还见到振幅波顶部触发锋电位的瞬时过程（第 1 条及第 3 条曲线）。

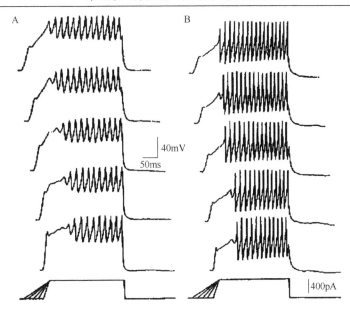

图 7-3 DRG 神经元对注入具有斜波去极化电流的动态反应过程

A. 膜电位振荡产生延迟上升振幅的重复放电；B. 延迟快速重复放电。从曲线底部到顶部，注入去极化电流的斜率逐渐减小，上升时间逐渐增加

对出现重复放电的细胞用含 TTX（0.1μmol/L）的溶液灌流，可消除重复放电，保留膜电位振荡（图 7-4A）。对只出现膜电位振荡的细胞用无钙的溶液灌流，可使膜电位振荡几乎完全消除（图 7-4B）。若对出现重复放电的细胞用无钙或含钙通道阻断剂 $CoCl_2$（1mmol/L）溶液灌流，在消除膜电位振荡的同时也使重复放电不再发生（图 7-4C 和 D）。

因此，在背根节正常细胞观察到的膜电位振荡，有着与去极化程度相关和钙依赖性两个显著特点，可以认为是去极化引起了膜的钙依赖性电位振荡。本节观察到的不规则型重复放电的间隔时间及延迟型重复放电前的延迟时间，可以超过数百毫秒，期间膜电位水平相对平稳，表明这种重复放电的产生与快速去极化过程无直接关系。然而，在这些间隔或延迟期间，多数有膜电位振荡的出现（图 7-2），这与在三叉神经节细胞和促黑素细胞看到的重复放电与膜电位振荡伴随出现（Puil and Spigelman，1988；Viana et al.，1993）的情况相似，提示重复放电的产生与膜电位振荡有密切关系。本实验还证实，用钙通道阻断剂 $CoCl_2$ 消除膜电位振荡的同时，也可以使重复放电不再发生，类似的现象在黑质致密部也有过报道（Valentijn et al.，1991），这强烈提示膜电位振荡可能构成重复放电发生的基础。更为重要的是，本研究采用缓慢去极化电流刺激，直接观察到膜电位振荡由出现、增幅到引发重复放电的动态过程，其中包括两种方式：一为增幅振荡，即膜电位振荡幅度逐渐增大发展成低幅峰电位，再增幅成等幅峰电位，其间无明显界

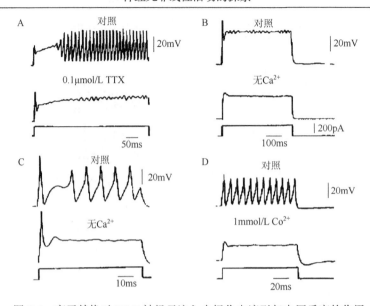

图 7-4　离子替换对 DRG 神经元注入去极化电流引起电压反应的作用

A. TTX 阻断重复放电后的膜电位振荡；B. 无 Ca²⁺ 液抑制膜电位振荡；C，D. 当膜电位振荡被无 Ca²⁺（C）或 Co²⁺（D）抑制时，重复放电也被取消

限（图 7-3A）；二为增幅触发，即膜电位振荡的去极化波动达到一定程度，直接触发"全或无"式峰电位（图 7-3B）。至此，可以认为，部分背根节神经元在缓慢去极化至一定程度或者去极化至一定相对平稳水平，能够产生持续的膜电位振荡；该振荡达到一定幅度和速率便可触发峰电位，进而形成重复放电。

（胡三觉　陈丽敏）

7.2　受损神经元的阈下膜电位振荡

　　外周神经损伤或炎症所致的神经病理痛模型，在初级感觉神经元发生的主要电生理变化就是异位自发放电的产生，这标志着神经元兴奋性的异常增高，即神经元处于超兴奋状态。同时，这些自发放电成为动物自发痛、痛过敏及触诱发痛等异常痛行为的起源（Nordin et al.，1984；Yoon et al.，1996），可以看作一种慢性痛信号。在早期，上述异位自发放电的观察来自于细胞外记录，因此对其发生的细胞膜电位基础并不十分清楚。随着细胞内记录工作的开展，我们在损伤的背根节神经元观察到了在静息膜电位水平出现的一种持续高频低幅的膜电位波动现象——阈下膜电位振荡，并对这一电生理变化的特征及其与异位自发放电乃至神经元兴奋性的关系做了进一步探讨。

　　在 CCD 模型成功创建的基础上，我们将 DRG 整节取出，仔细撕除表面被膜后，对神经元进行细胞内记录。结果显示，当微电极进入 DRG 细胞内时，多数神经元表现稳定的静息膜电位[(−58.8±8.1)mV，N=144]。在少数神经元，可见膜电位的高频低幅波动现象，即 SMPO。在记录到 SMPO 的神经元常伴随出现自发放电活动，该 SMPO 的出现率在受损 DRG 神经元中为 14.9%（97/650），显著高于正常神经元组（2.7%，2/75）。在 97 个受损后出现 SMPO 的神经元中除 4 个为 C 类神经元外，其余均为 A 类神经元，其传导速度在 4.2～36.1m/s，以下主要对受损 DRG A 类神经元的 SMPO 进行分析。受损 DRG 神经元 SMPO 的型式可分为：①规则型，该振荡呈连续正弦样周期变化，频率、幅值较均一。其频率为 34～177Hz，平均频率为(86±26)Hz，平均幅值为(3.3±1.7)mV（图 7-5A）。②梭型，振荡幅值由小逐渐增大再变小的梭形变化过程，其最大振荡幅值可达 10mV，梭形振荡的时程及间歇时间变异较大，分别为 0.07～1s 和 0.05～2s（图 7-5B）。③不规则型，振荡的频率、幅度呈现不规则变化，可持续出现也可间隔一段时间呈阵发样出现（图 7-5C）。在检测的 93 个有 SMPO 的 A 类神经元中，梭型 SMPO 所占比例为 43%（40/93），规则型为 19.4%（18/93），不规则型为 37.6%（35/93）。

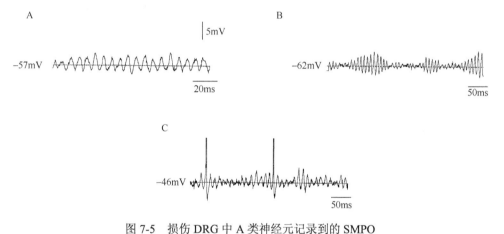

图 7-5　损伤 DRG 中 A 类神经元记录到的 SMPO

A. 规则 SMPO；B. 梭型 SMPO；C. 不规则 SMPO
3 条曲线中，纵轴图标统一如 A 图所示，横轴坐标已各自标出

　　由于有 SMPO 的神经元几乎均同时伴随自发放电，提示该类神经元产生动作电位的能力较强。将神经元分为受损后有 SMPO、受损后无 SMPO 及正常 DRG 神经元（该组神经元中产生 SMPO 的概率仅占 1.5%故未再进一步分组）三组后，我们分别对其刺激阈值及适应性进行检测。受损 DRG 有 SMPO 神经元与无 SMPO 神经元的动作电位阈值分别为(0.9±0.1)nA（N=18）、(2.2±0.4)nA（N=55），均较正常 DRG A 类神经元动作电位阈值(3.6±0.9)nA（N=20）显著降低（P<0.01）。而在三组神经元中，受损 DRG 有 SMPO 的神经元阈值最低，与受损后无 SMPO 神经元之间也有显著性差别（P<0.01），表明具有 SMPO 的受损神经元的兴奋性最高（图 7-6A 和 B）。适应性检测表明，正常 DRG A

类神经元诱发动作电位数目为(3.2±1.1)spikes/200ms（N=12），显著低于损伤后无 SMPO 组(5.6±1.3)spikes/200ms（N=20，P<0.01）及有 SMPO 组(10.8±2.3)spikes/200ms（N=12，P<0.01）。而受损后有 SMPO 组神经元的动作电位数目远较无 SMPO 组高（P<0.01），表明有 SMPO 神经元的适应性减弱最为明显（图 7-6C 和 D）。

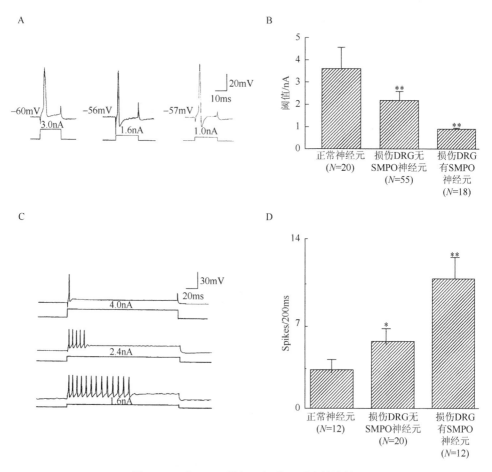

图 7-6　三组 DRG 神经元阈值及适应性比较

A. 细胞内电流注射（下面的去极化方波）诱发动作电位产生的阈值检测；B. 三组神经元阈值的统计比较；C. 细胞内持续 200ms 电流注射（下面的去极化方波）诱发放电串的检测（适应性检测）；D. 三组神经元适应性检测的统计比较

　　在受损 DRG 记录到 SMPO 的 93 个 A 类神经元中，90 个均同时出现异位自发放电。仔细观察可见，自发放电均起自 SMPO 的去极相（图 7-5C，图 7-7A，图 7-8）。局部应用 TTX（0.1～1μmol/L）阻断 SMPO，自发放电也不再出现（图 7-7B），但是正常的外周传入此时仍然存在（图 7-7C）。

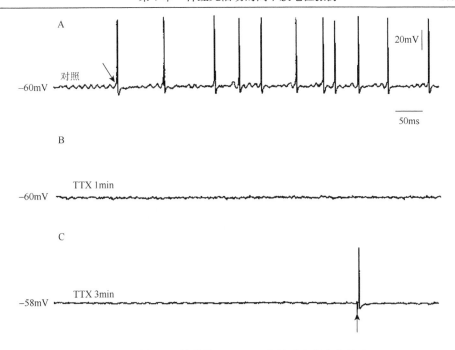

图 7-7　钠电导依赖性的 SMPO 及其基础上的自发放电

A. 不规则 SMPO 及自发放电；B. 50nmol/L TTX 抑制了 SMPO 的产生，自发放电也不再出现；C. TTX 加入 3min，
对 SMPO 及自发放电的抑制作用持续存在，但外周传入活动仍然可以在 DRG 胞体诱发动作电位

既然 DRG A 类神经元 SMPO 的存在与否决定了胞体异位自发放电是否产生，我们自然也很容易理解自发放电的模式依赖于 SMPO 的型式。以往在慢性压迫的 DRG 神经元观察到的不规则、周期、整数倍和阵发四种放电节律模式（Long et al.，1999；Song et al.，1999）分别与前述 SMPO 的三种型式相对应（图 7-8）：30 例不规则放电模式均在不规则 SMPO 基础上产生；19 例周期放电模式均在规则 SMPO 基础上产生；在 35 例阵发放电中，28 例发生于梭形 SMPO 基础上，即梭型振荡增大至一定幅值则有可能触发一个串放电。阵发放电大多为串放电所诱发的膜电位超极化所终止（图 7-8B），串放电后 SMPO 幅值逐渐减小进入振荡间歇期，之后出现下一个梭型 SMPO。此外，在 90 个自发放电神经元中，有 6 例较为特殊的整数倍放电，该模式我们将另辟章节进行介绍。

感觉神经元的超兴奋即膜兴奋性的显著升高与许多不同的电生理指标有着密切关系。近年，在不同感觉神经元超兴奋标本上，分别观察到钠电流增加（Zhang et al.，1997）、后放电的出现（Yakhnitsa et al.，1999）及自发放电（Nordin et al.，1984；Yoon et al.，1996；Matzer et al.，1994）等电生理变化。由于自发放电是一个易被观察的现象，而且在受损后自发放电的出现率高、时间存在长，因此在早期研究中常被作为超兴奋的主要标志。

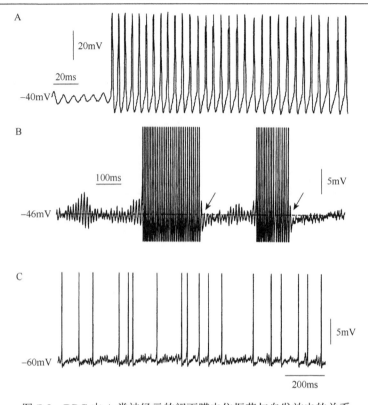

图 7-8　DRG 中 A 类神经元的阈下膜电位振荡与自发放电的关系

A. 规则 SMPO 基础上的周期放电；B. 梭型 SMPO 基础上的阵发放电（阵发放电结束时，振荡幅值显著减小）；
C. 不规则 SMPO 及不规则自发放电

　　神经元受损后出现的低幅高频的 SMPO 仅在十余年前逐渐为人们所认识。我们曾经较早在正常动物 DRG 的 A 类神经元观察到，去极化电流使膜电位减小到一定水平时出现振荡现象，进而在膜电位振荡基础上发生不同模式的放电（胡三觉等，1997）。进一步研究则明确观察到，在受损 DRG 神经元自发出现三种型式的 SMPO，且每一种 SMPO 型式分别与一定的异位自发放电模式相对应。此外，试验中还发现自发放电的动作电位均由 SMPO 的去极相触发产生，当局部应用低浓度或短时程 TTX 消除 SMPO 后，自发放电的峰电位不再产生，但仍然保留传导动作电位的能力，这一结果与 Amir 等（1999）的研究结果一致，提示自发放电对 SMPO 的依赖关系。上述结果表明，SMPO 的存在及型式决定了自发放电的产生与模式。此外，在对不同组神经元的 SMPO、阈值及其适应性三者的关系进行分析与比较的基础上，我们发现阈值及适应性这两个反映神经元兴奋性的指标均与 SMPO 有密切的联系，两者在有 SMPO 的神经元均显著降低，即神经元在静息电位水平表现有 SMPO 活动，则其兴奋性明显升高。我们也可以看到，在其他部位的初级感觉神经元，如在三叉神经中脑核神经元中，有 SMPO 的神经元对神

经营养因子引起的动作电位发放较没有 SMPO 的神经元增多,而有 SMPO 的 DRG
神经元表现对去甲肾上腺素高度敏感(Xing et al.,2003),这些现象从神经元对
化学物质刺激的反应性方面,提供了有 SMPO 神经元兴奋性升高的一个证据。此
外,有研究表明,有 SMPO 的神经元伴有阈电位水平的下降,SMPO 对外界即使
是很微小的变化也极为敏感,甚至发生频率共振。这些资料提示 SMPO 与兴奋性
异常升高之间存在密切的关系。综上所述,SMPO 是产生自发放电的前提条件,
而自发放电又是神经元超兴奋的主要指标,具有 SMPO 的神经元均显示较高的兴
奋性。可以推测 SMPO 不仅是异位放电产生的基础,而且反映了神经元超兴奋的
基本电生理变化。

感觉神经元的异位自发放电被认为是神经病理痛过程中引起自发痛、痛过敏及
触诱发痛的原因。这是由于异位传入冲动进入中枢,引起痛觉传导路某些部位如
脊髓的可塑性变化及中枢敏化。异位自发放电能够自发产生并持续存在,进而导
致慢性神经病理痛。至于异位自发放电何以能够自发产生并长期存在,其机制有
待探索。本研究观察到的 SMPO 可能是产生该现象的一个重要原因,因为神经元
的自发放电依赖于膜电位水平持续出现的 SMPO。可能由于损伤因素引起细胞膜离
子通道类型与性状的改变促成了 SMPO 的出现,进而导致不同模式异位自发放电的
产生。异位自发放电与正常感觉信号在起源部位及产生机制方面均不相同,前者产
生在 SMPO 基础上,后者由刺激诱发产生。因此,针对 SMPO 寻找特异的膜稳定
剂,抑制 SMPO 的持续产生,有可能找到一条有效的治疗神经病理痛的新途径。

(邢俊玲 胡三觉 菅 忠)

7.3 Gabapentin 抑制神经元阈下膜电位振荡

神经系统的信息处理功能,微观上即神经元的电发放活动(Sheen and Chung,
1993)。皮肤感觉异常和神经病理痛是临床的一种常见疾病,背根节神经元作为感
觉传入的第一站,正常情况下处于动态平衡。受到外界扰动时,传递外周感受器
传入的动作电位,其自身很少产生放电,但在损伤后疼痛发生过程中,神经元的
兴奋性发生显著改变,进入超兴奋状态,产生大量的异位自发放电(Xing et al,
2001;Matzer and Devor,1994)。背根节神经元持久的传入活动引起脊髓和高位
中枢水平的敏化,进而导致一系列慢性神经病理痛症状的产生(Sheen and Chung,
1993;Yoon et al.,1994)。动物实验和人体记录结果均表明,这种异位放电与神
经病理痛的发生和维持密切相关,是慢性痛信号产生的起源(Yoon et al,1994)。
我们在损伤的背根节神经元记录到一种高频低幅的膜电位波动,即阈下膜电位振
荡。阈下膜电位振荡是大鼠背根节初级神经元的一个显著特征,这些振荡的幅度、
频率呈现电压敏感现象,当振荡幅度达到阈值的时候神经元产生动作电位,这种
膜振荡已证明是背根节神经元产生持续放电的必要条件(Xing et al.,2001;Yang

et al.，2009）。膜电位振荡决定了神经元动作电位的发生和神经元的整体动力学特征，抑制与消除背根节神经元超兴奋，已成为当前国际上探讨缓解神经病理痛的一个焦点。

研究发现，神经病理痛中的神经元超兴奋和相应的分子改变在一定程度上与癫痫的分子改变具有相同的特征，癫痫和神经病理痛有着相似的病理生理和生物化学机制，如神经病理痛中异常放电的背根节神经元类似于癫痫发作时的"起搏神经元"，这提示人们可应用抗惊厥药来治疗神经病理性疼痛（Jensen，2002）。加巴喷丁（Gabapentin，GBP）是其中较为理想的药物之一，与阿片类药物、非甾体抗炎药（NSAIDs）、抗抑郁药物和其他抗癫痫药物比较，GBP 治疗神经病理性疼痛效果明确，副作用发生率较低，与其他药物无相互作用和药物依赖性。2004 年，加巴喷丁类药物，包括 GBP 和普加巴林（Pregabalin）被美国食品药品监督管理局（FDA）确认为治疗糖尿病神经病痛、带状疱疹神经痛和脊髓损伤引起的疼痛等慢性神经病痛的一线药物（Zakrzewska，2010；Haanpaa et al.，2011；Dworkin et al.，2010；O'Connor and Dworkin，2009）。为了进一步探讨阈下膜电位振荡与背根节异位放电在慢性神经病理痛中的作用及GBP 的镇痛机制，我们实验室研究了外周神经损伤后背根节神经元异位放电产生的时相变化规律及其电生理基础，系统观察了 GBP 对背根节神经元兴奋性的影响及其离子通道机制。

在实验中，我们采用单纤维记录和细胞内记录的方法观察慢性背根节压迫模型（图 7-9）中背根节 A 类神经元兴奋性及放电模式的时相变化。背根节慢性压

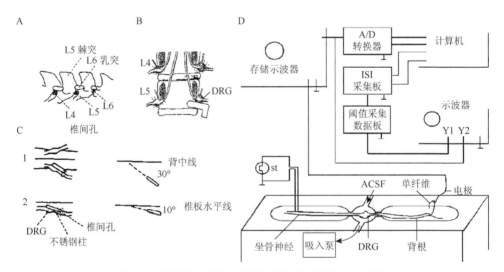

图 7-9　慢性背根节压迫模型及离体单纤维记录示意图

A. 侧面示意图；B. 背面示意图，钢柱从左侧 L5 椎间孔插入压迫背根节；C. 钢柱与中线的水平和垂直夹角示意图；
D. 背根离体单纤维记录装置示意图

迫性损伤后可记录到大量的自发放电，且可持续 30 天以上（图 7-10B），但是自发放电的模式在时相上有明显的分布特征。背根节自发放电根据其动作电位间期不同分为规则连续放电、簇放电和不规则放电三种模式（图 7-10A）。如图 7-10C 所示，正常的背根节放电模式以不规则为主，可达 95.45%，但是在背根节损伤后 1 天，簇放电和连续放电模式明显增加，之后簇放电和连续放电发生的比例逐渐减少，损伤后 7 天降到与正常背根节相似的水平。

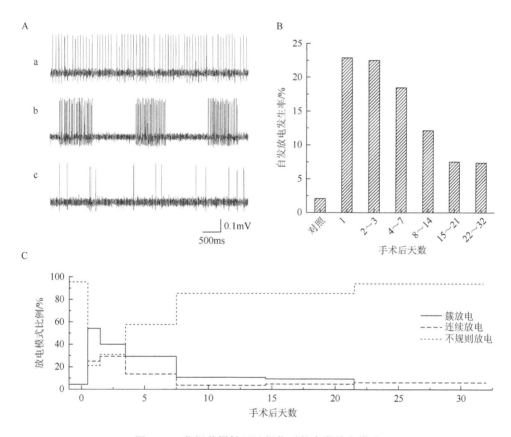

图 7-10　背根节慢性压迫损伤后的自发放电模式

A. 自发放电分为规则连续放电（a）、簇放电（b）和不规则放电（c）三类；B. 背根节压迫损伤后自发放电明显增加，且持续 30 天以上；C. 背根节损伤后不同放电模式的时相变化，慢性压迫损伤后早期以簇放电和连续放电为主，之后逐渐转变为以不规则放电为主

应用细胞内记录的方法可观察到背根节神经元存在着与其放电模式相对应的阈下膜电位振荡（Xing et al.，2001），背根节细胞内记录到的自发放电和诱发放电也显示了相似的时相-模式变化相关性，无论是自发放电还是诱发放电，在损伤早期（<7 天）以簇放电和连续放电为主，而 7 天后则以不规则放电为主（图 7-11）。

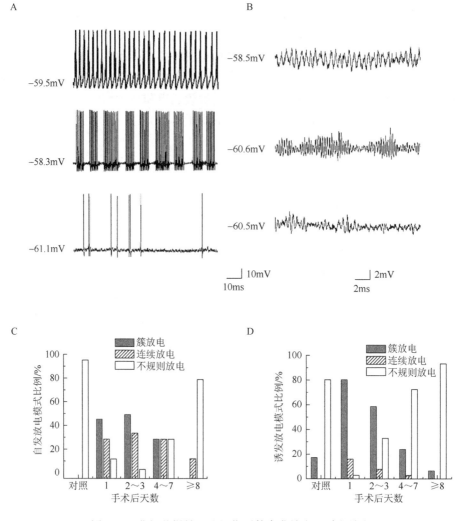

图 7-11　背根节慢性压迫损伤后的自发放电和诱发放电

A. 放电模式包括规则连续放电、簇放电和不规则放电三类；B. 与不同放电模式相应的阈下膜电位振荡形式；C. 背
根节压迫损伤后自发放电模式的时相变化；D. 背根节损伤后诱发放电模式的时相变化

　　应用两种记录方法，我们分别研究了 GBP 对受损背根节兴奋性的影响（图 7-12），发现 GBP 达到一定浓度后可抑制慢性压迫损伤 DRG 神经元的自发放电，这与 Chapman 等（1998）和 Pan 等（1999）报道 GBP 可抑制神经元的自发放电一致。在临床试验中，GBP 只有在达到 900～3600mg/天剂量时才具有减轻疼痛症状的效果，本实验的结果显示浓度大于 5μmol/L 的 GBP 可抑制自发放电，小于这个浓度则没有抑制作用，这在一定程度上可解释临床上关于 GBP 用于疼痛治疗的剂量要求。事实上，临床患者口服 GBP 1200mg 或者 3600mg 后 1h，其血药浓度可分别达到 17.52μmol/L 或 52.56μmol/L，提示在系统用药情况下，GBP 抑制传入神经异位放电

的外周机制可能也参与其镇痛作用的发挥。另外，我们实验中发现 GBP 作用后不影响坐骨神经刺激诱发的动作电位的传导，提示 GBP 可能选择性抑制慢性痛信号而不影响正常急性痛信号的传递，可特异性阻断慢性痛信号的传入，达到治疗疼痛的目的。同样，GBP 可抑制神经元自发的阈下膜电位膜振荡，很多细胞在静息膜电位水平下没有膜振荡，去极化刺激条件下则可观察到。Amir 等（1999）报道坐骨神经损伤后，静息状态下成年鼠 11.4% 的 DRG 神经元具有膜振荡，去极化后，45.7% 出现膜振荡，并发现膜振荡的频率和幅度均与膜电位水平有关。本实验中，当细胞内给予不同强度去极化刺激时，部分静息神经元出现了放电和膜振荡，GBP 对这种去极化刺激诱发的放电和膜振荡同样有抑制作用，提示 GBP 对神经元的作用不依赖于膜电位水平。

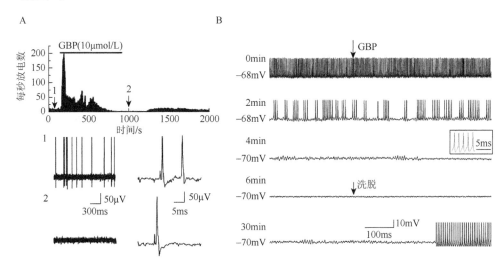

图 7-12　GBP 抑制慢性压迫损伤背根节的自发放电和阈下膜电位振荡

A. GBP 抑制受损背根节自发放电但不影响坐骨神经刺激引起的动作电位传导；B. GBP 抑制压迫损伤背根节神经元自发放电和阈下膜电位振荡，但不影响诱发动作电位的产生

　　外周神经损伤后经历了脱髓鞘、溃变、再生等变化，在神经纤维损伤区形成了异常起搏点，损伤神经起搏点膜上累积了大量的钠离子、钾离子、钙离子通道。研究显示，膜电位振荡取决于神经元的电压依赖性钠电流和非电压依赖的钾漏流之间的相互作用（Amir et al.，1999；Amir and Devor，1997），已经证实电压依赖的持续性钠电流（persistent sodium current，I_{NaP}）介导膜振荡的产生（Cummins et al.，1998，2001）。为了进一步探讨 GBP 作用的离子通道机制，我们应用膜片钳记录方法分析了慢性压迫损伤背根节神经元离子通道的变化，结果表明，GBP 可明显降低 DRG 神经元持续性钠电流，但对瞬时钠电流没有影响（图 7-13），提示阻断持续性钠电流可能是 GBP 抑制膜振荡，进而抑制异位放电的离子通道机制之一。研究显示，Nav1.7 参与慢性神经病痛的产生

和维持（Dib-Hajj et al.，2013；Fertleman et al.，2006；Reimann et al.，2010），GBP 则可以通过降低背根节神经元 Nav1.7 的表达水平发挥其镇痛作用（zhang et al.，2013）。另外，GBP 在脊髓或脑内也可直接作用于钙离子通道的 α2／δ 亚单位或下调钙离子通道表达而起到镇痛的效果（Yang et al.，2016；Zvejniece et al.，2015）。GBP 的镇痛作用机制涉及多种离子通道和信号通路，仍需进一步研究。

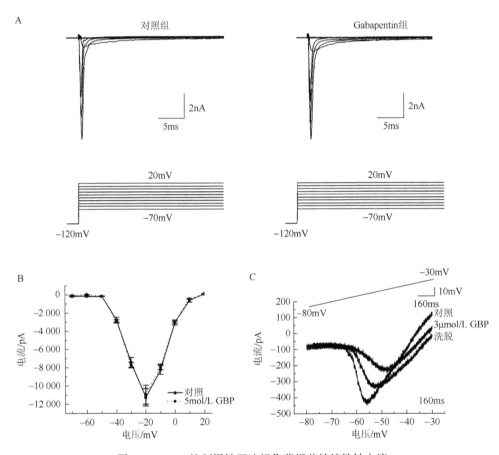

图 7-13　GBP 抑制慢性压迫损伤背根节持续性钠电流

A. 损伤背根节神经元和 GBP 作用后瞬时钠电流记录图；B. GBP 不影响背根节瞬时钠电流幅值；C. GBP 抑制慢性压迫损伤背根节神经元持续性钠电流

目前对神经病理性痛主要采用生物反馈、电刺激、药物等手段进行治疗。但是，这些治疗往往也同时抑制了正常的神经放电，对人体的正常功能产生影响。某些镇痛药物在影响神经疼痛传导和感觉的同时，也影响了生物体的其他正常生理功能，导致生物体整体的动态平衡发生改变。目前应用的镇痛药大多属于阿片类生物碱，镇痛作用强，但连续应用可致成瘾，不宜长期应用；人工合成的非吗啡类镇痛药，非类固醇止痛药等有很强的镇痛作用，但都有明显的副作用，限制使用；解热镇痛类大部分损伤造血系统或引起过敏反应等，而且镇痛作用弱。因此，在疼痛治疗过程中，应从生物体整体协调功能出发，寻找和研制理想的镇痛药物，特异性阻断慢性痛信号产生，而不影响正常感觉信号的传导，以实现治疗神经病理痛新策略。研究表明，背根节神经元阈下膜电位振荡是神经病理痛的重要原因，神经损伤后增加了出现阈下振荡的神经元比例，从而增加了神经元异常放电的比例，可以通过抑制神经元的阈下膜电位振荡来抑制或消除异常的神经元放电，而不影响正常的神经元放电。加巴喷丁在外周局部应用可以抑制背根节阈下膜电位振荡和自发放电，但不阻滞正常的神经传导功能（Yang et al.，2005）。

　　神经系统是一个高度复杂的非线性系统，描述该系统的数学模型是高度非线性的。神经系统通过电活动来传输并处理生物信号，随着非线性动力学的发展，越来越多的研究表明，这些看似"随机"的神经电活动并非无规律可循，而是具有内在的确定性。文治洪等（2004）利用非线性动力学分析的方法对阈下膜电位振荡进行分析，证实了神经元的阈下膜电位振荡具有非线性的特征，是一种低维混沌动力学特征。另外，最近的研究显示慢性痛发生过程中感觉神经纤维发生传导丢峰减少的现象也呈现出非线性的动力学特征（Sun et al.，2012）。这种非线性特征具有复杂功能状态，可以保证神经元通过相位一致快速达到非典型的同步。超兴奋神经元的阈值降低与膜振荡的出现密切相关，自发放电的产生及放电模式取决于膜振荡的幅值与形式，感觉神经元的阈下膜电位振荡是超兴奋产生与调制的基本环节。对阈下膜电位振荡的动力学特性研究，将帮助我们了解神经元处理信息的方式及神经元通过电信号传递而调制其他器官活动的机制，有助于临床神经疼痛疾病的治疗和镇痛药物的研究。

（杨瑞华　胡三觉）

7.4　Riluzole 抑制神经元阈下膜电位振荡

　　神经系统中，神经元通过电信号进行信息传递，其中电信号主要包括局部电位和动作电位。局部电位在传播的过程中较易衰减，因此不适于信号的长距离传播。而动作电位在传导过程中，由于轴突上的钠离子通道被激活后沿轴突顺次开放，区域膜兴奋后，下一片细胞膜会顺次达到阈值，从而产生正反馈，导致静息态钠离子通道全部开放，从而产生完整的动作电位，即动作电位的"全或无"特性，进而保证了信息传递的完整性。

　　电压依赖性钠离子通道对于可兴奋细胞膜的动作电位的发生和传递至关重要。除了快速激活及快速失活的钠电流，许多可兴奋细胞上的内向电流还包括一些不失活或者缓慢失活的成分，如持续性钠电流（persistent sodium current，I_{NaP}）。

I_{NaP} 在海马、皮层、小脑及丘脑、中脑三叉神经神经元与舌下神经运动神经元等都有表达。I_{NaP} 的表达可以使神经元的阈值降低 10mV 左右，同时 I_{NaP} 可以被低浓度河豚毒素（100nmol/L）阻断。在生理条件下，I_{NaP} 对于神经元兴奋性、神经元静息膜电位及突触电流具有一定的调节作用。有证据表明，脊髓侧索硬化症及脊髓损伤的动物模型上，I_{NaP} 的增加导致皮层神经元的超兴奋。中枢神经系统的癫痫也与 I_{NaP} 有关。

神经病理性痛（neuropathic pain）是指由于外伤、缺血、中毒或机体代谢异常等所致的神经损伤和功能紊乱，从而引起令人难以忍受的慢性疼痛的疾病，也是临床上常见的难治性疾病之一。神经病理性疼痛发生时，原发损伤常常已经痊愈，并无显著的外在组织损伤，并且疼痛常在损伤后某一段时间内发生，为发作性疼痛，并伴有感觉异常，患者主要出现痛觉过敏、触诱发痛、自发性疼痛及感觉倒错等非伤害性刺激或弱伤害性刺激引起的长时间强烈疼痛症状。尤其是背根神经节或相应脊神经在椎间盘突出、椎管狭窄等情况下受压而导致的腰背痛等周围性神经病理性疼痛，是在临床上最常见的慢性痛疾病。目前，对于神经病理性疼痛的发病机制尚不十分清楚，一直以来，外周神经损伤后 DRG 神经元及损伤部位产生的大量异位自发性的电活动对神经病理性痛的发生发展过程发挥重要作用。随后的研究也证实脊神经损伤后，异位放电主要起源于 DRG 神经元。外周神经损伤以后，在损伤区和相应的感觉神经元胞体大量产生自发性放电，称为异位放电。这种异位放电持久无序的传入活动引起脊髓水平的敏化进而导致自发性疼痛、疼觉过敏及痛性感觉异常等慢性神经痛症状的产生，从而成为神经病理性痛的"信号源"和"起搏点"。

产生于损伤部位及其相应传入 DRG 的异位放电是神经病理性疼痛异常疼痛行为产生的主要原因。尽管在正常生理痛的传导过程中，主要参与者为薄髓的 Aσ 类神经纤维和无髓的 C 类神经纤维，但是正常情况只传递触觉和振动觉的低阈值 Aβ 类神经纤维在神经病理痛的发生过程中有着非常重要的作用。在大鼠神经病理性痛模型上可以观察到的大多数异常放电产生于 Aβ 类神经纤维（Han et al.，2000；Khan et al.，2002；Liu et al.，2000b）。损伤 DRG 的 Aβ 类神经元兴奋性发生变化，其产生可能与以下机制有关：一是初级感觉传入神经元表型转换。在炎症性痛模型中，某些 Aβ 细胞发生了表型转换，出现仅仅在 C 类神经纤维上的 P 物质表达，进而增加脊髓内的突触传递。轴突横断后，神经营养因子（GDNF，神经生长因子等）在外周与感觉神经元之间的传递被阻断，可能有 2000 余种基因发生显著变化（Persson et al.，2009）。这种改变将导致各种蛋白的差异表达，并通过轴浆运输将其运送到外周及中枢轴突末端（Boucher and McMahon，2001；Costigan et al.，2002；Xiao et al.，2002）。由于基因表达的改变，也会导致某些分子的异常积聚，如在神经瘤和轴突脱髓鞘位置过度表达钠离子通道等（Amir et al.，2006；Devor et al.，1989；England et al.，1996）。此外，损伤过程改变通道的动力学特性，如增加通道开放概率等（Gold et al., 1996；Li et al., 1992)，从而使神经元放电易于产生。

在背根神经节慢性压迫模型（CCD）上，原本很少产生自发放电的 DRG 神经元产生自发放电明显增多，这些自发放电成为动物自发痛、触诱发痛及痛过敏等异常痛行为的起源（Liu et al., 2000a；Yoon et al., 1996)，可以看作一种慢性痛信号。Riluzole（2-amino-6-trifluoromethoxy benzothiazole）是一种苯噻唑类化合物，为一种谷氨酸拮抗剂，广泛用于治疗肌萎缩侧索硬化症（ALS），对阿尔茨海默病、帕金森病、中风、Huntington 等神经退行性疾病均有疗效。Riluzole 同时也被广泛用于缓解神经病理性疼痛，尽管其在外周及中枢的镇痛作用机制都不甚明了。动物实验表明，Riluzole 在脊髓背角可能通过抑制谷氨酸及天冬氨酸水平来降低机械痛敏及冷痛觉过敏（Coderre et al., 2007)。在大鼠中枢神经系统，丘脑腹外侧核注入 Riluzole 可以通过抑制谷氨酸释放来降低机械痛过敏（Abarca et al., 2000)。Riluzole 在全麻中可能通过阻断谷氨酸能神经信号的传递而引起抗伤害性感受的作用（Irifune et al., 2007)。然而，临床研究证明口服给药对炎性痛患者的热痛及机械痛都没有改善（Hammer et al., 1999)。同时，对神经病理性痛患者的痛觉过敏及轻度触诱发痛无效（Galer et al., 2000)。本研究发现 Riluzole（10μmol/L）完全抑制 DRG 神经元异常放电，表明其有可靠的膜稳定作用，可以在外周 DRG 水平消除慢性痛信号的产生。

Study 等（1996）在 DRG 神经元观察到膜电位的波动现象，我们研究室进一步发现在正常 DRG 神经元上，去极化可诱发多种形式的 SMPO，进而引出不同的放电形式（Xing et al., 2001)。因此推测，在初级感觉神经元所表现出的 SMPO 是形成神经元持续放电的基础。随后，Amir 等（1999）发现外周神经损伤可增加 SMPO 的发生率，SMPO 的幅值和频率与膜电位相关。我们研究室发现 DRG 神经元大细胞的自发放电均发生在 SMPO 的去极相，且 SMPO 的存在是神经元产生持续放电的必要条件。此外，进一步研究表明不同神经元的阈下膜电位振荡具有不同的模式，而振荡的模式决定了细胞的自发放电模式。例如，梭型振荡决定了细胞会出现阵发放电模式，而整数倍放电形式则是在规则的 SMPO 基础上产生（Xing et al., 2001)。

我们观察到，CCD 术后 DRG A 类神经元可在阈下膜电位振荡（SMPO）的基础上产生异常放电；CCD 术后 DRG A 类神经元在静息电位水平可表现出显著的 SMPO，同时振荡的上升相达到阈值后即可引发动作电位，而 SMPO 的振幅、频率都具有电压依赖性（Amir et al., 1999；Wu et al., 2001)。

Riluzole 可以抑制 DRG A 类神经元产生的 SMPO，进一步抑制异常放电的产生，表明 Riluzole 对 A 类 DRG 神经元异位放电的抑制作用是由抑制阈下膜电位振荡介导的。更为有趣的现象是，Riluzole 并没有对刺激电流引发的首个动作电位产生影响（图 7-14），提示 Riluzole 抑制 SMPO 及由其触发的重复放电，而并不影响正常放电的发生及传导。然而 SMPO 也只是现象的描述，其产生的离子通道基础可能是影响自发放电的各种作用因素的真正靶点。

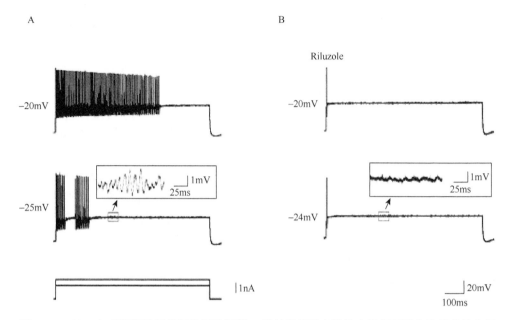

图 7-14　Riluzole 对背根神经节慢性压迫模型 A 类神经元的自发放电及阈下膜电位振荡的作用

在电流钳下，给细胞注入 800ms 的去极化方波刺激，大约 1/3 的 DRG 神经元（10/28，35.7%）表现出高频的 SMPO 及异常重复放电。在放电的基础上液槽灌流 Riluzole 3min 后，重复放电消失（$N=5$）。值得注意的是，虽然 Riluzole 基本上抑制了 SMPO 及重复放电，但是这些 DRG 神经元对去极化方波刺激仍然有反应，会在注入电流的情况下产生单个动作电位，提示应用 Riluzole 后细胞仍具有产生动作电位的能力

　　目前，神经损伤后 DRG 神经元产生阈下膜电位振荡的机制仍不十分清楚。有研究认为，钙离子通道、钙依赖钾通道及 I_Q、I_{Ks} 和 I_h 电流均可能导致膜振荡产生，在 DRG 神经元，阈下膜振荡的产生取决于神经元的电压依赖性钠电流和非电压依赖的钾漏流之间的相互作用（Amir et al.，1999；Chaplan et al.，2003）。近来，一种持续性钠电流（I_{NaP}）参与 SMPO 的产生也多见报道，其主要作用为影响神经元的静息膜电位水平，使其去极化，从而增大神经元对阈下刺激的反应敏感性（Agrawal et al.，2001；Cummins et al.，1998）。我们研究室发现，背根神经节压慢性迫模型后 DRG A 类神经元持续性钠电流增加（图 7-15）。提示背根神经节压慢性迫模型后，动物产生的痛敏现象与持续性钠电流的增强有关，也进一步提示抑制增强的持续性钠电流是否可以用于治疗疼痛。

　　进一步的研究发现，低浓度的 Riluzole（2～50μmol/L）可显著降低 DRG 神经元的 I_{NaP}，并且具有浓度依赖性（图 7-16），说明阻断 I_{NaP} 可能是 Riluzole 抑制 SMPO，进而抑制背根神经节异位放电。同时还发现，Riluzole 对瞬时钠电流（I_{NaT}）相对不敏感，说明 Riluzole 在一定的浓度范围内主要作用于阈下钠电流，而对动

作电位的产生的关键通道电流 I_{NaT} 并无影响。在此浓度范围内，Riluzole 的抑制效应主要是针对损伤后神经元 I_{NaP} 增加导致产生的 SMPO，进而抑制异常重复放电的产生。

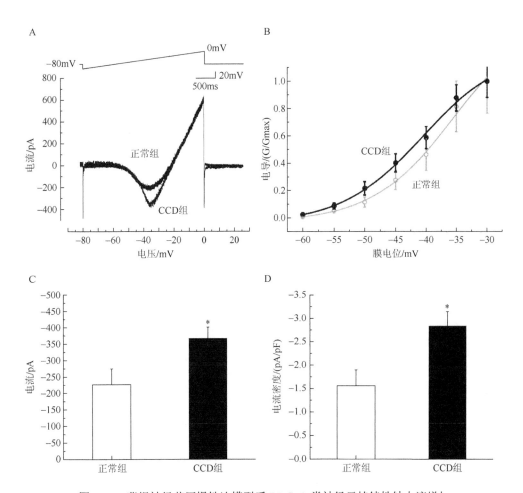

图 7-15　背根神经节压慢性迫模型后 DRG A 类神经元持续性钠电流增加

玻璃微电极被充灌以 Cs^+ 为基础的细胞内液，通过 Cs^+ 置换 K^+ 来阻断 K^+ 电流，以及在细胞外液中加入 K^+ 和 Ca^{2+} 的阻断剂来阻断 K^+ 和 Ca^{2+} 电流。细胞首先被钳制在 $-60mV$，在细胞上应用 3 s 的去极化斜波钳制电位（$-80\sim0mV$），记录出的 I_{NaP} 在 $-60\sim-50mV$ 被激活，在 $-35mV$ 左右达到峰值，同时该内向电流对 TTX（100nmol/L）非常敏感。研究发现，损伤后的 DRG A 类神经元，其平均 I_{NaP} 电流值显著高于正常神经元

有研究表明，在 DRG 神经元上表达的钠通道至少有 6 种（Waxman et al.，1999），其中 Nav1.8、Nav1.9 和 Nav1.3 在神经损伤后的改变备受关注（Dib-Hajj et al.，1996；Kim et al.，2001）。但是，究竟是哪种钠通道亚型与 DRG 神经元上记录到的 I_{NaP} 相对应，哪些钠通道亚型在异位放电中起主要作用还不十分清楚。可能有多种钠通道亚型共同介导 I_{NaP}，形成膜振荡的离子通道基础。深入研究神经

损伤后神经元异位放电和膜振荡的通道亚型机制将为慢性痛的治疗提供更为特异性的靶位。

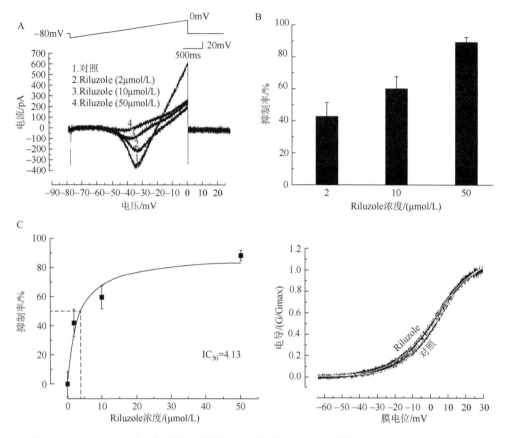

图 7-16　Riluzole 抑制了背根神经节慢性压迫模型后 DRG A 类神经元持续性钠电流的增加

发现损伤后 A 类神经元的 I_{NaP} 可以被 Riluzole 明显抑制，并且有剂量依赖关系。同时我们检测了 Riluzole 对 CCD 损伤后 DRG A 类神经元的 TTX 敏感的瞬时钠电流（I_{NaT}）的影响，在 10μmol/L 和 200μmol/L Riluzole 情况下 I_{NaT} 的失活曲线未发生显著变化

　　我们记录到的受损 DRG 神经元中 A 类神经纤维自发放电的基础频率通常在 0.6～14.2Hz[(6.4±0.5)Hz，N=53]波动。在局部浸浴 Riluzole 溶液 5min 后，神经纤维的自发放电频率均被抑制，并且这种抑制作用具有剂量依赖效应（图 7-17）。Riluzole 对大多数这类自发放电的抑制作用可以被洗脱 20min，说明 Riluzole 对神经元的异常放电也具有剂量依赖效应，而这种剂量依赖效应则是通过其对 I_{NaP} 的剂量依赖性抑制作用而发挥功能的。Riluzole 作用的这一显著特征，使其可能成为一种"理想镇痛药物"的候选药物，即能够抑制神经病理性损伤造成的痛觉过敏及触诱发痛等病理性疼痛，而不影响正常感觉的传入，如生理性疼痛。这一作用方式也正符合国际疼痛研究组织（IASP）对理想镇痛药的标准。

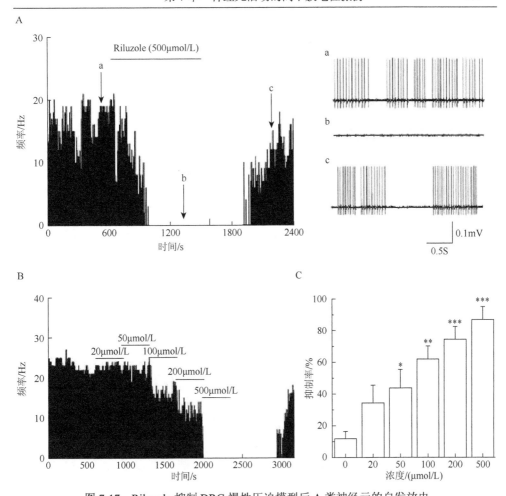

图 7-17　Riluzole 抑制 DRG 慢性压迫模型后 A 类神经元的自发放电

A. 500μmol/L Riluzole 可抑制神经纤维放电；B. Riluzole 对神经纤维放电的抑制具有浓度依赖效应；C. 不同浓度 Riluzole 对神经纤维放电抑制率的统计图

我们研究室进一步行为学实验显示在 CCD 模型大鼠 DRG 局部注射 Riluzole 后其产生的痛敏会有所降低，低浓度 Riluzole 对 CCD 模型大鼠疼痛行为的解除是对这一推论的极好支持。

因此我们得出结论：Riluzole 通过抑制受损背根节神经元的 I_{NaP}，进而抑制 SMPO 与异位自发放电的产生，实现外周镇痛作用；I_{NaP} 可能是 Riluzole 外周镇痛的作用靶点。通过调控神经元的阈下活动，可以进一步影响神经元的阈上反应，从而最终调控动物的行为学过程，这充分表明神经元的动力学特征具有放大效应，并具有可调节性。在膜电位水平，外向钾电流及内向钠电流等多种离子通道与钠泵共同构成了膜电位的基础。阈上动作电位的产生需要突破阈值，并且一旦产生则很难进行调控；而在静息电位水平，存在着大量的阈下过程，各种电流之间相互牵制，最终达到动态平衡。由于阈下电流相对微弱得多，应用极微量的药物或者微干预方式，则可以产生明显的效果，因此通过能够调节阈下过程作为治疗慢性疼痛的一种方法，可能具有重大的潜在应用价值。

（解柔刚　郑大伟　邢俊玲　徐　晖　胡三觉）

7.5　甲基维生素 B_{12} 抑制损伤背根节神经元的自发放电

慢性疼痛严重影响患者的生活和工作及心理健康。大量证据表明慢性腰痛和神经根性痛的原因可能由背根节（DRG）机械性形变造成，椎间孔狭窄、神经根性疾病或肿瘤都可能引起 DRG 的机械性形变（Briggs and Chandraraj，1995）。我们实验室建立的背根节慢性压迫（CCD）大鼠模型能很好地模拟慢性腰背痛和神经根性疼痛综合征患者的临床症状（Hu and Xing，1998）。以往研究已经证实 CCD 大鼠模型 DRG 神经元表现出兴奋性升高，如异常自发放电增多，钾电流减小而钠电流增大。

甲基维生素 B_{12}（Methylcobalamin，MeCbl）作为甲硫氨酸合成酶的辅酶参与 DNA 或蛋白质的转甲基过程（Antoshkina et al.，1979；Kliasheva et al.，1995；Scalabrino and Peracchi，2006），并且对神经系统有较强的亲和性。MeCbl 作为神经营养辅助药物被用于阿尔兹海默病的治疗（McCaddon and Hudson，2010）。在糖尿病大鼠上的实验表明，MeCbl 联合吡格列酮能明显地抑制触诱发痛和疼痛敏化，同时 MeCbl 联合维生素 E 能有效减轻坐骨神经损伤模型的热敏化（Morani and Bodhankar，2010）。还有一些研究报道发现，MeCbl 能缓解神经病理性痛患者的麻木、灼烧痛和自发痛的症状（Ide et al.，1987）。但是也有研究发现，MeCbl 在治疗由腰椎管狭窄造成的疼痛时镇痛效果不理想（Waikakul and Waikakul，2000）。另外，MeCbl 作用于外周神经病理性痛的机制尚不清楚，所以，我们在 CCD 模型上评价单独给予 MeCbl 对慢性痛的作用。

在 CCD 大鼠模型上，观察 MeCbl 对 CCD 模型的神经病理性痛行为学的作用。如图 7-18 所示，较手术前，CCD 组大鼠的机械缩足阈值明显降低（$P<0.001$，$N=6$，配对 t-检验）。腹腔注射高浓度 MeCbl（10mg/kg）后 CCD 模型大鼠的双侧机械缩足阈值显著升高（$P<0.05$，$N=6$，配对 t-检验）。

临床证实长期使用 MeCbl 有利于患者疼痛症状的缓解，那么在 CCD 模型 MeCbl 长期注射是否也会有类似的效果？如图 7-18 所示，经过长达 28 天的腹腔注射，MeCbl（2.5mg/kg）对 CCD 大鼠双侧的机械缩足阈值的提高作用逐渐增大（$P<0.05$，$N=5$，重复测量方差分析）。而低浓度的 MeCbl（1.25mg/kg）及 vehicle 注射组对 CCD 大鼠的机械缩足阈值没有影响（$P>0.05$，$N=5$，重复测

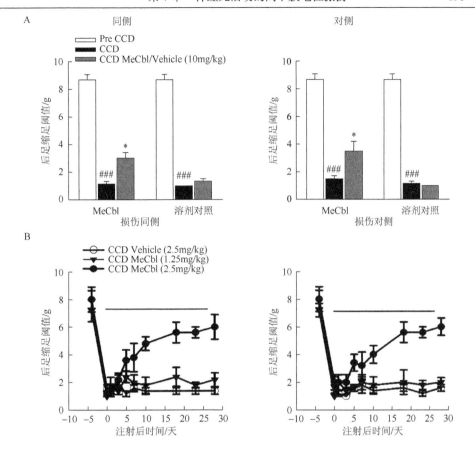

图 7-18　单次注射 MeCbl 增加 CCD 大鼠模型机械缩足阈值

A. 高浓度 MeCbl（10mg/kg，腹腔注射）能有效提高 CCD 模型大鼠的机械缩足阈值。B. 长期注射 MeCbl 对 CCD 模型大鼠的机械缩足阈值的影响。MeCbl（1.25mg/kg，2.5mg/kg，腹腔注射）和溶剂对照（2.5mg/kg，腹腔注射）对 CCD 模型大鼠的机械缩足阈值的影响。$^{###}P<0.001$，CCD 后与做模型之前（pre-CCD）相比较；$^*P<0.05$，CCD 模型腹腔注射后与 CCD 模型组比较

量方差分析）。以上实验结果表明 MeCbl 在外周发挥抑制神经病理性痛的作用。异位的、不正常的神经元活动会增强外周神经损伤造成的疼痛，而外周神经损伤后，DRG 或损伤周围"正常"的神经均能记录到自发放电的现象（Zhang et al.，2015）。

使用单纤维记录方法研究这个问题，在实验中，发现背根记录受损 DRG 神经元的自发放电，其自发放电有多种形式。根据放电的峰峰间期（ISI）将受损 DRG 神经元分为非周期放电神经元（ISI 不规则）和周期放电神经元（ISI 基本相等）两类。非周期放电，单位时间放电频率不稳定，且 ISI 不相等（图 7-19A），占自发放电总数的 63%（12/19）；周期放电的频率基本不随时间的变化而变化，且 ISI 基本相等（图 7-19B），在全部放电中占 37%（7/19）。

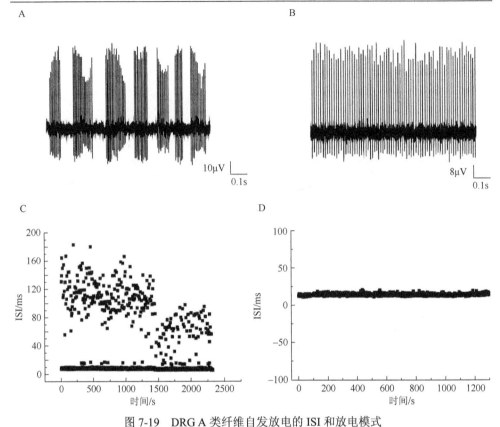

图 7-19　DRG A 类纤维自发放电的 ISI 和放电模式

A. 非周期放电模式；B. 周期放电模式；C. 非周期放电模式的 ISI-时间分布图；D. 周期放电模式的 ISI-时间分布图

　　在我们实验室杨红军博士的研究中发现非周期 DRG 神经元对高浓度 Ca^{2+}、TEA（K^+通道阻断剂）、NE（去甲肾上腺素）和交感神经的刺激等刺激因素的反应程度较 DRG 周期放电神经元明显增大，而且非周期神经元的放电的阈值明显降低。发现非周期放电神经元比周期放电神经元敏感，并称之为"非周期敏感"现象。这种非周期放电敏感的现象可能在 DRG 慢性压迫形成慢性痛的过程中发挥重要的作用。那么，Mecbl 是否对非周期和周期放电模式的影响不同？

　　观察 MeCbl 对非周期放电和周期放电的作用，发现 MeCbl 对非周期放电和周期放电的频率均具有显著的抑制作用，且在 10min 内用正常人工脑脊液洗脱后放电可恢复（图 7-20A）。非周期放电模式的自发放电频率被 MeCbl 明显抑制，由加药前的 (12.22 ± 2.04)Hz 下降到(1.34 ± 0.57)Hz（$N=7$，$P<0.05$，图 7-20B，t-检验）。同时，周期放电模式的自发放电频率也能被 MeCbl 明显抑制，由加药前的(23.87 ± 3.02)Hz 下降到(1.13 ± 0.54)Hz（$N=6$，$P<0.05$，图 7-20C，t-检验）。MeCbl 对 DRG A 类神经元的影响是否存在非周期敏感现象，我们比较了 MeCbl 对两种放电模式的抑制率，发现 MeCbl 对周期和非周期放电模式的抑制率之间没有统计学差异（MeCbl 对周期放

电的抑制率为 95.29%±0.03%，图 7-20D；MeCbl 对非周期放电的抑制率为89.01%±0.05%，图 7-20D；$P>0.05$，单因素方差分析，图 7-20E）。结果表明 MeCbl对 DRG A 类神经元自发放电的影响不存在非周期敏感性高的现象。

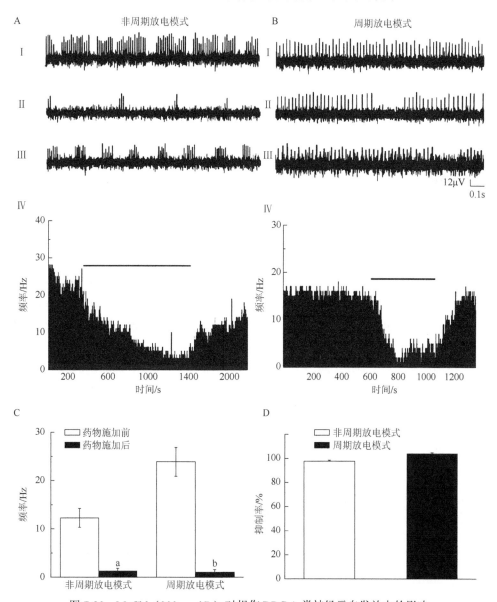

图 7-20　MeCbl（300μmol/L）对损伤 DRG A 类神经元自发放电的影响

A. 非周期放电模式。Ⅰ～Ⅳ：分别为加药前（Ⅰ）、加药中（Ⅱ）和洗脱后（Ⅲ）的 1 例 DRG A 类神经纤维的放电变化；Ⅳ. MeCbl 对该纤维的自发放电频率的抑制作用。B. 周期放电模式。Ⅰ～Ⅳ曲线含义与 A 图类似。C. 非周期（$N=7$）和周期（$N=6$）自发放电的频率统计及其施加药物后的变化；D. MeCbl 对 DRG A 类神经元周期放电（$N=6$）和非周期放电（$N=7$）频率抑制百分数。[a]$P<0.05$ 非周期自发放电加入 MeCbl 前后比较，t-检验；[b]$P<0.05$周期自发放电加入 MeCbl 前后的比较，t-检验

MeCbl 是一种可用于治疗神经病理性痛的维生素，并且具有良好的耐受性和安全性。MeCbl 可能通过抑制 DRG A 类周期和非周期放电模式神经元的自发放电在外周发挥镇痛作用。而且高浓度的 MeCbl 也能更快速地缓解神经病理性痛（Zhang et al.，2015）。本研究为临床上使用 MeCbl 治疗相关的神经病理性痛提供了理论基础。

（张　明　徐　晖　胡三觉）

7.6 利多卡因抑制持续性钠电流减小感觉神经元阈下膜电位振荡

如前所述，神经病理性痛（neuropathic pain）是指外伤、缺血、中毒或机体代谢异常等因素导致神经损伤，引起的一种令人难以忍受的慢性病。由椎间盘突出、椎管狭窄、骨质增生等引起的背根神经节或其相应脊神经受压而导致的神经病理痛更是临床最常见的慢性痛。此时作为感觉传递第一站的 DRG 受损神经元的兴奋性往往异常增高，呈现超兴奋状态。这种神经元超兴奋主要表现为阈值降低、适应性减弱、出现异位自发放电等变化。已有研究报道静脉输注利多卡因治疗神经病理痛（Bach et al.，1990），对应利多卡因的血浆浓度为 $3.5 \sim 7 \mu mol/L$。目前认为系统应用利多卡因的外周机制是低浓度的利多卡因抑制受损部位感觉神经元的异位自发放电，但并不抑制正常感觉信号的传导，但具体机制尚不清楚（Devor et al.，1992）。

在神经损伤后，损伤区及相应的感觉神经元胞体产生的异位放电持久传入活动引起脊髓和高位中枢水平的敏化，进而导致一系列慢性神经病理痛症状的产生（Obata et al.，2003）。CCD 神经病理痛模型中，一个重要的特点是慢性压迫后 2 周有 42% 的神经元出现簇放电，伴有机械和热痛敏（Hu and Xing，1998）。自发放电出现数目与痛行为程度有明显相关性。因此，异位自发放电在神经病理痛的发生和发展中具有重要作用。阈下膜电位振荡（SMPO）被认为是异位自发放电的一个关键机制（Hu et al.，1997）。神经损伤或 DRG 受损后 SMPO 明显增加。此外，初级感觉神经元的簇放电也被认为由 SMPO 引发并由去极化后电位维持。因此，SMPO 可能是产生神经病理痛的"起搏点"，并可作为神经病理痛治疗的药物靶点。

在中枢多种神经元的研究中发现：TTX 敏感的持续性钠电流（persistent sodium current，I_{NaP}）参与介导 SMPO 和节律性放电的产生（Hutcheon and Yarom，2000）。低浓度的 TTX 作为 I_{NaP} 的阻断剂，可以抑制 SMPO 的产生，但对动作电位的影响很小。在外周的 DRG 神经元上也存在 SMPO，I_{NaP} 是否也介导 DRG 神经元 SMPO 的产生，目前尚缺乏实验证据。我们以本实验室创建的 CCD 模型为实验对象，应用全细胞膜片钳方法，使用 TTX、Riluzole 验证持续性钠电流与阈下膜电位振荡之间的联系；观察利多卡因对急性离散 DRG 神经元的阈下膜振荡、持续性钠电流和动作电位、快钠电流的不同影响。阐明利多卡因对 DRG 神经元 SMPO 影响的离子通道机制，有助于深入揭示慢性痛"起搏点"形成的原因，为慢性痛治疗提供新的策略。

我们在电流钳模式下记录到 CCD 组 13 只大鼠的 127 个 DRG 中小神经元（30～40μm）和对照组 10 只大鼠的 93 个 DRG 中小神经元。输入电阻为(254±51)MΩ，细胞膜电容为(67±9)pF，静息膜电位为(−54.7±3.1)mV。CCD 组具有 SMPO 和簇放电的神经元为 21.3%（27/127），而对照组仅为 7.5%（7/93），明显低于 CCD 组（$P<0.05$）。两组之间的 SMPO 的幅度和频率没有明显差别。

采用全细胞膜片钳电流钳记录由去极化斜波刺激可诱发 DRG 神经元产生膜振荡。膜振荡具有电压依赖性，细胞的膜电位去极化达到−45～−30mV 时，膜振荡开始出现。膜振荡的幅值一般为 3～5mV，频率为 50～100Hz。在一定范围内膜电位振荡随去极化水平的增大，幅值不断增高。当膜电位振荡的幅值达到阈电位水平时，可诱发动作电位的产生。我们的实验证实，10μmol/L 利多卡因可以抑制受损神经元的 SMPO 及簇放电（去极化斜波诱发），但不影响由去极化方波诱发动作电位的产生（图 7-21）。这与利多卡因的血浆作用浓度是一致的，只有利多卡因高达 5mmol/L 才能方波诱发抑制动作电位的产生。

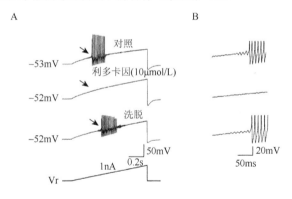

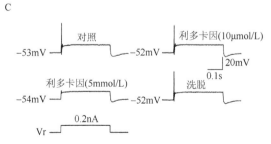

图 7-21　利多卡因对 SMPO、簇放电和单个放电的不同效应

A. 10μmol/L 利多卡因可逆性抑制斜波诱发的 SMPO 和簇放电；B. A 图箭头所指的局部放大，注意簇放电前的阻尼振荡；C. 10μmol/L 利多卡因对方波刺激诱发的单个动作电位没有抑制作用，5mmol/L 利多卡因可逆性抑制方波刺激诱发的单个动作电位

　　我们的结果显示，SMPO 和簇放电可以被 200nmol/L TTX 所阻断，洗脱后可以恢复。由于低浓度 TTX 被认为是 I_{NaP} 的阻断剂，我们的结果表明背根节神经元产生的 SMPO 可能由 I_{NaP} 介导。为了进一步探讨 I_{NaP} 与 SMPO 的关系，我们检测具有 SMPO 和簇放电神经元的 I_{NaP} 的电压依赖性（图 7-22）。给予细胞钳制电压递增的 800ms 方波刺激，测量给予 200nmol/L TTX 前后方波诱发的电流，得到一个激活电压为−65mV 的 TTX 敏感的内向电流，与以往对 I_{NaP} 的报道类似。我们也采用了另外一个方法进一步确认该电流特性：一个缓慢去极化的斜波刺激（−80～−30mV，15mV/s），细胞外液中加入了 3mmol/L 4-AP、10mmol/L TEA、0.1mmol/L $CdCl_2$ 以阻断 K^+电流和 Ca^{2+}电流。斜波诱发的内向电流阈值为（−62.9±3.5）mV，电流峰值电压为（−48.3±3.1）mV。该电流可以被 200nmol/L 的 TTX 所阻断，证实该电流为 I_{NaP}。

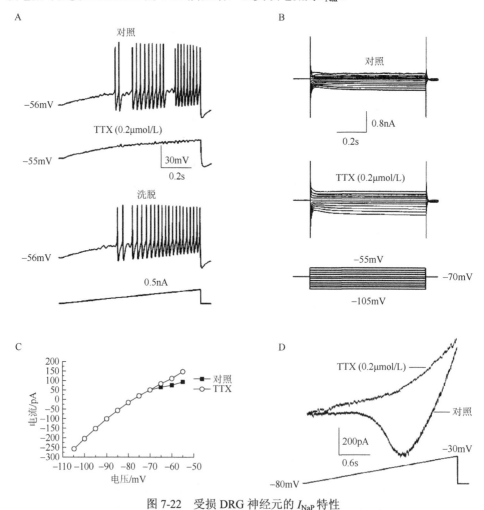

图 7-22　受损 DRG 神经元的 I_{NaP} 特性

A. 200nmol/L TTX 对斜波诱发的 SMPO 和簇放电的作用；B. 方波（−105～−55mV）刺激记录 I_{NaP} 的方法；C. 图 B 得到的电压-电流关系曲线；D. 斜波刺激记录到的 I_{NaP} 电流，200nmol/L TTX 明显阻断该内向流

为了区分利多卡因对 I_{NaP} 和 I_{NaT} 的不同作用，我们给予 CCD 组具有 SMPO 的 DRG 神经元不同浓度的利多卡因，同时分别记录 I_{NaP} 和 I_{NaT}。结果显示，10μmol/L 的利多卡因可以明显抑制 I_{NaP}，而该浓度利多卡因对 I_{NaT} 幅度没有作用，只有高浓度（5mmol/L）的利多卡因可以明显阻断 I_{NaT}（图 7-23）。这与我们观察到的低浓度利多卡因抑制 SMPO 和簇放电，而高浓度利多卡因抑制单个放电一致。

需要注意，应用利多卡因的外周镇痛机制是低浓度的利多卡因通过抑制受损部位感觉神经元的 I_{NaP} 从而抑制了 SMPO 及 SMPO 基础上产生的异位簇放电。

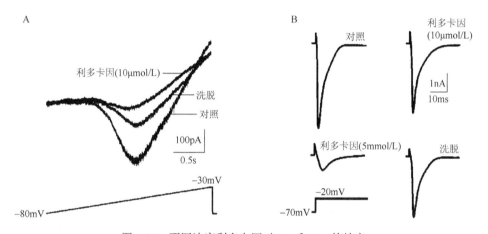

图 7-23　不同浓度利多卡因对 I_{NaP} 和 I_{NaT} 的效应

A. 10μmol/L 利多卡因可逆性抑制 I_{NaP}；B. 10μmol/L 利多卡因对 I_{NaT} 没有效应，而 5mmol/L 可逆性抑制 I_{NaT}

系统运用利多卡因治疗慢性疼痛的方法发现已有 40 余年，其治疗方法包括静脉输注利多卡因注射液和口服利多卡因片剂等（Mao and Chen，2000）。系统应用利多卡因的血浆浓度是 1～2μg/mL，相当于 3.5～7μmol/L。目前认为系统应用利多卡因的外周机制是低浓度的利多卡因抑制受损部位感觉神经元的异位自发放电，我们前期的结果也证实了这点。我们研究室发现：受损 DRG 神经元上可观察到一种特征性的、高频低幅的、放电阈值以下的膜电位波动，称为 SMPO。SMPO 具有电压依赖性，它使膜电位的波动随去极化刺激而不断增大，当膜电位达到阈电位水平时引起细胞的重复放电，产生病理痛。SMPO 已被证明是 DRG 神经元产生异常持续放电的必要条件，是慢性痛信号的标志（Hu et al.，1997）。只有具备 SMPO 特性的细胞才能诱发产生病理痛的重复放电，但是受损神经元产生 SMPO 的机制还不清楚。Amir（1999）的研究显示：4μmol/L 利多卡因可以阻断受损神经元的 SMPO，但不能阻断神经传导。来自于临床及疼痛实验模型的资料显示，系统应用利多卡因有效镇痛的血浆浓度是 1～2μg/mL（Chaplan et al.，1995），相当于局部作用浓度是 3.5～7μmol/L。因此，我们推测低浓度利多卡因镇痛的外周机制可能是通过抑制受损神经元的 SMPO 实现的。与 Amir 的研究结果相似，我们的研究也发现，5μmol/L 利多卡因可以抑制 SMPO 及由 SMPO 引起的簇放电，但对单个动作电位却没有影响。由此，我们进一步确定，系统应用利多卡因的外周作用在于：DRG 局部低浓度的利多卡因可以抑制受损神经元的 SMPO 及在 SMPO 基础上诱发的自发放电，但并不影响介导正常感觉的动作电位的产生与传导。

众所周知，快钠电流介导单个动作电位的产生，那么介导 SMPO 产生的离子机制又是什么呢？Amir 等研究了膜振荡的产生机制，发现当以胆碱替代 Na^+ 时，膜振荡消失，1μmol/L TTX 使振荡消失，而加入广谱的钙通道阻断剂 Cd^+ 对膜振荡无明显影响，说明振荡的去极相由 TTX-S 型钠通道形成，与钙通道无关（Amir and Devor，1997）。最近一些研究认为，TTX 敏感的持续性钠电流（I_{NaP}）参与介导内嗅皮质及背柱核神经元阈下振荡的产生。Reboreda（2003）在背柱核（DCN）神经元上发现，神经元显示低阈值膜振荡（LTO）和自发放电，这种膜振荡和自发放电可以被 0.5μmol/L TTX 或 30μmol/L Riluzole 阻断。这证实了 I_{NaP} 介导 DCN 神经元 LTO 和自发放电的产生。Agrawal 等（2001）在内嗅皮质（EC）V 层神经元上也证实，1μmol/L TTX 可以阻断阈下膜电位振荡和低阈值的放电，也可以阻断 I_{NaP}，从而证实了 I_{NaP} 与阈下膜电位振荡之间的关系。但目前尚没有研究证实受损 DRG 神经元上 TTX 敏感的 I_{NaP} 与 SMPO 之间的联系。

在本研究中，我们使用低浓度的 TTX 验证受损 DRG 神经元 I_{NaP} 与 SMPO 之间的联系。电流钳研究结果显示：200nmol/L TTX 可以抑制 SMPO 及在 SMPO 基础上诱发的簇放电，但此浓度对去极化方波诱发动作电位的产生没有影响。由以上结果，我们初步认为在受损的 DRG 神经元上，持续性钠流介导了阈下膜振荡和簇放电的产生。为了进一步确认低浓度 TTX 对膜振荡和簇放电的作用是通过持续钠流产生的，我们直接在受损 DRG 神经元上引导出持续钠流，并加以上药物观察其作用。结果显示：200nmol/L TTX 明显阻断 I_{NaP} 这个结果强烈支持 TTX 敏感的 I_{NaP} 介导受损 DRG 神经元上的 SMPO 和簇放电这一结论。

为了区分利多卡因对持续性钠流和快钠电流的不同抑制作用，我们分别引导出持续性钠流和快钠电流，再加用不同浓度的利多卡因观察其作用。10μmol/L 利多卡因可以很明显地抑制 I_{NaP}。利多卡因抑制 I_{NaP} 的 IC_{50} 是 (6.4 ± 0.5)μmol/L，这个浓度与利多卡因抑制膜电位振荡和簇放电的浓度相似。当 I_{NaP} 被抑制后，I_{NaT} 并未受太大影响。利多卡因抑制 I_{NaT} 的 IC_{50} 是 (447.7 ± 24.9)μmol/L。只有浓度高达 2～5mmol/L 的利多卡因才能完全阻断 I_{NaT}，这与利多卡因对单个动作电位的作用浓度是一致的。

总之，I_{NaP} 介导受损 DRG 神经元的阈下振荡。由于阈下膜电位振荡对于异位自发放电的产生是至关重要的，阻断 I_{NaP} 可能成为阻断受损神经元的自发放电、治疗病理性痛的一个重要治疗靶点。低浓度利多卡因通过抑制持续性钠流，从而阻断受损 DRG 神经元的阈下膜电位振荡及簇放电。低浓度利多卡因的这种作用可能是系统应用利多卡因治疗病理痛的外周机制之一。

（董　辉　王文挺）

参 考 文 献

胡三觉，陈丽敏，刘琨. 1997. 大鼠背根节神经元膜电位振荡引发重复放电. 中国神经科学杂志，4（1）：11-15.

文治洪，邢俊玲，胡三觉，等 2004. 损伤神经元阈下膜电位振荡的非线性特征分析. 中国临床康复，8（10）：1856-1857.

Abarca C，Silva E，Sepulveda MJ，et al. 2000. Neurochemical changes after morphine，dizocilpine or riluzole in the ventral posterolateral thalamic nuclei of rats with hyperalgesia. Eur J Pharmacol，403：67-74.

Agrawal N，Hamam BN，Magistretti J，et al. 2001. Persistent sodium channel activity mediates subthreshold membrane potential oscillations and low-threshold spikes in rat entorhinal cortex layer V neurons. Neuroscience，102：53-64.

Amir R，Argoff CE，Bennett GJ，et al. 2006. The role of sodium channels in chronic inflammatory and neuropathic pain. Pain，7：S1-29.

Amir R，Devor M. 1997. Spike-evoked suppression and burst patterning in dorsal root ganglion neurons of the rat. J Physiol，501（1）：183-196.

Amir R，Michaelis M，Devor M. 1999. Membrane potential oscillations in dorsal root ganglion neurons：role in normal electrogenesis and neuropathic pain. J Neurosci，19：8589-8596.

Antoshkina NV，Vorob'eva LI，Iordan EP. 1979. Participation of methylcobalamin in the methylation of Propionibacterium shermanii DNA. Mikrobiologiia，48（2）：217-221.

Bach FW，Jensen TS，Kastrup J，et al. 1990. The effect of intravenous lidocaine on nociceptiveprocessing in diabetic neuropathy. Pain，40：29-34.

Boucher TJ，McMahon SB. 2001. Neurotrophic factors and neuropathic pain. Curr Opin Pharmacol，1：66-72.

Briggs CA，Chandraraj S. 1995. Variations in the lumbosacral ligament and associated changes in the lumbosacral region resulting in compression of the fifth dorsal root ganglion and spinal nerve. Clin Anat，8（5）：339-346.

Chaplan SR，Bach FW，Shafer SL，et al. 1995. Prolonged alleviation of tactile allodynia by intravenous lidocaine in neuropathic rats. Anesthesiology，83：775-785.

Chaplan SR，Guo HQ，Lee DH，et al. 2003. Neuronal hyperpolarization-activated pacemaker channels drive neuropathic pain. J Neurosci，23：1169-1178.

Chapman V，Suzuki R，Chamarette HL，et al. 1998. Effects of systemic carbamazepine and gabapentin on spinal neuronal responses in spinal nerve ligated rats. Pain，75：261-272.

Coderre TJ，Kumar N，Lefebvre CD，et al. 2007. A comparison of the glutamate release inhibition and anti-allodynic effects of gabapentin，lamotrigine，and riluzole in a model of neuropathic pain. J Neurochem，100：1289-1299.

Costigan M，Befort K，Karchewski L，et al. 2002. Replicate high-density rat genome oligonucleotide microarrays reveal hundreds of regulated genes in the dorsal root ganglion after peripheral nerve injury. BMC Neurosci，3：16.

Cummins TR，Aglieco F，Renganathan M，et al. 2001. Nav1.3 sodium channels：rapid repriming and slow closed-state inactivation display quantitative differences after expression in a mammalian cell line and in spinal sensory neurons. J Neurosci，21（16）：5952-5961.

Cummins TR，Howe JR，Waxman SG. 1998. Slow closed-state inactivation：a novel mechanism underlying ramp currents in cells expressing the hNE/PN1 sodium channel. J Neurosci, 18: 9607-9619.

Devor M, Keller CH, Deerinck TJ, et al. 1989. Na⁺ channel accumulation on axolemma of afferent endings in nerve end neuromas in Apteronotus. Neurosci Lett, 102: 149-154.

Devor M, Wall PD, Catalan N. 1992. Systemic lidocaine silences ectopic neuroma and DRG discharge without blocking nerve conduction. Pain, 48: 261-268.

Dib-Hajj S, Black JA, Felts P, et al. 1996. Down-regulation of transcripts for Na channel alpha-SNS in spinal sensory neurons following axotomy. Proc Natl Acad Sci USA, 93: 14950-14954.

Dib-Hajj SD, Yang Y, Black JA, et al. 2013. The Na (V) 1. 7 sodium channel: from molecule to man. Nature Reviews Neuroscience, 14: 49-62.

Dworkin RH, O'Connor AB, Audette J, et al. 2010. Recommendations for the pharmacological management of neuropathic pain: an overview and literature update. Mayo Clin Proc, 85: 13-14.

England JD, Happel LT, Kline DG, et al. 1996. Sodium channel accumulation in humans with painful neuromas. Neurology, 47: 272-276.

Fertleman CR, Baker MD, Parker KA, et al. 2006. SCN9A mutations in paroxysmal extreme pain disorder: allelic variants underlie distinct channel defects and phenotypes. Neuron, 52: 767-774.

Galer BS, Twilling LL, Harle J, et al. 2000. Lack of efficacy of riluzole in the treatment of peripheral neuropathic pain conditions. Neurology, 55: 971-975.

Gold MS, Reichling DB, Shuster MJ, et al. 1996. Hyperalgesic agents increase a tetrodotoxin-resistant Na⁺ current in nociceptors. Proc Natl Acad Sci USA, 93: 1108-1112.

Haanpaa M, Attal N, Backonja M, et al. 2011. NeuPSIG guidelines on neuropathic pain assessment. Pain, 152: 14-27.

Hammer NA, Lilleso J, Pedersen JL, et al. 1999. Effect of riluzole on acute pain and hyperalgesia in humans. Br J Anaesth, 82: 718-722.

Han HC, Lee DH, Chung JM. 2000. Characteristics of ectopic discharges in a rat neuropathic pain model. Pain, 84: 253-261.

Hu SJ, Chen LM, Liu K. 1997. Membrane potential oscillations produce burst discharges in neurons of the rat dorsal rootganglion. Chin J Neurosci, 4: 21-25.

Hu SJ, Xing JL. 1998. An experimental model for chronic compression of dorsal root ganglion produced by intervertebral foramen stenosis in the rat. Pain, 77 (1): 15-23.

Hutcheon B, Yarom Y. 2000. Resonance, oscillation and the intrinsic frequency preferences of neurons. Trends Neurosci, 23: 216-222.

Ide H, Fujiya S, Asanuma Y, et al. 1987. Clinical usefulness of intrathecal injection of methylcobalamin in patients with diabetic neuropathy. Clin Ther, 9 (2): 183-192.

Irifune M, Kikuchi N, Saida T, et al. 2007. Riluzole, a glutamate release inhibitor, induces loss of righting reflex, antinociception, and immobility in response to noxious stimulation in mice. Anesth Analg, 104: 1415-1421.

Jensen TS. 2002. Anticonvulsants in neuropathic pain: rationale and clinical evidence. Eur J Pain, 6 (Suppl A): 61-68.

Khan GM, Chen SR, Pan HL. 2002. Role of primary afferent nerves in allodynia caused by diabetic neuropathy in rats. Neuroscience, 114: 291-299.

Kim CH, Oh Y, Chung JM, et al. 2001. The changes in expression of three subtypes of TTX sensitive sodium channels in sensory neurons after spinal nerve ligation. Brain Res Mol Brain Res, 95: 153-161.

Kliasheva RI, Sharkova EV, Nikol'skaia Ⅱ, et al. 1995. Participation of methylcobalamin in DNA methylation in vitro. Biull Eksp Biol Med, 119 (6): 616-618.

Li M, West JW, Lai Y, et al. 1992. Functional modulation of brain sodium channels by cAMP-dependent phosphorylation.

Neuron, 8: 1151-1159.

Liu CN, Michaelis M, Amir R, et al. 2000a. Spinal nerve injury enhances subthreshold membrane potential oscillations in DRG neurons: relation to neuropathic pain. J Neurophysiol, 84: 205-215.

Liu CN, Wall PD, Ben-Dor E, et al. 2000b. Tactile allodynia in the absence of C-fiber activation: altered firing properties of DRG neurons following spinal nerve injury. Pain, 85: 503-521.

Long KP, Hu SJ, Duan YB, et al. 1999. Pattern and dynamic changes of integer multiples in spontaneous discharge of injured dorsal root ganglion neurons. Sheng Li Xue Bao, 51: 481-487.

Mao JL, Chen LL. 2000. Systemic lidocaine for neuropathic pain relief. Pain, 87: 7-17.

Matzer O, Devor M. 1994. Hyperexcitability at sites of nerve injury depends on voltage-sensitive Na^+ channels. J Neurophysiol, 72 (1): 349-359.

McCaddon A, Hudson PR. 2010. L-methylfolate, methylcobalamin, and N-acetylcysteine in the treatment of Alzheimer's disease-related cognitive decline. CNS Spectr, 15 (1 Suppl 1): 2.

Morani AS, Bodhankar SL. 2010. Early co-administration of vitamin E acetate and methylcobalamin improves thermal hyperalgesia and motor nerve conduction velocity following sciatic nerve crush injury in rats. Pharmacol Rep, 62 (2): 405-409.

Nordin M, Nystrom B, Wallin U, et al. 1984. Ectopic sensory discharges and paresthesiae in patients with disorders of peripheral nerves, dorsal roots and dorsal columns. Pain, 20: 231-245.

Obata K, Yamanaka H, Fukuoka T, et al. 2003. Contribution of injured and uninjured dorsal root ganglion neurons to pain behavior and the changes in geneexpression follow chronic constriction injury of the sciatic nerve in rat. Pain, 101: 65-77.

O'Connor AB, Dworkin RH. 2009. Treatment of neuropathic pain: an overview of recent guidelines. Am J Med, 122: S22-32.

Pan HL, Eisenach JC, Chen SR. 1999. Gabapentin suppresses ectopic nerve discharges and reverses allodynia in neuropathic rats. J Pharmacol Exp Ther, 288: 1026-1030.

Persson AK, Gebauer M, Jordan S, et al. 2009. Correlational analysis for identifying genes whose regulation contributes to chronic neuropathic pain. Mol Pain, 5: 7.

Puil E, Spigelman I. 1988. Electrophysiological responses of trigeminal root ganglion neurons *in vitro*. Neuroscience, 24: 635-646.

Reboreda A, Sánchez E, Romero M, et al. 2003. Intrinsic spontaneous activity and subthreshold oscillations in neurones of the rat dorsal column nuclei in culture. J Physiol, 551: 191-205.

Reimann F, Cox JJ, Belfer I, et al. 2010. Pain perception is altered by a nucleotide polymorphism in SCN9A. Proc Natl Acad Sci USA, 107: 5148-5153.

Scalabrino G, Peracchi M. 2006. New insights into the pathophysiology of cobalamin deficiency. Trends Mol Med, 12 (6): 247-254.

Sheen K, Chung JM. 1993. Signs of neuropathic pain depend on signals from injured nerve fibers in a rat model. Brain Res, 610 (1): 62-68.

Song XJ, Hu SJ, Greenquist KW, et al. 1999. Mechanical and thermal hyperalgesia and ectopic neuronal discharge after chronic compression of dorsal root ganglia. J Neurophysiol, 82: 3347-3358.

Study RE, Kral MG. 1996. Spontaneous action potential activity in isolated dorsal root ganglion neurons from rats with a painful neuropathy. Pain, 65: 235-242.

Sun W, Miao B, Wang X, et al. 2012. Reduced conduction failure of the main axon of polymodal nociceptive C-fibres contributes to painful diabetic neuropathy in rats. Brain, 135: 359-375.

Valentijn JA，Louiset E，Vaudry H，et al. 1991. Involvement of non-selective channels in the generation of pacemaker depolarizations firing behariour in cultured frog melanotrophs. Brain Res，560：175-180.

Viana F，Bayliss DA，Berger AJ. 1993. Calcium conductances and their role in the firing behavious of neonatal rat hypoglossal motoneurons. J Neurophysiol，6：2137-2149.

Waikakul W，Waikakul S. 2000. Methylcobalamin as an adjuvant medication in conservative treatment of lumbar spinal stenosis. J Med Assoc Thai，83（8）：825-831.

Waxman SG，Dib-Hajj S，Cummins TR，et al. 1999. Sodium channels and pain. Proc Natl Acad Sci USA，96：7635-7639.

White G，Lovinger DM，Weight FF. 1989. Transient low-thresold Ca^{2+} current triggers burst firing through an afterdepolarizing potential in an adult mammalian neuron. Proc Natural Sci USA，86：6802-6808.

Wilcox KS，Gutnick J，Christoph GR. 1988. Electrephysical properties of neurons in the cateral habenula nucleas：an in vitro study. J Neurophysiol，59：212-225.

Wu N，Hsiao CF，Chandler SH. 2001. Membrane resonance and subthreshold membrane oscillations in mesencephalic V neurons：participants in burst generation. J Neurosci，21：3729-3739.

Xiao HS，Huang QH，Zhang FX，et al. 2002. Identification of gene expression profile of dorsal root ganglion in the rat peripheral axotomy model of neuropathic pain. Proc Natl Acad Sci USA，99：8360-8365.

Xing JL，Hu SJ，Jian Z，et al. 2003. Subthreshold membrane potential oscillation mediates the excitatory effect of norepinephrine in chronically compressed dorsal root ganglion neurons in the rat. Pain，105（1-2）：177-183.

Xing JL，Hu SJ，Xu H，et al. 2001. Subthreshold membrane oscillations underlying integer multiples firing from injured sensory neurons. Neuroreport，12：1311-1313.

Yakhnitsa V，Linderoth B，Meyerson BA. 1999. Spinal cord stimulation attenuates dorsal horn neuronal hyperexcitability in a rat model of mononeuropathy. Pain，79：223-233.

Yamuy J，Pose I，Pedroarena C，et al. 2000. Neurotrophin-induced rapid enhancement of membrane potential oscillation in mesencephalic trigeminalneurons. Neuroscience，95（4）：1089-1090.

Yang RH，Wang WT，Chen JY，et al. 2009. Gabapentin selectively reduces persistent sodium current in injured type-A dorsal root ganglion neurons. Pain，143：48-55.

Yang RH，Xing JL，Duan JH，et al. 2005. Effects of gabapentin on spontaneous discharges and subthreshold membrane potential oscillation of type A neurons in injured DRG. Pain，115（3）：187-193.

Yang Y，Yang F，Yang F，et al. 2016. Gabapentinoid insensitivity after repeated administration is associated with down-regulation of the a2d-1 subunit in rats with central post-stroke pain hypersensitivit. Neurosci Bull，32（1）：41-50.

Yoon YW，Na HS，Chung JM. 1996. Contributions of injured and intact afferents to neuropathic pain in an experimental rat model. Pain，64：27-36.

Zakrzewska JM. 2010. Medical management of trigeminal neuropathic pains，Expert Opin Pharmacother，11：1239-1254.

Zhang JL，Yang JP，Zhang JR，et al. 2013. Gabapentin reduces allodynia and hyperalgesia in painful diabetic neuropathy rats by decreasing expression level of Nav1. 7 and p-ERK1/2 in DRG neurons. Brain Res，1493：13-18.

Zhang JM，Donnelly DF，Song XJ，et al. 1997. Axotomy increases the excitability of dorsal root ganglion cells with unmyelinated axons. J Neurophysiol，78：2790-2794.

Zhang M，Han W，Zheng J，et al. 2015. Inhibition of hyperpolarization-activated cation current in medium-sized DRG neurons contributed to the antiallodynic effect of methylcobalamin in the rat of a chronic compression of the DRG. Neural Plast，2015：197392.

Zvejniece L，Vavers E，Svalbe B，et al. 2015. R-phenibut binds to the α2-δ subunit of voltage-dependent calcium channels and exerts gabapentin-like anti-nociceptive effects. Pharmacology，Biochemistry and Behavior，137：23-29.

第8章 神经元活动的整数倍节律

8.1 背根节神经元自发放电的整数倍节律

神经系统的动力学特性是相当复杂的，也是对神经科学家有很大吸引力的一个研究领域。在神经电行为的研究中，神经元放电的发放率（discharge rate）一直是评价神经元活动的主要指标（Kuffler，1984），但由于它实际上是放电的时间平均频率，必然会丢失很多信息，因此近年来，人们越来越重视放电的节律研究，认为它能更全面、准确地反映神经放电所包含的信息，更可能是神经信息编码（neural information coding）的基础（Ferster and Spruston，1995；Hopfiled，1995；Sejnowski，1995）。目前，在数学模型上对神经放电节律模式及其动力学变化规律进行了一些研究，如 Wang 建立的丘脑神经元放电数学模型，对细胞膜电位和离子通道状态与放电形式的变化之间的关系进行了研究（Rieke，1997）。在其模型中考虑了钠电流、钾电流、持续性钠电流、T 型钙电流、超极化激活的电流和漏电流，能较好地重现丘脑神经元中的梭型节律和 δ 节律。但是对实际的神经元放电，特别是自发放电的时间节律形式及其动力学变化规律了解甚少（Rieke，1997）。在实验研究中，只是把神经放电大致划分为周期放电、阵发放电和不规则放电等几种类型。最近，人们利用神经放电中相邻动作电位的时间间隔（ISI）来研究放电的时间形式，在鲨鱼的电感受器和小龙虾的机械感受器上，记录到了整数倍模式的 ISI。本研究采用了大鼠背根节（DRG）慢性压迫模型（Hu and Xing，1998）。DRG 神经元属于初级感觉神经元，胞体之间没有复杂的神经网络联系，便于研究环境对细胞的影响，但正常的 DRG 细胞自发放电很少，而在压迫损伤后的 DRG 神经元，发现有多种时间模式的自发放电节律形式。我们在实验中发现了神经元胞体自发放电的整数倍放电模式（integer multiples discharge patterns）及神经元胞膜上的钠离子通道、钾离子通道状态改变时，对该放电形式的影响，并用数学模型对整数倍放电形式的机制进行了数学模拟。

实验选用健康的成年 Sprague-Dawley 大鼠 64 只（体重 150～300g，雌雄不限）制备 DRG 慢性压迫模型，具体制备方法见 2.7（Hu and Xing，1998）。取 DRG 慢性压迫手术后的动物做背根纤维放电的引导和测试。在氯醛糖-尿酯混合麻醉下，行气管插管术和腰部椎板切除术。用皮瓣和结缔组织在背部 L1-L2 和 L4-L5 处构筑两个不相贯通的液槽，在 L4-L5 槽内充分暴露压迫损伤的 L5 DRG，撕去 DRG 被膜，用温热（33～35℃）人工脑脊液浸浴。实验前，切断进入 L5 DRG 的脊神经，防止外周感受野神经冲动的传入。在 L1-L2 槽内，暴露与识别连接 L5 DRG 的背根，覆盖温热液状石蜡（33～35℃）。在立体显微镜下小心撕开神经外膜，分离与撕断 L5 背根神经束，分离出直径约 20μm 的神经细丝，将外周端悬挂在白金丝（直径 29μm）引导电极上，在邻近的皮下组织插入参考电极，引导来自 DRG 神经元的单根 A 类神经纤维自发放电。放电经放大后进入 ISI 采样板，将信号和设定的阈值相比较采入计算机即可连续得到我们需要的 ISI 序列数据。实验过程中，经 VC-11 记忆示波器监视放电的幅度与波宽，以保证始终记到单纤维放电。神经放电传导速度由放电传导距离除以潜伏期获得（Hu and Xing，1998）。动物体温用数控恒温热板保持在 37～38℃，采用计算机记录并实时显示受损 DRG 神经元的单根纤维自发放电的峰峰间期（ISI）序列，采用散点图（以 ISI 为纵轴，时间为横轴）显示 ISI 的序列分布，对整数倍放电节律的数据，用 ISI 直方图分析其放电分布的变化，用 ISI（n）和 ISI（$n+1$）做放电数据的一维回归映射。

　　在模型制备手术 3～10 天后，即可记录到来自损伤 DRG 神经元的各种不同形式的自发放电，其传导速度均大于 5m/s，属于 A 类神经纤维。在记录的 156 根纤维背景自发放电（即未施加药物作用时的自发放电）的 ISI 序列中，有 17 根出现了整数倍的放电节律形式，其出现率约为 11%。整数倍放电节律形式有如下特点：①存在一个基础 ISI（basic interspike interval，BISI），即最小 ISI。②所有的 ISI 均为 BISI 的整数倍。整数倍放电在散点图上表现为清晰的分层现象，如图 8-1B 所示。各神经元整数倍放电分层的层数差别很大，最少 2 层，最多可达 16 层。第一层表示 BISI，当其改变时，其他层也随之相应改变。③第一层散点的分布宽度（ΔBISI）有一定范围，层数越大，宽度也越大。随着层数的增加，层与层之间将逐渐相互融合，因此能观察到的层数与第一层的宽度有关。④各层散点密度分布在多数情况下随层数的增加而递减。可以用 ISI 直方图表示，如图 8-1C 所示。整数倍数据的一阶回归映射为呈发散状的晶格点阵结构，如图 8-1D 所示。

A

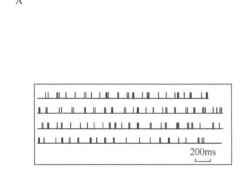

B

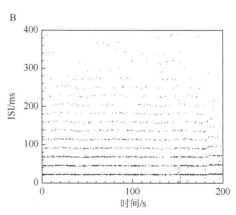

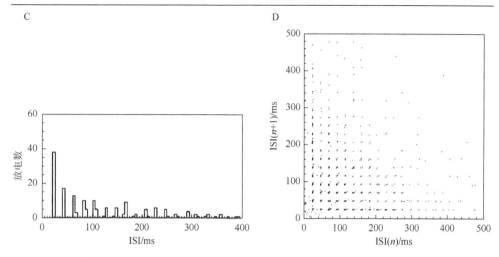

图 8-1　大鼠慢性压迫 DRG 神经元的整数倍自发放电

A. 整数倍放电序列；B. 整数倍放电散点图；C. 整数倍放电直方图；D. 整数倍放电回归映射

在记录到持续的周期一放电节律时，在 L4-L5 槽内加入浓度为 1μmol/L 的钠离子通道特异阻断剂 TTX，其放电周期缓慢增加，经过一定的时间后，逐渐出现两层、三层至七层、八层的整数倍放电，持续一段时间后，放电完全消失。此时，以人工脑脊液冲洗，放电又逐渐恢复，并从整数倍放电逐渐变成周期一放电。在 12 个测试的单位中，有 10 个单位出现了类似的过程（图 8-2）。

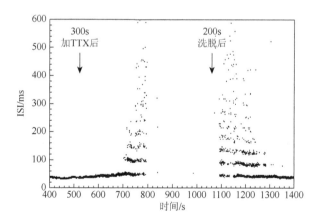

图 8-2　在 DRG 处加入 1mol/L TTX 可诱发整数倍放电，洗脱后可消除

另外，在记录到整数倍放电的同时，在 L4-L5 槽内加入不同浓度的钾离子通道阻断剂 4-AP，其放电节律形式变化如图 8-3 所示（图中箭头分别表示加入 0.01mmol/L、0.1mmol/L、1mmol/L 4-AP 和冲洗的位置）。当加入 0.01mmol/L 4-AP 时，放电层数由 4 层迅速减少（最少处为两层），同时第一层密度增加，BISI 减

小，ΔBISI 减小，50s 后放电形式逐渐恢复，如图 8-3a 所示。当加入 0.1mmol/L 4-AP 时，放电形式迅速进入整齐的周期放电，BISI 更小、更窄、密度更高，持续 90s 后恢复，如图 8-3b 所示。当加入 1mmol/L 4-AP 时，放电形式进入持续的周期一放电，冲洗后，2500s 逐渐恢复到加药前的状态，如图 8-3c 所示。在放电形式的恢复期出现的 ISI 振荡现象将另文讨论。

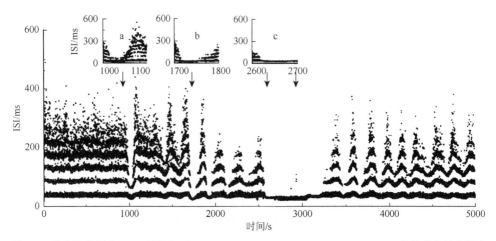

图 8-3　箭头处分别在 DRG 处加入了 0.01mmol/L、0.1mmol/L、1mmol/L 4-AP，使整数倍放电转变为周期一放电

a～c 图分别是箭头所指位置的局部放大图

在以上生物学实验结果基础上，我们应用数学模型对整数倍放电形式的机制进行了数学模拟。首先在 WANG 模型（Wang，1994）基础上，加入 A 电流成分 I_A（Hutchen et al.，1994），建立包含快钾电流 I_K、快钠电流 I_{Na}、T 型钙电流 I_T、超极化激活的 h 电流 I_h、持续钠电流 I_{NaP}、漏电流 I_L 和膜偏流 I_{app} 的神经元电兴奋动力学模型，模型数学形式如下：

$$C_m \frac{dV}{dt} = -I_T - I_h - I_{Na} - I_K - I_{NaP} - I_A - I_L + I_{app} \tag{8-1}$$

其中电流成分：$I_T = g_T \cdot s_\infty(V) \cdot h \cdot (V - V_{ca})$；$I_h = g_h \cdot H^2 \cdot (V - V_h)$；$I_K = g_K \cdot n^4 \cdot (V - V_K)$；$I_{Na} = g_{Na} \cdot m_\infty^3(\sigma_{Na}, V) \cdot (0.85 - n) \cdot (V - V_{Na})$；$I_{NaP} = g_{NaP} \cdot m_\infty^3(\sigma_{NaP}, V) \cdot (V - V_{Na})$；$I_L = g_L \cdot (V - V_L)$；$I_A = g_A \cdot (0.6 m_{A_1}^4 \cdot h_{A_1} + 0.4 m_{A_2}^4 \cdot h_{A_2}) \cdot (V - V_K)$。

由于 I_T、I_{Na}、I_{NaP}、I_A 电流方程式中的激活变量相对于失活变量的变率很快，因此可以使用绝热近似，用其稳态表达式代替瞬态表达式。其他未知量的动力学方程满足如下方程：

$$\frac{dX}{dt} = \frac{\phi_X \cdot [X_\infty(V) - X]}{\tau_X(V)} \tag{8-2}$$

上述各方程中的相关表达式和模型参数见文献（Wang，1994；Hutcheon et al.，1994）。其中，I_{app}、g_A、g_{Na} 是有待在计算时调节的参数以模拟实验过程。

在建立的数学模型中，不考虑 A 电流的影响，取 g_{Na} 为 42ms/cm^2，I_{app} 分别取 $-1.3\sim0$nA，可观察到膜电位从静息状态转变为阈下周期振荡，到整数倍节律放电，到簇放电节律的分岔过程（图 8-4）。取定 I_{app} 为 -0.455nA，膜电位呈现整数倍放电节律。

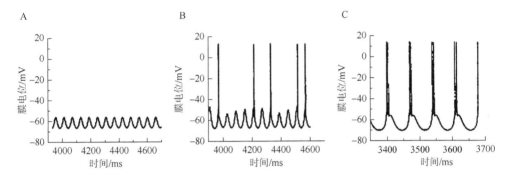

图 8-4　膜偏流无随机扰动时三变量水平的放电模式

A. $I_{app} = -0.45$nA，膜电位的阈下振荡；B. $I_{app} = -0.455$nA，整数倍放电模式；C. $I_{app} = -0.80$nA，簇放电模式

取 I_{app} 为 -0.55nA，g_{Na} 为 100ms/cm^2，并加入少量随机扰动，模拟实验条件下的放电。当 A 型通道最大电导为从 2.3ms/cm^2 到 0.5ms/cm^2 的值时，神经元展现出了从整数倍节律到周期一的转变过程（图 8-5）。

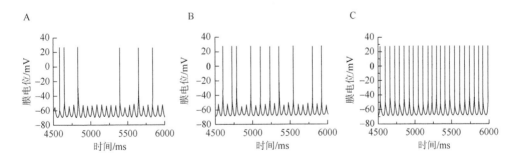

图 8-5　当 K_A 变化时膜电位从整数倍模式向周期一模式转变

A. $g_A = 2.3$ms/cm^2，8 层整数倍放电模式；B. $g_A = 2.2$ms/cm^2，3 层整数倍放电模式；C. $g_A = 0.5$ms/cm^2，周期一放电模式。噪声电流幅度为 0.3nA

取定 g_A 为 5.0ms/cm^2，I_{app} 为 -0.7nA，当 g_{Na} 为从 230ms/cm^2 到 100ms/cm^2 的值，神经元放电呈现从周期一到整数倍放电的转化过程（图 8-6）。

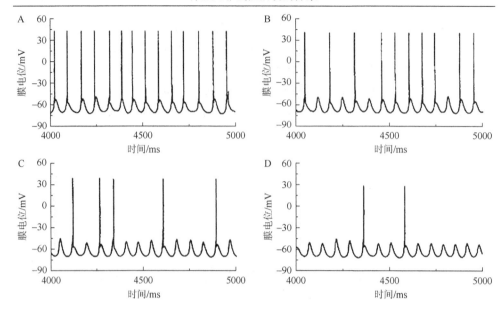

图 8-6　改变钠通道电导时放电模式从周期一向整数倍改变

A. $g_{Na} = 230ms/cm^2$，周期一放电模式；B. $g_{Na} = 200ms/cm^2$，2 层整数倍放电模式；C. $g_{Na} = 150ms/cm^2$，4 层整数倍放电模式；D. $g_{Na} = 100ms/cm^2$，9 层整数倍放电模式。噪声电流幅度为 0.3nA

　　神经放电的时间模式有着复杂的表现形式，大部分的放电形式都是非周期的，从其时间序列上直观地给出一种不规则概念，它表达了神经系统中信息传递的非线性动力学性质。我们在大鼠 DRG 神经元上观察到的自发放电的整数倍放电节律，如果只从动作电位时序图来看，似乎是混乱无序的，如图 8-1A 所示；但从 ISI 回归映射图（图 8-1C）和 ISI 散点图（图 8-1D）来看，它却是有明确分层的时间序列和映射结构，显示 ISI 均为 BISI 整数倍的规律性。与刺激诱发感受器产生整数倍放电节律不同，本文观察到的整数倍放电节律不是由周期刺激诱发产生的，而是在神经元胞体中自发产生的放电序列中形成的，说明这种节律可以由神经元胞体自主产生，其出现率可达 11%，整数倍结构中的 BISI、分层数目和各层散点密度分布均可因神经元的环境改变发生明显的动态变化，形成多变的时间形式，提示整数倍放电形式是受损背根节神经元自发放电实现时间编码的一种基本形式。在正常大鼠的 DRG 神经元自发放电中，我们没有观察到整数倍节律的出现。

　　关于整数倍放电的产生机制，Bulsara 等（1991）和 Douglass 等（1993）认为是噪声与输入信号发生随机共振（SR）产生的，他们对小龙虾（crayfish）的机械感受器施以外部刺激和环境噪声，发现感受器响应的 ISI 为刺激周期的整数倍，与其模型计算结果相似。Braun 等（1994）在鲨鱼（dogfish）的电感受器上的工作也支持他们的观点。而 Kaplan 等（1996）认为在神经细胞膜上由各种离子通道所构成的确定性机制产生了整数倍放电。Wang（1994）以 Soltesz 等（1991）在丘脑神经元的实验结果为基础建立了含 6 个离子通道的微分方程，得出了与实验结果相似的低频放电节律形式。

我们首次在大鼠背根节慢性压迫模型的损伤神经元自发放电活动中，观察到 TTX 阻断钠离子通道的过程可引发整数倍放电形式，提示依赖性钠离子通道密度和活动状态的阈电位水平（龙开平等，1999；陈宜张，1997）对整数倍的产生起着重要作用。此外，还观察到阻断 K_A 通道可使 BISI 减小，显著改变整数倍形式的有关参数。因此，我们认为 DRG 神经元的整数倍放电形式与钠离子通道的状态有着密切的关系，并且 A 电流对其有明显的调节作用。这些事实表明，放电的时间形式主要由通道活动决定，确定性机制应起着主要的作用。

为确定整数倍节律产生的动力学机制，把实验的结果与数学模型的结果相对比，可以看出，当在数学模型中分别改变钠离子通道和 K_A 通道的电导时，其产生的模拟放电序列的改变与实验结果吻合得很好（图 8-6），说明模型拟合的动力学机制可能就是神经元所遵从的。我们在模型中改变 I_{app} 所得到的分岔过程是由于加大超极化偏流会引起膜电位的超极化程度，从而引起超极化去失活的 T 型钙电流、超极化激活的 h 电流的活动加剧，这种阈下超极化激活机制对超极化具有反弹作用，在一定极化程度下引起膜电位振荡。当出现整数倍放电节律时，做膜电位与 h 电流的相平面图，可见此节律对应于平面上的奇怪吸引子结构（图 8-7）。它由两部分组成，既对应于阈下振荡的混沌吸引子又对应于阈上放电的吸引子。两个吸引子的边界分形嵌套在一起，使得神经元的动力学状态不时地在两个吸引子的吸引域间跳跃。

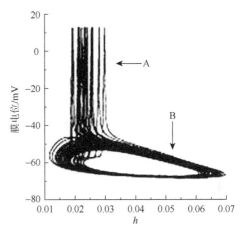

图 8-7 $I_{app}=-0.455nA$，由膜电位和激活变量 *sag* 电流表达的相空间中对应整数倍放电模式的吸引子

神经元游历 B 区时，其膜电位为阈下振荡；神经元游历 A 区时，发生动作电位

由于阈下混沌吸引子的空间尺度较薄，因此放电峰峰间期近似为一个基础值的整数倍。有限阻断 A 电流可以引起对超极化反弹活动抑制作用的减小，这会使得处于阈下振荡状态的膜电位靠近阈值，造成其动力学状态在阈上吸引子中游历的平均时间增大，放电呈现出从阈下振荡态到整数倍放电，再到周期放电的转变。减小钠离子通道最大电导会引起阈值抬高，造成系统状态在阈上吸引子中游历的平均时间减小，放电呈现与上述转变相反的过程。

（龙开平 胡三觉）

8.2　整数倍节律与阈下膜电位振荡

在神经系统，越来越多的证据表明，时间编码是神经信息编码的一个非常重要方式（Ferster and Spruston，1995；Hopfield，1995；Rabinovich and Abarbanel，1998；Sejnowski，1995；Abeles et al.，1993；Mainen and Sejnowski，1995；Vaadia et al.，1995）。在时间编码过程中，一般认为信息是以相邻放电的时间间隔（ISI）进行编码的。在对 ISI 序列的分析过程中，有一类放电，其放电间隔为基本间隔值的整数倍，其 ISI 统计直方图具有多峰结构，相邻的峰以等间隔的形式出现，这种放电称为整数倍放电（integer multiples firing，IMF）。人们已经在猫的听觉神经和鱼的传入神经检测到整倍性放电（Longtin，1993），我们也在损伤背根节神经元中观察到这一放电模式。由于 ISI 围绕一个基础值存在，曾有学者推测整数倍可能是基于阈下膜电位振荡（SMPO）之上。然而，直到本文，我们在损伤 DRG 神经元记录到不同类型的 SMPO，并对其进行干预，才证实了整数倍放电模式的发生与规则 SMPO 的关系。

实验是在 Sprague-Dawley 大鼠上进行，根据先前的方法制备 CCD 模型，造模成功后 2～8 天，行椎板切开术并进行在体细胞内记录。为尽量降低反射活动，大鼠被固定在一个立体定位仪上，并在人工呼吸条件下给予 4mg/kg 箭毒。背根神经节的神经元以传导速度和记录到的峰的波形进行分类。简而言之，传导速度 >2m/s 的神经元被命名为 A 类神经元，<2m/s 的为 C 类神经元。

在记录的 386 例损伤背根神经节神经元中，64 个 A 类神经元出现自发放电，其中 8 例为 IMF 放电。以时间为横轴，ISI 序列值为纵轴所绘制的 ISI 散点图（图 8-8B）可以看出，IMF 的 ISI 有一个基础值，在散点图中呈清晰的带状分布，其余 ISI 分布在数值为最小 ISI 整数倍的不同条带内。同时，最小 ISI 带状结构中的点最为密集，倍数越大，ISI 散点的密集程度越低，这一特性也可以由 ISI 直方图的分布得以证实（图 8-8C）。与其他自发放电产生的膜电位基础相一致，整数倍放电模式也产生于 SMPO 基础上，且均为规则型 SMPO。对照原始放电记录及 ISI 序列分析，可以看出最小 ISI 由规则振荡的周期所决定，而 ISI 的整数倍数取决于未能产生峰电位的 SMPO 数目（图 8-8A）。

有关 SMPO 的形成基础，早期研究认为可能与持续性钠电流相关，这种电流对 TTX 较为敏感。因此在随后的研究中，我们在 5 例周期性放电的神经元局部使用 10～100nmol/L 的 TTX，观察放电的变化过程。如图 8-9A 所示，在 TTX 应用后一段时间，ISI 的平均值逐渐增加，大约 40s 后，放电序列呈现出 4 条可以在 ISI 散点图中明显观察到的条带。在这一过程中，细胞内记录的结果显示，初期动作电位尚连续，其后随着动作电位平均阈值明显升高，峰电位也不再持续出现，在峰电位消失时，可见规则 SMPO 的出现。尽管 SMPO 的去极化率无明显改变，但一些 SMPO 的幅值显著减小，值得注意的是，一些 SMPO 明显超

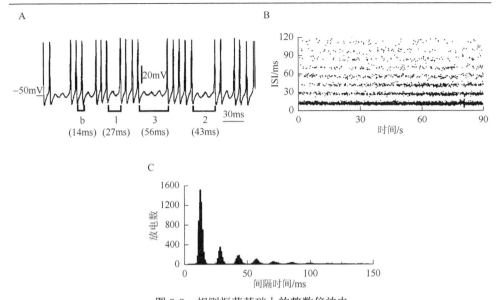

图 8-8　规则振荡基础上的整数倍放电

A. 一个整数倍放电的原始记录，在动作电位之间可以看到规则振荡；B. 由 A 图中原始数据计算出的 ISI 序列散点图；C. 由 A 图中原始数据计算出的 ISI 序列直方图。数值宽度为 2ms，第一个峰值对应于基础 ISI，即规则 SMPO 的一个周期

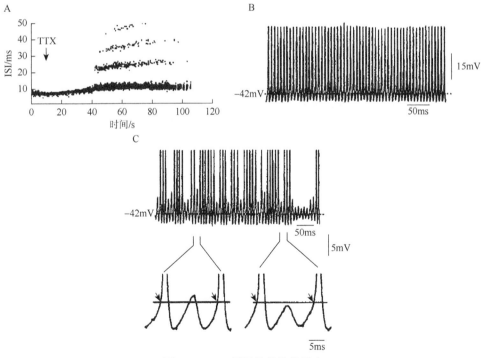

图 8-9　TTX 诱导的整数倍放电

A. 放电序列 ISI 散点图可见 100nmol/L TTX 加入后，周期放电逐渐转化为整数倍放电；B. 在 TTX 加入之前，放电的原始记录；C.TTX 加入 60s 时 IMF 的原始放电记录（放电被截断），下面的插图显示振荡与峰电位产生阈值的关系

出了附近神经元动作电位的参考阈值,但并未引发峰电位的出现(图 8-9B 和 C)。随着 TTX 灌注时间的延长,神经元放电在数量上逐渐减少,同时放电模式转化为阵发放电。最后,SMPO 和峰电位完全消失。在 TTX 冲洗之后,上述变化可以发生逆转。

在中枢的不同神经元中都曾经发现过膜电位振荡(Alonso and Klink, 1993; Lampl and Yarom, 1993),总体来讲,振荡的出现能够驱动放电产生,但是放电频率与 SMPO 的频率并不总一致,这使人们对于振荡作为放电的基础这层关系还存在怀疑(Amitai, 1994; Azouz and Gray, 1999)。我们的结果表明,IMF 神经元都是在规则 SMPO 的基础上产生,每个峰电位起始于 SMPO 的上升相(Xing et al., 2001)。由于基础 ISI 相当于一个 SMPO 的周期,其余 ISI 数值则是未能产生峰电位的 SMPO 数目的整数倍。因此,在受损背根节神经元可以初步确定 IMF 是基于规则 SMPO 基础上产生的。至于 IMF 与何种离子通道活动相关,TTX 的作用给出了一定的线索。研究中我们观察到,给周期性放电的损伤神经元局部施加 TTX 后,放电模式由周期逐渐转化为整数倍模式。在这一过程中,动作电位阈值显著增加,峰电位之间规则 SMPO 的幅值也发生了改变。一些 SMPO 的幅值在阈值之下,因此不能引发峰电位。然而,有些 SMPO 在实验中观测到超出了其邻近的参考阈值,也同样未能引发峰电位,表明引发动作电位的阈值有较大波动。有关峰电位发生过程中阈值在一个相当大的范围波动的现象,在中枢神经元中也曾出现,且被认为与钠离子通道活动相关,这与我们目前实验观察一致。从振荡阈值与峰电位出现的相互关系,我们可以看出,TTX 引发的放电模式由周期放电向整数倍放电转变可能通过减少 SMPO 的幅值或/和增加动作电位的阈值来完成。在我们的研究中,由于 TTX 滴加的浓度很低,推测其中起作用的通道应该是 TTX 敏感的钠离子通道,但其具体亚型尚待进一步论证。同时,神经信息编码中,IMF 放电模式与怎样的痛觉信息传递相关也是未来需要重点关注的问题。

(邢俊玲　胡三觉)

8.3　整数倍放电节律的动力学机制

整数倍放电看起来像是随机的放电行为,它的峰峰间期直方图在某一个基本的 ISI 的整数倍处呈现多峰结构。而且峰的幅值除开始的几个峰外,其余的呈现指数递减的形式,ISI 的回归映射体现为点阵结构。这种现象被 Longtin 等(1995)称为随机锁相或跳动,在大量的神经生理实验中经常观察到。在自发放电的大鼠损伤背根节神经元上,Xing 和 Hu(2001)实验观察到整数倍放电,Gong 等(2002)应用非线性预报方法和符号分析方法揭示此实验整数倍峰峰放电的机制是混沌的。实际上,这种特殊的放电形式在猴子和猫的听觉纤维,猫的视网膜神经节细胞、初级视觉皮层,以及当受到周期刺激时短尾猴和龙虾的机械感受器上早就观察到（Siegel，1990；Douglass et al.，1993；Levin et al.，1996）。

为了考察整数倍放电的产生机制，科学家已经做了许多努力。目前，有两种完全不同的观点：与混沌有关的确定性动力学（Gong et. al.，2002；Clay，2003；Kaplan，1996）和噪声导致的随机动力学（主要指随机共振或者相关共振）（Gu et al.，2001；Yang et al.，2002；Gu et al.，2002）。这里考察后一种情形，在现有的研究中整数倍放电的神经元的兴奋性动力学机制仅涉及 Hopf 分岔（包括次临界与超临界）情形。实际上，神经元从静息态到放电态经常经历两类余维一分岔，即不变圆上鞍结（SNIC）分岔和 Hopf 分岔，下面介绍神经元整数倍放电的 SNIC 兴奋性动力学机制（Xie et al.，2004）

8.3.1 ML 模型 SNIC 分岔

ML 模型方程为

$$\begin{cases} C\dfrac{\mathrm{d}V}{\mathrm{d}t} = -\overline{g}_{Ca}m_{\infty}(V)(V-V_{Ca}) - \overline{g}_{K}w(V-V_{K}) - \overline{g}_{L}(V-V_{L}) + I_0, \\ \dfrac{\mathrm{d}w}{\mathrm{d}t} = \phi\dfrac{[w_{\infty}(V)-w]}{\tau_w(V)}. \end{cases} \tag{8-3}$$

当 V_3=12mV，V_4=17.4mV，$\overline{g}_{Ca}$=4mS/cm^2，ϕ=1/15 时，ML 模型神经元将在 I_0=39.96 处跨越一个 SNIC 分岔，神经元便从静息态变为周期峰放电。图 8-10 给出 V 随 I_0 的分岔结构，可以看到一个次临界 Hopf 分岔发生在 I_0=97.79μA/cm^2 处，一个极限环的鞍结分岔在 I_0=116.1μA/cm^2 出现。在 SNIC 分岔前后，V 和 w 的零等倾线的变化如图 8-11 所示。很明显，两条零等倾线的交点是不动点。做出鞍点的不稳定的不变流形，它们构成了一个封闭的不变圆，鞍点和结点都位于该圆上，如图 8-11A 所示。在图 8-11B 和 C 中可以看到，圆

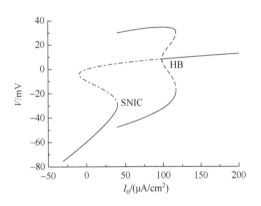

图 8-10 V 对 I_0 分岔结构

粗实线代表稳定的不动点，
细实线表示极限环振荡幅值的最大和最小值；
点划线是不稳定的不动点组成

上的鞍点和结点发生合并，然后消失，不变圆变成一个稳定的极限环，因此出现不变圆上的鞍结分岔现象。关于不稳定的不变流形的计算给出一个简单的描述，首先计算鞍点正特征值的特征矢量，然后在这个特征矢量上稍微偏离鞍点处选定一初始点沿正时间方向积分即可得不稳定的不变流形的一个分支，另一支按同样方法计算可得。

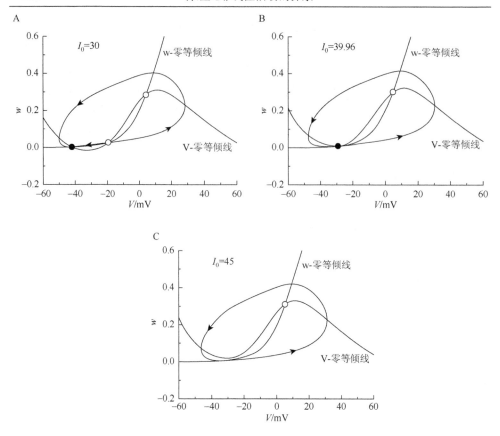

图 8-11 在 $V-w$ 相平面上 SNIC 前后零等倾线的变化

空心圆是不稳定的不动点，而在 B 中灰色圆是鞍结点。在 A 中做出 $I_0=30$ 时的不稳定的不变流形；在 B 中不变圆上的鞍点与结点合并，SNIC 分岔发生；在 C 上 $I_0=45$ 时一个稳定极限环对应于分岔后周期峰放电

由此可见，ML 模型神经元依赖不同的参数值可以经历 Hopf 分岔或 SNIC 分岔从静息态到周期峰放电。

8.3.2 在 SNIC 分岔附近整数倍放电的模拟

在神经生理实验中，当整数倍放电发生时可以看到一个明显的阈下周期振荡（subthreshold periodic oscillation，SPO），而且 SPO 的周期和幅值随着参数变化而变化，如温度和电场强度等。如果神经元经历一个 Hopf 分岔从静息态到放电态，不管有没有周期刺激，在一定强度的噪声作用下 SPO 能持续存在。如果此时给神经元施加一个周期刺激，那么在周期刺激与 SPO 的频率之间将存在一个竞争，这时频率拖带（frequency entrainment）现象可能发生，神经元的频率经常被拖到周期刺激的频率上。神经元的兴奋性动力学机制为 SNIC 分岔情形时，不存在这样的 SPO。为了产生整数倍放电形式，我们对神经元施加一个弱的周期刺激（阈下刺激），这在神经生理学上可以理解为神经元所处的环境有一个小的周期变化。由于神经元噪声来源的多样性，如离子通道电导波动、突触效率波动和热噪声等，因此可以用高斯白噪声来描述噪声成分。

　　为了方便起见，利用前一节所讨论的 ML 模型进行计算。当 ML 模型神经元是一个整合子时，膜电压随参数 I_0 的分岔结构如图 8-10 所示，当 I_0 为 $-9.95\sim39.96\,\mu\mathrm{A/cm^2}$ 时，系统有 3 个不动点。如果我们在这个参数区间内画一条垂直的细线，从下到上将依次穿过 3 个点，这 3 个点就是不动点，见图 8-12。图 8-12 中垂直线代表 $I_0=30\mu\mathrm{A/cm^2}$ 的情形。计算 $I_0=30\mu\mathrm{A/cm^2}$ 的 3 个不动点及其线性化系统在相应不动点处的特征值。不动点按垂直线从下到上穿过三点的顺序排列为：$(V=-41.845, w=0.00205)$，$(V=-19.563, w=0.0259)$，$(V=3.872, w=0.282)$。相应特征值为：$(-1.277, -0.175)$，$(3.613, -0.0573)$，$(4.898, 0.157)$。从特征值可以看出，在 $I_0=30\mu\mathrm{A/cm^2}$ 时，从下到上分别是稳定的结点、鞍点、不稳定的结点。在图 8-13 中鞍点的稳定与不稳定流形同时画出，其稳定流形充当阈值边界，它决定着一个刺激是否足够强而导致神经元产生一次放电脉冲。拥有这种特征的神经元能表现出"全或无"的行为，也就是说，如果刺激将一个相轨道推至并通过稳定流形，则产生一次放电脉冲，否则系统返回静息态。而以 Hopf 分岔作为兴奋性动力学机制的神经元，由于没有这样的稳定流形，严格上说是不具有"全或无"的特性。

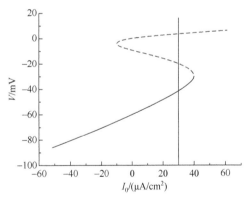

图 8-12　在 $I_0=30\mu\mathrm{A/cm^2}$ 情形的三个不动点

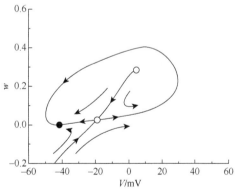

图 8-13　鞍点的稳定与不稳定流形

　　在 ML 模型的膜电压方程右端加上一阈下周期刺激 $I_1\sin(2\pi ft)$ 和高斯白噪声 $\xi(t)$。由于周期刺激是阈下信号，它单独是不能让神经元放电的，可以根据前一节的结果选择周期刺激的幅值。$\xi(t)$ 的统计特征是 $\langle\xi(t)\rangle=0$ 和 $\langle\xi_1(t)\xi_2(t)\rangle=2D\delta(t_1-t_2)$，这里 D 是噪声强度，δ 是 Dirac 函数。当常数电流 $I_0=37\mu\mathrm{A/cm^2}$ 固定不变时，刺激的频率取 $f=10\mathrm{Hz}$，这时周期刺激的幅值取 $I_1=8\mu\mathrm{A/cm^2}$ 是阈下的。在整数倍放电数值模拟时，噪声强度取 $D=130$。

　　利用 Honeycutt 提出的随机 Runge-Kutta 算法积分随机 ML 模型，时间步长取 0.1ms。对这个随机模型进行一次实现，膜电压时间历程如图 8-14A 所示。可以看到，放电往往发生在阈下周期刺激信号的顶部，而且连续两次放电之间有随机个阈下周期刺激的周期被跳过。换句话说，在 ML 模型的 SNIC 分岔附近，噪声与阈下周期刺激相互作用产生随机锁相现象。当膜电压超过我们选定的阈值 $V_{th}=0mV$ 时，便认为发生一次放电，记录放电时刻，进而计算可得 ISI 序列。图 8-14B 是 ISI 序列，很清楚地看到 ISI 主要集中在刺激周期 100ms 及其整数倍处，呈现多层分布。图 8-14C 中 ISI 直方图（ISIH）表现为多峰结构，除前面两个峰外，其余峰的高度是指数衰减的。ISIH 峰的宽度决定着锁相的程度：尖峰相应于高度锁相，即在周期刺激的非常窄相位的区间内发生放电。ISI 的回归映射呈现点阵结构，如图 8-14D 所示。这些都是在神经生理实验中观察的整数倍放电的主要特征。因此，此处利用以 SNIC 分岔为兴奋性动力学机制的 ML 模型神经元在阈下周期刺激和高斯白噪声作用下模拟了整数倍放电行为。这说明在 SNIC 分岔附近也可以产生整数倍放电现象，从而证实 SNIC 分岔是产生整数倍放电的新的兴奋性动力学机制。

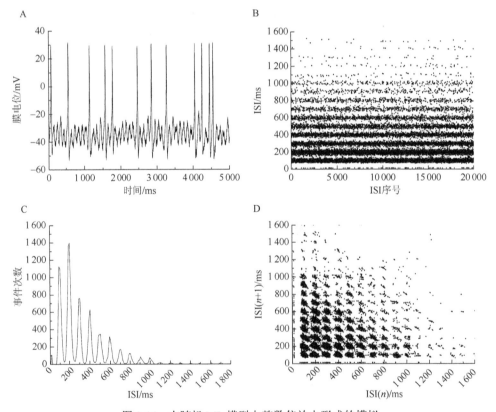

图 8-14　在随机 ML 模型中整数倍放电形式的模拟

为了避免暂态的影响，抛掉前 200ms 的数据。A. 膜电压时间历程；B. ISI 对 ISI 序号；C. 20 000 个 ISI 数据计算得到 ISIH；D. ISI 序列回归映射

8.3.3　在整数倍放电的神经元中的随机共振现象

确定性的 ML 模型在 SNIC 分岔附近不是双稳系统。由于刺激是阈下的，在静息态与放电态之间不会发生确定性的转迁。然而，噪声可以导致它们之间发生转迁，即噪声诱导双稳。于是可以利用 ISIH 来刻划随机共振现象。图 8-15 展示了 ISIH 前 3 个峰的高度随噪声强度的变化的规律，对每一个噪声强度下计算 20 000 个 ISI 数据，统计而得峰的高度。可以看到第 2 个（或第 3 个）峰的高度随噪声强度的变化：在低噪声强度下，峰的高度从一个小的

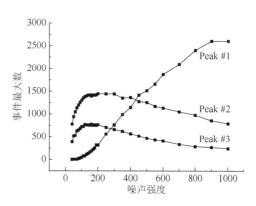

图 8-15　ISIH 前 3 个峰的高度随噪声强度的变化

值增加到在一个中等噪声强度下的最大值；在高噪声强度下峰的高度又降落下来。在最大值处是最佳的噪声强度，这是共振的征兆（Longtin，1993）。许多研究表明，这种共振发生的噪声强度与以 SNR 度量的共振的噪声强度是相同的。这就是众所周知的随机共振现象，它是弱的周期刺激拖带大尺度的环境波动的非线性合作的结果，导致周期成分被大大地增强。因此，神经元可能利用随机共振机制来检测弱信号和传递神经信息，噪声在其中起到积极的作用。

这里，随机共振发生的原因是在噪声作用下膜电压从静息态到放电阈值而放电所花费的平均时间与阈下周期刺激的周期相当的缘故。在阈下周期刺激作用下，ML 模型神经元在没有噪声时是不会产生放电的。因此，从神经元输入刺激到输出放电活动噪声是十分必要的。随着噪声强度增加，更多的放电活动将会发生，而且在某一个噪声强度范围内放电行为与阈下刺激更相关。然而，如果噪声太强，这种相关性反而下降。换句话说，噪声强度超过最佳噪声强度，尽管产生更多的放电，但是随机锁相将被噪声破坏，导致 ISIH 分布的多峰结构变宽和模糊。同时，在 SNIC 分岔附近噪声通过线性化刺激-响应特征扩大放电参数范围。事实上，当 ML 模型神经元在 $I_0 = 37\mu A/cm^2$ 时（低于 $I_0 = 39.96\,\mu A/cm^2$ 的 SNIC 分岔处的值），神经元的活动是阈下的。但是，噪声能使得神经元产生放电行为。因此，噪声能扩展可编码的刺激范围。现在已经表明整数倍放电形式出现在阈下振荡与重复周期峰放电之间，这意味着整数倍放电工作在触发放电的阈值附近。

首次在以 SNIC 分岔为兴奋性动力学机制情形下模拟出了整数倍放电形式，提出了 SNIC 分岔是整数倍放电的一种新的动力学机制。这完全不同于以往仅在 Hopf 分岔附近发现的整数倍放电，这为在神经生理实验中观察到的整数倍放电现象的建模提供了一个新的机制和角度。另外，我们还揭示了在 SNIC 分岔附近的

整数倍放电活动中的随机共振现象再次表明：神经元可能利用随机共振机制检测弱信号和传递神经信息，其中噪声扮演着积极的作用。

（谢　勇　龚璞林　徐健学　江　俊）

参 考 文 献

陈宜张. 1997. 分子神经生物学. 北京：人民军医出版社：70-101.

龙开平，胡三觉，段玉斌，等. 1999. 受损背根节神经元自发放电节律的整数倍模式及其动力学变化. 生理学报，51（5）：481-487.

Abeles M，Bergman H，Margalit E，et al. 1993. Spatiotemporal firing patterns in the frontal cortex of behaving monkeys. J Neurophysiol，70（4）：1629-1638.

Alonso A，Klink R. 1993. Differential electroresponsiveness of stellate and pyramidal-like cells of medial entorhinal cortex layer Ⅱ. J Neurophysiol，70（1）：128-143.

Amitai Y. 1994. Membrane potential oscillations underlying firing patterns in neocortical neurons. Neuroscience，63（1）：151-161.

Azouz R，Gray CM. 1999. Cellular mechanisms contributing to response variability of cortical neurons *in vivo*. J Neurosci，19（6）：2209-2223.

Braun HA，Wissing H，Schafer K，et al. 1994. Oscillation and noise determine signal transduction in shark multimodel sensory cells. Nature，367：270-273.

Bulsara A. 1991. Stochastic resonance in a single neuron model：theory and analog simulation. J theor Biol，154：531-555.

Clay JR. 2003. A novel mechanism for irregular firing of a neuron in response to periodic stimulations：irregularity in the absence of noise. J Comput Neurosci，15（1）：43-51.

Douglass JK，Wilkens L，Pantazelou E，et al. 1993. Noise enhancement of information transfer in crayfish mechanoreceptors by stochastic resonance. Nature，365：337-340.

Ferster D，Spruston N. 1995. Cracking the neuronal code. Science，270（5237）：756-757.

Gong PL，Xu JX，Long KP，et al. 2002. Chaotic interspike intervals with multipeaked histogram in neurons. Int J Bifurcat Chaos，12（2）：319-328.

Gu HG，Ren W，Lu QS. 2001. Integer multiple spiking in neuronal pacemakers without external periodic stimulation. Physics Letters A，285（1-2）：63-68.

Gu HG，Yang MH，Li L，et al. 2002. Experimental observation of the stochastic bursting caused by coherence resonance in a neural pacemaker. Neuroreport，13（13）：1657-1660.

Hopfield JJ. 1995. Pattern recognition computation using action potential timing for stimulus representation. Nature，376（6535）：33-36.

Hu SJ，Xing JL. 1998. An experimental model for chronic compression of dorsal root ganglion produced by intervertebral foramen stenosis in the rat. Pain，77：15-23.

Hutcheon B，Miura RM，Yarom Y，et al. 1994. Low-threshold calcium current and resonance in thalamic neurons：a model of frequency preference. J Neurophysiol，71（2）：583-594.

Kaplan DT，Clay JR，Manning T，et. al. 1996. Subthreshold dynamics in periodically stimulated squid giant axons. Phys Rev Lett，76（21）：4074-4077.

Kuffler SW. 1984. From Neuron to Brain：A Cellular Approach to the Function of the Nervous System. Sunderland：Sinauer Associates.

Lampl I，Yarom Y. 1993. Subthreshold oscillations of the membrane potential：a functional synchronizing and timing device. J Neurophysiol，70（5）：2181-2186.

Levin JE，Miller JP. 1996. Broadband neural encoding in the cricket cercal sensory system enhanced by stochastic resonance. Nature，380：165-168.

Longtin A. 1993. Stochastic resonance in neuron models. J Stat Phys，70（1-2）：309-327.

Longtin A. 1995. Mechanisms of stochastic phase locking. Chaos，5（1）：209-215.

Mainen ZF，Sejnowski TJ. 1995. Reliability of spike timing in neocortical neurons. Science，268（5216）：1503-1506.

Rabinovich MI，Abarbanel HD. 1998. The role of chaos in neural systems. Neuroscience，87（1）：5-14.

Rieke F. 1997. Spikes：Exploring the Neural Code. Cambridge：MA MIT Press.

Sejnowski TJ. 1995. Pattern recognition. Time for a new neural code？Nature，376（6535）：21-22.

Siegel R. 1990. Nonlinear dynamical system theory and primary visual cortical processing. Physica D，42：385-395.

Soltesz I. 1991. Two inward currents and the transformation of low-frequency oscillations of rat and cat thalamocortical cells. J Physiol，441：175-197.

Vaadia E，Haalman I，Abeles M，et al. 1995. Dynamics of neuronal interactions in monkey cortex in relation to behavioural events. Nature，373（6514）：515-518.

Wang XJ. 1994. Multiple dynamical modes of thalamic relay neurons：rhythmic bursting and intermittent phase-locking. Neuroscience，59：21-31.

Wiesenfeld K，Moss F. 1995. Stochastic resonance and the benefits of noise：from ice ages to crayfish and squids. Nature ，373：33-36.

Xie Y，Xu JX，Hu SJ. 2004. A novel dynamical mechanism of neural excitability for integer multiple spiking. Chaos，Soliton and Fractals，21（1）：177-184.

Xing JL，Hu SJ，Xu H，et al. 2001. Subthreshold membrane oscillations underlying integer multiples firing from injured sensory neurons. NeuroReport，12（6）：1311-1313.

Yang ZQ，Lu QS，Gu HG，et. al. 2002. Integer multiple spiking in the stochastic Chay model and its dynamical generation mechanism. Physics Letters A，299（5-6）：499-506.

第 9 章　神经元活动的簇放电节律

9.1　神经元簇放电节律的类型

　　簇放电是指所观察变量存在成簇状的快速振荡相与静息相交替出现所构成的振荡模式。它是神经放电活动的常见形式，其信息与功能意义至今尚未阐明。在单细胞水平，神经元产生簇放电有多种离子通道参与，并受到细胞内外调控因子的调节。迄今的实验观察表明，神经元的簇放电节律对神经递质的释放、突触传递效率等有影响；在某些慢性痛损伤动物模型中，外周远端损伤区域产生异常传入放电，其中簇放电是主要形式，损伤可以长程地引起胞体蛋白质表达的变化，胞体兴奋性出现异常。理论研究表明，簇放电的产生是由于动力系统的分岔。但如何建立具有良好适用性的分类方法，是研究神经非线性特性及其功能意义的重要问题。

　　从动力学角度来看，簇放电的产生是由系统变量间相互偶合且快慢变化截然不同造成的，其中快变量组产生快速振荡相，慢变量组对其有调制作用，两者相互配合。从生物学角度来看，即使在细胞水平也明显存在产生簇放电的物质基础。神经元电生理性质至少受到三个层次的调节作用的影响：其一是位于膜表面的离子通道，它们变化的时程大多在 ms 级，是构成快速放电峰的直接因素。其二是对离子通道有调节作用的胞内物质。这些物质有些通过调节胞内钙来影响钙依赖性离子通道蛋白的活性，有些则通过酶反应产生诸如蛋白质磷酸化等作用进行调控，其核心机制在于细胞信使系统与膜离子通道的相互作用。目前这个层次的细胞活动对神经元放电活动的影响的研究还处于实验阶段，其作用的特征时程大约在秒、分甚至小时水平。其三是细胞基因表达系统。神经元具有自稳态可塑性，在外界持续的刺激作用下，其蛋白质表达会相应地发生改变，并在某些情况下从整体上改变细胞的电生理特性。通过分子、细胞与系统水平的实验研究，可以揭示出神经电活动及其调节的物质基础。在此基础上进行更为系统深入的理论分析，将有助于认识神经电活动的规律及其与功能的关系。

9.1.1　基于快慢系统理论的分类法

　　基于簇放电的信号变化特征，Rinzel（1987）给出了一个分类判据，并将其分为一类、二类和三类簇放电。

　　1）一类簇放电的典型特征（图 9-1A）　　动作电位幅度为全或无形式，在每一个放电簇内，峰峰间期依次增大；每个放电簇起始于一个快速的单调去极化过程，并终止于单调复极化；具有双稳态响应性，即短刺激可从静息态诱发出该簇放电，也可从该簇放电态逆转回静息态。

2）二类簇放电的典型特征（图 9-1B）　　放电幅度全或无，在每簇放电的起始放电峰峰间期较大，中间减小，然后又逐渐增大直至末尾；不具有上述双稳态特性；每簇放电起始于单调去极化并以一个单调的复极化终止。

3）三类簇放电的典型特征（图 9-1C）　　同样具有全或无性质，每一簇内第一个放电峰起始于振幅逐渐增大的阻尼振荡，最后一个放电峰后伴随着一个振幅逐渐衰减的阻尼振荡；不存在上述去极化平台，但具有双稳性。

相对于实际实验，上述分类显然是一个简化的描述，除了要考虑到这种描述的不完全性，更要注意实际实验系统的随机性，在特定情况下上述分类的某些确定性特征会在一定程度上被随机扰动所遮掩。因此，在上述分类判据的基础上，建立更为实用的实验判据显得尤为重要，这其中涉及的一个重要问题：产生上述不同簇放电类型的确定性特性在随机扰动下哪些具有一定程度的鲁棒性（不变性）。例如，一类与三类之间一个明显的分水岭在于静息态的不同吸引子特征，一类的静息态显然对应于一个节点，而三类的静息态对应于焦点，这种吸引子特征在随机扰动下具有很大程度的鲁棒性。另外，产生簇放电的分岔机制也是具有一定鲁棒性的非线性特性，可以用于识别簇放电的类型。

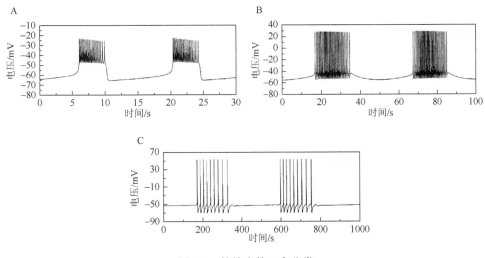

图 9-1　簇放电的三个分类

A. 一类簇放电；B. 二类簇放电；C. 三类簇放电

9.1.2　基于微分动力系统分岔理论的分类方法

将神经元看作一个非线性的动力系统，在簇放电起始和终止期，放电活动经历了从静息到振荡、再回到静息的两次转变，神经元动力系统经历了两次分岔

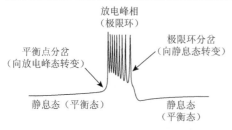

图 9-2 簇放电产生于分岔

（图 9-2），根据所经历的不同分岔过程，神经元展现出不同的簇放电特征。因此，可以用其产生的分岔机制来对簇放电进行分类。Izhikevich（2000）提出了基于上述思想的分类方法，并给出了 120 个不同的拓扑类型。

由于在实际自然系统中，更多分岔是余维一（co-dimension-1）类型，因此将讨论限于其中部分分类，即系统有两个快变量参与放电峰的产生，另有一个慢变量作为分岔参数。在实际的神经元中，离子通道种类繁多，有的通道需要激活变量和失活变量来描述其开放状态（如钠离子通道和钙离子通道）；有的通道只是电压依赖性的，用电压依赖的激活变量就可以很好地描述（如钾离子通道）；还有的通道受到胞内物质的调控，其开放是一个慢变过程（如钙依赖钾电流）等，可以根据它们对放电活动所起的作用分成三组：第一组为激活变量组。第二组为失活变量组。这两组为电压依赖性且随时间变化快，它们通过膜电位相互偶合而产生膜电位的去极化与复极化过程，形成动作电位。第三组在多数情况下变率较慢，对细胞兴奋性有调控作用，在此称为慢变量组，如钙依赖钾电流，每次动作电位都会打开钙通道，向细胞内注入一定量的钙离子，胞内钙离子浓度上升，使得钙依赖钾电流增大，当多次动作电位发生，使得胞内钙浓度积累到一定值时，钙依赖钾电流的强度相应增大到足以抑制动作电位的再次产生，细胞回到静息态。因此，钙依赖钾电流的变化显然是一个慢变过程。从数学角度来看，可以近似地用两个快变量来描述单个动作电位的形成，用一个慢变量来描述上述慢变调控作用。在特定条件下，这种简化具有一定的合理性，且可以较好地解释实验观察到的现象（如加周期分岔现象等）。

在这里我们来考察具有两维快变量和一个慢变量的情况，其他更复杂的组合方式请参阅相关文献。簇放电的起始相在实验中表现为从静息态向放电态的转变，但对应于神经元动力系统却是其相空间中的不动点向极限环分岔的过程；簇放电的结束相则对应于极限环向不动点的分岔过程。对于上述简化系统，不动点向极限环分岔，存在 4 种分岔道路（图 9-3 左栏），即鞍结分岔（saddle-node bifurcation，简称 fold）、不变环上的鞍结分岔（saddle-node on invariant circle bifurcation，简称 circle）、超临界 Hopf 分岔（supercritical Andronov-Hopf bifurcation）和亚临界 Hopf 分岔（subcritical Andronov-Hopf bifurcation，简称 subHopf）。极限环向不动点分岔也存在 4 种分岔道路（图 9-3 右栏），即不变环上的鞍结分岔、超临界 Hopf 分岔、折点极限环分岔（fold limit cycle bifurcation，简称 fold cycle）和鞍点同宿轨道分岔（saddle homoclinic orbit bifurcation，简称 homoclinic）。因此，将这些分岔方式组合起来有 16 种可能的簇放电分岔机制（图 9-4），每一种都以簇放电起始相的分岔 A 和终止相的分岔 B 来联合命名该簇放电类型为 A/B 型。从动力系统理论来看，神经元不同的簇放电形成的分岔机制来自于不同的相空间吸引子结构，它决定了神经元的刺激-响应特性、分岔结构等，这些非线性特性是神经元的兴奋性、编码规律等生物特性的动力学基础。

　　Izhikevich 的分类方法以各种簇放电产生的动力学机制为甄别判据，它涵盖了 Rinzel 分类法的三个亚型，不仅拓展了对各种复杂节律的识别，也能很好地阐明各种亚型发生的非线性机制。Rinzel 分类法则试图以各种簇放电的非线性特征为基础，从电压信号的某些特定拓扑特征来判定其亚型，因此具有一定的实用性。应该注意的是，非线性系统具有复杂的运动变化形式，各种形式背后所对应的动力学机制并不具有唯一性，因此从现象学方法来判别背后机制的努力仍然需要进一步发展和完善。如何将信号拓扑特征判别与分岔机制分类法有机地结合起来，是在实际实验工作中需要加以解决的问题，这将对在神经元功能研究中进一步引进非线性科学的研究方法具有重要意义。

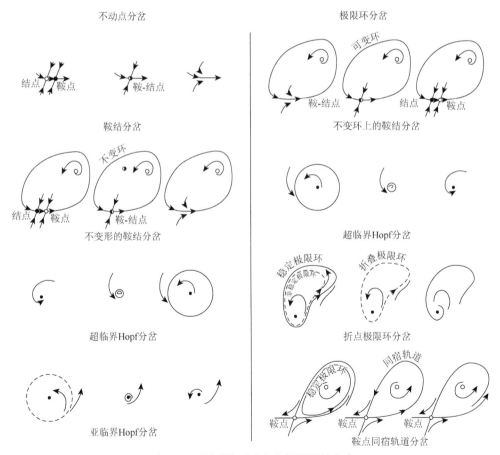

图 9-3　平面系统不动点和极限环的分岔

	极限环分岔			
	不变环上鞍点	鞍同宿轨道	超临界Hopf	折叠极限环
鞍-结点（折叠）	折/环	折/同宿	折/Hopf	折/折环
不变环上鞍-结	环/环	环/同宿	环/Hopf	环/折环
超临界Hopf	Hopf/环	Hopf/同宿	Hopf/Hopf	Hopf/折环
超临界/Hopf	亚临界Hopf/环	亚临界Hopf/同宿	亚临界/Hopf	亚临界/折环

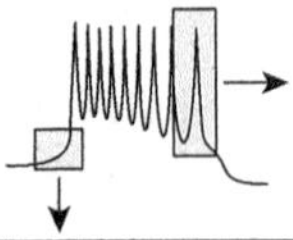

（左侧纵向：不动点分岔）

图 9-4 平面系统簇放电的 16 种可能的分岔组合机制

（菅　忠）

9.2　簇放电节律的分岔机制

神经元簇放电的分岔机制是由神经元动力系统的的全局吸引子结构所决定的。Rinzel 分类出的三种簇放电产生于不同的分岔机制，并以相空间中的不同吸引子结构为基础。在此，我们结合 Izhikevich 的分岔分类方法来进一步认识它们的非线性机制（Izhikevich，2005）。

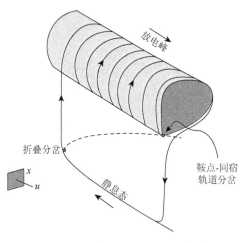

图 9-5　第一类簇放电对应的动力系统
相空间吸引子结构

第一类簇放电的分岔机制如下。

按照 Izhikevich 的分类法，Rinzel 提出的一类簇放电为 fold/homoclinic 型簇放电，其吸引子结构如图 9-5 所示。其中 x 平面对应于两维的快变量构成的空间，u 对应于慢变的分岔变量，三者构成一个三维的相空间。该相空间中吸引子结构由两个基本结构组成，一个是 Z 形的不动点集，其中实黑的不动点集下枝由一系列稳定节点组成，虚线中间一枝由一系列鞍点组成，两枝相交于一点，发生鞍结分岔，分岔后的相空间中只有位于上部环面上的极限环为稳定吸引子；另一个关键的吸引子结构是由一系列极限环构成的环面，该环面与对应于鞍点集的中间一枝相交于一点，在此点鞍点与稳定极限环碰撞，极限环湮灭，发生鞍点同宿轨道分岔，相空间中的稳定吸引子只有下枝的稳定节点。另外一个重要的性质是，当系统的状态处于环面附近时，u 将随时间增大，处于不动点集的下枝时 u 将随时间减小。

　　图 9-6 是该三维空间结构的剖面图，图中 v 是膜电位变量。当神经元的状态处于静息相时，对应于处于实黑的不动点集下枝，但状态点将随着时间沿着下枝向 u 减小方向变化（如图 9-5 中"静息态"下方的箭头所指），膜电位去极化。虽然此时下枝的稳定节点与环面上的稳定极限环共存，但由于状态点处于下枝不动点集的吸引域内，因此在没有外加激励的情况下，状态点将处于节点附近；当状态点到达鞍结分岔点后，由于此时相空间发生了鞍结分岔，稳定节点和鞍点碰撞湮灭，此时相空间中的稳定吸引子只剩下位于上面环面上的稳定极限环，因此神经元状态点将跃迁到上部环面上，此时对应于神经元膜电位发生超射；随后，状态点将向 u 的增大方向做螺旋状进动，每次绕环面的一次螺旋将对应于膜电位 v 的一次峰电位。虽然此时有下枝的稳定节点与环面上的稳定极限环共存，但由于状态点处于极限环的吸引域内，将继续在环面附近运动。多次螺旋进动后，状态点到达图 9-5 中鞍点同宿轨道分岔点附近，由于此时相空间中只有下枝节点为稳定吸引子，因此状态点将跃迁到下枝附近，转而在下枝附近沿 u 减小方向继续运动。此时，从膜电位变量来看，完成了一次簇放电。如此往复，产生一次次簇放电。当神经元状态点处于下枝时，相空间中共存有位于上面环面的稳定极限环，如果给以足够大的激励，状态点也会跃迁到环面附近；反之，当神经元状态点位于换面上时，相空间中有下枝的稳定节点与换面上的稳定极限环共存，如果此时给以适当的激励，也可以使状态点跃迁到下枝的稳定节点附近，这就构成了一类簇放电的双稳特性。

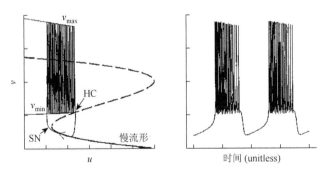

图 9-6　相空间吸引子结构的剖面图

　　从上面的分析知道，一簇放电中峰电位的个数对应于环面上完成螺旋的次数；沿 u 方向的螺旋进动速率越慢，轨道在环面上的绕数就越多；螺旋的转动速率越快，轨道在环面上的绕数也越多。在实际的神经元上，u 对应于钙依赖钾电流的大小，因此阻断钙通道、胞内钙螯合、阻断钙依赖钾通道等，都会引起钙依赖钾电流变率的减慢，在环面上的进动速度会减慢，一个螺旋进动周期内的绕数就会增大；另外，阻断钾通道会引起复极化速率的减慢，对应的螺旋绕动速率减慢，从而引起一簇内峰电位数目减小。因此，上述吸引子结构也是引起神经元加周期分岔的动力学基础。

在实际神经元上还存在第三类簇放电模式，如图 9-7 所示（Jian et al.，2004）。从静息相的阈下振荡现象可以看出，神经元即使处于静息状态，其在相空间中也对应于一个稳定的焦点，这显然不同于产生加周期分岔的神经元静息相所对应的节点行为。

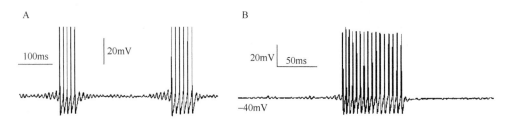

图 9-7　DRG 神经元的第三类簇放电

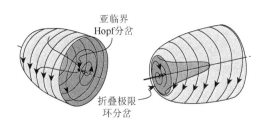

图 9-8　第三类簇放电对应的动力系统
相空间吸引子结构

按照 Izhikevich 的分类法，它属于 subHopf/fold cycle 型簇放电。图 9-8 是相空间中吸引子结构图，为方便观察，给出了两个方向的视图。在其相空间中，有三个关键的吸引子结构共存：一是由稳定焦点构成的不动点集，如图 9-8 中实黑线所示；二是图中由稳定极限环构成的环面；三是包裹于环面内、由不稳定极限环构成的环面，该环面内包裹着前述由稳定焦点构成的不动点集（实黑线所示），它的一端在一点与该点集相碰撞，发生亚临界 Hopf 分岔，湮灭成一个不稳定的焦点，此时相空间中只有包裹在最外面的环面上的极限环为稳定吸引子。另一端与外面的环面相碰撞，对应的两个极限环完全湮灭，发生折叠极限环分岔，相空间中只剩稳定焦点为稳定吸引子。

图 9-9 为上述结构的剖面图。首先，神经元在相空间中的状态点处于实黑线表示的稳定焦点上，但此时 u 会随时间减小，状态点会沿不动点集向 u 减小方向运动，在此过程中如果给以阈下激励，随后的弛豫过程将表现为振幅衰减的阈下振荡；当状态点到达亚临界 Hopf 分岔点后，不稳定极限环与稳定焦点碰撞并湮灭为不稳定焦点，状态点将跃迁到最外面稳定极限环构成的环面上。但在到达环面

之前，状态点将沿渐进螺旋线远离不稳定焦点，此时膜电位表现为振幅逐渐增大的阻尼振荡。到达环面附近后，u 将随时间增大，状态点在环面附近以螺旋进动方式向 u 增大方向运动，膜电位表现出一次次峰电位，直到到达折叠极限环分岔发生区域附近。此后由于相空间中只有稳定焦点为稳定吸引子，状态点将沿渐进螺旋线趋向稳定焦点，此过程中膜电位表现为振幅逐渐衰减的阻尼振荡。如此往复，形成一次次簇放电。

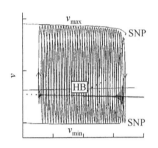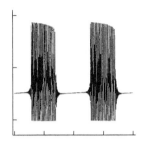

图 9-9　吸引子结构的剖面图

当状态点在环面上做螺旋进动时，由于同时有包裹在环面中的稳定焦点集，因此合适的激励可以将神经元从簇放电态激励为静息态。反之，状态点在稳定焦点集上运动时，合适的激励也可以将其从静息态激励到簇放电态。因此，上述吸引子结构同样可以构成双稳态的动力学基础。

（菅　忠）

9.3　诱发簇放电节律与触诱发痛

触诱发痛是外周神经损伤所致神经病痛的一个重要特点，临床上，触诱发痛常常很难被现有的治疗手段所治愈（Sandkühler，2009；Baron，2006）。尽管其产生机制目前还并不完全清楚，但很多证据表明有髓鞘的 Aβ 类神经纤维在其发生中有着重要的作用（Sandkühler，2009；Devor，2009；Gracely et al.，1992）。其中，有关初级感觉神经元的表型转换被认为是触诱发痛产生的根本原因。该观点认为，外周损伤情况下，在脊髓背角浅层可以有 Aβ 传入纤维的芽生，并可能释放 P 物质从而将外周传入作为疼痛信息上传（Bao et al.，2002；Hughes et al.，2003；Santha and Jancso，2003）。然而，除了中枢敏化的因素外（Devor，2009；Allen et al.，1999；Malcangio et al.，2000），我们应该看到，在神经损伤时，背根传递的来自于外周的异位自发放电活动急剧增加，这些异常传入放电可能起源于受累神经的损伤点或与损伤点相连的 DRG 胞体或者各神经分支

（Han et al., 2000；Sebum et al., 1999；Song et al., 2003）。外周神经损伤诱发的自发放电活动模式多样，起源于胞体的异位放电活动有可能与来自于外周感受野的信息传入发生相互作用（Sebum et al., 1999；Amir et al., 2002），从而使外周感觉信息不仅仅承担其生理性的忠实传递信号作用。这些相互作用是如何发生的，是否存在较为特异性的放电模式作为触诱发痛的上传信息，值得探讨。

CCD 模型已经成功地用于动物的 DRG 的压迫，其行为学表现在一定程度上类似于慢性坐骨神经痛和腰背痛的临床表现。在 CCD 损伤 DRG 神经元中，阵发放电是损伤 DRG 的 Aβ 神经元表现出的众多异常放电中的一种。最近，我们发现阵发放电在有外周传入的情况下，会出现一种类似"发作样"的放电，从而将外周传入放大，推测这一放电可能对行为学上的触诱发痛有贡献。

实验中我们发现，正常对照组外周感受野给予轻触刺激，在 DRG Aβ 神经元记录到散在的、动作电位间期不规则的多个放电，刺激停止后，放电中止；单个坐骨神经电刺激在 DRG 只记录到 1 个动作电位。而在 CCD 组，在观察到触诱发痛的行为学表现的基础上，外周感受野触刺激可诱发部分 Aβ 神经元胞体产生高频簇放电（>70Hz），且放电持续时程超出刺激时间；为方便起见，我们采用外周电刺激代替触觉信息传入，此时给予坐骨神经单个电刺激也可诱发胞体产生长时程的高频簇放电（图 9-10）。这种起始于外周触觉信息的传入，在 DRG 神经元所诱发的阵发放电，称为 Evoked-Bursting（EB）。大样本检测发现，正常对照组 Aβ 神经元 EB 的出现率（14.55%）显著低于 CCD 组（45.97%）。与之前对损伤 DRG 神经元异位放电的产生基础一致，EB 一般发生在有 SMPO 的神经元。同时，EB 的持续时间受到膜电位的调节，在一定范围内，去极化水平越高，放电持续时间越长，这可能与 SMPO 的膜电位依赖特性相关（图 9-10D 和 E）。此外，EB 与自发放电在第一个动作电位的波形上是有所区分的，仔细分析可以看出，胞体自发产生的峰电位起始于膜电位振荡的去极相，而 EB 是由外周传入所诱发，因此在起始处为直角上升过程（图 9-10D）。

由于早期工作已经揭示了 SMPO 是由 TTX 敏感钠离子通道所介导，因此我们推测该通道对于 EB 的发生也会有重要作用。在记录液槽中施加 5nmol/L 的 TTX，2min 后可见 EB 串长减小，5min 后 EB 完全消除，但坐骨神经刺激诱发的首个动作电位不受影响，洗脱后 10min EB 部分恢复（$N=5$），TTX 的加入对膜电位没有显著影响（图 9-11A）。图 9-11B 显示加药后不同时间点局部膜电位的放大图，图中可见 SMPO，FFT 分析显示此浓度的 TTX 主要影响振荡幅值，而对振荡频率没有显著影响（图 9-11C）。更换外液及电极内液后对 EB 神经元进行二次钳制，进而测量电流。将细胞钳制于 −60mV 膜电位水平，之后给予胞体 −80～0mV，时程为 3s 的去极化斜波刺激。细胞在去极化刺激过程中出现较长时程内向持续电流，在 -55mV 左右被激活，-35mV 左右达峰值，同时可被 TTX 所阻断，此电流即 I_{NaP}。在有 EB 的神经元，其 I_{NaP} 的电流密度显著高于无 EB 组神经元（图 9-11D）。此外，从类似的分析我们可以看出，消除 α-DTX 敏感的钾电流后，阈下膜电位振荡幅值增强，从而相同刺激强度下诱发的 EB 的串长会变长，由此可见 $I_{\alpha\text{-}DTX}$ 与 I_{NaP} 对 EB 产生具有相反的作用。因此可以判定，EB 的发生是多通道电流整合作用的结果。

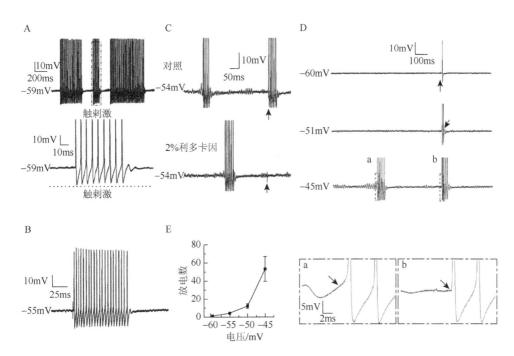

图 9-10　诱发簇放电及其特性（A 和 B）在 CCD 模型的 DRG Aβ 神经元，诱发 EB 产生的典型实例

A. 外周触刺激诱发 3 个 EB 产生，放电持续时间长于触刺激的给予时间（下面插图为上方线图的局部放大）。B. 单个坐骨神经刺激诱发的 EB 放电。C. 坐骨神经刺激诱发的 EB 在加入 2% 利多卡因后被抑制。D. EB 与自发放电持续时间均依赖于膜电位，在一定范围内，去极化水平越高，放电持续时间越长；注意胞体自发产生的峰电位与诱发产生的峰电位从波形可以区分（a、b 分别为局部放大，可见自发放电起始于膜电位振荡的去极相，而外周传入起始处为直角上升过程）。E. EB 串长依赖于去极化程度的统计分析结果

为了进一步确认 EB 有可能作为触诱发痛的传入信号，我们在脊髓背角广动力神经元记录了由外周非伤害性刺激诱发的反应。正常情况下，外周刺激存在，则反应存在；刺激停止，则反应消失。而在病理情况下，外周刺激停止后，放电仍然持续存在，将其称为"后放电"。这一后放电被认为是动物产生触诱发痛在脊髓水平的表现。在前期 EB 产生的离子通道机制研究基础上，我们在 DRG 水平施加低浓度 TTX，发现阻断了 DRG 神经元的 EB，则广动力神经元的后放电也被显

著抑制（图 9-12），表明动物的触诱发痛行为有可能减弱，由此，我们推测 EB 可能作为触诱发痛的传入信号。

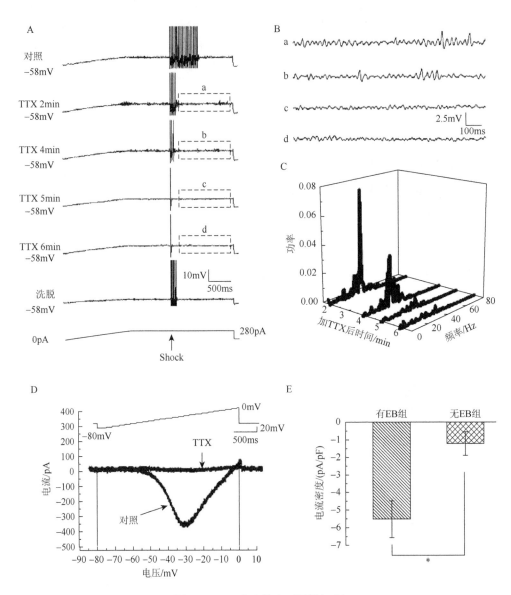

图 9-11　EB 发生的离子通道机制

A. 50nmol/L TTX 对 EB 及 SMPO 的影响，随着加药过程，伴随着 SMPO 被阻断，EB 逐渐缩短并消失；B. 对 A 图 a、b、c、d 的局部放大图；C. FFT 分析显示 TTX 降低 SMPO 幅度，但不影响其频率；D. 斜波诱导下记录的 I_{NaP} 电流；E. 统计分析显示，有 EB 组神经元其 I_{NaP} 的电流密度显著高于无 EB 组神经元

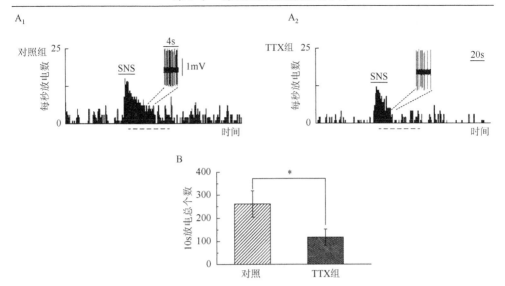

图 9-12　脊髓背角广动力神经元（WDR）的后放电在阻断 DRG 水平的 EB 后被消除

A₁. 自发放电与电刺激坐骨神经在 WDR 诱发的后放电的频率直方图；A₂. DRG 表面给予 50nmol/LTTX 后，WDR 神经元自发放电与诱发的后放电被显著削弱。两图均为 CCD 损伤同侧距脊髓表面 750μm 深处的同一 WDR 神经元的记录。点线所示为后放电计算时所选取的时间窗，插图为虚线内某一时间段的细胞外放电记录。B. DRG 表面施加 TTX 前后在 WDR 神经元记录到的后放电，加药后显著减少。SNS: sciatic nerve stimulation, 坐骨神经刺激（持续 10s）

　　触诱发痛是神经病理性痛的常见症状，关于其产生，是否存在一个 DRG 水平的痛信号，一直无定论。我们的相关研究中，在 CCD 大鼠 DRG 神经元记录到的 EB 有效地放大了外周触觉刺激诱发的电信号，增强了脊髓背角突触传递效率，从而契合了临床轻触刺激诱发剧烈、电击样触诱发痛的感觉特征，推测可能是触诱发痛的外周痛信号。然而，该信号如何最终造成了疼痛的感觉，目前并未完全解释清楚。EB 可能通过加强疼痛上传通路上脊髓水平第一级突触传递过程，通过诱导中枢敏化而起作用。前期研究中，在脊髓背角广动力神经元观察到的后放电及其可被影响 EB 的药物所干预的事实，是其参与中枢敏化发生的一个客观证据。然而，在 DRG 内部，由于交叉兴奋现象的存在（Devor and Wall，1990；Amir and Devor，2000；Omoto et al.，2015），Aβ 神经元上的 EB 这种剧烈的阵发放电活动有可能通过 A-C 类神经元间的相互作用造成直接的疼痛传导通路的激活。因此，DRG 可能成为触刺激诱发信号向痛信号转变的位点。为确认该提法，后期要对 DRG 大细胞的 EB 与小细胞交叉兴奋现象进行肯定，并需要解释具体作用过程及卫星细胞是否在其中起到重要作用。

　　SMPO 是受损 DRG 神经元出现的膜电位周期性波动，是 DRG 神经元异位自发放电产生的必要条件（Xing et al.，2001a，2001b；Devor，2009；Devor et al.，2002）。本研究结果显示 EB 的发生与 SMPO 密切相关，5nmol/L TTX 可以通过抑制 SMPO 而抑制 EB 放电的发生，但外周刺激诱发的首个动作电位的传导未受到影响，即不影响正常外周动作电位的传导。事实上，DRG 神经元产生 SMPO 的机制与电压依赖性钠电流和钾电流之间的平衡有关（Hsiao et al., 2009）。电压依赖性的 I_{NaP} 可以影响神经元的静息膜电位水平，使之向去极化方向漂移，参与 SMPO 的产生，从而增大神经元对阈下刺激反应的敏感性；而 $I_{\alpha\text{-DTX}}$ 对 SMPO 的形成则起到抑制作用。因此，在 DRG 水平应用低浓度 TTX 则将通过阻断 I_{NaP} 抑制 SMPO 的幅度，进而抑制 EB 放电模式，从而发挥外周镇痛作用。综上所述，在 DRG 局部使用药物干扰 EB 放电，不但能抑制慢性痛信号发生，而且能避免全身给药带来的中枢神经系统的不良反应，是一个良好的镇痛途径。

（邢俊玲　宋　英　李慧明　胡三觉）

9.4 颈椎根性痛背根节 IB4 阴性神经元致痛机制

外周痛敏机制主导了颈椎疼痛的发生发展。从病因上讲，颈椎根性痛（cervical radiculopathic pain，CRP）常常起源于患者椎骨关节狭窄或椎间盘病变累及的颈椎背根神经节（Carette and Fehlings, 2005）。因此，建立颈部 DRG 压迫模型可为研究 CRP 建立相应基础。

在对大鼠 C7/C8 背根节进行持续性压迫损伤后（图 9-13A），压迫同侧前肢对 von-Frey 纤维刺激产生痛缩足反射的阈值大大降低（图 9-13B），在术后 1 天起即与对照组出现明显差异，并持续到 4 周。压迫模型大鼠患肢的热痛敏相对不敏感，热痛缩足潜伏期在术后 3 天才较对照组有显著缩短（图 9-13C）。而压迫模型动物出现舔咬患肢和抬高患肢的明显自发疼痛表现（图 9-13D）。观察发现模型动物常处于类似头偏向健侧的被动头位，这一点与临床 CRP 患者有类似之处。有报道指出，CRP 患者在头部向患侧运动时出现自发疼痛增多，而向健侧运动时相反，可能可以缓解部分疼痛（Carette and Fehlings, 2005）。患侧肢体对机械刺激表现出的强烈的、长期持续的高敏行为学特点，可以被描述为典型的触诱发痛。此外，模型动物患肢对热的感觉异常和自发疼痛行为发生的频率明显增高，这些都与临床患者的神经病理性疼痛的症状非常吻合。

C-Fos 蛋白是由 c-fos 即刻早期基因激活合成，其表达可作为伤害性刺激后神经系统超兴奋、疼痛通路被激活的标志物。CRP 模型动物的 C-Fos 蛋白的染色结果显示，DRG 及脊髓背角浅层的荧光强度在模型术后 12h 明显增加，并在 24h 后持续增强到最大值（图 9-14），表明外周疼痛通路在 CRP 模型术后出现了明显的激活。此外，MAP 激酶 ERK1/2 蛋白的活动依赖性磷酸化程度也在 CRP 模型动物的 DRG 和脊髓背角浅层明显增加，同样提示 DRG 和脊髓背角浅层而非深层的神经元的活动在模型术后出现明显增强，符合慢性疼痛产生的特征。C-Fos 蛋白和 ERK1/2 蛋白神经元标志物的表达变化，为颈椎 DRG 慢性压迫激活痛觉通路提供了直接证据，并促使我们去研究 CRP 动物的感觉异常和触诱发痛的发生机制。

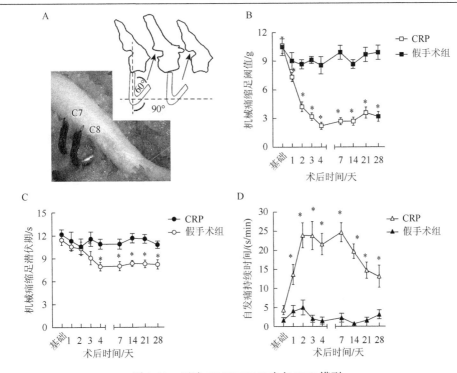

图 9-13　压迫 C7/C8 DRG 建立 CRP 模型

A. 照片显示模型术后 3 天的大鼠 C7/C8 DRG 被弯成特定角度的不锈钢钢柱稳定压迫；B. von-Frey 纤维的刺激阈
值随时间变化的规律显示，模型动物在术后 1 天即产生明显机械痛敏，并一直持续 4 周到实验结束；C. 模型动物
呈现轻微的热痛敏；D. 模型动物出现明显的舔足、咬足等自发痛行为表现

　　DRG 小神经元的电兴奋性被认为是慢性疼痛产生的重要外周机制。DRG 小神
经元的定义为，细胞直径小于 25μm，神经传导速度为 Aδ 类（1.5~6.5m/s）或 C 类
（<1.5m/s）的 DRG 初级感觉神经元，分为植物凝集素 B4（IB4）结合的小神经元
或 IB4 不结合的小神经元。CRP 模型术后，IB4⁻Aδ 类小神经元出现最明显的细胞
膜兴奋性上升。从被动膜特性上讲，CRP 模型组的神经元静息膜电位明显去极化，
并且膜输入阻抗明显减小。从主动膜特性上讲，IB4⁻Aδ 类小神经元在 CRP 模型术
后，出现动作电位幅度、半宽明显增加，激发动作电位的阈值明显超极化、基强
度明显下降等现象。静息膜电位的去极化和动作电位阈值的超极化，使诱发动作
电位的电位差减小，更小的刺激电流强度就足以引起神经元兴奋，敏感性上升。
在双倍基强度的注入电流刺激下，模型组神经元重复放电的频率也明显增加，兴
奋性明显上升，而其他小细胞出现的细胞膜兴奋性升高不明显（图 9-15）。
　　神经元兴奋性的升高常导致神经元自发电活动的产生，即在没有受到来自神
经元本身以外的任何机械、化学和电刺激的情况下，神经元持续地产生放电的现
象，该现象常在慢性痛的 DRG 上被报道，也与自发痛行为高度相关（Hu and Xing，
1998；Song et al.，1999）。在 CRP 模型手术 3 天后，模型组 IB4⁻Aδ 类小神经元

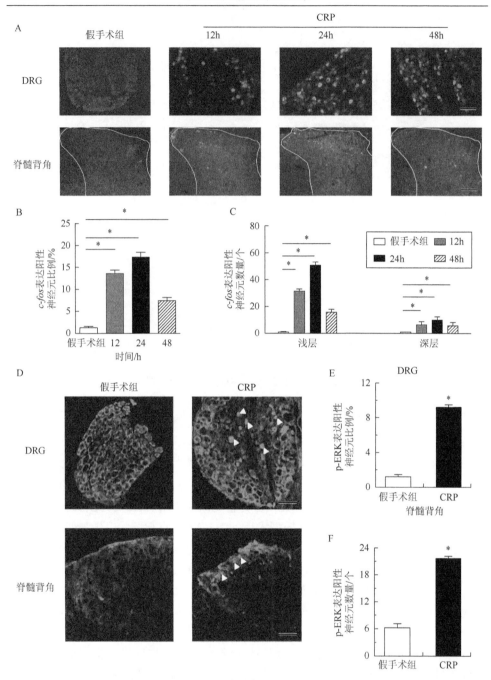

图 9-14　C-Fos 与磷酸化 ERK1/2 蛋白的表达在 CRP 模型动物 DRG 和脊髓背角浅层明显增加
（见彩图 4）

A～C. 模型组动物 C-Fos 蛋白在 DRG 和脊髓背角浅层出现显著表达；D～F. 定量结果表明，DRG 和脊髓背角浅
　层的磷酸化 ERK1/2 蛋白在 CRP 模型组中明显增加。A 图与 D 上图的标尺为 100μm，D 下图的标尺为 50μm

出现大量自发放电现象（图 9-16A～D），而在假手术组没有发现。该自发放电现象按频率模式，可以分为阵发性、周期性和不规则性自发放电（图 9-16E）。此外，CRP 模型组其他 C 类神经元也未发现自发放电的现象。这些结果提示 IB4⁻Aδ 类小神经元在 CRP 模型动物中产生高度超兴奋性。

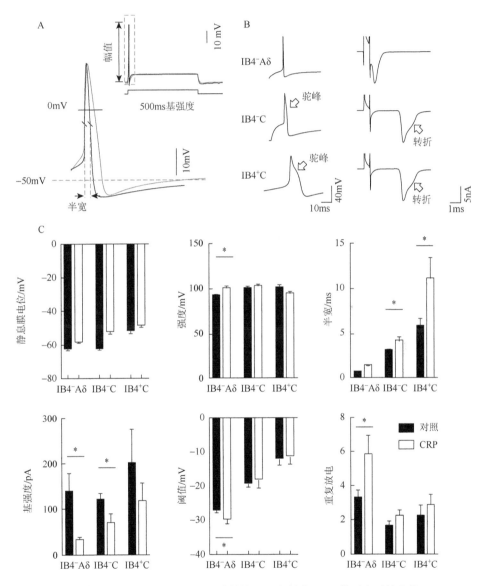

图 9-15　不同 DRG 神经元的膜特性和兴奋性在 CRP 模型术后的变化

A. 对照组和 CRP 组动作电位的波形图比较；B. 神经传导速度测定和动作电位波形区分 Aδ 类或 C 类神经元；C. DRG 神经元的被动膜特性和主动膜特性定量比较

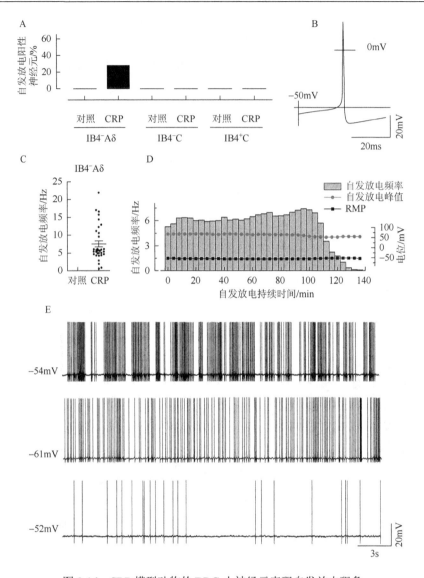

图 9-16　CRP 模型动物的 DRG 小神经元表现自发放电现象

A. 在 DRG 小神经元中，自发放电只表达在 CRP 模型组的 IB4⁻Aδ 类小神经元，而在其他组和亚型的神经元则未发现；B、C. IB4⁻Aδ 类小神经元自发放电的波形和频率；D. 一例持续时间长达 2h 的 IB4⁻Aδ 类小神经元自发放电记录；E. 自发放电分为阵发、周期和不规则放电

　　IB4⁻Aδ 类小神经元作为在颈椎 DRG 慢性压迫后明显激活 DRG 小神经元亚型被高度关注（Liu et al.，2015）。在以往腰背痛模型的研究中，A 类的自发放电现象是广泛报道的（Hu and Xing，1998）。慢性腰椎背根节压迫模型（Song et al.，1999；Zhang et al.，1999），慢性坐骨神经结扎模型（Emery et al.，2011）和全部、部分神经切割模型中（Ma et al.，2003；Zhao et al.，2007），起源于背

根节的 A 类放电都是慢性疼痛产生、神经元超兴奋化改变的标志。但是，以往 A 类放电的分类没有区分，放电神经元一直认为是全部是 Aβ 神经元。现在表明，Aβ 类 DRG 大神经元虽然可能参与了多种甚至是大部分神经病理性疼痛的外周机制，但除此之外 Aδ 类神经元也在介导慢性颈椎病理性疼痛的发生发展中发挥关键作用。而 IB4⁺和 IB4⁻C 类 DRG 神经元虽然没有在 CRP 模型中发现有自发放电活动，但是依然不能排除这两种初级传入神经元在临床 CRP 的产生机制中发挥作用，这两类神经元的兴奋性也在 CRP 模型手术后出现部分升高。据报道，C 类神经元不仅参与一些神经病理性痛的产生机制（Zhang et al.，1997；Zheng et al.，2007；Sun et al.，2012），还在 CFA 诱发的炎症状态下表现出明显的自发放电活动（Weng et al.，2012）。这种截然不同的表现提示，参与 CRP 产生的机制可能与介导炎症性疼痛是相互独立的，两者通过激活不同亚型的伤害性感受器。而神经元自发放电活动可能与整体水平自发疼痛行为，乃至触诱发痛、热痛敏有相当程度的相关性（Devor and Seltzer，1999；Djouhriet et al.，2006）。高频率的自发放电及 IB4⁻Aδ 类小神经元的高兴奋性，经由感觉通路将大量的疼痛感觉信息向高级中枢神经系统传递，引起神经通路信号标志的激活，影响高级脑功能，引起疼痛行为的出现和维持。

DRG 中 IB4⁻的神经元通常参与机械能转化为感觉信号（Vilceanu and Stucky 2010）。IB4⁻Aδ 类小神经元在压迫模型后，对神经元细胞膜直接的机械刺激会导致持续的剧烈放电活动（图 9-17A～D），频率将高达慢性疼痛引起自发放电的数十倍。而在对照组神经元，直接对神经元胞膜机械刺激所产生的神经元反应微乎其微。并且 CRP 组神经在机械刺激后表现的超敏放电通常呈持续性，平均持续时间是对照组的 18.4 倍，说明该机械超敏现象在刺激结束后依然能维持很长的时间，后效应长，适应性慢（图 9-17E）。

异常的机械敏感性是 CRP 的一种常见的临床症状。伤害感受器末端的研究难度较大，依据细胞膜的流动性，DRG 胞体的细胞膜可以作为研究机械换能现象的对象。报道表明，DRG 胞体可以对机械性刺激产生兴奋性反应（McCarter et al.，1999；Drew et al.，2002；Eijkelkamp et al.，2013）。但相较在病理条件下，生理性机械敏感性研究对于临床医学贡献有限。重要的结果显示，IB4⁻Aδ 类 DRG 小神经元胞体的机械敏感性极大地影响了慢性病理痛条件下剧烈疼痛的产生（Liu et al.，2015）。该神经元将局部细胞膜机械能刺激引起的反应以神经放电的形式向高位神经系统传递。高频的痛觉信息传入可能活动依赖性地改变脊髓背角浅层及高级中枢神经系统内的可塑性变化，而长时程的后放电活动可能参与疼痛慢性化的过程。该类神经元的在 CRP 后出现机械超敏现象、自发放电的产生和神经兴奋性的升高将不断地向大脑传递伤害性刺激,共同导致行为学改变,引起临床上 CRP 疼痛敏化的产生。

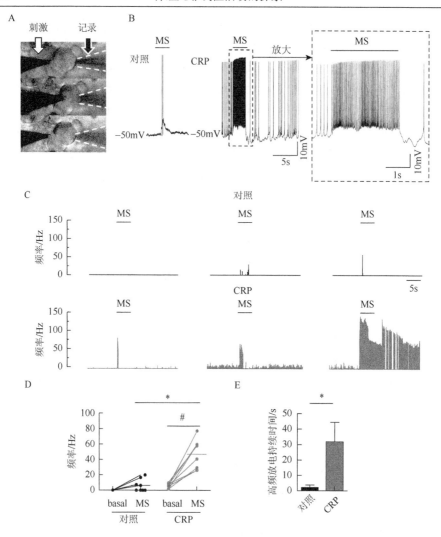

图 9-17 IB4⁻Aδ 类 DRG 小神经元在 CRP 模型后出现机械超敏现象

A. 对神经元细胞膜的直接机械刺激是由一个烧制的钝头电极（白色箭头）对细胞表面压迫 6μm，持续 1s 后撤去，神经元放电活动由记录电极（灰色箭头）进行全细胞记录；B. 典型的对照组和 CRP 组机械诱发放电活动；C. 典型神经元放电的频率和时间的直方图显示，CRP 组机械诱发放电频率高，有持续后效应；D，E. 放电频率和持续时间的统计结果，MS 为机械刺激

超极化激活的离子电流（hyperpolarization-activated cation current，HCN）是放电不应期神经元恢复兴奋性的重要电流，HCN（I_h）使神经元膜电位由超极化回到静息水平或放电阈值附近，对促进神经元自发放电和高频重复放电的产生有重要意义（Ingram and Williams 1996；Chaplan et al.，2003；Luo et al.，2007；Emery et al.，2011）。对 CRP 模型动物的 DRG 小神经元亚型进行 I_h 测量表明，IB4⁻Aδ 类神经元在 CRP 模型术后超极化诱发的内向电流密度明显增大（图 9-18C 和 D）。

并且该电流可以被 HCN 通道阻断剂铯离子和 ZD7288 所阻断（图 9-18B），而在其他类型的 DRG 小神经元上没有观察到显著的改变。

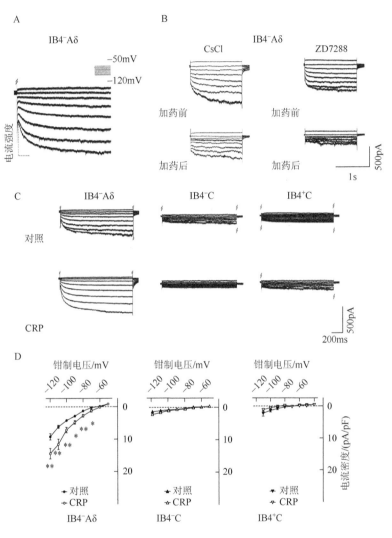

图 9-18　CRP 模型术后 I_h 电流在 IB4⁻Aδ 类神经元表达明显增强，而在 C 类神经元中无明显变化

A，B. HCN 电流的测量和阻断实验；C. DRG 小神经元不同亚型的 I_h 电流典型图；D. 统计分析显示模型组动物 IB4⁻Aδ 类神经元的 I_h 电流密度较对照组显著增强，而 IB4⁻C 和 IB4⁺C 类神经元则无明显改变

进一步电流学分析显示，在慢性痛过程中，HCN 通道的电流激活曲线发生了显著改变。*I-V* 曲线结果显示，CRP 模型动物 IB4⁻Aδ 类 DRG 神经元的 I_h 电流密度较对照组相比显著增强，而两组动物 I_h 电流的反转电位无明显差异（图 9-19B）。稳定态的电流激活曲线显示，CRP 模型使 IB4⁻Aδ 类 DRG 神经元的激活曲线明显

右移。较对照组神经元，曲线中点的均值（$V_{1/2}$）向去极化方向移动约 11mV，电流激活明显易化（图 9-19）。

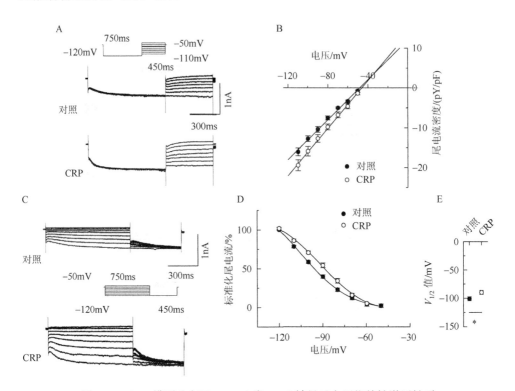

图 9-19　CRP 模型改变了 IB4‾Aδ 类 DRG 神经元电压依赖性激活性质

A. 尾电流测量反转电位的方法，CRP 组与对照组尾电流有明显不同；B. I-V 显示 CRP 组 I_h 电流电导较对照组明显；C. 稳定态激活电流的典型图；D、E. 电流曲线和统计图显示 CRP 组曲线明显右移

通道电流是直接引起神经元内跨膜电位维持和改变的重要因素。最近有报道显示，Piezo、TRPC 等通道对神经元机械换能、神经元兴奋性改变发挥广泛的作用（Coste et al.，2010；Quick et al.，2012）。离子通道机制是触诱发痛的产生的关键环节。IB4‾Aδ 类神经元上发现的 I_h 电流在 CRP 后出现了明显改变，证实 HCN 通道至少部分参与了该类细胞介导的神经病理性疼痛的形成与维持，引起了模型动物产生持续的疼痛行为。并且还提示 HCN 通道机制可能与 Piezo 通道等具有多段跨膜结构并对细胞膜高度敏感的离子通道共同参与了 CRP 痛觉敏化的产生。

（刘大路　卢　娜　韩文娟　罗　层　胡三觉）

参 考 文 献

Allen BJ，Li J，Menning PM，et al. 1999. Primary afferent fibers that contribute to increased substance P receptor internalization in the spinal cord after injury. J Neurophysiol，81：1379-1390.

Amir R, Devor M. 2000. Functional cross-excitation between afferent A-and C-neurons in dorsal root ganglia. Neuroscience, 95 (1): 189-195.

Amir R, Michaelis M, Devor M. 2002. Burst discharge in primary sensory neurons: triggered by subthreshold oscillations, maintained by depolarizing after potentials. J Neurosci, 22: 1187-1198.

Bao L, Wang HF, Cai HJ, et al. 2002. Peripheral axotomy induces only very limited sprouting of coarse myelinated afferents into inner lamina II of rat spinal cord. Eur J Neurosci, 16: 175-185.

Baron R. 2006. Mechanisms of disease: neuropathic pain—a clinical perspective. Nat Clin Pract Neurol, 2: 95-106.

Carette S, Fehlings MG. 2005. Clinical practice. Cervical radiculopathy. N Engl J Med, 353 (4): 392-399.

Chaplan SR, Guo HQ, Lee DH, et al. 2003. Neuronal hyperpolarization-activated pacemaker channels drive neuropathic pain. J Neurosci, 23 (4): 1169-1178.

Coste B, Mathur J, Schmidt M, et al. 2010. Piezo1 and Piezo2 are essential components of distinct mechanically activated cation channels. Science, 330 (6000): 55-60.

Devor M, Amir R, Rappaport ZH. 2002. Pathophysiology of trigeminal neuralgia: the ignition hypothesis. Clin J Pain, 18 (1): 4-13.

Devor M, Seltzer Z. 1999. Pathophysiology of damaged nerves in relation to chronic pain. In: Wall PD, Melzack R. Textbook of Pain. London: Churchill Livingstore.

Devor M, Wall PD. 1990. Cross-excitation in dorsal root ganglia of nerve-injured and intact rats. J Neurophysiol, 64 (6): 1733-1746.

Devor M. 2009. Ectopic discharge in Abeta afferents as a source of neuropathic pain. Exp Brain Res, 196 (1): 115-128.

Djouhri L, Koutsikou S, Fang X, et al. 2006. Spontaneous pain, both neuropathic and inflammatory, is related to frequency of spontaneous firing in intact C-fiber nociceptors. J Neurosci, 26 (4): 1281-1292.

Drew LJ, Wood JN, Cesare P. 2002. Distinct mechanosensitive properties of capsaicin-sensitive and-insensitive sensory neurons. J Neurosci, 22 (12): RC228.

Eijkelkamp N, Linley JE, Torres JM, et al. 2013. A role for Piezo2 in EPACl-dependent mechanical allodynia. Nat Commun, 4: 1682.

Emery EC, Young GT, Berrocoso EM, et al. 2011. HCN2 ion channels play a central role in inflammatory and neuropathic pain. Science, 333 (6048): 1462-1466.

Gracely RH, Lynch SA, Bennett GJ. 1992. Painful neuropathy: altered central processing maintained dynamically by peripheral input. Pain, 51: 175-194.

Han HC, Lee DH, Chung JM. 2000. Characteristics of ectopic discharges in a rat neuropathic pain model. Pain, 84: 253-261.

Hsiao CF, Kaur G, Vong A, et al. 2009. Participation of Kv1 channels in control of membrane excitability and burst generation in mesencephalic V neurons. J Neurophysiol, 101 (3): 1407-1418.

Hu SJ, Xing JL. 1998. An experimental model for chronic compression of dorsal root ganglion produced by intervertebral foramen stenosis in the rat. Pain, 77 (1): 15-23.

Hughes DI, Scott DT, Todd AJ, et al. 2003. Lack of evidence for sprouting of Abeta afferents into the superficial laminas of the spinal cord dorsal horn after nerve section. J Neurosci, 23: 9491-9499.

Ingram SL, Williams JT. 1996. Modulation of the hyperpolarization-activated current (Ih) by cyclic nucleotides in guinea-pig primary afferent neurons. J Physiol, 492 (Pt 1): 97-106.

Izhikevich EM. 2000. Neural excitability, spiking, and bursting. Int J bifurcation and chaos, 10: 1171-1266.

Izhikevich EM. 2005. Dynamical Systems in Neuroscience: The Geometry of Excitability and Bursting. Cambirge: MIT Press.

Jian Z, Xing JL, Yang GS, et al. 2004. A novel bursting mechanism of type a neurons in injured dorsal root ganglia. NeuroSignals, 13: 150-156.

Liu DL, Lu N, Han WJ, et al. 2015. Upregulation of Ih expressed in IB4-negative Adelta nociceptive DRG neurons contributes to mechanical hypersensitivity associated with cervical radiculopathic pain. Sci Rep, 5: 16713.

Luo C, Gangadharan V, Bali KK, et al. 2012. Presynaptically localized cyclic GMP-dependent protein kinase 1 is a key determinant of spinal synaptic potentiation and pain hypersensitivity. PLoS Biol, 10 (3): e1001283.

Luo L, Chang L, Brown SM, et al. 2007. Role of peripheral hyperpolarization-activated cyclic nucleotide-modulated channel pacemaker channels in acute and chronic pain models in the rat. Neuroscience, 144 (4): 1477-1485.

Ma C, Shu Y, Zheng Z, et al. 2003. Similar electrophysiological changes in axotomized and neighboring intact dorsal root ganglion neurons. J Neurophysiol, 89 (3): 1588-1602.

Malcangio M, Ramer MS, Jones MG, et al. 2000. Abnormal substance P release from the spinal cord following injury to primary sensory neurons. Eur J Neurosci, 12: 397-399.

McCarter GC, Reichling DB, Levine JD. 1999. Mechanical transduction by rat dorsal root ganglion neurons *in vitro*. Neurosci Lett, 273 (3): 179-182.

Omoto K, Maruhama K, Terayama R, et al. 2015. Cross-excitation in peripheral sensory ganglia associated with pain transmission. Toxins (Basel), 7 (8): 2906-2917.

Quick K, Zhao J, Eijkelkamp N, et al. 2012. TRPC3 and TRPC6 are essential for normal mechanotransduction in subsets of sensory neurons and cochlear hair cells. Open Biol, 2 (5): 120068.

Rinzel J. 1987. A formal classification of bursting mechanisms in excitable systems *In*: Teramota E, Yamaguti M. Mathematical Topics in Population Biology, Morphogenesis and Neurosciences. Berlin: Springer Verlag.

Sandkühler J. 2009. Models and mechanisms of hyperalgesia and allodynia. Physiol Rev, 89: 707-758.

Santha P, Jancso G. 2003. Transganglionic transport of choleragenoid by apsaicinsensitive C-fibre afferents to the substantia gelatinosa of the spinal dorsal horn after peripheral nerve section. Neuroscience, 116: 621-627.

Seburn KL, Catlin PA, Dixon JF, et al. 1999. Decline in spontaneous activity of group Aalphabeta sensory afferents after sciatic nerve axotomy in rat. Neurosci Lett, 274: 41-44.

Song XJ, Hu SJ, Greenquist KW, et al. 1999. Mechanical and thermal hyperalgesia and ectopic neuronal discharge after chronic compression of dorsal root ganglia. J Neurophysiol, 182 (6): 3347-3358.

Song XJ, Vizcarra C, Xu DS, et al. 2003. Hyperalgesia and neural excitability following injuries to central and peripheral branches of axons and somata of dorsal root ganglion neurons. J Neurophysiol, 89: 2185-2193.

Sun W, Miao B, Wang XC, et al. 2012. Reduced conduction failure of the main axon of polymodal nociceptive C-fibres contributes to painful diabetic neuropathy in rats. Brain, 135 (Pt 2): 359-375.

Vilceanu D, Stucky CL. 2010. TRPA1 mediates mechanical currents in the plasma membrane of mouse sensory neurons. PLoS One, 5 (8): e12177.

Weng X, Smith T, Sathish J, et al. 2012. Chronic inflammatory pain is associated with increased excitability and hyperpolarization-activated current (I_h) in C-but not Adelta-nociceptors. Pain, 153 (4): 900-914.

Xing JL, Hu SJ, Long KP. 2001a. Subthreshold membrane potential oscillations of type A neurons in injured DRG. Brain Res, 901 (1-2): 128-136.

Xing JL, Hu SJ, Xu H, et al. 2001b. Subthreshold membrane oscillations underlying integer multiples firing from injured sensory neurons. Neuroreport, 12 (6): 1311-1313.

Zhang JM, Donnelly DF, Song XJ, et al. 1997. Axotomy increases the excitability of dorsal root ganglion cells with unmyelinated axons. J Neurophysiol, 78 (5): 2790-2794.

Zhang JM, Song XJ, LaMotte RH. 1999. Enhanced excitability of sensory neurons in rats with cutaneous hyperalgesia produced by chronic compression of the dorsal root ganglion. J Neurophysiol，82（6）：3359-3366.

Zhao FY，Spanswick D，Martindale JC，et al. 2007. GW406381，a novel COX-2 inhibitor，attenuates spontaneous ectopic discharge in sural nerves of rats following chronic constriction injury. Pain，128（1-2）：78-87.

Zheng JH，Walters ET，Song XJ. 2007. Dissociation of dorsal root ganglion neurons induces hyperexcitability that is maintained by increased responsiveness to cAMP and cGMP. J Neurophysiol，97（1）：15-25.

第10章 受损神经元的交感敏化效应

10.1 交感神经对受损 C 类神经纤维传入活动的易化效应

早在20世纪40年代, Doupe 等(1944)和 Nathan 等(1947)根据灼性痛(causalgic pain) 可因切断交感神经得到缓解的事实, 推测在交感传出纤维和无髓传入纤维之间存在功能联系, 后来进一步证明交感神经能够激活受损的有髓和无髓神经纤维(Habler et al., 1987; Wall et al., 1974)。但是在伤害感受器水平, 有些通过直接刺激交感神经(sympathetic stimulation, SS)的实验, 却没有观察到对多觉型伤害感受器(polymode nociceptor, PMN)的激活作用(Barasi and Lynn, 1986; Roberts and Elardo, 1981; Shea and Perl, 1985), 这成为灼性痛发生机制的一个未解之谜。

我们的早期研究曾观察到 SS 可抑制 PMN 的诱发放电, 却可以易化其自发放电(Hu et al., 1986; Hu and Weng, 1988)。长时程的持续自发放电可能反映 PMN 慢性损伤后的激活状态。PMN 的激活与灼性痛的发作有关(Torebjork, 1974), 这提示交感神经对慢性灼性痛具有外周易化作用。为了获得交感神经对外周伤害性感受器活动调制作用的直接实验证据, 本项实验检测了 SS 和去甲肾上腺素对复合致痛物质引起 PMN 持续放电活动的调制作用。

实验用33只 Wistar 雄性大鼠进行, 用混合麻醉剂(0.7%氯醛糖和3.6%乌来坦)10mL/kg 腹腔注射。在腹腔的背侧部仔细分离支配尾骶部的交感神经干, 在其外周端套上微型刺激电极, 以便刺激支配尾部的交感神经(SS)。为了引导记录尾神经的多觉型伤害性 C 类神经纤维的传入冲动, 在动物背侧尾骶部暴露一侧尾神经干, 在手术野的浴槽内充添温液状石蜡。在显微镜(X32)帮助下用游丝镊分离神经细束。在电生理放大器帮助下, 直到分辨出单根多觉型伤害性 C 类神经纤维的传入神经。通过放大系统引导, 显示与记录单根 C 类神经纤维的传入放电脉冲数(图10-1)。利用 von Frey 细丝测定机械阈值(0.6~100mN), 温度反应阈值的测量利用一微型金属致热器, 其测量探头约 1cm²(Hu et al., 1986),

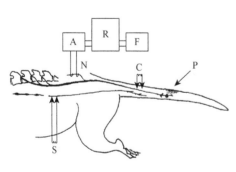

图 10-1 实验安排图

A. 前置放大器; R. 示波器; F. 脉冲频率计数器;
N. 神经细束; P. 注入致痛物质; S. 刺激交感神经;
C. 刺激尾神经

与皮肤感受野接触。刺激的温度分别为 55～65℃、40～42℃及 18～20℃。当施加某一适宜温度刺激时，可在 C 类纤维引导出串放电。刺激外周交感神经干时，应用 0.5ms 方脉冲（5～10V，10Hz）至 3min。可同时监测到尾部皮肤温度的相应降低。复合致痛剂的成分：0.5%五羟色胺（0.2mL），0.2%组织胺（0.1mL），2% KCl（0.05mL），2N HCl（0.01mL）。将该复合致痛剂（0.01～0.02mL）注入感受野皮下可引起 PMN 的持续放电。

　　本研究对 44 例 PMN 的活动进行观察，发现 PMN 的放电脉冲具有双相波的特征，传导速度低于 2.0m/s。皮肤感受野的机械阈值为 3～100mN。引起重复放电的适宜温度刺激 55～65℃。在感受野皮下注入复合致痛物质 0.01mL，多数单位可产生持续 20 多分钟至数小时的持续放电（图 10-2）。根据 29 个单位的检测，其每分钟平均放电数为(65±39.89)次，相对较

图 10-2　复合致痛物质引起 PMN 的持续放电
箭头表示注入 0.01mL 复合致痛物质到尾部皮肤感受野

为稳定。但是放电序列的间隔不规则，有时还显示短串簇放电。实验中选择每分钟平均放电数的变化率小于 20%，且维持超过 3min 的单位，做进一步的实验观察分析。

　　我们首先观察了刺激交感神经外周端对 PMN 传入放电的作用。在复合致痛物质引起持续放电的 29 个单位中，SS 使得 19 个单位的放电数显著增多，其潜伏期为 15～45s。在 SS 的第 3min，平均放电数为 113，该放电数是 SS 之前对照值的 192%±14.96%（平均值±S.E.）。停止 SS 约 3min 后，放电数逐渐恢复到对照值水平（图 10-3A，实线）。图 10-3B 显示了一例典型实验记录的放电直方图统计结果。在 SS 刺激后放电增多的单位中，其中有 8 个单位，前 2min 放电数增加，后随 5min 放电数减少（图 10-3A 虚线，实点），一例典型结果的原始记录见图 10-3C。

　　在 6 个静息 PMN 单位，有 4 个单位对 SS 显示短时低频放电，潜伏期约 30s。在第 1min 和第 2min，其平均放电为 13 次/min，第 3min 放电则消失。另 2 个静息单位对 SS 没有反应。不同背景放电单位对 SS 刺激的反应比较见图 10-4。可以看到，在持续放电期间，SS 对 PMN 单位的易化作用较强。经过一段间隔，重复 SS 可以再次重复引起持续放电的增加（图 10-5），表明 SS 的作用可以重复发生。在 29 个 PMN 单位中，有 6 个单位对 SS 显示放电减少的效应，另外 4 个单位对 SS 无反应（图 10-3A）。

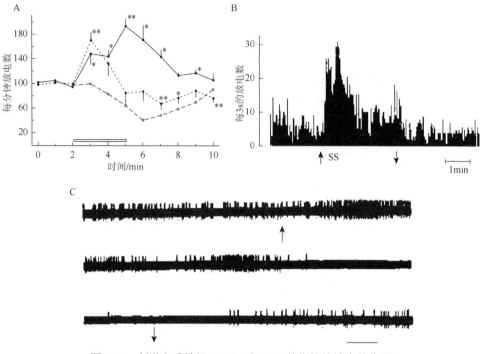

图 10-3　刺激交感神经（SS）对 PMN 单位持续放电的作用

A. 3 种单位放电反应类型的统计比较图，水平柱为 SS 时间，实线表示易化单位（$N=11$），连接实心圆点的断线表示先易化后抑制单位（$N=8$），连接空心圆圈的断线表示抑制单位（$N=3$），各点上直线表示标准误，$*P<0.05$，$**P<0.001$。B. SS 增加 PMN 单位的持续性放电。两个箭头间距为 SS 时间（3min），每个时间点为 3s 内放电的记录。C. 一例 SS 对 PMN 单位持续放电作用的原始记录，先易化后抑制，3 条线为同一单位的连续记录，两个箭头之间表示 SS 时间（3min），时标为 10s

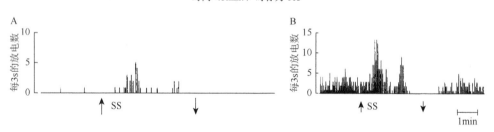

图 10-4　1 个 PMN 单位对 SS 的反应

A. 静息背景状态；B. 持续放电状态。两个箭头间表示 SS 时间（3min）

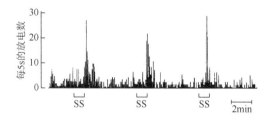

图 10-5　一个具有持续放电 PMN 单位对多次 SS 的反应

为了确认 SS 刺激引发激活 PMN
效应的途径，我们观察了局部注入去
甲肾上腺素（NE）的作用：当含 5μg
NE 的生理盐溶液（0.5mL）注入尾动
脉后，在 9 例持续放电单位中，
有 7 例显示放电显著增加，其中 4 例
显示放电先增加随后减少。平均放电数
增加到 91 次/min，为对照值的 171%±
31.92%。图 10-6 为一典型实例，当
同样剂量的 NE 经股静脉注入却没有

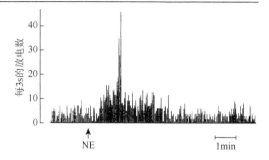

图 10-6　局部动脉注入 NE，1 个 PMN 单位
持续放电显著增加

引起放电数的明显变化。这一结果表明，NE 的结果主要是通过外周局部的作用，
而不是通过全身引起的反应。

本实验结果首次证明，当 PMN 处于静息状态时，SS 仅引起少量的放电，平
均约 13 次/min。当 PMN 处于持续活动状态时，SS 可促使放电数显著增加，平均
约 113 次/min。向支配感受野的动脉注入 NE 也可引起类似的兴奋效应。结果表
明，传出交感神经对静息状态的 PMN 仅具有微弱的易化作用，但是对持续活动
的 PMN 则具有显著的易化作用。这项实验发现已被国际著名疼痛学教科书
（*Textbook of pain*）选用（Raja et al.，2001）。

曾有报道，SS 激活一种低阈值机械感受器（Barasi and Lynn，1986）。这种感
受器的机械阈值为 0.1～0.25mN，不对 55～62℃的热刺激发生反应（Lynn and
Carpenter，1982），但是对 25～40℃的热刺激会发生反应。它们不同于本实验中
研究的 PMN 感受器，其机械阈值高于 3mN，对 55～65℃的热刺激产生较强的反
应，但是对 20～40℃的刺激无反应。这种低阈值机械感受器在尾部少见（Fleisher
et al.，1983），在本实验中也很少遇到。C 类热感受器的放电数能够随着 SS 时皮
肤的温度而变化。这种 C 类热感受器与 PMN 感受器的不同主要表现在室温环境
对皮肤温度的微小变化显示动态反应，但是可被适当强度的机械刺激兴奋。

本研究识别 PMN 单位，依据其有适当的机械阈值，对化学物刺激产生较强
的反应，符合 Bessou 和 Perl 提出的识别 PMN 的标准（Bessou and Perl，1969），
不可能与其他的 C 类感受器混淆。虽然某些 A 类伤害性感受器可以被 SS 激活，
但是依据其单相放电和传导速度（10～49m/s）较快的特征容易得到辨认（Roberts
and Elardo，1985）。

虽然选用 PMN 的活动作为主要观测指标，但是本研究的部分结果并不与 Shea
和 Perl（1985）及 Barasi 和 Lynn（1986）等的结果一致。除了实验动物的种类、
测试的部位与刺激参数不同外，还可能与观察 PMN 的不同条件有关。我们观察
的是 PMN 的持续性放电活动，可能发生在慢性神经损伤之后。例如，有实验证
明交感神经易化受损神经瘤的持续活动（Habler et al.，1987；Wall and Gunick，

1974），以及部分 A 类机械感受器的活动，表明 PMN 在持续放电状态较静息状态对交感神经的传出活动更为敏感。这种敏感性可能由长时间化学刺激所致，因为显著的易化效应仅发生在局部经复合致痛物质处理过的部位，然而由短时间机械或热刺激引起的短促放电却没有观察到这种易化效应（Barasi and Lynn，1986；Shea and Perl，1985）。由于在人体受损的 PMN 变得对交感神经活动敏感，以及烧灼痛与 PMN 活动的密切相关（Torebjork，1974），我们推测这种 PMN 的敏感性可能是交感神经传出活动加剧灼性痛的主要原因（Hu and Zhu，1989）。

在观察的部分 PMN 单位中，SS 引起放电数减少，一种为放电先增加然后减少，另一种为放电单纯减少。阻断支配感受野的血流仅引起放电数的减少。这些结果提示 SS 的抑制效应可能与局部血管收缩有关。但是，难以判定 SS 的易化效应是否与血管活动有关，因为阻断腹主动脉的血供与 SS 对局部供血的影响并不完全相同。

（胡三觉　朱　军　顾建文）

10.2　受损感觉神经元的肾上腺素能敏感化

交感节后神经元和初级传入感觉神经元是联系大脑和躯体组织数量最多的神经元。大多数交感节后神经元支配血管，具有收缩（如支配骨骼肌、有毛发和无毛发皮肤等靶器官）和舒张血管的功能。另一些交感节后神经元支配着非血管的靶器官（Janig，1985，1996；Janig and McLachlan，1992）。初级感觉神经是感受伤害性刺激、机械性刺激、温度和化学刺激等理化因素的传入神经。正常情况下，交感节后神经元和外周传入感觉神经元之间没有功能上的联系，初级感觉神经元对交感神经元的传出兴奋是不敏感的（Burchiel，1984；Owman and Santini，1996；Stevens et al.，1983）。周围神经损伤和组织炎症后，感觉神经元和外周感受器表现对肾上腺素受体激动剂和交感传出纤维的兴奋异常敏感（Devor and Janig，1981；Habler et al.，1987；Hu and Zhu，1989；Petersen et al.，1996；Sato and Perl，1991；Zhang et al.，1997）。交感节后神经元的传出兴奋可以引起传入感觉神经元的兴奋和敏感化。也就是说，在没有外来传入冲动的情况下，交感神经末梢可以介导感觉神经元和外周感受器的敏化。此外，临床上发现交感神经的阻滞可以明显减轻灼性神经痛和反射性交感营养不良患者的疼痛和痛觉过敏症状。大量的实验和临床研究集中于这个尚未被解决的问题——交感神经系统在疼痛发生和维持过程中所起的作用。其焦点在于周围神经损伤和组织炎症后，感觉神经元和交感节后神经元之间是否产生偶联作用？我们实验室前期工作发现交感神经增强炎症条件下痛感受器的传入放电，蛋白激酶 A（PKA）介导损伤背根节（DRG）神经元的自发放电。本实验利用 CCD 大鼠模型，进一步研究损伤 DRG 神经元肾上腺素能敏感化作用，以及内源性

cAMP、PKA 系统在其信号转导中的作用。

在离体灌流 DRG 条件下，采用单纤维记录神经元自发放电的方法，在 54 例慢性压迫损伤的 DRG，记录到 165 个神经元具有自发放电现象。并且自发放电呈现丰富的节律形式，依据动作电位峰峰间期序列的动力学特征，可分为以下三类：①周期节律，占 10.3%；②非周期节律，占 35.8%；③阵发节律，占 53.9%。在 0.1～10μmol/L 的浓度范围内，外源性去甲肾上腺素（NE）的兴奋作用呈现浓度依赖效应（图 10-7）。应用 NE（10μmol/L）浸浴损伤的 DRG 时，在 95 个 DRG 神经元中有 85 个有自发放电神经元产生明显反应。其中，44 个呈现单纯兴奋效应，21 个表现先兴奋后抑制效应，6 个出现兴奋-抑制交替的振荡现象，14 个表现抑制效应（图 10-8）。

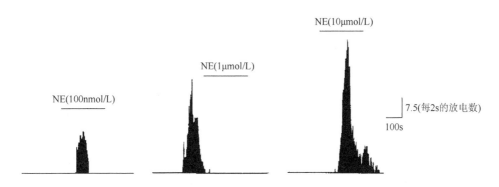

图 10-7　慢性压迫损伤 DRG 神经元 NE 兴奋作用的浓度依赖性反应

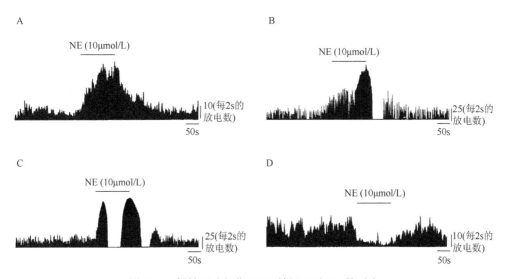

图 10-8　慢性压迫损伤 DRG 神经元对 NE 的反应

A. 单纯兴奋；B. 兴奋后抑制；C. 兴奋抑制交替；D. 单纯抑制

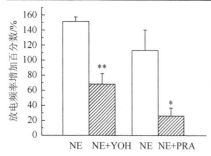

图 10-9　α_1-和 α_2-肾上腺素受体选择性
拮抗剂部分阻断慢性压迫损伤
DRG 神经元对 NE 的反应

NE 对损伤神经元的作用可分别被 α_1-和 α_2-肾上腺素受体选择性拮抗剂哌唑嗪（5μmol/L）及育亨宾（10μmol/L）部分阻断（图 10-9），在同样的 6 个有自发放电损伤 DRG 神经元上观察到 α_1-和 α_2-肾上腺素受体选择性激动剂去氧肾上腺素（10μmol/L）和可乐定（10μmol/L）的兴奋作用。

为了明确细胞内 PKA 是否参与 NE 对损伤 DRG 神经元的作用，我们用 PKA 选择性抑制剂 Rp-cAMPS 观察对损伤 DRG 神经元的 NE 反应性的影响。Rp-cAMPS 和 PKA 的调节亚单位结合后使 cAMP 不能激活 PKA。应用 Rp-cAMPS（50～250μmol/L）后，NE 的放电频率最大增加百分数由 226.03%±87.47%降至 36.52%±20.12%（图 10-10）。

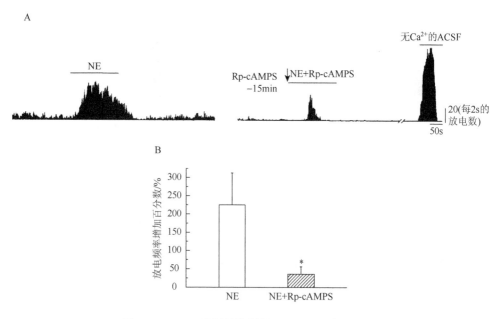

图 10-10　PKA 选择性抑制剂 Rp-cAMPS 部分抑制
慢性压迫损伤 DRG 神经元对 NE 的反应

我们还进一步选用膜通透性和特异性更强的 PKA 催化亚单位抑制剂 H-89 观察对损伤 DRG 神经元的 NE 反应性的影响，在应用 PKA 催化亚单位抑制剂 H-89（10μmol/L）后，NE 的放电频率最大增加百分数由 202.30%±80.00%降至 30.95%±11.05%（图 10-11）。此外，腺苷酸环化酶抑制剂 SQ22，536（1mmol/L）

也明显减弱 NE 对损伤 DRG 的兴奋作用。

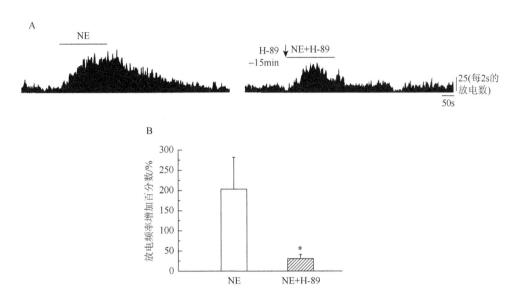

图 10-11　PKA 催化亚单位抑制剂 H-89 明显抑制慢性压迫损伤 DRG 神经元对 NE 的反应

　　结果表明，在 DRG 慢性压迫模型上，损伤的 DRG 神经元具有明显的肾上腺素能敏感性。NE 通过 α_1-和 α_2-肾上腺素受体引起损伤 DRG 神经元兴奋。PKA 介导损伤 DRG 神经元的肾上腺素能敏感性。

　　NE 是交感节后神经的经典递质，而 NPY 是交感神经系统最常见的神经肽。NPY 家族是由 NPY、肠内分泌肽 YY（peptide YY，PYY）、胰多肽（pancreatic peptide，PP）和鱼胰肽（peptide Y，PY）组成（Balasubramaniam，1997）。所有的成员在结构组成上含有 36 个氨基酸和羧基末端酰胺基，其中 NPY 在进化中是目前所知保守性最高的神经内分泌肽之一。近年来，已经证实在交感节后神经末梢中 NPY 与 NE 共存（Lundberg et al.，1990；Lundberg and Hökfelt，1986）；NPY 通过交感节后末梢上 Y2 受体参与外周感受器的痛觉过敏（Tracey et al.，1995）；研究发现，NPY 和 NPY Y2 受体激动剂通过抑制 N 型钙通道和钙依赖性钾通道增加正常 DRG 神经元的兴奋性，坐骨神经切断后它们的兴奋性作用增强（Abdulla and Smith，1999）。然而，也有研究表明，鞘内注射 NPY 产生镇痛作用（Hua et al.，1991）；NPY Y1 受体激动剂引起正常 DRG 神经元细胞膜的超极化（Zhang et al.，1995）。我们的实验结果也显示，NPY 对慢性压迫损伤的 DRG 神经元自发放电呈现明显抑制作用。因此，NPY 对损伤感觉神经元的作用还有待于进一步的研究。由于 NPY Y2 受体是周围神经损伤后 DRG 中唯一高表达的受体（Zhang et al.，1997），关于 NPY 对损伤感觉神经元作用的深入研究具有重要的临床意义。

我们的研究发现，用外源性 NPY 作用慢性压迫损伤 DRG 神经元，在 9 个有自发放电损伤 DRG 神经元上观察到抑制作用，而且 NPY 可以抑制慢性压迫损伤 DRG 神经元对 NE 的反应（图 10-12）。

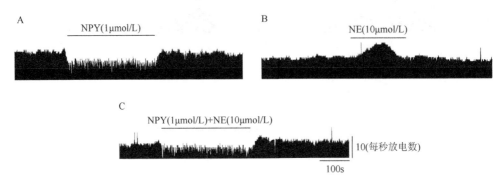

图 10-12　NPY 抑制慢性压迫损伤 DRG 神经元的自发放电和拮抗损伤 DRG 神经元对 NE 的反应

神经元是神经系统结构和功能基本单位。在生理结构上，单个神经细胞由一个长长的轴突和很多短的树突构成，不管在什么时间和地点，人体始终处在环境之中，并且其通过内、外感觉器官获得环境给予人的信息。当人体的内、外感觉器官受到来自环境的刺激之后，不同的感觉器官通过相应的方式将各种不同的环境刺激转化成电信号——神经冲动，这些神经冲动沿着神经细胞向前传播，每一个神经细胞都生有长的轴突和短的树突，如果神经冲动来自于轴突，它可以同时向这个神经细胞的树突传递；如果神经冲动来自于一个树突，它可以同时向轴突和其他的树突传递，在一个神经细胞的内部，神经冲动向各个方向传递的概率和强度是相等的。外周感受器的信号要经过背根节神经元向中枢传递，背根节神经元在此传递过程中对外周端传来的信号进行整合并做出响应，其响应特性在初级感觉信息编码中有重要作用。在慢性压迫大鼠背根节模型上，损伤神经元兴奋性异常增高，呈现超兴奋状态，表现出丰富的自发放电节律。而且损伤感觉神经元表现出对交感神经神经释放的神经递质（NE 和 NPY）的异常反应性。动作电位节律蕴含的神经信息如何影响神经元的反应性的问题依然有待于深入研究，对于认识超兴奋性产生的动力学机制具有意义。

（徐　晖　胡三觉）

10.3　交感敏化的膜电位振荡机制

外周神经损伤或产生组织炎症后，某些背根神经节（DRG）神经元可能对血液中的肾上腺素或由交感神经节后纤维释放到局部的去甲肾上腺素（NE）异常敏感（Hu and Zhu，1989；Devor et al.，1994；Michaelis et al.，1996；Sato and Perl，1991；Xu et al.，2001），该现象即交感敏化。交感敏化在局部神经损伤过程中常见，为临床局部疼痛综合征的重要症候，也是神经源性疼痛较为常见的病因。组织学研究表明，交感神经系统和感觉神经系统在外周感受器水平及 DRG 水平的偶联可能是交感敏化发生的结构基础（Devor，1983；McLachlan et al.，1993；Chung et al.，1993；Ramer and Bisby，1997；Kim et al.，1998）。其中，交感神经和受损的 DRG 神经元之间的相互作用，导致篮状细胞的形成，而该结构在较常出现高频自发放电的 DRG 大细胞周围多见（McLachlan et al.，1993）。有许多证据表明，神经损伤诱导的交感敏化与特定类型肾上腺素受体上调（α2 受体）及某些离子通道活动的改变密切相关（Honma et al.，1999；Petersen et al.，1996；Zhang et al.，1997），但是详细的细胞机制仍然不十分清楚。

阈下膜电位振荡（SMPO）是外周初级感觉神经元损伤后一个非常显著的膜电位变化（Hu et al.，1997；Amir et al.，1999；Liu et al.，2000），我们在 CCD 模型观察到了 DRG 神经元中的 SMPO 的出现及其发生规律，并对其与自发放电模式之间的关系进行了确认（Xing et al.，2001a，2001b）。结果表明，当振荡达到一定幅值，即可诱发产生动作电位。NE 引发神经元兴奋过程中，是否通过对 SMPO 的振幅、频率的调控来实现，细胞膜第二信使系统是否参与其中，这些都是值得关注的问题。作为 SMPO 在介导异常重复放电中的作用的系列研究之一，我们对 CCD 模型中背根神经节神经元能否在 NE 作用下触发 SMPO 进而引发重复放电进行了探索。

在 CCD 模型成功创建的基础上，我们将 DRG 整节取出，仔细撕除表面被膜后，对神经元进行细胞内记录。结果显示，在尖电极刺穿细胞膜的过程中，大多数 DRG 神经元具有相对稳定的膜电位，平均值在对照组与损伤组没有大的差别，分别为 (-63.4 ± 2.68)mV 和 (-62.08 ± 1.61)mV（$P>0.05$）。在施加 NE（10μmol/L）数分钟之后，正常组与损伤组虽然都出现了剂量依赖性的去极化反应，但幅度有显著差别，分别为 (10.3 ± 0.81)mV 和 (18.3 ± 1.10)mV（图 10-13A 和 B），且 NE 诱导的受损伤组去极化发生率（56/62，90%）比对照组（26/36，72%）更高（$P<0.05$，χ^2），（图 10-13C 和 D）。值得注意的是，在正常对照组，NE 的作用没有诱发 1 例神经元出现重复放电，而在损伤组出现去极化的 56 例神经元中，初始为静息的 46 例神经元中有 6 例在去极化的基础上出现了重复放电，而另外初始即可记录到自发放电的神经元中有 9 例均在 NE 作用后，其放电频率显著增强。将 α-肾上腺素受体拮抗剂酚妥拉明（1μmol/L）与 NE 同步施加于神经元，则上述去极化效应可被完全阻断（$N=3$）。

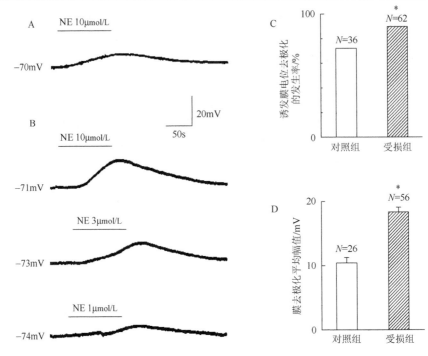

图 10-13　NE 使 A 类 DRG 神经元产生去极化效应

A. NE 在对照神经元产生了 10mV 的去极化；B. NE 在受损神经元更大的去极化反应，且表现出剂量依赖性；C. NE 诱发膜电位去极化的发生率在受损神经元显著于对照神经元（*P<0.05，χ^2）；D. 受损神经元的膜去极化平均幅值显著高于正常对照组（*P<0.05，t-检验）

进一步的观察发现，损伤组神经元在 NE 作用下产生重复放电的过程中，随着去极化程度的增加，阈下膜电位振荡（SMPO）被触发并增强，其平均振幅为 (2.42±0.18)mV；频率为(63.5±15.1)Hz。而在 NE 被冲洗之后，去极化逐渐恢复，但放电仍会持续较长时间。在图 10-14 的实例中，我们可以看到上述典型的变化。事先施加 TTX（1μmol/L，NE 加药前 4min）使得 SMPO 被消除，此时 NE 诱导去极化基础上的重复放电也不再出现（6/6 个神经元）。但是此时，由细胞内去极化电流注入引发的峰电位仍然存在，表明重复放电的消失不是由于神经元不能够被激活，而是由于 SMPO 的通道基础被阻断，重复放电的能力丧失。TTX 的作用在充分冲洗后，NE 的兴奋效应会再次显现（图 10-14B 和 C）。

NE 作用于细胞膜受体，将通过膜上的信号通路引发下游反应。为了测试内源性 PKA-cAMP 系统是否介导肾上腺素能敏感性，我们检测了 Rp-cAMPS（cAMPS 的抑制剂）对 NE 诱导的 SMPO 及重复放电的影响。DRG 局部施加 Rp-cAMPS（500μmol/L）15min 后，在 4 例神经元均可见 NE 诱导的 SMPO 及其基础上的重复放电的消失，但是去极化仍然存在（图 10-15）。此外，在两个自发放电的神经元中，Rp-CAMPS 使得 SMPO 的幅值减小并降低了重复放电的频率。

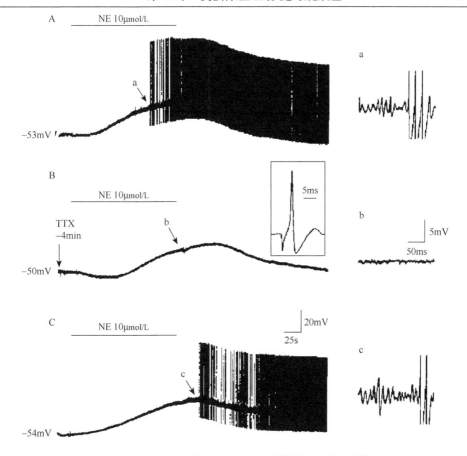

图 10-14　TTX 抑制 NE 对 DRG 受损神经元的兴奋性

A. NE（10μmol/L，2min）施加在神经元上首先诱发去极化，之后触发并增大 SMPO，进而触发重复放电。NE 冲洗后，膜电位逐渐恢复，但重复放电仍可持续存在。左图中"a"段放大显示在右侧，可以看到 SMPO 的出现及伴随出现的峰电位（上下方均被截止）。B. 应用 TTX（1μmol/L，4min）处理，NE 仍然可引发去极化反应，但是不能诱导出重复放电。插图显示了 TTX 施加 3min 后细胞内去极化刺激产生的动作电位。左图中"b"段放大显示在右侧，说明 TTX 使得 SMPO 不再发生。C. TTX 冲洗后，NE 诱导的兴奋性效应得以恢复。左图中"c"段放大显示在右侧，再次说明 SMPO 是重复放电产生的基础

　　由于阈下膜电位振荡的幅值与膜电位水平密切相关，对于静息膜电位水平没有 SMPO 的神经元，将其去极化至一定水平，会出现 SMPO。后续实验中，我们对膜去极化诱发的 SMPO 及重复放电是否由 PKA-cAMP 系统介导做了进一步检测。Rp-cAMPS（cAMPS 的抑制剂）和 Sp-cAMPS（cAMPS 的激动剂）对去极化引发的 SMPO 及重复放电的影响正好相反，图 10-16 显示，施加 Rp-cAMPS（500μmol/L）后，SMPO 平均振幅从(2.03±0.41)mV 减少到(0.98±0.3)mV，并且放电个数从（39.8±4.5）个降到（14.7±5.0）个。而施加 Sp-cAMPS（500μmol/L）后，平均放电个数则从（16.2±5.9）个增加到（32.8±5.0）个（图 10-16B）。将药物冲洗后，以上作用可被翻转。

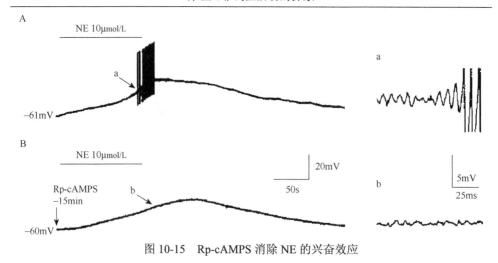

图 10-15　Rp-cAMPS 消除 NE 的兴奋效应

A. NE（10μmol/L，2min）浸泡诱导去极化，最终在有限的膜电位水平产生重复放电，"a"段在右侧极大程度说明去极化诱导的 SMPO 和由此产生的峰值。B. Rp-cAMPS（500μmol/L，15min）处理后，NE 仍然诱导去极化但是没能触发 SMPO 和重复放电，"b"段右侧显示 SMPO 消失

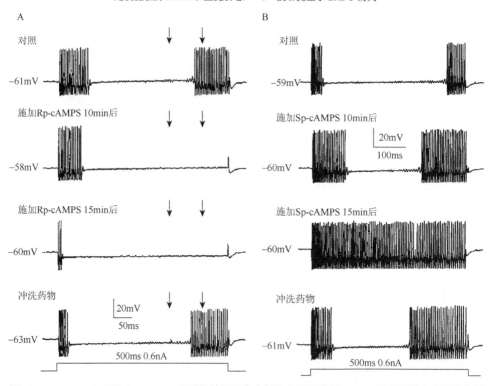

图 10-16　Rp-cAMPS 及 Sp-cAMPS 对受损神经元中去极化电流引发的 SMPO 及重复放电有相反作用

A. 以神经元在 ACSF 中的 SMPO 及放电情况做对照，500μmol/L Rp-cAMPS 施加 10min 后，振荡幅值显著减小，同时诱发放电个数减少；施加 15min 后，SMPO 完全消失，放电个数进一步减少；Rp-cAMPS 冲洗后，SMPO 及重复放电均基本恢复至对照水平。B. 以神经元在 ACSF 中的 SMPO 及放电情况做对照，500μmol/L Sp-cAMPS 施加 10min 后，振荡幅值显著增加，同时诱发放电个数显著增多；施加 15min 后，放电连续；Sp-cAMPS 冲洗后，SMPO 及重复放电均有所恢复

在上述研究中我们可以看到，NE 诱导的去极化可以引发部分受损 A 类神经元产生重复放电，相似的去极化效应也在离散的 C 类 DRG 神经元上观察到（Petersen et al.，1996；Kasai and Mizumura，2001）。但是在 C 类神经元的研究中，或许由于膜电位的巨大波动性及 SMPO 的低频特性，人们很少注意到 SMPO，因此也从未对该去极化与 SMPO 的关系进行确认。在 DRG 的 A 类神经元，SMPO 的幅值与频率都是电压依赖性的，因此表现出被去极化触发或增强的特性（Xing et al.，2001a；Amir et al.，1999；Wu et al.，2001）。NE 在神经元引发的去极化反应为 SMPO 的出现提供了膜电位基础，而持续的 SMPO 则是维持重复放电的基本膜电位变化，没有 SMPO，即使有更大程度的去极化，也不能产生重复放电。

产生于神经瘤和受损 DRG 神经元细胞体的异常放电可以通过施加低浓度 TTX 和利多卡因而被选择性地阻断，这说明异位放电是钠依赖性的（Devor et al.，1992；Matzner and Devor，1994）。但实验表明介导该异位放电及正常传导的动作电位的钠离子通道机制有可能并不相同，因为 TTX（1μmol/L）施加的短时间内（<4min），只有重复放电被去除而刺激坐骨神经引发的峰电位仍然保留。鉴于异位自发放电均建立在一定模式的 SMPO 基础上，因此可以推测，介导 SMPO 的 TTX 敏感钠通道可能与介导快速动作电位的钠通道是不同的亚型，这一点在未来仍需进一步明确。实验中我们也看到，将膜电位快速去极化到与 NE 诱发的去极化最大值相应的膜电位数值时，在绝大多数正常神经元都不能引起重复放电，说明除了去极化水平，还有其他因素参与重复放电的发生；同时，损伤神经元中 NE 引发的重复放电在膜电位恢复至正常水平的过程中，重复放电持续存在，并不立即随着膜电位的超极化而终止，说明重复放电的维持与终止机制可能还有差别（Amir et al.，2002a）。目前我们可以得出的结论是，交感敏化（NE 诱导的去极化基础上的重复放电的出现）可能是儿茶酚胺影响受损感觉神经元 SMPO，并进而触发重复放电的一个过程。上述结果在 CCD 模型中证实了 DRG 神经元可以在 NE 作用下触发 SMPO 并进而引发重复放电。

NE 引发受损神经元出现重复放电的现象中，将 α-肾上腺素能受体拮抗剂酚妥拉明（1μmol/L）与 NE 同步施加于神经元，则上述效应可被完全阻断，说明 α-肾上腺素能受体介导了交感敏化。然而，对于从受体到最终引发 SMPO 及重复放电的中间过程仍然不清楚。由于在之前的研究中已经发现，内源性的 cAMP/PKA 通路对于受损神经元中自发放电的维持及肾上腺素兴奋性应答的调节中具有重要作用（Hu et al.，2001），而实验中观察到 cAMP 的拮抗剂与激动剂对 SMPO 及重复放电的相反作用则是对 PKA-cAMP 作为介导交感敏化的中间过程的有力支持，这也是 NE 引发的交感敏化现象参与的细胞内信号通路的首次揭示。蛋白磷酸化是一种神经系统常见的信号转导机制（Greengard，1978；Nestler and Greengard，1984；Walaas and Greengard，1991），它的活化也和神经兴奋性有关（Pedarzani and Storm，1993）。有证据表明，电压门控钠离子通道是 PKA 磷酸化的目标（Costa and

Catterall，1984；Rossie and Catterall，1987）。在交感敏化的发生过程中，PKA 通路调节的下游靶标是否为电压门控钠通道及其中的哪些亚型尚需要更多实验进行确认。

异常自发活动被认为是周围神经损伤伴随慢性疼痛的主要因素，DRG 已被确定为一个异位起搏点的场所（Liu et al.，2000；Hu and Xing 1998；Song et al.，1999）。相关的研究结果证明，初级感觉神经元的振荡行为是产生异位起搏的基本因素（Amir et al.，1999；Liu et al.，2000；Xing et al.，2001a），而其幅值可以通过改变膜电位、钠离子通道、钾离子通道和 PKA/cAMP 通路的状态而得以调节（Amir et al.，1999；Liu et al.，2000；Xing et al.，2001a；Amir et al.，2002a，2002b；Pedroarena et al.，1999）。最重要的是，起源于受损神经元的异常自发活动可以通过抑制 SMPO 进而被选择性阻断，却不影响正常峰电位的传播（Xing et al.，2001a；Amir et al.，1999；Hu et al.，2000）。正因为 SMPO 对于异常起搏至关重要，它可能是研发新型缓解神经性痛药物的靶标。

（邢俊玲　胡三觉）

10.4　调制多觉型伤害性感受器持续放电的体液因素

研究已证明，应激和针灸刺激使脑内阿片肽等物质增多，在中枢镇痛过程发挥重要作用（Madden et al.，1977；邹冈等，1979）。与此同时，血液中的 β-内啡肽、脑腓肽等多种活性物质也显著增加（Rossier et al.，1977；Malizia et al.，1979），但是这些外周体液因素在镇痛过程中是如何发挥作用的还不清楚。中国医学科学院（1974）较早利用交叉循环实验发现针刺通过体液因素降低外周血管对舒血管物质的反应，提示血管旁化学感受器受到体液因素的抑制。Amir（1979）和 Lewis 等（1980）报道，切除垂体或注射地塞米松抑制垂体释放 β-内啡肽，显著减弱刺激足爪引起的镇痛效应，并推测这种镇痛效应是通过 β-内啡肽返回脑内实现的。Watkins 等（1982）通过系列实验否定垂体和交感神经-肾上腺有关的体液因素参与应激镇痛。可见，外周体液因素是否参与镇痛及发挥镇痛作用的环节均存在不同的看法。

我们早期发现，皮肤多觉型伤害感受器（PMN）的活动受到局部刺激和交感神经活动的显著影响（胡三觉等，1986；Hu and Weng，1988），表明 PMN 是个可以调制的痛觉初级感受环节。据此设想，应激或针灸等刺激诱发体内产生的体液因素可能对 PMN 等痛感受器的活动产生调制作用，影响痛刺激信息的转换与传递。为了论证这一设想，本实验以刺激坐骨神经中枢端模拟足爪或针灸刺激，通过交叉灌流等方法观察该类刺激是否可能诱发体液因素影响 PMN 的持续性放电活动，进而判定有关体液因子的性质，以确定内源性物质对外周伤害性感受器的调制作用。

实验选用 Wistar 雄性大鼠 90 只，体重 180～350g。在氯醛糖-尿酯麻醉下完成分离尾神经与坐骨神经、股动脉插管等手术。实验过程维持适量麻醉，部分实验补充肌松剂三碘季胺酚,施加人工呼吸。分离尾神经纤维细束,辨认与记录 PMN 单位放电，以及尾神经感受野注射复合致痛剂引起 PMN 持续放电的方法同前文（胡三觉等，1986；Hu and Zhu，1989）。

刺激坐骨神经中枢端（stimulation of sciatic nerve central end，SSC）为矩形电脉冲，波宽为 0.5ms，波幅为 0.1～0.3V，频率为 10Hz,刺激持续时间多数为 10min,部分为 15min。交叉灌流采用两种方法：一种为供血动物的股动脉血液经导管进入受血动物股动脉灌流其尾部，同时结扎阻断受血动物腹主动脉与腔静脉的血液供应，使其尾部静脉血经股静脉导管回流到供血动物，保证受血动物尾部的血流由供血动物供应。另一方法是把两只动物一侧颈总动脉的近心端与离心端用导管交叉连接，实行全身血液的交叉循环。交叉灌流前，全身血液肝素化（0.7mg/kg, i.v.）。实验时，刺激供血动物坐骨神经中枢端，引导记录受血动物尾部传入神经的 PMN 持续放电。动物血清是在动物麻醉后，分离一侧坐骨神经中枢端，用上述参数刺激 10min，然后立即断头放血，离心制备。通常在断头后 1h 内，抽取 1mL 血清经股动脉套管缓慢（3～5min）注入实验动物。对照动物的血清，除了不对动物进行电刺激外，制备方法与实验动物相同。促使动物产生吗啡耐受的方法，采用皮下注射逐日递增剂量的盐酸吗啡。每日 3 次，连续 6 天。剂量由 5mg/kg 递增至 30mg/kg，第七天进行实验（谢翠微等，1981）。为了耗竭交感神经和肾上腺素髓质的儿茶酚胺，部分动物实验前 24h 和 12h，各注射一次利血平（1mg/kg，i.p.）。

首先,我们观察了 SSC 对 PMN 持续放电的效应。在 20 只动物观察了 30 个 PMN 单位的刺激效应，27 个单位的放电数发生了明显的变化。其中 14 个放电数单纯减少，另 13 个则为先增多后减少。前一种称为抑制效应，后一种称为易化-抑制效应。其放电密度分布如图 10-17B 和 C 所示。据资料完整的 20PMN 单位统计，其每分钟放电数的百分数变化（间隔 5min 统计一次，以刺激坐骨神经前 5min 的 2 次每分钟放电数的平均值作为对照）见图 10-18，除 1 个单位无明显效应未列入统计外，10 个单位为抑制效应，9 个单位为易化-抑制效应。抑制效应的每分钟放电数，在刺激坐骨神经的第 5min 即显著减少，第 10min 后减少到对照值的 38% 以下，抑制过程超过 40min。易化-抑制效应的每分钟放电数在刺激的第 5min 便显著增多，第 10min 增加到最高峰，为对照值的 161%，易化过程持续 10～15min，紧接着放电数迅速减少，在第 20min 已减少到 62%，抑制过程超过 20min。另外，在 6 个 PMN 单位连续记录观察抑制过程达 60min，也未见明显恢复趋势。为了与不施加坐骨神经刺激的 PMN 持续放电比较，在 6 只动物记录了 10 个 PMN 单位单纯注射复合致痛剂后的持续放电。图 10-17A 为一个 PMN 单位的放电密度分布直方图，图 10-18 的对照为 10 个单位每分钟放电百分数的统计曲线，可见注射复合致痛剂后的较长时间内，PMN 不仅产生密集的放电，而且放电数维持在相当稳定的范围。

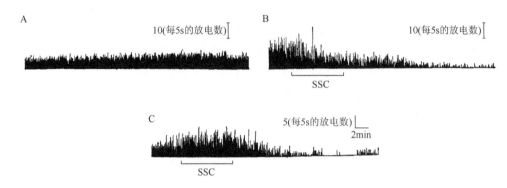

图 10-17　刺激坐骨神经对 PMN 持续放电密度的影响

A. 对照；B. 抑制效应；C. 易化-抑制效应

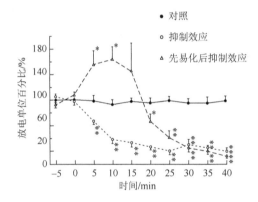

图 10-18　刺激坐骨神经对 PMN 持续放电数的效应

每个点上的垂直线表示标准误。*P<0.05，**P<0.001

在 SSC 过程中，我们对 4 只动物颈动脉血压进行了监测，除刺激坐骨神经期间血压上升 10～20mmHg[①]外，整个实验过程血压维持相对稳定，与 PMN 放电数的增多或减少没有明显的平行关系（图 10-19）。

图 10-19　刺激作用与血压的关系

---

① 1mmHg=0.133kPa

其后，我们对交叉灌流的刺激效应进行了观察。4 对动物实行交叉尾部灌流，7 对动物实行颈动脉交叉灌流，观察刺激供血动物坐骨神经中枢端（SSC）对受血动物 PMN 持续放电的效应。共检测了 18 个单位，除 2 个单位的放电数无明显变化外，16 个单位均有显著效应。其中抑制效应 6 个，易化-抑制效应 10 个，两种交叉灌流方式的刺激效应未见明显的差异。与上述同体刺激效应相比，放电数变化的幅度与时程也大体相似，部分单位抑制或易化过程出现的时间略有后移（图 10-20），对此未做统计分析。

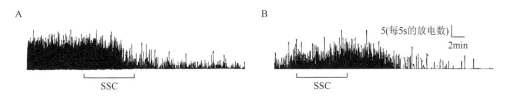

图 10-20　交叉灌流时的刺激效应

下面介绍注射刺激坐骨神经动物血清的效应。

交叉灌流过程出现的刺激效应，提示存在供血动物血清物质的作用。通过股动脉导管向支配尾部的腹主动脉内注射 1mL 刺激坐骨神经动物血清后，在 18 个 PMN 单位的放电中有 12 个单位出现明显的抑制效应，4 个为易化-抑制效应，2 个无明显变化。出现抑制或易化-抑制效应的潜伏期多在 2～6min。其中有 8 个单位的抑制过程分别在注射后的 27～67min 出现了程度不等的恢复趋势（图 10-21）。但是在 12 个单位，注射对照动物血清后，9 个单位的放电数在 30min 内无明显变化，2 个出现短时程（约 10min）的放电数增多，1 个出现放电数的减少。

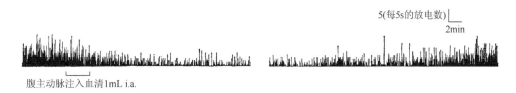

腹主动脉注入血清1mL i.a.

图 10-21　注射刺激坐骨神经动物血清的效应

为了明确该抑制过程受到哪些因素调节，我们检测了不同体液因素的作用。在 17 个 PMN 单位因刺激坐骨神经引起的抑制过程中（包括 10 例抑制效应，7 例易化-抑制效应的抑制过程），静脉注射纳洛酮（0.5～2.5mg/kg），有 6 个单位分别在注药后 3～10min 出现了翻转效应（图 10-22），但是翻转的程度和时程各例差异较大，其余 11 个单位未出现明显的翻转。

此外，在 5 只对吗啡产生耐受的动物中，注射大剂量（4mg/kg，i.v.）吗啡已不能显著抑制 PMN 的持续放电，但是刺激坐骨神经仍可使 PMN 持续放电发生明显的变化。在 7 个被检测单位中，1 个为抑制效应，6 个为易化-抑制效应。与正常动物的刺激效应比较，其易化-抑制效应出现的比例较大，但易化或抑制的幅度和时程没有明显的不同。然而在 7 只利血平化的动物检测了 10 个单位，有 9 个单位为抑制效应，只有 1 个单位出现轻度易化后转入抑制过程，表明易化效应显著减弱或基本取消，抑制效应没有受到明显影响。

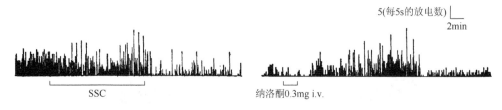

图 10-22　纳洛酮对抑制过程的翻转作用

　　本研究中我们看到，向皮肤感受野注射复合致痛剂可使 PMN 产生长时间的持续性放电，刺激坐骨神经中枢端则使这种持续放电产生规律的变化，即放电数显著减少或先增多后减少。其中放电增多的易化过程时间较短，放电减少的抑制过程则相当长。经血压监测，证明这一刺激效应并非血压波动所致。通过交叉灌流，刺激供血动物的坐骨神经中枢端也可对受血动物的 PMN 放电产生类似的效应。进一步将刺激坐骨神经动物的血清注射到另一实验动物的局部动脉，也可引起 PMN 放电数的显著变化，但是注射对照组血清却无此明显效应。实验结果首次证实，刺激躯体神经诱发的体液因素，通过血液循环调制外周伤害性感受器的活动。

　　上述刺激坐骨神经引起 PMN 单位的抑制效应，在 60min 内未看到恢复趋势。这一现象提示两种可能：一是刺激诱发的抑制因子对 PMN 活动有较长的作用时间，超过了 60min；二是局部致痛剂的浓度逐渐降低，对 PMN 的作用自行减弱，以致放电数不再恢复。但是，从实验的统计结果（图 10-18）清楚看到，单给致痛物质的对照组，PMN 的放电数在近 60min 内维持相对稳定，而实验组在刺激坐骨神经后，大多数 PMN 单位的放电数均发生显著的变化，其出现抑制效应的潜伏期多在 5～15min，说明抑制效应与刺激坐骨神经密切有关，不像是致痛剂作用自行减弱的反映。此外，在注射刺激坐骨神经动物血清引起的抑制效应中，部分单位出现明显的恢复趋势，这不仅证明该血清中含有抑制因子，而且清楚显示其抑制作用的全过程，从而进一步排除了致痛剂作用自行减弱的可能。事实上，通过动物行为反应和血中 ACTH、β-内啡肽等活性物质的检测，早已发现刺激坐骨神经（Yao et al.，1981）或针刺某些部位（Rossier et al.，1977；Malizia et al.，1979）可引起长达数小时的镇痛效应或活性物质含量的显著变化。尽管这些变化的机制与本实验观察到的体液因素是否有关尚不清楚，但至少提示适当的躯体神经传入冲动能够在机体内产生长时间的镇痛效应。

在刺激坐骨神经引起的抑制过程中，只有部分单位被纳洛酮翻转。在对吗啡产生耐受的动物中，刺激坐骨神经仍可引起显著抑制，说明刺激诱发的体液因素中既有阿片类也可能还有非阿片类，而且后者起的作用较大，这一点与持续性应激刺激主要引起非阿片样镇痛效应（Lewis et al.，1980；Terman，et al.，1984）有相似之处。然而，本实验揭示了这类物质在外周发挥作用的具体环节，可能是通过抑制 PMN 的活动发挥镇痛效应。根据应激或针刺使血中 β-内啡肽浓度显著上升（Rossier et al.，1977；Malizia et al.，1979）、静脉注射 β-内啡肽产生镇痛效应（Tseng et al.，1976）及吗啡抑制 PMN 持续放电等事实，推测参与上述外周抑制效应的阿片类物质中很可能有 β-内啡肽。也可以说，PMN 可能成为 β-内啡肽在外周发挥镇痛效应的作用靶位。

利血平化处理后，使易化效应显著减弱或基本消除，说明儿茶酚胺是引起易化效应的主要体液因子。此外，还提示实验中的先易化后抑制效应可能是儿茶酚胺与抑制体液因子共同作用所致。由于儿茶酚胺的增加出现较快、作用时程较短，因此首先引起较明显的易化过程。这种刺激躯体神经，通过儿茶酚胺易化痛感受器持续活动的现象，对交感神经和去甲肾上腺素易化 PMN 和受损神经纤维（Häbler et al.，1987；谢益宽等，1989）的发现是个有意义的补充，表明能够增强交感神经与肾上腺髓质系统的生理性刺激，可能通过儿茶酚胺的增多，促使外周伤害性感受过程的敏感化。

PMN 持续放电受到体液因素显著影响的事实，进一步支持了我们上述关于痛感受器活动可以调控的设想（胡三觉等，1986；Hu and Zhu，1989）。再联系到在外周痛感受部位发现多种阿片受体（Stein et al.，1989）及吗啡对外周痛感受器活动的直接影响（Russell et al.，1987），表明痛感受器存在接受调制性物质作用的基础。因此可以认为，痛感受器将伤害性刺激转换成神经冲动的过程，受到局部刺激和神经体液等多种因素的调制影响，形成疼痛信息的初级调控环节。根据这一痛感受器调制的论点，如针灸、按摩或应激刺激等都可能激活或影响痛感受器调制环节的活动，在外周局部发挥不同程度的镇痛效应。显然，深入剖析这种发生在痛感受器水平的调控机制，有助于揭示痛觉信息的外周反馈调控系统。

（胡三觉　姜树军　顾建文）

参 考 文 献

胡三觉，陈敏，田巧莲，等. 1986. 刺激交感神经对大鼠多觉型伤害性感受器诱发和自发放电的不同作用. 生理学报，38：232-242.

谢翠微，汤健，韩济生. 1981. 持续电针引起耐受及其与吗啡镇痛的交叉耐受. 针刺研究，4：270-274.

谢益宽，肖文华. 1989. 外周神经损伤引起神经过敏的神经生理学机制. 中国科学，8（B）：843-851.

中国医学科学院分院针麻组. 1974. 用动物交叉循环实验探讨针刺针镇痛中体液因素的作用，针刺麻醉原理的探讨. 北京：人民卫生出版社.

邹冈，吴时祥，汪范生，等. 1979. 针刺增加家兔脑池脑脊液中内啡肽含量. 生理学报，31：371-376.

Abdulla FA, Smith PA. 1999. Nerve injury increases an excitatory action of neuropeptide Y and Y2-agonists on dorsal root ganglion neurons. Neuroscience, 89 (1): 43-60.

Amir A, Amit Z. 1979. The pituitary gland mediates acute and chronic pain responsiveness in stressed and non-stressed rats. Life Science, 24: 439-448.

Amir R, Liu CN, Kocsis JD, et al. 2002a. Oscillatory mechanism in primary sensory neurons. Brain, 125: 421-435.

Amir R, Michaelis M, Devor M. 1999. Membrane potential oscillations in dorsal root ganglion neurons: role in normal electrogenesis and neuropathic pain. J Neurosci, 19 (19): 8589-8596.

Amir R, Michaelis M, Devor M. 2002b. Burst discharge in primary sensory neurons: triggered by subthreshold oscillations, maintained by depolarizing afterpotentials. J Neurosci, 22: 1187-1198.

Balasubramaniam AA. 1997. Neuropeptide Y family of hormones: receptor subtypes and antagonists. Peptides, 18 (3): 445-457.

Barasi S, Lynn B. 1986. Effects of sympathetic stimulation on mechanoreceptive and npciceptive afferent units from the rabbit pinna. Brain Res, 378: 21-27.

Bessou P, Perl ER. 1969. Response of cutaneous sensory units with unmyelinated fibers to noxious stimuli. J Neurophsiol, 32 (6): 1025-1043.

Burchiel KJ. 1984. Effects of electrical and mechanical stimulation on two foci of spontaneous activity which develop in primary afferent neurons after peripheral axotomy. Pain, 18 (3): 249-265.

Chung K, Kim HJ, Na HS, et al. 1993. Abnormalities of sympathetic innervation in the area of an injured peripheral nerve in a rat model of neuropathic pain. Neurosci Lett, 162: 85-88.

Costa MR, Catterall WA. 1984. Cyclic AMP-dependent phosphorylation of the alpha subunit of the sodium channel in synaptic nerve ending particles. J Biol Chem, 259: 8210-8218.

Devor M, Janig W, Michaelis M. 1994. Modulation of activity in dorsal root ganglion neurons by sympathetic activation in nerve-injured rats. Neurophysiol, 71: 38-47.

Devor M, Janig W. 1981. Activation of myelinated afferents ending in a neuroma by stimulation of the sympathetic supply in the rat. Neurosci Lett, 24 (1): 43-47.

Devor M, Wall PD, Catalan N. 1992. Systemic lidocaine silences ectopic neuroma and DRG discharge without blocking nerve condition. Pain, 48: 261-268.

Devor M. 1983. Nerve pathophysiology and mechanisms of pain in causalgia. J Auton Nerv Syst, 7: 371-384.

Doupe J, Cullen CR, Chance GG. 1944. Post-traumatic pain and the causalgic syndromes. J Neurol Neurosurg Psychat, 7: 33-48.

Fleischer E, Handwerker HO, Joukhadar S. 1983. Unmyelinated nociceptive units in two skin areas of the rat. Brain Res, 267 (1): 81-92.

Greengard P. 1978. Phosphorylated proteins as physiological effectors. Science, 199: 146-152.

Häbler HJ, Jänig W, Kolczenburg M. 1987. Activation of Unmyelinated afferents in chronically lesioned nerves by adrenaline and excitation of sympathetic efferents in the cat. Neurosci Lett, 82: 35-40.

Hu SJ, Chen LM, Liu K. 1997. Membrane potential oscillations produce repetitive firing in neurons of the rat dorsal root ganglion. Chin J Neurosci, 4: 11-15.

Hu SJ, Song XJ, Greenquist KW, et al. 2001. Protein kinase A modulates spontaneous activity in chronically compressed dorsal root ganglion neurons in the rat. Pain, 94: 39-46.

Hu SJ, Weng ZC. 1988. Influence of stimulation of the skin receptive field on evoked discharges of the polymodal nociceptors in rats. Acta Physiol Sin, 40: 437-443.

Hu SJ，Xing JL. 1998. An experimental model for chronic compression of dorsal root ganglion produced by intervertebral foramen stenosis in the rat. Pain，77：15-23.

Hu SJ，Yang HJ，Jian Z，et al. 2000. Adrenergic sensitivity of neurons with non-periodic firing activity in rat injured dorsal root ganglion. Neuroscience，101：689-698.

Hu SJ，Zhu J. 1989. Sympathetic facilitation of sustained discharges of polymodel nococeptors. Pain，38：85-90.

Hu SJ，Chen M，Tian QL，et al. 1986. Differenteffects of sympathetic stimulation on evoked and spontaneous discharges of the polymodal nociceptors in rat. Acta Physiol Sin，38：232-242.

Hua XY，Boublik JH，Spicer MA，et al. 1991. The antinociceptive effects of spinally administered neuropeptide Y in the rat：systematic studies on structure-activity relationship. J Pharmacol Exp Ther，258（1）：243-248.

Janig W，McLachlan EM. 1992. Characteristics of function-specific pathways in the sympathetic nervous system. Trends Neurosci，15（12）：475-481.

Janig W. 1985. Organization of the lumbar sympathetic outflow to skeletal muscle and skin of the cat hindlimb and tail. Rev Physiol Biochem Pharmacol，102：119-213.

Janig W. 1996. Spinal cord reflex organization of sympathetic systems. Prog Brain Res，107：43-47.

Kasai M，Mizumura K. 2001. Increase in spontaneous action potentials and sensitivity in response to norepinephrine in dorsal root ganglion neurons of adjuvant inflamed rats. Neurosci Res，39：109-113.

Kim HJ，Na HS，Sung B，et al. 1998. Amount of sympathetic sprouting in the dorsal root ganglia is not correlated to the level of sympathetic dependence of neuropathic pain in a rat model. Neurosci Lett，245：21-24.

Lewis JW，Cannon JT，Liebeskind JC. 1980. Opioid and nonopioid mechanisms of stress analgesia. Science，216：1185-1192.

Liu CN，Michaelis M，Amir R，et al. 2000. Spinal nerve injury enhances subthreshold membrane potential oscillations in DRG neurons：relation to neuropathic pain. J Neurophysiol，84：205-215.

Lundberg JM，Franco-Cereceda A，Lacroix JS，et al. 1990. Neuropeptide Y and sympathetic neurotransmission. Ann NY Acad Sci，611：166-174.

Lundberg JM，Hökfelt T. 1986. Multiple co-existence of peptides and classical transmitters in peripheral autonomic and sensory neurons−functional and pharmacological implications. Prog Brain Res，68：241-262.

Lynn B，Carpenter SE. 1982. Primary afferent units from the hairy skin of the rat hind limb. Brain Res，238：29-43.

Madden J，Akil H，Patrick RI，et al. 1977. Strees induced parallel changes in central opioid level and pain responsiveness in the rat. Nature，205：358-360.

Malizia B，Andreucci G，Paolucci D，et al. 1979. Electhroacupunctrure and peripheral B-endorphin and ACTH levels. Lancet，2（8141）：535-536.

Matzner O，Devor M. 1994. Hyperexcitability at sites of nerve injury depends on voltage-sensitive Na^+ channels. J Neurophysiol，72：349-359.

McLachlan EM，Jänig W，Devor M，et al. 1993. Peripheral nerve injury triggers noradrenergic sprouting within dorsal root ganglia. Nature，363（6429）：543-546.

Michaelis M，Devor M，Janig W. 1996. Sympathetic modulation of activity in rat dorsal root ganglion neurons changes over time following peripheral nerve injury. J Neurophysiol，76：753-763.

Nathan PW. 1947. On the pathogenesis of causalgia in peripheral nerve injuries. Brain，70（Pt2）：145-170.

Nestler EJ，Greengard P. 1984. Neuron-specific phosphoproteins in mammalian brain. Adv Cyclic Nucleotide Protein Phosphorylation Res，17：483-488.

Owman C，Santini M. 1996. Adrenergic nerves in spinal ganglia of the cat. Acta Physiol Scand Suppl，68：127-128.

Pedarzani P，Storm JF. 1993. PKA mediates the effects of monoamine transmitters on the K^+ current underlying the slow spike frequency adaptation in hippocampal neurons. Neuron，11：1023-1035.

Pedroarena CM，Pose IE，Yamuy J，et al. 1999. Oscillatory membrane potential activity in the soma of a primary afferent neuron. J Neurophysiol，82：1465-1476.

Petersen M，Zhang J，Zhang JM，et al. 1996. Abnormal spontaneous activity and responses to norepinephrine in dissociated dorsal root ganglion cells after chronic nerve constriction. Pain，67（2-3）：391-397.

Raja SN，et al. 2001. Peripheral neural mechanisms of nocicepton. *In*：Wall P D，Melzack R. Textbook of pain. London：Churchill Lioingstone.

Ramer MS，Bisby MA. 1997. Rapid sprouting of sympathetic axons in dorsal root ganglia of rats with a chronic constriction injury. Pain，70：237-244.

Roberts WJ，Lindsay AD. 1981. Sympathetic activity shown to have no short-term effect on polymodal nociceptors in cats. Soc Neurosci Abstr，7：77.

Roberts WJ，Elardo SM. 1985. Sympathetic activation of unmyelinated mechanoreceptors in cat skin. Brain Res，339：123-125.

Rossie S，Catterall WA. 1987. Cyclic-AMP-dependent phosphorylation of voltage-sensitive sodium channels in primary cultures of rat brain neurons. J BiolChem，262：12735-12744.

Rossier J，French ED，River G，et al. 1977. Foot -shock induced stress increases B-endorphin levels in blood but not brain. Nature，270：618-620.

Russell NJ，Schaible HG，Schmidt RF. 1987. Opiates inhibit the dischages of fine afferent units from inflamed knee joint of the cat. Neurosci Lett，76：107-112.

Sato J，Perl ER. 1991. Adrenergic excitation of cutaneous pain receptors induced by peripheral nerve injury. Science，251（5001）：1608-1610.

Shea VK，Perl ER. 1985. Failure of sympathetic stimulation to affect responsiveness of rabbit polymodal nociceptors. J Neurophysiol，54：513-519.

Song XJ，Hu SJ，Greenquist KW，et al. 1999. Mechanical and thermal hyperalgesia and ectopic neuronal discharge after chronic compression of dorsal root ganglia. J Neurophysiol，82：3347-3358.

Stein C，Millan MJ，Shippenberg TS，et al. 1989. Peripheral opioid receptors mediation antinociception in inflammation. Evidence for involvement of mu，delta and kappa receptors. J Pharmacol Experri Therap，248：1269-1275.

Stevens RT，Hodge CJ，Apkarian AV. 1983. Catecholamine varicosities in cat dorsal root ganglion and spinal ventral roots. Brain Res，261（1）：151-154.

Terman GW，Shavit Y，Lewis JW，et al. 1984. Intrinsic mechanisms of pain inhibition：Activation by stress. Science，226：1270-1277.

Torebjörk HE. 1974. Afferent C units responding to mechanical，thermal and chemical stimiuli in human non-glabrous skin. Acta Physiol Scand，92（3）：374-390.

Tracey DJ，Cunningham JE，Romm MA. 1995. Peripheral hyperalgesia in experimental neuropathy：mediation by alpha 2-adrenoreceptors on post-ganglionic sympathetic terminals. Pain，60（3）：317-327.

Tseng LF，Loh HH，Li GH. 1976. β-endorphin as a potent analgesic by intravenous injection. Nature，263：239-240.

Walaas SI，Greengard P. 1991. Protein phosphorylation and neuronal function. Pharmacol Rev，43：299-349.

Wall PD，Gunick M. 1974. Ongoing activity in peripheral nerves：the physiology and pharmacology of impulses originating from a neuroma. Exp Neurol，43：580-593.

Watkins LR，Mayer DJ. 1982. Organization of endogenous opiate and nonopiate pain control systems. Science，216：1185-1192.

Wu N，Hsiao CF，Chandler SH. 2001. Membrane resonance and subthreshold membrane oscillations in mesencephalic V neurons: participants in burst generation. J Neurosci, 21: 3729-3739.

Xing JL, Hu SJ, Long KP. 2001a. Subthreshold membrane potential oscillations of type A neurons in injured DRG. Brain Res, 901: 128-136.

Xing JL, Hu SJ, Xu H, et al. 2001b. Subthreshold membrane oscillations underlying integer multiples firing from the injured sensory neurons. Neuro Report, 12: 1311-1313.

Xu H, Hu SJ, Long KP, et al. 2001. Cyclic AMP-dependent protein kinase contributes to the excitatory response to norepinephrine in chronically compressed rat dorsal root ganglion neurons. Analgesia, 5: 229-237.

Yao T, Andersson S, Thoren P. 1981. Long-lasting cardiovascular depressor response to somatic stimulation in spontaneously hypertensive rats. Acta Physiol Scand, 111: 109-111.

Zhang JM, Song XJ, LaMotte RH. 1997. An *in vitro* study of ectopic discharge generation and adrenergic sensitivity in the intact, nerve-injured rat dorsal root ganglion. Pain, 72 (1-2): 51-57.

Zhang X, Shi T, Holmberg K, et al. 1997. Expression and regulation of the neuropeptide Y Y2 receptor in sensory and autonomic ganglia. Proc Natl Acad Sci USA, 94 (2): 729-734.

Zhang X, Xu ZQ, Bao L, et al. 1995. Complementary distribution of receptors for neurotensin and NPY in small neurons in rat lumbar DRGs and regulation of the receptors and peptides after peripheral axotomy. J Neurosci, 15 (4): 2733-2747.

第11章　无髓神经纤维的传导丢峰

11.1　无髓神经纤维传导丢峰的基本特征

由神经元轴突构成的神经纤维是神经系统的重要构成部分，其主要功能是传导神经信息。在传统的研究中，神经轴突被视为保证信息从胞体传播到神经末梢的一条通路（Mackenzie et al.，1996）。人们认为，一旦动作电位在胞体或者轴丘处发生，那么冲动将会"忠实"地按照其原貌在轴突上传导到末梢，这是神经系统准确处理信息的重要保证（Kandel et al.，2000）。每当涉及神经轴突的传导功能，教科书里都有如是描述：神经轴突具有相对不疲劳性，连续电刺激神经数小时至十几小时，神经纤维仍能保持其传导兴奋的能力（Patton，1989）。然而，近年研究证实，多种神经元轴突上动作电位传导存在选择性传导丢峰（conduction failure）现象，所谓传导丢峰是指神经轴突（纤维）一过性失去传导动作电位能力的现象。例如，脊椎动物脊髓轴突（Barron and Matthews，1935）、多刺小龙虾或金枪鱼运动神经元轴突（Smith，1980a，1980b）、水蛭机械感觉神经元（Baccus et al.，2000）、丘脑皮层轴突、兔子多结神经元、大鼠背根节神经元、神经垂体轴突、海马椎体细胞（Soleng et al.，2003）等。

轴突的特殊结构——轴突分岔和轴突膨大是发生传导丢峰的常见部位。轴突分岔点传导丢峰首先在刺龙虾、金枪鱼、水蛭等无脊椎动物轴突上被证实（Smith，1980b）。在无脊椎动物粗大的轴突上，利用双 Patch 技术，分别记录结构分岔点上游和下游的信号，可对传导丢峰现象进行可靠的分析。实验发现，在龙虾轴突上给予电刺激，当刺激频率超过 30Hz 时在一个子轴上检测到传导丢峰（Grossman et al.，1979），且传导丢峰发生在分岔点，而母轴和另外一子轴仍然能够传导兴奋。通常传导丢峰首先发生在比较细的子轴，而比较粗的子轴在较高的刺激频率下仍能够进行兴奋的传导。在水蛭轴突上，传导丢峰发生在中心分岔点，在这个部位，从外周来的纤细的轴突和比较粗的轴突汇合。可见，动作电位传导到轴突直径变化很大的区域时容易发生传导丢峰。这种传导丢峰多见于终扣（Jackson and Zhang，1995），但在动作电位沿着轴突传导到胞体时也可能发生。例如，在蜗牛神经元上观察到，当动作电位进入胞体时会发生传导丢峰（Antic et al.，2000）。分岔点造成的传导丢峰已经在很多哺乳动物轴突上观察到。目前已明确，分岔点传导丢峰发生的原因是动作电位传导到这些部位时传导电阻大大增加，从母轴发生的电流没有足够的能力传导过去，随即发生传导丢峰。一旦传导丢峰发生，神经信息无法传达神经末端，神经系统则有效地过滤了部分突触联系，这对维持神经网络功能稳定性是非常必要的。

在轴突分岔和轴突膨大部位会发生传导丢峰已经确认无疑，那么在轴突无分岔、直径均一的主干部位会不会发生传导丢峰呢？关于这个问题还鲜有报道。基于对以上问题的思考，我们以家兔的隐神经为实验对象，应用在体单纤维细胞外记录技术，观察了连续脉冲刺激下动作电位在无髓神经纤维（C 类神经纤维）上的传导情况及传导速度的变化。

如图 11-1 所示，经静脉注射戊巴比妥钠（40mg/kg）麻醉家兔后，沿着隐神经走向切开侧后肢大腿内侧皮肤分离表层的肌肉，暴露 10cm 左右隐神经并在中枢端剪断神经。用皮瓣构筑三个槽，分别用于刺激神经（S_1，S_2）、施加药物（D）和记录单根神经纤维放电（R）。在记录槽（R）中滴加温热液状石蜡，于显微镜下小心撕开神经外膜，分离神经细束（直径约 20μm），离断细束与外周端的联系但保留与神经干相连。将此细束置于白金丝引导电极上（直径29μm），以邻近皮下结缔组织为参考点放置参考电极。在刺激槽中，将隐神经挂置于双极刺激电极上，刺激电极通过隔离器与刺激器相连。由刺激器发出方波脉冲刺激，通过双极刺激电极处向隐神经施加刺激。同时，在记录电极上引导单根 C 类神经纤维的传导放电，放电信号通过生物信号放大器放大，然后经 A-D 板进行数字信号转换，最后数字信号输入计算机中进行记录和分析。对记录到的放电信号进行实时甄别（sorting），做放电信号的主成分分析，根据分析结果确定所记录到的放电来自几根纤维。例如，记录到多个单位的自发放电，则说明所记录的神经束中包含多根神经纤维。这时需要将细束丝再度分细或重新分离其他细束，直到所记录的细束中仅包含一个自发放电单位时为止，然后才开始进行后续实验。动作电位序列由连续电刺激脉冲诱发，电刺激脉冲由刺激器发生，通过隔离器输出到双极刺激电极，施加于神经干上。刺激脉冲波宽为 0.8ms，刺激强度设定为阈强度的 150%。在实验过程中采用连续脉冲刺激，刺激频率和刺激时程根据实验需要进行调整。实验数据利用 NI 数据采集板，用 Labview 自行设计采集程序进行采集，采样率为 20～100kHz，信号滤波为 300～10 000Hz 的带通滤波。后期的数据分析使用 Matlab 软件自行设计程序进行分析，分析所得的数据以均数±标准误（$\bar{x} \pm s$）

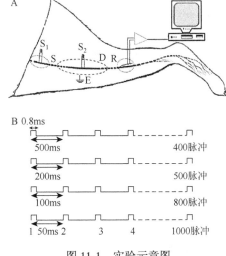

图 11-1　实验示意图

A. 实验装置示意图；B. 刺激脉冲模式示意

表示。统计学分析采用 Origin 6.0 软件对数据进行配对 t-检验（$\alpha=0.05$）。

　　根据传导速度（<2m/s）及动作电位形状（双相）识别 C 类纤维。之后给予150%倍阈强度、脉冲宽度为 0.8ms、脉冲间隔不变的连续电刺激，观察传导丢峰情况。根据纤维传导丢峰的形式，可以将纤维大致分为三类：第一类是持续传导型 C 类纤维。当给予较高频率连续电脉冲刺激时（>33Hz），动作电位仍能稳定地沿纤维进行传导。记录到的放电脉冲与刺激仍然一一对应，没有发生传导丢峰。图 11-2A 为一例持续传导型 C 类纤维放电原始记录，刺激频率为 33Hz，当给予1000 个脉冲连续刺激时，放电脉冲能够与刺激频率对应，没有发生丢峰现象。第二类是交替丢峰 C 类纤维。此类纤维给予中等频率（>20Hz）连续电脉冲刺激时，初始阶段动作电位能顺利传导，继而会出现传导丢失的静默期，然后又自动恢复到连续传导的放电期，如此反复。图 11-2B 为一例交替丢峰 C 类纤维放电原始记录，依次给予纤维 2Hz、5Hz、10Hz、20Hz 的电脉冲刺激。当刺激频率为 2Hz 时，经过 500 个脉冲后仍然没有发生丢峰现象，但是当电脉冲刺激的频率等于或者高于 5Hz 时，纤维发生了丢峰现象，动作电位的发生和长时间的丢峰交替进行。这种交替出现传导丢峰的现象能够维持较长时间，并且在多个频率的刺激下稳定出现。第三类是无规则传导丢峰型 C 类纤维。当给予较低频率电脉冲刺激时（<20Hz）即发生丢峰现象，但丢峰貌似没有规律可循。图 11-2C 为一例无规则传导丢峰型纤维的原始记录。依次给予纤维 2Hz、5Hz、10Hz、20Hz 的电刺激。在刺激频率为 2Hz 时，经过 500 个脉冲后仍然没有发生丢峰现象。但是当电刺激的频率等于或者高于 5Hz 时，纤维发生了不规则地丢峰现象，刺激频率越高丢峰程度越显著。

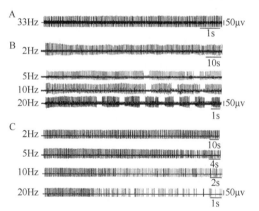

图 11-2　连续刺激诱发三类 C 类纤维
放电的原始记录（Zhu et al.，2009）

A. 第一类在受到 33Hz 刺激时放电片段；
B. 第二类纤维在受到 2Hz、5Hz、10Hz、
20Hz 刺激时的放电片段；C. 第三类纤维
在受到 33Hz 刺激时放电片段

　　实验中检测了 510 根 C 类纤维放电变化的结果，其中 81 例为持续传导型 C 类纤维，占总数的 15.9%，这类纤维平均传导速度为(1.41±0.03)m/s。79 例为交替丢峰 C 类纤维，占总数的 15.5%，这类纤维平均传导速度为(0.84±0.04)m/s。349 例为无规则丢峰型 C 类纤维，占总数的 68.4%，这类纤维平均传导速度为(1.01±0.03)m/s。

　　上述具有不同传导丢峰形式的 3 类纤维，在丢峰发生过程中其传导速度发生了改变。图 11-3A 为一持续传导型 C 类纤维 ISI 序列（图中用黑色实心点表示），以及传导速度（CV）变化曲线（图中用空心圆圈点表示）。

给予 1000 个频率为 20Hz 的电脉冲刺激。放电与刺激一一对应，没有发生丢峰。传导速度从 1.35m/s 下降到 1.05m/s，传导速度呈指数形式降低。值得注意的是，

在重复放电过程中，虽然没有传导丢峰发生，但是轴突上动作电位传导速度越来越慢。放电发生的次数越多，传导速度越慢。可见，这种传导速度减慢的程度是和轴突的放电"历史"相关的。因而，神经科学家将轴突的这种传导速度减慢的特性称为"活动依赖性传导速度减慢"。

图 11-3B 为一典型交替放电 C 类纤维放电分析图。给予该纤维 2000 个频率为 20Hz 电脉冲刺激。开始的 721 个脉冲刺激下动作电位与刺激一一对应，没有发生丢峰现象。但是从第 722 个脉冲开始一直持续到第 756 个脉冲，虽然刺激仍然在进行，但是却记录不到放电。然而从第 757 个脉冲开始，又能记录到放电，而且动作电位的发生与刺激脉冲一一对应，中间不发生丢峰现象。随后又出现了完全没有动作电位的丢峰情况，经过一段时间后放电又自动恢复。这种纤维完全响应刺激脉冲的放电相，与对所加的刺激完全没有响应的静息相交替出现。从图 11-3B 上可以看到 ISI 分布呈现断续状态，即密集的放电被完全没有放电"空白期"隔断。动作电位传导速度在整个过程中呈现活动依赖性减慢，当传导速度从最初的 0.85m/s 降低到 0.68m/s 时，发生了传导丢峰，这时纤维对刺激脉冲失去了响应，没有动作电位传导。经过一段时间的"无响应"时期，动作电位传导速度从 0.68m/s 升高到 0.72m/s，这时候又能记录到放电。随后传导速度又逐渐减慢，速度慢到了 0.68m/s 的时候又发生了传导丢峰，如此反复。对传导速度进行拟合，分析显示动作电位传导速度减慢的速率不同，6 个放电段的传导速度变化率依次是：$0.25m/s^2$、$0.36m/s^2$、$0.47m/s^2$、$0.51m/s^2$、$0.69m/s^2$、$2.49m/s^2$。分析结果提示，动作电位传导速度整体呈现一种活动依赖性下降的趋势，随着放电相和静息相不断交替，动作电位传导速度减慢的速率越来越大。

图 11-3C 为一例典型的无规则放电 C 类纤维放电分析图。在 20Hz 电刺激下，发生无规则地丢峰，其 ISI 呈现一种看似毫无规则可循的弥散分布。然而，动作电位传导速度在开始的 20s 内不断减慢，当传导速度从 0.95m/s 下降到 0.85m/s 附近时，则发生了丢峰现象。丢峰开始后动作电位传导速度只在小范围内波动，进入一个相对稳定的"平台期"。这个平台期能持续较长的时间，直到刺激结束。

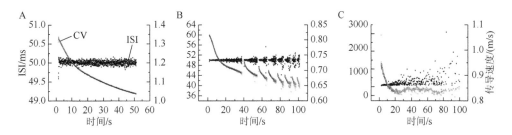

图 11-3　三类 C 类纤维在受到 20Hz 连续刺激时，ISI 及传导速度的变化（Zhu et al.，2009）

A. 持续传导型 C 类纤维 ISI（实心点）及传导速度（空心点）变化；B. 交替放电 C 类纤维 ISI 及传导速度变化；
C. 不规则放电 C 类纤维 ISI 及传导速度变化

　　通过上述实验结果可以推测，神经纤维传导丢峰是否发生与传导速度变化有着密切的联系。因而，分析传导速度及传导速度变化与 C 类纤维传导丢峰类型之间的关系非常必要。图 11-4A 为 C 类纤维初始传导速度和活动依赖性传导减慢百分比关系分布图。初始传导速度是指在实验进行的最初，纤维受到第一个刺激产生放电的传导速度。给纤维施加频率为 20Hz，脉冲宽度为 0.8ms 的 1000 个阈上刺激，选取前 500 个脉冲均没有丢峰发生的三种纤维，各 18 例左右，统计其传导速度及传导速度变化量。纤维一旦丢峰后传导速度及传导减慢的变化将不再遵循相同的规律，不在此统计范围内。测量 500 个脉冲结束时传导速度 v_{500}，计算 v_{500} 与第一个传导速度 v_1 的比率，计算出传导速度减慢的百分比。用初始传导速度为横坐标，传导速度减慢百分比为纵坐标作图，得到图 11-4A 的散点分布图。如图所示，三种纤维在图上明显分布成三个少有交叠的群落。持续传导型的 C 类纤维传导速度快（分布在 1.40m/s 左右），但是活动依赖性传导减慢程度小（分布在 10% 左右）；交替丢峰 C 类纤维传导速度是三类中最慢的一类（0.80m/s 左右），活动依赖性减慢介于其他两类中间（15%左右）；无规则传导丢峰型纤维速度分布比较广泛（0.60~1.60m/s 均有分布），但是有一个特点就是其活动依赖性传导速度减慢的程度是三类纤维中最大的。可见，三种放电不同的纤维传导速度及活动依赖性速度变化都存在着差异，图上很少有交叠的群落形成，从另一方面提示本研究中依据传导丢峰的形式对纤维进行分类的可行性。

　　图 11-4B 为放电频率与传导减慢变化关系图。分别给纤维施加频率为 20Hz、25Hz、30Hz 的 500 个阈上刺激。选取前 300 个脉冲无丢峰发生的三种纤维各 10 例左右，进行比较。以下的测量均是纤维开始丢峰之前的测量，纤维一旦丢峰后传导速度及传导减慢的变化将不再遵循相同的规律，不在此统计范围内。从图中可以看到，活动依赖性传导速度减慢与放电频率相关，放电频率越高活动依赖性传导速度减慢幅度越大。在相同频率相同脉冲个数的刺激下，无规则丢峰纤维传导速度变化程度最大，其次是交替丢峰纤维，变化程度最小的是持续传导型纤维。图中三个不同群曲线的分布表明，三种放电不同的纤维在传导速度及活动依赖性

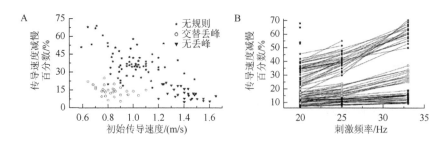

图 11-4　传导丢峰与传导速度的关系（Zhu et al., 2009）

A. 施加 20Hz 的刺激时传导速度分布散点图；B. 三类 C 类纤维形成不同的群落，刺激频率对三类 C 类纤维传导速度变化程度的影响

速度变化方面存在着明显差异，从而进一步肯定了本研究中据传导丢峰形式对纤维分类的可行性。

放电传导过程中的丢峰现象不但与传导速度有着密切的关系，而且与动作电位传导的距离也有着密切关系。我们对比放电传导过不同距离后的丢峰概率，以明确传导丢峰与距离之间的关系。首先，我们通过碰撞实验确认传过不同距离的放电来自同一根神经纤维。依据放电形状、特征参数及动作电位碰撞湮灭实验结果，确认放电在同一根神经纤维上传导。随后，在距离记录电极长短不同（85mm 和 42mm）的两处刺激电极 S1（85mm）和 S2（42mm）处分别施加频率为 20Hz 的电刺激，在记

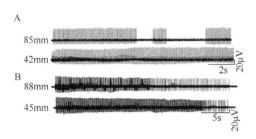

图 11-5 传导距离对传导丢峰的影响
（Zhu et al.，2009）

A. 一例交替丢峰 C 类纤维在受到 200 个脉冲（20Hz）刺激后，传输较长距离的放电序列发生了丢峰，而传输较短距离的放电序列没有发生丢峰；B. 一例无规则传导丢峰 C 类纤维在受到 200 个脉冲（20Hz）刺激后，传输较长与短距离的放电序列都发生了丢峰，但是传输较长距离的放电序列先出现丢峰

录电极记录放电。如图 11-5A 所示，200 个脉冲的电刺激后，传导经过较远距离（85mm），纤维上发生了交替传导丢峰。而传导经过较近距离（42mm），在纤维上没有发生传导丢峰。

施加 20Hz 的刺激 20s，统计 14 例两点刺激的结果。其中有 4 例，当传导过较远距离时发生了传导丢峰，而传导过较近距离时没有出现丢峰。其余 10 例，传导过较远和较近距离时，均发生了传导丢峰，图 11-5B 为两个距离均丢峰的一个例子。统计这 14 例两点刺激的结果显示，较远的电极平均距离为(76.0±5.0)mm，较近的电极平均距离为(44.2±6.0)mm。远处电极和近处电极初始平均传导速度是相等的，较远的传导距离经历过(10.0±2.0)s 发生传导丢峰，而近处的传导距离经历过(17.5±3.0)s 才发生丢峰。发生传导丢峰时较远处平均传导速度减慢到(0.80±0.08)m/s，减慢程度达 16.1%±0.7%；而较近处平均传导速度减慢到(0.69±0.05)m/s，减慢程度为 27.0%±0.6%，两者差异显著。

上述实验中，两处刺激电极所施加的刺激参数完全相同，碰撞实验也证实两处刺激激活的也是同一根纤维。那么，唯一的差异是两个刺激电极分别到记录电极的距离不同，即冲动传导的距离不同。这项结果提示，传导距离的远近也是影响传导丢峰发生的一个重要因素。传导距离越远越容易发生传导丢峰，比较近的传导距离要比远的传导距离需要更多的刺激，更大程度的活动依赖性传导速度减慢才能发生丢峰。

在明确了纤维类型、活动依赖性传导速度改变及传导距离对动作电位传导丢峰的影响后，我们进一步探索了神经纤维传导丢峰的电流机制。$I_{4\text{-AP}}$ 是一种 4-AP 敏感的钾离子流，与细胞膜后超极化密切相关（Bielefeldt and Jackson，1993）。而

先前的研究工作已经证实，细胞膜后超极化是引起活动依赖性传导速度减慢的根本原因。据此，我们推测 $I_{4\text{-}AP}$ 可能参与传导丢峰的形成。为了证实这一猜测，我们在一交替传导丢峰 C 类纤维施加频率为 20Hz 的连续电脉冲刺激 600 个，先在正常生理溶液浸浴下记录其放电序列作为对照。然后在加药槽内分别加入 10μmol/L、20μmol/L、40μmol/L 的 4-AP，观察不同浓度 4-AP 对神经纤维放电传导丢峰的影响。实验中每加入一个浓度的药物后需等待 30min，待药物充分扩散渗透至神经纤维发挥作用后方开始观察和记录。每次药物作用后用温热的生理溶液反复多次清洗，清洗完毕后等待 15min，待神经纤维的状态恢复到静息水平方进行下一浓度药物的实验。实验结果如图 11-6 A 所示，加入 4-AP 之后动作电位放电数明显增加，4-AP 浓度越大放电数越多，而传导丢峰发生的比率也越小。随着 4-AP 浓度的增加，传导丢峰发生的比率越来越小。当 4-AP 增加到 40μmol/L 的时候，传导丢峰完全被消除，此时该纤维从一种交替传导丢峰的模式转化为持续传导模式。从图 11-6B 可以看到，随着 4-AP 浓度增加，丢峰的比率越来越低。4-AP 除了影响传导丢峰，还引起了动作电位传导速度的变化。从图 11-6C 可以看到，传导速度活动依赖性变慢程度，随着 4-AP 浓度逐渐增加，减慢程度明显减小。

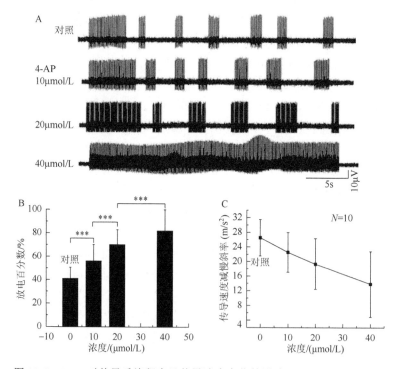

图 11-6　4-AP 对传导丢峰程度及传导速度变化的影响（Zhu et al.，2009）

A. 施加不同浓度 4-AP 时，一交替丢峰纤维放电变化；B. 传导丢峰程度随着 4-AP 浓度增加，呈浓度依赖性减小；
C. 放电传导速度随 4-AP 浓度增加，呈浓度依赖性减慢

I_h 电流是一种超极化激活的阳离子流（Soleng et al.，2003），与细胞膜后超极化程度密切相关，我们猜测 I_h 也很可能参与了传导丢峰的发生。为了证实这一点，我们在一交替传导丢峰 C 类纤维施加频率为 20Hz 的连续电脉冲刺激 600 个。先在正常生理溶液浸浴下记录其放电序列作为对照，然后在浴槽内分别加入 5μmol/L、10μmol/L、20μmol/L 的 ZD7288（可阻断 I_h），观察传导丢峰及传导速度变化情况。从图 11-7A 可以看到，加入 ZD7288 之后纤维放电明显受到了抑制，且 ZD7288 浓度越大抑制作用越明显，传导丢峰发生的比率也越大。随着 ZD7288 浓度的增加，传导丢峰发生的比率越来越大。当 ZD7288 增加到 20μmol/L 的时候，传导丢峰非常严重，放电已经失去了交替的特征，从交替丢峰的放电模式转化为无规则丢峰放电的模式。从图 11-7B 可以看到，随着 ZD7288 浓度增加，丢峰的比率越来越高。ZD7288 除了影响传导丢峰，还引起了放电传导速度的变化。从图 11-7C 可以看到，传导速度活动依赖性变慢程度，随着 ZD7288 浓度逐渐增加，减慢程度明显增大。

在检测的 40 例纤维中，有 22 例出现类似结果。其中有 9 例对 ZD7288 不敏感，浓度增加为 1000μmol/L 仍没有任何丢峰迹象，另外 4 例在 ZD7288 作用下丢峰程度只有微小的增加，其余 5 例只加入 5μmol/L 的 ZD7288 便完全没有了放电。

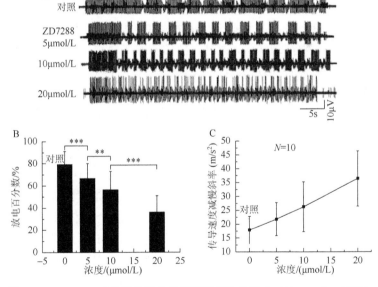

图 11-7　ZD7288 对传导丢峰及传导速度变化的影响（Zhu et al.，2009）

A. 施加不同浓度 ZD7288 时，一交替丢峰纤维放电变化；B. 传导丢峰程度随着 ZD7288 浓度增加，呈浓度依赖性增加；C. 传导速度随 ZD7288 浓度增加，呈浓度依赖性减慢

在本研究中，我们利用在体单纤维记录技术，在 C 类神经纤维施加中等频率重复刺激（10～50Hz）后观察到，动作电位沿 C 类神经纤维传导时呈现出不同类

型的丢峰形式（图 11-2）。根据丢峰形式不同，可将 C 类纤维分为三类：第一类为持续传导型 C 类纤维。动作电位沿此类纤维传导时不易产生丢峰，甚至在较高频连续刺激下（>33Hz），能持续传导多个放电（>2000 个）而不发生传导丢峰。虽然没有发生传导丢峰，但是在传导过程中放电的峰峰间隔 ISI 有小幅度的波动，且波动幅度随放电个数增加而增加。第二类为交替丢峰型 C 类纤维。动作电位沿此类纤维传导过程中会出现放电相和静默相交替进行，即传导过程中发生了交替丢峰。第三类为无规则丢峰型 C 类纤维。动作电位在此类纤维上传导容易发生丢峰，且丢峰形式看似杂乱无章、没有固定模式。

　　在实验过程中记录到的丢峰并非如以往报道的在轴突分岔点（Grossman et al.，1979）或者轴突体积突变部位发生（Jackson and Zhang，1995），而是在直径均一、无分岔结构的轴突上发生的丢峰（距离刺激点大约 10cm 的位置）。然而，丢峰既有可能发生在传导过程中，也有可能发生在刺激点，如何判断实验中观察到的丢峰究竟是发生在传导过程中还是发生在刺激点呢？我们通过以下两方面来判断：第一方面证据来自传导距离实验结果。首先，实验中观察到动作电位丢峰的概率与动作电位传导的距离有关，传导距离越远，越容易发生丢峰（图 11-5）；其次，动作电位活动依赖性传导速度减慢也与传导距离相关，传导距离越远，活动依赖性传导速度减慢程度越大；最后，丢峰前动作电位个数也与传导距离有关，传导距离越远，丢峰前动作电位个数越少。以上的结果均提示，动作电位丢峰及 ISI 序列的变化和传导距离有关，这些变化可能发生在传导过程中。第二方面证据来自药理学实验结果。在药理实验，通过局部加药方式向 C 类纤维施加 I_A 电流阻断剂 4-AP 及 I_h 电流阻断剂 ZD7288 能够改变丢峰（图 11-6/7）。适当浓度的 4-AP 甚至能够完全消除丢峰，而适当浓度的 ZD7288 能将丢峰形式从交替丢峰转变为无规则丢峰形式。实验中用来加药的皮槽距离刺激电极和记录电极均大约 5cm，位于刺激槽和记录槽的中间部位。在加药槽内，将纤维撕去外膜，将药物稀释到所需的浓度，加入加药槽，局部作用于纤维。在实验中我们选取了 10 例纤维，加入 1000μmol/L 的 ZD7288，结果这 10 例纤维最终放电均完全消失，放电消失后加大刺激强度数倍也未恢复放电。若丢峰发生在刺激部位，通过增加刺激强度会改善丢峰，上述现象说明药物是作用在了加药部位而并非作用到了刺激部位。另外，从药物加入加药槽到药物开始起作用一般要经历约 10min，这段时间消耗在药物通过纤维表面向纤维内部渗透的过程。在实验中我们改变加药槽距离刺激槽的距离，结果药物起作用之前的时间并没有改变，这也说明了药物是局部作用在了加药槽内的神经干部位。上述实验证据充分说明，丢峰发生在动作电位沿纤维传导的过程中，而不是发生在刺激部位。

　　阳极阻滞也可能是引起刺激部位丢峰的因素，阳极阻滞是指由于阳极极化作用阻碍了电位从电极处的传导。那么，如何排除本实验中的丢峰是阳极阻滞造成的？在我们的实验中，电极的位置被仔细放置，阳极位于远离记录电极的一端。

研究表明，A 类纤维比 C 类纤维更容易发生阳极阻滞。例如，25～60mA 的电刺激就能引起 A 类纤维的阳极阻滞，而更大强度的电流才能引起 C 类纤维的阳极阻滞，甚至再大的刺激也不能引起 C 类纤维的阳极阻滞（Collins and Randt，1960）。而在我们的实验中，用相同刺激强度激活 A 类纤维和 C 类纤维放电时，C 类纤维已经发生了丢峰，可是 A 类纤维仍然能够很好地传导，说明 C 类纤维的丢峰并不是因为阳极阻滞引起的，丢峰及 ISI 变化可能是在动作电位传导过程中发生的。

在实验中我们还观察到，活动依赖性传导速度变慢及 ISI 的波动是发生丢峰的必要条件。传导速度慢到一定程度且 ISI 波动达到一定程度，动作电位的传导会进入一种临界的不稳定状态，很容易发生丢峰。其他学者的研究也已证明，活动依赖性传导速度减慢是在传导过程中发生的，并不是在刺激过程中发生的（Thalhammer et al.，1994），这也从侧面说明了丢峰是在动作电位传导过程中而不是在刺激过程中发生。

动作电位沿 C 类纤维传导过程中，会出现的丢峰形式取决于纤维的活动依赖性传导速度减慢特性。而活动依赖性传导速度减慢特性有很复杂的电流机制。不同种类的 C 类纤维之间有很多的生理差异，造成这种差异的原因是不同类纤维膜上各种复杂的跨膜离子通道及离子泵的不同（Akopian et al.，1996）。此外，不同类型的纤维上，动作电位发生后的后电位变化也有很大差异。这种差异可能由多个原因造成，如纤维膜上生电性钠钾泵的表达和分布不同、纤维上是否存在 I_h 电流、纤维上钙激活的钾离子通道表达不同（Bruce，1999）。与纤维上后超极化密切相关的电流是膜上 I_h 电流的分布，如皮肤传入纤维膜上的 I_h 为运动神经元轴膜上的两倍，I_h 分布的差异造成了皮肤传入纤维及运动神经元的电生理的差异。在实验中我们观察到，I_h 电流阻断剂 ZD7288 可以增加交替丢峰及无规则丢峰的概率，并且增大活动依赖性传导速度减慢的程度，但是对持续传导型纤维的作用较小。据此我们推测，在连续传导型纤维上 I_h 电流通道蛋白密度较小，而无规则丢峰和交替丢峰型纤维上 I_h 电流通道较多。I_h 电流分布的差异造成了相同数目的动作电位传导过后，不同类型的纤维后超极化程度存在很大差异。然而，后超极化程度恰恰是造成传导丢峰的关键因素。此外，不同类型纤维上钠钾泵活动程度的不同也可导致超激化程度的不同，钠钾泵活性越大，超极化程度越大。已经证明，不同类型的纤维膜上钠钾泵活性存在差异（Therien et al.，2000）。从上述实验结果我们不难推测，纤维膜上通道蛋白表达的差异可能是导致不同类型纤维传导过程中丢峰形式差异的重要原因。

（朱志茹　胡三觉）

11.2　无髓神经纤维的传导编码

越来越多的实验证据证明轴突的功能并非局限于"忠实"地传导动作电位。

例如，动作电位沿着轴突传导过程中其形态会发生变化（Geiger and Jonas，2000）。动作电位在轴突结构分岔点会发生传导丢峰（Manor et al.，1991），动作电位在轴突上传导过程中，存在折返传导现象（Ramon et al.，1975），以及发生传导速度减慢或者加快（Campero et al.，2004）等现象。这些结果强烈提示，神经纤维在传导过程中会对神经信息进行加工。且神经信息的加工过程并非完全由胞体、树突和突触完成，轴突也可能参与了脑内的信息加工过程。也就是说，轴突在传导动作电位序列的过程可加工沿其传导的动作电位序列。基于这样的推测，我们提出一种新的神经信息加工编码模式——神经信息的传导编码。

哺乳动物的无髓神经纤维（C 类纤维），在痛觉、触觉、温度信息传导中起重要作用。如前所述，C 类纤维在动作电位传导过程中存在显著的活动依赖性变化，即神经纤维连续传导冲动的过程，传导速度会不断减慢或者加快。这种活动依赖性速度变化广泛存在于多种神经纤维中，特别是 C 类纤维中尤为明显。C 类纤维的传导具有显著的后作用，不仅使得后续动作电位的传导速度出现减慢或加快，改变动作电位序列模式，甚至还发生传导丢峰等非线性变化（Debanne et al.，1997）。C 类神经纤维的这种传导编码现象为研究轴突神经信息的传导加工规律提供了一个新的研究平台。本节的研究宗旨在于揭示与澄清神经信息传导编码的基本活动规律，进而探索不同传导编码模式的功能意义，为开辟一个全新的神经信息编码研究领域奠定基础。

为证实在神经纤维上是否存在传导编码现象及传导编码的基本活动规律，我们以家兔隐神经为实验对象，应用在体单纤维记录的方法，从在体胞外记录水平观察串脉冲刺激下纤维放电及传导速度变化，进而观察动作电位峰峰间期排列组合变化方式在动作电位传导过程中变化。探索动作电位序列沿 C 类纤维传导过程中编码规律并推测其可能的机制，为判定 C 类纤维的信息加工功能提供新的实验证据。

放电信号经过生物放大器放大和数-模转换器转换后，最终存贮于计算机内，进行在线或离线后期分析（图 11-8）。实验过程中用到的药物 4-AP、ZD7288 用生理溶液稀释到所需浓度，在水浴槽内温热到所需温度，在药槽中加药，使暴露纤维浸浴于药物中，浸浴 10min 后观察药物对纤维放电特征的影响。

动作电位序列由电刺激诱发产生，电刺激由刺激器发生，通过隔离器施加直流电脉冲刺激。刺激所用双极电极放置在刺激槽内，神经干搭于其上，悬空不接触到邻近组织。刺激电极阳极放置距离记录电极较远的一端，通过刺激器发生器发出脉冲宽度为 0.8ms 的单个方波刺激。通过隔离器控制电流的大小与方向，从弱到强给予纤维单个刺激找到阈刺激，将刺激强度设定为阈强度的 150%作为后续实验的刺激强度。刺激脉冲间隔为 50ms，连续 5 个脉冲串刺激刺激，每隔 1s 发生一次，共 1000 次（刺激脉冲模式如图 11-8 所示）。

实验数据利用 NI 数据采集板，用 Labview 自行设计采集程序进行采集，采样率为 100kHz。后期的数据分析使用 Matlab 软件自行设计程序进行分析。分析所得的数据以均数±标准误（$\bar{x} \pm s$）表示。统计学分析采用 Origin 6.0 软件对数据进行配对 *t*-检验（α=0.05），其他用到的统计学方法参见实验结果部分。

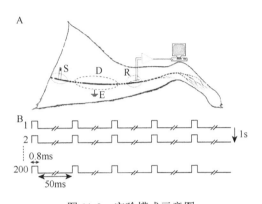

图 11-8　实验模式示意图

A. 实验装置示意图；B. 刺激脉冲模式示意图

以前述方法，分离单根放电纤维，根据传导速度（<2m/s）及放电形状（双相）识别 C 类纤维。给予强度大小为阈强度 150%的方波直流脉冲电刺激，脉冲宽度为 0.8ms，每个刺激串内包含 5 个刺激间隔相等的方波脉冲。每 1s 施加一次，共重复 200 次。两个方波脉冲之间的时间间隔，根据实验需要进行调整。刺激产生的放电序列如图 11-9 所示。

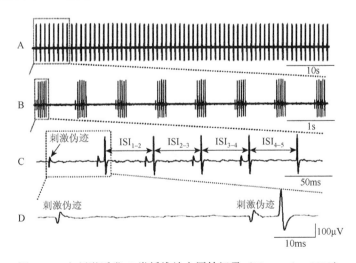

图 11-9　串刺激诱发 C 类纤维放电原始记录（Zhu et al.，2013）

A. 串脉冲刺激诱发的 C 类纤维放电原始记录；B. 将 A 图中初始 8 个串进行局部放大；C. 将图 B 中的第一个串进行局部放大，从图中我们清楚看出各个 ISI 的定义；D. 将图 C 中第一个放电进行局部放大，可以清楚看到刺激伪迹和双相放电

伴随着串脉冲数目增加，不同纤维相邻放电峰值-峰值间隔序列（ISI）会发生不同变化。根据 ISI 变化规律不同（主要指每个串中第一个、第二个动作电位之间的时间间隔，即 ISI_{1-2}），可将纤维分为三类（图 11-10）：第一类纤维，ISI_{1-2} 先增大后减小。如图 11-9 所示，当给予串脉冲刺激（相邻两个方波脉冲之间的时间间隔为 50ms，两个相邻串之间的时间间隔为 1s），ISI_{1-2} 增加到 53.5ms，然后维持在 51.5ms。ISI_{2-3}、ISI_{3-4}、ISI_{4-5} 和刺激间隔接近。第二类型纤维，ISI_{1-2} 出现增大与减小的交替波动。当所施加串刺激时，ISI_{1-2} 增大到 53ms，随后减小到 46ms，又增大到 51ms，再又减小到 50ms，随即发生丢峰。而 ISI_{2-3}、ISI_{3-4}、ISI_{4-5} 之间的 ISI 稳定在 50ms。这一类型 ISI 的显著特征就是 ISI_{1-2} 经历了数次增大、减小的波动。第三类纤维 ISI_{1-2} 首先增大到 53.5ms，随后不断减小，直至降低并稳定在 38ms 附近。除了 ISI 会发生不同规律的变化，三类纤维的传导速度也发生了不同程度的减慢。

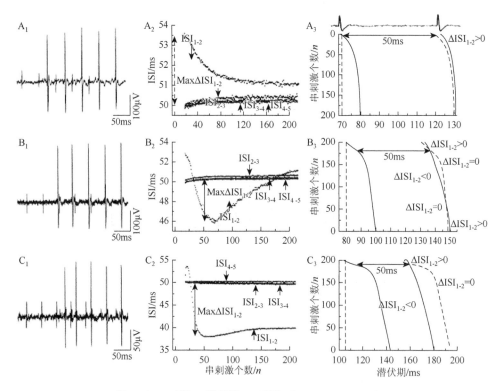

图 11-10　三类 C 类纤维 ISI 变化（Zhu et al.，2013）

A_1～C_1. 串脉冲中第一类（A_1）、第二类（B_1）、第三类（C_1）神经纤维放电原始曲线。A_2～C_2. 串刺激过程中第一类（A_2）、第二类（B_2）、第三类（C_2）纤维 ISI_{1-2} 变化规律。其中，ISI_{1-2} 指每个放电串中第一个动作电位和第二个动作电位之间的间隔，ISI_{2-3} 指每个放电串中第二个动作电位和第三个动作电位之间的间隔，ISI_{3-4} 指每个放电串中第三个动作电位和第四个动作电位之间的间隔，ISI_{4-5} 指每个放电串中第四个动作电位和第五个动作电位之间的间隔。$Max\Delta ISI_{1-2}$ 指在放电全程中 ISI_{1-2} 的最大变化值。A_3～C_3. 在刺激过程中第一类（A_3）、第二类（B_3）、第三类（C_3）纤维第一个动作与第二个动作潜伏期随时间变化规律。其中，$\Delta ISI_{1-2}>0$ 指 ISI_{1-2} 大于 50ms 的放电串，$\Delta ISI_{1-2}=0$ 指 ISI_{1-2} 等于 50ms 的放电串，$\Delta ISI_{1-2}<0$ 指 ISI_{1-2} 小于 50ms 的放电串

　　三种不同类型的 C 类纤维在受到串刺激时,潜伏期和传导速度也发生了变化。施加串内间隔为 50ms,串间间隔为 1s 的串刺激,重复 200 次。在动作电位传导过程中,三类纤维的传导速度均变慢,但是变慢的程度不尽相同。以每串中第一个动作电位为例,三类 C 类纤维放电潜伏期和传导速度分别为(图 11-11):第一类纤维潜伏期从 69ms 增加到了 78ms,纤维传导速度变慢幅度较小,从 1.05m/s 降低到了 0.95m/s;第二类纤维潜伏期从 80ms 增加到了 100ms,传导速度从 0.88m/s 降低到了 0.72m/s;第三类纤维潜伏期从 105ms 增加到了 140ms,动作电位传导速度降低得最显著,从 0.72m/s 降低到了 0.52m/s。除了传导速度变慢,第一个动作电位与其余 4 个动作电位传导速度的相互关系也发生了不同类型的变化。为了衡量同一串内 5 个动作电位传导速度间的相互关系,我们定义两个指标 L 和 T 来比较。L 表示每一串内第一个动作电位与未受串刺激时该纤维的初始速度 v_0 的比值,L 越小意味着该纤维活动依赖性传导速度变慢情况越明显。T 表示每一串内第 2 个、

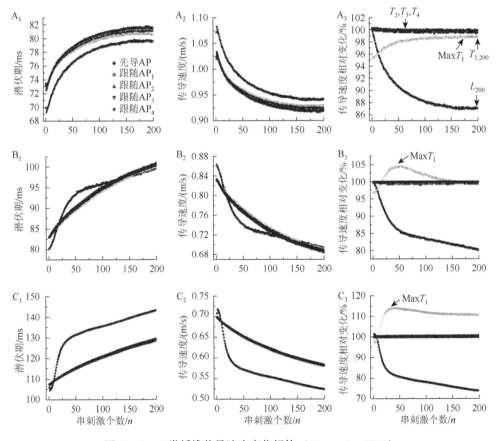

图 11-11　三类纤维传导速度变化规律(Zhu et al., 2013)

$A_1\sim C_1$. 刺激过程中第一类、第二类、第三类纤维潜伏期变化规律;$A_2\sim C_2$. 刺激过程中第一类、第二类、第三类纤维传导速度变化规律;$A_3\sim C_3$. 刺激过程中第一类、第二类、第三类纤维串内动作电位传导速度相对变化

第 3 个、第 4 个、第 5 个放电与其前一动作电位的比值，如 T_1 表示第 2 个动作电位与第 1 个动作电位传导速度比值。T 越小，说明此类纤维前后两放电的传导速度差异越大。如图 11-11C$_3$ 所示，对于第一类纤维，L 从 100% 降低到了 88%。T_1 值一直小于 100%，说明第一个动作电位的传导速度始终慢于其余 4 个动作电位；而对于第二类纤维而言（图 11-11B$_3$），L 从 100% 降低到了 80%。T_1 经历了升高再降低的数次变化，意味着第一个动作电位的传导速度先慢于其余动作电位，随后逐渐加快变得比其他几个动作电位传导速度快，当其速度达到一个最大之后，随后其传导速度又逐逐渐减慢，直至比其余几个动作电位传导速度慢。而对于第三类纤维而言（图 11-11C$_3$），L 从 100% 降低到了 68%。T 开始稍微下降，随后一直不断升高直至最大值稳定。这意味着第一个动作电位的传导速度先慢于其余动作电位，随后逐渐加快变得比其他几个动作电位传导速度快，然后一直在刺激结束都保持"领跑"的位置。

　　从图 11-11 中的结果我们可以看到，在经历串刺激的过程中 ISI 变化方式不尽相同，而且初始传导速度及活动依赖性传导速度变化程度也大相径庭。为了更准确地加以区分，我们对三类纤维的变化进行量化统计（图 11-12）。从图 11-12A 可以看到，三类纤维能明显地区分开来：第一类纤维（Type 1）MaxΔISI$_{1\text{-}2}$ 和 ΔISI$_{1\text{-}2, 200}$ 均为正值；第二类纤维（Type 2）MaxΔISI$_{1\text{-}2}$ 为负值而 ΔISI$_{1\text{-}2, 200}$ 为正值；第三类纤维（Type 3）MaxΔISI$_{1\text{-}2}$ 和 ΔISI$_{1\text{-}2, 200}$ 均为负值。从图 11-12B 可以看到三类纤维能明显地被区分开来：第一类纤维 $T_{1, 200}$ 和 MaxT_1 均小于 100%；第二类纤维 $T_{1, 200}$

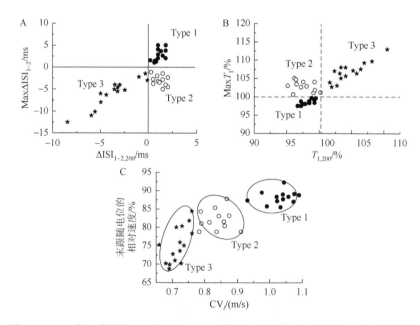

图 11-12　三类 C 类纤维 ISI 变化及传导速度变化规律散点图（Zhu et al.，2013）

小于 100% 而 MaxT$_1$ 均大于 100%；第三类纤维 T$_{1,200}$ 和 MaxT$_1$ 均大于 100%。从图 11-12C 可以看到三类纤维形成非常明显的三个群落，说明三类纤维具有截然不同的传导速度特性。

我们在实验中还发现，刺激参数改变也会引起 ISI 序列发生改变。我们以第三类纤维为研究对象，将串刺激的串间间隔固定为 1s，不同时程串刺激施加于纤维，观察串内间隔改变对 ISI 序列的影响。实验结果显示，串内刺激间隔越小，ISI 的变化越大。如图 11-13A 所示，串内刺激间隔为 50ms 时，每个串的放电只有 ISI$_{1-2}$ 变化较大，其余 3 个 ISI 变化很小，几乎和刺激间隔相等。而当刺激间隔减小为 20ms 的时候，其余 3 个 ISI 也逐渐增大（图 11-13C）。与 ISI 变化相伴随的还有动作电位传导速度的变化及串内动作电位传导速度之间的对比关系也发生了明显的变化（图 11-13D）。对不同刺激参数下 ISI 序列及传导速度变化进行量化统计显示，两个方波脉冲刺激间的时间间隔减小会导致 ISI 变化幅度增大，30ms 和 20ms 时 ISI$_{1-2}$ 变化最大值 MaxΔISI$_{1-2}$ 和达到稳定时 ISI$_{1-2}$ 变化值 ΔISI$_{1-2}$EI 都明显大于 50ms 时（图 11-13E）。此外，刺激间隔变短也可以导致活动依赖性传导速度变慢幅度加大 L$_{200}$ 明显减小。一个串内相邻动作电位传导速度差异变大，MaxT$_1$ 和 L$_{1,200}$ 明显增大（图 11-13F）。

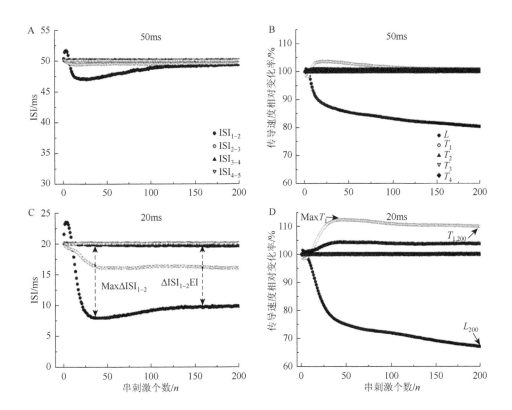

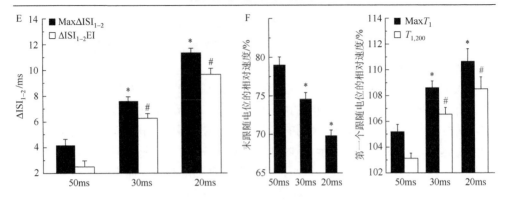

图 11-13　刺激参数变化对 ISI 序列及传导速度的影响（Zhu et al.，2013）

A. 两个方波刺激间隔为 50ms 时 ISI 序列变化情况；B. 两个方波刺激间隔为 50ms 时传导速度变化情况；C. 两个方波刺激间隔为 20ms 时 ISI 序列变化情况；D. 两个方波刺激间隔为 20ms 时传导速度变化情况；E. 刺激间隔对 ΔISI 的影响；F. 刺激间隔对 L_{200}、T_1 的影响

$I_{4\text{-AP}}$ 是一种与细胞膜后超极化密切相关的钾离子流，而后超极化是影响轴突传导功能的重要因素，因而我们猜测 $I_{4\text{-AP}}$ 电流可能与纤维的传导编码有关。为了证实这一猜测，我们观察了 $I_{4\text{-AP}}$ 电流阻断剂 4-AP 对 ISI 及传导速度变化的影响。如图 11-14A 所示，给予纤维串内间隔为 20ms、串间间隔为 1s 的电脉冲刺激，重复 300 次的串脉冲刺激。对照组 $ISI_{1\text{-}2}$ 最小值为 12.5ms，最后稳定在 14.0ms。$ISI_{2\text{-}3}$ 最小值为 17.50ms，最后稳定在 17.50ms。$ISI_{3\text{-}4}$ 最小值为 19.50ms，最终稳定在 19.50ms，$ISI_{4\text{-}5}$ 基本上维持在 20ms 左右，没有太大的波动。如图 11-14C 所示，当加入 40μmol/L 4-AP 后 $ISI_{1\text{-}2}$ 最小值减小为 15.00ms，最后稳定在 18.00ms。$ISI_{2\text{-}3}$ 最小值为 16.00ms，最后稳定在 18.00ms。$ISI_{3\text{-}4}$ 为 18.00ms，最终稳定在 18.00ms。$ISI_{4\text{-}5}$ 基本上维持在 20.00ms 左右，没有太大的波动。可见，加入 4-AP 后动作电位的 ISI 逐渐变得"趋于一致"，ISI 变异程度随着 4-AP 浓度增加而减小。4-AP 的加入除了改变 ISI 的变化规律，还改变了传导速度及串内放电间传导速度相互关系（图 11-14B 和 D）。对不同浓度 4-AP 作用后 ISI 及传导速度变化量化统计比较显示，加入 4-AP 后 $Max\Delta ISI_{1\text{-}2}$ 和 $\Delta ISI_{1\text{-}2}EI$ 呈浓度依赖性减小（图 11-14E）。4-AP 加入使得 L_{300} 呈浓度依赖性增大，并使得 $MaxT_1$ 和 $T_{1,200}$ 呈浓度依赖性减小（图 11-14F）。

I_h 电流离子通道广泛分布于神经元胞体和轴突上，是与细胞膜的后超极化密切相关的阳离子流，故而我们猜测 I_h 电流也可能与纤维的"传导编码"有关，因此我们还观察了 I_h 电流阻断剂 ZD7288 对 ISI 及传导速度变化的影响。如图 11-15A 所示，给予一纤维串内间隔为 20ms、串间间隔为 1s 的电刺激 300 串。对照组 $ISI_{1\text{-}2}$ 最小值为 15.00ms，最后稳定在 19.50ms。$ISI_{2\text{-}3}$ 最小值为 18.50ms，最后稳定在 19.50ms。$ISI_{3\text{-}4}$ 和 $ISI_{4\text{-}5}$ 基本上维持在 20ms 左右，没有太大的波动（图 11-15A）。如图 11-15C 所示，当加入 10μmol/L ZD7288 后 $ISI_{1\text{-}2}$ 最小值减小为 12.00ms，最

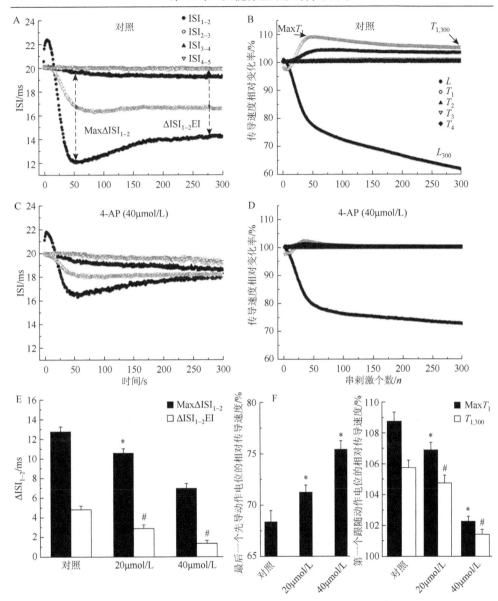

图 11-14　4-AP 对 ISI 序列及传导速度的影响（Zhu et al.，2013）

A. 正常生理溶液浸浴时一根三类纤维受到串脉冲刺激时 ISI 序列变化情况；B. 正常生理溶液浸浴时时传导速度变
化情况；C. 施加 40μmol/L 4-AP 时 ISI 序列变化情况；D. 施加 40μmol/L 4-AP 时传导速度变化情况；
E，F. 不同浓度 4-AP 对 ΔISI（E）和 L_{300}、T_1（F）的影响

后稳定在 16.50ms。ISI_{2-3} 最小值为 17.50ms，最后稳定在 18.50ms。ISI_{3-4} 为 19.00ms，最终稳定在 19.50ms。ISI_{4-5} 基本上维持在 20.00ms 左右，没有太大的波动。从结果可以看到，加入 ZD7288 后动作电位的 ISI 逐渐变得"分散"，ISI 变异程度随 ZD7288 浓度增加而增加。ZD7288 的加入除了改变 ISI 的变化规律，还改变了传

导速度及串内放电间传导速度相互关系（图 11-15B 和 D）。对 ISI 变化定量分析结果显示，加入 ZD7288 后 $Max\Delta ISI_{1-2}$ 和 $\Delta ISI_{1-2}EI$ 都明显大于对照组，且两者的增大呈浓度依赖性（图 11-15E）。从图 11-15F 可以看出，ZD7288 加入使得 L_{300} 呈浓度依赖性减小。ZD7288 加入使得 $MaxT_1$ 和 $T_{1,200}$ 呈浓度依赖性增大。

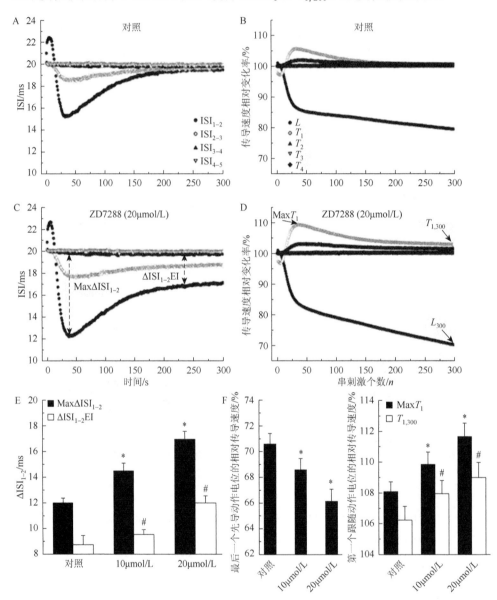

图 11-15　ZD7288 对 ISI 序列及传导速度的影响（Zhu et al., 2013）

A. 正常生理溶液浸浴时一根三类神经纤维受到串脉冲刺激时 ISI 序列变化情况；B. 施加 20μmol/L ZD7288 时 ISI 序列变化情况；C. 正常生理溶液浸浴时传导速度变化情况；D. 施加 20μmol/L ZD7288 时传导速度变化情况；E. 同浓度 ZD7288 对 ΔISI 的影响；F. 不同浓度 ZD7288 对 L_{300}、T_1 的影响

本研究中我们发现，连续串脉冲刺激可使 C 类纤维的放电 ISI 序列（主要指各串 1～2 放电间隔）分别发生三种不同类型的变化，与 ISI 序列变化伴随发生的还有传导速度的活动依赖性减慢。4-AP 敏感的钾离子电流与超极化激活的阳离子电流参与上述 ISI 和传导速度变化。我们的结果提示，跨膜离子流的非线性改变引起的复杂后超极化变化是传导速度与 ISI 序列变化的主要机制。

一个动作电位发生后，通常动作电位传导能力及膜的兴奋性要经历至少 4 个时期的变化——绝对不应期、相对不应期、超常期（SNP）和低常期（Weidner et al.，2002）。在超常期动作电位传导速度和膜兴奋性都是增加的，但并不是所有的纤维都存在超常期（Kiernan et al.，1997）。超常期内动作电位传导速度加快是相对的，动作电位传导速度比其前一个动作电位传导速度快，但比初始传导速度慢（Bostock et al.，2003）。在短暂的超常期之后，随之而来的是一段传导速度减慢、兴奋性降低的低常期（HP）。低常期又可分为短暂的 H1 期和持续时间较长的 H2 期（Shin et al.，2003）。H2 期在很多实验中被证实是重复刺激时动作电位传导速度减慢的原因。H2 期是一种累积和长时间的后作用，它是轴突兴奋性及动作电位传导能力的一个"指示器"，H2 期膜的兴奋性和动作电位传导速度都发生改变，从而使动作电位排列序列也发生了相应的改变。

我们在实验中还观察到，施加串刺激一定时间后第三类纤维的 ISI_{1-2} 会达到一个平台期，在这个平台期 ISI_{1-2} 比刺激间隔小，且很长时间内保持不变。我们推测平台期存在的原因是后一个动作电位进入其前一个动作电位的超常期，导致了动作电位传导速度的相对加快。然而，传导速度的相对加快并不能无限制地进行下去，前面传过的动作电位会引起轴膜发生明显的 H2 期，而 H2 期内动作电位传导速度自然会减慢。在超常期和相对不应期两种相反的力量相互作用下，ISI 和传导速度变化的平台期出现。平台期的倒数就是该神经纤维最大的放电频率。在本实验中还观察到第二类纤维 ISI_{1-2} 围绕刺激间隔时间出现数次波动，我们推测这种 ISI 的波动恰恰就是超长期和低长期较量的结果。两种作用相反的力量使得动作电位传导速度出现快慢相间的波动，在 ISI 上表现出时大时小的波动。至于第一类纤维，ISI_{1-2} 一直大于刺激间隔，说明其传导速度一直在减慢。我们推测此类纤维可能是一类不具有超常期的纤维，不存在使其传导加快的动力。另外，我们在实验中观察到通过施加 4-AP 和 ZD7288 可减小或者增大神经纤维膜的后超极化，使得 ISI 序列发生明显变化（图 11-14，图 11-15）。这也直接证明，不同纤维膜的超常期和低常期的不同，可能是促使传导编码规律差异的重要原因。

长期以来，轴突被认为仅仅是一个传导线路，其任务就是使信息成功地从胞体传导到神经末梢。所以传统的理论认为一旦动作电位在胞体或者轴丘处发生，神经冲动就会"忠实"地按照原貌在轴突上传导到末梢（Boshop et al.，1965）。然而，近年的实验结果显示轴突的作用并非仅仅是传导信息，冲动在轴突上也并非"忠实"地按照发生时的"原貌"进行传导，也就是说在冲动传导过程，轴突会对其所传导的信息具有计算加工的功能（Mackenzie et al.，1996；Geiger et al.，2000；Manor et al.，1991；Ramon et al.，1975；Campero et al.，2004）。在我们的实验中观察到，动作电位序列沿着 C 类纤维传导的过程，其动作电位的排列组合和传导速度确实发生了变化。当信号沿着纤维经过一定距离到达记录电极的时候，动作电位的时间序列已经不是动作电位发生时的时间序列了，而动作电位的时间序列加工恰恰是神经系统对信息编码的重要形式。这种动作电位序列沿着轴突传导过程发生了时间编码方式的改变，表明轴突对沿其传导的动作电位序列有加工、整合、改变其时间编码的作用。

当动作电位序列沿轴突传导时，轴突膜电位经历一个活动依赖性超极化过程。通常认为有两种机制会引起这种后超极化：慢钾电流和生电性钠钾泵的活动。前者主要引起短暂的超极化（Baker et al.，1987；Taylor et al.，1992）。H1 在 10～20 个冲动传导过后达到最大值，只持续大约 100ms。当更多的冲动传导过后，引起超极化的主要原因为生电性钠钾泵的活动。当轴突膜钠钾泵活动增强时，将 3 个钠离子泵出，2 个钾离子泵入，净泵出 1 个正电荷，使轴突膜内电位变负，从而导致轴突膜的超极化。还有其他因素也可以引起膜的超极化，如动作电位峰值处激活的钠-钙交换（Tatsumi and Katayama，1995），又如钠依赖性钾通道和钠离子共同作用导致细胞内高钠离子浓度也能引起膜超极化（Koh et al.，1994）。然而，哺乳动物神经轴突膜上的超极化用钠钾泵活动机制能够得到很好的解释，钠钾泵可能是本实验中引起后超极化的主要原因。最近研究表明，重复刺激引起的膜后超极化可以被超极化激活的阳离子电流（I_h）纠正（Soleng et al.，2003）。膜的超极化会激活这种内向阳离子流，从而纠正和补偿膜的超极化，降低这种电流会导致膜的超极化及传导阻滞。我们观察到 I_h 电流阻断剂 ZD7288 或铯离子可以使轴突上传导丢峰增加充分证实了上述理论。另外，有实验表明 4-AP 的作用可以减小膜的超极化，而且在 μmol/L 级浓度就会引起超极化的减小，4-AP 降低膜超极化是通过阻断钙激活的钾通道来实现的（Andreasen，2002）。我们观察到 4-AP 可以使轴突上传导丢峰减少也从侧面证实了 4-AP 对膜超极化的对抗作用。

综上，我们在实验中发现动作电位传导过程中 ISI 序列波动、动作电位传导速度活动依赖性减慢、传导速度波动，这些都证实动作电位沿轴突传导过程中，轴突可以对所经历的信号进行"整合"加工。我们推测这些信息整合的主要机制是膜活动依赖性后超极化。I_h 电流可以纠正和限制膜的后超极化程度，而 I_h 电流阻断剂 ZD7288 则可以增加后超极化程度，进而导致活动依赖性传导减慢程度加大，促使 ISI 波动程度及传导丢峰程度的加重。4-AP 作用可以减小膜的超极化，使得活动依赖性传导减慢和 ISI 波动的减小，最终导致传导丢峰程度的减小。

上述神经纤维在传导神经信息的过程中对所传导神经信息具有的加工与整合作用，表明神经纤维具有传导编码功能（Zhu et al.，2013）。我们不得不重新审视神经元乃至整个神经系统，对神经信息的处理模式。我们知道，神经系统无时无刻不在处理着维持人体正常生理功能所必需的海量神经信息。神经系统要接受并整合传入纤维的神经系统活动，我们才会产生感觉、才能学习新知识经验、记忆学过的知识。神经系统还要将储存和获得的信息进行加工整合，通过传出纤维传送到效应器官，因而我们能够运动，能够维持各个生理系统的正常功能活动。巧妙地利用有限的解剖学结构，低能耗、高效率地活动，是各个器官和系统功能活动的基本原则，神经系统也不例外。人体神经系统中的神经元数目是有限的，而相对于有限数目的神经元而言，神经系统里纤维的总长度却相当惊人，这就使得神经元的空间得到了极大的延展。虽然神经纤维有着惊人的长度，但是倘若其功能局限于传导信息，那对神经系统繁重的神经信息处理功能也毫无裨益。然而，神经信息传导编码的发现，使得我们对神经信息编码有了更进一步的了解。神经信息在神经元经过初步加工后，沿着纤维传出，在沿着神经纤维传导过程中神经纤维可持续对信息进行加工。这样一来，神经信息被加工的程度将大幅度增加，神经信息处理的效率将会激增。神经纤维对神经信息的加工能力虽然没有神经元那么强大，但是神经纤维惊人的总长度可以弥补这一不足。这使得我们不得不推测，在整个神经网络的信息处理中，神经纤维同神经元扮演着相同重要的角色。总之，神经信息传导编码的发现，使得我们对神经信息加工与处理方式的认识迈出新的一步。要确认传导编码的基本规律与功能意义尚需深入的研究。

另外，神经纤维传导编码还可以作为其活动能力的"指示器"，帮助我们判断其功能正常与否。临床研究证明红斑性肢痛病患者有明显的 C 纤维传导减慢和活动依赖性传导减慢程度增大的现象（Orstavik et al.，2003）。另外，糖尿病性神经病理及神经病理痛无髓鞘纤维活动依赖性传导减慢也会发生变化（Wang et al，2016）。脊神经发生损伤时 C 类纤维活动依赖性传导减慢会发生明显的变化（Shim et al.，2007）。C 类纤维活动依赖性传导速度变化是其传导编码变化的基础，一旦这种特性发生改变，纤维的传导编码规律必然会发生相应的改变。此外，传导编码规律的改变还受到神经纤维病理变化的影响，两者互为形因果关系，病理改变会导致传导规律改变，而传导规律的改变又可能加剧纤维病理改变。由此看来，纤维的传导编码不仅可以作为判断神经纤维功能是否正常的一个新标准，而且还可为相关疾病的诊断与治疗提供新的思路。

（朱志茹　胡三觉）

11.3　C 类神经纤维传导丢峰与糖尿病神经病理痛

糖尿病神经病理痛是糖尿病的并发症之一，临床上难以治疗。一般认为这种痛信号源于外周神经系统，但是其痛敏的机制尚不清楚（Calcutt，2002；Ziegler，2008）。在糖尿病神经病理痛模型中，有一部分 C 类纤维对机械刺激产生高频放电，而高频放电可能是痛敏产生的机制之一（Chen and Levine，2001），但是伤害性神经元产生高频放电的机制没有明确报道。传统观点认为，伤害性神经元的放电频率是由外周无髓纤维的游离神经末梢决定，而神经轴突只是忠实地把神经信号从外周传递到中枢（Debanne，2004）。我们最近的研究结果表明，在正常生理情况下，动作电位在无髓 C 类纤维上的传导会发生丢失现象，称为传导丢峰，并且这种现象的发生伴随着传导速度的减慢和丢峰前传导速度的震荡（Zhu et al.，2009）。这些结果表明，外周无髓 C 类纤维的主干可调节神经信号的传导。外周无髓 C 类纤维中绝大部分是伤害性 C 类纤维，这类纤维可对伤害性的机械、热和化学等多种刺激有反应，也称为多觉型伤害性 C 类纤维（Hu and Xing，1998；Meyer et al.，2006）。许多研究表明，外周无髓 C 类纤维在痛信号的产生和传递过程中起着重要的作用，也被认为是神经炎症和损伤后痛敏产生的源头（LaMotte et al.，1982）。因此，我们拟研究痛信号在无髓 C 类纤维轴突主干上传导过程中是否会发生传导丢峰。如果发生，那么在神经病理痛模型中其传导丢峰的程度是否有变化？传导丢峰在痛信号传递过程中的生理病理学意义是什么？传导丢峰改变痛信息传导的机制又是什么？

　　为了解决以上的问题，我们采用单纤维记录、全细胞膜片钳记录、免疫荧光和蛋白印迹等方法来研究传导丢峰在外周无髓伤害性 C 类纤维发生的规律特征和机制。实验表明，在链尿菌素（STZ）诱导的糖尿病神经病理痛的动物模型中，高频放电伤害性 C 类纤维的传导丢峰程度明显小于正常对照组。糖尿病组 DRG 小细胞和尾神经 C 类纤维上 Nav1.7 和 Nav1.8 表达上调，且这些小细胞皆为辣椒素阳性细胞，这些通道表达上调可增强外周伤害性 C 类纤维上的钠电流，提高神经纤维兴奋性，可能与传导丢峰程度显著降低的机制有关。本项研究有助于揭开外周无髓 C 类纤维调节痛信号传入的新途径，提示传导丢峰程度的降低可能是糖尿病神经病理痛痛敏发生的新机制。

　　实验中选用腹腔注射链尿菌素后 3～4 周并有痛敏动物的尾神经中多觉型伤害性 C 类纤维作为研究对象。如图 11-16C 所示，糖尿病组单根多觉型伤害性 C 类纤维对持续的阈上机械刺激（100g，60s）有高频放电现象，和对照组相比，其平均放电频率显著增高（图 11-16D）。我们根据糖尿病组多觉型 C 类纤维对持续阈上机械刺激（100g，60s）的放电频率，将其分为高频放电组和低频放电组。高频放电组所占比例大约为 1/3，其放电频率约为对照组的 3 倍，这一分类方法早有报道（Chen and Levine，2001；Tanner et al.，2003）。这部分多觉型伤害性 C 类纤维的变化可能是神经病理痛痛敏产生的机制之一。为了证明糖尿高频放电组多觉型 C 类纤维放电频率的增高是由动作电位在轴突主干上传导丢峰减少所致，我们设计了以下实验：如图 11-16A 所示，在感受野给予多觉型 C 类纤维不同频率的电刺激（2Hz，5Hz，10Hz，60s），发现传导丢峰具有频率依赖性，即刺激频率越高，其丢峰程度越大，且糖尿病高频放电组中多觉型 C 类纤维的丢峰程度显著小于对照组（图 11-17A、B 和 E）。有趣的是，我们发现传导丢峰的发生伴随着

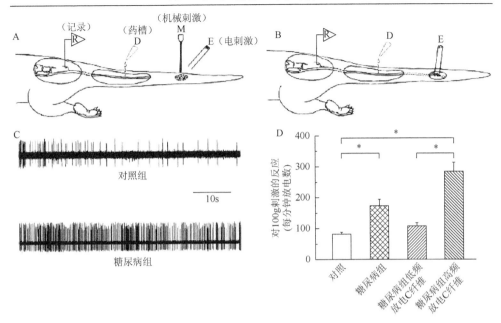

图 11-16　在体尾神经单纤维记录

A. 示意图指出记录、加药和刺激的部位，值得注意的是机械刺激和电刺激的部位是多觉型伤害性 C 纤维的感受野。B. 记录方法同 A，但电刺激的部位是尾神经的尾端神经干。C. 糖尿病组和对照组多觉型伤害性 C 类纤维对阈上机械刺激（100g，60s）放电的典型曲线。D. 定量分析表明糖尿病组中伤害性多觉 C 类纤维对阈上持续机械刺激（100g，60s）的放电频率显著高于对照组（*P<0.05），在糖尿病组所有的 C 类纤维中，有大约 1/3 的纤维是高频放电 C 类纤维，剩下大约 2/3 的为低频放电 C 类纤维。我们把对持续机械刺激（100g，60s）产生放电数超过 200 的称为高频放电 C 类纤维，低于 200 的称为低频放电 C 类纤维。高频放电组 C 类纤维的放电频率比低频放电组和对照组显著增高（*P<0.05）

传导速度的变化，如图 11-17C 和 D 所示，随着重复的电刺激，传导速度逐渐减慢，但和对照相比，糖尿病高频放电组传导速度减慢的程度显著减小（图 11-17F）。我们也对两组的初始传导速度进行了分析，发现糖尿病高频放电组的初始传导速度显著快于对照组，这也与以前的报道相一致（Chen and Levine，2001）。以上研究结果表明，糖尿病高频放电组中多觉型 C 类纤维传导丢峰程度的减小可能与初始传导速度的加快和传导速度的减慢有关。

为了研究传导丢峰是否发生在多觉型伤害性 C 纤维的轴突主干上和介导其发生的离子通道机制，我们设计了以下实验：如图 11-16B 所示，电刺激尾神经尾端神经干，近端记录单根 C 类纤维的传入放电。在记录和刺激之间的神经干施加低阈值钾通道的阻断剂 α-DTX（0.5nmol/L）（Hsiao et al.，2009），可反转传导丢峰（图 11-18），洗脱后传导丢峰又恢复到原来程度，这一现象表明传导丢峰发生在轴突主干上。我们进一步在神经干的药槽中施加持续性钠流的阻断剂低浓度的 TTX（5nmol/L，20nmol/L，100nmol/L），发现 TTX 可以浓度依赖性地增加传导丢峰的程度（图 11-19A 和 E）。研究表明，以上低浓度的 TTX 只阻断持续性钠流，而对快钠流没有影响（Yang et al.，2009；Xie et al.，2011）。在糖尿病高频放电组

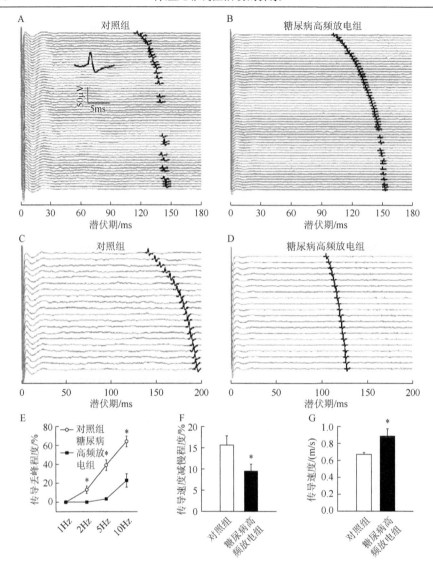

图 11-17　糖尿病高频放电组和对照组传导丢峰程度的比较

A. C 类纤维在 5Hz（60s，1.5 倍阈值）电刺激下连续放电的原始记录，中间的插图表示 1 个动作电位，从上到下每隔 4 个动作电位显示 1 个（每条线之间的间隔为 1s），注意在重复刺激过程中，C 纤维丢峰的变化。B. 糖尿病高频放电组的传导丢峰程度随 A 中的刺激模式的变化。C. 正常对照组中 C 类纤维的传导速度减慢（CVs）在 2Hz 电刺激下的变化，重复的电刺激会使传导速度越来越慢，表现为动作电位潜伏期的延长。D. 如图 C 所示，糖尿病高频放电组中 C 类纤维 CVs 的变化。E. 传导丢峰具有频率依赖性，且糖尿病高频放电组的丢峰程度显著减小（*P<0.05）。F. 糖尿病高频放电组的 CVs 明显小于正常对照组（*P<0.05）。G. 糖尿病高频放电组的初始传导速度明显高于正常对照组（*P<0.05）

中 C 类纤维轴突主干上施加以上浓度的 TTX，同样可以浓度依赖性地增加传导丢峰的程度（图 11-19B 和 E）。为了进一步研究钠通道亚型对传导丢峰的影响，我们分别在糖尿病高频放电组和对照组的多觉型 C 纤维的轴突主干上施加 Nav1.8

的特异阻断剂 A-803467（0.1μmol/L，1μmol/L 和 10μmol/L）（Jarvis et al.，2007），与 TTX 相似，A-803467 同样可以浓度依赖性地增加糖尿病高频放电组和对照组多觉型 C 类纤维传导丢峰的程度，并且对高频放电组的作用显著高于对照组。

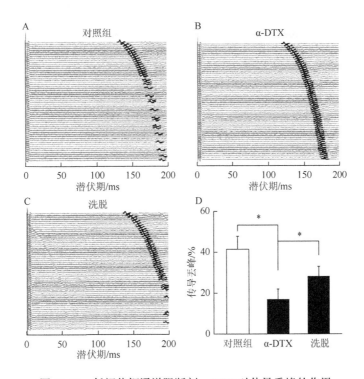

图 11-18　低阈值钾通道阻断剂 α-DTX 对传导丢峰的作用

A～C. 正常对照组在施加 α-DTX（0.5nmol/L）前（A）、后（B）、洗脱后（C）的原始连续记录曲线，刺激频率为 5Hz，时间为 60s，强度为阈值的 1.5 倍，从上到下为每隔 4 条线取一条（间隔为 1s）。D. 定量分析表明，α-DTX 可以减小传导丢峰的程度

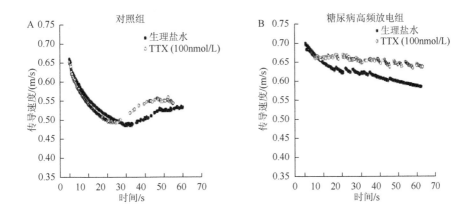

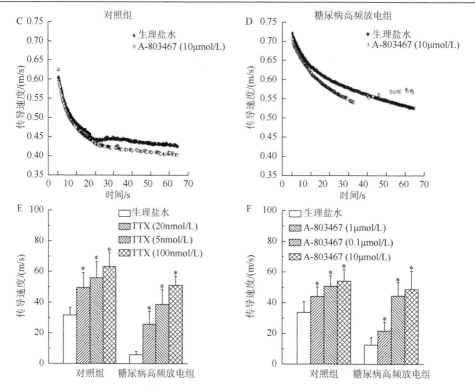

图 11-19　持续钠流的阻断剂低浓度的 TTX 和 Nav1.8 的阻断剂 A-803467 对糖尿病高频放电组
和对照组中 C 类纤维传导丢峰程度的影响

A. 施加低浓度 TTX（100nmol/L）前后正常动物中 C 类纤维传导丢峰随电刺激（5Hz）变化的散点图，每个点表示一个动作电位，TTX 施加于药槽中的神经干。B. 糖尿病高频放电组在施加 TTX 前后传导丢峰的变化，方法如 A。C. 在药槽中施加 A-803467（10μmol/L）后，正常动物中 C 类纤维传导丢峰程度的变化，方法如 A。D. 糖尿病高频放电组在施加 A-803467（10μmol/L）后传导丢峰程度的变化。E. 在正常对照组和糖尿病高频放电组，低浓度的 TTX（5nmol/L，20nmol/L，100nmol/L）可浓度依赖性地增强传导丢峰的程度（*$P<0.05$）。F. A-803467 可浓度依赖性地增强对照组和糖尿病高频放电组的传导丢峰程度（*$P<0.05$）

　　为了进一步探讨传导丢峰发生的机制，我们采用全细胞膜片钳记录的方法，记录多觉型伤害性 C 类纤维的胞体——DRG 小细胞。实验中发现两组动物 DRG 小细胞的静息膜电位和膜电容没有显著的差异，但糖尿病组 DRG 小细胞的兴奋性普遍增高。根据细胞对去极化刺激（300pA，500ms）的反应，将糖尿病组的 DRG 小细胞分成两类：放电数超过 5 个的为高频放电组，低于 5 个的为低频放电组，高频放电组的放电频率显著高于对照组（图 11-20A 和 B）。在记录的浴液中施加持续性钠流（I_{NaP}）的阻断剂 TTX（100nmol/L）后，高频放电组的放电频率显著降低（图 11-20A），这说明持续性钠流影响高频放电组细胞的兴奋性。因为在纤维上的传导丢峰有频率依赖性，所以我们进一步研究糖尿病神经病理痛模型后超极化电位（AHP）的变化，发现糖尿病高频放电组的 AHP 的半宽和时程都明显减小。给细胞成对双刺激，发现糖尿病高频放电组第二次刺激诱发动作电位的基强度明显减小（图 11-20E 和 F），这些都是神经元兴奋性提高的表现。

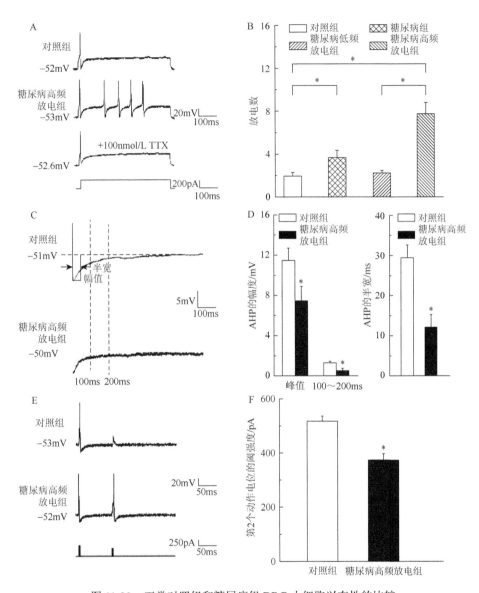

图 11-20　正常对照组和糖尿病组 DRG 小细胞兴奋性的比较

A. 在电流钳下记录糖尿病高频放电组和对照组 DRG 小细胞对去极化刺激（间隔 50pA）的放电，施加低浓度 TTX（100nmol/L）后，放电个数减少。B. 在 A 中的刺激模式下，糖尿病组总体小细胞的放电频率要高于正常对照组，而糖尿病组中的高频放电组的放电明显高于低频放电组和正常对照组（*P<0.05）。C. 给糖尿病高频放电组和正常对照组的 DRG 小细胞施加去极化刺激（5ms，50～150pA），诱发动作电位。后超极化电位（AHP）指标的测量如图虚线所示，AHP 的幅度是指从静息膜电位到最低点的距离，AHP 的半宽是指静息膜电位和 AHP 最大值的一半的宽度。D. 糖尿病高频放电组 AHP 的最高幅度、平均幅度（100～200ms 幅度的平均值）和半宽都显著小于对照组。E. 在电流钳模式下给糖尿病高频放电组和对照组施加成对去极化电刺激，在第一个去极化刺激（1ms，700pA）诱发动作电位后，间隔 100ms 再给予第二个去极化刺激（1ms，增大 20pA）诱发动作电位。F. 糖尿病高频放电组中 DRG 小细胞诱发第二个动作电位所需要的基强度明显小于对照组（*P<0.05）

　　快钠电流（I_{NaT}）是引起动作电位上升支最主要的电流，在 DRG 小细胞中可以用 TTX 把总的快钠电流分成 TTX 敏感的快钠电流和 TTX 不敏感的快钠电流（Roy and Narahashi，1992）。我们在电压钳下测量了总的快钠电流、TTX 敏感的钠电流和 TTX 不敏感的钠电流，发现以上三种电流在糖尿病高频放电组都明显增大（图 11-21A～C）。持续性钠流可影响神经细胞的兴奋性，在实验中我们发现糖尿病组的持续性钠流也明显增大（图 11-21D 和 E）。接着我们采用免疫荧光染色和蛋白印迹的方法来研究糖尿病神经病理痛后，DRG 小细胞和尾神经 C 类纤维上钠通道表达的变化，实验结果显示 Nav1.7（图 11-22）和 Nav1.8（图 11-23）的表达皆上调，这表明钠通道在传导丢峰的发生过程中起着重要的作用。

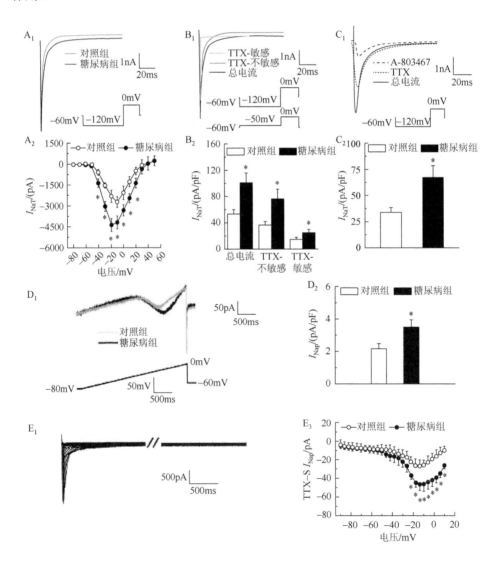

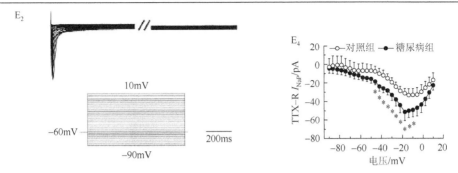

图 11-21　糖尿病组和对照组的 DRG 小细胞中的 I_{NaT} 和 I_{NaP} 的比较

A. A_1 为糖尿病组和对照组 I_{NaT} 峰值的代表曲线，A_2 中 *I-V* 曲线表明，糖尿病组的 I_{NaT} 峰值显著比对照组大，记录的是辣椒素阳性的小细胞（直径<30μm，膜电容<35pF），将细胞钳制在−60mV，然后先把细胞钳制在−120mV 的水平 700ms，再给细胞时程为 300ms，从−80~20mV 的去极化刺激。B. B_1 为糖尿病组 DRG 小细胞中 I_{NaT} 总电流，TTX 敏感的 I_{NaT} 电流和 TTX 不敏感的 I_{NaT} 电流，B_2 为糖尿病组的总 I_{NaT} 电流、敏感的 I_{NaT} 电流和 TTX 不敏感的 I_{NaT} 电流密度都明显大于对照组（*P<0.05）。TTX 不敏感的钠电流的测量方法是先给细胞一个 700ms，−50mV 的钳制，然后再给予方波刺激，总的电流减去 TTX 不敏感的电流就是 TTX 敏感的钠电流。C. C_1 为在糖尿病组 DRG 小细胞上施加 TTX（1μmol/L）和 A-803467（2μmol/L）后记录钠电流的变化。C_2 为和对照组相比，糖尿病组 Nav1.8 的电流密度显著增大（*P<0.05）。D. D_1 为给细胞施加从−80~0mV，时程为 3s 的斜波刺激诱发 I_{NaP} 的典型曲线，D_2 为糖尿病组的 I_{NaP} 电流密度要显著大于对照组（*P<0.05）。E. E_1、E_2 为糖尿病组在施加 TTX（100nmol/L）后 I_{NaP} 变化的典型曲线。E_1 是指总的 I_{NaP} 电流，E_2 是指施加 TTX 以后的曲线。E_3、E_4 为糖尿病组中 TTX 敏感和不敏感的 I_{NaP} 都明显大于对照组

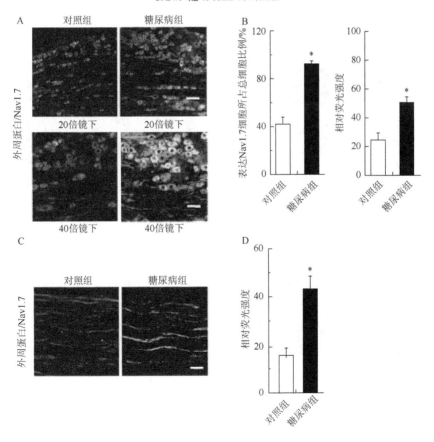

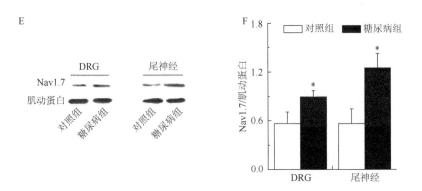

图 11-22　糖尿病组和对照组中 DRG 小细胞和尾神经中 Nav1.7 表达的比较（见彩图 5）

A. 用小细胞的标记物外周蛋白（红）和 Nav1.7 的特异抗体（绿）双标糖尿病组和对照组的 DRG 小细胞。B. 双标结果显示，与对照组相比，糖尿病组 DRG 小细胞中 Nav1.7 的表达显著增高。C. 用小细胞的标记物外周蛋白和 Nav1.7 的特异抗体双标糖尿病组和对照组的尾神经。D. 定量分析表明，糖尿病组尾神经中 Nav1.7 的表达显著高于对照组（*$P<0.05$）。E. 用蛋白印迹的方法分析糖尿病组和对照组 DRG 小细胞和尾神经中 Nav1.7 的表达。F. 蛋白印迹分析结果表明，糖尿病组中 Nav1.7 的表达显著高于对照组（*$P<0.05$）

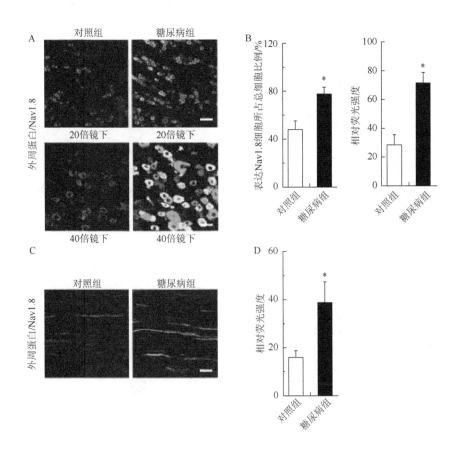

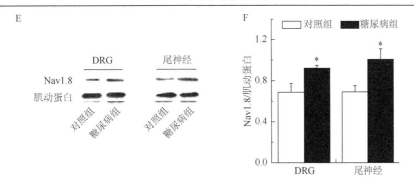

图 11-23　糖尿病组和对照组中 DRG 小细胞和尾神经中 Nav1.8 表达的比较（见彩图 6）

A. 用小细胞的标记物外周蛋白（红）和 Nav1.7 的特异抗体（绿）双标糖尿病组和对照组的 DRG 小细胞。B. 双标结果显示，糖尿病组 DRG 小细胞中 Nav1.8 的表达显著高于对照组（*P<0.05）。C. 用小细胞的标记物外周蛋白和 Nav1.8 的特异抗体双标糖尿病组和对照组的尾神经。D. 定量分析表明，糖尿病组尾神经中 Nav1.8 的表达显著高于对照组（*P<0.05）。E. 用蛋白印迹的方法分析糖尿病组和对照组 DRG 小细胞和尾神经中 Nav1.8 的表达。F. 蛋白印迹分析结果表明，与对照组相比，糖尿病组中 Nav1.8 的表达显著增高（*P<0.05）

　　本研究的一个重要发现是，传导丢峰发生在外周无髓 C 类纤维的轴突主干上，这种轴突主干上传导丢峰可以调变外周痛信号的传入。到目前为止，传统看法认为外周 C 类纤维轴突只是忠实地传导神经信号（Bucher and Goaillard，2011；Debanne et al，2011），传导丢峰仅是发生在轴突分叉或膨大部位，并认为这些地方的传导丢峰参与调节神经信息的传入（Weidner et al.，2003；Debanne，2004），然而，在直径均匀的轴突主干上是否会发生传导丢峰的现象未见报道，只是近期我们研究室的工作才获得了明确的结论（Hu and Xing，1998；Zhu et al.，2009）。在本实验中，我们采用尾神经中多觉型伤害性 C 类纤维为研究对象，发现传导丢峰的程度具有频率依赖性。我们通过电脉冲刺激尾神经外周端的神经干，并在记录电极和刺激电极之间的神经干上分别施加 α-DTX（0.5nmol/L）、低浓度的 TTX（<100nmol/L）和 A-803467 都可显著改变传导丢峰的程度（图 11-19），说明传导丢峰发生在轴突主干上，可能参与调节痛信号的传入。在糖尿病神经病理痛模型中，糖尿病高频放电组的传导丢峰程度显著降低，并且传导速度减慢的程度也减小，表明传导丢峰程度的变化可在不同生理或病理情况下分别调变外周痛信号的传入。

　　C 类神经纤维传导丢峰参与调变痛信号传入的显著特点是它的活动依赖性，可以看作一种外周调制痛信号传入的"自抑制"机制（self-inhibition mechanism）。在生理情况下，C 类神经纤维的传导丢峰维持适当的"自抑制"程度，限制外周痛信号过多向中枢传递，维持生理范围的痛觉。在炎症或神经病理痛情况下，外周 DRG 小细胞和 C 类纤维相关钠通道与 HCN 等通道表达上调，传导丢峰程度减小，"自抑制"机制相对减弱，致使较多的痛信号传递到中枢，导致中枢痛觉敏化的形成。本节在糖尿病神经病痛模型观察到 C 类神经纤维传入信号的显著增多，很可能是 C 类纤维"自抑制"机制减弱，导致传导丢峰程度减弱（Debanne，2004；Zhu et al.，2009；Woolf and Ma，2007；Weidner et al.，2002）。

因为 C 类纤维的直径比较细，难以进行膜片钳的直接检测，所以我们利用胞体膜片钳检测来分析糖尿病时传导丢峰程度减少的机制。有证据表明，DRG 中高频自发放电的细胞是外周高频放电 C 类纤维的胞体。第一，它们在糖尿病模型中都有超兴奋的反应。第二，DRG 中高频放电的细胞多显示辣椒素阳性，而外周高频放电 C 类纤维是多觉型的纤维，也对辣椒素有反应。第三，糖尿病后 DRG 中高频反应的细胞所占的比例和高频放电 C 类纤维在外周 C 类纤维中所占比例近似，约为 1/3。基于以上依据，我们可以用糖尿病高频放电 DRG 小细胞中离子通道电流的变化来解释外周无髓高频放电 C 类纤维上传导丢峰程度的变化。后超极化电位（AHP）可影响第二个动作电位的产生和调节放电频率（Zhang et al.，2010），且增大后超极化电位可抑制感觉神经元的放电频率（Hogan and Poroli，2008）。而糖尿病组中高频放电 DRG 细胞 AHP 的幅度和时程都显著减小，而 AHP 的减小则可使伤害性无髓 C 类纤维的兴奋性增高，传导速度增快，放电频率增加，这些又导致传导丢峰程度减小。在糖尿病组高频放电 DRG 小细胞中持续性钠电流和快钠电流都显著增大，它们皆是由 TTX 敏感和不敏感的钠电流构成，而在外周无髓 C 类纤维轴突主干上施加低浓度的 TTX 和 A-803467 都可以增大传导丢峰的程度。总之，我们的研究结果表明（Sun et al.，2012），糖尿病神经病理痛的产生至少部分与外周无髓伤害性 C 类纤维传导丢峰程度的减小有关。因此，外周无髓伤害性 C 类纤维上的相关通道可能成为治疗慢性痛的新靶点。

（王秀超　孙　薇　苗　蓓　罗　层　胡三觉）

11.4　新异的内在镇痛机制：增强 C 类神经纤维的传导丢峰

我们前期实验研究表明，C 类神经纤维传导动作电位具有活动依赖性传导丢峰的特征，即通过内在"自抑制"机制限制疼痛等感觉信号的传入。当外周局部处于炎症状态时，其"自抑制"减弱使得传导丢峰程度降低，传入痛信号增多，招致痛觉过敏的发生，提示在神经病理痛的形成过程，C 类神经纤维传导丢峰程度的减弱起着重要的作用（Sun et al.，2012）。近年，应用 HCN 通道的特异阻断剂 ZD7288 在动物模型的痛行为检测中获得了明确的镇痛效应（Jiang et al.，2008），但是有关作用机制并不清楚。我们前期的实验研究发现，局部施加 ZD7288 可以显著增强 C 类神经纤维的传导丢峰程度（Zhu et al.，2009）。据此设想，ZD7288 可能通过抑制 I_h 电流，增大 C 类神经元后超极化电位（AHP）的幅度与时程，进而降低动作电位的兴奋性，导致传导丢峰程度增大，限制 C 类神经纤维痛信号的传入，发挥外周神经的选择性镇痛效应。

相关研究在大（小）鼠的足底注射完全弗氏佐剂（complete freund's adjuvant,

CFA）或尾神经感受野皮下注射 CFA 的动物展开。研究表明，CFA 模型术后 C 类神经纤维的传导丢峰程度显著降低，表明传入痛信号显著增加。在神经干局部施加 ZD7288 之后，该 C 类神经纤维的传导丢峰程度显示浓度依赖性增加，表明 ZD7288 可致使痛信号传入显著减少（图 11-24A）。另外，在具有自发痛信号的 C 类神经纤维（在 CFA 炎症模型中，约占 C 类纤维的 20%）中，也显示 ZD7288 浓度依赖性效应。ZD7288 的抑制效应还显示两个显著的特征：一是活动依赖性，即传入信号的频率越高，ZD7288 的抑制程度也越大（图 11-24B）；二是对神经纤维类型的选择性，如图 11-24C 所示，ZD7288 对 C 类神经纤维的传导丢峰程度和传导速度均产生明显的活动依赖性影响，但是，对 A 类神经纤维的活动（图中显示短潜伏期的动作电位）却未产生任何明显的影响。实验还表明，当刺激频率低于 20Hz，ZD7288 浓度在 50～250μmol/L 时，对 A 类神经纤维传导的电活动均未产生明显的影响。

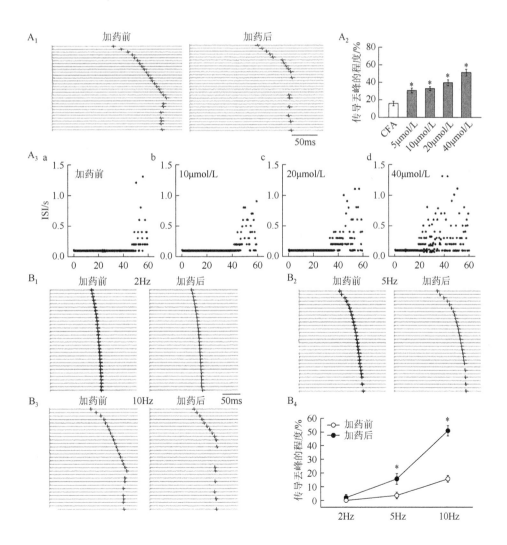

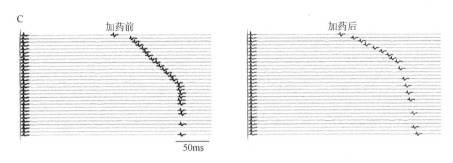

图 11-24　ZD7288 对 CFA 动物模型 C 类纤维传导丢峰的影响

A₁. 与正常对照相比，ZD7288 加药之后使 C 类纤维的传导丢峰增强。A₂. ZD7288 影响传导丢峰的剂量依赖效应。A₃. 10Hz 重复刺激期间，ZD7288 加药对放电序列间隔（Interspike interval, ISI）的影响：a 为对照，b～d 为 10μmol/L ZD7288 加入后，随着浓度增加，ISI 变化发生时间越来越提前。B₁～B₄. 针对不同频率电刺激，ZD7288 加药前后对 C 类纤维传导丢峰的影响，可以看出，浓度越高，丢峰程度越高。C. ZD7288 选择性增强 C 类纤维的传导丢峰，但不影响 A 类纤维的活动

　　为了在初级感觉神经元进一步确认 ZD7288 作用的 C 类纤维选择性，我们在 Thy1-GCaMP 转基因小鼠使用功能性光成像技术对传导丢峰进行了评估。该方法对神经元无损伤，且可同步对多个细胞进行观察。实验采用标本为带坐骨神经的背根节整节标本（图 11-25A）。首先，我们检测了 DRG 大（直径大于 50μm）、小细胞（直径小于 20μm）中 GCaMP 的表达，之后对神经元进行同步电生理记录和成像观察。可以看到，单个动作电位诱发的钙变化即可引发约 5% 的荧光增强（图 11-25B）。同时，诱发动作电位数目与荧光强度的变化程度呈正相关（图 11-25C）。在以上研究基础上，我们检测了 ZD7288 的效应。以在传入神经上给予 5Hz，40s 时长刺激（该参数刺激通常会在 C 类神经纤维引发一定程度的传导丢峰）引发的荧光变化为对照，可以看到刺激开始后，DRG 大、小细胞均显示显著的荧光强度的增加。进一步在神经干周围施加 ZD7288（50μmol/L）后，小细胞荧光增强的峰值降低了 54.6%±16.9%（N=20），显著高于大细胞中荧光峰值降低的程度（17.1%±6.2%，N=27）（图 11-25D）。这些结果进一步说明，在传入神经局部施加 ZD7288，能够选择性地增强小细胞的传导丢峰，但对于大细胞没有作用。

　　为了深入了解 ZD7288 增大 C 类纤维传导丢峰程度的机制，我们在 DRG 大、小神经元分别测定 AHP 及其在不同活动频率时的变化。结果表明，小神经元（又称 C 类神经元）具有较长时程的后超极化电位（AHP），在低频活动范围（2～5Hz）即可能导致 AHP 与后续 AHP 的重叠，增大与延长 AHP，导致兴奋性的活动依赖性降低，进而引发不同模式的传导丢峰。DRG 的大神经元（又称 A 类神经元）具有较短时程的 AHP，在较高活动频率时（如 100Hz 或 200Hz 等高频范围）不易发生重叠效应影响后续电活动的兴奋性，故不易引发传导丢峰。

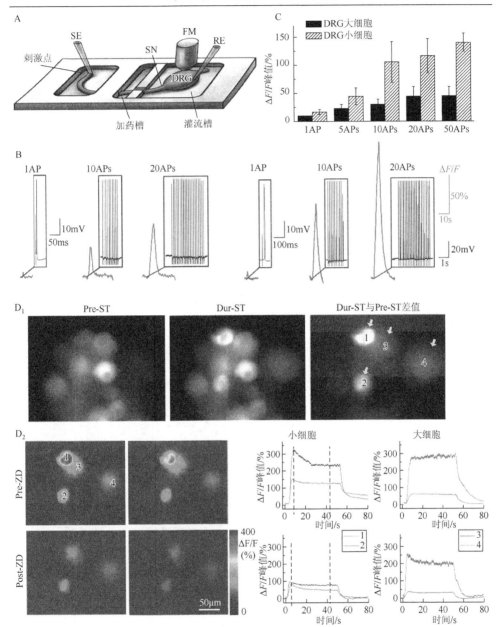

图 11-25　在 Thy1-GCaMP 转基因动物的 DRG 水平观察 C 类纤维传导丢峰（见彩图 7）

A. 同步电生理记录与荧光观察的实验操作简图，在自制的液槽内，带坐骨神经的 DRG 整节被放置在 3 个不同用途的槽内，分别用来灌流 DRG、ZD7288 加药和给予刺激。SE. 刺激电极；SN. 坐骨神经；FM. 荧光显微镜；RE. 记录电极。B. Thy1-GCaMP 小鼠 DRG 大、小神经元对应于不同放电个数的荧光变化的典型反应，右上的插入图中显示的是放电记录，左下红色曲线反应荧光变化趋势。C. 在 DRG 的大、小细胞中，荧光反应均随着放电个数的增多而增加。D. D₁ 为荧光检测显示基础荧光（Pre-ST），刺激诱发反应荧光（Dur-ST）及两者的差值（Dur-ST minus Pre-ST），可以看出，在该视野中，针对 50Hz，40s 的重复刺激有荧光反应的包括 2 个大细胞和 2 个小细胞。以下对这 4 个细胞进行同步观察。D₂ 的曲线图分别显示了 DRG 大细胞（右侧曲线）、小细胞（左侧曲线）在 40s 刺激给予期间及刺激停止后的总计 80s 时长中荧光强弱的变化。两条垂直虚线分别指示出左侧荧光图像显示的时间点，而上下两排荧光图像与曲线记录分别对应于 ZD7288 加药前（Pre-ZD）及加药后（Post-ZD）的对应反应

由于技术上的限制，目前难以直接测量微细神经纤维的膜电位变化，只能通过测量相关 DRG 神经元胞体的膜电位变化，观察与分析发生传导丢峰的有关膜电位机制。首先我们观察到小神经元与大神经元的 AHP 存在显著的差异。小神经元 AHP 恢复到 80% 的平均时程为 (149.2 ± 12.6) ms$(N=26)$，显著大于大神经元的时程，即 (17.0 ± 2.2) ms（$N=10$）（图 11-26A～C）。在低频（5Hz）重复刺激时，小神经元 AHP 恢复到 80% 时程显著延长，具有活动频率依赖性的特征。也就是说，在低频活动范围，重复活动即可招致小神经元 AHP 的重叠效应（piling up effect of AHP），表现为 AHP 幅度与时程的活动依赖性增大，甚至导致后续动作电位发生传导丢峰（图 11-26E，对照组）。局部施加不同浓度 ZD7288，通过不同程度阻断 I_h 增大了 AHP 幅度与时程，招致 AHP 重叠效应的增大，促使传导丢峰程度的显著加剧（图 11-26E 和 F）。图 11-26G 则显示了在重复刺激过程，DRG 小神经元 AHP 上升斜率减小过程与传导丢峰程度增加过程的反比关系。这一实验结果提示，在感觉神经的重复活动过程，ZD7288 通过增强小神经元 AHP 的重叠效应，加剧 C 类神经纤维的传导丢峰程度，限制痛信息的过多传入，发挥外周镇痛效应。

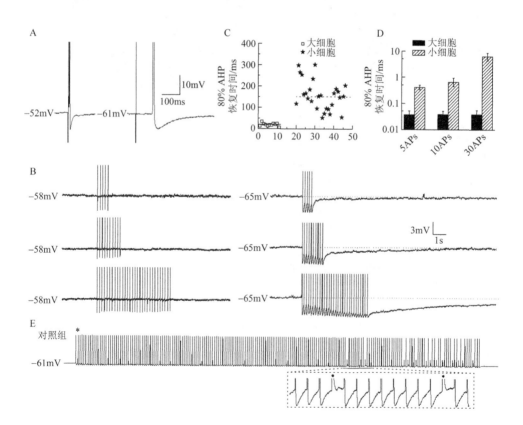

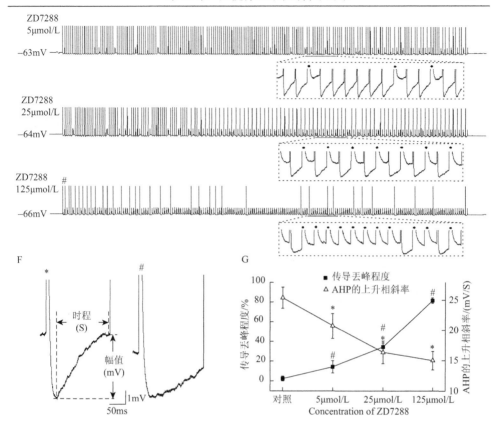

图 11-26　ZD7288 通过降低小细胞后超极化电位（AHP）的斜率增强传导丢峰

A. DRG 大细胞（左图）及小细胞（右图）的典型 AHP 记录。B. 5Hz 重复刺激对大小细胞末位动作电位的 AHP 的影响，小细胞（右侧三条曲线）的 AHP 显著延长。C. DRG 大、小细胞 AHP（由单刺激引发）80%恢复曲线的散点图分析，横实、虚线分别标识了大、小细胞的 AHP 平均值。D. 重复刺激导致 AHP 变化在大小细胞间的比较。E. 重复刺激 CFA 动物的 DRG 小细胞，分别在对照和不同 ZD7288 加药组对放电及丢峰的观察。插入图为局部放大，黑色点标记显示峰电位丢失。F. AHP 斜率测量方法简介，左图（*标记）/右图（#标记）分别来自于 E 图第一条/第四条曲线，可见施加 ZD7288 前（左侧）AHP 的斜率显著大于施加药物（125μmol/L）后的 AHP 斜率。G. AHP 上升相斜率随 ZD7288 药物浓度增加而减小；丢峰程度则随药物浓度增加而增加

　　考虑到 ZD7288 对 C 类纤维传导丢峰及 DRG 小细胞 AHP 活动的影响，我们进而检查了 HCN 通道在尾神经及 DRG 胞体的表达情况。由于许多研究对 HCN2 亚型在不同实验模型中的作用进行了探讨，我们首先也将注意力放在该亚型。与预测相同，HCN2 在 CFA 动物的尾神经与 DRG 神经元胞体的表达，从阳性细胞百分率及 HCN2 的免疫反应强度都较正常对照组显著增强（图 11-27A～D）。进一步研究表明，蛋白质印迹实验也显示了 HCN2 蛋白表达的增强（图 11-27E 和 F），上述结果为 ZD7288 的效应提供了作用基础。

　　电生理的检测中，我们发现由超极化诱发产生的 sag 电位变化及由 HCN 通道介导的 I_h 电流在 CFA 动物小细胞显著增强，同时在施加 ZD7288 后，两者被显著抑制（图 11-28）。

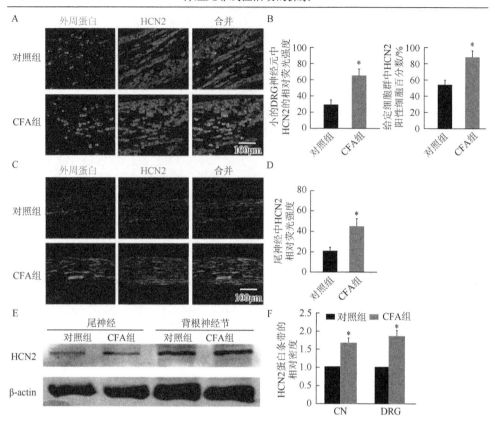

图 11-27　CFA 动物 DRG 及尾神经 HCN 表达增加（见彩图 8）

A. DRG 神经元 HCN2（红色）与外周蛋白（绿色）双标检测的典型结果。B. 左侧为小细胞 HCN2 表达荧光强度检测在正常与 CFA 动物之间的量化比较；右侧为 HCN2 阳性细胞比率在正常与 CFA 动物之间的量化比较。C. 尾神经中 HCN2（红色）与外周蛋白（绿色）双标检测的典型结果。D. 尾神经中 HCN2 表达荧光强度检测在正常与 CFA 动物之间的量化比较。E. 在背根神经节及尾神经中 HCN2 的表达量比较。F. 图 E 中蛋白质印记量化结果。

数据均为均值+标准误；*$P<0.05$

　　最终，我们对 ZD7288 镇痛效应进行了行为学检测。如图 11-29A 所示，在 CFA 大鼠炎症痛模型，坐骨神经周围局部注射不同浓度 ZD7288，检测动物的痛防御反射行为，分别显示对机械痛敏和热痛敏的浓度依赖性镇痛效应。其中，ZD7288 对机械痛敏的镇痛效应较为明显。在 Formalin 局部痛反应时相测试中，ZD7288 对第二痛反应时相的抑制效应较为明显（图 11-29B），提示 ZD7288 的局部神经注射对 C 类神经介导的慢痛具有一定程度的镇痛效应。为了判定坐骨神经周围局部注射 ZD7288 在抑制痛信息传入的同时，是否会影响该后肢的运动能力，我们通过局部注射高浓度（500μmol/L）ZD7288，与局部注射生理盐水及不同浓度利多卡因的动物比较，在 24h 内没有观察到 ZD7288 组运动功能的明显变化（图 11-29C）。为了判定坐骨神经周围局部注射 ZD7288 是否可能影响正常心率，我们将大鼠分成三组（每组 5 例动物）：坐骨神经周围局部注射生理盐水组；坐骨

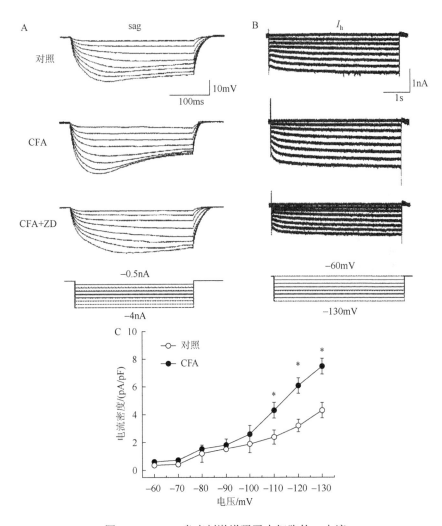

图 11-28　CFA 炎症刺激增强了小细胞的 I_h 电流

A. 一系列超极化电流注射入细胞后诱发的膜电位 sag 电压反应。B. 一系列超极化电压钳制（−60～−130mV，10s 时长，10mV 阶跃）诱导的 I_h 电流的典型曲线。C. CFA 与正常动物 DRG 小细胞 I_h 电流密度的比较（N=12），*P<0.05

神经周围局部注射 ZD7288（500μmol/L，0.2mL）组；腹腔注射 ZD7288（4mg/kg）组。在注射后 1h、4h 分别测定心电图。结果表明，坐骨神经周围局部注射 ZD7288 组（N=5）和生理盐水组（N=3）比较，心率没有显著变化，腹腔注射 ZD7288 组在 4h 后心率显著减慢（N=3，P<0.05）。表明坐骨神经周围局部注射 ZD7288 不影响心率，腹腔注射高浓度 ZD7288 可能降低动物心率。上述结果表明，在动物坐骨神经周围注射一定浓度与剂量的 ZD7288，可以缓解炎症引起的机械痛敏和热痛敏，但不引发心率减慢和局部的运动障碍。

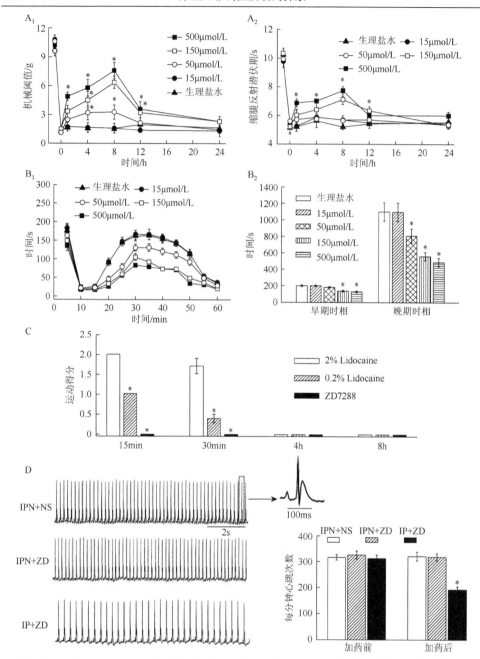

图 11-29 神经干周围注射 ZD7288 可减轻痛过敏行为，而没有运动障碍和心血管副作用

A. ZD7288 剂量依赖性地减小 CFA 动物的机械痛敏（A_1）及热痛过敏（A_2）行为。每幅图中：0 时间点之前纵坐标数值表示正常动物机械或热痛阈值的检测值，0 时间点纵坐标数值表示 CFA 模型 3 天后的检测值，此后给予生理盐水或不同浓度的 ZD7288，每隔 4h 进行阈值检测，可见阈值呈剂量依赖性增加。B. B_1 为 ZD7288 剂量依赖性降低福尔马林诱导的动物自发缩腿反射。B_2 为 ZD7288 影响福尔马林诱导自发痛早晚期时相的定量分析，晚期期时相受影响更为显著。C. 神经干周围注射利多卡因、ZD7288 对动物运动行为的影响，分值越高表明动物运动功能越差。D. 比较神经干周围注射生理盐水（IPN+NS）、神经干周围注射 ZD7288（IPN+ZD）及腹腔注射 ZD7288（IP+ZD）对动物心跳的影响，腹腔注射 ZD7288 显著减少心跳次数

在炎症动物模型，I_h 的增加参与 C 类神经纤维传入痛信号的发生与增多，成为引发痛敏反应的主要原因。局部应用 I_h 的选择性阻断剂 ZD7288 可以显著抑制炎症动物模型的痛敏反应，为治疗外周痛过敏提供了新的选用途径。然而 ZD7288 抑制 C 神经纤维痛信号传入的作用机制并不清楚，这妨碍了对 ZD7288 等外周镇痛作用的深入认识与合理应用。本章的研究结果首次证实，I_h 在维持外周神经 C 类神经纤维的电脉冲产生与传导过程中发挥重要作用，有可能通过影响 C 类纤维的传导丢峰过程实现选择性镇痛。

近年，我们围绕 C 类神经纤维传导丢峰的主要研究结果有下述几点：第一，证实 C 类神经纤维传导丢峰的发生依赖于动作电位序列传导速度的活动依赖性减慢（Zhu et al.，2009）和兴奋性的活动依赖性降低。第二，传导丢峰模式的多样化提示 C 类神经纤维可能具有传导编码功能（Zhu et al.，2013）。第三，证明 C 类神经纤维的传导丢峰是一种限制痛信号传入的"自抑制"机制，当其减弱时可能招致痛觉敏感（Sun et al.，2012）。第四，阐明 C 类神经元 AHP 叠加效应（piling up effect）的活动依赖性增大是招致传导丢峰的内在机制（Wang et al.，2016）。第五，实验证明 ZD7288 通过抑制 I_h，导致 C 类神经元活动"自抑制"机制的形成，进而增强传导丢峰的程度，发挥外周镇痛效应（Wang et al.，2016）。

1. C 类神经元的传导丢峰是一种限制痛信号传入的"自抑制"机制　　上述研究结果表明，在生理状态下，C 类神经元及其纤维痛信号的传入过程中，通过活动依赖性传导丢峰，产生一定程度的"自抑制"效应，限制过多痛信号的传入。我们发现，这种"自抑制"效应是由后超极化电位（AHP）重叠造成膜电位增大的结果。由于 AHP 的叠加次数越多，其超极化程度越大，兴奋性也降低得越显著，直致不能引发动作电位，即传导丢峰。然而在炎症病理状态时，局部 I_h 的增强导致 AHP 的相应减小，"自抑制"机制相对减弱，进而促使过多痛信号的发生与传入，成为招致外周病理性痛过敏的一个原因。

2. 外周感觉神经元对痛信号的调控机制　　外周感觉神经元位于感受器与神经中枢之间，传统观点认为其功能是忠实传导外周感受器产生的电脉冲序列。然而，根据我们近期实验观察，发现与证实初级感觉神经元的胞体及其神经纤维对外周传入脉冲序列存在下述两种不同方式的调控机制。

一种外周调控机制主要发生在大神经元，通过阈下膜电位振荡（SMPO）调控脉冲序列的频率与模式。在生理条件下，位于背根节的大神经元可产生 SMPO，其振荡幅度、波形与频率决定传入脉冲序列的产生与传导模式。该 SMPO 活动变化的主要特征是具有明显的电压依赖性（Xing et al.，2001，Amir et al.，1999）。也就是说，SMPO 的变化主要依赖于膜电位的去极化程度，在适当的去极化程度，SMPO 的幅度变化最为显著。当外周受到压迫损伤或处于炎症状态时，感觉神经元产生 SMPO 的幅度变化更为显著，导致传入脉冲的兴奋性和频率的异常升高，活动模式多样化，进而影响传入信息的中枢效应。其中 Aδ 类纤维主要传导痛信息，可以作为观察与测定外周痛信息传导与调控的一项指标。由于介导 SMPO 的离子通道电流主要是 I_{NaP}，因此对 I_{NaP} 的选择性阻断剂如 Gabapentin 和 Riluzole 等非常敏感。局部应用可以选择性抑制痛信号的传入，发挥外周镇痛效应（Yang et al., 2009，Xie et al., 2011）。

　　另一种外周调控机制主要发生在小神经元及其 C 类神经纤维，通过传导丢峰调控传入脉冲序列。该传导丢峰出现的程度与模式具有显著的活动依赖性，即在一定范围内，动作电位序列的频率越高，出现丢峰的概率也越大，导致传导电脉冲频率与模式的变化也越显著，称为"自抑制"机制（Sun et al., 2012）。我们研究发现，这种传导丢峰的发生主要取决于后超极化电位（AHP）的重叠效应（Wang et al., 2016），即前后 AHP 重叠的概率越高，AHP 的超极化程度也越大，兴奋性降低的程度也越显著，招致传导丢峰的概率也越大。这种发生在小神经元及其 C 类神经纤维的"自抑制"过程是招致传导丢峰的主要原因。与大神经元相比，小神经元的 AHP 时程显著较长（150～200ms）（图 11-26A），容易招致 AHP 的重叠效应。我们实验证明，小神经元 AHP 的重叠效应成为招致活动依赖性传导丢峰的基本原因，详见图 11-26。介导小神经元 AHP 的主要离子电流为 I_h。当局部施加 I_h 阻断剂 ZD7288，通过减小 I_h，增大与延长小神经元 AHP 的幅度与时程，增强局部的 AHP 重叠效应，进而招致传导丢峰程度的增大，限制外周痛信号的传入，发挥局部镇痛效应。

　　初级感觉神经元的外周调控机制，显示了初级感觉神经元自身调控的非线性活动特征。一种表现在大神经元的电压依赖性膜电位振荡，另一种表现在小神经元 AHP 的活动依赖性叠加效应。这类自身反馈调控机制的发现，不仅展现了初级感觉神经元对感觉信息的加工与编码过程，也提示了外周新型选择性镇痛治疗的实用前景。当今，镇痛药应用的关键问题是在中枢引起严重的副作用，难以达到满意治疗效果。利用初级感觉神经元的外周调控机制，通过选择性抑制痛信号的传入，防止影响其他感觉与运动信号的传导，可望发展适用于外周局部应用的新型镇痛疗法，选择性治疗外周肢体的创伤或烧伤等剧烈伤痛、糖尿病神经痛及带状疱疹等外周顽固性病痛。

　　3. 痛信号的外周调控环节　　　综上所述，伤害性刺激在外周引发与传导痛信号是个受到多种因素调控与影响的复杂过程。归纳起来，可以把痛信号的外周调控过程归纳成下述两个基本环节。

　　其一，皮肤痛感受器活动的调控。已知多觉型伤害性感受器（PMN）是皮肤的主要伤害性刺激感受器，其活动既受到儿茶酚胺类等体液因素的易化作用，又可受到内源性阿片类物质等诸多因素的抑制性影响（详见本书 10.4）。近年，有关 PMN 持续放电受到体液因素显著影响的事实，进一步支持痛感受器活动可以调控的设想（Schnorr et al., 2014，Weng et al., 2012）。再联系到在外周痛感受部位发现多种阿片受体，以及吗啡对外周痛感受器活动的直接影响，表明痛感受器存在接受调制作用的基础。因此可以认为，痛感受器将伤害性刺激转换成神经冲动的过程，受到局部刺激和神经体液等多种因素的影响，成为对疼痛信息的初级调控环节。根据这一痛感受器调控的设想，如针灸、按摩等局部刺激都可能激活或影响局部痛感受器调控环节的活动，在外周发挥不同程度的镇痛效应。显然，深入剖析这种发生在感受器水平的调控机制，有助于充分利用痛觉信息的外周调控环路，增强内在的镇痛效应。

其二，初级感觉神经元的调控。如上所述，C 类神经元及其纤维的活动依赖性传导丢峰及 A 类神经元的电压依赖性膜电位振荡的动态变化，都可能分别对传入痛信号的频率与模式产生不同程度的调变与影响，进而发挥一定程度的局部镇痛效应。深入揭示并巧妙利用上述痛信号的外周调控机制，有望建立副作用小的外周镇痛新疗法，用于治疗外周肢体伤痛及某些外周顽固性病痛。

4. ZD7288 的外周镇痛作用　　长期以来，选用镇痛药的一个难题是受到副作用过大的限制。例如，阿片类成瘾性带来的危害，严重限制了临床的安全应用。局部麻醉药物在阻断疼痛信息传导的同时也阻断其他感觉与运动信息的传导，使肢体失去神经的支配。水杨酸类消炎镇痛药只能轻度缓解部分头痛脑热等症状，难以消除或缓解剧烈的炎性痛敏。选择性阻断外周 C 类纤维痛信号传导的镇痛疗法已有报道（Alexander et al.，2007），但离临床实用还有较大距离。近年，应用 I_h 阻断剂 ZD7288 等作为一种外周选择性镇痛手段引起了高度关注（Postea and Biel，2011；Richards and Dilley，2015；Schnorr et al，2014；Smith et al.，2015；Weng et al.，2012）。在炎症动物模型，I_h 的增大促使 C 类神经纤维传入痛信号的发生与增多，成为引发痛敏反应的主要原因（Emery et al.，2008）。局部应用 I_h 的选择性阻断剂 ZD7288，可以显著抑制炎症动物模型的痛敏反应，为治疗外周痛过敏提供了新的选用途径（Jiang et al.，2008）。由于 ZD7288 在外周发挥镇痛效应的内在机制没有得到充分阐明，影响了对其作用规律与镇痛效应的准确判断。根据我们的研究，ZD7288 对痛信号的作用有两个特点：一是活动依赖性增强 C 类神经纤维的传导丢峰，也就是说，少量痛信号传入不会引起显著的传导丢峰，也不会影响生理性痛觉的形成。当较多痛信号传入时，通过增大 AHP 重叠效应，导致传导丢峰程度的显著增强，限制痛敏的形成。换言之，ZD7288 对痛信号的抑制作用，主要表现在限制过多痛信号的传入，防止痛敏的形成，与麻醉性阻断剂的镇痛效果明显不同。ZD7288 外周镇痛效应的另一个特点是对神经元类型的选择性作用，即主要对 C 类神经纤维的信号传导活动产生显著的影响，对 A 类神经纤维的信号传导却没有明显作用。ZD7288 的实际应用过程，不宜采用腹腔或静脉大剂量给药。因为大剂量全身给药可能通过作用于心脏窦房结的 HCN4，招致心率的减慢。然而 ZD7288 的局部应用，在缓解肢体严重痛敏的同时保留患者适当运动功能，对于战时肢体伤痛的抢救，劳动伤痛的救治等具有其独特的长处。此外，部分发生在肢体的慢性炎症病痛，如神经创伤灼性痛、糖尿病并发神经病理痛等，可望通过局部用药为选择性抑制 C 类神经元的异常活动带来新的应用前景。

（邢俊玲　王秀超　段建红　胡三觉）

参 考 文 献

Akopian AN，Sivilotti L，Wood JN.1996. A tetrodotoxin-resistant voltage-gated sodium channel expressed by sensory neurons. Nature，379：257-262.

Alexander MB，Bruce PB. 2007. Inhibition of nociceptors by TRPV1-mediated entry of impermeant sodium channel blockers. Nature，449：607-610.

Amir R，Michaelis M，Devor M，et al. 1999. Membrane potential oscillations in dorsal root ganglion neurons：role in normal electrogenesis and neuropathic pain. J Neurosci，19：8589-8596.

Andreasen M. 2002. Inhibition of slow Ca（2+）-activated K（+）current by 4-aminopyridine in rat hippocampal CA1 pyramidal neurones. Br J Pharmacol，135（4）：1013-1025.

Antic S，Wuskell JP，Loew L，et al. 2000. Functional profile of the giant metacerebral neuron of *Helix aspersa*：termporal and spatical dynamics of electrical activity in situ. J Physiol（Lond），527：55-69.

Baccus SA，Burrell BD，Sahley GL，et al. 2000. Action potential reflection and failure at axon branch points cause stepwise changes in EPSPs in a neuron essential for learning. J Neurophysiol，83：1683-1700.

Baker M，Bostock H，Grafe P，et al. 1987. Function and distribution fo three type ofrectifying channel in rat spinal root myelinated axons. J Physiol，383：45-67.

Barron DH，Matthews BH. 1935. Intermittent conduction in the spinal cord. J Physiol，85（1）：73-103.

Bielefeldt K，Jackson M. 1993. A calcium-activated potassium channel causes frequency-dependent action potential failures in a mammalian nerve terminal. J Neurophysiol，70：284-298.

Bishop GH. 1965. My life among the axons. Annu Rev Physiol，27：1-18.

Bostock H，Campero M，Serra J，et al. 2003. Velocity recovery cycles of C fibreinnervating human skin. J Physiol，553：649-663.

Bruce L. 1999. Surprising diversity in axonal properties beteen the different functional classes of neurone in peripheral nerves. J Physiology，515（Pt3）：629.

Bucher D，Goaillard JM. 2011. Beyond faithful conduction：short-term dynamics，neuromodulation and long-term regulation of spike propagation in the axon. Prog Neurobiol，94：307-346.

Calcutt NA. 2002. Potential mechanisms of neuropathic pain in diabetes. Int Rev Neurobiol，50：205-228.

Campero M，Serra J，Bostock H，et al. 2004. Partial reversal of conductionslowing during repetitive stimulation of single sympathetic efferents in humanskin. Acta Physiol Scand，182：305-311.

Chen X，Levine JD. 2001. Hyper-responsivity in a subset of C-fiber nociceptors in a model of painful diabetic neuropathy in the rat. Neuroscience，102：185-192.

Collins W，Randt CT. 1960. Midbrain evoked responses relating to peripheral unmyelinated or 'C' fibers in cat. J Neurophysiol，23：47-53.

Debanne D，Campanac E，Bialowas A，et al. 2011. Axon physiology. Physiol Rev，91：555-602.

Debanne D，Guerineau NC，Gahwiler GH，et al. 1997. Action potentialpropagation gated by an I_A like K$^+$ conductance in hippocampus.Natue，389：286-289.

Debanne D. 2004. Information processing in the axon. Nat Rev Neurosci，5（4）：304-316.

Emery EC，Young GT，Berrocoso EM，et al，2011. HCN2 Ion Channels Play a Central Role in Inflammatory and Neuropathic Pain. Science，333（6048）：1462-1466.

Geiger JR, Jonas P. 2000. Dynamic control of presynaptic Ca^{2+} inflow by fast-inactivating K^+ channels in hipocampal mossy fiber boutons. Neuron, 28: 927-939.

Grossman Y, Parnas I, Spira ME. 1979. Differential conduction block in braches of a bifurcation axon. J Physiol (Lond), 295: 283-305.

Hogan QH, Poroli M. 2008. Hyperpolarization-activated current (I_h) contributes to excitability of primary sensory neurons in rats. Brain Res, 1207: 102-110.

Hsiao CF, Kaur G, Vong A, et al. 2009. Participation of Kv1 channels in control of membrane excitability and burst generation in mesencephalic V neurons. J Neurophysiol, 101: 1407-1418.

Hu SJ, Xing JL. 1998. An experimental model for chronic compression of dorsal root ganglion produced by intervertebral foramen stenosis in the rat. Pain, 77: 15-23.

Jackson MB, Zhang SJ. 1995. Action potential propagation block by GABA in rat posterior pituitary nerve terminals. J Physiol (Lond), 484: 597-611.

Jarvis MF, Honore P, Shieh CC, et al. 2007. A-803467, a potent and selective Nav1.8 sodium channel blocker, attenuates neuropathic and inflammatory pain in the rat. Proc Natl Acad Sci USA, 104: 8520-8525.

Jiang YQ, Xing GG, Wang SL, et al., 2008. Axonal accumulation of hyperpolarization activated cyclic nucleotide-gated cation channels contributes to mechanical allodynia after peripheral nerve injury in rat. Pain, 137 (3): 495-506.

Kandel ER, Schwartz JH, Jessell TM. 2000. Principles of Neural Science. 4th ed. New York: McGraw-Hill.

Kiernan MC, Mogyoros I, Hales JP, et al. 1997. Excitability changes in human cutaneous afferents induced by prolongedrepetitive axonalactivity. J Physiol (Lond), 500: 255-264.

Koh DS, Jonas P, Vogel W. 1994. Na^+-activated K^+ channels localized in the nodalregion of myelinated axons of Xenopus. J Physiol, 479: 183-197.

LaMotte RH, Thalhammer JG, Torebjörk HE, et al. 1982. Peripheral neural mechanisms of cutaneous hyperalgesia following mild injury by heat. J Neurosci, 2: 765-781.

Mackenzie PJ, Umemiya M, Murphy TH. 1996. Ca^{2+} imaging of CNS axonsin culture indi-cates reliablecoupling between single action potentials and distalfunctional release sites. Neuron, 16: 783-795.

Manor Y, Koch C, Segev I. 1991. Effect of geometrical irregularities on propagationdelay in axonal trees. Biophys J, 60: 1424-1437.

Meyer RA, Ringkamp M, Campbell JN, et al. 2006. Peripheral mechanisms of cutaneous nociception. In: McMahon SB, Koltzenburg M. Wall and Melzack's Textbook of Pain. Philadelphia: Elsevier Churchill Livingstone.

Orstavik K, Weidner C, Schmidt R, et al. 2003. Pathological C-fibres in patients with a chronic painful condition. Brain, 126: 567-578.

Patton HD. 1989. Textbook of physiology. 21st ed. Philadelphia: WB Saunders Co.

Postea O, Biel M. 2011. Exploring HCN channels as novel drug targets. Nat Rev Dru Discov, 10 (12): 903-914.

Ramon F, Joyner RW, Moore JW. 1975. Propagation of action potentials ininhomogeneous axon regions. Fed Proc, 34: 1357-1373.

Richards N, Dilley A. 2015. Contribution of Hyperpolarization-Activated Channels to Heat Hypersensitivity and Ongoing Activity in the Neuritis Model. Neuroscience, 284: 87-98.

Roy ML, Narahashi T. 1992. Differential properties of tetrodotoxin-sensitive and tetrodotoxin-resistant sodium channels in rat dorsal root ganglion neurons. J Neurosci, 12: 2104-2111.

Schnorr S, Eberhardt M, Kistner K, et al. 2014. HCN2 channels account for mechanical (but not heat) hyperalgesia during long-standing inflammation. Pain, 155 (6): 1079-1090.

Shim B, Ringkamp M, Lambrinos GL, et al. 2007. Activit-dependent slowing of conduction velocity in uninjured L4 C fibers increases after an L5 spinal nerve injury in the rat. Pain，128：40-51.

Shin HC，Hu SJ，Jung SC，et al. 1997. Activity-dependentconduction latency chages in A_δ fibers of neuropathic rats. Neuroeport，8：2813-2816.

Shin HC，Raymond SA. 1991. Excitability changes in C fibers of rat sciatic nerve following impulse activity. Neurosci Lett，129：242-246.

Smith DO. 1980a. Mechanisms of action potential propagation failure at sites of axon braching in the crayfish. J Physiol （Lond），301：243-259.

Smith DO. 1980b. Morphological aspects of the safety factor for action potential propagation at axon branch points.J Physiol （Lond），301：261-269.

Smith T，Al Otaibi M，Sathish J，et al. 2015. Increased expression of HCN2 channel protein in L4 dorsal root ganglion neurons following axotomy of L5-and inflammation of L4-spinal nerves in rats. Neuroscience，295：90-102.

Soleng AF，Chiu D，Raastad M. 2003. Unmyelinated axons in the rat hippocampus hyperpolarize and activate an H current when spike frequency exceeds 1Hz. J Physiol，552：459-470.

Sun W，Miao B，Wang XC，et al. 2012. Reduced conduction failure of the main axon of polymodal nociceptive C-fibres contributes to painful diabetic neuropathy in rats. Brain，135：359-375.

Tanner KD，Reichling DB，Gear RW，et al. 2003. Altered temporal pattern of evoked afferent activity in a rat model of vincristine-induced painful peripheral neuropathy. Neuroscience，118：809-817.

Tatsumi H，Katayama Y. 1995. Na^+depengdent Ca^+ influx induced by depolarization inneurons dissociated from rat nucleus basalis. Neurosci Lett，196：9-12.

Taylor JL，Burke D，Heywood J. 1992. Physiological evidence for a slow K^+conductance in human cutaneous afferents. J Physiol，453：575-589.

Thalhammer JG，Raymond SA，Popitz-Bergez FA，et al. 1994. Modality-dependent modulation of conduction by impulse activity in functionally characterized single cutaneous afferents in the rat. Somatosens Mot Res，11：243-257.

Therien AG，Blostein R. 2000. Mechanisms of sodium pump regulation. Am J Physiol Cell Physiol，279：541-566.

Wang XC，Wang S，Wang WT，et al. 2016. A novel intrinsic analgesic mechanism：the enhancement of the conduction failure along polymodal nociceptive C-fibers. Pain，157（10）：2235-2247.

Weidner C，Schmelz M，Schmidt R，et al. 2002. Neural signal processing：the underestimated contribution of peripheral human C-fibers. J Neurosci，22：6704-6712.

Weidner C，Schmidt R，Schmelz M，et al. 2003. Action potential conduction in the terminal arborisation of nociceptive C-fiber afferents. J Physiol，547：931-940.

Weidner C，Schmidt R，Schmidt R，et al. 2002. Neural signal processingthe underestimated contribution of peripheral human C-fibers. J Neurosci，22（15）：6704-6712.

Weng XC，Smith T，Sathish J，et al. 2012. Chronic inflammatory pain is associated with increased excitability and hyperpolarization-activated current（I-h）in C-but not A delta-nociceptors. Pain，153（4）：900-914.

Woolf CJ，Ma Q. 2007. Nociceptors-noxious stimulus detectors. Neuron，55：353-564.

Xie RG，Zheng DW，Xing JL，et al. 2011. Blockde of persistent sodium current contributes to the riluzole-induced inhibition of spontaneous activity and oscillations in injured DRG neurons. PLoS One，6（4）：e18681.

Xing JL，Hu SJ，Long KP. 2001. Subthreshold menbrane potential oscillations in injured DRG. Brain Res，901：128-136.

Yang RH，Wang WT，Chen JY，et al. 2009. Gabapentin selectively reduces persistent sodium current in injured type-A dorsal root ganglion neurons. Pain，143：48-55.

Zhang L，Kolaj M，Renaud LP. 2010. Ca^{2+}-dependent and Na-dependent K conductances contribute to a slow AHP in thalamic paraventricular nucleus neurons：a novel target for orexin receptors. J Neurophysiol，104：2052-2062.

Zhu ZR，Liu YH，Ji WG，et al. 2013. Modulation of Action Potential Trains in Rabbit Saphenous Nerve Unmyelinated Fibers. Neurosignals，21（3-4）：213-228.

Zhu ZR，Tang XW，Wang WT，et al. 2009. Conduction failures in rabbit saphenous nerve unmyelinated fibers. Neurosignals，17（3）：181-195.

Ziegler D. 2008. Painful diabetic neuropathy：treatment and future aspects. Diabetes Metab Res Rev，24（Suppl 1）：S52-57.

第12章　神经元峰电位间期的慢波振荡、复杂性与膜共振

12.1　感觉神经元峰峰间期的慢波振荡

神经元放电的时间序列，即动作电位的峰峰间期（ISI）序列被认为蕴含丰富的神经感觉信息（Ferster and Spruston，1995；Sejnowski，1995），但是由于ISI序列的复杂多变，至今对这种时间编码的基本形式及其发生机制了解很少。背根节（DRG）作为躯体感觉信息传入的第一站，其神经元放电的频率与时间型式在决定感觉的性质与强度方面占据重要位置。已有证据表明，受损背根节神经元的异位自发放电是引起自发痛与痛觉过敏的信号来源（Xie et al.，1995；Song et al.，1999）。新近的研究还进一步发现该放电序列的型式与钠通道的分布及活性变化密切相关（Amir et al.，1999；Xing et al.，2001），然而，钠通道失活门在其中发挥什么作用并不清楚。我们在大鼠背根节慢性压迫模型上，利用在体单纤维记录方法，观察与分析钠通道失活门抑制剂藜芦碱（veratridine，VER）引起受损背根节神经元放电 ISI 序列可能发生的变化与特征（Duan et al.，2002），为了解钠通道失活门与放电型式的关系及进一步探索放电时间型式与疼痛的关系奠定基础。

首先制备背根节慢性压迫模型，DRG 慢性压迫手术后 3~8 天的 SD 大鼠和正常大鼠，在混合麻醉下进行腰部椎板切开术，在 L1-L2 和 L4-L5 分别制备两个浴槽。在 L4-L5 浴槽内，充分暴露受损的 L5 DRG，并在外周端切断脊神经，以中断外周感受器的传入冲动。部分动物不做脊神经切断术以备刺激坐骨神经，测量纤维传导速度及触发振荡（图 12-1）。在 L4-L5 浴槽内加入作用于 DRG 的各种药物，在 L1-L2 浴槽内分离与辨认连接受损 L5 DRG 的背根，记录来自 L5 DRG 的单根纤维放电。

当 L5 DRG 浸浴在含有 3~10μmol/L 藜芦碱的人工脑脊液中，约 10min 后部分神经元即产生持续数秒至数十秒的高频放电，在散点图上，其 ISI 序列由大到小然后又由小到大依次连续变化，形成 V 字形等模式的振荡。也就是说，在振荡波谷处放电密度较高，波峰处放电密度较低，这称为慢波振荡（图 12-2）。当藜芦碱的

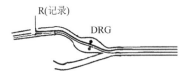

图 12-1　单纤维放电记录模式图

浓度保持恒定时,这种振荡放电的模式能持续数小时。如图 12-2 的测量参数所示,每次振荡的时程在 10~80s,两次振荡之间的时间间隔为 20~80s;振荡放电的最小 ISI 约 2ms,而最大 ISI 在 20ms 附近,表明振荡放电的频率在 50~500Hz。值得注意的是,藜芦碱诱发的慢波振荡形式多样,有单一也有复合形式(图 12-3),且在正常与损伤的神经节均可诱发,只是正常组慢波振荡的出现率(45%)明显低于损伤组(61%)。

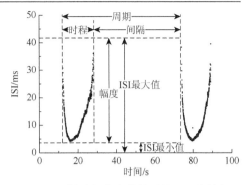

图 12-2　慢波振荡参数的测量,图中的每一个点代表每两个动作电位之间的时间间隔(ISI)

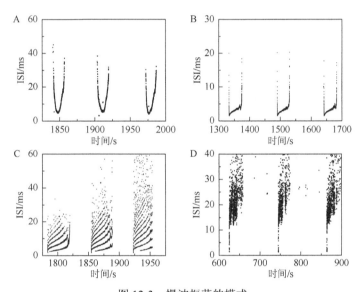

图 12-3　慢波振荡的模式

A. V 形振荡;B. 倒 π 形振荡;C. 整数倍形振荡;D. 弥散形振荡

在损伤组记录到了 10 个簇放电单位,其中有 8 个单位在加入藜芦碱(3~10μmol/L)后 30s~10min 逐渐转化为慢波振荡放电,其放电频率明显增加。在散点图上,其 ISI 序列逐渐减小并转化为 V 形等模式的振荡放电。在每个振荡内,大多数放电由疏到密再到疏,最后停止;间隔数秒至数十秒后再开始下一次振荡,每次振荡的时程和模式都相对恒定。对于本已具有自发放电的神经元,藜芦碱的作用在洗脱(30min~3h)后可以恢复至其背景放电模式(图 12-4)。

在某些神经元上,当 L5 DRG 浸浴 5~10μmol/L 藜芦碱后,在一根神经细束上,可同时观察到多个单位的慢波振荡,而且它们各自的振荡模式、频率及周期相对恒定。表现在散点图上,两种振荡各自独立,互不影响,而且两个单位的 ISI

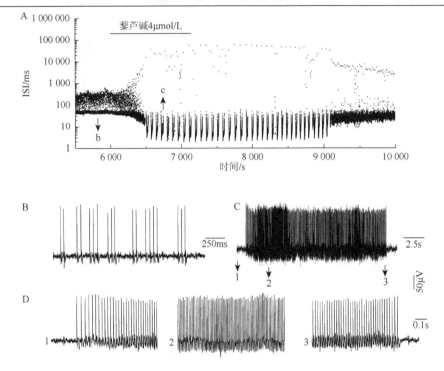

图 12-4 藜芦碱对受损背根节神经元簇放电的作用

A. ISI 序列散点图显示在 L5 背根节加入藜芦碱后，受损背根节神经元的自发簇放电转化为慢波振荡模式，洗脱后又恢复簇放电模式；B. 图 A 中加入藜芦碱之前簇放电的原始序列；C. 图 A 中加入藜芦碱之后慢波振荡模式的原始放电；D. 放大显示图 C 中慢波振荡模式的放电由疏到密又由密到疏的变化过程

分布及放电的原始波形极易识别，如图 12-5 所示。表明藜芦碱在 DRG 神经元上可以诱发多个神经元同时产生振荡。

为了明确藜芦碱诱发高频振荡放电的膜电位变化基础，我们在 5 例自发放电神经元局部加入藜芦碱（10μmol/L），并进行细胞内记录。结果发现藜芦碱主要引起膜电位的两个变化：增加 SMPO 的幅值，使振荡以高频规则形式出现；引发细胞膜电位出现长时间的缓慢去极，并在此基础上发生动作电位高频阵发振荡放电，如图 12-6 所示。

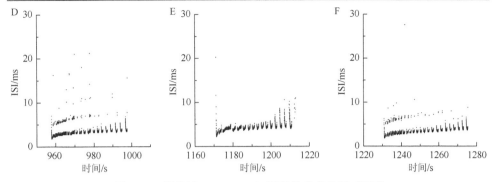

图 12-5　藜芦碱（10μmol/L）诱发的多单位同时振荡

A. 一个高幅值单位慢波振荡放电的原始序列；B. 另一个低幅值慢波振荡单位的原始放电；C. 交替出现的高幅值慢波振荡单位，需注意的是，图 C 和图 A 中的放电单位是同一个单位；D～F 分别对应于图 A、图 B 和图 C 原始放电的 ISI 散点图，其中图 D 和图 F 的 ISI 序列显示整数倍模式的慢波振荡

　　神经元放电的 ISI 序列由于形式非常复杂，人们往往仅用规则和不规则来描述。我们的研究已经发现了多种特征性的时间序列，但至今对这种时间序列的基本形式及其发生机制还了解不多。为此，我们采用 TEA 阻断 K[+]通道，观察 ISI 序列可能发生的变化与特征（Long et al.，2006），为了解 K[+]通道与放电形式的关系及进一步探索放电时间序列的编码意义奠定基础。

　　在大鼠背根节慢性压迫动物模型中所造成的损伤神经元，术后 3～10 天，其自发放电的出现率显著升高。在我们的实验中，10% 的单位在 TEA 作用下可由其他节律形式转化为慢波振荡模式。

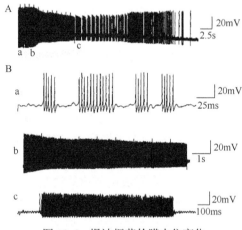

图 12-6　慢波振荡的膜电位变化

A. 藜芦碱作用引起的膜电位去极化及在此基础上产生的高频振荡放电；B. 从上至下分别代表图 A 中对应标识处加入藜芦碱之前的自发簇放电、加入藜芦碱之后的膜电位缓慢去极及其在此基础上产生的第一个长时程的高频放电和第二个时程较短的高频放电

该慢波振荡的特点是：ISI 以较慢的波动形式进行振荡；一个振荡波的周期为 50～200s，波幅为 15～50ms；其 ISI 映射图的形状为彗星样。由散点图可以看出，ISI 由大到小然后又由小到大依次连续变化，在振荡波谷处放电频率较高，波峰处放电频率较低（图 12-7）。

　　正常的 DRG 神经元有少量的自发放电，对刺激有一定的反应性。当 DRG 神经元受到损伤后，其兴奋性和反应性发生很大的变化（Devor and Wall，1990；Xie et al.，1995；Zhang et al.，1999）。慢性压迫 DRG 神经元呈超兴奋状态，出现大量持续的自发放电，并且有丰富多样的放电形式。因此，大鼠 DRG 慢性压迫模型是研究神经元反应性和神经元放电形式或非线性动力学的理想模型。

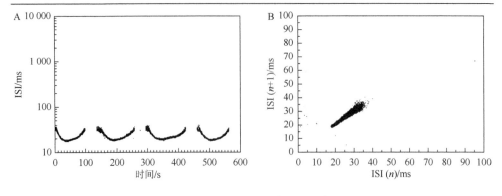

图 12-7　TEA 引起的慢波振荡

A. TEA 作用于受损背根节引发的 ISI 慢波振荡；B. 回归映射分析显示 ISI 映射图的形状为彗星样

　　藜芦碱是藜芦属生物碱中的一种类固醇类化合物，它的作用主要是阻止 Na^+ 通道的失活并将电压依赖性通道的激活电位转变成趋向超极化的状态，进而使得 Na^+ 通道的激活维持在静息膜电位水平附近（Otoom et al.，1998；Ulbricht，1998）。这可能是藜芦碱致使神经元超兴奋，产生振荡放电的主要原因。此外，慢波振荡节律还可以由 K^+ 通道阻断剂 TEA 诱发产生，且慢波振荡的程度、波形及恢复时程与药物浓度有关。当维持 TEA 的浓度时，慢波振荡可以持续数小时，提示非 TEA 敏感 K^+ 通道介导慢波振荡节律。有文献报道，自发放电的节律除了受 Na^+ 通道激动剂和阻断剂的显著影响外，还受 K^+ 和 Ca^{2+} 浓度及其通道阻断剂的影响，表明多种通道在自发放电节律的调制过程中起着重要的作用（Matzner and Devor，1994；Xing et al.，1999）。因此，在背根节神经元观察到的多种振荡型式有可能是在 Na^+ 通道电流增强或 K^+ 通道电流减弱的情况下，多种通道活动共同参与的结果，对其形成的复杂动力学过程尚需进一步研究。

　　慢波振荡节律虽然也是放电与静息交替进行，但它与阵发节律有很大的区别，其放电期与静息期均比阵发节律长得多，在放电期其最小 ISI（15～30ms）也相对较小，而且一个波的周期较长（50～200s）。振荡节律的形成可以看作一个慢振荡过程对相对较快的膜电位振荡的调制，我们把这种节律称为慢波振荡节律，是为了和膜电位的振荡及周期为几秒的快振荡形式相区别。持续产生的膜电位变化可以看作膜电位的振荡，包含阈下膜电位的振荡，它们的振荡周期较短，为 ms 级。快振荡也是一种 ISI 振荡，只是与慢波振荡节律相比周期较短，为数秒左右。

　　本文在初级感觉神经元上观察到的 ISI 慢波振荡，从其振荡时程特征看，有可能构成引发阵发性"跳痛"或"触发痛"的信号起源，成为研究触发痛机制的一个细胞模型。因此，进一步研究慢波振荡与疼痛感觉之间的关系不仅可能为临床上治疗此类疼痛提供依据，还可能揭示一种神经信息时间编码的新方式。

　　初步分析表明藜芦碱引发的振荡不同于已报道的可随刺激强度变化的后放

电，而是一个一旦诱发便不再依赖刺激强度的独立振荡过程。其诱发过程与三叉神经痛和坐骨神经痛的"触发痛"发作过程相当接近。由于一次施加的外周刺激在 DRG 内可记录到多个诱发的振荡过程，多个神经元同时振荡发生空间总和，其动作电位的排放轰击中枢神经系统，可能最终引起"触发痛"。触发振荡是外周传入的短促或微弱刺激引起静息神经元产生的高频放电反应，神经元从原先的静息状态突然转变成了强烈的振荡放电，这在动力学上是个典型的小扰动引起大爆发的例子，反映非线性突变的特征。突变反应是神经系统活动经常出现的一种现象，如痛觉过敏、三叉神经触发痛、癫痫发作、喷嚏的发生及思维的"顿悟"等。我们观察到的触发反应，实际上是在细胞水平发现了一个突变反应的典型实例，有助于深入研究神经元发生突变的动力学分岔机制，进而揭示神经系统突变反应的本质过程。

（段建红　胡三觉）

12.2　用近似熵测量神经放电峰峰间期的复杂性

动作电位是神经发送信息的主要方法之一，神经元之间及其与周围的联系通常是若干动作电位组成的放电序列。以前通过观察放电频率来描述神经元的活动，这种方法所含的信息量很少，不便于进一步理解神经元之间的通信。而神经放电峰峰间期（ISI）反映了神经元发放动作电位在时间上的排列，其形式多样，蕴含着更丰富的信息。ISI 在不同的标本上有不同的表现，即使是同一标本，在不同的状态也有多种变化，主要有周期、非周期两种。非周期放电 ISI 序列的基本形式复杂多变，如何量化这种时间序列的复杂程度的变化，至今尚缺乏适用的方法。

20 世纪 90 年代初期，Pincus 从衡量时间序列复杂性的角度提出了近似熵（approximate entropy，ApEn）的概念（Pincus，1991）。ApEn 是复杂性科学中的一个指标，它的计算实际上就是确定一个时间序列在模式上的自相似程度的大小，从计算的角度讲就是衡量当维数变化时序列中产生新模式的概率的大小。ApEn数值的大小反映系统复杂性的高低，ApEn 越大，说明系统越趋于随机状态，包含频率成分越丰富；ApEn 越低，则信号越趋于周期性，信号包含的频谱较窄。ApEn分析只用很少的数据就能表征系统复杂性的变化，避免对系统动力学模型的判断，简化了研究过程。它的计算非常迅速且代码很短，可以内嵌在生物采样程序中，达到实时观测的效果，这对于那些根据信号的动态变化并采取相应措施的生物实验过程及短时间序列分析是非常有帮助的。另外，ApEn 的抗干扰能力很强，对于实验中瞬态产生的干扰有很好的承受能力（杨福生等，1991）。

据此，我们根据神经测量的实际条件，发展了新的 ApEn 计算方法，对多种神经元放电的不同 ISI 及相关理论模型的 ISI 进行了测算，表明 ApEn 是量度神经元放电 ISI 复杂程度的有效方法。ApEn 的计算方法和步骤采用清华大学洪波等的近似熵快速算法（洪波等，1999）。其中 $m=2$，$r=0.1\text{-}0.25SD$ (u)（SD 是标准差）。ApEn 的计算只需要很少的数据，可以用于观察一个长的时间序列复杂性的动态变化。我们规定一个比较短的数据窗，让它在长的时间序列中从头至尾移动，同时计算每一个窗口数据的 ApEn，这样就能够反映出系统复杂性随时间演化的动态变化情况。在计算中，一般用窗口数据的 SD (u) 作为标准差。但在大鼠损伤坐骨神经实验模型中，根据实验结果和计算结果对照认为可以用全部数据的 SD (u) 作为标准差，这样计算的结果与实验结果比较符合，具体细节在结果中进行详细说明。计算 ApEn 的程序用 vc6.0 在 win98 平台下实现。数据采集的采样率为 10kHz，ISI 最小间隔为 0.1ms，计算的单位是 0.1ms。

通过理论神经元模型计算和真实神经元活动的检测获得了下述主要研究结果。

1. Rose-Hindmarsh 理论神经元模型分叉数据计算　　数值模拟方法如下。

$$\begin{cases} \dfrac{\mathrm{d}x}{\mathrm{d}t} = y - ax^3 + bx^2 + I - Z, \\[2mm] \dfrac{\mathrm{d}y}{\mathrm{d}t} = c - dx^2 - y, \\[2mm] \dfrac{\mathrm{d}z}{\mathrm{d}t} = r[S(x - x_0) - Z]. \end{cases} \tag{12-1}$$

式中，x 为膜电位，y 为恢复电流，z 为调节电流。I 对应于跨膜恒向偏置内流，r 对应于钙通道电导，a、b、c、d、S、x_0 均为参数。

本研究取 $a=1.0$，$b=3.0$，$c=1.0$，$d=5.0$，$x_0=-1.6$，$S=4.0$，$I=3.0$。计算结果如图 12-8 所示，随着 r 在 0.01～0.02，ISI 在 0～60 波动。从周期三（ISI 的间隔经过连续 n 种的变化，然后又回到最初时的情况呈周期运动，称为周期 n）到周期二的分叉过程有明显的混沌带，经 ApEn 检测反映出数据复杂程度的变化，其中周期三、周期二、周期四的 ApEn 都是 0，而在混沌的时候，ApEn 基本为 0.5～0.6。

2. 大鼠损伤坐骨神经放电序列 ISI 数据的测量　　如图 12-9 所示，用正常灌流液灌注神经损伤区，记录到自发放电的节律是周期二时，改用无钙的灌流液灌流，此时放电节律产生变化，周期二逐渐变成周期三（段玉斌等，1998），这个转变之间有一个混沌的转变过程。ApEn 连续显示了系统复杂性的变化过程。在周期二和周期三时的复杂性接近零，因为此时的放电是周期的。当系统

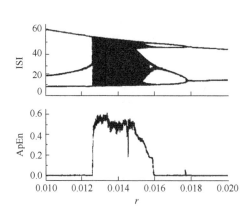

图 12-8　RH 模型的计算结果和它的近似熵

在周期一、周期二之间有一个明显的混沌过程。
在信号源周期一和周期二的情况下，
其近似熵为 0；当进入混沌后，
近似熵为 0.5～0.6

进入和走出混沌时，复杂性相应地是逐渐增加和减小的，在图 12-9 中可以明显地看到这一点。

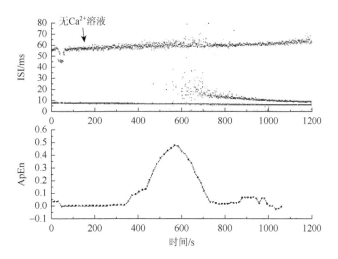

图 12-9　损伤神经放电 ISI 数据和它的近似熵

　　在实际检测时，还遇到对含有周期一（图 12-10A）数据计算效果不够合理的情况（图 12-10B），即周期一的复杂性波动很大，显示出较大的"复杂性"。针对这种情况，对 ApEn 的计算做了小改动，把窗口数据计算中的 SD 换为整体数据的 SD，这样计算的结果就解决了以上的问题。如图 12-10C 所示，同样的一段原始数据，用变化后的方法计算后得到了比较合理的结果。周期一和周期二的ApEn 比较小，接近 0，而两者中间的混沌地带的 ApEn 比较高，且随着混沌程度变化而变化。

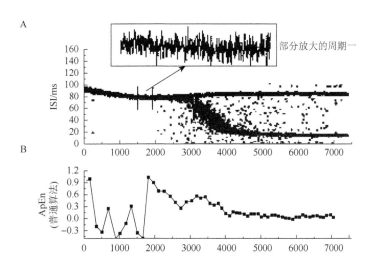

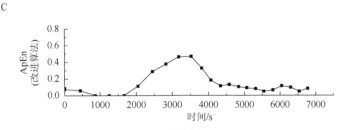

图 12-10　改进算法前后对比

A. 无钙灌流液引发的放电周期变化（周期一和周期二的情况）；B. 普通模式计算的近似熵；
C. 改进的近似熵算法计算结果

3. 大鼠视上核神经元自发放电模型数据计算结果　　在大鼠下丘脑薄片视上核神经元上采用膜片钳全细胞技术记录单个神经元的自发放电（韩晟等，2000）。其 ISI 是很混乱的，在 20～1800ms 分布（图 12-11），没有神经纤维放电 ISI 的规律性。它的 ApEn 变化比较大，在 0.4～0.8 波动。

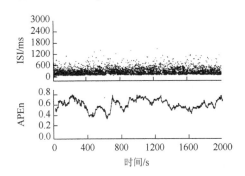

图 12-11　视上核神经元自发放电 ISI
序列和它的近似熵

4. 损伤背根节神经元自发放电 ISI 序列的测量　　利用大鼠背根节慢性压迫造成的神经元超兴奋标本，对受损 DRG 超兴奋神经元进行在体细胞内记录得到自发放电 ISI 序列，观察到放电形式有阵发、整数倍等形式（Hu and Xing，1998），并对其进行近似熵测量。在含有周期一到整数倍的数据中（图 12-12C），ApEn 测量的结果与大鼠损伤坐骨神经模型数据含有周期一的计算结果相类似（图 12-12B），即用普通的近似熵方法不能得到合理的周期一复杂性，改进了的计算方法后得到的数据较为合理（图 12-12A）。

对阵发型的数据也进行了测量，由于阵发型数据中不含有周期一（图 12-13B），因此用普通方法就可以测量（图 12-13A）。

非线性科学的出现，使我们研究的视野变得开阔。以前我们通过放电频率来研究神经元的反应性和特征。当非线性科学出现后，新的概念应用于神经科学领域使新的指标、方法和研究对象出现。除了放电的频率以外，我们可以提取出放电的 ISI，研究放电在时间序列上的特征。那些看似复杂的 ISI 在不同的非线性方法的分析下，显现出不同的信息。为了测量 ISI 数据的复杂程度，我们采用 ApEn 的概念和方法。ApEn 是当嵌入维数 m 由 2 增至 3 时产生新模式的可能性的大小，包含了时间模式的信息。ApEn 越大，说明产生新模式的机会越大，信息就更复杂。相反，ApEn 越小，产生新模式的机会越小，说明信息的规律性越强，信息也就越

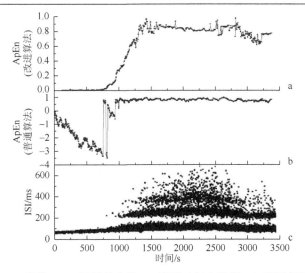

图 12-12　损伤 DRG 神经放电的 ISI 序列（包含周期一）和近似熵结果

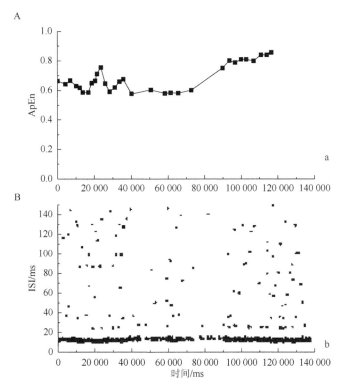

图 12-13　损伤 DRG 神经元的近似熵（A）与损伤 DRG 神经元的阵发型放电（B）

简单。本节用近似熵及其改进方法对包括中枢神经、外周神经和神经纤维上动作电位 ISI 数据进行了复杂性的计算，结果表明：近似熵及其改进方法测量 ISI 数据的复杂性与信号复杂性变化定性一致。

　　在大鼠损伤坐骨神经模型和损伤 DRG 放电 ISI 含有周期一的数据中，周期一节律中加有一定程度的随机干扰，使得随机干扰污染了信号。这时，计算的不是系统周期一信号而是随机干扰，这显然对我们研究系统是没有意义的。如图 12-10A 所示，虽然看上去周期一是比较规律的信号，其实它被随机干扰湮没了。采用整体数据 SD 等于用一个平均的 SD 去衡量每一段窗口数据。对于周期二、周期三这种较大变化幅度的信号，这个值相对信号幅度来讲是很小的，所以不会受到影响。而对于周期一，此时的 r 因为 SD 的增大而变大。这就意味着放宽了阈值，使得阈值范围接近信号范围。这样，改进的方法就突出了信号中的确定性成分。严格意义上，这种方法与传统估算方法计算结果有一定差值，但对复杂性的估计仍然是定性一致的。从整体数据的角度出发，周期一信号的波动很小，随机扰动占据优势，这时的计算对整体分析没有什么意义。而改进后的计算值更符合实际意义，这对于实验时判断系统复杂程度的动态变化是很有效的。但这种方法并不是对所有小波动信号复杂性的判断都有效，如心电的 R-R 间期，用标准的计算 ApEn 的方法就能很好地算出结果（贺书云等，2002）。可以认为心电的 R-R 间期是波动很小的混沌，用整体 SD 反而削弱了对混沌复杂性的刻划。因此，使用整体 SD 能够消除随机扰动对周期信号复杂性估计的影响，但用于混沌复杂性的刻划有可能与原有的混沌程度的估计有差别。所以，应该根据具体模型和情况应用适合的方法和参数。

　　在 SON 核团中，每一个神经元都是处在一个复杂的神经网络之中，每一个神经元都受到周围许许多多神经元的调控，是一个高维的系统。所以，研究它的非线性动力学特征是很困难的。而 ApEn 避开了对系统动力学模型的估计，简化了计算，使得对它的复杂性计算变得简单。即便如此，它的 ApEn 表现的波动也比较大，这也正说明了其机制的复杂，且有较大的非平稳性。

　　ApEn 适合于对短序列数据进行分析，而往往只有短时的数据才是接近稳态的。通过将 ApEn 应用于实验数据的计算，证明 ApEn 及其改进方法是一种适和量度神经元放电 ISI 序列复杂性的方法。

（韩　晟　段玉斌）

12.3　三叉神经中脑核神经元的双频共振特性

　　共振（resonance）是物理学上的一个引用频率非常高的专业术语，其定义是两个振动频率相同的物体，当一个发生振动时，引起另一个物体振动的现象。共振还可以指一个物理系统在其自然的振动频率（所谓的共振频率）下趋于从周围环境吸收更多能量的趋势。自然界中有许多地方都存在共振现象。在神经系统中，如果神经元具有这一自然频率（nature frequency）f，输入信号为 f 时神经元的响应最强，高于或低于 f 频率的输入都只能引起较弱的响应。可见，共振是用来描述神经元对输入刺激进行频率选择的能力。而频率选择性（frequency preference）是许多神经元都具有的特性，这种神经元对输入刺激在一个很窄的频率范围内表现出最佳的反应（Hutcheon et al.，1996；Wu et al.，2001；Hu et al.，2002）。共振强度可以用 Q 值来量化，其具体含义见下节内容。

　　神经元之所以具有膜共振特性是因为其被动特性与主动特性之间的相互作用。神经元的被动特性由两方面组成：①由细胞膜的通透性所形成的膜电阻；②由细胞膜的脂质双分子层所形成的膜电容。二者的并联形成了物理电路中的低通滤波器，起削弱输入信号中高频成分的作用。神经元的主动特性是由电压门控离子通道组成，起到了带通滤波电路中电感的作用。当然，并非所有的电压门控离子通道都可以充当电感成分，必须满足两个条件：①离子通道激活后产生电流的方向必须与激活该电流时膜电位变化的方向相反。例如，外向整流 I_k 和内向整流 I_h，膜电位去极化时激活 I_k，激活 I_k 后又可使膜电位向超级化方向移动；I_h 则是相反的情况（Gutfreund et al.，1995；Hutcheon et al.，1996）。②该电流的激活时间常数要大于细胞膜的时间常数，即该电流要激活得足够慢。只有这样，神经元才能对接近自己共振频率的输入信号做出强烈的响应。当然，除了充当电感成分的电压门控离子通道之外，还有一些起放大膜共振作用的电流，如 I_{NaP} 等。大脑进行学习记忆等思维活动时会发生共振现象，共振的存在有利于大脑中神经网络在协调活动时进行快速的同步化和稳定化（Wu et al.，2001；Hu et al.，2002；Tanaka et al.，2003）。

　　部分神经元存在对输入频率选择性放大的性质，即频率共振（frequency resonance）性质。目前，它已经确切地被证实存在于皮层神经元（Gutfreund et al.，1995；Hutcheon et al.，1996）、海马 CA1 锥体神经元（Hu et al.，2002）、丘脑神经元（Puil et al.，1994）、内嗅皮质 II 层星形细胞（Erchova et al.，2004）、三叉神经根节神经元（Puil et al.，1986，1988）及三叉神经中脑核（Mes V）神经元（Wu et al.，2001；Tanaka et al.，2003；Xing et al.，2015）等。虽然发生机制各有不同，但是所有的频率共振都是由与时间和电压依赖性离子通道有关的膜被动特性在阈下水平进行复杂的相互作用而形成的。其中，SMPO 被看作频率共振放大的表现。在大脑皮层、Mes V、三叉神经根节、丘脑、海马、小脑及受损背根节（DRG）等组织上均观察到有 SMPO 的现象（Wilcox et al.，1988；Silva et al.，1991；Amitai，1994；Gutfreund et al.，1995；Hutcheon et al.，1996；Khakh and Henderson，1998；Amir et al.，1999；Wu et al.，2001；Hu et al.，2002；Surges et al.，2003；Xing et al.，2003）。

　　Hu 等（2002）发现在海马 CA1 锥体神经元上存在两种低频 θ 共振（4～10Hz），一种是在细胞去极化时（约–60mV）由 I_M 和 I_{NaP} 共同产生的"M-共振"；另一种是在细胞超极化时（约–80mV）由 I_h 产生的"H-共振"（Hu et al.，2002）。无独有偶，Wu 等（2001）在 Mes V 中具有 SMPO 和节律性簇放电的神经元上（等同于 13.2

的 2 类兴奋性神经元）观察到了共振现象 [–57mV，共振频率（resonance frequency，f_{res}）=(89.8±18.6)Hz，Q=4.7±1.9，是出生后 12 天的大鼠，下同]，并测得是由对低浓度 4-AP 敏感的、低阈值的、不失活的外向流（I_{4-AP}）介导的（Wu et al.，2001）。到了 2003 年，该实验室又在所研究的大部分 Mes V 神经元中（33/40）发现，在较静息膜电位水平超极化之处存在一个低频共振 [–70mV，f_{res}=(4.9±0.3)Hz，Q=3.1±0.2]，测得其共振电流是对 ZD7288 敏感的 I_h（Tanaka et al.，2003）。与前一个报道相比，此研究的不足之处在于没有及时地反映出放电模式与低频共振的关系。为了理清不同放电模式与神经元共振之间的关系，我们在 Mes V 进行全细胞膜片钳记录，确认了其中的 2 类神经元的共振特性。

首先我们检测了 2 类兴奋性神经元膜共振的电压依赖性，在 ZAP 电流（可以和直流电流叠加）输入之前通过注入直流电流调变膜电位至不同的水平。图 12-14A 和 B 显示了一个典型的具有双重电压依赖性的共振。在低于膜电位的除极化水平，即–50mV 时，共振主峰格外突出，Q 值为 3.7，f_{res} 为 69Hz，我们称之为"高频共振"；随着膜电位向静息水平的移动，共振现象逐渐减弱（即 Q 值变小），伴有频

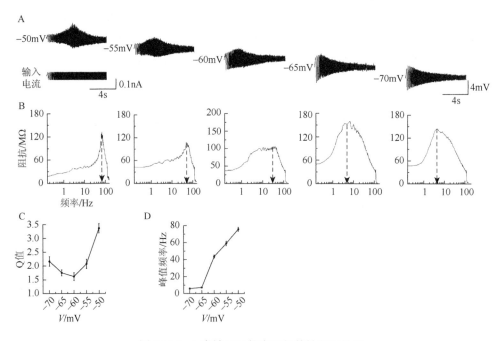

图 12-14　2 类神经元的电压依赖性共振性质

A. 不同膜电位水平（从–70～–50mV）对 ZAP 电流注入后的电压反应。ZAP 电流的幅值（下标图示）都是相同的，但是在不同的膜电位水平由于输入阻抗的差异，峰-值电压的反应是不同的。注意共振在除极化（–50mV）和超极化（–70mV）水平较电位在这二者之间明显增强。B. A 中同一细胞不同膜电位水平的输入频率——阻抗函数。C. 依据膜电位绘制的 Q 值（N=10），膜电位在–50mV 时的 Q 值显著高于在其他膜电位时。D. 不同膜电位水平——峰值共振频率函数（N=10），峰值共振频率值明显降低自除极化电位（–50mV）至超极化电位（–70mV）

率-反应曲线（FRC）宽度变宽，f_{res} 前移，至静息电位水平时降至最低（–60mV，$Q=1.75$，$f_{res}=40Hz$）；随后又逐渐增强，在超极化达到–70mV 时，共振再次较为明显。此时 Q 为 2.0，f_{res} 为 4.5Hz，称为"低频共振"。这种双重的电压依赖性（"U"型共振）在所有的 2 类神经元上均可观察到。在对受检测细胞进行 Q 值（衡量共振的指标）统计时（$N=5$），"U"型共振很明显地表现了出来。从图 12-14C 中可以看到，在–50mV 和–70mV 处 Q 最大，分别为 3.36 ± 0.19 和 2.16 ± 0.17，而在上述两个钳制电压之间 Q 较小（1.51 ± 0.14，–60mV；Q 等于 1.0 提示没有共振）。与其相对应的，在对"U"型共振 f_{res} 所做的统计（图 12-14D）中发现，在–50mV 和–70mV 处的 f_{res} 分别为 $(75.4\pm2.11)Hz$ 和 $(5.46\pm0.31)Hz$。

共振现象是在上述两个明显不同的电压范围内观察到的，表明共振在该范围内存在两个相反的电压依赖性，提示高频和低频两个共振在发生机制上可能也是不同的。

为了确定 2 类神经元中高低两个共振主峰背后的离子通道机制，我们做了一系列的全细胞电压钳实验。基于文献背景，我们主要选择了 I_h 和 I_{4-AP}。I_{4-AP} 的测量如图 12-15 所示：从–46mV 钳制电位起始的一系列不同电压的刺激，在 4-AP（50μmol/L）施加前后重复给予，以阻断 4-AP 敏感的不失活的外向 K^+ 电流。在 800ms 长时程刺激的尾端测得稳态电流，施加 4-AP 前后相减得到 I_{4-AP}（$N=10$；图 12-15A）。另外，在电流钳模式下，4-AP 可以使神经元在同强度的去级化方波刺激时放电数目增多，即能够降低放电阈值。实验结果提示，I_{4-AP} 可以在 Mes V 2 类神经元处于轻度去极化膜电位水平时可靠地记录到，可以被 4-AP（50μmol/L）所阻断，与第一部分在电压钳和电流钳模式下的结果相符。

其次，ZD7288 是一种选择性的 I_h-/HCN-类型通道的阻断剂（Pape，1994；Ghamari-Langroudi and Bourque，2000；Tanaka et al.，2003），仅在超极化时有作用。I_h 的测量如图 12-15C 和 D 所示，我们首先将其钳制于–55mV（其他离子通道尚未被激活），然后给细胞施加如图 12-15C 所示，left-bottom 的刺激方案，可以看到该刺激引起了一个缓慢的内向电流（图 12-15C），之后在灌流液中加入 10μmol/L ZD7288，阻断从–55mV 开始的由超极化刺激引起的缓慢内向流；从而在钳制电位引起了一个向外的移动，降低了在–70mV 处的输入电导（input conductance），这些都与 h-通道被阻断的结果相一致（Pape，1994；Ghamari-Langroudi and Bourque，2000；Tanaka et al.，2003）。通过相减后得到的电流就是 ZD7288 敏感性电流，即 I_h。在电流钳模式下，超极化方波刺激诱发同一神经元在刺激起始出现 sag，同时在刺激结束时诱发出现 rebound 并产生动作电位（图 12-15D），而 10μmol/L 的 ZD7288 可消除了上述反应（图 12-15）。实验结果提示，I_h 可以在 Mes V 2 类神经元处于超极化膜电位水平时可靠地记录到，可以被 ZD7288（10μmol/L）所阻断，同时它也是 sag 和 rebound 的主要离子成分。

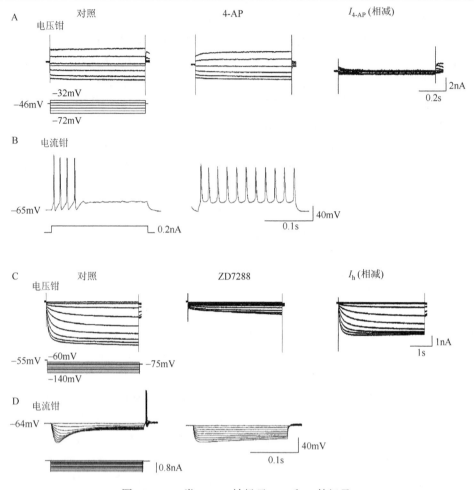

图 12-15　2 类 Mes V 神经元 $I_{4\text{-}AP}$ 和 I_h 的记录

A. 典型 $I_{4\text{-}AP}$ 的记录。电压钳下施加 4-AP 前后相减得到 $I_{4\text{-}AP}$。左下图为刺激方法。B. 电流钳下给予 50μmol/L 4-AP 后 2 类神经元的放电反应。C. 典型 I_h 的记录。电压钳下施加 ZD7288 前后相减得到 I_h（右侧）。D. 电流钳下给予 10μmol/L ZD7288 后 2 类神经元的放电反应。需要注意的是 ZD7288 抑制 sag 和 rebound

　　为了检测 2 类兴奋性神经元中膜电位除极化状态下高频共振的离子电流机制，我们将膜电位钳制在−50mV，加入 4-AP（50μmol/L）或 ZD7288（10μmol/L），加药前后给同一神经元施加 ZAP 电流刺激，观察神经元的反应。考虑到 4-AP 能够使神经元放电阈值降低，数目增加（见 13.2），故在灌流外液中加入 0.1μmol/L TTX 来抑制神经元的放电。图 12-16A 和 B 显示，当钳制在−50mV 时，对照情况下所记录的 2 类神经元具有明显的高频共振（54Hz），加入 4-AP 后高频共振主峰被消除。此外，从阻抗曲线看，4-AP 在除极化水平明显增加了神经元的膜阻抗（图 12-16B 右图）。相反，图 12-16C 和 D 显示当钳制在−50mV 时，对照情况下所记录的 2 类神经元具有明显的高频共振（65Hz），加入 ZD7288 后高频共振主峰基本不受影响（76Hz，这里，主峰的增大和范围的增宽可能还有其他离子通道参与和调节的可能）。结果提示，$I_{4\text{-}AP}$ 是 2 类神经元产生高频膜共振的主动电流成分。

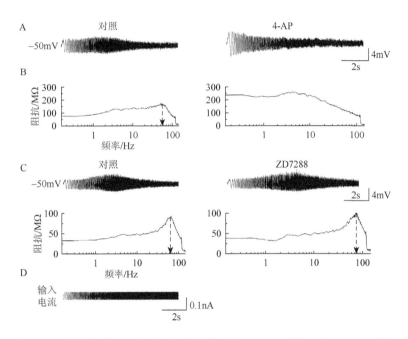

图 12-16　除极化膜电位状态下高频共振可以被 4-AP 阻断，但 ZD7288 无效

A，C. 神经元除极化膜电位（–50mV）状态下注入 ZAP 电流（D 下方图示）后的电压反应。B，D. A 和 C 所对应的阻抗的大小。与对照组相比，高频共振在给予 50μmol/L 4-AP 后被消除（A 和 B）（在给予 4-AP 前后 Q=3.36±0.19 和 1.00±0.00，N=10，P<0.05），然而在相同膜电位水平（–50mV）时 10μmol/L ZD7288 无效（在给予 ZD7288 前后 Q=3.36±0.19 和 3.40±0.17，N=10，P>0.05）

　　类似的，为了确定膜电位超极化状态下 2 类兴奋性神经元中低频共振的离子电流基础，我们将膜电位钳制在–70mV，加入 4-AP（50μmol/L）或 ZD7288（10μmol/L），加药前后给同一神经元施加 ZAP 电流刺激，观察神经元的电压反应。图 12-17A 和 B 显示，当钳制在–70mV 时，对照情况下所记录的 2 类神经元具有明显的低频共振（5.8Hz），加入 ZD7288 后低频共振主峰被消除。同时，ZD7288 在超极化水平明显提高了神经元的膜阻抗（图 12-17B），有报道说这可能是由于 h-电流被阻断的结果（Hu et al.，2002）。相反，图 12-17C 和 D 显示当钳制在–70mV 时，对照情况下所记录的 2 类神经元具有明显的低频共振（4Hz），加入 4-AP 后低频共振主峰不受影响。结果提示，I_h 是 2 类神经元产生低频膜共振的主要电流成分。

　　我们用同样的方法检测了 1 类兴奋性神经元的膜共振现象。在进行 ZAP 刺激之前，首先需要在电流钳下确定 1 类神经元的类型。图 12-18A 显示了一个典型的 1 类神经元分别在除极化和超极化方波及除极化斜波刺激时的反应，方波刺激下放电呈现出明显的电压依赖性，斜波（ramp）刺激结果表现为 ISI 由宽变窄。需

要指出的是，在超极化方波刺激起始处并没有出现 sag，刺激结束时也没有诱发出现 rebound 和动作电位。因为 I_h 是 sag 和 rebound 的主要离子成分，所以提示该神经元可能没有 I_h 的成分。图 12-18B 和 C 显示了 1 类神经元的膜共振结果，可以看到无论是除极化到–50mV，还是超极化至–70mV，神经元对 ZAP 刺激的反应始终表现为在最低频率处的阻抗值最大，即 Q 等于 1，提示该神经元没有共振现象。这在受检测的 10 例中，均没有观察到。

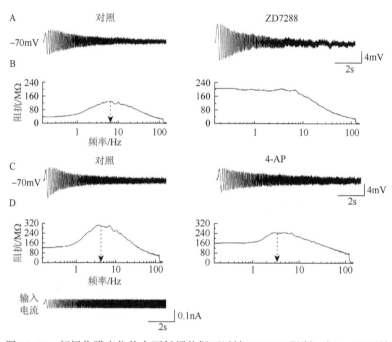

图 12-17　超极化膜电位状态下低频共振可以被 ZD7288 阻断，但 4-AP 无效

A，C. 神经元超极化膜电位（–70mV）状态下注入 ZAP 电流（D 下方图示）后的电压反应。B，D. A 和 C 所对应的阻抗的大小。与对照组相比，低频共振在给予 10μmol/L ZD7288 后被消除（A 和 C）（在给予 ZD7288 前后 Q=2.16±0.17 和 1.00±0.00，N=10，P<0.05），然而在相同膜电位水平（–70mV）时 50μmol/L 4-AP 无效（在给予 4-AP 前后 Q=2.16±0.17 和 1.80±0.12，N=10，P>0.05）

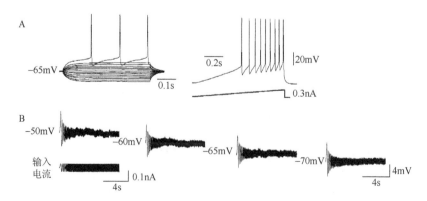

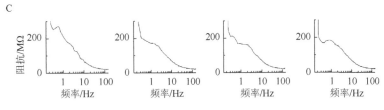

图 12-18　1 类神经元上无共振现象

A. 1 类神经元电流钳下对方波和斜波刺激时的反应。B. 不同膜电位水平（从–70～–50mV）对 ZAP 电流注入后的电压反应，ZAP 电流的幅值（下标图示）都是相同的。C. B 中同一细胞不同膜电位水平的输入频率——阻抗函数。膜电位水平自–70～–50mV 均未观察到共振现象（Q=1.00±0.00，N=10，P<0.05）

我们同样对 3 类兴奋性神经元的膜共振现象进行了检测，仍然是在电流钳下首先确定 3 类神经元的类型。图 12-19A 显示了一个典型的 3 类神经元分别在除极化和超极化方波刺激时的反应：除极化刺激时仅有一个动作电位，ramp 刺激下无动作电位（2nA/600ms）发放。超级化电流时的反应如图 12-19A 所示，发现在刺激起始处有明显的 sag，刺激结束时也可以诱发出现 rebound 和动作电位。提示该神经元有 I_h 的成分。需要指出，在所观察的 150 例 3 类神经元都可以观察到明显的 sag，但在刺激尾端并不一定都有 rebound 和动作电位。图 12-19B 和 C 显示了 3 类神经元的 ZAP 刺激反应结果，可以看到同 2 类神经元十分类似的共振现象。

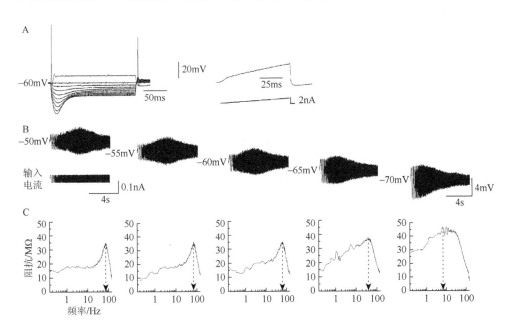

图 12-19　3 类神经元上的电压依赖性共振现象

A. 3 类神经元电流钳下对方波和斜波刺激时的反应。B. 不同膜电位水平（从–70～–50mV）对 ZAP 电流注入后的电压反应。ZAP 电流的幅值（下标图示）都是相同的。C. B 中同一细胞不同膜电位水平的输入频率——阻抗函数。注意共振在除极化（–50mV）和超极化（–70mV）水平时较电位在这二者之间明显增强

简而言之，在除极化和超极化时可以明显看到高（75Hz）和低（<10Hz）两个共振主频，Q 曲线图也为"U"型。受检测的 30 例神经元中有 23 例观察到此现象。

本研究利用 ZAP 刺激的方法观察了 Mes V 上不同兴奋性类型神经元的共振及其背后的发生离子机制。实验结果表明，在几乎所有的 2 类神经元都存在高低两个共振主频；并且 FRCs 中的 f_{res} 和 Q 是电压依赖性的，提示在阈下水平，某些电压依赖性离子通道被激活（Gutfreund et al.，1995；Hutcheon et al.，1996）。负责共振的离子机制由于神经元的不同会相差很大，因此我们结合了以往有关 Mes V 的文献报道来进行共振电流的测量。

首先，和以往有关 Mes V 文献报道相同的是，我们的实验数据也提示了 Mes V 2 类神经元的高频共振电流是对低浓度 4-AP 敏感的、低阈值的、不失活的外向流（I_{4-AP}）。在 4-AP 存在的条件下，FRC 中共振的主峰由高频向低频移动（图 12-16A），论证了 I_{4-AP} 对高频共振产生的重要性。有实验室发现三叉神经根节的共振电流也是 I_{4-AP}（Puil et al.，1989）。另外，有研究还提示降低胞外的 Na^+ 浓度或是施加 TTX 都不会影响这种共振主频，并且已经证实了 I_{NaP} 是该共振的放大电流（Wu et al.，2001）。实际上，对 4-AP 敏感的外向流中，一个是瞬时的 I_{TOC-S}（即 I_{A-Slow}，A 型钾电流中的慢失活成分），另一个是持续性的不失活的 I_{4-AP}；目前普遍认为 I_{4-AP}（30～100μmol/L 4-AP）较 I_{TOC-S}（1～5mmol/L 4-AP）对 4-AP 更为敏感。高频共振电流也不太可能是缓慢激活又迅速失活的也对 4-AP 敏感的电流（I_{TOC-S}），因为该电流在 −45mV 附近就已经几乎全部失活了，而且需要大剂量的 4-AP（500μmol/L）才能够阻断（del Negro and Chandler，1997）。Kv1 通道最近被认为是与 I_{4-AP} 有密切关系通道亚型，其中，Kv1.2 可能占主导（Wu et al.，2001；Guedon et al.，2015）。我们还发现 2 类神经元的低频共振电流是对 h/HCN 通道阻断剂 ZD7288（10μmol/L）敏感的，超极化时被激活的，不失活的内向流（I_h）。在 ZD7288 存在下，FRC 中共振的低频主峰前移直至消失（图 12-17A），论证了 I_h 对高频共振产生的重要性。由此看来，这种低频共振并非像有些报道所述存在于其他类型神经元之中（in other types of neurons）（Tanaka et al.，2003），即在具有 SMPO 的 2 类神经元上同时存在两种频率差异较大的共振。另外，许多在从心脏起搏细胞到视丘神经元的多种细胞再到海马及下托的锥体神经元中，都提示 I_h 与振荡、起步点和共振有关（Pape，1996；Luthi and McCormick，1998；Hu et al.，2002；Wang et al.，2006）。比较一下这两个电流会发现，I_{4-AP} 和 I_h 都是不失活（non-inactivating）电流，其激活（activate）和去激活（deactivate）的发生十分缓慢（τ 为 50～500ms），在阈下膜电位水平，即较放电阈值为负。然而，在功能上它们彼此之间实际上是"镜像"，或者说是反向关系。I_{4-AP} 单纯由 K^+ 组成，反转电位 E_k 接近 −97mV，去极化至 −60mV 以上时被激活；而 I_h 则是一种混合的阳离子流，由 Na^+ 和 K^+ 组成，其反转电位接近 −40mV，激活于较 −60mV 更超极化处（Brown et al.，1990；Storm，1990）。因为它们的电压依赖性和方向性相反（I_{4-AP}

在整个激活范围内是外向的，而 I_h 则是内向），所以它们有类似的作为一种内在的、缓慢"电压钳"的功能，能够通过相反方向的去极化和超极化输入来稳定膜电位。

对于 1 类兴奋性神经元，我们没有观察到共振现象（图 12-18B 和 C）。可能有以下两个原因：①如图 12-18A 所示，在电流钳模式下超极化方波刺激不能诱发神经元在刺激起始位置出现 sag，同时在刺激结束时也没有 rebound 及动作电位的产生。而以目前的观点来看，I_h 被公认为是神经元在超极化时出现的 sag 和 rebound 这种慢整流的主要电流成分（Funahashi et al.，2003）。由此看来，1 类神经元在 –70mV 处没有测得低频共振（图 12-18B 右图）与其电流钳结果是相符合的，即它没有产生低频共振的电流基础。②如前所述，Mes V 上高频共振的电流基础是 $I_{4\text{-}AP}$，而在 13.2 的神经元转型结果当中我们可以看到，2 类神经元在给予 50～100μmol/L 4-AP 后可以转型变为 1 类神经元；虽然当又施加 Riluzole 后，这种转过来的 1 类神经元可以反过来重新再转回到 2 类，但是 SMPO 的频率已经很低了。因此可以说，1 类神经元中的 $I_{4\text{-}AP}$ 含量非常小，也许远远低于出现共振所需要的水平。当然，最有说服力的证据应该是在 1 类神经元上实际测量 $I_{4\text{-}AP}$ 和 I_h 的电流大小，但是由于其出现比率很低，因此尚未测得。我们在 3 类兴奋性神经元上观察到了同 2 类神经元一致的高、低频共振现象也可以按照上述思路进行分析：①如图 12-19A 所示，在电流钳模式下超极化方波刺激可以诱发神经元在刺激起始位置出现 sag，同时在刺激结束时也有 rebound 及动作电位，因此说它具有产生低频共振的电流基础。②在 13.2 中我们在电压钳下实际测得 3 类神经元中的 $I_{4\text{-}AP}$ 明显高于 2 类，这是它产生高频共振的电流基础。

那么，在 2 类神经元中存在高频共振的意义在哪里呢？以往的报道和我们的研究都发现阈下膜电位振荡（SMPO）的频率，簇放电内部的频率和共振的频率都在一个相同的范围（Amir et al.，1999；Wu et al.，2001）。提示去极化时的高频膜共振和发生在阈下的高频膜振荡有相同的离子机制，从而提示 SMPO 来自膜共振（Puil et al.，1994；Gutfreund et al.，1995；Wu et al.，2001；Yang et al.，2015）。SMPO 的出现提示神经元具有共振特性，即神经元能够对输入的信号做出选择其最优频率反应的能力。虽然 SMPO 是阈下发生的小事件，但是它们的存在对于控制 Mes V 神经元输入-输出的关系和不同口周运动中的兴奋性十分重要。在节律性口周运动行为中出现的簇放电虽然不太可能是由于膜共振引起的，但是膜共振的性质使得它可以作为另一个加强口周运动中枢模式发生器输出的机制。膜共振及在此基础上出现的 SMPO 提示 Mes V 神经元胞体，并非被动地传送由突触传来的信息，而是按照控制其膜共振特性的因素参与了信息最终输出形式的构建。而且，由于 Mes V 神经元被认为存在电突触耦合和化学突触偶合，因此共振能够在很大程度上促进偶合神经元之间的同步性节律活动（Baker and Llinas，1971；Luo and Dessem，1996；Lampl and Yarom，1997）。

（杨　晶　胡三觉）

12.4　海马结构下托锥体神经元的膜共振

膜共振（membrane resonance）是用来描述神经元对输入信息的频率选择性（frequency preference）的能力，表现为神经元对输入刺激的特定频段产生较强反应（Buzsaki，2002）。神经元的膜共振特性是神经元被动特性和主动特性相互作用的结果。其中神经元的被动特性，是指神经元的细胞膜由于其通透特性形成的膜电阻和细胞膜的脂质双分子层形成的膜电容，这两者组成的并联电路和低通滤波电路的原理一致，所起的作用就是削弱输入信号的高频成分。而神经元的主动特性，则是指能够起到带通滤波电路中电感作用的成分——电压门控的离子通道（Hutcheon and Yarom，2000），所起的作用是削弱输入信号中的低频成分。这样，神经元即可对接近自己共振频率的输入信号做出强烈的响应，进而将之传递到下一级神经元。神经元的共振特性是产生神经元膜电位振荡（oscillation）乃至神经元集群振荡的细胞基础（Lampl and Yarom，1997；Wu et al.，2001）。而振荡是常见和重要的生物节律活动，涉及工作记忆、空间定向及认知等多种生理活动和功能，在时间编码和突触可塑性中也具有举足轻重的作用（Sarnthein et al.，1998；Kahana et al.，2001；Raghavachari et al.，2001）。此外，突触发生长时程增强时，神经元树突可发生膜共振特性的可塑性变化，提示了膜共振特性在突触后神经元主动整合传入信息的能力（Fan et al.，2005；Narayanan and Johnston，2007）。抑制膜共振会导致神经元及网络兴奋性的增高，神经元发育异常和认知功能缺陷及癫痫的发作（Peters et al.，2005）。而帕金森病运动障碍也已发现与膜共振特性的改变有关（Eusebio et al.，2009；Halje et al.，2012）。因此，对神经元膜共振特性的研究，尤其是其产生电流机制的研究对理解神经元信息处理、生理节律及病理影响显得尤为重要。

海马结构（hippocampus formation）是生物节律频段丰富的脑内重要结构，其中 θ 频段（4~10Hz）的慢节律高幅（1~2mV）振荡是海马结构神经网络的一个突出特征（Buzsaki，2002）。它可以在啮齿类动物的运动、定向及其他自主行为时记录到，涉及突触可塑性、信息编码和工作记忆等功能；也可以在人类探索环境、快动眼睡眠时记录到（Sarnthein et al.，1998；Kahana et al.，2001；Raghavachari et al.，2001）。对于海马结构 θ 节律，以往对 CA3 和 CA1 等海马本部的研究较多，而对于下托（subiculum）——控制海马结构信息的主要出口，缺乏研究。下托是海马本部和内嗅皮质之间的连接枢纽，控制着海马内信息向皮质和其他皮质下结构的传递，其意义十分重要。有实验发现，损伤下托可以导致持久的空间定位损害，提示了下托在空间记忆中的重要作用（Schenk and Morris，1985）。比较损伤海马和下托发现，海马损伤可以导致学习效率降低和空间定位阻碍，而下托损伤影响的是长时间的空间学习，对空间信息处理和短时间记忆没有影响。对阿尔茨海默病患者的病理学研究发现，患者出现内嗅皮质和下托的选择性损害，这种损害可引起患者记忆的缺失（Hyman et al.，1984）。下托能够部分反转齿状回的抑制效应。齿状回的抑制作用就像海马本部的滤波器，而与齿状回相反的是，下托松散的抑制及特殊的放电模式使其成为海马本部信息输出的一个放大器。同时，由于下托和内嗅皮质及其他皮质和皮质下结构的相互联系，来自内嗅皮质的信息可能绕过齿状回的抑制而到达下托，从而造成海马电活动输出的异常，这可能是下托在癫痫活动的发生和传播中的一个重要作用（Cohen et al.，2002）。

　　尽管下托在海马结构中具有重要的生理学意义和功能，但关于下托内在特性的研究尚不多见。尤其是虽然下托神经元电生理特性的研究较为详细，但关于下托神经元是否存在膜共振特性，其产生的离子机制如何，尚未见报道。因此，本研究室使用全细胞膜片钳记录方式对大鼠下托锥体神经元的膜共振特性及其产生的离子机制进行了研究。

　　在实验中，我们采用大鼠海马水平脑片作为研究对象。实验用 Olympus 正置显微镜配有 5 倍物镜（数字孔径为 0.10）、40 倍浸水物镜（数字孔径为 0.80）、红外微分干涉相差（infrared-differential interference contrast，IR-DIC）透镜。用 5 倍物镜观察海马结构的分区和下托的位置。下托以靠近 CA1 的近端下托和靠近前下托的远端下托为两个边界，同时在 5 倍下观察下托的锥体层大体范围，用 40 倍浸水物镜观察单个下托锥体神经元的形态和进行可视封接（图 12-20）。

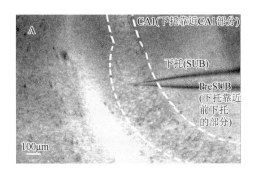
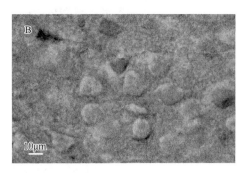

图 12-20　显微镜显示下托范围和单个下托锥体神经元

A. 5 倍物镜下下托的范围；B. 40 倍物镜下钳制单个下托锥体神经元前，注意神经元的形状以三角或卵圆形为主；C. 电极与细胞形成封接的状态，注意细胞表面由于电极尖端的压迫形成的凹陷

　　对于神经元的膜共振特性，我们采用输入 ZAP（the impedance amplitude profile）电流进行检测，即在全细胞电流钳状态下，通过记录电极给予细胞一个振幅固定、频率随时间连续变化的正弦电流刺激（如 20s 内频率从 0Hz 增加到 15Hz），记录神经元的电压反应。共振表现为神经元膜电压反应在某个特定的频率段出现一个明显的可重复的凸起（hump）——共振峰。为了量化共振的强度，将共振峰的阻抗值与 0.5Hz 时阻抗值的比值称为 Q（Hutcheon et al.，1996a）。Q 等于 1 时，表明该神经元没有共振。给予 ZAP 电流引起电压的峰-峰值控制在 ±10mV 以内，以避免诱发动作电位，影响共振峰的检测。为了测量共振频率（resonance frequency，f_{res}），实验将记录到的电压反应和输入的 ZAP 电流进行快速傅里叶变换（fast Fourier transforms，FFT）（图 12-21）。计算阻抗值的公式如下：

$$阻抗值 = \frac{FFT(V)}{FFT(I)} \tag{12-2}$$

式中，FFT（V）表示的是膜电压反应的快速傅里叶变换值，FFT（I）表示的是 ZAP 电流的快速傅里叶变换值。

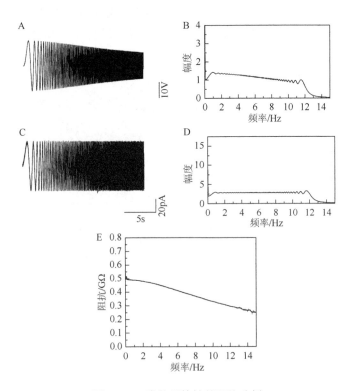

图 12-21　膜共振特性的阻抗分析

A. 给予细胞模型 ZAP 电流，记录到的电压反应；B. 图 A 中电压反应的 FFT 变换分析；C. 图 A 中给予的 ZAP 电流的频率为 0～15Hz；时程 20s；D. 图 C 中 ZAP 电流的 FFT 变换分析；E. 细胞模型的阻抗

　　实验中发现，运用 ZAP 电流给予下托锥体神经元刺激，细胞表现出明显的膜共振特性。如图 12-22 所示，该神经元的形态为典型的锥体神经元。放电模式与以往对下托锥体神经元的报道一致。同时，在超极化刺激时，下托神经元表现出明显的 sag，在刺激截至处出现 rebound 并引起动作电位的产生。由图 12-22C 和 D可见，给予该神经元 0～15Hz 的 ZAP 电流刺激，诱导神经元在 1.8Hz 处出现最大的电压反应——共振峰，也即该神经元的共振频率为 1.8Hz。

　　实验发现，所有我们用电生理方法鉴定为锥体神经元的下托神经元在–80～–75mV 对 ZAP 刺激均表现出共振反应，共振频率（f_{res}）为(2.0 ± 0.1)Hz（$N=23$），Q 大于 1（$Q=1.23 \pm 0.02$，$N=23$）。我们也比较了 0～15Hz、20s 的 ZAP 刺激和更大跨度的频率范围（0～30Hz，20s）及频率递减（15～0Hz，20s）的 ZAP 电流刺激诱发的神经元膜电压反应，结果显示对于同一个神经元，采用上述两种 ZAP 方法计算得到的膜共振频率大小和 Q 值没有差异（结果未列出）。实验还发现，下托规则放电神经元和阵发式放电神经元的形态特征和共振频率均未见明显差别。

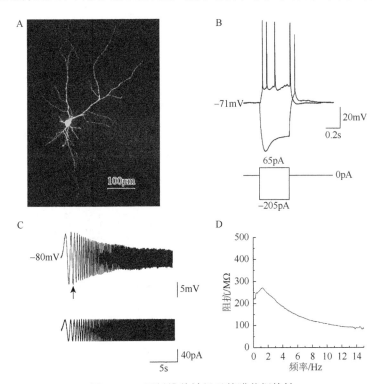

图 12-22　下托锥体神经元的膜共振特性

A. 所记录下托锥体神经元的典型形态；B. 图 A 中细胞的去极化和超极化表现，注意超极化刺激表现的 sag 和 rebound；C. 图 A 中细胞给予 ZAP 电流表现的电压反应（0～15Hz，20s），细胞钳制在–80mV，箭头所示为最大电压反应处；D. 对图 C 结果进行阻抗分析显示，该神经元共振频率为 1.8Hz

　　以上结果是在室温下获得的（大约 24℃）。这个温度并不能反映大鼠下托锥体神经元的生理状态。因此，为了检测生理状态下托锥体神经元的共振频率，我们把记录槽的温度提高到32~35℃。实验发现，记录槽的温度升高使得神经元对 ZAP 电流刺激的膜电压反应的峰值向更高频率段移动（图 12-23A）。图 12-23B 显示，对一个神经元不同温度下阻抗值的分析发现：在 24℃时，神经元的共振频率为 2.4Hz；当温度升高到 32℃时，神经元的共振频率达到了 4Hz。我们比较了 3 个不同温度情况下测量到的神经元膜共振频率，即 24℃（$N=17$）、32℃（$N=5$）和 35℃（$N=7$）。结果显示，三个温度的共振频率依次是(2.0 ± 0.5)Hz、(3.9 ± 0.5)Hz 和(6.1 ± 0.6)Hz。统计学分析显示，随着温度的升高，神经元的共振频率明显升高（One-way ANOVA，$P<0.05$，图 12-23C）。由于 32~35℃可以视为亚生理温度，而我们的实验结果显示在35℃时共振频率即已达到 6Hz，已属于 θ 频段（4~10Hz）。结果显示，下托锥体神经元的膜共振频率具有温度依赖性，即膜共振频率随温度的升高而升高，在亚生理和生理温度情况下在 θ 频率范围内。但在病理高温情况下下托神经元共振频率是如何改变的，是否是一直升高的？我们尚不清楚，这有待于进一步的研究。

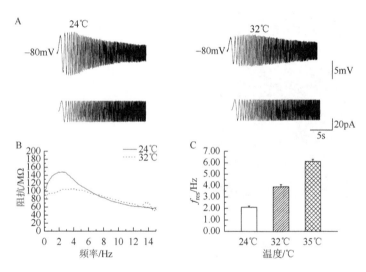

图 12-23　下托锥体神经元膜共振特性的温度依赖性

A. 同一神经元不同记录温度下给予 ZAP 电流得到的电压反应，注意随温度增高，共振峰向更高频段移动；B. 对图 A 的神经元 FFT 分析显示，共振频率从 24℃的 2.4Hz 增加到 32℃的 4.0Hz；C. 3 个不同温度点下托神经元共振频率的统计结果

为了检测下托神经元的膜共振特性是否存在着电压依赖性，我们将膜电位钳制在不同水平，给予神经元 ZAP 电流，观察神经元的膜共振特性是否变化，以及是如何变化的。由于当去极化到一定程度时神经元会产生自发放电，为了去除自发放电对神经元膜共振特性检测的影响，我们在外液中加入了 400nmol/L 的 TTX，以抑制去极化钳制引起的自发放电。图 12-24A 显示的是其中一个神经元在不同膜电位给予 ZAP 电流刺激引起的电压反应。神经元的电压反应在–90~–70mV 有明显的共

振峰。在去极化膜电位水平（如–60mV）膜共振则表现得并不明显。我们分析了 5 个神经元在不同膜电位水平膜共振频率和 Q 大小的变化情况（图 12-24）。结果显示，神经元膜共振频率从–70mV 的(1.3±0.3)Hz 增加到–90mV 的(2.6±0.2)Hz。在–80mV 的水平膜共振频率为(2.0±0.3)Hz，而在去极化膜电位水平（–50mV），膜共振频率仅有(0.6±0.1)Hz。–70mV 水平下 Q 为 1.1±0.03，而膜电位钳制在在–90mV时，Q 增加到 1.2±0.04。而在去极化状况下 Q 接近于 1。结果显示，下托锥体神经元的膜共振特性具有电压依赖性，表现为随着膜电位的超极化膜共振频率和 Q 值均是增加的。也就是说，下托锥体神经元的膜共振在超极化状态下表现得更为明显。

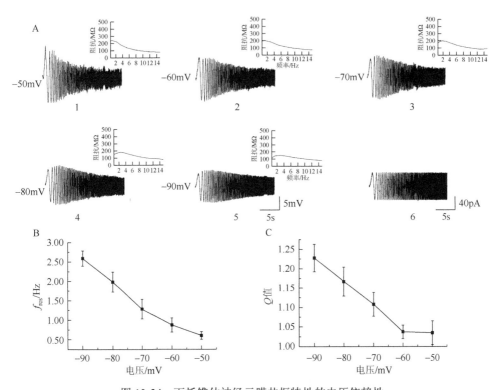

图 12-24　下托锥体神经元膜共振特性的电压依赖性

A. 不同膜电位相同 ZAP 电流刺激引起的下托锥体神经元膜电位反应，注意在–90mV 时的共振峰较–50mV 更为明显；B. 共振频率与膜电位关系曲线（平均数±标准误；N=5），可见随着膜电位超极化，共振频率增加；C. Q（平均数±标准误）与膜电位关系曲线，数据来自 B 图

　　根据以上实验结果，结合以往其他脑区的膜共振研究及下托神经元在超极化电流刺激下出现的 sag 和 rebound，我们猜想：在下托锥体神经元中，膜共振产生的主动成分有可能是 I_h。在电压钳模式下，我们确实记录到一个超极化激活的缓慢内向流（图 12-25A），该电流可以用单指数曲线拟合。在 ACSF 中加入 I_h 特异性阻断剂 ZD7288 可以明显抑制该电流。图 12-25B 显示了该电流的超极化激活特性（N=6），显示其具有 I_h 电流的动力学特征。在电流钳模式下，超极化方波刺激诱发同一神经元在刺激

起始出现 sag，在刺激结束时诱发出现 rebound 并产生动作电位。而 ZD7288 在同一膜电位水平消除了 sag 和 rebound，也消除了 rebound 产生的动作电位（图 12-25C）。结果显示 I_h 是 sag 和 rebound 这种慢整流的主要电流成分。I_h 可以在下托锥体神经元处于超极化膜电位水平时可靠地记录到，同时它也是 sag 和 rebound 的主要离子成分。

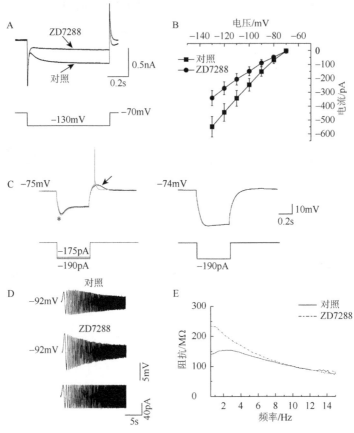

图 12-25　I_h 电流及其在下托锥体神经元膜共振中的作用

A. 电压钳下，在下托锥体神经元记录到的超极化激活的缓慢内向流，该电流可被 I_h 电流特异阻断剂 ZD7288 阻断；B. 电流-电压曲线（I-V）显示该电流的超极化激活特性（N=6，平均数±标准误）；C. ZD7288 可以去除下托锥体神经元的 sag 和 rebound，星形标示 sag；箭头标示 rebound；D. −92mV，给予相同 ZAP 电流，引起的共振峰可以被 ZD7288 所阻断；E. 图 D 细胞的阻抗分析显示加入 ZD7288 后神经元的共振频率为 0

　　为了检测 I_h 在下托锥体神经元共振中具有的作用，我们将膜电位钳制在−95～−85mV，在加入 ZD7288（14μmol/L）前后分别给予同一神经元施加 ZAP 电流刺激，观察神经元的电压反应。图 12-25D 显示，在对照情况下所记录的神经元具有明显的膜共振峰，加入 ZD7288 后共振峰被消除。此外，从阻抗曲线看，ZD7288 在超极化水平明显增加了神经元的膜阻抗（图 12-25E）。结果提示，I_h 是下托锥体神经元产生 θ 频率膜共振的主动电流成分。

　　我们在实验中发现，在给予神经元超极化电压刺激时，不仅存在 I_h，还存在着一个超极化快速激活的内向整流电流。根据以往研究显示，该电流有可能是内向整流钾电流——I_{IR}。图 12-26A 显示，将神经元膜电位钳制在–70mV，给予超极化电压刺激诱发出的内向电流包括一个快成分和一个慢成分。慢成分我们已证实为 I_h，可以用单指数曲线拟合。而快成分实际包括一个快速激活的内向电流和电容瞬时充电电流。我们通过将 I_h 的单指数拟合曲线后推到电压方波起始处，以此点为基准测量快速内向电流。由于电容电流在单个神经元可看作定值，我们将整个快电流成分视为快激活的内向流而忽略电容电流。这样可以简化计算，但不影响对该内向流的定性分析。实验发现，这个快激活的内向流可以被 0.5mmol/L 的 $BaCl_2$ 所抑制，具有超极化激活的整流特性（图 12-26B）。这些结果与其他脑区对 I_{IR} 的研究一致（Hutcheon et al.，1996b）。结果提示，这种快速超极化激活的内向整流电流即为 I_{IR}。如图 12-26C 所示，在电流钳模式下，ACSF 中加入 0.5mmol/L

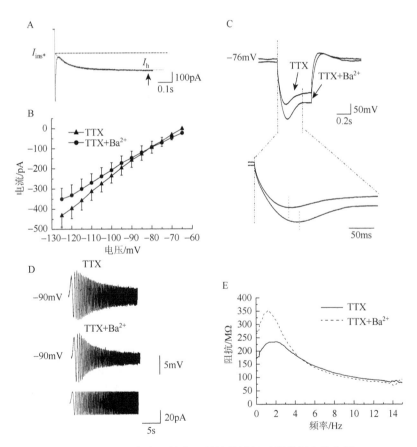

图 12-26　I_{IR} 电流及其在下托锥体神经元膜共振中的作用

A. 超极化激活的瞬时和缓慢内向流，星形标示"瞬时内向流"，箭头标示"缓慢内向流成分"，I_h 为瞬时内向流，包括了 I_{IR} 和电容电流；B. 瞬时内向流的电流-电压曲线；C. 电流钳下，TTX 和 Ba^{2+} 阻断该电流引起细胞时间常数和输入电阻增高；D. –92mV，给予相同 ZAP 电流，TTX 和 Ba^{2+} 引起的共振峰增强；E. 图 D 细胞的阻抗分析显示阻断 I_{IR} 电流导致共振频率下降，Q 增加

$BaCl_2$ 可以增加神经元的膜时间常数（$N=9$，$P<0.05$）和输入阻抗（$N=9$，$P<0.05$）。但 $BaCl_2$ 并没有抑制 sag 和 rebound（$N=9$），显示 $BaCl_2$ 可以抑制 I_{IR} 但并不抑制 I_h。在-80mV 或者更负的膜电位水平，$BaCl_2$ 可以明显增加膜共振的阻抗值（$N=5$，$P<0.05$），同时使共振频率从(2.0 ± 0.1)Hz 减小到(1.3 ± 0.04)Hz（$N=5$，$P<0.05$）。结果显示，I_{IR} 可以在超极化膜电位水平削弱膜共振幅值并使共振频率增加（图 12-26D 和 E），由此可见 I_{IR} 不是下托锥体神经元膜共振的主动电流而是它的调节电流。

　　我们也测量了下托锥体神经元中的 I_{NaP}，并观察了其在下托共振神经元中的作用。为了测量 I_{NaP}，我们将膜电位钳制在-70mV，给予神经元从超极化到去极化的 800ms 宽的长时程电压方波刺激，在电压刺激结束处测量电流。实验发现，膜电位去极化时测量到一个稳态电流可以被$200\sim400$nmol/L 的 TTX 抑制（图 12-27A）。

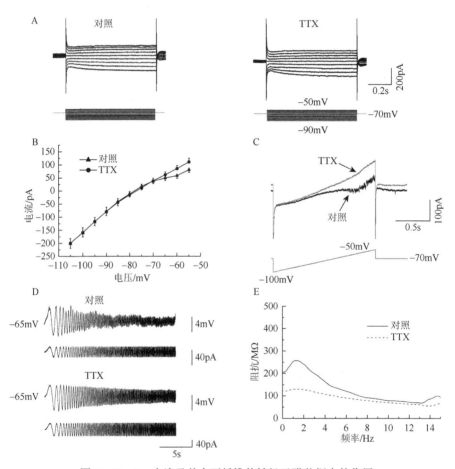

图 12-27　I_{NaP} 电流及其在下托锥体神经元膜共振中的作用

A. 钳制电压从$-90\sim-50$mV 情况下，下托锥体神经元在给予 400nmol/L TTX 前后记录到的膜电流；B. 稳态电压-电流曲线（$N=6$，平均数±标准误）显示存在一个 TTX 敏感的去极化激活的内向流；C. 运用斜波刺激记录到 TTX 敏感的去极化激活的内向流，注意激活电压与图 B 一致；D. -65mV，给予相同 ZAP 电流，TTX 减小共振峰；E. 图 D 细胞的阻抗分析显示阻断 I_{NaP} 电流导致共振幅度下降，Q 减小

图 12-27B 显示 TTX 在 −70mV 或者更去极化方向对该电流有作用，而在超极化水平没有效应（N=6）。结果提示该电流在去极化激活，产生的电流为内向流，具有 I_{NaP} 的动力学特性。此外，我们用从–100mV 缓慢（1.5s）增加到–50mV 的斜波电压刺激来检测下托锥体神经元是否存在 I_{NaP}。这种慢速去极化的斜波可以使产生动作电位的快 Na^+ 电流不被激活而仅仅激活不失活的 I_{NaP}。如图 12-27C 所示，慢速去极化的斜波增加到–70～–65mV 时，神经元产生 1 个内向电流，该电流可以被 TTX 所抑制。

在电流钳模式下，将膜电位钳制在–65mV，在加入 200～400nmol/L TTX 前后分别给予同一神经元施加 ZAP 电流刺激，观察神经元的电压反应。如图 12-27D 和 E 显示，TTX 减小了下托锥体神经元的膜共振峰。阻抗曲线显示加入 TTX 减小了神经元的阻抗值，但并没有改变膜共振的频率。结果提示，I_{NaP} 可以在去极化膜电位水平放大膜共振幅值。

我们的研究显示，下托锥体神经元具有低频膜共振。其共振频率在 24℃ 大约为 2Hz。在 32～35℃ 时，下托锥体神经元的共振频率增加到 4～6Hz（图 12-23），这个频率属于 θ 频段。由于这个温度接近正常的体温，因此我们的结果提示下托锥体神经元的膜共振在在体情况下可能达到 θ 振荡所在的频率范围。本实验显示，下托锥体神经元的膜共振与膜电位有关，在超极化水平更为显著（图 12-24）。与此相一致的是，我们发现 I_h 是下托锥体神经元膜共振产生的主动成分。I_h 在神经系统广泛表达，在神经元膜兴奋性和节律活动中具有重要作用（Pape，1996）。离体实验表明，ZD7288 可以中断内嗅皮质细胞水平的 θ 振荡及海马 CA3 局部环路的 θ 振荡。在我们的实验中，I_h 是下托锥体神经元 θ 膜共振形成机制的主动成分。在不同脑区进行的研究均显示，神经元膜共振和阈下膜电位振荡拥有共同的产生机制（Lampl and Yarom，1997；Wu et al.，2001）。Buzsaki（2002）的综述也注意到神经元内在膜共振特性参与了海马 θ 振荡的产生。因此，我们的研究提示下托锥体神经元的 θ 膜共振可能是下托 θ 振荡产生的机制之一。

共振频率和 Q 是膜共振的两个参数，通常用来描述膜共振。共振频率表示的是神经元可以基于频率成分来选择性接受输入信号的特定成分；而 Q 则反映的是在共振频率范围内的一个小的输入就足以一个很大的膜电压反应。Q 越大，引起神经元产生阈上反应所需要输入的强度越小。本实验发现：I_{IR} 可以在超极化水平削弱 Q，增大共振频率；I_{NaP} 则在去极化水平可以增加 Q，即放大膜共振。事实上，神经元的共振行为是由膜主动特性和被动特性相互作用的结果。只要能调节这两种性质，就可以调节共振频率或者 Q，或者两个参数都被影响。ZD7288（50μmol/L）可以引起膜电位的超极化，在–80～–65mV 增加膜输入阻抗，同时消除输入阻抗的电压依赖性。因此，ZD7288 的效应不仅是因为改变了 I_h 的动力学特性，而且也因为它调节了神经元的输入阻抗。

以上结果总结了我们研究室对下托锥体神经元共振特性的研究，该成果对研究下托锥体神经元膜共振特性在下托生理功能和病理作用提供了基础。但膜共振如何影响下托锥体神经元如振荡特性、信息加工，尚不得知。我们的结果提示，从某种意义上讲，只要是能调节 I_h、I_{IR} 和 I_{NaP} 的因素都能影响膜共振的频率或者幅度，从而对神经元的信息输出产生影响。这些电流是许多神经递质和神经调质的作用靶位（Pape，1996；Pedarzani and Storm，1995）。在这些神经递质和神经调质的作用下，下托神经元产生共振和调节共振的电流可能在静息膜电位水平，甚至去极化水平就产生作用。因此，生理情况和病理状态都可能通过调节下托锥体神经元的膜共振特性来影响下托群体神经元节律性活动，最终调节下托的生理功能和（或）病理进程。因此，有针对性地对膜共振相关电流进行调变，观察下托神经元甚至整个下托活动的改变，以及对动物整体行为的影响，可能会提高我们对膜共振特性在生理或者病理中作用的认识，从而促进我们对脑活动本质的了解。

（王文挺　胡三觉）

参 考 文 献

段玉斌，菅忠，胡三觉. 1998. 损伤神经自发放电节律变化中的混沌与阵发现象.生物物理学报，14（3）：465-471.

韩晟，菅忠，胡三觉. 2000. 大鼠视上核神经元自发放电节律的确定性机制.生物物理学报，16（3）：494-500.

贺书云，胡三觉，王贤辉，等. 2002. 迷走神经在心率变异性中的作用.生理学报，54（2）：129-132.

洪波，唐庆玉，杨福生. 1999. 近似熵、互近似熵的性质、快速算法及其在脑电与认知研究中的初步应用. 信号处理，15（2）：100-107.

杨福生，廖旺才. 1997. 近似熵：一种适用于短数据的复杂性度量.中国医疗器械杂志，21（5）：283-286.

Amir R，Michaelis M，Devor M. 1999. Membrane potential oscillations in dorsal root ganglion neurons: role in normal electrogenesis and neuropathic pain. J Neurosci，19：8589-8596.

Amitai Y. 1994. Membrane potential oscillations underlying firing patterns in neocortical neurons. Neuroscience，63：151-161.

Baker R，Llinas R. 1971. Electrotonic coupling between neurones in the rat mesencephalic nucleus. J Physiol. 212：45-63.

Brown DA，Gahwiler BH，Griffith WH，et al. 1990. Membrane currents in hippocampal neurons. Prog Brain Research，83：141-160.

Buzsaki G. 2002. Theta oscillations in the hippocampus. Neuron，33：325-340.

Cohen I，Navarro V，Clemenceau S，et al. 2002. On the origin of interictal activity in human temporal lobe epilepsy in vitro. Science，298：1418-1421.

Del Negro CA，Chandler SH. 1997. Physiological and theoretical analysis of K⁺ currents controlling discharge in neonatal rat mesencephalic trigeminal neurons. J Neurophysiol，77：537-553.

Devor M，Wall PD. 1990. Cross-excitation in dorsal root ganglia of nerve-injured and intact rats. J Neurophysiol，64：1733-1745.

Duan JH，Duan YB，Han S，et al. 2002. Slow wave oscillation induced by veratridine in injured dorsal root ganglion neurons. Acta Biophys Sinica，18：49-52.

Erchova I，Kreck G，Heinemann U，et al. 2004. Dynamics of rat entorhinal cortex layer II and III cells: characteristics of membrane potential resonance at rest predict oscillation properties near threshold. J Physiol，560：89-110.

Eusebio A，Wang PS. 2009. Resonance in subthalamo-cortical circuits in Parkinson's disease. Brain，32：2139-2150.

Fan Y，Ficker D，Brager DH，et al. 2005. Activity-dependent decrease of excitability in rat hippocampal neurons through increases in I（h）. Nat Neurosci，8：1542-1551.

Ferster D，Spruston N. 1995. Cracking the neuronal code. Science，270：756-757.

Funahashi M，Mitoh Y，Kohjitani A，et al. 2003. Role of the hyperpolarization-activated cation current（Ih）in pacemaker activity in area postrema neurons of rat brain slices. J Physiol，552：135-148.

Ghamari-Langroudi M，Bourque CW. 2000. Excitatory role of the hyperpolarization-activated inward current in phasic and tonic firing of rat supraoptic neurons. J Neurosci，20：4855-4863.

Guedon JM，Wu S，Zheng X，et al. 2015. Current gene therapy using viral vectors for chronic pain. Mol Pain，11：27.

Gutfreund Y，Yarom Y，Segev I. 1995. Subthreshold oscillations and resonant frequency in guinea-pig cortical neurons：physiology and modelling. J Physiol，483：621-640.

Halje P，et al. 2012. Levodopa-induced dyskinesia is strongly associated with resonant cortical oscillations. J Neurosci，32：16541-16551.

Hu H，Vervaeke K，Storm JF. 2002. Two forms of electrical resonance at theta frequencies，generated by M-current，h-current and persistent Na^+ current in rat hippocampal pyramidal cells. J Physiol，545：783-805.

Hu SJ，Xing JL. 1998. An experimental model for chmnic compression of dorsal rooet ganglion produced by intervertebral foramen stenosis in the rat. Pain，77：15-23.

Hutcheon B，Miura RM，Puil E. 1996a. Models of subthreshold membrane resonance in neocortical neurons. J Neurophysiol，76：698-714.

Hutcheon B，Miura RM，Puil E. 1996b. Subthreshold membrane resonance in neocortical neurons. J Neurophysiol，76：683-697.

Hutcheon B，Yarom Y. 2000. Resonance，oscillation and the intrinsic frequency preferences of neurons. Trends Neurosci，23：216-222.

Hyman BT，van Horsen GW，Damasio AR，et al. 1984. Alzheimer's disease：cell-specific pathology isolates the hippocampal formation. Science，225：1168-1170.

Kahana MJ，Seelig D，Madsen JR. 2001. Theta returns. Curr Opin Neurobiol，11：739-744.

Khakh BS，Henderson G. 1998. Hyperpolarization-activated cationic currents（Ih）in neurones of the trigeminal mesencephalic nucleus of the rat. J Physiol，510：695-704.

Lampl I，Yarom Y. 1997. Subthreshold oscillations and resonant behavior：two manifestations of the same mechanism. Neuroscience，78：325-341.

Long KP，Hu SJ. 2006. Slow wave oscillation induced by TEA in discharge of dorsal root ganglion neurons. Chin Med Res & Clin，4：9-10.

Luo P，Dessem D. 1996. Morphological evidence for recurrent jawmuscle spindle afferent feedback within the mesencephalic trigeminal nucleus. Brain Res，710：260-264.

Luthi A，McCormick DA. 1998. Periodicity of thalamic synchronized oscillations：the role of Ca^{2+}-mediated upregulation of Ih. Neuron，20：553-563.

Matzner O，Devor M. 1994. Hyperexcitability at sites of nerve injury depends on voltage-sensitive Na^+ channels. J Neurophysiol，72：349-359.

Narayanan R，Johnston D. 2007. Long-term potentiation in rat hippocampal neurons is accompanied by spatially widespread changes in intrinsic oscillatory dynamics and excitability. Neuron，56：1061-1075.

Otoom SA，Tian LM，Alkadhi KA，et al. 1998. Veratridine-treated brain slices：a cellular model for epileptiform activity. Brain Res，789：50-156.

Pape HC. 1994. Specific bradycardic agents block the hyperpolarization-activated cation current in central neurons. Neuroscience，59：363-373.

Pape HC. 1996. Queer current and pacemaker：the hyperpolarization-activated cation current in neurons. Annu Rev Physiol，58：299-327.

Pedarzani P，Storm JF. 1995. Protein kinase A-independent modulation of ion channels in the brain by cyclic AMP. Proc Natl Acad Sci USA，92：11716-11720.

Peters HC，Hu H，Pongs O，et al. 2005. Conditional transgenic suppression of M channels in mouse brain reveals functions in neuronal excitability，resonance and behavior. Nat Neurosci，8：51-60.

Puil E，Gimbarzevsky B，Miura RM. 1986. Quantification of membrane properties of trigeminal root ganglion neurons in guinea pigs. J Neurophysiol，55：995-1016.

Puil E，Gimbarzevsky B，Spigelman I. 1988. Primary involvement of K^+ conductance in membrane resonance of trigeminal root ganglion neurons. J Neurophysiol，59：77-89.

Puil E，Meiri H，Yarom Y. 1994. Resonant behavior and frequency preferences of thalamic neurons. J Neurophysiol，71：575-582.

Puil E，Miura RM，Spigelman I. 1989. Consequences of 4-aminopyri-dine applications to trigeminal root ganglion neurons. J Neurophysiol，62：810-820.

Raghavachari S，Kahana MJ，Rizzuto DS，et al. 2001. Gating of human theta oscillations by a working memory task. J Neurosci，21：3175-3183.

Sarnthein J，Petsche H，Rappelsberger P，et al. 1998. Synchronization between prefrontal and posterior association cortex during human working memory. Proc Natl Acad Sci USA，95：7092-7096.

Schenk F，Morris RGM. 1985. Dissociation between components of spatial memory in rats after recovery from the effects of retrohippocampal lesions. Exp Brain Res，58：11-28.

Sejnowski TJ. 1995. Time for a new neural code？ Nature，376：2l-23.

Silva LR，Amitai Y，Connors BW. 1991. Intrinsic oscillations of neocortex generated by layer 5 pyramidal neurons. Science，251：432-435.

Song XJ，Hu SJ，Greenquist KW，et al. 1999. Mechanical and thermal hyperalgesia and ectopic neuronal discharge after chronic compression of dorsal root ganglia. J Neurophysiol，82（6）：3347-3358.

Pincus SM. 1991. Approximate Entropy as a measure of system complexity. Proc Natl Acad Sci USA，88：2297-2301.

Storm JF. 1990. Potassium currents in hippocampal pyramidal cells. Prog Brain Research，83：161-187.

Surges R，Freiman TM，Feuerstein TJ. 2003. Gabapentin Increases the Hyperpolarization-activated cation Current I_h in rat CA1 pyramidal cells. Epilepsia，44：150-156.

Tanaka S，Wu N，Hsaio CF，et al. 2003. Development of inward rectification and control of membrane excitability in mesencephalic V neurons. J Neurophysiol，89：1288-1298.

Ulbricht W. 1998. Effects of veratridine on sodium currents and Fluxes. Rev physiol Biochem Pharmacol，133：1-54.

Wang WT，Wan YH，Zhu JL，et al. 2006. Theta-frequency membrane resonance and its ionic mechanisms in rat subicular pyramidal neurons. Neuroscience，140：45-55.

Wilcox KS，Gutnick MJ，Christoph GR. 1988. Electrophysiological properties of neurons in the lateral habenula nucleus：an in vitro study. J Neurophysiol，59：212-225.

Wu N，Hsiao CF，Chandler SH. 2001. Membrane resonance and subthreshold membrane oscillations in mesencephalic V neurons：participantes in brust generation. J Neurosci，21：3729-3739.

Xie Y，Zhang J，Petersen M，et al. 1995. Functional changes in dorsal root ganglion cells after chronic nerve constriction in the rat. J Neurophysiol，73（5）：1811-1820.

Xing JL，Hu SJ，Jian Z，et al. 2003. Subthreshold membrane potential oscillation mediates the excitatory effect of norepinephrine in chronically compressed dorsal root ganglion neurons in the rat. Pain，105：177-183.

Xing JL，Hu SJ，Long KP. 2001. Subthreshold membrane potential oscillations of type A neurons in injured DRG. Brain Res，901：128-136.

Xing JL，Hu SJ. 1999. Relationship between calcium-dependent potassium channel and ectopic spontaneous discharges of injured dorsal root ganglion neurons in the rat. Brain Res，838（1-2）：218-221.

Xing JL，Hu SJ，Yang J. 2015. Electrophysiological Features of Neurons in the Mesencephalic Trigeminal Nuclei. Neurosignals，22：79-91.

Yang J，Li FJ，Hu SJ，et al. 2015. Resonance characteristic and its ionic basis of rat mesencephalic trigeminal neurons. Brain Research，1596：1-12.

Zhang JM，Song XJ，LaMotte RH. 1999. Enhanced excitability of sensory neurons in rats with cutaneous hyperalgesia produced by chronic compression of the dorsal root ganglion. J Neurophysiol，82：3359-3366.

第13章　神经元兴奋性的分类和转型

13.1　神经元兴奋性类型及其分岔机制

神经系统感受机体内、外环境的变化，通过产生不同频率或不同时间间隔的动作电位（action potential，AP）序列串来传递变化的信息，经过进一步的整合加工来处理这些信息并产生相应的反应。神经电活动的产生是一个重要的、基本的神经生理学问题。总体来讲，神经系统的电活动有两大类行为：阈下活动和阈上兴奋。在神经电生理学中，兴奋性是指细胞处在静息态时接受刺激后产生动作电位（放电）的能力。兴奋性是神经元的内在特性，衡量兴奋性的指标有阈电位（threshold potential）和阈强度（threshold intensity）。单次刺激达到阈强度或刺激后膜电位达到阈电位，就会产生动作电位或放电。若刺激是持续的恒定电流，其强度到达一定阈值，则会产生连续放电。实际上，在靠近阈电位的静息电位水平，改变神经系统内与电活动相关的多个参数，如离子通道电导、离子浓度，都可以引起放电的产生。近期对于神经放电的产生过程，也就是神经兴奋的研究，取得重要进展。这些进展不仅仅是在神经生理学方面，还反映在电生理与非线性动力学的结合方面；科研者已经能够从理论上区分实验中表现出的两类不同的兴奋。

13.1.1　神经元的兴奋

神经元具有接受刺激产生动作电位的能力。当外界刺激作用到神经元上时，神经元会以各自不同的方式发生反应。神经元对刺激发生反应的能力和方式的不同就表现出兴奋性的不同。在电生理学中，兴奋性是指细胞接受刺激后产生动作电位的能力。近期研究发现，神经元对刺激的电生理反应除了可以用阈值表示外，还可以用不同的放电模式来描述。神经元的反应是将刺激转换成蕴含一定信息的放电模式，是一种信息编码过程，不同的放电模式反映了不同的编码特性。基于其时间特性和对刺激强度的敏感性可将神经元分为不同的类型。

1. 兴奋在实验中的不同表现和类型　　早在 1948 年，Hodgkin 就提出了不同神经元具有不同兴奋性的问题。他在实验中发现青蟹轴突对外加不同强度的电流刺激产生 3 种不同的反应：第一类神经元对外界刺激强度较敏感。此类神经元的放电频率可以很低，且放电频率范围相对较宽，随着刺激强度的增大放电频率可以在 5～150Hz 变化。第二类神经元对外部施加刺激的强度相对不敏感，只在一定的频率范围内放电，即在刺激强度增大时，神经元放电频率基本不变。这类神经元的放电频率通常为 75～150Hz，但此频率范围依神经元不同而不同（如图 13-1 所示）。第三类神经元通常对刺激只产生一个动作电位，当注入电流格外强时才会出现 3～5 个放电。

后来的研究者依据实验结果，将神经元的兴奋性分为 3 种类型（Izhikevich，2000）。1 类：在低强度刺激下，细胞可以产生低频放电，随着刺激强度的增大，放电频率逐渐增大。2 类：细胞的放电频率相对集中在一个较小的范围内，并不随着刺激强度的变化而有很大的变化。3 类：无论刺激强度多大，细胞产生少数几个动作电位。图 13-2 显示了 1 类、2 类神经元的反应特点。

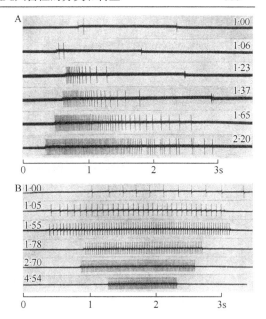

图 13-1 给神经元施加不同强度的恒定电流后，神经元的放电变化（Hodgkin，1948）

A. 第一类神经元；B. 第二类神经元

2. 不同类兴奋的理论基础——分岔 尽管 3 种兴奋性在 1948 年就被发现了，但这一现象一直没被人们重视，直到 1989 年，Rinzel 和 Ermentrout 的一篇开创性的文章"Analysis of neural excitability and oscillation"从动力学的角度对这一现象进行了解释。他们对一个简单的 Morris-Lecar 模型利用非线性动力学中的相空间分析手段，首次提出了不同的兴奋性是由不同的分岔决定的。

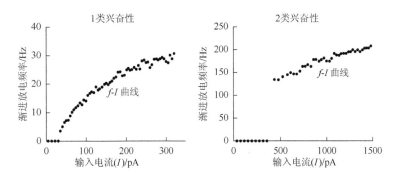

图 13-2 两类兴奋性神经元的频率-电流曲线（Izhikevich，2005）

1 类兴奋具有连续的 *f-I* 曲线，而 2 类兴奋性则不然

迄今为止，关于 1 类兴奋性和 2 类兴奋性神经元的研究报道绝大多数都停留在理论模型的仿真层面上（Morris and Lecar，1981；Rinzel，1989；Ermentrout，1996；Izhikevich，2000；Gall and Zhou，2000）。从动力学角度来讲，神经元之所以能兴奋，是因为其膜电位位于从静息态到持续性放电的跃迁附近。依据神经元由静息到放电的动力学机制，可将神经元划分为两大类（Izhikevich，2000）：一类是神经元经鞍结分岔从不放电转变为放电，即 1 类兴奋性神经元。这类神经表现为动作电位的后电位为单调恢复过程（Tonnelier，2005）；具有确定的阈刺激强度，对外界的刺激具有累积效应；神经元可以以任意低频率放电，它的放电频率可以在 5～150Hz 变化，且放电频率随着刺激强度的增大而增高。由此，我们可以认为此类神经元可以将外界刺激强度编码到放电频率中。另一类神经元由不放电到放电经历的是 Hopf 分岔过程，即 2 类兴奋性神经元。该类神经元动作电位的后电位在恢复过程中会呈现出一个小的去极化（Tonnelier，2005）；没有明确的阈刺激强度，抑制性刺激也可诱发放电；膜电位存在阈下振荡现象，当外界刺激的频率与阈下振荡频率相等或相近时才可以诱发放电（Galan et al.，2007）；只在一定的频率范围内放电；对外部施加刺激的强度相对不敏感，也就是说神经元放电频率不随刺激强度的增大而增高（图 13-3）。此类神经元的放电频率通常为 75～150Hz，但此频率范围依神经元不同而不同。

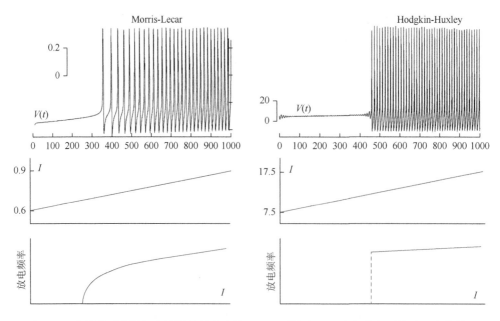

图 13-3　数学模型中施加连续增大的电流情况下，系统表现出的由静息到持续放电的转迁
（Izhikevich，2000）

3. 两类兴奋性的研究进展　　到目前为止，关于 1 类兴奋性和 2 类兴奋性神经元的研究相对比较多地集中在其产生机制及某些动力学特征分析与表现方面（Ermentrout，1996；Galan et al.，2005；Govaerts and Sautois，2005；Hosaka et al.，2006），还有少量研究关注两种兴奋性在神经网络中表现及作用（Gall and Zhou，2000；Lago-Fernandez et al.，2001；St-Hilaire and Longtin，2004；Buric et al.，2005；Zurich，2006）。至于 3 类兴奋性的现象，不仅实验中较少见而且在理论上其产生机制也不是很清楚。表观来看，前两者区别在于频率-电流强度曲线不同，如图 13-2 所示。近来，研究人员普遍发现软体动物的运动神经元（Laing et al.，2003）、哺乳动物的锥体细胞等多数皮层神经元具有 1 类兴奋性特征；同时大脑皮层中的有些中间神经元呈现出 2 类兴奋性（Tateno et al.，2004；Tateno and Robinson，2006）。

2002 年，S. Sessley 和 R.J. Butera 用膜片钳技术记录对蜗牛的口神经节细胞施加斜波电流的放电变化，对其结果分析发现：其电流-电压（I-V）曲线与表现 1 类兴奋性参数设置的 Morris-Lecar 模型的 I-V 曲线在形状上定性相似，同时也具有相似的电流-频率特征（图 13-4）；此外，他们还用动力学中的相空间重构方法分析发现随着外加电流的增大，缩短了相轨道在低电压区停留的时间，从而判断该类神经元具有 1 类兴奋性（Sessley and Butera，2002）。这种判断方法的问题在于，仅凭 I-V 曲线的形状可能无法严格确定神经元是否具有 1 类兴奋性，因为 1 类、2 类兴奋的 I-V 曲线形状很相似。

T. Tateno、A. Harsch 和 H.P.C. Robinson 应用脑片膜片钳技术，通过动态钳方法改变外加电流的强度，观察全细胞放电变化，通过对神经元放电的各种阈值行为，如动作电位的时程、半高宽、后超极化现象（AHP）、频率-电流关系及噪声存在条件下的阈下振荡现象等，随注入电流的变化情况分析比较，认为大脑皮层躯体感觉区的第二层和第三层中的规则放电（regular-spiking，RS）的锥体细胞为 1 类兴奋，而快速放电（fast-spiking，FS）的抑制性神经元呈现 2 类兴奋性的现象（Tateno et al.，2004）。具体结果如下：

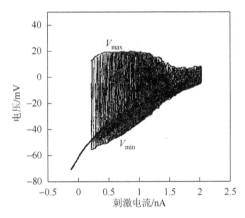

图 13-4　蜗牛口神经节细胞的电流-电压（I-V）曲线（Sessley and Butera，2002）

①给细胞施加一持续时间为 600ms 的脉冲电流诱导细胞产生放电，以 10pA 为单位逐步增大注入电流，计算细胞的瞬时放电频率 f，然后绘制 f-I 曲线，发现 RS 细胞最小瞬时频率可达 2～4Hz；FS 细胞的 f-I 曲线有一个临界值 f_c。②当将细胞电流钳制在阈下离阈值较近的值的同时再施加一个噪声后，FS 细胞可以出现间歇性放电的现象，并能观察到阈下振荡现象；而在 RS 细胞则未观察到这些现象（图 13-5）。

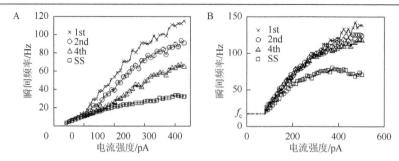

图 13-5　RS 和 FS 细胞的瞬时放电频率曲线（Tateno et al.，2004）

A. RS 神经元的 *f-I* 曲线；B. FS 神经元的 *f-I* 曲线

　　此外，Liu 等（2008）研究发现改变三叉神经中脑核的离子流后，可以实现这两类兴奋性的转迁。他们通过对自己建立的 Mes V 神经元数学模型的仿真和分岔分析发现：减弱低电压激活的钾电流 $I_{4\text{-}AP}$，可以改变其稳态 *I-V* 曲线，使系统的动力学结构发生改变，最终导致其分岔类型发生转变。在实验中采用给细胞施加去极化斜波电流的方式检测兴奋性类型，当在孵育液中加入 $I_{4\text{-}AP}$ 的特异性阻断剂 4-AP 后，Mes V 神经元实现了从 2 类兴奋向 1 类兴奋的转迁（图 13-6）。

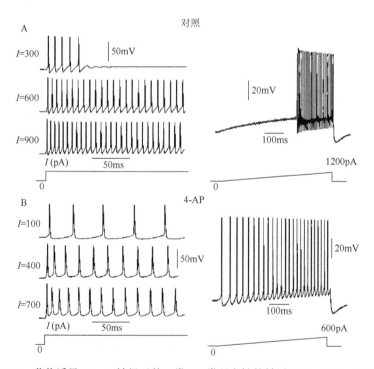

图 13-6　药物诱导 Mes V 神经元的 1 类、2 类兴奋性的转迁（Liu et al.，2008）

4. 两类兴奋研究中的问题　　综上所述，过去的研究大多是基于表观现象判断兴奋性类型的,这种基于表观现象的判断有时会降低准确性,主要体现在以下三个方面:第一,已报道的有些工作采用给细胞注入斜波电流的方法使细胞兴奋,这就决定了斜波电流的斜率,也就是斜波电流的变化率是一个重要因素,可能会影响到结果的判别。但经我们初步分析发现斜波电流的斜率不仅会影响神经元产生放电的最小电流值,也会改变神经元初始放电的频率,即斜波电流的斜率可以改变 f-I 曲线。当斜率增大时,能使神经产生放电的最小刺激强度增大,反之则相反。第二,以前对于 1 类、2 类兴奋的认识多数是基于确定性的动力学系统理论之上的,然而在实际神经系统中存在噪声作用。因此在分岔点附近有随机力作用时会产生新的放电节律,所以基于确定性的系统认识有时也是不准确的。而从静息到放电的参数区间刚好是分岔点附近,噪声的作用究竟如何,还有待于研究。第三,关于静息到放电的参数附近的自发放电的动力学特性的研究较少。以前的研究往往是基于外加电流的诱发放电作用,在分岔点附近的自发放电的动力学和性质研究较少。

13.1.2 神经电活动研究中的非线性动力学

由于在神经科学的研究中发现了大量看似杂乱没有规律的信号和现象,而这些现象难以用线性分析的方法加以解释,因此科研者开始尝试应用非线性动力学的概念和方法来研究神经科学。非线性动力学着眼于研究自然界各系统运动的规律,神经生理系统同样具有内在的非线性特性。神经科学、非线性科学、信息技术和计算机技术的交叉融合,形成了神经动力学方向,并对复杂神经放电模式、模式形成的机制、模式转换规律进行了初步的研究,为人们从理论层次认识节律和神经编码机制提供了新的领域(Guckenheimer et al., 1997; Crook et al., 1997; Lewis and Rinzel, 2003; Chacron et al., 2004)。

1. 神经电活动的生物物理和数学模型 最早对神经系统电活动的非线性过程做出实质描述的是 Hodgkin 和 Huxley(1952)。他们基于神经元的通道特性和非线性特点,利用动力学理论建立了描述枪乌贼巨轴突细胞膜表面电流与电压时间依赖关系的数学模型 Hodgkin-Huxley 方程(HH 方程),该工作奠定了神经放电和信息编码研究工作的基础并荣膺诺贝尔奖。在 HH 方程中 Hodgkin 和 Huxley 阐明了钠离子流、钾离子流在神经元轴突膜动作电位产生中的作用和动力学过程。该方程的基本形式为

$$
\begin{cases}
I = C \dfrac{\mathrm{d}V}{\mathrm{d}t} + g_{\mathrm{Na}}(V - V_{\mathrm{Na}}) + g_{\mathrm{K}}(V - V_{\mathrm{K}}) + g_{\mathrm{L}}(V - V_{\mathrm{L}}), \\[4pt]
g_{\mathrm{K}} = \bar{g}_{\mathrm{K}} n^4, \\[4pt]
g_{\mathrm{Na}} = \bar{g}_{\mathrm{Na}} m^3 h, \\[4pt]
\dfrac{\mathrm{d}n}{\mathrm{d}t} = \alpha_n(V)(1-n) - \beta_n(V)n, \\[4pt]
\dfrac{\mathrm{d}m}{\mathrm{d}t} = \alpha_m(V)(1-m) - \beta_m(V)m, \\[4pt]
\dfrac{\mathrm{d}h}{\mathrm{d}t} = \alpha_h(V)(1-h) - \beta_h(v)h.
\end{cases}
\tag{13-1}
$$

式中，I 是膜电流，C 膜电容，V 是膜电位，g_{Na}、g_K、g_L 分别是钠电导、钾电导和漏电导，V_{Na}、V_K、V_L 是相应的平衡电位，各 α 与 β 是 V 的函数，表达式由电压钳实验结果拟合。

同时期，Morris 和 Lecar（1981）基于一种北极鹅的肌细胞的动作电位将上述四维的 HH 方程降维，将电压敏感的 Ca^{2+} 电流作为形成动作电位的主要离子流，形成了 Morris-Lecar 模型（ML 模型）。

自 Hodgkin 和 Huxley 的 HH 方程对细胞膜电位变化进行定量描述之后，细胞的兴奋性也可以像物理化学等其他学科中的问题一样用方程本身来研究。很多学者开始了用理论计算来研究神经细胞兴奋性的工作，同时也产生了很多描述细胞兴奋活动的数学模型。例如，Chay（1985）对实验中膜电位、膜电流和离子通道在神经放电中的作用有了更深入的了解基础上，引入了调节动作电位的成分，对 HH 方程进行了修正，形成了较为完善的神经元动力学模型——Chay 模型。此外，还有同样由 HH 模型抽象出来的，既可以模拟神经放电的动作电位又可以模拟神经放电频率的 FitzHugh-Nagumo 模型（FitzHugh，1961）。

在这些数学模型的理论指导下，众多科研者通过改变这些数学模型中的一些参数然后对微分方程求解，模拟出了各种放电节律及放电节律的分岔规律。龙开平（2000）用加入了随机扰动的 Wang 模型模拟出了整数倍节律；古华光（2001）用随机 Chay 模型模拟出了整数倍节律、混沌节律等（古华光等，2001）；李莉等通过改变神经元的 Chay 模型中的条件参数和调节参数，仿真出了多种不同的分岔模式（Yang et al.，2003；Li et al.，2004）。这些理论仿真工作均与生物实验结果形成了很好的对应。

2. 非线性动力学基本概念与神经电活动的对应　　目前，神经系统的许多运动特征和性质都可以用非线性科学的概念来定义和分析，如分岔，混沌等。下面，我们就本研究所涉及的非线性概念与特征做一介绍。

1）平衡点　　定态也叫做平衡点或不动点（equilibrium point），它是系统的变量所取的一组值，对于这些值，系统不随时间而变化（Glass and Mackey，1988），对应神经电活动中静息的概念。

动力学中有两类平衡点：焦点和结点。其中焦点对应 2 类兴奋的静息；结点对应 1 类兴奋的静息。

区别于生理学中稳态的概念，稳态是指在外界环境不断变化的条件下保持内环境相对不变的趋势。生物体中所谓保持相对稳定是指在正常生理情况下内环境的各种理化性质在很小的范围内发生变动。例如，生物个体在短时轻微出血后，反射机制被激活，个体会在几秒内便使血压恢复到接近平衡状态。稳态可与数学中的稳定定态概念相联系，也就是说，血压的稳定性质可以描述为数学上的稳定定态。

2）极限环 生物系统并不总是趋向平衡态，有时可能发生振荡。例如，在神经系统当中，单个神经元编码神经信息都是以动作电位的形式体现。又由于动作电位的产生和传播都是"全或无"式的，因此神经元的周期放电可以对应极限环振荡。

3）分岔 分岔是指系统参数的微小变化引起解的结构或系统运动性质发生改变的现象。对神经元来说，细胞处于静息状态，膜电位保持不变是一种状态；而细胞持续放电，也就是膜电位大幅度周期性振荡是另一种状态。细胞从静息状态转变为放电状态，或放电状态转变为静息状态，就是分岔（Izhikevich，2005）。

除了从平衡点到极限环的分岔，还有极限环间的分岔，如倍周期分岔和加周期分岔；还有从极限环到混沌等，本文不再详述。

从动力学系统角度看，神经元是可兴奋的是因为其膜电位处于从静息态到持续放电态的分岔点附近，从而分岔类型对神经元的兴奋性起决定性作用。当然，神经元通过何种分岔类型产生放电，这一过程又依赖于它自身的电生理性质。尽管神经元由静息转换为兴奋或放电状态有很多种离子通道机制，但是从动力学角度讲，在没有任何外加条件时，这种转换只能通过 4 种不同分岔从平衡点变为极限环，也就是从静息变为放电，即鞍结分岔、不变环的鞍结分岔、亚临界霍普夫分岔、超临界霍普夫分岔（Izhikevich，2005）。

（1）鞍结分岔（saddle-node bifurcation）：注入电流或其他分岔参数发生改变时，系统中不稳定平衡点与相应于静息状态的稳定平衡点（如图 13-7A 所示，实心点表示稳定平衡点，即结点，空心点表示不稳定平衡点，即鞍点）靠近，然后彼此融合消失（如图 13-7A 中间的图）。此时，神经元由静息状态转变为放电状态。轨道描述系统跳跃到极限环上后的演化过程，对应到神经元时，它象征着神经元开始持续放电。

（2）不变环上的鞍结分岔（saddle-node on invariant circle bifurcation）：与鞍结分岔唯一不同的是系统发生分岔时已经存在有一个不变环，之后这个不变环变为一个极限环吸引子，如图 13-7B 所示。

（3）亚临界霍普夫分岔（subcritical andronov-hopf bifurcation）：一个小幅不稳定极限环缩减为一个稳定平衡点，并且使其失去稳定性，如图 13-7C 所示。由于不稳定性，轨道从平衡点逸出，走向一个大幅值极限环或其他吸引子。

（4）超临界霍普夫分岔（supercritical andronov-hopf bifurcation）：稳定平衡点失去稳定性的同时引发出一个小幅极限环吸引子，如图 13-7D 所示。当注入电流增大时，这个极限环也随之增大并成为一个标准的极限环。

13.1.3 实验性神经起步点模型和神经放电的非线性动力学研究

1. 实验性神经起步点模型 实验性神经起步点模型实验是科研者在慢性结扎损伤模型（CCI）基础上建立的（Bennett and Xie，1988）。CCI 模型的特点

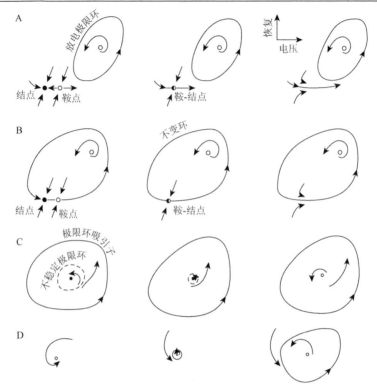

图 13-7　神经元从静息到放电可能经历的 4 种分岔过程（Izhikevich，2005）

A. 鞍结分岔；B. 不变化上的鞍结分岔；C. 亚临界霍普夫分岔；D. 超临界霍普夫分岔

是用铬制羊肠线简易地轻度结扎神经，使粗的有髓鞘纤维选择性地损伤，但仍保留大部分传递疼痛的 C 类纤维。接受这一手术的动物随后产生自发性疼痛，对其感受野的热伤害性刺激表现为痛觉过敏，对一些非伤害性冷刺激也可诱发痛觉及其他感觉倒错等症状。当外周神经末梢受到损伤后，神经节胞体合成的受体蛋白和通道蛋白经轴浆运输后，会聚集在损伤区近端的终球处，并在终球膜上组装，使终球结构不同于正常的神经纤维，这样终球膜就构成了异位放电的起搏点，表现出超常的兴奋性。体内微小的物理或化学变化的刺激都可触发神经损伤区或神经胞体产生大量的传入放电。这种异位放电的最大特点是"自发性"，因此它并不能反映外周的刺激性质和强度。异位放电不停顿的、不带编码性质的无序传入活动长期轰击脊髓神经元，从而引起脊髓水平的兴奋性升高和感觉功能异常。

　　2. 实验性神经起步点模型中的影响放电节律的主要离子通道

　　（1）钠离子通道：在神经损伤后产生异常电活动的背景下，应用钠离子通道阻断剂河豚毒素作用于损伤区时，可完全抑制损伤神经的自发放电（谢益宽等，1991）。提示阻断剂阻断了钠离子内流，抑制了动作电位的形成。

（2）钾离子通道：早在 1965 年，Tasaki 等就发现用 500mmol/L 的高钾溶液向乌贼轴突内灌流可以使该细胞电导下降，兴奋性减弱。而当用 200mmol/L 的钾溶液替换时，轴突的兴奋性可以逐步恢复。任维（1996）的研究也发现应用不同浓度钾离子通道阻断剂 TEA 改变起步点细胞的电导时，随着灌流液中 TEA 浓度的增加自发放电节律呈现出加周期变化，这提示膜内外的钾离子浓度差可以影响神经元的兴奋性。

（3）钙离子通道：许多文献都已证实神经损伤后，其膜上会出现钙离子通道。但钙离子对其放电的影响机制的研究结果却不尽相同。谢益宽等（1991）报道，高钙灌流液可以诱发自发放电的频率升高。然而，任维（1996）及后续的研究却与其不同，他们发现当神经起步点用高钙灌流液灌流后，自发放电的周期二节律可以转化为周期一节律，周期三节律可以转化为周期二节律；用低钙灌流液灌流时，自发放电则呈现加周期变化。

3. 放电节律的非线性动力学机制研究　　到目前为止，已有一些研究应用实验性起步点模型，利用其灌流条件可以严格控制、根据实验需求参数可控的优点，观察到了神经放电序列的时间模式及放电节律随同一调节参数变化的转化规律。这些研究发现神经放电包含着丰富的节律模式：神经元由静息到放电状态的转化可以表现为阵发周期放电、整数倍节律；当神经元处于持续放电状态时可以表现为不同的周期簇放电或周期峰放电节律、混沌簇放电节律和混沌峰放电节律、随机节律等。从动力学角度讲，这些不同的模式可以概括为静息、周期放电、混沌放电、随机放电。

神经元不但具有丰富的放电节律，而且这些节律不是孤立的。当连续改变外界参数时，神经放电节律可以发生动态变化，呈现出节律转迁（古华光等，2001；Yang et al., 2003）。例如，实验已经发现了四类不同放电节律的转化规律，并得到了广泛的认可（汪云九，2006）：第一类，从周期一簇放电直接到周期一峰放电，期间没有任何周期节律之间的分岔。第二类，周期一簇放电节律到周期二簇放电节律再到周期一峰放电节律。第三类，放电节律从周期一簇放电节律经倍周期分岔进入混沌节律、经一系列混沌节律与周期节律交替的加周期分岔序列、再经逆向加周期分岔进入周期一峰放电节律的规律性变化历程。其局部为带有混沌的加周期分岔（Li et al., 2004）。第四类，从周期一簇放电节律起始的不含混沌的加周期分岔（Yang et al., 2003）。具体过程为周期一簇放电到周期二簇放电，经由周期 n 到周期 $n+1$（$n=1, 2, 3, 4, 5, 6$）簇放电，最后到周期七簇放电。当然神经元由静息到放电状态分岔过程的表现也可以不同：由静息起始经整数倍节律转变为周期一节律或由静息起始经阵发周期节律转变为周期一节律。

（魏春玲　刘一辉）

13.2　三叉神经中脑核神经元的兴奋性分类和转型

13.2.1　Mes V 神经元兴奋性的分类

神经元最明显的特性就是它们具有兴奋性，即能够产生动作电位。由于引起放电的电流多达十几种，因此有可能存在多种关于兴奋性发生的电生理机制。其问题在于：是否存在一个通用的标准，能够依据兴奋性发生基本机制的不同来进行分类？1948 年，Hodgkin 在研究甲壳类动物轴突的时候，首次按照刺激电流强度与放电频率之间的关系将兴奋性分为三种类型。依据他的分类标准，放电频率随刺激强度增强而逐渐增加的皮层兴奋性锥体神经元属于 1 类神经元；而快速放电（fast-spiking）的皮层抑制性中间神经元被划分为 2 类神经元（McCormick et al.，1985；Connors and Gutnick，1990；Dantzker and Callaway，2000），这是由于它们有一个相对较窄的放电频率带及对输入电流的强度相对不敏感。3 类神经元不能产生连续放电。随后 Rinzel 和 Ermentrout 在1989 年回顾了当年 Hodgkin 的兴奋性分类方法，并且指出不同类型兴奋性的产生是因为神经元经历了不同的从静息态到放电态的分岔。自此以后，理论学家运用数学模型在这方面做了许多工作（Holden and Erneux，1993；Pernarowski，1994；Rush and Rinzel，1994；Bertram et al.，1995），提出了多个有关兴奋性分类的理论设想。

虽然早就知道了每种神经元都会有自己特有的兴奋性，但我们首次在大鼠的三叉神经中脑核（Mes V）神经元上同时发现与上述 Hodgkin 的兴奋性分类一致的三种类型的兴奋性，这就提示兴奋性类型是神经元在受到刺激之后出现某种放电模式反应的一个决定性因素。因此，有理由认为兴奋性类型是兴奋性的一种固有的内在性质。所以当检测神经元兴奋性时，除了阈值外，我们还需要关注兴奋性类型。

我们选用出生后 9～14 天 SD 大鼠脑片上的 Mes V 神经元，采用红外线可视全细胞膜片钳记录方法（图 13-8）。

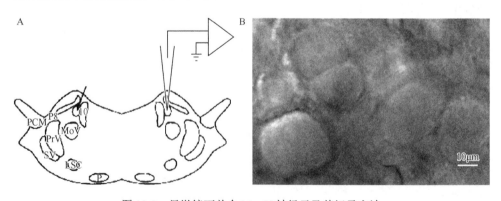

图 13-8　显微镜下单个 Mes V 神经元及其记录方法

A. Mes V 神经元和膜片钳记录方法的示意图；B. 40 倍物镜下的单个 Mes V 神经元，Mes V 神经元系有着圆形或卵圆形胞体的假单极细胞

首先检测了它们的被动电生理特性，包括平均静息膜电位（RMP）、细胞膜电容（C_m）和输入电阻（R_{in}），分别为(-60.5 ± 3.5)mV、(67.7 ± 14.2)pF 和(97.0 ± 32.6)MΩ（N=176）。然后对记录的神经元当达到 RMP 水平后给予去极化直流电流刺激，按照放电所需要的刺激阈值、放电频率及放电的能力，Mes V 神经元可以划分为同以往的研究结果一致（Hodgkin，1948；Rinzel and Ermentrout，1989；Bertram et al.，1995）的三种类型（图 13-9）。1 类兴奋性神经元在很小的刺激电流强度下（图 13-1 A_1，本例中刺激电流强度为 40pA）就能够引起动作电位的产生，而且放电前存在潜伏期，放电频率很低（4.9Hz）。随着刺激电流强度的逐渐增强，潜伏期逐渐缩小，同时放电频率逐渐增大，没有出现适应现象。图 13-9A_2 显示了该类神经元的放电频率-刺激电流关系曲线（f-I relationship），可以看到 1 类兴奋性神经元的放电频率随着刺激电流强度的逐渐增强而逐渐增加，频率变化有一个较宽的范围，为 10～90Hz，几乎变化了 10 倍（N=9）。2 类兴奋性神经元如图 13-9B_1 所示，给予强度相对高一些的电流刺激（在本例中为 200pA）才能够引起放电，放电之前都有 SMPO，SMPO 的幅值（2～8mV）和频率（60～130Hz）同以往在 Mes V 神经元（Pedroarena et al.，1995；Wu et al.，2001）、DRG 神经元（Amir et al.，1999；Xing et al.，2001）及甲壳类动物轴突上（Connor，1975）的报道一致。所给予的这种强度相对高一些的电流引起的放电具有较高的频率，并以衰减振荡的形式结束（图 13-9B，arrow）。值得指出的是，与 1 类兴奋性神经元相比，2 类兴奋性神经元首个动作电位之前没有潜伏期，放电频率相对较高；而且一旦膜电位达到阈值后，动作电位成串出现。图 13-9B_2 显示了该类神经元的 f-I 关系曲线。可以看到 2 类兴奋性神经元，当膜电位达到阈值出现动作电位串后，其放电频率对刺激电流的强度不太敏感，频率变化范围较窄，为 96.6～148Hz（N=30）。先前报道的 Mes V 神经元上的簇放电应属于 2 类兴奋性神经元（Wu et al.，2001）。3 类兴奋性神经元对注入的刺激电流通常只产生 1 个动作电位，少数的对高强度刺激（＞1000pA）能够产生3～5 个动作电位，同样末端带有衰减振荡（图 13-9C）（Wu et al.，2001）。

为了进一步更仔细地观察刺激电流强度-放电频率关系曲线，我们还给予了神经元另一种刺激方式——斜波（ramp）。图 13-9A_3 显示了对 1 类兴奋性神经元施加斜波刺激的结果。在给予斜波刺激的 1s 内，随着注入电流逐渐的从 0nA 增强到 0.6nA，膜电位也在逐渐去极化，并且放电频率从 9.3Hz 线性增加到 36.6Hz（图13-9A_3）。与 1 类兴奋性神经元不同，2 类兴奋性神经元在膜电位去极化的过程中先出现了 SMPO，而且一旦 SMPO 除极上升段到达阈值（图 13-9B_3），就会产生放电。SMPO 的平均频率为(85.4 ± 17.3)Hz（范围为 62.6～123.4Hz，N=25），幅值为(4 ± 1.7)mV（范围为 2.1～8mV，N=25），与早期的 MesV 神经元的文献报道一致（Pedroarena et al.，1995；Wu et al.，2001；Wu et al.，2005）。2 类兴奋性神经元一旦到达阈值产生动作电位后，即使刺激电流继续增加，放电频率也仍然会保持相对恒定。然而对于 3 类兴奋性神经元来说，无论斜波刺激方式所注入的电流有多大，也不能够使其产生动作电位（图 13-9C₂）。

　　表 13-1 和表 13-2 总结了三类兴奋性神经元的被动和主动膜特性。可以看到，虽然三类兴奋性神经元的被动膜特性基本相似，但是一些主动膜特性却差异很大。例如，对于放电刺激阈值，1 类神经元最低，3 类神经元最高，几乎有 10 倍之差；1 类神经元动作电位上升支和下降支的斜率，以及它们的持续时间均较其他两类神经元明显减小。也许最有趣的区别在于后超极化电位（AHP）上，1 类神经元的幅值最小、持时最长，而 2 类神经元的幅值最大。

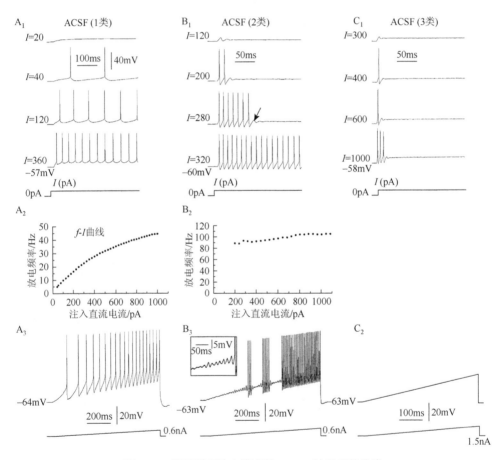

图 13-9　基于不同放电模式的 Mes V 神经元的分类

通过记录电极将方波和斜波刺激电流注入细胞内。A. 1 类兴奋性神经元。RMP 为−57mV 时，给予神经元方波刺激后神经元出现重复放电的反应（A₁），刺激电流强度-放电频率曲线（f-I 曲线）几乎成线性（A₂），斜波刺激也可引起重复放电，这种放电呈强度依赖性（A₃）。B. 2 类兴奋性神经元。RMP 为−60mV 时，需要给予神经元强度更大的方波刺激才能引起重复放电的产生（B₁），放电频率曲线几乎是恒定的，与刺激强度大小无关（B₂）。斜波刺激引起带有阈下膜电位振荡（SMPO）（inset）的簇放电（B₃）。C. 3 类兴奋性神经元。RMP 为−58mV 时，高强度的方波刺激仅能引起单个动作电位，至多不超过 3 个（1000pA；C₁）。高强度的斜波刺激（1.5nA）也不能产生放电（C₂）

表 13-1　三叉神经中脑核三种兴奋性神经元的被动膜特性

类型	细胞数目	RMP/mV	C_m/pF	R_{in}/MΩ
1 类	9	−59.7±3.6	65.2±13.7	99.1±44.7
2 类	55	−60.0±3.1	69.7±15.2	95.7±33.8
3 类	76	−60.9±3.7	66.4±13.5	97.7±30.3

表 13-2　三叉神经中脑核三种兴奋性神经元的主动膜特性

类型	AP 幅度/mV	AP 持续时间/ms	AP 上升相斜率/(V/s)	AP 下降相斜率/(V/s)	AHP 幅度/mV	AHP 持续时间/ms	峰电位阈强度/pA	动作单位阈电位水平/mV
1 类	91.4±10.6 (N=11)	2.7±1.1 (N=11)	115.2±57.4 (N=11)	42.1±21.3 (N=11)	2.0±0.7 (N=3)	41.9±15.2 (N=3)	35.6±9.2 (N=11)	−42.0±5.9 (N=11)
2 类	78.9±10.6 (N=57)	0.8±0.2 (N=57)	191.3±42.4 (N=57)	130.2±35.7 (N=57)	6.6±2.5 (N=57)	3.7±1.7 (N=57)	185.4±73.6 (N=55)	−49.4±4.5 (N=55)
3 类	77.9±8.7 (N=88)	0.7±0.2 (N=88)	186.8±37.5 (N=88)	134.8±32.1 (N=88)	3.9±2.4 (N=88)	1.9±1.0 (N=88)	313.2±109.5 (N=76)	−47.5±4.9 (N=88)

综上，基于 Hodgkin 的分类和我们的观察，我们认为神经元兴奋性分类的标准应该包含：①对不同强度电流刺激产生放电的频率敏感性/电压依赖性；②引起动作电位所需刺激阈值的高低；③AP 产生之前有无 SMPO：如果有 SMPO，属于 2 类兴奋性神经元。同时，建议采用较为简便的去极化斜波进行兴奋性分类检测。

13.2.2　Mes V 神经元不同兴奋性类型之间的转型及其离子机制

越来越多的证据表明神经元的放电模式（firing pattern）在某些情况下能够由一种转变成另一种。例如，在突触输入的情况下，大鼠嗅球的僧帽状细胞能够快速地从整合子转换为共振子（Heyward et al.，2001；Izhikevich，2005）。在蜘蛛的机械性刺激感受器神经元上，当改变 Na$^+$通道的失活特性及失活后恢复曲线的时间常数时，放电模式就会发生转换（Torkkeli et al.，2001）。在猫的运动和联合区的新皮层神经元中，轻微地调整膜电位也会造成放电模式的转换（Steriade et al.，1998）。我们以往在大鼠坐骨神经压迫模型（CCI）上的研究发现：当神经放电起步点（损伤区）附近细胞外液中的 Ca^{2+}浓度改变时，放电模式可以在不同的周期态中相互转换（Ren et al.，1997；Yang et al.，2006）。

以往研究表明，许多在阈值附近工作的通道电流对于决定神经元的放电模式，调控其兴奋性至关重要，这些电流称为"阈下电流"，它们包括瞬时外向 K$^+$电流（I_A），4-AP 敏感的不失活的 K$^+$电流（I_{4-AP}），持续性 Na$^+$电流（I_{NaP}）和超极化激活的阳离子内向流（I_h）等（Nisenbaum and Wilson，1995；Ludwig et al.，1998；Tanaka et al.，2003；Vydyanathan et al.，2005；Wu et al.，2005；

Yue et al.，2005）。其中，$I_{4\text{-}AP}$ 和 I_{NaP} 已被证实存在于 Mes V 神经元中，不但这两种电流的动力学性质有详尽的报道，而且它们在兴奋性中也已经被证明有至关重要的作用（Pedroarena et al.，1995；Wu et al.，2001，2005）。一方面，低浓度的 4-AP（<100μmol/L）可以选择性地阻断细胞膜上低阈值的、不失活的钾电流（Nisenbaum and Wilson，1995；Vydyanathan et al.，2005）。另一方面，虽然 Riluzole 在抑制 I_{NaP} 的同时也抑制 I_{NaT}，但有证据表明 2μmol/L Riluzole 抑制 I_{NaP} 的程度大于 50%，而抑制 I_{NaT} 的程度仅为 5%左右（Urbani and Belluzzi，2000；Wu et al.，2001）。

　　我们研究了 Mes V 不同兴奋性类型神经元中 $I_{4\text{-}AP}$ 和 I_{NaP} 的作用，发现了不同兴奋性类型之间的转型。

13.2.3　不同兴奋性类型神经元中 4-AP 敏感钾电流（$I_{4\text{-}AP}$）的作用

　　早期的研究结果表明，在 Mes V 神经元上存在一种不失活的、低阈值的、4-AP 敏感的、动作电位产生所必需的外向 K^+ 电流（$I_{4\text{-}AP}$）（Del Negro and Chandler，1997；Wu et al.，2001）。因此，我们检测了 $I_{4\text{-}AP}$ 在决定神经元兴奋性类型中的作用（图 13-10）。我们观察到了下面的有趣结果，50μmol/L 的 4-AP 给予 8min 后能使 3 类兴奋性神经元（图 13-10A$_1$ 和 A$_2$）变为 2 类兴奋性神经元，即放电阈值有所下降、放电成串出现、放电前有 SMPO、放电频率较高且恒定（图 13-10B$_1$ 和 B$_3$）。4-AP 给予 16min 后兴奋性类型转变为 1 类兴奋性神经元，即在微弱去极化斜波刺激下可产生随刺激强度增强而增加的放电频率（图 13-10C$_1$ 和 C$_3$）。上述兴奋性分类的转变现象，我们称为兴奋性转型（简称"转型"）。另外，4-AP 还能使原本带有较高动作电位阈值和高放电频率的 2 类兴奋性神经元转变为低阈值和低放电频率的 1 类兴奋性的神经元（数据未给出）。需要指出的是，从对照的人工脑脊液（ACSF）条件到含有 50μmol/L 4-AP 灌流液条件下所需引起放电的电流强度降低大约 10^1pA 数量级，同时放电频率降低 10^1Hz 数量级。在受检测的神经元中均可观察到该现象。

　　综上所述，抑制 $I_{4\text{-}AP}$ 能够使 3 类兴奋性神经元发生转型变为 2 类神经元，继而转型变为 1 类神经元；能够使 2 类和 3 类兴奋性神经元发生转型变为 1 类神经元，提示 $I_{4\text{-}AP}$ 可能在控制神经元放电阈值和放电频率上起重要作用，因此 Mes V 神经元中 $I_{4\text{-}AP}$ 对于决定神经元的兴奋性类型至关重要。

13.2.4　不同类型兴奋性神经元中持续性钠电流的作用

　　Mes V 神经元上还具有一种缓慢失活的持续性钠电流（I_{NaP}），它对控制阈下膜的兴奋性和阈上动作电位的发放具有显著性的作用（Wu et al.，2001，2005）。因此，我们检测了 I_{NaP} 在决定神经元兴奋性类型中的作用，其结果参见图 13-11。

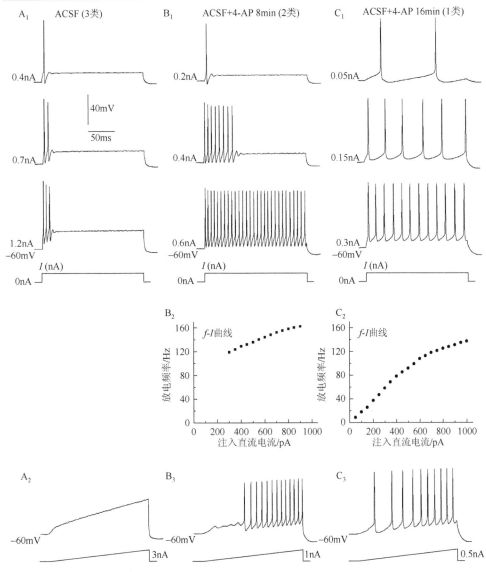

图 13-10　在决定 Mes V 神经元兴奋性类型中 4-AP 敏感的钾电流（$I_{4\text{-}AP}$）
起着关键的决定性作用

所有的记录都来自同一个神经元，RMP 为–60mV。A. 典型的 3 类兴奋性神经元。该神经元对细胞内的方波电流刺激产生的动作电位不超过 3 个（A_1），并且斜波不能够引起任何反应（A_2）。B. 给予 4-AP（50μmol/L）8min 后的记录。对方波（B_1）和斜波刺激（B_3）的放电模式反应及 f-I 曲线（B_2）类似于典型的 2 类兴奋性神经元。C. 给予 4-AP（50μmol/L）16min 后的记录。该神经元对类似方波（C_1）和斜波刺激（C_3）的放电模式反应及 f-I 曲线（C_2）类似于典型的 1 类兴奋性神经元

虽然到目前为止还没有发现对 I_{NaP} 的特异性阻断剂，但是有研究表明低浓度的 Riluzole（2μmol/L）能够抑制大部分的 I_{NaP}（＞50%），而仅对快 Na$^+$电流（I_{NaT}）产生较小的影响（约 5%）（Urbani and Belluzzi, 2000；Wu et al., 2001）。因此，

在下述研究中我们采用 1～2μmol/L Riluzole 作为一种相对选择性的阻断剂来抑制 I_{NaP}。

同 4-AP 结果相反，2μmol/L Riluzole 能消除 2 类兴奋性神经元的放电，使其转型，变为 3 类兴奋性神经元（即刺激电流增大到 nA 级也不产生放电）（图 13-11）。值得注意的是，在给予 Riluzole 之后，原本 2 类兴奋性神经元动作电位之前的 SMPO 也消失了。

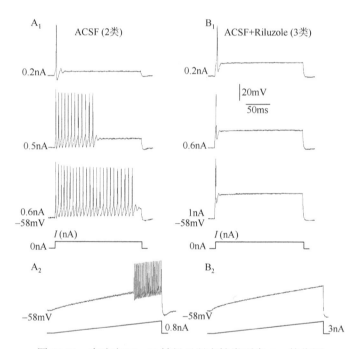

图 13-11　在决定 Mes V 神经元兴奋性类型中 I_{NaP} 的作用

所有的记录都来自同一个神经元，RMP 为-55mV。A_1, A_2. 典型 2 类兴奋性神经元的放电特性。B_1, B_2. 给予 2μmol/L Riluzole 后细胞的放电模式转变为典型的 3 类兴奋性神经元。上半部分（A_1, B_1）显示细胞对方波刺激的反应，下半部分（A_2, B_2）显示细胞对斜波刺激的反应

13.2.5　Mes V 神经元兴奋性类型转型中 I_{4-AP} 和 I_{NaP} 的相互作用

为了进一步研究 Mes V 神经元兴奋性类型转型中 I_{4-AP} 和 I_{NaP} 的相互作用，我们做了下面的实验。

图 13-12A 显示了一例典型的 2 类兴奋性神经元使用斜波刺激在 4-AP 作用下的结果。可以看到在 50μmol/L 4-AP 持续灌流后 10min 时，该神经元的兴奋性从 2 类（图 13-12A_1）转型变为典型的 1 类（图 13-12A_2），该现象在受检测的 11 例神经元中均可观察到。有趣的是，Riluzole 能够反转上述过程，即在上述基础上再另外给予 2μmol/L Riluzole，随着 Riluzole 作用的继续（8min 时），该神经元的放电又从 1 类转型为典型的但频率明显降低的 2 类（图 13-12A_3）。在这里，Riluzole

没有消除放电而是逆转了 4-AP 对于兴奋性的作用。

因此我们猜想：神经元的兴奋性不仅是由关键电流（在本研究中为 $I_{4\text{-AP}}$ 和 I_{NaP}）的绝对含量和其各自的动力学特性决定的，更是由每一个关键电流在由 $I_{4\text{-AP}}$ 和 I_{NaP} 所构成的电流组中的相对含量的比例所决定。本实验中 50μmol/L 4-AP 降低了 $I_{4\text{-AP}}$ 的绝对含量，而 I_{NaP} 的绝对含量保持不变，因此两个电流在二者总和中的百分比含量发生了变化（即 $I_{4\text{-AP}}$ 百分比含量降低，而 I_{NaP} 百分比含量提高）。

这种变化就导致了兴奋性类型的转化，从 2 类兴奋性转为 1 类；同样，此时再用 Riluzole 降低 I_{NaP} 的含量，当降低到 2 个电流新的百分比例等同于加药前的百分比例时，新的平衡就又建立了，与此同时神经元从 1 类兴奋性转为 2 类（频率较野生 2 类神经元为低）。神经元在给予 4-AP 和 Riluzole 后虽然所显示的兴奋性特征同加药前的野生型很近似，但是放电阈值和频率都明显地降低了。该结果提示电流的相对百分比含量决定了神经元的兴奋性类型，而其绝对含量对形成不同兴奋性类型放电的细节特征很重要。

如果我们的猜想是正确的，那么 4-AP 也能够反转 Riluzole 对于神经元兴奋性的转型作用（恢复由 Riluzole 造成的已经消除的放电）。为了验证该假设我们又做了下面的实验，结果发现的确如此。如图 13-12B 所示，2μmol/L Riluzole 先使野生的 2 类兴奋性神经元转型变为 3 类（图 13-12B₁ 和 B₂），继之 50μmol/L 的 4-AP 又逆转了该过程，使其重新出现放电（图 13-12B₃）。

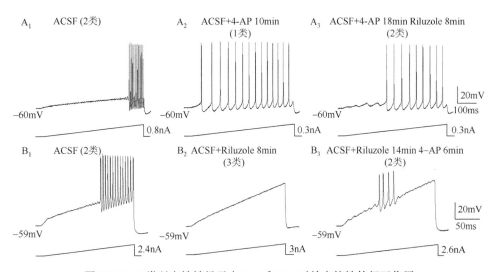

图 13-12　2 类兴奋性神经元中 $I_{4\text{-AP}}$ 和 I_{NaP} 对放电特性的相互作用

在该部分实验中我们仅用了斜波刺激。A. 4-AP 和 Riluzole 对 2 类兴奋性神经元（A₁）的作用。在给予 4-AP（50μmol/L）10min 后细胞的放电模式类似于 1 类兴奋性神经元（A₂）；在给予 4-AP（50μmol/L）18min 和 Riluzole（2μmol/L）8min 后细胞的放电模式类似于 2 类兴奋性神经元（A₃）。B. 4-AP 和 Riluzole 对另一个 2 类兴奋性神经元（B₁）的作用。在给予 Riluzole（2μmol/L）8min 后细胞的放电模式类似于 3 类兴奋性神经元（B₂）；在给予 Riluzole（2μmol/L）14min 和 4-AP（50μmol/L）6min 后细胞的放电模式类似于 2 类兴奋性神经元（B₃）

　　另外，我们还在上述转型的过程中发现了一个重要的实验现象，即在药物作用过程中神经元在短期内同时兼备 1 类和 2 类兴奋性的特性（数据整理中，待发表，图形未给出），我们称之为"中间态"或"过渡态"。该现象进一步地支持了我们的猜想：在转型过程中，$I_{4\text{-AP}}$ 和 I_{NaP} 的相对含量不断变化，这种变化会引起新平衡的建立，以及由新的平衡所表现出的不同的兴奋性类型。因此，这种从甲壳类轴突到哺乳动物神经元上所显示的兴奋性转型的能力提示了该现象可能广泛地存在于神经系统中。

13.2.6　Mes V 神经元上 I_h 和 $I_{\text{Ca}^{2+}}$ 对决定兴奋性类型不起主要作用

　　被细胞膜超极化所激活的内向整流是许多中枢和外周神经元膜的共同特性，其中也包括 Mes V 神经元。据报道，在 Mes V 神经元上，一种缓慢的内向整流电流——I_h，对膜的兴奋性有明显的影响，从而在控制 RMP、单个动作电位和动作电位串的特性上有重要作用（Ludwig et al.，1998；Tanaka et al.，2003）。因此，我们用 I_h 特异性阻断剂 ZD7288（10μmol/L）来研究该电流对兴奋性的影响。如图 13-13A 所示，尽管 ZD7288 提高了 2 类神经元放电所需的阈值，但是并没有改变其兴奋性类型（图 13-13A_1 和 A_2，$N=5$）。我们还通过一种非选择性的 Ca^{2+} 通道阻断剂 Cd^{2+}（300μmol/L）来观察 Ca^{2+} 电流是否参与了 Mes V 神经元的兴奋性类型。图 13-13B_2 和 B_3（$N=5$）显示了一个典型的 Cd^{2+} 对 2 类兴奋性神经元动作电位和放电频率作用的例子，不难看出，Ca^{2+} 及由 Ca^{2+} 所介导的电流对 Mes V 神经元兴奋性类型基本没有影响。另外，20mmol/L TEA 不能造成神经元兴奋性分类的转型，仅能使放电频率从 200Hz 降为 140Hz（图 13-13C）。检测了 4 例神经元，结果均相似。

13.2.7　Mes V 2 类和 3 类兴奋性神经元中 $I_{4\text{-AP}}$ 和 I_{NaP} 的测量

　　正如前面所描述的，抑制 $I_{4\text{-AP}}$ 和/或 I_{NaP} 能够改变 Mes V 神经元的兴奋性类型，并且我们认为这是因为药物改变了这两个电流在同一细胞中所占的百分比例。因此，我们设想 $I_{4\text{-AP}}$ 和/或 I_{NaP} 幅值的大小在不同类型兴奋性神经元中是不同的。又由于 1 类兴奋性神经元出现的概率很低（9/140），因此下面的实验我们仅测量了 2 类和 3 类兴奋性神经元中 $I_{4\text{-AP}}$ 和 I_{NaP} 的大小。

　　结果表明，2 类兴奋性神经元 $I_{4\text{-AP}}$ 在相对去极化的电压处被激活，即在 $(-57.5\pm5.9)\text{mV}$，其半数激活电压（$V_{1/2}$）为 -48.0mV，$k=-6.7$（$N=11$）；而对于 3 类兴奋性神经元来说，$I_{4\text{-AP}}$ 激活的电压是 $(-63.6\pm3.7)\text{mV}$，$V_{1/2}$ 等于 -54.2mV，$k=-5.2$（$N=10$）。两类神经元之间在激活电压位置、$V_{1/2}$ 和 k 这三方面均存在显著性的差异（图 13-14C，$P<0.05$）。当去极化程度（以 -56mV 为界）越来越大时，$I_{4\text{-AP}}$ 在 2 类兴奋性神经元中的平均幅值明显地小于在 3 类神经元中的幅值（图 13-14D，$P<0.05$）。至于 I_{NaP}，在 2 类和 3 类兴奋性神经元中 I_{NaP} 激活的电

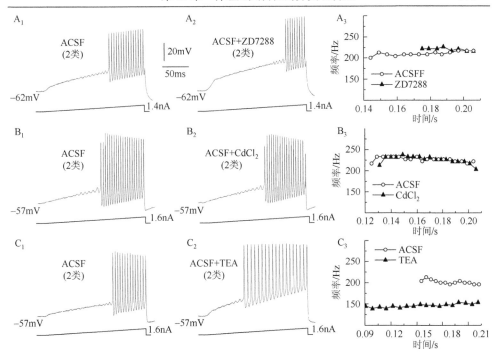

图 13-13　在决定 Mes V 神经元兴奋性类型作用中 I_h、I_{Ca} 和 TEA-敏感的电流不起主要作用

在该部分实验中记录的是 2 类兴奋性神经元在电流钳下对斜坡的刺激结果。A. 2 类兴奋性神经元的放电特性不受 I_h 通道阻断剂 ZD7288（10μmol/L）的影响。B. 2 类兴奋性神经元的放电特性不受非选择性 Ca^{2+} 通道阻断剂 Cd^{2+}（300μmol/L）的影响。C. 2 类兴奋性神经元的放电阈值在延迟整流钾通道阻断剂 20mmol/L TEA 作用下明显降低，但放电模式不变

压数均为–70mV 左右，$V_{1/2}$ 和 k 分别为–51.0mV 和–5.4（$N=10$）及–49.9mV 和 –5.7（$N=10$），没有显著性差异（图 13-15C）。这两类神经元之间 I_{NaP} 的平均幅值也没有明显区别（图 13-15D）。

综上所述，I_{4-AP} 的幅值和动力学性质在 2 类和 3 类神经元之间存在显著性差异。相比之下，2 类神经元 I_{4-AP} 的激活起始位置较去极化，电流幅值较小。该结果提示是 I_{4-AP} 而非 I_{NaP} 的动力学特征和电流幅值大小对决定 Mes V 神经元的兴奋性类型起至关紧要的作用。也就是说，I_{4-AP} 的幅值和动力学性质对决定神经元的放电阈值和频率很重要。但是，I_{4-AP} 和 I_{NaP} 的相互作用，尤其是二者的相对百分比含量，对决定 Mes V 上神经元的兴奋性类型至关重要（Yang et al.，2009）。这一论点也通过数学模型得到了理论上的支持（Liu et al.，2008）。

另外，由于 Mes V 1 类兴奋性神经元的出现概率很低（9/140），所以实验中仅测量了 2 类和 3 类神经元中 I_{4-AP} 和 I_{NaP} 的含量。抑制 I_{4-AP} 能够使 2 类和 3 类神经元转型为 1 类的现象至少提示了 1 类神经元中 I_{4-AP} 的含量要少于 2 类和 3 类神

经元中的。令人意外的是，虽然 3 类神经元中 I_{NaP} 的含量较 2 类神经元中的多，但是却没有显著性差异。

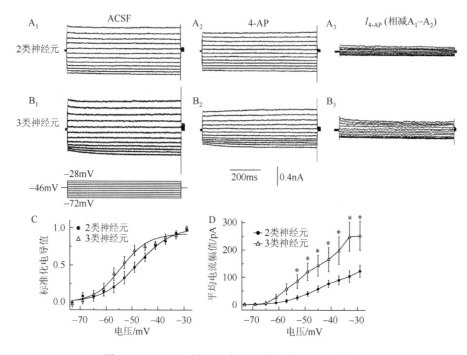

图 13-14　Mes V 神经元中 $I_{4\text{-}AP}$ 的幅值和动力学特性

在对照灌流液中加入 0.5μmol/L TTX 和 50μmol/L Cd^{2+}，并将细胞钳制于–46mV 下的电压钳记录结果。A. 2 类兴奋性神经元。在对照灌流液（A_1）及给予 100μmol/L 4-AP（A_2）情况下记录的外向电流，通过将二者相减可得到 $I_{4\text{-}AP}$。在 B_1 的下方给出了电压刺激方案（以 4mV 递增）。B. 在 3 类兴奋性神经元上类似的记录。C. 2 类和 3 类兴奋性神经元中 $I_{4\text{-}AP}$ 的标准化电导图。在 2 类神经元中，$I_{4\text{-}AP}$ 在(–57.5±5.9)mV 处被激活，$V_{1/2max}$ 和 k（平滑指数）分别为–48.0mV 和–6.7（N=7）。在 3 类神经元中，$I_{4\text{-}AP}$ 在(–63.6±3.7)mV 处被激活，$V_{1/2max}$ 和 k 分别为–54.2mV 和–5.2（N=7）。激活阈值、$V_{1/2max}$ 和 k 在两类神经元中存在统计学差异（$P<0.05$）。D. 当膜电位达到并超过–56mV 时，$I_{4\text{-}AP}$ 在 2 类兴奋性神经元中的平均幅值明显小于在 3 类神经元中的（N=10）（$P<0.05$）

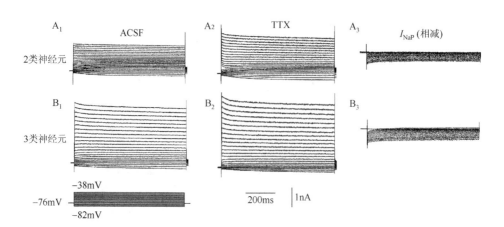

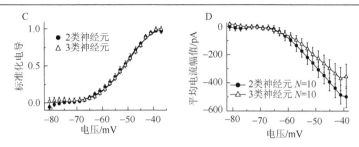

图 13-15　Mes V 神经元中 I_{NaP} 的幅值和动力学特性

在对照灌流液中加入 Cd^{2+}（50μmol/L），并将细胞钳制于 −76mV 下的电压钳记录结果。A. 2 类兴奋性神经元。在对照灌流液（A_1）及给予 0.2μmol/L TTX（A_2）情况下记录的内向电流，通过将二者相减可得到 I_{NaP}。在 B_1 的下方给出了电压刺激方案（以 4mV 递增）。B. 在 3 类兴奋性神经元上类似的记录。C. 2 类和 3 类兴奋性神经元中 I_{NaP} 的标准化电导图。在 2 类及 3 类神经元中，I_{NaP} 均在 −70mV 处被激活；2 类神经元中 $V_{1/2max}$ 和 k 分别为 −51.0mV 和 −5.4，3 类神经元中 $V_{1/2max}$ 和 k 分别为 −49.9mV 和 −5.7。D. 当钳制电位介于 −80∼−40mV 时，I_{NaP} 在 2 类神经元和 3 类神经元中的平均幅值无显著性差异

13.2.8　功能意义

3 类兴奋性神经元因为只在刺激的起始端产生 1 个动作电位，或者对很强的刺激也仅有 3∼5 个放电，所以 Hodgkin（1948）认为它们是"不健康的"（unhealthy or sick）。虽然理论学家认为 3 类神经元可能根本不是什么病态的神经元，但是至今还是没有足够的证据来说明这一点。我们目前的研究应该是首次从实验上对 Hodgkin 的观点提出异议。首先，在所有的受检测的 Mes V 神经元中 54%（76/140）属于 3 类神经元，他们在 RMP、C_m 和 R_{in} 等被动膜特性上与其他两类神经元均无明显区别。其次且更为重要的是，抑制 I_{4-AP} 能够使 3 类兴奋性神经元发生转型变为 1 类，而抑制 I_{NaP} 则能够使 2 类兴奋性神经元转型为 3 类。虽然我们目前的研究还不能就 3 类神经元的功能意义做很好的解释，但上述结果提示它们是健康的、有功能的。很有可能 3 类神经元是起忠实传导作用的神经元，即此类神经元针对 1 个刺激输入仅产生 1 个动作电位输出。

本研究还提示在正常的生理条件下，通过调节胞内或胞外的某种电流，神经元可能会改变其兴奋性类型。Mes V 神经元与脑内其他不同核团的神经元之间形成突触联系（Luo et al.，1995；Raappana and Arvidsson，1993），一些化学物质，如 5-羟色胺、去甲肾上腺素、谷氨酸、γ-氨基丁酸（GABA）和多巴胺，能通过改变不同的通道电流来调节 Mes V 神经元的反应（Lazarow and Chouchkov，1995；Tanaka and Chandler，2006）。如最近，我们就观察到 5-羟色胺能够引起 Mes V 神经元兴奋性的转型。Mes V 神经元中簇放电会随着发育过程而逐渐增多，这一事实提示在发育过程中兴奋性类型是可以转换的。此外，还有研究表明，受损的 DRG 神经元会从静息到放电，甚至会变成有 SMPO 的自发放电起步点，提示了在病理情况下，神经元的兴奋性类型也会发生转变。因此，探索神经元兴奋性形成和转型的发生机制对于阐明异常兴奋性行为的发生，以及在此基础上建立新的治疗慢

性痛的策略具有重要价值。

　　动力学理论提示，显示同样放电模式的神经元可能具有不同的离子通道电流基础，而具有相同离子通道电流的神经元也有可能产生完全不同的放电模式。上述研究结果中我们可以看出，在记录出同样的离子通道电流的神经元，其依据刺激-输出关系确定的神经元兴奋性类型会由于不同电流间的比例关系的改变而发生转换。显然，这一认识超越了传统的兴奋性概念，从深层次上反映了兴奋性分型形成的通道电流动力学机制，使得对于神经元兴奋性的认识，不仅仅停留于阈值、适应性等简单层面，还需要关注兴奋性类型及彼此之间的转型关系。

（杨　晶　胡三觉）

参 考 文 献

古华光，任维，杨明浩. 2001. 实验性神经起步点自发放电的分叉和整数倍节律. 生物物理学报，17（4）：637-644.

龙开平，胡三觉，菅忠，等. 2000. 损伤神经元自发放电的整数倍及其动力学机制. 生物物理学报，16（2）：250-258.

任维. 1996. 损伤神经自发放电节律变化的离子基础和非线性动力学机制. 西安：第四军医大学博士学位论文.

汪云九. 2006. 神经信息学. 北京：高等教育出版社.

谢益宽，肖文华，李惠清. 1991. 神经损伤区新生离子通道与异常放电活动的关系. 中国科学 B 辑，8：843-851.

Amir R，Michaelis M，Devor M. 1999. Membrane potential oscillations in dorsal root ganglion neurons: role in normal electrogenesis and neuropathic pain. J Neurosci，19：8589-8596.

Bennett GJ，Xie YK. 1988. A peripheral mononeuropathy in rat that produces disorders of pain sensation like those seen in man. Pain，33：87-107.

Bertram R，Butte MJ，Kiemel T，et al. 1995. Topological and phenomenological classification of bursting oscillations. Bull Math Biol，57：413-439.

Buric N，Grozdanovic I，Vasovic N. 2005. Type Ⅰ vs. type Ⅱ excitable systems with delayed coupling. Chaos Solitons & Fractals，23（4）：1221-1233.

Chacron MJ，Longtin A，Maler L. 2004. To Burst or Not to Burst? J Comput Neuroscience，17（2）：127-136.

Chay TR. 1985. Chaos in a three-variable model of an excitable cell. Physica D: Nonlinear Phenomena，16（2）：233-242.

Christen M. 2006. The Role of Spike Patterns in Neuronal Information Processing. J Allergy and Clinical Immunology，118（2）：528-530.

Connor JA. 1975. Neural repetitive firing: a comparative study of membrane properties of crustacean walking leg axons. J Neurophysiol，38：922-932.

Connors BW，Gutnick MJ. 1990. Intrinsic firing patterns of diverse neocortical neurons. Trends Neurosci，13：99-104.

Crook SM，Ermentrout GB，Vanier MC，et al. 1997. The role of axonal delay in the synchronization of networks of coupled cortical oscillators. J Comput Neurosci，4（2）：161-172.

Dantzker JL，Callaway EM. 2000. Laminar sources of synaptic input to cortical inhibitory interneurons and pyramidal neurons. Nat Neurosci，3：701-707.

Del Negro CA，Chandler SH. 1997. Physiological and theoretical analysis of K^+ currents controlling discharge in neonatal rat mesencephalic trigeminal neurons. J Neurophysiol，77：537-553.

Ermentrout B. 1996. Type I membranes，phase resetting curves，and synchrony. Neural Comput，8：979-1001.

Fitzhugh R. 1961. Impulses and physiological states in theoretical models of nerve membrane. Biophys J，1（6）：445-466.

Galán RF，Ermentrout GB，Urban NN. 2005. Efficient estimation of phase-resetting curves in real neurons and its significance for Neural-Network modeling. Phys Rev Lett, 94 (15): 158101-158104.

Galan RF, Ermentrout GB, Urban NN. 2007. Reliability and stochastic synchronization in type I vs. type II neural oscillators. Neurocomputing, 70: 2102-2106.

Gall WG, Zhou Y. 2000. An organizing center for planar neural excitability. Neurocomputing, 32-33: 757-765.

Glass L, Mackey MC. 1995. 从摆钟到混沌——生命的节律. 潘涛译. 上海: 上海远东出版社.

Govaerts W, Sautois B. 2005. The onset and extinction of neural spiking: A numerical bifurcation approach. J Comput Neurosci, 18 (3): 265-274.

Guckenheimer J, Harris-Warrick R, Peck J, et al. 1997. Bifurcation, bursting, and spike frequency adaptation. J Comput Neurosci, 4 (3): 257-277.

Heyward P, Ennis M, Keller A, et al. 2001. Membrane bistability in olfactory bulb mitral cell. J Neurosci, 21: 5311-5320.

Hodgkin AL. 1948. The local electric changes associated with repetitive action in a non-medullated axon. J Physiol, 107: 165-181.

Hodgkin AL, Huxley AF. 1952. A quantitative description of memberane current and application to conduction and excitation in nerve. J Physiol, 117: 500-544.

Holden L, Erneux T. 1993. Slow passage through a Hopf bifurcation: Form oscillatory to steady state solutions. SIAM, 53: 1045-1058.

Hosaka R, Sakai Y, Ikeguchi T, et al. 2006. Different responses of two types of class II neurons for fluctuated inputs In: Gavrilova M, Gervasi O, Kumar V, et al. Computational Science and Its Applications-ICCSA. Berlin: Springer Berlin Heidelberg.

Izhikevich EM. 2000. Neural excitability, spiking and bursting. International Journal of Bifurcation & Chaos in Applied Sciences & Engineering, 10 (6): 1-96.

Izhikevich EM. 2005. Dynamical System in Neuroscience: The Geometry of Excitability and Bursting. Neuronal excitability. Cambridge: MIT Press: 151-166, 204-210.

Izhikevich EM. 2005. Dynamical Systems in Neuroscience_The Geometry of Excitability and Bursting. Cambridge: MIT Press.

Lago-Fernandez LF, Corbacho FJ, Huerta R. 2001. Connection topology dependence of synchronization of neural assemblies on class 1 and 2 excitability. Neural Netw, 14 (6-7): 687-696.

Laing CR, Doiron B, Longtin A, et al. 2003. Type I burst excitability. J Comput Neurosci, 14 (3): 329-342.

Lazarow NE, Chouchkov CN. 1995. Immunocytochemical localization of tyrosine hydroxylase and gamma-aminobutyric acid in the mesencephalic trigeminal nucleus of the cat: a liglt and electron microscopic study. Anat Rec, 242: l23-131.

Lewis TJ, Rinzel J. 2003. Dynamics of spiking neurons connected by both inhibitory and electrical coupling. J Comput Neurosci, 14 (3): 283-309.

Li L, Gu H, Yang M, et al. 2004. A series of bifurcation scenarios in the firing transitions in an experimental neural pacemaker. Int J bifurcation & chaos, 14 (5): 1813-1817.

Liu Y, Yang J, Hu S. 2008. Transition between two excitabilities in mesencephalic V neurons. J Comput Neurosci, 24 (1): 95-104.

Ludwig A, Zong X, Jeglitsch M, et al. 1998. A family of hyperpolarization-activated mammalian cation channels. Nature, 393: 587-591.

Luo PF, Wong R, Dessem D. 1995. Projection of jaw-muscle spindle afferents to the caudal brainstem in rats demonstrated using intracellular biotinamide. J Comp Neurol, 358: 63-78.

McCormick DA, Connors BW, Lighthall JW, et al. 1985. Comparative electrophysiology of pyramidal and sparsely spiny stellate neurons of the neocortex. J Neurophysiol, 54: 782-806.

Morris C，Lecar H. 1981. Voltage oscillations in the barnacle giant muscle fiber. Biophys J，35：193-213.

Nisenbaum ES，Wilson CJ. 1995. Potassium currents responsible for inward and outward rectification in rat neostriatal spiny projection neurons. J Neurosci，15：4449-4463.

Pedroarena CM，Pose IE，Yamuy J，et al. 1999. Oscillatory membrane potential activity in the soma of a primary afferent neuron. J Neurophysiol，82：1465-1476.

Pernarowski M. 1994. Fast subsystem bifurcations in a slowly varied Lienard system exhibiting bursting. SIAM, 54：814-832.

Raappana P，Arvidsson J. 1993. Location，morphology，and central projections of mesencephalic trigeminal neurons innervating rat masticatory muscles studied by axonal transport of choleragenoid-horseradish peroxidase. J Comp Neurol，328：103-114.

Ren W，Hu SJ，Zhang BJ，et al. 1997. Period-adding bifurcation with chaos in the interspike intervals generated by an experimental neural pacemaker. Int J Bifurca Chaos，7：1867-1872.

Rinzel J，Ermentrout GB. 1989. Analysis of Neural Excitability and Oscillations. Methods in Neuronal Modeling. Cambridge：MIT Press.

Rush ME，Rinzel J. 1994. Analysis of bursting in a thalamic neuron model. Biol Cybern，71：281-284.

Sessley S，Butera RJ. 2002. Evidence for type 1 excitability in molluscan neurons. EMBS/BMES Conference，3：1965-1966.

Steriade M，Timofeev I，Dürmüller N，et al. 1998. Dynamic properties of corticothalamic neurons and local cortical interneurons generating fast rhythmic（30-40 Hz）spike bursts. J Neurophysiol，79：483-490.

St-Hilaire M，Longtin A. 2004. Comparison of coding capabilities of type I and type II neurons. J Comput Neurosci，16（3）：299-313.

Tanaka S，Chandler SH. 2006. Serotonergic modulation of persistent sodium currents and membrane excitability via cyclic AMP-protein kinase A cascade in mesencephalic V neurons. J Neurosci Research，83：1362-1372.

Tanaka S，Wu N，Hsaio CF，et al. 2003. Development of inward rectification and control of membrane excitability in mesencephalic V neurons. J Neurophysiol，89：1288-1298.

Tasaki I. 1965. Effects of internal and external ionic environment on excitability of squid giant axon. J General Physiology，48：1095-1123.

Tateno T，Harsch A，Robinson HP. 2004. Threshold firing frequency-current relationships of neurons in rat somatosensory cortex：type 1 and type 2 dynamics. J Neurophysiol，92：2283-2294.

Tateno T，Robinson HP. 2006. Rate coding and spike-time variability in cortical neurons with two types of threshold dynamics. J Neurophysiol，95：2650-2663.

Tonnelier A. 2005. Categorization of neural excitability using threshold models. Neural Comput，17：1447-1455.

Torkkeli PH，Sekizawa SI，French AS. 2001. Inactivation of voltage-activated Na^+ currents contributes to different adaptation properties of paired mechanosensory neurons. J Neurophysiol，85：1595-1602.

Urbani A，Belluzzi O. 2000. Riluzole inhibits the persistent sodium current in mammalian CNS neurons. Eur J Neurosci，12：3567-3574.

Vydyanathan A，Wu ZZ，Chen SR，et al. 2005. A-type voltage-gated K^+ currents influence firing properties of isolectin B4-positive but not isolectin B4-negative primary sensory neurons. J Neurophysiol，93：3401-3409.

Wu N，Enomoto A，Tanaka S，et al. 2005. Persistent sodium currents in mesencephalic v neurons participate in burst generation and control of membrane excitability. J Neurophysiol，93：2710-2722.

Wu N，Hsiao CF，Chandler SH. 2001. Membrane resonance and subthreshold membrane oscillations in mesencephalic V neurons：participantes in brust generation. J Neurosci，21：3729-3739.

Xing JL，Hu SJ，Long KP. 2001. Subthreshold membrane potential oscillations of type A neurons in injured DRG. Brain Res，901：128-136.

Yang J，Duan YB，Xing JL，et al. 2006. Responsiveness of a neural pacemaker near the bifurcation point. Neurosci Lett，392：105-109.

Yang J，Xing JL，Wu NP，et al. 2009. Membrane current-based mechanisms for excitability transitions in neurons of the rat mesencephalic trigeminal nuclei. Neuroscience，163：799-810.

Yang M，Gu H，Li L，et al. 2003. Characteristics of period adding bifurcation without chaos in firing pattern transitions in an experimental neural pacemaker. Neuroreport，14（17）：2153-2157.

Yue C，Remy S，Su H，et al. 2005. Proximal persistent Na$^+$ channels drive spike afterdepolarizations and associated bursting in adult CA1 pyramidal cells. J Neurosci，25：9704-9720.

第 14 章　影响突触传递的因素

14.1　混沌脉冲序列的突触传递

在神经系统中，感觉神经元的主要功能之一是将随时间连续变化的感觉信息编码形成动作电位序列。一般来说，来自于外界的各种形式的感觉刺激可以在外周神经系统引起局部的感受器电位变化。被引起的各种感受器电位变化如果不能触发形成动作电位，就只能以电紧张的形式沿细胞膜扩布，从而在传播过程中逐步衰减而不能长程传递。与局部感受器电位不同，动作电位能够以再生的形式沿神经元的轴突被长程传递而幅度不衰减。因此，动作电位序列是神经信息编码与传递的基础载体。现在研究表明，神经系统用来表达信息编码模式具有高度的复杂性，而动作电位序列的时间结构中极有可能蕴含着丰富的神经信息（Koch and Laurent，1999；Mechler et al.，1998；Buracas et al.，1998）。所以，分析神经元放电的时间序列对于揭示复杂的神经信息编码模式具有重要意义。近年来，随着非线性动力学领域研究的不断深入，产生了多种针对时间序列的非线性分析方法（Kantz and Schreiber，1997）。应用这些分析方法已经成功地在神经元电活动中检测到了确定性成分，从而提示在貌似随机无序的神经元放电背后，极有可能存在着更为深刻的动力学机制（Elbert et al.，1994；Hayashi and Ishizuka，1995；Hoffman et al.，1995）。

然而如果对动作电位时间序列所进行的非线性分析仅局限在神经元或实验性神经起步点水平（Wan et al.，2000；Ren et al.，1997），那么非线性方法在研究复杂的神经信息编码模式中只能起到有限的作用。众所周知，神经信息的传递与加工依赖于神经元之间的通讯，而神经元的相互通讯主要是通过化学性突触传递来完成的，尽管电突触传递也在神经元通讯中起到一定的作用。如前面有关章节所述，在化学性突触传递过程中，突触前动作电位到达轴突末梢，产生去极化反应从而引起 Ca^{2+} 内流进入突触前末梢，进而引起含有神经递质的突触囊泡与突触前末梢的胞膜融合并释放神经递质。神经递质进入突触间隙，扩散到达突触后膜，与突触后膜上的特异性受体结合，引起受体的构象发生变化而打开通道使离子流入或流出神经元，从而导致神经元的膜电位发生改变。这样，动作电位序列所携带神经信息在突触传递过程中就经历了从电能到化学能，再从化学能到电能的转换过程。在神经系统中，化学性突触传递受到各种因素的影响与调节，而往往具有不稳定性。另外，从外周感受器到大脑皮层，感觉神经信息一般要经过至少三级突触传递。那么，突触前动作电位时间序列所包含确定性特征与神经信息在经过突触传递后能够多大程度地被保留在突触后动作电位序列中，尤其是在经过数级突触传递后？这一问题可以说是动作电位时间序列突触传递的核心问题。虽然我们与国际上其他实验室都曾经对这一问题做出过探索性的研究，但是依然尚未有明确的答案。

位于背根节（dorsal root ganglion）的神经元属于初级感觉神经元，它们的主要功能是通过动作电位序列将躯体感觉信息进行编码。背根节神经元所发出的初级传入纤维（primary afferent fiber）通过背根到达脊髓（spinal cord），在脊髓背角与神经元形成初级传入突触。以往研究表明，在背根节神经元所产生的簇放电（burst firing）时间序列具有确定性的动力学机制（Wan et al.，2000；Hu et al.，2000；Jian et al.，2004）。这就意味着具有混沌动力学性质的动作电位序列会在初级传入纤维与脊髓背角神经元之间发生突触传递。此外，先前从生理学与药理学方面对脊髓背角突触传递已经有了较为清楚的研究。以此为基础，我们实验室研究了初级传入突触上具有混沌特征的动作电位序列的突触传递特征。

在实验中，我们制备大鼠带背根的脊髓组织薄片，采用膜片钳技术记录脊髓背角神经元，通过吸吮电极对脊髓背根进行突触前刺激（图 14-1A 和 B）。两种基本刺激单位被采用来构成具有混沌性质的突触前输入脉冲序列，包括短簇刺激（brief burst）与单脉冲刺激（single pulse）（图 14-1B 和 C）。以往研究表明，来自于外周的簇放电包含有 2～10 个峰峰间期（ISI）为 5～20μs 的动作电位（Ren et al.，1997；Jian et al.，2004；Dekhuijzen and Bagust，1996；Hu and Xing，1998；Xing et al.，2001；Amir et al.，2002；Duan et al.，2002）。为了简化刺激方法，我们使用包含 3 个间隔为 15ms 的脉冲短簇刺激。同时，我们也用单脉冲来构成具有混沌性质的突触前输入脉冲序列，从而可以检测二者对动作电位序列跨突触传递的影响。从原始电生理记录中提取时间序列是进行非线性分析的第一步，在研究中我们从实验记录中提取的事件间期（inter-event interval，IEI）序列。事件（event）被定义为峰峰间期（inter-spike interval）小于或等于某一阈值（在我们的实验中通常为 35ms）的最长脉冲序列，而事件间期为相邻两个事件之间的时间间隔。以往研究证明簇放电之间的时间间隔在神经信息编码中具有重要的意义（Cattaneo et al.，1981；Muller et al.，1987；Otto et al.，1991；Lisman，1997；Snider et al.，1997），而 IEI 恰恰代表了簇放电之间的时间间隔（图 14-1C）。为了得到具有混沌性质的突触前刺激输入脉冲序列，我们用洛伦兹模型（Lorenz model）调制产生的具有混沌性质 IEI 序列（图 14-2），并保证 IEI 的范围符合以往的实验数据（Wan et al.，2000；Hu et al.，2000；Hu and Xing，1998）。

为了分析突触传递对动作电位序列动力学性质的影响，我们采用了回归映射、相关维、非线性预报等方法分析了突触前输入脉冲序列与突触后输出脉冲序列。如图 14-2C 所示，具有混沌性质输入序列的 IEI 在回归映射（return map）中显示出明确的几何结构。

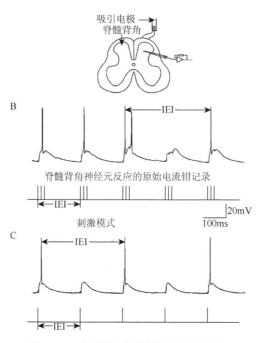

图 14-1　实验装置与刺激方法示意图

A. 实验装置示意图。使用全细胞膜片钳方法记录脊髓背角深层（III/IV层）的神经元，通过吸吮电极对背根进行刺激。B. 脊髓背角神经元对短簇突触前刺激的反应。刺激模式中每一个竖线代表一个刺激脉冲，每一个短簇刺激包含 3 个间隔为 15ms 的脉冲。C. 脊髓背角神经元对单脉冲突触前刺激的反应

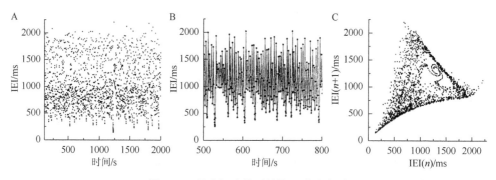

图 14-2　具有混沌性质的输入脉冲序列

A. 由洛伦兹模型调制产生的具有混沌性质输入脉冲序列的 IEI。B. 在 A 中所示输入脉冲序列 IEI 的局部放大图。C. 混沌输入脉冲序列 IEI 的回归映射（return map）显示出明确的三角形结构，说明在混沌输入序列中存在有确定性的动力学机制。根据事件（event）的定义，一个事件既可以代表一个短簇刺激，也可以代表一个单脉冲刺激。所以，在本图中所显示输入脉冲序列的 IEI 既代表了短簇刺激的 IEI 又代表了单脉冲刺激的 IEI

　　以往研究表明，在回归映射中具有明确的几何结构是证明存在有混沌动力学机制的重要证据之一（May，1976）。在经过突触传递后，相似的几何结构依然可以从输出动作电位序列的 IEI 中被检出（图 14-3）。但是，在单脉冲

刺激条件下，动作电位序列的时间结构受到了较大的影响而变得模糊。刻画混沌吸引子自相似性的一个重要方法是相关维分析（correlation dimension）（Grassberger and Procaccia，1983a；Grassberger and Procaccia，1983b；Ben-Mizrachi et al.，1984）。对输入脉冲序列的相关维分析显示，当嵌入维（embedding dimension）大于 2 时，在 e^{-3} 与 e^{-2} 之间可见一段量度区域（scaling range），在此量度区域内局部量度指数基本保持恒定。在图 14-4A 中，量度指数约为 2.06，接近于洛伦兹模型的相关维数。在短簇刺激条件下，量度区域依然可以在输出脉冲序列的 IEI 中被检出，但是与输入序列相比不再长而稳定。而在在单脉冲刺激条件下，不能在输出脉冲序列的 IEI 中检出明确的量度区域。

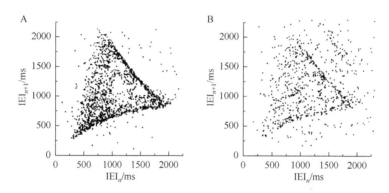

图 14-3　具有混沌性质的输入脉冲序列经过突触传递后输出脉冲序列的 IEI 回归映射

A. 在短簇刺激条件下，经过突触传递后输出脉冲序列的 IEI 回归映射。B. 在单脉冲刺激条件下，经过突触传递后输出脉冲序列的 IEI 回归映射。在经过突触传递后，混沌输入脉冲序列的主要时间结构，也就是在回归映射中的三角形结构，可从在输出脉冲序列中被检测出来。但是，在单脉冲刺激条件下，输入脉冲序列的时间结构在突触传递过程中受到了较大的影响

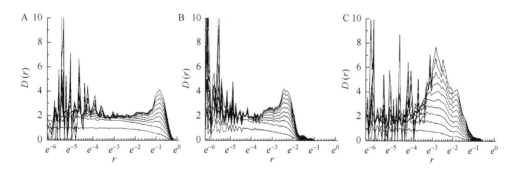

图 14-4　输入与输出脉冲序列的相关维分析

A. 具有混沌性质的输入脉冲序列的相关维分析。在 e^{-3} 与 e^{-2} 之间可见一段量度区域（scaling range），在此量度区域内当嵌入维大于 2 时局部量度指数基本保持恒定。B. 在短簇刺激条件下，经过突触传递后输出脉冲序列的相关维分析。C. 在单脉冲刺激条件下，经过突触传递后输出脉冲序列的相关维分析

短期可预报性（short-term predictability）是混沌动力系统的重要特征之一（Farmer and Sidorowich，1987；Suigihara and May，1990；Sauer，1994）。在研究中，我们采用了非线性预报方法（nonlinear prediction）对输入与输出脉冲序列进行了分析（图 14-5）。对于具有混沌性质的输入脉冲序列，标准预报误差（normalized prediction error）最小为 0.22。随着预报步数的增加，标准预报误差上升至 0.95，说明输入脉冲序列具有明确的短期可预报性。在短簇刺激条件下，经过突触传递后输出脉冲序列依然具有的短期可预报性，但是最小的标准预报误差为 0.77。而在单脉冲刺激条件下，经过突触传递后输出脉冲序列的标准预报误差保持在 1.0 左右，说明其 IEI 序列不具有短期可预报性。综合上面的分析结果可知，混沌脉冲序列的时间结构与动力学性质可以通过突触而被传递，但是会受到一定程度的影响。在短簇刺激条件下，这些影响较小；在单脉冲刺激条件下，影响较为严重。

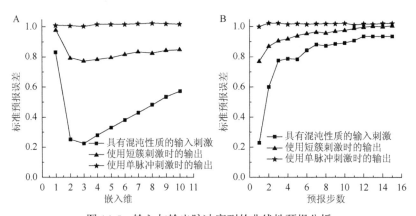

图 14-5　输入与输出脉冲序列的非线性预报分析

A. 对应不同的嵌入维，输入与输出脉冲序列非线性预报分析的第一步标准预报误差。可见当嵌入维为 3 时，第一步标准预报误差最小。B. 在嵌入维为 3 的条件下，输入与输出脉冲序列的非线性预报分析

为了分析经过突触传递后，输入动作电位序列所包含神经信息能够多大程度地被保留在输出动作电位序列中，我们采用了互信息分析方法（Sherry and Klemm，1984；London et al.，2002）。在此分析中，标准互信息（normalized mutual information）越大，动作电位序列所包含神经信息就被越忠实地跨突触传递。如图 14-6 所示，当二进制子序列长度较小时，标准互信息随着子序列长度的增加而增加，这是因为相邻子序列之间的相关性会影响互信息的计算。当二进制子序列长度大于 6 时，标准互信息基本平稳。在短簇刺激条件下的标准互信息的最大值约为 0.7，而在单脉冲刺激条件下标准互信息的最大值约为 0.55，两者之间有显著的区别。这些结果表明突触前输入脉冲序列所包含的信息不能被完全地跨突触传递，而在短簇刺激条件下，输入脉冲序列所包含的信息可以

更可靠地跨突触传递。

上述内容总结回顾了我们实验室在动作电位时间序列的突触传递方面所做的研究。此外，国际上也有其他实验室采用不同的生物标本或者神经元模型对脉冲序列的跨突触传递进行了研究（Segundo et al.，1994，1998；Hasegawa，2000；Svirskis and Rinzel；2000）。但是，动作电位时间序列的突触传递依然是一个悬而未决的问题，其主要原因之一是神经系统内突触联系

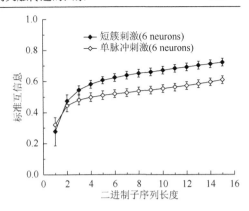

图 14-6　输入与输出脉冲序列的互信息分析

的复杂性。一个神经元可能会接受数个到数十个甚至更多的前级神经元输入，这些突触往往遍布整个神经元的树突分枝。同时，一个神经元通过轴突投射可以与多个后级神经元形成突触。在电生理实验中，往往需要采用分离或切片的方法制备离体标本，在此过程中会切断许多纤维联系。另外，在实验中进行电刺激时，往往只能将刺激电极摆放在某一特定位置，激活一定数量的纤维从而几乎同时兴奋一个神经元树突上部分的突触。而在体条件下，突触传递的情况可能会大不一样。多个前级神经元可能具有相似的放电模式，也可能会具有完全不同的放电模式；这些神经元可能同时被兴奋而发放动作电位，也可能彼此之间开始放电有一定的时间间隔。另外，更为复杂的是动作电位的跨突触传递会被突触的可塑性变化、多种神经递质与神经肽类所调节。这些因素会使动作电位序列的突触传递变得更为复杂，更能适应机体内神经系统的功能需要。总之，动作电位序列用所蕴含的神经信息如何跨突触传递的问题依然尚待深入而细致的研究，对这一问题的研究与阐明也必将推动甚至革新对神经信息编码与传递的认识。

（万业宏）

14.2　阿片戒断时伏核的神经可塑性变化

阿片类药物依赖严重危害我国人民身心健康（Lu and Wang，2008）。2006 年，国家禁毒委员会报道：海洛因仍是我国第一毒品。全国现有登记的海洛因吸食人员有 70 万，占吸毒者总数的 78.3%。阿片类药物是指天然的或人工合成的具有吗啡样活性的物质。海洛因是一种半合成的阿片类药物，静脉注射后在体内迅速代谢成吗啡及其衍生物而产生药理作用。一方面，吗啡能够激活中脑腹侧被盖区抑制性中间神经元胞体和轴突末梢表达的 μ 阿片受体，通过降低其兴奋性和 GABA 释放去抑制多巴胺能神经元，进而增加伏核多巴胺含量，产生强化作用（Johnson and North，1992）。另一方面，伏核内吗啡注射能够增加局部运动行为（Pert and Sivit，1977）。另外，吗啡可以直接激活伏核阿片受体参与行为调节。在药物戒断时，参与阿片类药物强化作用和复吸的脑区中（包括伏核）不同信号通路功能和基因表达的代偿性变化可能与渴求增加有关（Harris and Aston-Jones，2003）。但与可卡因等精神刺激剂的研究相比，迄今为止研究者对阿片类戒断后伏核各信号通路功能变化的研究仍然缺乏。

伏核（nulceus accumbens，NAc）是腹侧纹状体的重要核团，是脑奖赏通路（中脑腹侧被盖区-伏核-前额叶皮质）的重要组分（Groenewegen et al.，1999；Pennartz et al.，1994）。伏核主要接受前额叶皮质、海马、杏仁核等边缘脑区的兴奋性突触传入和中脑腹侧被盖区的多巴胺能传入，信息整合后，由中等大小有棘神经元（medium spiny neuron，MSN）发出 GABA 能的抑制性传出纤维投射到腹侧苍白球、黑质网状部等基底节输出结构，参与动机和情感相关的行为活动（Groenewegen et al.，1999；Pennartz et al.，1994）。静息状态下，腹侧苍白球神经元自发产生频率较高的紧张性放电，通过 GABA 能传出纤维抑制下位脑结构。伏核传出神经元活动增加对基底节输出结构的下位脑区有去抑制作用，并可能通过此作用易化动机性行为（Pennartz et al.，1994）。例如，通过伏核局部注射 GABA$_A$ 受体拮抗剂或者谷氨酸 AMPA 受体激动剂等方法增加伏核活动可增加局部运动行为（Morgenstern et al.，1984；Shreve and Uretsky，1988）。

伏核的主要输出神经元是中等大小有棘神经元，约占神经元总数的 95%（Meredith，1999）。伏核的传出神经元组成功能群组（ensemble），通过同步化活动编码信息（Pennartz et al.，1994）。电生理记录显示，生理状态下伏核神经元静息膜电位相对超极化，兴奋性低，需要至少两个来源的兴奋性突触同步化传入才能激活，产生去极化平台电位并在此基础上爆发动作电位（O'Donnell et al.，1999）。值得注意的是，伏核传出神经元不但接受多个来源的兴奋性传入，同时接受来自 GABA 能中间神经元的前馈性抑制和临近传出神经元轴突侧枝的反馈性抑制调节（Meredith，1999；Plenz，2003；Tepper et al.，2008）（图 14-7）。与外源性兴奋性突触传入终止于树突棘头部不同，内源性抑制性突触传入主要终止于树突干和细胞体，因其更接近胞体，可能对伏核传出神经元活动的调节作用更明显（Meredith，1999）。因此，伏核的信息输出由中等大小有棘神经元内源性兴奋性，以及其接受的兴奋性、抑制性突触传递的强度三者共同决定。

伏核是边缘系统向运动系统信息传递的闸门（Groenewegen et al.，1996），在阿片类药物奖赏效应和复吸中有重要作用。反复阿片类药物暴露后短期戒断，伏核神经元产生基因表达谱受到抑制、兴奋性突触传递效率降低、GABA 能抑制性突触传递对调节因素的反应性增加、形态退行性改变等适应性变化，这些变化提示吗啡短期戒断时伏核活动水平可能降低。伏核活动状态的内在决定因素是神经元的内源性兴奋性，也就是由神经元膜性质决定的其对外界刺激反应的能力。外因通过内因起作用,因此内源性兴奋性是神经元活动状态的重要决定因素。我们运用神经电生理记录的方法系统地研究了反复吗啡后短期戒断时伏核神经元膜特性和兴奋性的变化。

研究发现,反复吗啡暴露后短期戒断时,伏核中等有棘神经元静息膜电位显著超极化[生理盐水组(SAL)vs. 吗啡组(MOR):(−73.6 ± 2.4)mV vs.(−76.3 ± 3.5)mV,N=24 vs.27,t=3.174,P<0.01]。同时,膜输入电阻(R_{in})在吗啡短期戒断时显著减小[SAL vs. MOR:(99.93±7.68)MΩ vs.(62.67±3.55)MΩ,N=24 vs. 27,Mann-Whitney rank sum test,U=101.00,P<0.001](图 14-8A)。另外,膜时间常数(τ)也减小(图 14-8B)。

伏核静息膜电位和静息状态下膜电阻主要与内向整流钾通道的活动有关,而该通道的活动变化将反应在整流曲线的变化上(Hu et al.,2004)。比较吗啡戒断组和对照组输入-输出曲线后,我们发现吗啡短期戒断时伏核

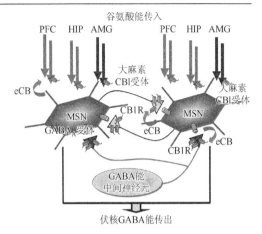

图 14-7 伏核突触组织和大麻素 CB1 受体分布示意图(见彩图 9)(改自 Matyas et al.,2006;Lupica et al.,2004)

①伏核接受前额叶皮质(prefrontal cortex,PFC)、海马(hippocampus,HIP)和杏仁核(amrgdala,AMG)等多个来源的兴奋性突触传入,同时接受中等大小有棘神经元轴突侧枝和局部中间神经元轴突末梢的 GABA 能抑制性突触传入。伏核相邻 MSN 组成功能群组,信息在神经元群组整合后由 MSN 传出到基底节输出结构。②内源性大麻素(Endocannabinoid,eCB)按需要特异性地产生于活动突触,逆行扩散到突触前膜,作用于 CB1 受体来抑制递质释放。值得注意的是,CB1 受体主要表达于突触前膜,在不同类型突触传入的分布是不对称的,即在抑制性轴突末梢的表达丰度远高于在兴奋性轴突末梢的表达。结合功能电生理研究结果,伏核大麻素信号相对特异性地抑制抑制性突触传递,对突触调节的净效应是对 MSN 的去抑制

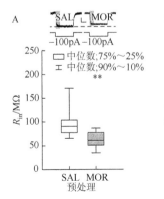

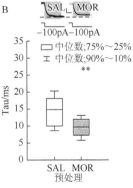

图 14-8 反复吗啡暴露后戒断 3～4 天时伏核中等有棘神经元膜被动特性的改变

(Heng et al.,2008)

A. 吗啡暴露和戒断降低膜电阻 R_{in}(**P<0.001,Mann-Whitney rank sum test),比例尺:2mV,100ms;B. 吗啡暴露和戒断降低膜时间常数 τ(**P<0.001,unpaired t test),比例尺:2mV,25ms

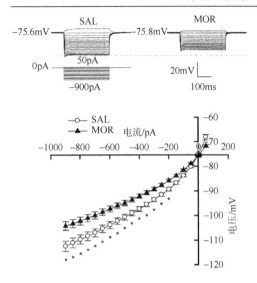

图 14-9　反复吗啡暴露后戒断 3～4 天时伏核中等有棘神经元膜超极化时内向整流特性增强
（Heng et al.，2008）

电压-电流曲线显示，与对照组相比吗啡组神经元注入负电流时膜电压反应减小，提示内向整流特性增强
（*P＜0.05）

中等有棘神经元膜内向输入-输出显著向去极化方向偏移，提示膜内向整流作用增强（图 14-9）。内向整流钾通道阻断剂氯化钡 100μmol/L 伏核脑片灌流能使电压-电流曲线变为线性，验证了超极化时伏核中等有棘神经元膜的整流作用由内向整流钾通道介导的结果。吗啡短期戒断时整流曲线偏移提示内向整流钾通道活动的增强。

反复吗啡暴露后短期戒断时伏核中等有棘神经元产生动作电位的阈电流强度从生理盐水组的(234.17 ± 23.05)pA 显著增加到吗啡戒断组的(344.82 ± 30.72)pA （ N=24 vs.27 ，t=−2.824，P＜0.01）（图 14-10A）。更重要的是，当应用增益为 50pA 的去极化递进方波电流时，吗啡戒断组中等有棘神经元产生的动作电位的数目较生理盐水处理组显著减少，表现为电流强度-动作电位数目曲线右移（图 14-10B）。比较不同去极化电流强度下动作电位潜伏期时发现，在相同刺激强度下吗啡戒断组动作电位的潜伏期较对照组明显增加。

据此，反复吗啡暴露后短期戒断时，产生动作电位所需的阈电流强度显著增强、相同强度去极化刺激产生的动作电位数目减少且动作电位潜伏期延长，以上结果提示吗啡短期戒断时伏核中等有棘神经元对去极化刺激的反应性减弱、兴奋性降低。

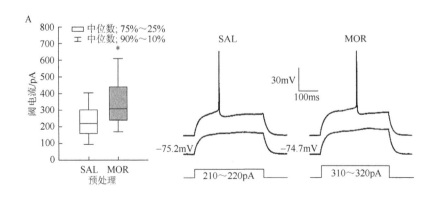

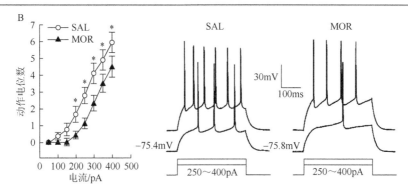

图 14-10　反复吗啡暴露后戒断 3～4 天时伏核中等有棘神经元兴奋性降低

（Heng et al.，2008）

A. 与对照相比，神经元兴奋的阈电流强度在吗啡组显著增加（*$P<0.01$，unpaired t test）。B. 反复吗啡暴露后戒断降低相同去极化刺激诱发的中等有棘神经元爆发的动作电位数目，表现为电流-反应曲线右移（*$P<0.05$，Newman-Keuls post hoc test after significant ANOVA）。结果显示为 mean±SEM

　　除神经元兴奋性因素外，伏核神经元群组的同步化活动，不但需要强烈的兴奋性传入，而且需要减小抑制性传入的限制。内源性大麻素信号就是最佳的伏核抑制性突触环路的调节者。内源性大麻素（eCB）特异性地按需要产生于活动突触，在伏核对突触传递起主要调节作用的内源性大麻素为 2-AG（2-arachidonoyl-glycerol），其产生的限速酶为 DAGL-α（DAGlipase-α）（Uchigashima et al.，2007）。eCB 是脂溶性分子，可以穿过突触后细胞膜逆行性扩散到突触前传入神经元轴突终末，与特异性受体 CB1 结合后抑制递质释放，从而负反馈调节突触活动，表现为突触传递效率的可塑性变化（Lupica et al.，2004；Fattore et al.，2008）。进一步研究表明，伏核内源性大麻素作用为相对特异地减小处于活动状态的抑制性突触传入强度，表现为介导去极化诱发的抑制性突触传递的抑制现象（depolarization-induced suppression of inhibition，DSI）。

　　我们研究了吗啡短期戒断时伏核大麻素信号对抑制性突触传递调节作用的改变。研究发现，与生理盐水组相比吗啡反复暴露后短期戒断时，伏核中等有棘神经元 5s 去极化诱导的 DSI 幅度显著增加（图 14-11D）。该变化伴随双脉冲比值增大（图 14-11C），提示突触前机制参与 DSI 幅度变化（Wang et al.，2016）。

　　进一步机制研究发现，吗啡反复暴露后短期戒断时伏核中等有棘神经元内源性大麻素 2-AG 合成的限速酶 DAGL-α 表达显著增加（图 14-12A 和 C），而 2-AG 水解酶 MGL（monoacylglycerol lipase）表达无显著变化（图 14-12B 和 D）。

　　据此，反复阿片暴露后大麻素信号对伏核抑制性突触传递的抑制作用增强，该变化至少部分由突触前机制介导，而且内源性大麻素 2-AG 合成限速酶 DAGL-α 表达的增加参与该变化。内源性大麻素突触抑制作用增强，能使中等有棘神经元从抑制性突触网络中解偶联，向下游结构传递成瘾相关信息。

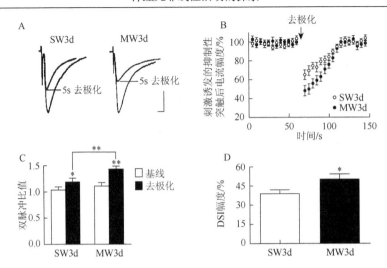

图 14-11　反复吗啡暴露后戒断 3 天时，伏核中等有棘神经元 DSI 幅度显著增加（Wang et al., 2016）

SW3d. 反复生理盐水注射后戒断 3 天组；MW3d. 反复吗啡注射后戒断 3 天组。A. 生理盐水组和吗啡组 DSI 典型图，比例尺：100pA，5ms。B. DSI 幅度随时间变化特点。C. 生理盐水组和吗啡组诱导 DSI 时双脉冲比值的变化（eIPSC2/eIPSC1）。D. 生理盐水组和吗啡组 DSI 幅度变化。*P<0.05，**P<0.01

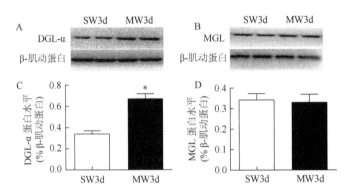

图 14-12　吗啡反复暴露后短期戒断时伏核中等有棘神经元内源性大麻素 2-AG 合成的限速酶
DAGL-α 表达增加（Wang et al., 2016）

SW3d. 反复生理盐水注射后戒断 3 天组；MW3d. 反复吗啡注射后戒断 3 天组。A. 伏核 DAGL-α 表达典型 Western blot 图。B. 伏核 MGL 表达典型图。吗啡和生理盐水反复暴露后戒断 3 天时，大麻素 2-AG 合成限速酶 DAGL-α（C）和水解酶 MGL（D）密度测定分析结果。*P<0.05

　　综上所述，阿片类药物戒断时伏核中等有棘神经元兴奋性和大麻素信号对抑制突触传递的调节发生显著变化。这些可塑性变化是阿片行为效应的神经基础。当成瘾个体再次暴露于阿片相关条件性线索、点燃剂量阿片药物或应激等诱导复吸的因素时，伏核神经元兴奋性及其所接受的突触传递效能的变化，将神经元产生异常反应并进而介导觅药和用药行为。在接下来的研究中，应在微观上研究阿片类药物戒断后伏核神经元兴奋性和大麻素信号对突触传递调节作用变化的受体和离子通道基础；在宏观上探索药物戒断时兴奋性和突触传递强度的改变对伏核信息整合、处理能力的影响及其行为意义；在时间维度上，研究阿片戒断后伏核神经适应性改变的动态变化规律。这些研究的完善，将有助于我们认识阿片复吸的细胞分子机制，为提出新的有效的防复吸方法提供思路。

（衡立君）

参 考 文 献

Amir R，Michaelis M，Devor M. 2002. Burst discharge in primary sensory neurons: triggered by subthreshold oscillations，maintained by depolarizing afterpotentials. J Neurosci，22: 1187-1198.

Ben-Mizrachi A，Procaccia I，Grassberger P. 1984. Characterization of experimental（noisy）strange attractors. Physiol Rev A，29: 975-977.

Buracas GT，Zador AM，de Weese MR，et al. 1998. Efficient discrimination of temporal patterns by motion-sensitive neurons in primate visual cortex. Neuron，20（5）: 959-969.

Cattaneo A，Maffei L，Morrone C. 1981. Two firing patterns in the discharge of complex cells encoding different attributes of the visual stimulus. Exp Brain Res，43: 115-118.

Dekhuijzen AJ，Bagust J. 1996. Analysis of neural bursting: nonrhythmic and rhythmic activity in isolated spinal cord. J Neurosci Methods，67: 141-147.

Duan YB，Jian Z，Hu SJ，et al. 2002. The bifurcation of interspike intervals and nonlinear characteristics of rate change in spontaneous discharge of injured nerves. Acta Biophys Sina，18: 53-56.

Elbert T，Ray WJ，Kowalik ZJ，et al. 1994. Chaos and physiology: deterministic chaos in excitable cell assemblies. Physiol Rev，74（1）: 1-47.

Farmer JD，Sidorowich JJ. 1987. Predicting chaotic time series. Phys Rev Lett，59: 845-848.

Fattore L，Fadda P，Spano MS，et al. 2008. Neurobiological mechanisms of cannabinoid addiction. Mol Cell Endocrinol，286（1-2 Suppl 1）: S97-S107.

Grassberger P，Procaccia I. 1983a. Characterization of strange attractors. Phys Rev Lett，50: 346-349.

Grassberger P，Procaccia I. 1983b. Measuring the strangeness of strange attractors. Physica D，9: 189-208.

Groenewegen HJ，Wright CI，Beijer AV，et al. 1999. Convergence and segregation of ventral striatal inputs and outputs. Ann N Y AcadSci，877: 49-63.

Groenewegen HJ，Wright CI，Beijer AV. 1996. The nucleus accumbens: gateway for limbic structures to reach the motor system? Prog Brain Res，107: 485-511.

Harris GC，Aston-Jones G. 2003. Enhanced morphine preference following prolonged abstinence: association with increased Fos expression in the extended amygdala. Neuropsychopharmacology，28（2）: 292-299.

Hasegawa H. 2000. Responses of a Hodgkin-Huxley neuron to various types of spike-train inputs. Physiol Rev E，61: 718-726.

Hayashi H，Ishizuka S. 1995. Chaotic responses of the hippocampal CA3 region to a mossy fiber stimulation *in vitro*. Brain Res，686: 194-206.

Heng LJ，Yang J，Liu YH，et al. 2008. Repeated morphine exposure decreased the nucleus accumbens excitability during short-term withdrawal. Synapse，62（10）: 775-782.

Hoffman RE，Shi WX，Bunney BS. 1995. Nonlinear sequencedependent structure of nigral dopamine neuron interspike interval firing patterns. Biophys J，69: 128-137.

Hu SJ，Xing JL. 1998. An experimental model for chronic compression of dorsal root ganglion produced by intervertebral foramen stenosis in the rat. Pain，77: 15-23.

Hu SJ，Yang HJ，Jian Z，et al. 2000. Adrenergic sensitivity of neurons with non-periodic firing activity in rat injured dorsal root ganglion. Neuroscience, 101: 689-698.

Hu XT, Basu S, White FJ. 2004. Repeated cocaine administration suppresses HVA-Ca^{2+} potentials and enhances activity of K$^+$ channels in rat nucleus accumbens neurons. J Neurophysiol, 92 (3): 1597-1607.

Jian Z, Xing JL, Yang GS, et al. 2004. A novel bursting mechanism of type A neurons in injured dorsal root ganglia. Neurosignals, 13: 150-156.

Johnson SW, North RA. 1992. Opioids excite dopamine neurons by hyperpolarization of local interneurons. J Neurosci, 12 (2): 483-488.

Kantz H, Schreiber T. 1997. Nonlinear Time Series Analysis. Cambridge: Cambridge University Press.

Koch C, Laurent G. 1999. Complexity and the nervous system. Science, 284: 96-98.

Lisman JE. 1997. Bursts as a unit of neural information: making unreliable synapses reliable. Trends Neurosci, 20: 38-43.

London M, Schreibman A, Hausser M, et al. 2002. The information efficacy of a synapse. Nat Neurosci, 5: 332-340.

Lu L, Wang X. 2008. Drug addiction in China. Ann N Y Acad Sci, 1141: 304-317.

Lupica CR, Riegel AC, Hoffman AF. 2004. Marijuana and cannabinoid regulation of brain reward circuits. Br J Pharmacol, 143 (2): 227-234.

Matyas F, Yanovsky Y, Mackie K, et al. 2006. Subcellular localization of type 1 cannabinoid receptors in the rat basal ganglia. Neuroscience, 137 (1): 337-361.

May RM. 1976. Simple mathematical models with very complicated dynamics. Nature, 261: 459-467.

Mechler F, Victor JD, Purpura KP, et al. 1998. Robust temporal coding of contrast by V1 neurons for transient but not for steady-state stimuli. J Neurosci, 18 (16): 6583-6598.

Meredith GE. 1999. The synaptic framework for chemical signaling in nucleus accumbens. Ann N Y Acad Sci, 877: 140-156.

Morgenstern R, Mende T, Gold R, et al. 1984. Drug-induced modulation of locomotor hyperactivity induced by picrotoxin in nucleus accumbens. Pharmacol Biochem Behav, 21 (4): 501-506.

Muller RU, Kubie JL, Ranck JB. 1987. Spatial firing patterns of hippocampal complex-spike cells in a fixed environment. J Neurosci, 7: 1935-1950.

O'Donnell P, Greene J, Pabello N, et al. 1999. Modulation of cell firing in the nucleus accumbens. Ann N Y Acad Sci, 877: 157-175.

Otto T, Eichenbaum H, Wiener SI, et al. 1991. Learning-related patterns of CA1 spike trains parallel stimulation parameters optimal for inducing hippocampal long-term potentiation. Hippocampus, 1: 181-192.

Pennartz CM, Groenewegen HJ, Lopes da Silva FH. 1994. The nucleus accumbens as a complex of functionally distinct neuronal ensembles: an integration of behavioural, electrophysiological and anatomical data. ProgNeurobiol, 42(6): 719-761.

Pert A, Sivit C. 1977. Neuroanatomical focus for morphine and enkephalin-induced hypermotility. Nature, 265 (5595): 645-647.

Plenz D. 2003. When inhibition goes incognito: feedback interaction between spiny projection neurons in striatal function. Trends Neurosci, 26 (8): 436-443.

Ren W, Hu SJ, Zhang BJ, et al. 1997. Periodadding bifurcation with chaos in the interspike intervals generated by an experimental pacemaker. Int J Bifurcation Chaos, 7: 1867-1872.

Sauer T. 1994. Reconstruction of dynamical system from interspike intervals. Phys Rev Lett, 72: 3811-3814.

Segundo JP, Stiber M, Altshuler E, et al. 1994. Transients in the inhibitory driving of neurons and their postsynaptic consequences. Neuroscience, 62: 459-480.

Segundo JP, Sugihara G, Dixon P, et al. 1998. The spike trains of inhibited pacemaker neurons seen through the magnifying glass of nonlinear analyses. Neuroscience, 87: 741-766.

Sherry CJ，Klemm WR. 1984. What is the meaningful measure of neuronal spike train activity? J Neurosci Methods，
　　10：205-213.

Shreve PE，Uretsky NJ. 1988. Role of quisqualic acid receptors in the hypermotility response produced by the injection of
　　AMPA into the nucleus accumbens. Pharmacol Biochem Behav，30（2）：379-384.

Snider RK，Kabara JF，Roig BR，et al. 1998. Burst firing and modulation of functional connectivity in cat striate cortex.
　　J Neurophysiol，80：730-744.

Suigihara G，May RM. 1990. Nonlinear forecasting as a way of distinguishing chaos from measurement error in time
　　series. Nature，344：734-741.

Svirskis G，Rinzel J. 2000. Influence of temporal correlation of synaptic input on the rate and variability of firing in
　　neurons. Biophys J，79：629-637.

Tepper JM，Wilson CJ，Koos T. 2008. Feedforward and feedback inhibition in neostriatal GABA ergic spiny neurons.
　　Brain Res Rev，58（2）：272-328.

Uchigashima M，Narushima M，Fukaya M，et al. 2007. Subcellular arrangement of molecules for 2-arachidonoyl-
　　glycerol-mediated retrograde signaling and its physiological contribution to synaptic modulation in the striatum. J
　　Neurosci，27（14）：3663-3676.

Wan YH，Jian Z，Hu SJ，et al. 2000. Detection of determinism within time series of irregular burst firing from the injured
　　sensory neuron. Neuroreport，11：3295-3298.

Wang XQ，Ma J，Cui W，et al. 2016. The endocannabinoid system regulates synaptic transmission in nucleus accumbens
　　by increasing DAGL-α expression following short-term morphine withdrawal. Br J Pharmacol，173（7）：1143-1153.

Xing JL，Hu SJ，Long KP. 2001. Subthreshold membrane potential oscillations of type A neurons in injured DRG. Brain
　　Res，901：128-136.

第15章 头痛患者静息态磁共振图像的动态功能联结研究

15.1 头痛脑功能联结机制研究的意义和手段

头痛是一种临床常见的症状（Burch et al., 2015; Dowson, 2015; Health Quality Ontario, 2010），一般是指头颅上半部（眉弓、耳廓上部和枕外隆突连线以上）的疼痛。根据世界卫生组织与我国流行病学调查的数据显示，我国 18～65 岁人群中原发性（无明确发病原因的）头痛的发病率为 23.8%，其中紧张性头痛为 10.77%，偏头痛为 9.3% ［根据国际头痛协会分类标准 ICHD-II （Headache Classification, 2004）］。由于缺乏对于头痛病理机制的了解进而缺乏有效的治疗药物和技术手段，长期反复的发作给患者带来严重的身心痛苦，也给社会带来了沉重的经济负担。通过近年来对头痛环路研究的不断开展（Apkarian et al., 2009; Davis and Moayedi, 2013; Farmer et al., 2012; Lai et al., 2015; Lester and Liu, 2013），人们对头痛产生和发展病理基础的理解得以深入。

磁共振成像（magnetic resonance imaging, MRI）技术以具有非介入性和高时间/空间分辨率等特点而被广泛应用于疼痛研究（Health Quality Ontario, 2010; Lester and Liu, 2013; Borsook et al., 2015; May, 2008, 2009; Supekar et al., 2008; Wang et al., 2006）。1995 年，Biswal 首次在人脑发现，在没有任务的静息状态下，一些固定的脑区（如双侧的运动功能区）的低频功能磁共振（functional MRI, fMRI）信号之间表现出很强的同步波动（Biswal et al., 1995）。这种同步波动被认为是脑区之间功能联结的一种方式，随后被广泛地用于正常和疾病状态下的脑功能研究（Biswal, et al., 1995; Fox and Greicius, 2010; Freund et al., 2010; Ichesco et al., 2016; Kim et al., 2013; Sheline and Raichle, 2013）。至今，在功能磁共振研究应用中，静息态功能联结（resting-state functional connectivity, rsFC）是一种探索环路层面功能异常及划分脑功能固有网络的有效方法（Biswal et al., 1995; Fox and Greicius, 2010; Freund et al., 2010; Ichesco et al., 2016; Kim et al., 2013; Sheline and Raichle, 2013）。脑区之间 rsFC 的强度是以静息态（定义为无任务态）fMRI（rsfMRI）信号的同步波动的幅度作为指标来量化的。这种功能联结分析方法通常假设 rsfMRI 信号的波动在一段时间（如 10min）内是固定的。然而，近些年来的 rsfMRI 研究发现了一个有趣的现象，那就是 rsfMRI 信号在固定的时间内存在动态波动。从大量脑电图和脑磁图（EEG/MEG）的文献中已知，大脑即使在静息状态时产生的信号也是随时间变化的，并且其动态特性与认知和行为等紧密相关（Gonzalez-Roldan et al.，2016；Jia et al.，2014）。类似的时域动态特性也存在于 rsfMRI 中，它通常以较低的频率波动并持续几秒到几分钟（Rashid et al.，2014；Britz et al.，2010；Hutchison et al.，2013；Robinson et al.，2015；Torta et al.，2015）。在 rsfMRI 信号中发现这种现象引发了研究者的广泛兴趣。更有意义的是，动态功能联结的波动不仅存在于人脑中，它同时存在于猴子及其他哺乳动物中，并且在执行与维持脑的正常工作中起决定性作用（Buckner and Vincent，2007；Greicius，2008；Hutchison et al.，2013；Jonckers et al.，2011；Majeed et al.，2009）。该现象的跨种系的存在证明了它很可能是在进化过程中得以保留的脑的基本功能特征。rsfMRI 信号动态波动的生理学和神经科学意义到目前为止并不清楚，也没有公认的分析方法。目前为止，很少有研究头痛患者大脑功能网络的动态特性的工作并探索其临床和神经科学的意义（Farmer et al.，2012；Torta et al.，2015）。在本章，我们对自己研究团队在这方面的工作做一个总结。下文中将大家熟知的功能联结称为静态功能联结（static functional connectivity，sFC）以区分时域动态功能联结（temporal dynamic functional connectivity，tdFC）。

本章将通过研究头痛患者与健康对照的结构与功能 MRI 数据，描述区域间时域动态特质的量度，探讨静态与动态功能联结的联系，并且量化动态特性与受试者生理/心理健康程度的关系。由于迄今研究者并没有对什么是表征动态特性的最敏感和最可靠的方法达成共识，这里将采用两种常用的时域动态分析方法：滑动窗口（sliding-window，SW）（Hutchison et al.，2013；Hua et al.，2008；Hindriks et al.，2016）和小波变换相干性（wavelet transform coherence，WTC）（Chang and Glover，2010；Grinsted et al.，2004；Torrence and Compo，1998）。滑动窗口方法在检测时间相关的变化时更敏感，小波变换相干性方法更着重分析动态功能联结的时-频关系。通过研究头痛患者与正常人群的 rsfMRI，我们发现两组在时域动态功能联结特性上有差异，并且这些差异的脑区与患者的生理/心理健康指数相关。

（杨　青　王泽伟　陈丽敏）

15.2　头痛患者的心理学和脑影像学表现

通过对头痛组和对照组之间的生理/心理健康程度调查表得分的分布情况与差异（图 15-1）的分析，总体上看，对照组的健康状况更好。头痛患者的身体更疲劳（SF-36）、睡眠质量更差（PSQI），心理更抑郁（BDI 和 HRSD）并且更焦虑（STAI）。除了 STAI 得分外，头痛患者的其他 4 个调查表得分的变化范围（标准差）更大。具体分析，头痛患者与对照组在 SF-36、HRSD 和 PSQI 三个指数上有显著性差异，分别满足 $P<0.05$、0.01 与 0.01。

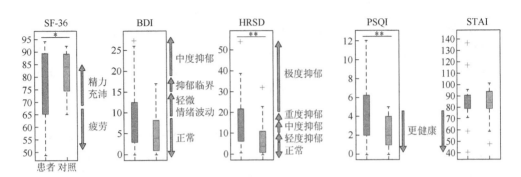

图 15-1　头痛患者与对照的生理/心理调查表（SF-36、BDI、HRSD、PSQI 和 STAI）得分的分布图（见彩图 10）

红色矩形为头痛组得分；绿色矩形为对照组得分；红色横线为中值；红色 "+" 为离群点；灰色箭头为量表得分的诊断标准。使用双样本双尾 t-检验，*$P<0.05$；**$P<0.01$

　　针对这些心理和精神健康指标的异常，我们进一步在这群患者和健康对照的脑结构进行了量化分析。通过采用 FreeSurfer 软件，我们比较了全脑的皮层厚度，找到头痛患者和对照之间存在差异的（变薄/变厚）14 个脑区域（图 15-2，表 15-1）。将这些区域作为种子点，我们进而做了区域间的 rsfMRI 相关性分析，并且通过双样本 t-检验发现了两组间存在 6 对有显著性静态功能联结变化的区域（图 15-3）。

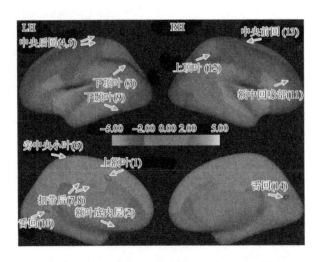

图 15-2　头痛患者与对照的皮层厚度有差异的区域（见彩图 11）

膨胀后的大脑 Desikan/Killiany 图谱（Desikan et al.，2006）有 14 个区域存在显著性（双样本双尾 t-检验，$P<0.01$，区域面积大于 20mm^2）的皮层增厚（红色）和变薄（蓝色）。LH 为左半脑；RH 为右半脑；彩色标尺为皮层厚度差异的 t 值范围

表 15-1　头痛患者与对照之间皮层厚度有显著性变化的区域

编号	脑区		t 值	MNI 坐标			面积
1		上额叶	−3.7794	−10.9	6.9	40.3	75.91
2		额叶底内侧	3.0352	−6.4	16.0	−16.2	36.41
3		下顶叶	2.6238	−38.6	−67.9	46.1	27.90
4		中央后回	2.9328	−14.3	−35.1	61.2	39.44
5	LH	旁中央小叶	2.6704	−7.6	−41.9	71.6	54.89
6		中央后回	2.6319	−29.4	−30.1	67.0	29.34
7		扣带后	2.5668	−4.1	−11.8	33.0	36.96
8		扣带后	2.3821	−5.0	−24.6	38.3	23.20
9		下颞叶	−2.5564	−41.5	−53.4	−10.1	39.27
10		舌回	−2.9798	−25.1	−66.1	1.3	63.77
11		额中回喙部	−2.2406	37.2	45.9	21.9	29.52
12	RH	上顶叶	−2.8150	33.2	−44.6	47.7	31.84
13		中央前回	−2.3375	22.6	−12.1	55.9	24.79
14		楔叶	−3.6194	10.1	−69.3	17.9	150.06

与对照组相比，头痛组的 6 对区域 [(1)左上额叶－(7)左扣带回后部；(2)左额叶底内侧－(7)左扣带回后部；(2)左额叶底内侧－(9)左颞下；(2)左额叶底内侧－(12)右顶上叶；(8)左扣带回后部－(9)左颞下；(12)右顶上叶－(14)右楔叶] 之间的功能联结均有显著性的增强（满足 $P < 0.05$）。

在这些静态功能联结（sFC）分析的基础上，我们进一步分析了静息态功能磁共振信号的动态特征。我们采用了 3 种不同时长的滑动窗口的方法，观察了 14 个感兴趣区域之间的动态功能联结特性（相关系数）在整个时间轴上的变化情况（图 15-4）。发现滑动窗口分析得到的动态相关系数均有增强和减弱的波动，其中使用较小的滑动窗口时（图 15-4A，30s）可以看到更精细的动态特征，反之动态相关系数的变化更为平滑。高相关系数的持续时间（红色条纹的宽度）在 30～120s 时间窗的结果中为递增的。

为了定量分析不同滑动窗口得到的动态功能联结系数，我们分别检测了两组测试者动态相关系数的分布率、分布率差异、相关系数的变化范围，以及快速傅里叶变换（FFT）结果的幅-频特性。无论使用哪个尺寸的滑窗，头痛患者在高相关系数的分布率大于对照。图 15-5A 显示的是 6 对脑区中的两对的结果（图 15-5A 阴影区，相关系数大于 0.4），而对照组有更多的负相关系数。与此同时，通过比较头痛组与对照组分布率的最大差异（正/负两个方向，图 15-5A 黑色箭头处），我们观察到 30s 窗口的负向差异范围最小（图 15-5B）。此外，我们发现头痛患者动态相关系数的变化范围（标准差）更小（两例，图 15-5C），并且该特性在(2)左额叶底内侧－(7)左扣带回后部的全部 3 个时间窗（分别满足 $P < 0.01$、$P < 0.01$ 和 $P < 0.05$）及(2)左额叶底内侧－(9)左颞下的 30s 和 120s 时间窗（$P < 0.05$）有统计学差异。

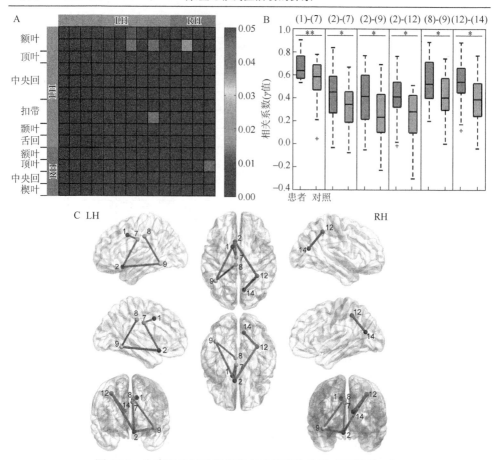

图 15-3 头痛患者与对照的静态功能联结差异（见彩图 12）

A. 两组间的静态功能联结矩阵在 6 对感兴趣区上有显著性差异（双样本双尾 t-检验，满足 $P<0.05$），彩色标尺为 P 值范围。B. 两组在这 6 对感兴趣区的相关系数分布情况。头痛患者的静态功能联结在全部 6 对感兴趣区上都有显著性的增强。红色为头痛组；绿色为对照组；黑色横线为中值；红色"+"为离群点。*$P<0.05$；**$P<0.01$。C. 有显著性差异的感兴趣区域联结情况（红色连线）的三维展示。彩色节点为 6 对感兴趣区域

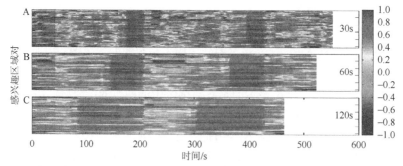

图 15-4 以一名头痛患者为例分别使用 3 种滑动窗口（30s、60s 和 120s）得到的所有感兴趣区（14 个）之间互相关系数的时域动态功能联结系数（见彩图 13）

每条水平线上的颜色代表一对感兴趣区随时间变化的相关系数。彩色标尺为 Pearson 相关系数的范围；蓝色到绿色范围为负相关；绿色到红色范围为正相关

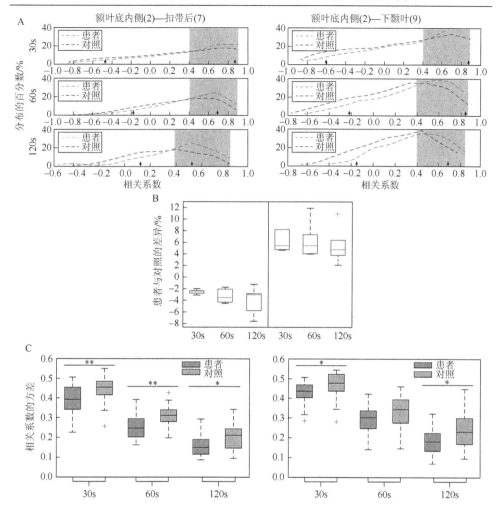

图 15-5　头痛患者与对照使用滑动窗口方法得到的动态相关系数的分析（见彩图 14）

A. 采用 3 种窗口（30s、60s 和 120s）得到的两组平均相关系数在不同感兴趣区的分布情况。红色虚线为头痛患者组的相关系数分布；蓝色虚线为对照组的相关系数分布；蓝色阴影为高相关系数区（0.4～0.8）；黑色箭头为两组间相关系数正/负向差异最大的点。B. 使用不同时间窗时 6 对感兴趣区（图 15-3）的最大差异的统计结果。左、右两半分别表示负向与正向的最大差值；红色横线为中值；红色"+"为离群点。C. 两组受试者相关系数的变化范围（标准差）与时间窗的关系。对于图 15-3 的 6 对感兴趣区域，两组间动态变化范围在 2 对上［(2)—(7) 和(2)—(9)］有显著性差异。红色为头痛组；绿色为对照组。*P<0.05；**P<0.01

　　为了揭示动态相关系数在不同时间点的幅-频关系，我们将动态相关系数进行FFT。分析发现对照组在低频范围内（0.002～0.01Hz）的信号幅度更高（图 15-6A），并且头痛组和对照组在感兴趣区（8）左扣带回后部－（9）左颞下的相关系数最大振幅有显著性差异（图 15-6B，3 个滑窗的结果均满足 P<0.05）。对于 sFC 分析得到的 6 对感兴趣区（图 15-3），该最大差异的均值由大到小依次是 30s、60s 和120s 滑窗的结果（图 15-6C），其中 30s 和 60s 的分布与 120s 的有显著性差异（P<0.05）。

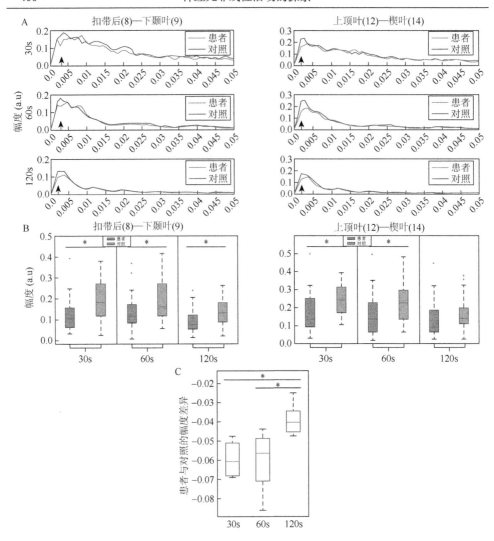

图 15-6 头痛患者与对照使用滑动窗口分析得到的动态功能联结系数经 FFT
后的幅-频分布情况（见彩图 15）

A. 以两对感兴趣区域为例展示动态功能联结（30s、60s 和 120s）的幅-频关系。红线为头痛组；蓝线为对照组；黑色箭头为两组幅度差异（对照>头痛）最大的点。B. 以两对感兴趣区域为例使用不同时间窗时两组最大幅度的分布情况。红色为头痛组；绿色为对照组。*P<0.05。C. 统计两组使用不同时间窗时（图 15-3 的 6 对感兴趣区）平均幅度的最大差异。红色横线为中值。*P<0.05

　　我们同时也采用了小波变换相干性分析来量化动态功能联结系数随时-频的变化情况（图 15-7A）。量化分析结果发现，头痛组时域平均后相干系数的幅度总体高于对照组（图 15-7B），尤其在分解尺度 20～55（0.018～0.05Hz）时两者的差异最大。该幅值差异在 3 对感兴趣区域［(2)—(7)，(2)—(9)和(2)—(12)］中有显著性，满足 *P*<0.05 的频率范围分布是 0.02～0.033Hz、0.015～0.01Hz 和

0.015～0.01Hz（图 15-7B 和 C）；对于另外 3 对感兴趣区域，两组的幅值在所有频段内均没有显著性差异。

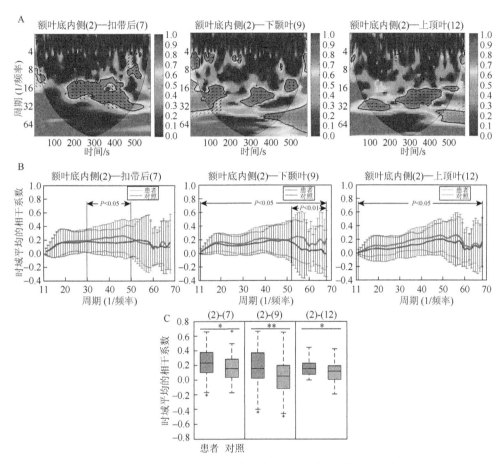

图 15-7 头痛患者与对照使用小波变换相干性分析的结果（见彩图 16）

A. 以一名头痛患者为例显示 3 对感兴趣区域间的小波变换相干系数的时-频分布图。横轴为时间；纵轴为分解尺度（傅里叶周期）；高亮区域（黑色曲线以上的部分）为置信区间 95%；黑色小箭头为相干系数的相位方向；彩色标尺为相干系数的范围。B. 两组时间平均后的相干系数与分解尺度的分布关系图。红线为头痛组；蓝线为对照组；纵向线条为该分解尺度（频率）上相干系数的范围（标准差）。两组在这 3 对感兴趣区的动态量度在黑线标记出的范围内（30～50、11～68 及 11～68）有显著性差异。C. 有显著性差异的时间平均相干系数分布。分解尺度依次为 30～50、53～68 和 11～68。红色为头痛组；绿色为对照组。*P<0.05；**P<0.01

最后，为了了解这些动态变化的临床学意义，我们绘制了头痛组与对照组的小波相干系数幅度与调查表得分，以及头痛组的幅度与疼痛程度的分布情况（图 15-8），以便更好地理解动态特征（小波变换相干系数）与生理/心理学量度的关系。总体而言，头痛组与对照组在不同感兴趣区的相干系数与量表评分的相关性趋势各异。SF-36 健康程度［(2)—(7)和(2)—(9)］、PSQI 睡眠质量［(2)—(7)、(2)—(9)和(2)—(12)］和 HRSD 抑郁程度［(2)—(12)］的评分与对照组动态相干系数的相关性较高（图 15-8A～C，蓝线斜率的绝对值较大）。头痛组小波变换相干系数与 HRSD 抑郁程度［(2)-(9)］的相关性高（图 15-8C），而与其疼痛程度打分的相关性较低（图 15-8D）。

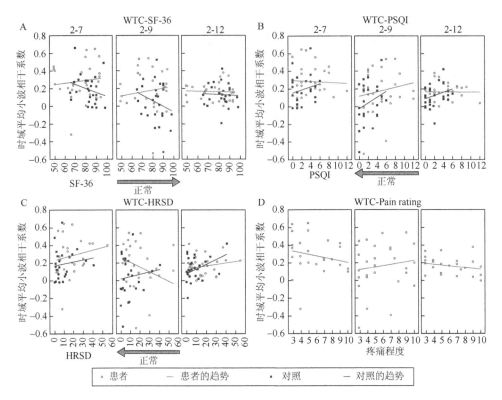

图 15-8　小波相干系数与生理/心理量表（SF-36、PSQI 和 HRSD）得分及与疼痛程度
（仅患者）的关系（见彩图 17）

这里仅列出了图 15-7B 中的 3 对感兴趣区。红点和红线为头痛患者的相干系数及其与量表得分的线性趋势；
蓝点和蓝线为对照的相干系数分布及其与量表得分的线性趋势

（杨　青　王泽伟　陈丽敏）

15.3　头痛患者功能影像学研究发现的意义及可能的机制

自从功能联结的理论被提出以来，因为其能反映 fMRI 的低频波动情况，成为了探索健康状态及病理条件下大脑固有功能网络的重要手段（Burton et al.，2014；Cole et al.，2010；Liu et al.，2010；Schwedt et al.，2014）。相较于任务态（刺激态）fMRI 的研究，静息态实验有易于实现及能够稳健地检测信号变化的优点。功能联结的原则基础是将时间轴当作一个整体并且衡量两个 fMRI 信号之间的相关系数（Salvador et al.，2005）。然而使用高时间分辨率技术（脑电图/脑磁图等）的研究发现，即使在静息状态时大脑信号也是随时间不断变化的（Britz et al.，2010；Ploner，2015）。基于这些发现涌现出了多种研究 rsfMRI 时间动态特性的方法，并且探讨了时间动态功能联结在各种条件下的变化情况（Hutchison et al.，2013；Majeed et al.，2009）。在本章的研究中，我们引入了两种时间动态分析的方法（滑动窗口和小波变换相干性）去考察头痛患者特定脑区动态特性的异常情况。我们将头痛组与对照组皮层厚度有显著性差异的区域作为种子点，计算了它们之间的静态功能联结以寻找两组间有显著性差异的区域，并且集中在这些区域（6 对）上做时域动态功能联结分析。

结构和功能 MRI 中的变化广泛存在于头痛及其他慢性疼痛患者中（Lester and Liu，2013；Kim et al.，2013；Bashir et al.，2013；May，2011）。我们的头痛患者实验同样发现皮层厚度及静态功能联结的异常，并且与已知的慢性疼痛相关的区域吻合。例如，有文献报道，偏头痛患者在感觉皮层、前/中/后扣带皮层和前额皮质等区域的灰质体积有变化（Bashir et al.，2013）；静态功能联结异常存在于下行调节、默息网络、中枢执行和感觉等网络（Lai et al.，2015；Borsook et al.，2015；May，2009；Schwedt et al.，2014；Otti et al.，2013；Tedeschi et al.，2016）。在前人工作的基础上，我们通过集中研究皮层厚度及静态功能联结有显著性变化的区域，进一步验证了头痛患者在这些区域上的时间动态特性与生理/心理健康评分有异常。

具体而言，我们发现头痛组在皮层厚度异常的区域组成的环路中的功能联结更强（图 15-3B），这个环路包括：扣带后回、额叶底内侧、上额叶、顶叶、颞下、楔叶等头痛患者磁共振图像研究所重点关注的区域（Farmer et al.，2012；May，2008；May，2009；Bashir et al.，2013）。借用图论（graph theory）或者网络理论（network theory）里节点的概念，我们将种子点看作该环路的节点并且仅保留满足 $P<0.05$ 的联结，这样扣带后回和额叶底内侧区域有更多的联结（图 15-3C），它们是该环路的枢纽（hub，高阶节点）。由于大脑在静息态时的通信有时域动态的特征，我们通过进一步的分析发现动态功能联结系数比静态的更能区分头痛患者与对照的异常，并且更加证明了扣带后回和额叶底内侧区域动态特性与头痛相关（图 15-5，图 15-7）。本章实验还证明了头痛组的动态功能联结系数更高（图 15-5A），相关系数的分布范围小（图 15-5C），并且相关系数 FFT 后在低频区域的幅度更小（图 15-6）。这种相关性高、方差小的现象说明默息网络、执行网络、感觉运动网络等核心区域的时间动态特征的降低。同时，我们证明了这种动态功能联结的异常与生理/心理学量度有一定的相关性（图 15-8）。已有文献报道默息网络（包括扣带后回和额叶底内侧）内区域的功能增强与抑郁相关（Gudayol-Ferre et al.，2015；Liu et al.，2012；Marchetti et al.，2012），其中上顶叶区域作为中枢执行网络（也被称为认知－控制网络）与疼痛的注意力相关；额叶底内侧区域的静态/动态功能联结增强与头痛相关。因此，我们的研究发现动态功能联结特征的稳定性与高选择性，可能被用于定位疾病（如头痛）相关的脑区。动态特性（尤其在低频范围

内）的准确变化还有待进一步的研究。

总之，通过分析头痛患者相较于对照的结构与功能的变化，我们发现其 rsfMRI 的时域动态特性具有广泛的差别。实验结果证实了动态功能联结分析能够揭示静态功能联结得到的感兴趣区中对时间变化更为敏感的子集。因此，时域动态功能联结能够为探讨头痛患者脑功能环路变化提供附加信息，对该研究的进一步深入极有潜力带动使用影像学方法来标记特定的靶点区，从而在技术和临床应用上取得原创性的突破。

（杨　青　王泽伟　陈丽敏）

15.4　研究对象及心理学和影像学实验技术介绍

实验招募了 28 名头痛患者及与其年龄、性别匹配的健康对照［其中，男 14 例，女 42 例，平均年龄（40.4±13.4）岁］。头痛患者中包括偏头痛 13 例，紧张型头痛 8 例及其他原发性头痛 7 例［根据 ICHD-3 测试版（Headache Classification）分类］。受试者被告知研究内容与实验流程后签署知情同意书。中国科学院上海临床研究中心/徐汇区中心医院的伦理审查委员会批准了本项研究。

在接受磁共振扫描前受试者填写了 7 个调查表，包括：①基本信息及病史；②国际头痛学会诊断问卷（仅患者）；③生活质量评价量表（Ware and Sherbourne，1992）（36-item short form health survey, SF-36）；④贝克抑郁量表（Beck and Alford，2009）（Beck depression inventory，BDI）；⑤匹兹堡睡眠质量指数（Buysse et al.，1989）（Pittsburgh sleep quality index，PSQI）；⑥状态-特质焦虑问卷（Spielberger et al.，1970）（state-trait anxiety inventory，STAI）；⑦汉密尔顿抑郁量表（Hamilton，1960）（Hamilton rating scale for depression，HRSD）。头痛患者在问卷②中用 0～10 的数字描述头痛的程度，0 代表无痛感，10 表示能想象到的最强的疼痛。SF-36 可以评估整体的健康状况（如活力、身体机能、身体疼痛、情绪等），它的得分低表示生活质量较差及身体疲劳。我们同时采用了 BDI 和 HRSD 两个抑郁量表，量表的得分越高代表越抑郁。其中，BDI 是自报抑郁程度，它对情感及身体的抑郁症状打分；HRSD 是医生提问得到的抑郁程度，它依据情绪、负罪感、睡眠障碍、焦虑及体重减轻等症状打分。PSQI 评估近一个月以来的睡眠情况，得分越低说明睡眠质量越好。STAI 用来描述焦虑程度，分数越高表示越焦虑。我们使用双样本双尾 t-检验来比较头痛组和对照组的量表得分（图 15-1）。

所有被试者的 MRI 数据均利用西门子 3.0T 磁共振扫描仪（magnetom verio）及 32 通道的头部线圈扫描获得。T1 加权的结构像由磁化强度预备梯度回波（magnetization-prepared rapid gradient-echo，MP-RAGE）序列获得，回波时间为 2.98ms，重复时间为 2530ms，采集矩阵为 224×256×192，像素分辨率为 1mm× 1mm×1mm。静息态 fMRI 数据由回波平面成像（echo-planar imaging，EPI）序列获得，回波时间为 30ms，重复时间为 2000ms，采集矩阵为 64×64，平面分辨率为 3mm×3mm，层厚为 5mm，时长 10min（300 个时间点）。受试者被要求在 fMRI 扫描过程中闭上双眼放松并保持清醒。

为了比较头痛组和对照组结构像（大脑皮层厚度）的变化，这里使用 FreeSurfer 软件并且遵循其标准化数据处理过程。预处理包括了对每个受试者结构像的头动校正、Talairach 配准、图像灰度校正、脑提取及依据高斯分类图谱（Gaussian classifier atlas）的标准化。此外，我们使用了手动干预（如调整 Talairach 配准、加入控制点等）以便更准确地分割灰/白质。预处理后的结构像经由 FreeSurfer 的 Qdec 软件进行组内平均和表面平滑（半高宽为 10mm），再通过双样本双尾 t-检验比较两组测试者的皮层厚度差异。皮层厚度差异有显著性变化的区域（图 15-2，满足 $P<0.01$ 并且区域面积>20mm^2）将充当后续功能联结分析的种子点（感兴趣区域）。

我们使用 SPM 软件（statistical parametric mapping）及自定义的工具箱（Wang et al.，2013；Shi et al.，2016）对 rsfMRI 进行预处理和分析。预处理包括移除前 10 个时间点的图像、信号漂移校正、扫描层时间校正、头动校正、空间平滑（半高宽为 6mm）和带通滤波（带宽范围 0.01～0.1Hz）。三维头动参数及由脑白质/脑脊液提取出的信号作为干扰因素（nuisance factor）通过回归分析被去除。我们取皮层厚度有显著性变化的 14 个区域（图 15-2）作为种子点进一步分析头痛组和对照组静态功能联结的情况（将信号在时间轴上当作一个整体）。通过计算受试者所有感兴趣区域两两之间的 Pearson 相关系数，并且做双样本双尾 t-检验确定两组间静态功能联结有显著性差异（$P<0.05$，多重比较伪发现率=0.05）的区域（图 15-3A），进而分析这些区域的时间动态特性（滑动窗口和小波变换相干性）。

滑动窗口方法能够揭示感兴趣区域在不同时间段的信息变化情况。我们分别使用 30s、60s 和 120s（15 个、30 个、60 个时间点）的时间窗口，把窗口以 2s 为单位在整个时间序列上前移并且依次计算每个窗口内的功能联结（图 15-4）。我们分析、量化了 6 组感兴趣区域（图 15-3A）的 3 种动态特性的参数，分别为：①动态功能联结系数的分布及头痛组和对照组在高/低相关系数范围的差异（图 15-5A 和 B）；②动态功能联结系数的标准差（图 15-5C）；③头痛组和对照组的动态功能联结系数在快速傅里叶变换（FFT）后的频谱/幅度差异（图 15-6）。

小波变换相干性分析能够描述两个时间序列时域/频域的特质。分析中使用 Morlet 小波变换的 MATLAB 工具箱（Morlet wavelet）。两个序列在小波的多分解尺度上交叉相干的实部作为时-频空间的动态相关系数，相干值越高表示时域的波动更同步。我们量化每组受试者 95%置信区间内的小波变换相干值，并进一步做两组统计学分析（图 15-7）。最后，我们研究小波相干系数与受试者生理/心理健康程度的关系（图 15-8）。文章中描述的工作主要是基于 Wang 等（2016）的文章发现。

（杨　青　王泽伟　陈丽敏）

参 考 文 献

Apkarian AV, Baliki MN, Geha PY. 2009. Towards a theory of chronic pain. Prog Neurobiol, 87 (2): 81-97.

Bashir A, Lipton RB, Ashina S, et al. 2013. Migraine and structural changes in the brain A systematic review and meta-analysis. Neurology, 81: 1260-1268.

Beck AT, Alford BA. 2009. Depression: Causes and Treatment. 2ed. Philadelphia: University of Pennsylvania Press.

Biswal B, Yetkin FZ, Haughton VM, et al. 1995. Functional connectivity in the motor cortex of resting human brain using echo-planar MRI. Magn Reson Med, 34: 537-541.

Britz J, van de Ville D, Michel CM. 2010. BOLD correlates of EEG topography reveal rapid resting-state network dynamics. Neuroimage, 52: 1162-1170.

Buckner RL, Vincent JL. 2007. Unrest at rest: Default activity and spontaneous network correlations. Neuroimage, 37: 1091-1096.

Burch RC, Loder S, Loder E, et al. 2015. The prevalence and burden of migraine and severe headache in the United States: updated statistics from government health surveillance studies. Headache, 55: 21-34.

Burton H, Snyder AZ, Raichle ME. 2014. Resting state functional connectivity in early blind humans. Front Syst Neurosci, 8: 51.

Buysse DJ, Reynolds CF, Monk TH, et al. 1989. The pittsburgh sleep quality index: a new instrument for psychiatric practice and research. Psychiatry Res, 28 (2): 193-213.

Chang C, Glover GH. 2010. Time-frequency dynamics of resting-state brain connectivity measured with fMRI. Neuroimage, 50: 81-98.

Cole DM, Smith SM, Beckmann CF. 2010. Advances and pitfalls in the analysis and interpretation of resting-state FMRI data. Front Syst Neurosci, 4: 8.

Davis KD, Moayedi M. 2013. Central mechanisms of pain revealed through functional and structural MRI. J Neuroimmune Pharmacol, 8 (3): 518-534.

Desikan RS, Segonne F, Fischl B, et al. 2006. An automated labeling system for subdividing the human cerebral cortex on MRI scans into gyral based regions of interest. NeuroImage, 31: 968-980.

Dowson A. 2015. The burden of headache: global and regional prevalence of headache and its impact. Int J Clin Pract Suppl, 182: 3-7.

Farmer MA, Baliki MN, Apkarian AV. 2012. A dynamic network perspective of chronic pain. Neurosci Lett, 520: 197-203.

Fox MD, Greicius M. 2010. Clinical applications of resting state functional connectivity. Front Syst Neurosci, 4: 19.

FreeSurfer, https: //surfer.nmr.mgh.harvard.edu/.

Freund W, Wunderlich AP, Stuber G, et al. 2010. Different activation of opercular and posterior cingulate cortex (PCC) in patients with complex regional pain syndrome (CRPS I) compared with healthy controls during perception of electrically induced pain: a functional MRI study. Clin J Pain, 26: 339-347.

Gonzalez-Roldan AM, Cifre I, Sitges C, et al. 2016. Altered Dynamic of EEG Oscillations in Fibromyalgia Patients at rest. Pain Med, 17 (6): 1058-1068.

Greicius M. 2008. Resting-state functional connectivity in neuropsychiatric disorders. Curr Opin Neurol, 21: 424-430.

Grinsted A, Moore JC, Jevrejeva S. 2004. Application of the cross wavelet transform and wavelet coherence to geophysical time series. Nonlinear Proc in Geoph, 11: 561-566.

Gudayol-Ferre E, Pero-Cebollero M, Gonzalez-Garrido AA, et al. 2015. Changes in brain connectivity related to the treatment of depression measured through fMRI: a systematic review. Front Hum Neurosci, 9: 582.

Hamilton M. 1960. A rating scale for depression. J Neurol Neurosurg Psychiatry, 23: 56-62.

Headache Classification Committee of the International Headache Society. 2004. The international classification of headache disorders. 2nd ed. Cephalalgia 24（Suppl）：1-160.

Headache Classification Committee of the International Headache Society. 2013. The international classification of headache disorders. 3rd ed（beta version）. Cephalalgia 33（9）：629-808.

Health Quality Ontario. 2010. Neuroimaging for the evaluation of chronic headaches：an evidence-based analysis. Ont Health Technol Assess Ser，10（26）：1-57.

Hindriks R，Adhikari MH，Murayama Y，et al. 2016. Can sliding-window correlations reveal dynamic functional connectivity in resting-state fMRI？ Neuroimage，127：242-256.

Hua QP，Zeng XZ，Liu JY，et al. 2008. Dynamic changes in brain activations and functional connectivity during affectively different tactile stimuli. Cell Mol Neurobiol，28：57-70.

Hutchison RM，Womelsdorf T，Allen EA，et al. 2013. Dynamic functional connectivity：promise，issues，and interpretations. Neuroimage，80：360-378.

Hutchison RM，Womelsdorf T，Gati JS，et al. 2013. Resting-state networks show dynamic functional connectivity in awake humans and anesthetized macaques. Hum Brain Mapp，34（9）：2154-2177.

Ichesco E，Puiu T，Hampson JP，et al. 2016. Altered fMRI resting-state connectivity in individuals with fibromyalgia on acute pain stimulation. Eur J Pain，20（7）：1079-1089.

Jia H，Hu X，Deshpande G. 2014. Behavioral relevance of the dynamics of the functional brain connectome. Brain Connect，4：741-759.

Jonckers E，van Audekerke J，de Visscher G，et al. 2011. Functional Connectivity fMRI of the Rodent Brain：Comparison of functional fonnectivity networks in rat and mouse. PLoS One，6（4）：e18876.

Kim JY，Kim SH，Seo J，et al. 2013. Increased power spectral density in resting-state pain-related brain networks in fibromyalgia. Pain，154：1792-1797.

Lai TH，Protsenko E，Cheng YC，et al. 2015. Neural Plasticity in Common Forms of Chronic Headaches. Neural plas，2015：205985.

Lester MS，Liu BP. 2013. Imaging in the evaluation of headache. Med Clin North Am，97（2）：243-265.

Liu CH，Ma X，Li F，et al. 2012. Regional Homogeneity within the Default Mode Network in Bipolar Depression：A Resting-State Functional Magnetic Resonance Imaging Study. PLoS One，7（11）：e48181.

Liu J，Zhao L，Lei F，et al. 2015. Disrupted resting-state functional connectivity and its changing trend in migraine suffers. Hum Brain Mapp，36：1892-1907.

Majeed W，Magnuson M，Keilholz SD. 2009. Spatiotemporal dynamics of low frequency fluctuations in BOLD fMRI of the rat. J Magn Reson Imaging，30（2）：384-393.

Marchetti I，Koster EH，Sonuga-Barke EJ，et al. 2012. The default mode network and recurrent depression：a neurobiological model of cognitive risk factors. Neuropsychol Rev，22：229-251.

May A. 2008. Chronic pain may change the structure of the brain. Pain，137：7-15.

May A. 2009. New insights into headache：an update on functional and structural imaging findings. Nat Rev Neurol，5：199-209.

May A. 2011. Structural brain imaging：A window into chronic pain. Neuroscientist，17，209-220.

Morletwavelet transform，http：//www.glaciology.net/wavelet-coherence.

Otti A，Guendel H，Wohlschlager A，et al. 2013. Frequency shifts in the anterior default mode network and the salience network in chronic pain disorder. BMC Psychiatry，13：84.

Ploner M. 2015. The time-frequency pattern of pain processing and pain modulation In：Apkarian AV. The Brain Adapting with Pain：Contribution of Neuroimaging Technology to Pain Mechanisms. New York：Wolters Kluwer：53-62.

Rashid B，Damaraju E，Pearlson GD，et al. 2014. Dynamic connectivity states estimated from resting fMRI Identify differences among Schizophrenia，bipolar disorder，and healthy control subjects. Front Hum Neurosci，8：897.

Robinson LF，Atlas LY，Wager TD. 2015. Dynamic functional connectivity using state-based dynamic community structure：method and application to opioid analgesia. Neuroimage，108：274-291.

Salvador R，Suckling J，Coleman MR，et al. 2005. Neurophysiological architecture of functional magnetic resonance images of human brain. Cerebral Cortex，15：1332-1342.

Schwedt TJ，Larson-Prior L，Coalson RS，et al. 2014. Allodynia and descending pain modulation in migraine：a resting state functional connectivity analysis. Pain Med，15：154-165.

Sheline YI，Raichle ME. 2013. Resting state functional connectivity in preclinical Alzheimer's disease. Biol Psychiatry，74：340-347.

Shi Z，Rogers BP，Chen LM，et al. 2016. Realistic models of apparent dynamic changes in resting-state connectivity in somatosensory cortex. Hum Brain Mapp，37（11）：3897-3910.

Spielberger CD，Gorsuch RL，Lushene RE. 1970. STAI manual for the State-trait anxiety inventory（"self-evaluation questionnaire"）. CA：Consulting Psychologists Press.

Statistical Parametric Mapping，http：//www.fil.ion.ucl.ac.uk/spm/.

Supekar K，Menon V，Rubin D，et al. 2008. Network analysis of intrinsic functional brain connectivity in Alzheimer's disease. PLoS Comput Biol，4（6）：e1000100.

Tedeschi G，Russo A，Conte F，et al. 2016. Increased interictal visual network connectivity in patients with migraine with aura. Cephalalgia，36：139-147.

Torrence C，Compo GP. 1998. A practical guide to wavelet analysis. B Am Meteorol Soc，79：61-78.

Torta DM，Cauda F，Napadow V，et al. 2015. Resting-State Alterations in Chronic Pain. New York：Wolters Kluwer.

Wang L，Zang Y，He Y，et al. 2006. Changes in hippocampal connectivity in the early stages of Alzheimer's disease：Evidence from resting state fMRI. Neuroimage，31：496-504.

Wang ZW，Yang Q，Chen LM. 2016. Abnormal dynamics of cortical resting state functional connectivity in chronic headache patients. Magn Reson Imaging，36：56-67.

Wang Z，Chen LM，Negyessy L，et al. 2013. The relationship of anatomical and functional connectivity to resting-state connectivity in primate somatosensory cortex. Neuron，78：1116-1126.

Ware JE，Sherbourne CD. 1992. The MOS 36-item short-form health survey（SF-36）：I. Conceptual framework and item selection. Medical care，30：473-483.

展望：对非线性神经动力学研究发展的一点思考

　　本书集中地介绍了几个研究组在过去二十余年间对神经元电活动中的一系列非线性现象和它们的动力学机制的研究工作，既有实验观察，又有理论分析和数值仿真，涉及了神经元接受输入并产生相关的放电节律、在细胞体和轴突始段整合形成放电节律变化、在轴突传输中调节放电节律，比较完整地涵盖了神经元利用电活动编码信息的主要环节，内容丰富，研究深入。对神经元非线性活动的研究，具有神经电生理学和非线性动力学学科交叉的特色，形成了非线性神经动力学这样一个交叉融合的新领域。神经元细胞膜上产生的电振荡，表现为神经元的电活动，通过数学方程表示的神经元动力系统对其机制进行研究，就能定量地理解神经元电活动的各种运动行为。因此，这个新领域就是神经电生理学向定量化、精密化发展的体现，是生命科学定量化在神经科学领域的一个具体实例。

　　逐步实现模型的定量化和理论的数学化，是许多学科发展和成熟的一般历程。自然科学诸学科中最先定量数学化的是经典物理学和经典天文学，化学在确立了元素周期律和建立了反应当量概念的基础上也提出了反应动力学的定量模型，逐渐实现了化学理论的数学化。迄今自然科学和工程技术已经整体上数学化了。

　　1. 生命科学的定量化正在呈现新的发展势头　　由于生命科学对象的复杂多变，较晚地呈现模型定量化和理论数学化的演化，这一演化过程又颇为曲折。对生命对象结构和运动变量的定量描述，强烈依赖于概率理论和现代统计学的新发展，而生命系统概念模型的定量化，则由于系统内部结构的多层次和非均一的特点而更加难以实现。定量模型较早在生态学获得应用，离不开对种群个体的"粒子"抽象，这种"食饵"模式的抽象实际上绕开了生物体内部结构功能的复杂性。种群生物学较早的定量化和数学化应该算是生物学中一个比较特殊的情形。

　　坎农的稳态理论和维纳的控制论等理论概念，为定量描述生物体内部诸功能系统的运行和相互协同，提供了必要的理论指导。同时代电子管技术促成的动态连续记录条件，也为当时以细胞学为基础，主要在器官系统水平研究生命体内部各组成部分的运动及其协同的规律提供了珍贵契机。从数学、物理学等学科加入生命科学研究的学者和生物学家一起，在这个方向展开了积极的努力，取得的成果非常令人鼓舞。到20世纪50年代前后，对肌肉收缩做功、心脏射血、血流动力学、器官的代谢律等过程，人们逐渐建立了定量的模型，初步提出了数学化的理论表述，生命科学在组织器官水平的数学化进程初见端倪。当时许多大学里建有生理学与生物物理学系，生理学的研究颇具物理学的风格。

在这同一个历史时期，以"双螺旋模型"和"中心法则"的提出为代表的，对遗传、发育等基本生命现象的研究在分子机制水平实现了重大突破，带动生物化学、细胞生物学等微观层次研究的迅速发展，引发了"分子生物学革命"。人们注意的焦点迅速集中到分子水平，追求从分子水平阐明整体功能。这一热潮，大大推进了人们对生命基本过程的分子机制的认识。但是，生物体在分子层次的结构和功能仍然惊人得复杂，大量分子共同相互作用无法像体外化学反应那样概念化，于是，在这个层次上考虑大量分子相互作用的定量化工作进展相对缓慢。

在生命科学研究全面向分子水平快速深入进展的同时，器官系统水平的工作相对减少了。一些著名学府在 20 世纪 80 年代甚至取消了生理学系。生命科学研究中，分子水平的新发现接二连三地涌现。相形之下，组织器官水平"发现的黄金时代"已经过去了，需要在"平静"中积累定量观测数据和孕育定量模型。这样的工作更加困难，渐渐地，从细胞、组织、器官到系统层次逐步定量化的进程也有所延缓。于是，在 20 世纪 70 年代以后一段时期，生命科学的定量化工作有很多转移到生物医学工程学科诸分支，和生物力学、生物控制论等交叉领域继续进行。

在近 20 年来，情况有了改观：在一些交叉前沿领域中，原先相对零散的对生命对象的定量化研究，呈现出迅猛发展、快速扩展和相互联结的态势。这得益于以下方面的发展：数理科学基础理论的新进展，提出了研究复杂体系的理论方法；这些理论方法现在可以普遍地应用于生命体的不同功能系统；同时采集、存储、计算等技术进步使得对生物体的关键变量在各个层次上的动态连续监测成为可能；最后，可能也是最关键的，人们已经越来越不满足于从分子水平的机制越过细胞、组织、器官、系统等多个层次直接说明整体的功能，逐渐开始在亚细胞、细胞、组织、器官、系统等多个层次上谋求基于对变量连续监测，将对象抽象建模为定量模型，通过将实验观察和模型分析相互结合，谋求对研究对象的运动和演化的规律性，以获得深刻的理解。"系统生物学"更提出了连接不同层次的宏大目标，要实现从基因到细胞、到组织、到个体的各个层次的整合。总体上看，生命科学的定量化趋向，在经历了一个相对缓慢的调整期后，正在迅速发展起来。

2. 非线性神经动力学具备相对较好的连续性和发展态势　　与生物学其他领域不同，神经科学的定量化研究一直保持了较好的延续性。神经系统的基本功能就是信息处理。不少学者认为脑的信息处理功能就是通过各个层次的生物物理计算实现的，因此研究脑离不开通过计算来研究脑的计算。神经细胞和神经组织通过电脉冲传输和整合信息，电变化易于连续测量，Hodgkin 和 Huxley 基于基本的电学原理提出了轴突兴奋的定量数学模型，为神经元和神经组织的定量仿真研究奠定了可贵的基础。出于对人脑信息处理能力的敬仰，人们一直热衷于学习和应用"脑式"的计算方法。例如，利用神经元兴奋率随输入增大呈 S 型增长和连接权重随活动改变这两个基础概念，人们设计各种连接模式，发展了一代又一代的人工神经网络，并使其算法获得广泛应用。这些，使得人们将神经系统在各层次的研究对象抽象为定量模型、通过分析模型行为理解研究对象的运动规律，乃至再从中理解和提取神经系统的信息处理原理的努力持续不断。相对而言，神经系统的定量模型化和理论数学化的进展程度在生命科学诸学科中发展得比较好。目前，已经呈现在各个层次良性运行的总体态势，并可能率先从理论数学化的角度取得阐明重大生命科学问题的成果，体现抽象理论观念和方法的认识威力。

非线性神经动力学已经呈现在神经系统各个层次全面开展的良好态势。在生物分子相互作用水平，人们研究了神经递质引发的胞内信号转导网络的响应，针对多条酶反应级联的过程建立了定量模型，并在仿真实验结果方面获得成功；在神经元兴奋活动水平，人们不断引入新的通道成分并考虑神经元不同部位的电相互作用，细致阐述了神经元兴奋序列模式产生的机制，合理界定区分了丰富多样的兴奋序列模式，并初步探索了神经元节点动力学和神经元网络行为间的关系；在突触传递水平，人们建立了不同时程的突触传递效率改变的定量模型，揭示了钙离子、囊泡循环系统、突触后酶系统在突触传递效率改变形成中的作用，并仿真了不同时程突触效率变化在神经元网络信息处理中的意义；在具有通用性意义的典型小网络水平，人们已经从神经元组成的角度写实地建立了交互抑制网络、中枢模式发生器网络、皮层功能柱网络等的写实非线性动力学模型，仿真了这些基本构造的行为，并阐述了其在神经信息处理活动中的意义；在功能系统水平，人们研究了视觉、听觉、嗅觉、运动控制等系统的动力学原理，提出了众多的定量化的模型和数学化的理论。例如，在对视觉系统的定量研究中，研究工作的长期积累已经在视觉系统，包括视网膜、外膝体、视皮层等各部分的细胞功能、网络连接功能等方面形成系列的理论。在运动控制系统，研究者已经将皮层运动神经元群体编码理论用来计算解析皮层记录到的大量神经元信号，进而控制人工装置。在细胞、突触、小网络水平的工作，揭示了神经系统信息处理的基本规则和通用模块。在功能系统水平上提出的理论和模型，已经大大深化了对神经信息处理过程的理解，同时也促进了人工智能等相关领域的发展。神经动力学的定量模型和数学化的理论，已经越来越从规模和写实的角度贴近神经系统的现实，呈现了突出的良性发展的态势，并孕育着先导性的重要突破。

3. 非线性神经动力学在生命科学定量化的进程中发挥着先导作用　　一门学科向模型定量化和理论数学化的迅速发展，往往受到来自科学基础领域中理论和方法重大进步的促进。近二三十年来，科学的基础领域如非线性动力学，直面自然界层次结构和演化行为均极为复杂的现实，发展出了一系列新的理论和方法，逐渐汇聚形成了所谓"复杂性科学"的众多理论。各类科学数据采集、计算、存储、交流的技术条件也在飞速改善。复杂性科学理论和方法的进步正在对科学技术与社会的诸多方面产生意义深远的影响。

神经动力学特别得益于复杂性科学的新进展。一方面，神经系统的结构和功能高度复杂，特别需要也特别适宜于应用复杂性科学的理论和方法进行研究，因此，非线性神经动力学比较快速地得益于复杂性科学基础理论的进步。另一方面，脑的复杂性，其神奇的能力，以及认识脑对人类文化和福利意义，吸引了众多的数理科学家投身于从定量和建模的角度研究神经系统的结构和功能。国内外的不少物理学（力学）学术团体成立了"神经动力学"学术分支组织，人工智能和经典神经网络的学者和研究"复杂图（复杂网络）"的数学家沟通交流，对连接形式复杂的神经元网络也展开了积极的研究。近年来，在国际学术界已经形成两个方面交相辉映的局面：一方面，神经科学借助于复杂性科学的理论和方法正加快其定量化和数学化的进程；另一方面，复杂性科学得益于真实神经系统在结构和功能上的高度复杂，以其为现实背景结合实际地得到发展。这种局面，促成了非线性神经动力学的诞生和成长。

复杂性科学理论方法的进步和信息技术的飞速发展，显然将促进生命科学整体上向着动力学、数学化的方向长期发展。而非线性神经动力学在这一正在孕育着的进程中，实际上已经起到了先导的示范作用。非线性神经动力学领域成功地进行着的工作，也适宜于在生命科学其他领域应用。例如，获取的海量数据，亟需有效的计算方法对之进行分析，以实现对生物过程的理解，神经动力学的重要任务之一就是处理大量数据提取信息和系统特征；神经动力学在突触、细胞、组织、器官和系统各个层次上，将对象加以抽象建立定量模型，通过将实验和模型系统的分析工作结合起来，形成对对象的深刻理解，这种工作模式同样可以应用于其他领域。

特别值得提出的是，当前探究中，对单神经元节点的研究和对神经元网络的研究之间，还存在一些联系不够紧密的情况。例如，人们在单神经元电生理学实验中观察到极为丰富的非线性行为，并利用单神经元的相对准确写实的数学模型，基于动力系统理论和方法，揭示了这些行为的动力学机制，实验和理论结合紧密。但是，如此获得的认识，尚没有很好应用在神经元网络研究中，没有做到基于单神经元的动力学很好地揭示网络的复杂行为。另外，人们利用能够反映生物神经系统某些特征的复杂网络模型，仿真到了大量自组织、涌现等引人注目的行为，观察到丰富多样的时空模式。但是，通过相对间接的记录技术进行的生物学实验研究，却很难对所有这些仿真结果进行验证。单个神经元层次的实验和理论研究，如何与大规模神经元网络的研究联系起来，从节点特性的统计特征等角度，更好理解大量节点构成的网络的集体行为，是未来研究中需要更好解决的一个问题。某些在进行中的工作，如一项对斑马鱼全神经系统进行快速的实验记录，并搭建全系统神经动力学模型进行仿真和分析，提示了解决这些问题的一个有趣的方向。

4. **非线性神经动力学的未来发展中孕育着关于脑的观念变革**　　整体上看，

在生命科学主流研究领域中，对生命体各个结构功能层次的研究，仍然是一种"结构—功能"关系的研究。基本的干预形式仍然是"损毁或者增强"。损毁抑制导致的功能缺失和增强促进导致的功能强化，是人们认识从分子到器官的结构功能关系的基本手段。在认识上，人们有把握的往往是某个对象的功能是什么，在应用和治疗时，基本的策略是针对具体对象的"阻遏"或者"补充"。对于对象的功能是怎样动态地与相关结构相互作用，通过运动演化过程而实现的，人们的认识还极其缺乏。人们在理解系统运行的基础上干预系统运行演化方向的能力还很弱。目前，在我们的知识结构中还缺失着某些环节，使得我们了解具体对象的"结构—功能"关系比较多，而认识众多对象间的相互作用关系还非常少，以及还缺少对如"结构—运动—能量—信息—功能"等环节的完整理解。

传统上对神经系统的认识也基本上限于"结构—功能"的模式。但是，由于神经系统的重要功能活动表现为电变化，连续监测电变化进而研究"结构—运动—功能"的机会比较多。神经动力学建立的定量模型以电变化为一个主要的输出变量，这也使实验和理论的结合易于实现。特别是近年来，神经动力学借助数理科学的研究力量和资源，积极应用复杂性科学新进展形成的理论概念和方法，使得有可能对神经系统在各个层次的构造的行为提出新的、更加贴切的描述。例如，从神经结构产生的运动的角度更加深刻地理解神经活动动力学机制；从神经系统功能活动的运动、能量和信息的角度，发展出新的界定、描述和概念，包括一些复杂的神经精神疾患，用不同的吸引子表征健康、疾病状态，用系统转迁理解疾病的发生和痊愈。这样，就可能对神经系统如何运行、如何呈现功能，提出全新的概念和理论认识。

（任　维）

彩　　图

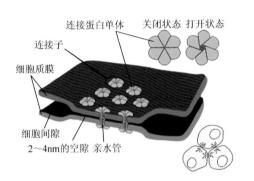

彩图 1　缝隙连接组成

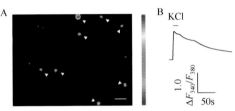

彩图 2　Fura 2 负载 DRG 细胞实验

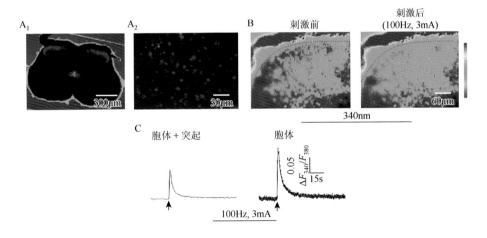

彩图 3　Fura 2 负载脊髓背角神经元实验

A_1. Fura 2 负载的带后根的脊髓薄片；A_2. Fura 2 标记的脊髓背角神经元；B. 电刺激脊神经后根（100Hz，3mA）诱发的脊髓背角神经元的钙反应；C. 分别对整个脊髓背角浅层（包括背角神经元胞体和神经突起）或者背角神经元胞体分析所得到的钙反应曲线

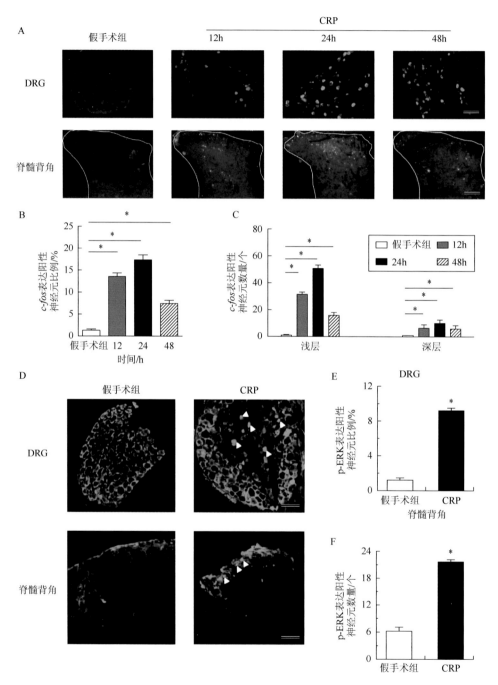

彩图 4 C-Fos 与磷酸化 ERK1/2 蛋白的表达在 CRP 模型动物 DRG 和脊髓背角浅层明显增加

A~C. 模型组动物 C-Fos 蛋白在 DRG 和脊髓背角浅层出现显著表达；D~F. 定量结果表明，DRG 和脊髓背角浅层的磷酸化 ERK1/2 蛋白在 CRP 模型组中明显增加。A 图与 D 上图的标尺为 100μm，D 下图的标尺为 50μm

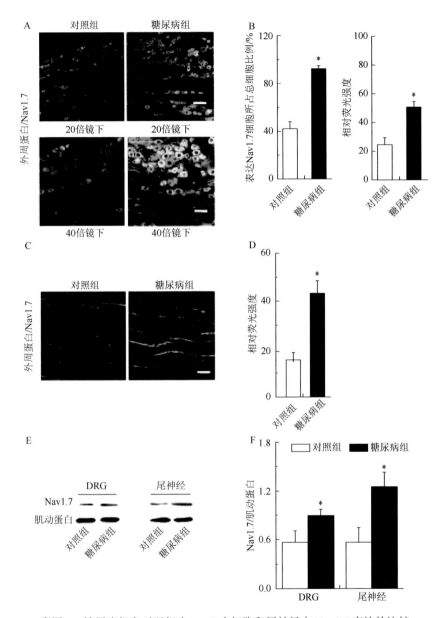

彩图 5 　糖尿病组和对照组中 DRG 小细胞和尾神经中 Nav1.7 表达的比较

A. 用小细胞的标记物外周蛋白（红）和 Nav1.7 的特异抗体（绿）双标糖尿病组和对照组的 DRG 小细胞。B. 双标结果显示，与对照组相比，糖尿病组 DRG 小细胞中 Nav1.7 的表达显著增高。C. 用小细胞的标记物外周蛋白和 Nav1.7 的特异抗体双标糖尿病组和对照组的尾神经。D. 定量分析表明，糖尿病组尾神经中 Nav1.7 的表达显著高于对照组（*P<0.05）。E. 用蛋白印迹的方法分析糖尿病组和对照组 DRG 小细胞和尾神经中 Nav1.7 的表达。F. 蛋白印迹分析结果表明，糖尿病组中 Nav1.7 的表达显著高于对照组（*P<0.05）

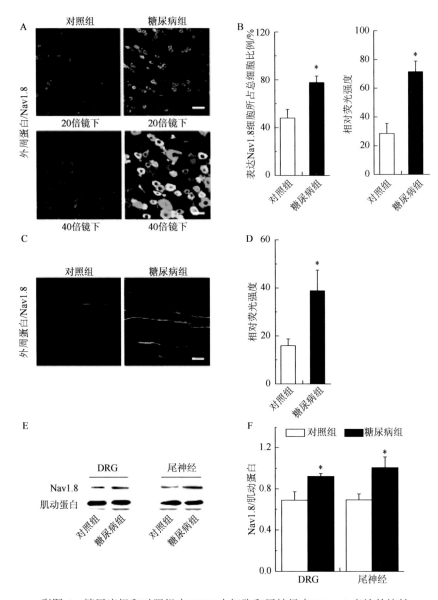

彩图6　糖尿病组和对照组中 DRG 小细胞和尾神经中 Nav1.8 表达的比较

A. 用小细胞的标记物外周蛋白（红）和 Nav1.7 的特异抗体（绿）双标糖尿病组和对照组的 DRG 小细胞。B. 双标结果显示，糖尿病组 DRG 小细胞中 Nav1.8 的表达显著高于对照组（*P<0.05）。C. 用小细胞的标记物外周蛋白和 Nav1.8 的特异抗体双标糖尿病组和对照组的尾神经。D. 定量分析表明，糖尿病组尾神经中 Nav1.8 的表达显著高于对照组(*P<0.05)。E. 用蛋白印迹的方法分析糖尿病组和对照组 DRG 小细胞和尾神经中 Nav1.8 的表达。F. 蛋白印迹分析结果表明，与对照组相比，糖尿病组中 Nav1.8 的表达显著增高（*P<0.05）

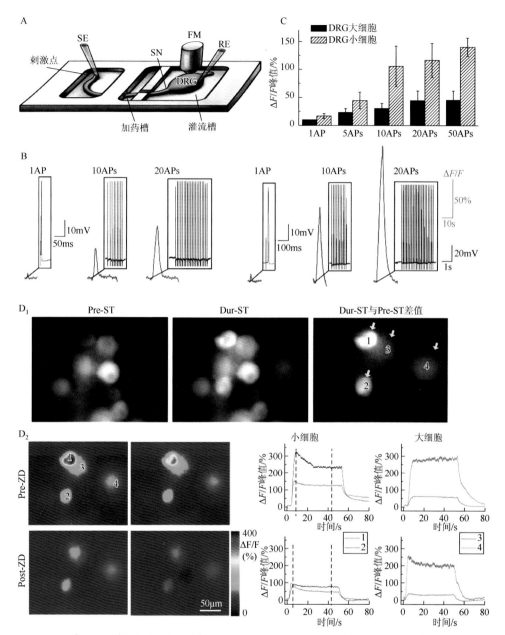

彩图 7　在 Thy1-GCaMP 转基因动物的 DRG 水平观察 C 类纤维传导丢峰

A. 同步电生理记录与荧光观察的实验操作简图，在自制的液槽内，带坐骨神经的 DRG 整节被置于 3 个不同用途的槽内，分别用来灌流 DRG、ZD7288 加药和给予刺激。SE. 刺激电极；SN. 坐骨神经；FM. 荧光显微镜；RE. 记录电极。B. Thy1-GCaMP 小鼠 DRG 大、小神经元对应于不同放电个数的荧光变化的典型反应，右上的插入图中显示的是放电记录，左下红色曲线反应荧光变化趋势。C. 在 DRG 的大、小细胞中，荧光反应均随着放电个数的增多而增加。D. D_1 为荧光检测显示基础荧光（Pre-ST），刺激诱发反应荧光（Dur-ST）及两者的差值（Dur-ST minus Pre-ST），可以看出，在该视野中，针对 50Hz，40s 的重复刺激有荧光反应的包括 2 个大细胞和 2 个小细胞。以下对这 4 个细胞进行同步观察。D_2 的曲线图分别显示了 DRG 大细胞（右侧曲线）、小细胞（左侧曲线）在 40s 刺激给予期间及刺激停止后的总计 80s 时长中荧光强弱的变化。两条垂直虚线分别指示出左侧荧光图像显示的时间点，而上下两排荧光图像与曲线记录分别对应于 ZD7288 加药前（Pre-ZD）及加药后（Post-ZD）的对应反应

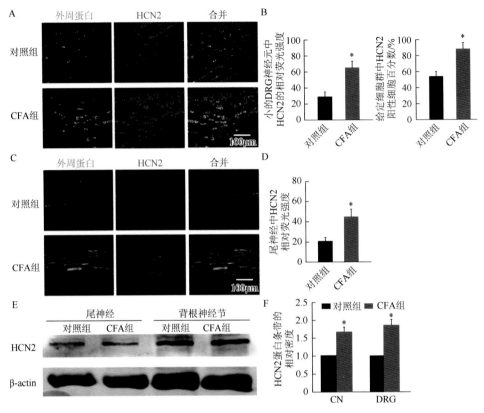

彩图 8　CFA 动物 DRG 及尾神经 HCN 表达增加

A. DRG 神经元 HCN2（红色）与外周蛋白（绿色）双标检测的典型结果。B. 左侧为小细胞 HCN2 表达荧光强度检测在正常与 CFA 动物之间的量化比较；右侧为 HCN2 阳性细胞比率在正常与 CFA 动物之间的量化比较。C. 尾神经中 HCN2（红色）与外周蛋白（绿色）双标检测的典型结果。D. 尾神经中 HCN2 表达荧光强度检测在正常与 CFA 动物之间的量化比较。E. 在背根神经节及尾神经中 HCN2 的表达量比较。F. 图 E 中蛋白质印记量化结果。
数据均为均值+标准误；*$P<0.05$

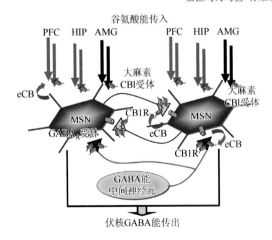

谷氨酸能传入

彩图 9　伏核突触组织和大麻素 CB1 受体分布示意图（改自 Matya et al.，2006；Lupica et al.，2004）

①伏核接受前额叶皮质（prefrontal cortex，PFC）、海马（hippocampus，HIP）和杏仁核（amrgdala，AMG）等多个来源的兴奋性突触传入，同时接受中等大小有棘神经元轴突侧枝和局部中间神经元轴突末梢的 GABA 能抑制性突触传入。伏核相邻 MSN 组成功能群组，信息在神经元群组整合后由 MSN 传出到基底节输出结构。②内源性大麻素（Endocannabinoid，eCB）按需要特异性地产生于活动突触，逆行扩散到突触前膜，作用于 CB1 受体来抑制递质释放。值得注意的是，CB1 受体主要表达于突触前膜，在不同类型突触传入的分布是不对称的，即在抑制性轴突末梢的表达丰度远高于在兴奋性轴突末梢的表达。结合功能电生理研究结果，伏核大麻素信号相对特异地抑制抑制性突触传递，对突触调节的净效应是对 MSN 的去抑制

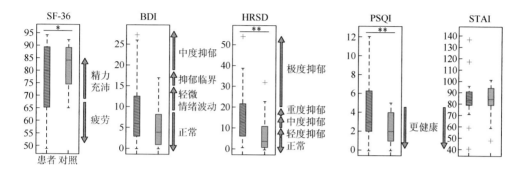

彩图 10　头痛患者与对照的生理/心理调查表（SF-36、BDI、HRSD、PSQI 和 STAI）
得分的分布图

红色矩形为头痛组得分；绿色矩形为对照组得分；红色横线为中值；红色"+"为离群点；灰色箭头为量表得分的
诊断标准。使用双样本双尾 *t*-检验，*P＜0.05；**P＜0.01

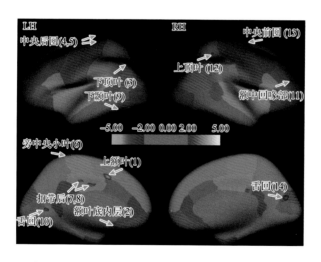

彩图 11　头痛患者与对照的皮层厚度有差异的区域

膨胀后的大脑 Desikan/Killiany 图谱（Desikan et al.，2006）有 14 个区域存在显著性（双样本双尾 *t*-检验，P＜0.01，
区域面积大于 20mm²）的皮层增厚（红色）和变薄（蓝色）。LH 为左半脑；RH 为右半脑；彩色标尺为皮层厚度
差异的 *t* 值范围

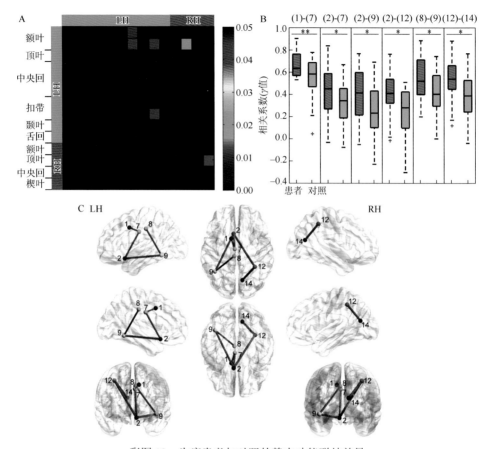

彩图 12 头痛患者与对照的静态功能联结差异

A. 两组间的静态功能联结矩阵在 6 对感兴趣区上有显著性差异（双样本双尾 *t*-检验，满足 *P*<0.05），彩色标尺为 *P* 值范围。B. 两组在这 6 对感兴趣区的相关系数分布情况。头痛患者的静态功能联结在全部 6 对感兴趣区上都有显著性的增强。红色为头痛组；绿色为对照组；黑色横线为中值；红色 "+" 为离群点。*P*<0.05；**P*<0.01。
C. 有显著性差异的感兴趣区域联结情况（红色连线）的三维展示。彩色节点为 6 对感兴趣区域

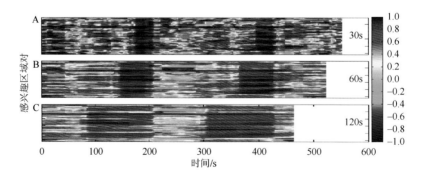

彩图 13　以一名头痛患者为例分别使用 3 种滑动窗口（30s、60s 和 120s）得到的所有感兴趣区（14 个）之间互相关系数的时域动态功能联结系数

每条水平线上的颜色代表一对感兴趣区随时间变化的相关系数。彩色标尺为 Pearson 相关系数的范围；蓝色到绿色范围为负相关；绿色到红色范围为正相关

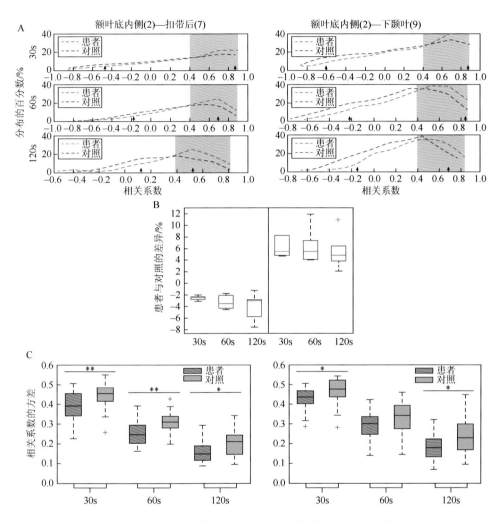

彩图 14　头痛患者与对照使用滑动窗口方法得到的动态相关系数的分析

A. 采用 3 种窗口（30s、60s 和 120s）得到的两组平均相关系数在不同感兴趣区的分布情况。红色虚线为头痛患者组的相关系数分布；蓝色虚线为对照组的相关系数分布；蓝色阴影为高相关系数区（0.4～0.8）；黑色箭头为两组间相关系数正/负向差异最大的点。B. 使用不同时间窗时 6 对感兴趣区（图 15-3）的最大差异的统计结果。左、右两半分别表示负向与正向的最大差值；红色横线为中值；红色"+"为离群点。C. 两组受试者相关系数的变化范围（标准差）与时间窗的关系。对于图 15-3 的 6 对感兴趣区域，两组间动态变化范围在 2 对上 [(2)—(7) 和 (2)—(9)] 有显著性差异。红色为头痛组；绿色为对照组。*P<0.05；**P<0.01

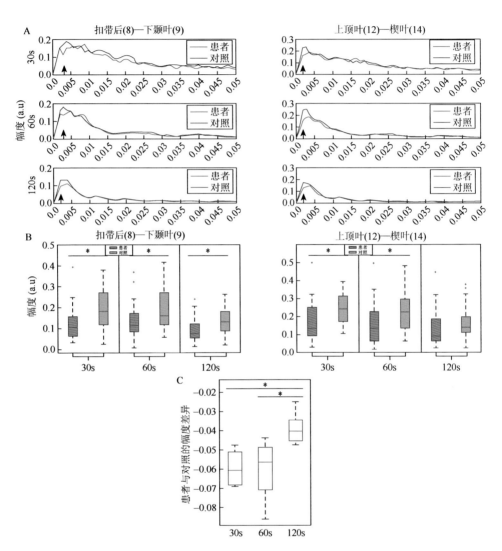

**彩图 15　头痛患者与对照使用滑动窗口分析得到的动态功能联结系数经 FFT
后的幅-频分布情况**

A. 以两对感兴趣区域为例展示动态功能联结（30s、60s 和 120s）的幅-频关系。红线为头痛组；蓝线为对照组；
黑色箭头为两组幅度差异（对照>头痛）最大的点。B. 以两对感兴趣区域为例使用不同时间窗时两组最大幅度的
分布情况。红色为头痛组；绿色为对照组。*P<0.05。C. 统计两组使用不同时间窗时（图 15-3 的 6 对感兴趣区）
平均幅度的最大差异。红色横线为中值。*P<0.05

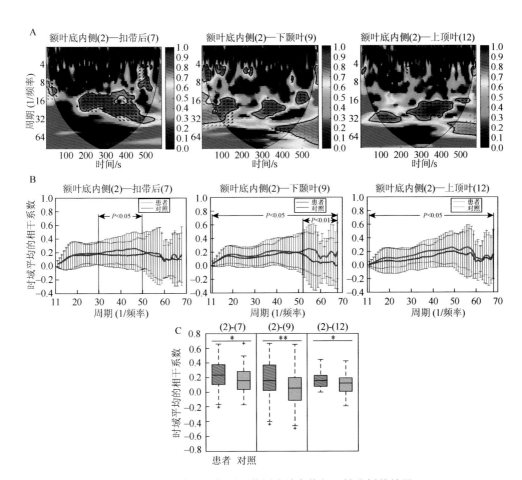

彩图 16　头痛患者与对照使用小波变换相干性分析的结果

A. 以一名头痛患者为例显示 3 对感兴趣区域间的小波变换相干系数的时-频分布图。横轴为时间；纵轴为分解尺度（傅里叶周期）；高亮区域（黑色曲线以上的部分）为置信区间 95%；黑色小箭头为相干系数的相位方向；彩色标尺为相干系数的范围。B. 两组时间平均后的相干系数与分解尺度的分布关系图。红线为头痛组；蓝线为对照组；纵向线条为该分解尺度（频率）上相干系数的范围（标准差）。两组在这 3 对感兴趣区的动态量度在黑线标记出的范围内（30～50、11～68 及 11～68）有显著性差异。C. 有显著性差异的时间平均相干系数分布。分解尺度依次为 30～50、53～68 和 11～68。红色为头痛组；绿色为对照组。*P<0.05；**P<0.01

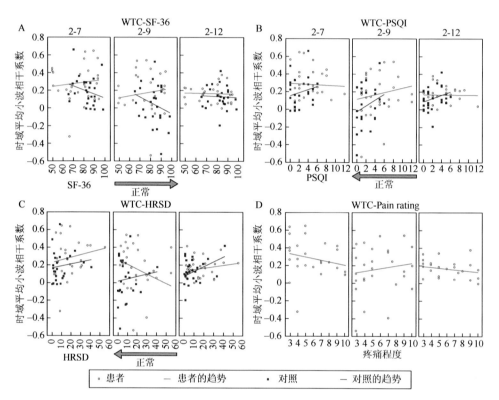

彩图 17　小波相干系数与生理/心理量表（SF-36、PSQI 和 HRSD）得分及与疼痛程度
（仅患者）的关系

这里仅列出了图 15-7B 中的 3 对感兴趣区。红点和红线为头痛患者的相干系数及其与量表得分的线性趋势；
蓝点和蓝线为对照的相干系数分布及其与量表得分的线性趋势